全国高等院校新农科建设新形态规划教材·动物类　▶总主编 陈焕春

畜牧学概论

肖定福 ◎ 主编

西南大学出版社
国家一级出版社 全国百佳图书出版单位

图书在版编目(CIP)数据

畜牧学概论 / 肖定福主编. -- 重庆：西南大学出版社, 2024.8. --（全国高等院校新农科建设新形态规划教材）. -- ISBN 978-7-5697-2407-3

Ⅰ.S81

中国国家版本馆CIP数据核字第2024AB9209号

畜牧学概论
肖定福◎主编

| 出 版 人 | 张发钧 |
| 总 策 划 | 杨　毅　周　松 |

选题策划	杨光明　伯古娟
责任编辑	鲁　欣
责任校对	雷　兮
装帧设计	闰江文化
排　　版	杨建华
出版发行	西南大学出版社（原西南师范大学出版社）
	地址:重庆市北碚区天生路2号
	邮编:400715
	电话:023-68868624
印　　刷	重庆亘鑫印务有限公司
成品尺寸	210 mm × 285 mm
印　　张	26.75
字　　数	753千字
版　　次	2024年8月　第1版
印　　次	2024年8月　第1次印刷
书　　号	ISBN 978-7-5697-2407-3
定　　价	78.00元

全国高等院校新农科建设新形态规划教材·动物类

总 主 编

陈焕春

(教育部高等学校动物生产类专业教学指导委员会主任委员、
中国工程院院士、华中农业大学教授)

副总主编

王志坚(西南大学副校长)
滚双宝(甘肃农业大学副校长)
郑晓峰(湖南农业大学副校长)

编 委

(以姓氏笔画为序)

马　跃(西南大学)	马　曦(中国农业大学)
马友记(甘肃农业大学)	王　亨(扬州大学)
王月影(河南农业大学)	王志祥(河南农业大学)
卞建春(扬州大学)	邓俊良(四川农业大学)
甘　玲(西南大学)	左建军(华南农业大学)
石火英(扬州大学)	石达友(华南农业大学)
龙　淼(沈阳农业大学)	毕师诚(西南大学)
吕世明(贵州大学)	朱　砺(四川农业大学)
刘　娟(西南大学)	刘　斐(南京农业大学)
刘长程(内蒙古农业大学)	刘永红(内蒙古农业大学)

刘安芳（西南大学）	刘国文（吉林大学）
刘国华（湖南农业大学）	齐德生（华中农业大学）
汤德元（贵州大学）	孙桂荣（河南农业大学）
牟春燕（西南大学）	李　华（佛山大学）
李　辉（贵州大学）	李金龙（东北农业大学）
李显耀（山东农业大学）	杨　游（西南大学）
肖定福（湖南农业大学）	吴建云（西南大学）
邹丰才（云南农业大学）	冷　静（云南农业大学）
宋振辉（西南大学）	张妮娅（华中农业大学）
张龚炜（西南大学）	陈树林（西北农林科技大学）
林鹏飞（西北农林科技大学）	罗献梅（西南大学）
周光斌（四川农业大学）	封海波（西南民族大学）
赵小玲（四川农业大学）	赵永聚（西南大学）
赵红琼（新疆农业大学）	赵阿勇（浙江农林大学）
段智变（山西农业大学）	徐义刚（浙江农林大学）
卿素珠（西北农林科技大学）	高　洪（云南农业大学）
郭庆勇（新疆农业大学）	唐　辉（山东农业大学）
唐志如（西南大学）	涂　健（安徽农业大学）
剧世强（南京农业大学）	黄文明（西南大学）
曹立亭（西南大学）	崔　旻（华中农业大学）
商营利（山东农业大学）	董玉兰（中国农业大学）
蒋思文（华中农业大学）	曾长军（四川农业大学）
赖松家（四川农业大学）	魏战勇（河南农业大学）

本书编委会

主　编

肖定福(湖南农业大学)

副主编

伍树松(湖南农业大学)

沈水宝(广西大学)

张依裕(贵州大学)

苏华维(中国农业大学)

马友记(甘肃农业大学)

编　委(以姓氏笔画为序)

于敏莉(南京农业大学)

尹华东(四川农业大学)

白　霞(湖南农业大学)

许蒙蒙(河南牧业经济学院)

李　红(河南农业大学)

张永宏(吉林大学)

杨震国(西南大学)

金　晓(内蒙古农业大学)

赵景鹏(山东农业大学)

谢红兵(河南科技学院)

总序

农稳社稷，粮安天下。改革开放40多年来，我国农业科技取得了举世瞩目的成就，但与发达国家相比还存在较大差距，我国农业生产力仍然有限，农业业态水平、农业劳动生产率不高，农产品国际竞争力弱。比如随着经济全球化和远途贸易的发展，动物疫病在全球范围内的暴发和蔓延呈增加趋势，给养殖业带来巨大的经济损失，并严重威胁人类健康，成为制约动物生产现代化发展的瓶颈。解决农业和农村现代化水平过低的问题，出路在科技，关键在人才，基础在教育。科技创新是实现动物疾病有效防控、推进养殖业高质量发展的关键因素。在动物生产专业人才培养方面，既要关注农业科技和农业教育发展前沿，推动高等农业教育改革创新，培养具有国际视野的动物专业科技人才，又要落实立德树人根本任务，结合我国推进乡村振兴战略实际需求，培养具有扎实基本理论、基础知识和基本能力，兼有深厚"三农"情怀、立志投身农业一线工作的新型农业人才，这是教育部高等学校动物生产类专业教学指导委员会一直在积极呼吁并努力推动的事业。

欣喜的是，高等农业教育改革创新已成为当下我国下至广大农业院校、上至党和国家领导人的强烈共识。2019年6月28日，全国涉农高校的百余位书记校长和农林教育专家齐聚浙江安吉余村，共同发布了"安吉共识——中国新农科建设宣言"，提出新时代新使命要求高等农业教育必须创新发展，新农业新乡村新农民新生态建设必须发展新农科。2019年9月5日，习近平总书记给全国涉农高校的书记校长和专家代表回信，对涉农高校办学方向提出要求，对广大师生予以勉励和期望。希望农业院校"继续以立德树人为根本，以强农兴农为己任，拿出更多科技成果，培养更多知农爱农新型人才"。2021年4月19日，习近平总书记考察清华大学时强调指出，高等教育体系是一个有机整体，其内部各部分具有内在的相互依存关系。要用好学科交叉融合的"催化剂"，加强基础学科培养能力，打破学科专业壁垒，对现有学科专业体系进行调整升级，瞄准科技前沿和关键领域，推进新工科、新医科、新农科、新文科建设，加快培养紧缺人才。

党和国家高度重视并擘画设计，广大农业院校以高度的文化自觉和使命担当推动着新农科建设从观念转变、理念落地到行动落实，编写一套新农科教材的时机也较为成熟。本套新农科教材以打造培根铸魂、启智增慧的精品教材为目标，拟着力贯彻以下三个核心理念。

一是新农科建设理念。新农科首先体现新时代特征和创新发展理念，农学要与其他学科专业交叉与融合，用生物技术、信息技术、大数据、人工智能改造目前传统农科专业，建设适应性、引领性的新农科专业，打造具有科学性、前沿性和实用性的教材。新农科教材要具有国际学术视野，对接国家重大战略需求，服务农业农村现代化进程中的新产业新业态，融入新技术、新方法，实现农科教融汇、产学研协作；要立足基本国情，以国家粮食安全、农业绿色生产、乡村产业发展、生态环境保护为重要使命，培养适应农业农村现代化建设的农林专业高层次人才，着力提升学生的科学探究和实践创新能力。

二是课程思政理念。课程思政是落实高校立德树人根本任务的本质要求，是培养知农爱农新型人才的根本保证。打造教材的思想性，坚持立德树人，坚持价值引领，将习近平新时代中国特色社会主义思想、中华优秀传统文化、社会主义核心价值观、"三农"情怀等内容融入教材。将课程思政融入教材，既是创新又是难点，应着重挖掘专业课程内容本身蕴含的科技前沿、人文精神、使命担当等思政元素。

三是数字化建设理念。教材的数字化资源建设是为了适应移动互联网数字化、智能化潮流，满足教学数字化的时代要求。本套教材将纸质教材和精品课程建设、数字化资源建设进行一体化融合设计，力争打造更优质的新形态一体化教材。

为更好地落实上述理念要求，打造教材鲜明特色，提升教材编写质量，我们对本套新农科教材进行了前瞻性、整体性、创新性的规划设计。

一是坚持守正创新，整体规划新农科教材建设。在前期开展了大量深入调研工作、摸清了目前高等农业教材面临的机遇和挑战的基础上，我们充分遵循教材建设需要久久为功、守正创新的基本规律，分批次逐步推进新农科教材建设。需要特别说明的是，2022年8月，教育部组织全国新农科建设中心制定了《新农科人才培养引导性专业指南》，面向粮食安全、生态文明、智慧农业、营养与健康、乡村发展等五大领域，设置生物育种科学、智慧农业等12个新农科人才培养引导性专业，由于新的专业教材奇缺，目前很多高校正在积极布局规划编写这些专业的新农科教材，有的教材已陆续出版。但是，当前新农科建设在很多高校管理者和教师中还存在认识的误区，认为新农科就只是12个引导性专业，这从目前扎堆开展这些专业教材建设的高校数量和火热程度可见一斑。我们认为，传统农科和新农科是一脉相承的，在关注和发力新设置农科专业的同时，我们更应思考如何改造提升传统农科专业，赋予所谓的"旧"课程新的内容和活力，使传统农科专业及课程焕发新的生机，这正是我们目前编写本套新农科规划教材的出发点和着力点。因此，本套新农科教材，拟先从动物科学、动物医学、水产三个传统动物类专业的传统课程入手，以现有各高校专业人才培养方案为准，按照先传统农科专业再到新型引导性专业、先理论课程再到实验实践课程、先必修课程再到选修课程的先后逻辑顺序做整体规划，分批逐步推进相关教材建设。

二是以教学方式转变促进新农科教材编排方式创新。教材的编排方式是为教材内容服务的，以体现教材的特色和创新性。2022年11月23日，教育部办公厅、农业农村部办公厅、国家林业和草原局办公室、国家乡村振兴局综合司等四部门发布《关于加快新农科建设推进高等农林教育创新发展的意见》(简称《意见》)指出，"构建数字化农林教育新模式，大力推进农林教育教学与现代信息技术的深度融合，深入开展线上线下混合式教学，实施研讨式、探究式、参与式等多种教学方法，促进学生自主学习，着力提升学生发现问题和解决问题的能力"。这些以学生为中心的多样化、个性化教学需求，推动教育教学模式的创新变革，也必然促进教材的功能创新。现代教材既是教师组织教学的基本素材，也是供学生自主学习的读本，还是师生开展互动教学的基本材料。现代教材功能的多样化发展需要创新设计教材的编排体例。因此，新农科规划教材在优化完善基本理论、基础知识、基本能力的同时，更要注重以栏目体例为主的教材编排方式创新，满足教育教学多样化和灵活性需求。按照统一性与灵活性相结合的原则，本套新农科规划教材精心设计了章前、章(节)中、章后三大类栏目。如章前有"本章导读""教学目标""本章引言"(概述)，以问题和案例开启本章内容的学习，并明确提出知识、技能、情感态度价值观的三维学习目标；章中有拓展教学方式类栏目、拓展教学资源类栏目，编者在写作中根据需求可灵活自由、不拘一格创设栏目版块，具有极大的创作空间；章后有"知识网络图""复习思考题""拓展阅读"等栏目形式，同样为编者提供了广阔的创新空间。不同册次教材的栏目根据实际情况做了调整。尽管教材栏目形式多样，但都是紧紧围绕三维教学目标来设计和规定的，每个栏目都有其明确的目的要义。

三是以有组织的科研方式组建高水平教材编写团队。高水平的编者具有较高的学术水平和丰富的教学经验，能深刻领悟并落实教材理念要求、创新性地开展编写工作，最终确保编写出高质量的精品教材。按照教育部2019年12月16日发布的《普通高等学校教材管理办法》中"发挥高校学科专业教学指导委员会在跨校、跨区域联合编写教材中的作用"以及"支持全国知名专家、学术领军人物、学术水平高且教学经验丰富的学科带头人、教学名师、优秀教师参加教材编写工作"的要求，西南大学出版社作为国家一级出版社和全国百佳图书出版单位，在教育部高等学校动物生产类专业教学指导委员会的指导下，邀请全国主要农业院校相关专家担任本套教材的主编。主编都是具有丰富教学经验、造诣深厚的教学名师、学科专家、青年才俊，其中有相当数量的学校(副)校长、学院(副)院长、职能部门领导。通过召开各层级新农科教学研讨会和教材编写会，各方积极建言献策、充分交流碰撞，对新农科教材建设理念和实施方案达成共识，形成本套新农科教材建设的强大合力。这是近年来全国农业教育领域教材建设的大手笔，为高质量推进教材的编写出版提供了坚实的人才基础。

新农科建设是事关新时代我国农业科技创新发展、高等农业教育改革创新、农林人才培养质量提升的重大基础性工程，高质量新农科规划教材的编写出版作为新农科建设的重要一环，功在当代，利在千秋！当然，当前新农科建设还在不断深化推进中，教材的科学化、规范化、数字化都是有待深入研究才能达成共识的重大理论问题，很多科学性的规律需要不断地总结才能指导新的实践。因此，这些教材也仅是抛砖引玉之作，欢迎农业教育战线的同人们在教学使用过程中提出宝贵的批评意见以便我们不断地修订完善本套教材，我们也希望有更多的优秀农业教材面市，共同推动新农科建设和高等农林教育人才培养工作更上一层楼。

教育部动物生产类专业教学指导委员会主任委员
中国工程院院士、华中农业大学教授　陈焕春

前言

畜牧学概论课程主要为全中国高等院校动物医学、农林经济管理、农学、园艺、水产养殖、食品科学与工程等非动物科学专业开设的课程之一，其内容涵盖了畜牧学科的大部分内容，教学目标是让非动物科学专业学生熟悉、了解畜牧学内容及其与畜牧业的关系。畜牧学概论是一门系统研究动物生产原理与技术的综合性课程，包括畜禽遗传育种与繁殖，动物营养与饲料科学，畜牧场环境控制与设计，猪、鸡、鸭、鹅、牛、羊生产等内容。通过本课程学习，可以了解畜禽的生物学特点及与畜禽养殖有关的基本理论、基本知识和基本技能，并能够利用相关理论知识和生产技能解决畜牧生产中的问题，提高畜牧生产的效率、效益及畜产品的产量和品质。近年来，随着我国高等教育体系改革不断深入，对教材提出了新的要求。2019年《教育部关于深化本科教育教学改革全面提高人才培养质量的意见》指出："把课程思政建设作为落实立德树人根本任务的关键环节，坚持知识传授与价值引领相统一、显性教育与隐性教育相统一，充分发掘各类课程和教学方式中蕴含的思想政治教育资源"。

在此背景下，西南大学出版社组织编写了一批"新农科建设新形态规划教材"，基于时代性、前沿性、适用性、可读性、数字化的角度，《畜牧学概论》涵盖了畜牧学的全部内容，教材共十章，主要包括第一章绪论，第二章动物营养原理，第三章饲料，第四章畜禽遗传育种技术，第五章动物繁殖技术，第六章畜牧场环境控制与设计，第七章猪生产技术，第八章家禽生产技术，第九章牛生产技术，第十章羊生产技术。动物营养与饲料科学包括动物营养原理、饲料资源挖掘与利用、配合饲料设计与生产等内容，主要是为动物生产提供营养学理论基础，科学配制日粮，促进动物生长发育与繁殖及其产品的高效生产。畜禽遗传育种包括动物性状遗传原理及其育种技术、品种选育与新品种培育、畜禽遗传资源保护和开发利用等内容，主要是为动物生产提供育种方面的科学依据，为畜牧生产提供优质的种质资源。动物繁殖技术包括动物繁殖规律、繁殖技术和繁殖障碍防治等内容，主要是为遵循动物繁殖规律，运用繁殖技术来提高动物繁殖力，增加动物数量。畜牧场环境控制与设计包括地理生态条件、养殖环境控制、畜牧场工艺设计、场址选择、场区规划布局等，主要是为畜牧生产提供适宜的环境，促进动物健康生长和繁殖以及优质动物产品的生产。

畜牧学的中心任务是为人类提供质优量多的动物产品。从动物生物学特性以及畜牧生产来看，动物遗传育种与繁殖是根本，动物营养与饲料科学是基础，动物生产环境控制及设施设备是关键，优质安全的畜产品生产是目标。畜牧产业主要是利用动物营养原理科学配制饲料，遵循动物遗传原理，利用育种方法生产优质畜禽品种，采用繁殖技术快速繁殖后代，为人类提供肉、蛋、奶、毛、皮、绒等产品。因此，畜牧学概论课程与畜牧产业相对应，课程内容涵盖了畜牧产业所属环节。

本教材力求理论联系实际，以突出系统性、注重先进性、加强实用性为宗旨，内容广泛但又精练，技术新且实用。在编写过程中，广泛搜集资料，并借鉴国内外同类教材的优点，力求体现教学改革精神，反映学科前沿。为了培养学生独立分析思考问题的能力，同时也为了增强本教材的实用性，于每章后面设计了课堂讨论、思考题、拓展阅读等以供学生学习。

本教材由来自全国14所高等农业院校的16位长期从事畜牧概论课程教学工作的老师共同完成。编者在不断总结各自教学实践、积累教学经验的基础上完成了本教材的编写工作。具体分工是：肖定福、白霞(绪论)，沈水宝(动物营养原理)，赵景鹏、杨震国(饲料)，李红(畜禽遗传育种技术)，尹华东、伍树松(动物繁殖技术)，金晓、许蒙蒙(畜牧场环境控制与设计)，张依裕(猪生产技术)，于敏莉、张永宏(家禽生产技术)，苏华维、谢红兵(牛生产技术)，马友记(羊生产技术)。书稿完成后先由作者之间两两互校，再由副主编负责相应章节校稿，最后由主编统一修改、补充和定稿。

本教材的编写和出版得到了西南大学出版社、湖南农业大学教务处、动物科学技术学院的关心和大力支持；另外感谢湖南农业大学动物医学院白霞老师对本教材进行了耐心细致的审阅与统稿，在此表示衷心的感谢！此外，本教材参考和引用了许多文献的有关内容，部分已在参考文献中列出，限于教材篇幅仍有部分未加注出处或列出。在此，我们谨向原作者表示真诚的谢意和歉意。

由于编者水平有限，书中必定有不足之处，恳请广大读者批评指正。

编者

2024年6月

目录

第一章 绪论 ········001
- 第一节 畜牧业在国民经济中的重要地位和作用········003
- 第二节 我国畜牧业发展状况及主要成就········005
- 第三节 我国畜牧养殖业存在的主要问题········006
- 第四节 我国畜牧业面临的发展机遇和重大挑战········009
- 第五节 推进畜牧业高质量发展的策略········010

第二章 动物营养原理 ········015
- 第一节 营养素的消化吸收········017
- 第二节 饲料中的营养元素及其功能········025
- 第三节 动物的营养需要、采食量与饲养标准········049

第三章 饲料 ········057
- 第一节 饲料的分类及营养特性········059
- 第二节 饲料营养价值评定方法········070
- 第三节 配合饲料与配方设计········080

第四章 畜禽遗传育种技术 ········093
- 第一节 动物遗传学基础········095
- 第二节 畜禽品种概述········103
- 第三节 畜禽生产性能测定········105

		第四节　畜禽的选种与选配……………………………………113
		第五节　畜禽品系与品种的培育及杂种优势利用………………126
		第六节　畜禽遗传资源保护…………………………………………131

第五章　动物繁殖技术……………………………………………137

		第一节　动物的生殖器官及机能…………………………………139
		第二节　生殖激素……………………………………………………142
		第三节　雄性动物生殖生理………………………………………147
		第四节　雌性动物生殖生理………………………………………155
		第五节　受精、妊娠及分娩…………………………………………164
		第六节　人工授精技术……………………………………………171
		第七节　繁殖控制技术……………………………………………177
		第八节　提高动物繁殖力的主要措施……………………………183

第六章　畜牧场环境控制与设计…………………………………187

		第一节　畜牧场环境控制及设备…………………………………189
		第二节　畜牧场的环境保护………………………………………204
		第三节　畜牧场及其设计…………………………………………212
		第四节　畜牧场工艺设计…………………………………………213
		第五节　畜牧场场址选择…………………………………………224
		第六节　畜牧场场区规划和建筑物布局…………………………228

第七章　猪生产技术…………………………………………………235

		第一节　猪的生物学和行为学特性………………………………237
		第二节　猪的品种……………………………………………………240
		第三节　种猪的饲养管理…………………………………………245
		第四节　仔猪的饲养管理…………………………………………256
		第五节　生长育肥猪的饲养管理…………………………………261
		第六节　养猪生产工艺……………………………………………266

第八章　家禽生产技术………………………………………………277

		第一节　家禽的生物学特性………………………………………279
		第二节　鸡的品种及利用…………………………………………281

第三节 人工孵化技术……289
第四节 蛋鸡标准化饲养管理技术……299
第五节 肉鸡标准化饲养管理技术……313
第六节 鸭的饲养管理……318
第七节 鹅的饲养管理……321

第九章 牛生产技术……331

第一节 牛的生物学特性……333
第二节 牛的品种……340
第三节 牛的体型外貌……348
第四节 肉牛的饲养管理技术……354
第五节 奶牛生产技术……361
第六节 牛的主要疾病及其防治措施……374

第十章 羊生产技术……383

第一节 羊生产概述……385
第二节 羊的生物学特性……391
第三节 羊的品种……393
第四节 舍饲羊饲养管理技术……395
第五节 乳用羊的饲养管理……398
第六节 育肥羊的饲养管理……399
第七节 放牧羊的饲养管理……401
第八节 规模化羊场建设……403

主要参考文献……408

第一章
绪论

本章导读

随着人民生活水平的不断提高,人们对肉、蛋、奶等畜产品数量和质量的需求越来越高,作为农业中重要的分支学科——畜牧学,为这些产品的供给提供了重要的理论和技术支撑。绪论部分主要讲述了我国畜牧业的发展现状和策略。

畜牧业在国民经济中的作用有哪些?当前我国畜牧业发展现状、主要成就、存在的主要问题是什么?我国应该如何推进高质量发展阶段的畜牧业之路?本章将对这些问题进行详细阐释。

学习目标

1.通过本章节的学习,学生可以了解我国畜牧业的发展现状、策略及趋势。

2.通过本章节的学习,学生可以了解畜牧业在国民经济中的重要地位、作用,以及我国畜牧业发展状况、主要成就;熟悉我国畜牧养殖业存在的主要问题;提高结合现状深入分析问题和解决问题的能力。

3.通过系统学习畜牧学相关知识,学生可以了解畜牧业高质量发展的策略方法,智能畜牧业中应用的先进技术,以及我国畜牧业面临的发展机遇和挑战;初步具备从事畜禽生产的基本素质,树立"创新、协调、绿色、开放、共享""以人为本、绿色发展""动物福利养殖"等发展理念,在可持续发展的前提下,获得更优质、更安全的畜产品。

概念网络图

- **绪论**
  - 畜牧业在国民经济中的重要地位和作用
    - 保障食品数量安全，改善食物结构
    - 提供轻工业发展所需原料，促进畜产品加工业发展
    - 增加农牧民收入，助力乡村振兴
    - 有利于发展有机农业，实现农业可持续协调发展
  - 我国畜牧业发展状况及主要成就
    - 产业素质显著提高，畜产品供应能力稳步提升
    - 生产方式稳步升级，绿色发展理念明显转变
    - 畜产品质量安全保持较高水平，重大动物疫病得到有效防控
  - 我国畜牧养殖业存在的主要问题
    - 畜牧养殖业结构不合理
    - 产业化经营困难
    - 畜产品管理和产品质量监测体系薄弱
    - 畜禽养殖业与环境之间的问题依然存在
    - 关键约束问题
  - 我国畜牧业面临的发展机遇和重大挑战
    - 发展机遇
    - 重大挑战
  - 推进畜牧业高质量发展的策略
    - 加强遗传资源保护和自主创新
    - 健全动物防疫与食品安全体系
    - 大力发展现代科技和智慧畜牧业
    - 积极调整传统畜牧业生产结构
    - 支持种养结合和粪污资源利用
    - 加快培育多元化新型经营主体
    - 充分利用两个市场的两种资源
    - 全面完善政策框架和体制机制

畜牧业是将有经济价值的兽类、禽类等动物，通过驯化和培育，利用其生长繁殖等功能以取得畜产品或役畜的生产部门。鉴于畜牧业对人类社会的重大作用，本章阐述了畜牧业在国民经济中的重要地位和作用，我国畜牧业发展状况及主要成就，以及我国畜牧养殖业存在的主要问题，我国畜牧业面临的发展机遇和重大挑战，推进畜牧业高质量发展的策略。针对我国畜牧业存在的主要问题，以及面临的发展机遇和重大挑战，提出相应的策略以期加快推进畜牧业高质量发展。

畜牧业是关系民生的重要产业，是农业农村经济的支柱产业，是保障粮食安全和居民生活的战略性产业，是农业现代化的标志性产业。"十四五"时期是开启全面建设社会主义现代化国家新征程、向第二个百年奋斗目标进军的首个五年，是全面推进乡村振兴、加快农业农村现代化的关键五年，也是畜牧业转型升级、提升质量效益和竞争力的重要五年。"畜牧学概论"是一门系统研究动物生产原理与技术的综合性课程，重点阐述畜禽的生物学特性、营养与饲料、遗传育种基本原理、繁殖、饲养管理、环境控制、动物生产技术等内容。

第一节　畜牧业在国民经济中的重要地位和作用

畜牧业经济是农业经济的重要组成部分，世界上很多国家都把种植业、畜牧业和林业视为统一的整体，施行农林牧三结合的方针，让畜牧业为农田提供有机质粪肥，改善土质结构成分，提高土质肥力。《"十四五"全国畜牧兽医行业发展规划》提及，到2025年重点打造生猪、家禽两个万亿级产业，奶畜、肉牛肉羊、特色畜禽、饲草四个千亿级产业。在农村产业发展中，畜牧业是支柱型、主导型产业之一，畜牧业的发展不仅可以带动饲料加工业、畜牧机械、兽药及食品、毛纺、制革等畜产品加工业的发展，还是促进农村生产力发展的支柱产业。同时，畜牧业还直接关系到畜禽产品的质量安全、生态安全、粮食安全，关系到农业增效、农民增收以及人民身体健康和公共卫生安全，还能带动相关产业的技术进步和产业升级。

一、保障食品数量安全,改善食物结构

畜牧业所生产的畜产品不仅是人们生活中最基本的必需品,还能改善人们的食物结构,增加食物中动物性蛋白质的占比。据报道,动物食品的蛋白质含量比植物食品高70%,且营养全面,含有人体所必需的各种氨基酸,是植物食品所不能替代的。2023年,全国猪、牛、羊、禽肉产量9641万t,其中,猪肉产量5794万t,牛肉产量753万t,羊肉产量531万t,禽肉产量2563万t;另外,牛奶产量4197万t,禽蛋产量3563万t。猪肉、羊肉、禽肉、禽蛋产量继续保持世界首位,牛肉、奶类产量位居世界前列。与世界平均水平相比,我国猪肉人均占有量已达到世界平均水平,而蛋类已达到发达国家平均水平。随着经济的发展和收入水平的提高,人们对生活方式和生活质量的要求也不断提高;食物营养结构和膳食结构发生了很大变化,人们对肉、蛋、奶产量和质量的要求也进一步提高。畜牧业的发展,已成为丰富人民群众"菜篮子"工程的关键所在,是改善人民生活的现实需求,是提高人民生活水平的重要渠道。

二、提供轻工业发展所需原料,促进畜产品加工业发展

畜牧业能提供动物的皮、毛、羽、内脏、骨等原料,促进食品、制革、毛纺、医药等轻工业的发展。肉、蛋、奶为食品工业的重要原料;动物皮和毛皮可作为制革工业的重要原料;动物毛、绒、羽毛是毛纺织业及羽毛加工业的原料;动物血液、脏器、骨等是医药业及饲料加工业的原料。以畜产品为原料的轻工业是国民经济的重要组成部分,轻工业的持续健康发展既有助于满足人民日常生活所需以及日益增长的消费需要,又有助于提高人们物质生活水平,还有助于促进整个国民经济的持续健康发展。中国畜产品加工业正逐步朝着规范化、规模化、集团化、一体化、低耗高效环保化方向发展,努力营造优质、多样、方便、多档次、低成本的畜产品生产与供应局面。

三、增加农牧民收入,助力乡村振兴

据统计,我国农业总产值的1/3以上来自畜牧业。畜牧业不仅直接吸纳了大批的剩余劳动力,同时承农启工、产业链长、关联度高,还带动了相关产业的发展。一方面,畜牧业对饲草、饲料的需求旺盛,拉动了粮、棉、油、菜等主要农产品的生产;另一方面,畜牧业带动了饲料、兽药、皮革、轻纺、食品等轻工业和服务业的发展,延长了产业链条,为农村富余劳动力的转移提供了更大空间,推动了农村劳动力的有序转移。当前,我国畜牧业已经成为农业和农村经济的支柱产业,在带动相关产业发展、吸纳农村剩余劳动力、提供就业、增加农民收入、助力乡村振兴等方面作出了巨大贡献,对农村社会和经济的稳定与发展意义重大。

四、有利于发展有机农业,实现农业可持续协调发展

20世纪中期,随着农业发展带来的负面影响对人类的危害日益凸显,人们逐渐认识到可持续发展的重要性,要求经济效益、社会效益、生态效益并举,发展种植业与畜牧业有机结合,科学合理地使用化肥与有机肥,并以有机肥为主,实现投资省、耗能低、效益高和有利于保护环境的有机农业之路。目前,我

国农作物生产、畜牧业生产以及农作物、畜产品已经形成一条较为完整的产业链,畜牧业和农作物生产相互协调,共同推动农村经济发展。我国作为一个农业大国,畜牧生产可为种植业提供有机肥料,将畜牧业所产生的粪便、污水等作为有机肥来灌溉农作物能够减少化肥的使用量,同时能够降低种植成本;将农作物产生的秸秆等副产物作为食草性动物的饲料,既保护了生态环境,又实现了资源再利用。走农牧有机结合的现代农业发展道路,减少农业生产中的环境污染、农药残留、生态系统被破坏等问题,有助于农业的可持续发展。

第二节 我国畜牧业发展状况及主要成就

十几年来,我国畜牧业在生产规模、结构、方式及理念等方面取得了很大的成就,深刻影响了我国农业生产面貌和膳食营养水平。近年养殖成本攀升、畜产品价格变动大,养殖利润空间减小,同时,随着生活水平的不断提高,人们对安全、优质畜产品的需求日益突出,促使畜牧发展进入以节本、提质、增效、绿色、低碳为重点的发展新时期。为此,我国畜牧业应加快转变发展理念,以满足现代农业发展的新需求。

一、产业素质显著提高,畜产品供应能力稳步提升

近年来,我国畜牧业综合生产能力不断增强,在保障国家粮食安全、繁荣农村经济、促进农牧民增收等方面发挥了重要作用。《"十四五"全国畜牧兽医行业发展规划》表明:2020年全国畜禽养殖规模化率达到67.5%,比2015年提高13.6个百分点;畜牧养殖机械化率达到35.8%,比2015年提高7.2个百分点。养殖主体格局发生深刻变化,小散养殖场(户)加速退出,规模养殖快速发展,呈现龙头企业引领、集团化发展、专业化分工的发展趋势,组织化程度和产业集中度显著提升。畜禽种业自主创新水平稳步提高,畜禽核心种源自给率超过75%,比2015年提高15个百分点。生猪屠宰行业整治深入推进,乳制品加工装备设施和生产管理基本达到世界先进水平,畜禽运输和畜产品冷链物流配送网络逐步建立,加工流通体系不断优化,畜牧业劳动生产率、科技进步贡献率和资源利用率明显提高。

二、生产方式稳步升级,绿色发展理念明显转变

我国畜牧业正朝专业化、规模化和现代化方向发展,传统粗放型畜牧业向更加关注生产效率、成本收益、资源节约和环境保护的现代畜牧业转变。当前,国家和生产主体将畜牧业发展的驱动力从增加要素投入转向提升科技进步和全要素生产率,全面提高畜禽生产能力和改善养殖环境,大力推进畜禽良种等核心技术攻关和普及畜禽粪污资源化利用等绿色发展理念,规模化养殖、种养结合等成为这一时期畜牧业发展的热点问题。在生产方式上,我国畜牧业经历了从以传统家庭散养为主向以规模养殖为主的

转变,这尤为体现在禽肉、禽蛋和生猪等领域。伴随城市化、工业化推进,农村"种田—养猪""秸秆喂畜—畜粪还田"的生产方式被打破,畜牧业空间集聚程度和规模化程度大幅提升,规模养殖场成为主要畜禽生产的核心主体。

从发展理念来看,中国畜牧业经历了"先污染,后治理"的发展过程,从忽视资源环境保护的掠夺发展方式向资源节约、环境友好型畜牧业转变。"十三五"以来,畜牧业生产布局加速优化调整,畜禽养殖持续向环境容量大的地区转移,南方水网地区养殖密度过大等问题得到有效纾解,畜禽养殖与资源环境保护相协调的绿色发展格局加快形成。畜禽养殖废弃物资源化利用取得重要进展,2023年全国畜禽粪污综合利用率超过78%,种养结合农牧循环发展新格局初步形成。抗生素、药物饲料添加剂退出和兽用抗菌药使用减量化行动成效明显,《全国兽用抗菌药使用减量化行动方案(2021—2025年)》制定的行动目标要求:确保"十四五"时期全国产出每吨动物产品兽用抗菌药的使用量保持下降趋势,肉蛋奶等畜禽产品的兽药残留监督抽检合格率稳定保持在98%以上,动物源细菌耐药趋势得到有效遏制。无论是畜牧业发展面临的现实境遇,还是政府陆续出台的政策文件,都充分表明了中国畜牧业资源环境约束趋紧,绿色、可持续的发展理念正植根于中国畜牧业发展实践中。

三、畜产品质量安全保持较高水平,重大动物疫病得到有效防控

质量兴牧策略持续推进,源头治理、过程管控、产管结合等措施全面推行,畜产品质量安全保持稳定向好的态势。2020年,饲料、兽药等投入品抽检合格率达到98.1%,畜禽产品抽检合格率达到98.8%。2023年第一次国家农产品质量安全抽检总体合格率为97.5%,全国产地水产品兽药残留监测合格率为99.5%。

疫病防控由以免疫为主向综合防控转型,强制免疫、监测预警、应急处置和控制净化等制度不断健全,重大动物疫情应急实施方案逐步完善,动植物保护能力提升工程深入实施,动物疫病综合防控能力明显提升,非洲猪瘟、高致病性禽流感等重大动物疫情得到有效防控,全国动物疫情形势总体平稳。

第三节 我国畜牧养殖业存在的主要问题

统筹畜产品供需秩序、保障食品安全与营养安全的发展理念仍未建立,导致在自给率下降和"双循环"背景下畜牧业应对国内外形势变化的准备不足。贯彻高质量发展策略,不可忽视畜禽良种、动物疫病、养殖技术、资源短缺、环境保护等关键约束的重要性,畜牧业转型发展面临的挑战十分严峻,动物防疫和环境污染治理等任务仍很艰巨。

一、畜牧养殖业结构不合理

畜牧养殖业结构不合理主要表现：高耗低效，资源利用效率低，制约了畜产品供给能力的增长；生猪养殖占比过高，在规模化、集约化养殖和玉米-豆粕型日粮模式下，加重了人畜争粮问题；畜产品种类单调，质量有待提高，难以满足消费需求的变化；地区布局与资源分布不协调，资源利用不充分。家畜产品结构失衡主要表现：肉、蛋增长快速，乳、毛类生产落后，肉牛、羊奶等产品相对落后；全国肉牛优良种率低于40%，优质黄牛产品的覆盖范围较小；我国肉牛标准胴体重远达不到全球标准。

二、产业化经营困难

生产加工落后于市场经济的发展要求，肉食加工占农业生产的15%，而用于加工和制药工业的蛋类不到10%。乡镇企业普遍出现了机械设备严重老化、工艺流程落后、产品质量管理不足和生产效益较差等问题，致使生产加工的成本较高。

三、畜产品管理和产品质量监测体系薄弱

兽医管理力量薄弱、动物疫病、家畜中毒、有害物质残留超标等问题严重影响了畜产品出口和内销。兽药管理事业单位内控的动物疫病测报系统、动物疾病防控体系、紧急动物疫病快速反应体系和兽医监测体系等尚未完善，并且畜牧业技术推广体系发展也相对滞后。当前，虽然已经建立了畜产品质量标准制度，但是对畜禽饲养、畜禽生产加工以及贮藏包装等过程的监控与管理制度仍不规范。

四、畜禽养殖业与环境之间的问题依然存在

规模化饲养模式让畜禽养殖水平、畜产品数量和经济效益提高的同时，也造成了牲畜粪尿相对集中和管理复杂等问题。同时，因没有配套的废弃物处理体系和环保措施，对土壤、水源以及空气等环境因子影响较大。

五、关键约束问题

1. 畜禽良种约束

种子是农业的"芯片"，要求坚决打好种业翻身仗，积极开展种源"卡脖子"技术攻关。不仅是种植业需要实现种业自主，畜牧业同样需要摆脱对国外畜禽良种的过度依赖。据农业农村部数据，畜牧业当前以"洋种引进"实现良种化的发展方式没有得到根本突破，"杜长大"（"杜"为杜洛克猪，"长"为长白猪，"大"为大白猪）已占据全球生猪育种90%以上，我国本土金华猪、宁乡猪、太湖猪等优良种质资源仍未得到有效开发，奶牛种源自给率低至25%，肉牛、蛋鸡的种源自给率仅为70%，生猪、肉羊的种源自给率勉强达到90%，但进口量持续增长。长期依赖国外畜禽良种和优良草种将制约中国畜牧业竞争力的提升，在国际形势不确定性的影响下还会加剧国内稳产保供的风险。

2. 动物疫病约束

疫病防控是畜牧业规模化发展过程中不容忽视的关键问题，直接关系到畜禽的正常生产秩序，世界

卫生组织推测每年因动物疫病导致畜牧业产值减少20%以上。中国畜牧业规模化水平快速提升的同时，重大动物疫病也在频繁发生，对畜牧业经济和畜产品生产秩序造成极大威胁。21世纪以来，高致病性H5N1禽流感、猪链球菌病、高致病性猪蓝耳病、H7N9型禽流感、小反刍兽疫等多起重大动物疫情严重冲击了我国畜牧业健康、稳定的生产秩序，特别是人畜共患病对国民社会经济的稳定运行和人民群众的健康生活都造成了不同程度的威胁和破坏。2018年非洲猪瘟传入我国，对我国生猪养殖业造成了巨大冲击，猪肉供应偏紧致使猪肉价格飞涨，严重破坏居民正常的猪肉消费秩序。当前，我国仍处于畜牧业规模化和区域集聚化发展阶段，但相应的支持保障体系不健全，抵御各种风险的能力偏弱，特别是对重大动物疫病的应对能力不足，这些都制约着产业质量、效益水平的提升，不利于畜牧业现代化的全面实现。

3. 养殖技术约束

"十四五"规划要求提高农业综合生产能力和竞争力，我国畜牧业总体呈现"大而不强"的局面，在科技创新体系和服务推广体系等方面仍很滞后，智慧型畜牧业发展动力不足，生产效率总体不高。当前，发达国家已经在畜禽高生产效率的基础上，积极发展现代智慧型畜牧业，打造以遥感、物联网、大数据、人工智能等地理信息技术和现代信息科技为支撑的现代畜牧产业链条。而我国畜牧业正处于由散养迈向规模经营的初级阶段，肉牛、肉羊等生产效率低下与养殖技术落后的问题突出。在个体生产水平方面，我国生猪、肉牛的胴体重，每只蛋鸡年产蛋量，每头奶牛年产奶量等远低于发达国家先进水平；在智慧农业和畜牧业方面，我国还未正式步入智慧型畜牧业发展阶段。总体来看，我国畜牧业生产效率和发展水平较发达国家还有明显差距，技术落后、效率不高是制约中国畜牧业高质量发展的关键因素。

4. 资源短缺约束

伴随畜牧业生产规模的扩大，对饲料粮、饲草、水和土地等资源的需要量都在增长，进而引发并加剧"人畜争粮""人畜争水"等矛盾。饲料粮方面，据中国海关数据，2020年"饲料之王"玉米进口数量约1130万t，并且木薯、大麦等其他替代品进口速度也在快速增长，国内饲料粮对外依存度明显提升；饲草资源方面，牧区过度放牧引发草原生态退化和生产力低下，农区牧草产业仍未得到充分发展，致使牛羊等草食畜牧业发展面临优质牧草区域性和季节性供给短缺的问题，制约牛羊肉生产规模扩大和肉类消费结构优化，苜蓿、燕麦草等草产品进口量大幅度增长；水资源方面，北方农区和牧区农业水资源季节性约束十分明显，对粮食灌溉和畜牧业生产都有一定制约；土地资源方面，在耕地资源紧张的背景下养殖用地审批困难，尽管非洲猪瘟疫情发生后制定的《自然资源部办公厅关于保障生猪养殖用地有关问题的通知》等文件促使养殖用地审批有所松动，但耕地资源总量有限的现实无法扭转养殖用地紧张的状态，"楼房养猪"模式也恰恰印证了当前土地资源紧张、流转成本过高的现实问题。

5. 环境保护约束

面对资源约束趋紧、环境污染严重、生态系统退化的严峻形势，国家高度重视生态文明建设。畜牧业生产排放的氮、磷、CO_2等是环境污染的重要来源，为应对农业面源污染和实现"碳达峰、碳中和"的发展目标，必须治理和解决畜牧业环境污染问题。保护环境将是畜牧业成功实现转型升级和加快现代化发展进程的关键措施。未来，畜牧业在日益严峻的资源环境约束下，将逐步由数量增长转向经济、生态、社会效益并重的高质量、绿色、低碳发展之路。

第四节 我国畜牧业面临的发展机遇和重大挑战

一、发展机遇

农业农村部印发的《"十四五"全国畜牧兽医行业发展规划》指出:"十四五"时期我国重农强农氛围进一步增强,推进畜牧业现代化面临难得的历史机遇。一是市场需求扩面升级。"十四五"时期我国将加快形成以国内大循环为主体、国内国际双循环相互促进的新发展格局,城乡居民消费结构进入加速升级阶段,肉蛋奶等动物蛋白摄入量增加,对乳品、牛羊肉的需求快速增长,绿色优质畜产品市场空间不断拓展。二是内生动力持续释放。畜牧业生产主体结构持续优化,畜禽养殖规模化、集约化、智能化发展趋势加速,新旧动能加快转换。随着生产加快向规模主体集中,资本、技术、人才等要素资源集聚效应将进一步凸显,产业发展、质量提升、效率提速潜力将进一步释放。三是保障体系更加完善。党中央、国务院高度重视畜牧业发展,《国务院办公厅关于促进畜牧业高质量发展的意见》明确了一系列政策措施,为"十四五"畜牧兽医行业发展提供了指导。农业农村部会同有关部门先后制定、实施了多项政策措施,在投资、金融、用地及环保等方面实现了重大突破,畜牧业发展激励机制和政策保障体系也在不断完善。

二、重大挑战

《"十四五"全国畜牧兽医行业发展规划》指出,当今世界正经历百年未有之大变局,"十四五"时期畜牧业发展的内外部环境更加复杂,依靠国内资源增产扩能的难度日益增加,依靠进口调节国内余缺的不确定性加大,构建国内国际双循环的新发展格局面临诸多挑战。一是稳产保供任务更加艰巨。未来一段时期,畜产品消费仍将持续增长,但玉米等饲料粮供需矛盾突出,大豆、苜蓿等严重依赖国外进口。受非洲猪瘟等重大疫情冲击,猪牛羊肉等重要畜产品在高水平上保持稳定供应难度加大。二是发展不平衡问题更加突出。一些地方缺乏发展养殖业的积极性,"菜篮子"市长负责制落实不到位;加工流通体系培育不充分,产加销利益联结机制不健全;基层动物防疫机构队伍严重弱化,一些畜牧大县动物疫病防控能力与畜禽饲养量不平衡,生产安全保障能力不足;草食家畜发展滞后,牛羊肉价格连年上涨,畜产品多样化供给不充分。三是资源环境约束更加趋紧。养殖设施建设及饲草料种植用地难问题突出,制约了畜牧业规模化、集约化发展;部分地区生态环境容量饱和,保护与发展的矛盾进一步凸显;种养主体分离,种养循环不畅,稳定成熟的种养结合机制尚未形成,粪污还田利用水平较低。四是产业发展面临的风险更加凸显。生产经营主体生物安全水平参差不齐,周边国家和地区动物疫病多发常发,内疫扩散和外疫传入的风险长期存在。"猪周期"有待破解,猪肉价格起伏频繁,市场风险加剧。贸易保护主义抬头,部分畜禽品种核心种源自给水平不高,"卡脖子"风险加大。五是提升行业竞争力的要求更加迫切。我国畜牧业劳动生产率、科技进步贡献率、资源利用率与发达国家相比仍有较大差距。国内生产成本整体偏高,行业竞争力较弱,畜产品进口连年增加,不断挤压国内生产空间。

第五节 推进畜牧业高质量发展的策略

高质量发展阶段的畜牧业生产不仅需要关注数量增长,更需要注重符合社会消费需求特征的质量提升,保障主要动物产品长期稳定供应。实现畜牧业高质量发展需要加快传统粮食安全观念向大食物系统安全观念转型,从食物安全的战略高度统筹谋划畜牧业高质量发展的路径方向和策略选择。

2020年,《国务院办公厅关于促进畜牧业高质量发展的意见》明确了"畜牧业整体竞争力稳步提高,动物疫病防控能力明显增强,绿色发展水平显著提高,畜禽产品供应安全保障能力大幅提升"的高质量发展目标,特别要求"猪肉自给率保持在95%左右,牛羊肉自给率保持在85%左右,奶源自给率保持在70%以上,禽肉和禽蛋实现基本自给。到2025年畜禽养殖规模化率和畜禽粪污综合利用率分别达到70%以上和80%以上,到2030年分别达到75%以上和85%以上。"实现规模化水平与畜禽粪污综合利用水平的同步提升。

一、加强遗传资源保护和自主创新,保种业安全

我国长期面临种源"卡脖子"问题,在畜禽领域尤为突出。尽管我国已建成一大批国家级和省级畜禽遗传资源保种场、保护区、基因库,但对地方畜禽品种的开发利用还不够,种业自主创新能力很弱。在高质量发展阶段,以第三次全国畜禽遗传资源普查为契机,强化畜禽种质资源调查、收集与保护工作,健全种质资源保护制度、提升种质资源保护能力,加快建立全国畜禽遗传资源保护体系和相应的法律法规体系。逐步形成以市场需求为导向的育种创新机制,以龙头企业为主体的商业化育种体系,以产学研深度融合为基础的协作育种方式,积极构建现代育种创新体系、技术支撑体系和经费保障体系。加强畜禽遗传资源保护和自主创新工作,高度重视挖掘本土畜禽品种的优势性能。

二、健全动物防疫与食品安全体系,保供给稳定

动物疫病和食品安全已成为威胁畜牧业稳产保供秩序的主要问题,健康的生产过程和安全的畜禽产品是畜牧业高质量发展必不可少的条件。非洲猪瘟凸显了我国动物疫病防控体系的脆弱性,"三聚氰胺""瘦肉精"等重大食品安全事件凸显了我国食品安全体系的薄弱性,作为全球较大的动物食品生产国和消费国之一,我国畜牧业发展离不开健全的疫病防控体系和食品安全体系。特别是在畜牧业高质量发展阶段,我国需要全盘谋划疫病防控和食品安全的发展方向,广泛汲取国外在健康养殖、动物福利、生态畜牧业和食品安全等方面的先进经验,建设系统、全面的疫病防控团队、科技推广体系和食品安全制度,强化有关方面的法律约束,形成绿色、健康的食品生产导向,为健康养殖、疫病防控和畜产品安全提供完善的社会化服务。

三、大力发展现代科技和智慧畜牧业，保技术支撑

在畜牧业高质量发展阶段，科技将发挥更大的作用，尤为体现在改变生产方式和提高生产效率等方面。科技创新和数字技术驱动畜牧业高质量发展表现在多个方面：一是推动传统养殖模式向现代化养殖模式转型，建设更具标准化、集约化特征的现代畜禽养殖场，破解传统养殖阶段粗放管理造成的发展约束；二是应用科技要素有助于提升畜禽出栏率、屠宰胴体率和整个产业的全要素生产率，实现畜禽生产的提质增效和竞争力提升；三是发展智慧畜牧业，采用物联网、大数据信息平台贯通产前、产中、产后各环节，促进养殖、防疫、检疫、运输、屠宰、销售等环节的互联互通，加快实现全产业链的实时监测和全程追溯。

四、积极调整传统畜牧业生产结构，保结构优化

结构优化是高质量发展之需。实施"稳猪扩牛羊"的畜种调整策略，在稳定生猪生产的同时积极扩大肉牛、肉羊生产规模。"稳猪扩牛羊"是迎合居民肉类消费喜好的必然选择，是解决猪肉和牛肉、羊肉供需矛盾的现实路径，是调控生猪供给风险的有效方法。实现"稳猪扩牛羊"的结构调整目标的重点主要包括两方面：一是扩大基础牛羊母畜产能，借鉴"基础母牛银行"等模式鼓励社会资本投入基础母畜养殖领域，推动形成广泛的公司与农户合作形式，支持农区乡村、偏远山区在牛羊产业脱贫的基础上通过发展母畜致富；二是增加优质牧草和秸秆供给，通过提高天然草原生产力、农区粮改饲与粮草轮作、南方草山草坡生产改良三大工程，形成牧区、农区和南方草山草坡三大优质牧草供应体系，应特别注意草种改良、草业机械、秸秆采收与加工机械等问题。根据《"十四五"全国饲草产业发展规划》，到2025年，全国优质饲草产量达到9800万t，牛羊饲草需求保障率达80%以上，饲草种子总体自给率达70%以上，饲料（草）生产与加工机械化率达65%以上。

五、支持种养结合和粪污资源利用，保绿色发展

绿色发展是高质量发展之魂。综合考虑粮草和水土供给能力，优化畜牧业生产布局，依据原料导向原则谋划种养结合和畜禽粪污资源化利用发展战略，加快实现畜牧业碳达峰、碳中和与绿色发展。加快发展种养结合，适度发展牧区人工种草并着力打造生态美好、生产兴旺的现代精品草原，做好农区畜禽与饲草饲料的空间优化，围绕玉米等饲料粮主产区打造种养结合优势产业带，以经济效益提升促进农牧循环和种养结合。以畜禽粪污资源化利用整县推进项目为基础，继续聚焦畜牧大县推进畜禽粪污资源化利用，探索政府引导、企业参与的市场化运营模式，打造丰富多样的畜禽粪污资源化利用新业态。同时，畜牧业作为最主要的农业碳排放部门，还应当积极构思和谋划畜牧业低碳发展路径，服务国家碳达峰与碳中和发展目标。

六、加快培育多元化新型经营主体，保适度规模

适度规模经营对提高生产效率、转变发展方式具有重要意义。当前，我国禽类规模化水平遥遥领先，但牛羊的规模发展任务仍很艰巨，这主要受养殖方式传统、行业门槛较高等因素影响。发展规模养殖，首先需要识别不同规模经营的特征和优劣条件，清晰判断规模经营在产业发展中的关键作用；其次

是要做好规模经营的政策引导,在牛羊等规模经营水平过低的领域适当倾斜财政扶持力度。发展多种形式的规模经营,重点培育一批引领带动成效显著的畜牧业龙头企业、合作社和家庭牧场,扩大新型规模经营主体的生产占比,完善规模经营主体的配套服务体系,形成规模经营主体与社会化服务体系相互促进的现代经营格局。以规模经营主体为纽带,促进小规模经营户有机衔接现代畜牧业生产方式,积极对接现代生产要素和大市场环境,形成以规模经营主体为引领、多种经营规模协调互促的高质量畜牧业经营体系。

七、充分利用两个市场的两种资源,保内外循环

受资源禀赋特征和膳食结构优化的影响,我国畜牧业生产规模无法有效满足国人对优质动物蛋白的消费需求。2020年,国家提出构建国内国际双循环相互促进的新发展格局。我国畜产品主要依靠国内供给,但对进口的依赖性正在逐渐升高,构建畜牧业双循环格局已十分迫切。在双循环背景下,中国畜牧业要向内要效率,以技术创新赋能产业升级;向外要资源、要市场,争取扩大开放规模、丰富进口渠道、创新利用模式,深化更加稳定的海外畜牧业合作。

八、全面完善政策框架和体制机制,保政策平稳

环保"一刀切"和生猪产能恢复政策的接连出台体现了畜牧业政策的波动性,冲击了市场运行秩序。畜牧业高质量发展的实现,离不开高质量的政策框架。高质量发展阶段的政策制定需要充分考虑两个方面:一是坚持政策稳定性,制定政策参考大纲,紧密围绕一个核心理念出台长期稳定性、短期灵活性的相关政策,坚决杜绝朝令夕改等大幅度的政策波动;二是精准对接国际环境,制定适应世界贸易组织(WTO)框架的畜牧业政策扶持体系,特别是在由增量到提质的高质量发展时期,需要加快扩大"绿箱"政策实施范围,强化对解决畜产品供求结构失衡、要素配置不合理、资源环境约束趋紧等难题的政策导向,注重对生态发展和关键技术领域的政策扶持。

新质生产力赋能畜牧业转型升级,全面推进畜牧业高质量发展是适应畜牧业转型升级的必然要求,更是促进国民膳食结构优化的重要保障。新时期,面向畜牧业高质量发展的现实需求,我国的畜牧业仍然在畜禽良种、疫病防控、资源等方面存在约束,切实需要更稳定的政策环境、更高效的科技支撑为畜牧业发展提供更强有力的支持与保障。未来,面对我国资源环境约束趋紧、国际贸易不确定性增加的基本现实,积极探索立足国内、适当进口的畜牧产业格局将尤为关键,协调好资源环境与稳产保供的关系,建设生态生产型畜牧业,将会成为畜牧业高质量发展的重要出路。

拓展阅读

扫码获取本章拓展数字资源。

课堂讨论

1.发展畜牧业对我国国民经济建设有何作用？谈谈你所了解的地区畜牧业在乡村振兴战略实施中的作用。

2.结合国内外畜牧业生产现状,谈谈我国未来畜牧业发展趋势。

3.谈谈你对畜牧业新质生产力的理解。可以从哪些途径去提高畜牧业新质生产力？

思考与练习题

1.当前我国畜牧业存在的主要问题是什么？

2.我国应如何推进高质量发展阶段的畜牧业之路？

3.我国畜牧业面临的发展机遇和重大挑战各是什么？

4.名词解释：①畜牧学；②畜牧业。

第二章

动物营养原理

本章导读

所有动物都需要营养素来维持生命、生长、发育和繁衍后代。动物需要哪些营养素？这些营养素对动物长肉、长毛、产蛋、产奶和繁殖的作用是什么？如何通过动物营养原理，了解动物营养需要并建立动物饲养标准，为下一步科学配制饲料打下基础？本章将对这些问题一一进行解答。

学习目标

1. 理解营养素的消化吸收特点、动物营养需要和饲养标准。掌握营养素的基本概念，了解动物不同生产目标的营养需求，从而建立科学的饲养标准。

2. 初步具备将动物营养的基础理论与相关饲养生产实践相结合的能力；培养较强的将营养特性与其机能相联系的思维和分析能力。

3. 通过本章的学习，深刻理解高质量发展畜牧业需要保证营养的高效合理流动，形成饲料资源的高效利用、动物产品的高效生产、人类健康及生态环境长期维护的动物营养科学指南。

4. 从生态平衡的角度，理解营养供给、动物需求、生产性能与环境保护的关系。认知事物发展的本质，从而爱护自然，维护生态平衡。

5. 从营养是一个过程的角度，领会猪低蛋白低豆粕多元化日粮对国家粮食安全和以产业兴旺为基础推动乡村全面振兴的意义，以及对高质量发展畜牧业的影响，培养知农爱农思想，以强农兴农为己任，将所学的知识为中国式农业现代化服务。

概念网络图

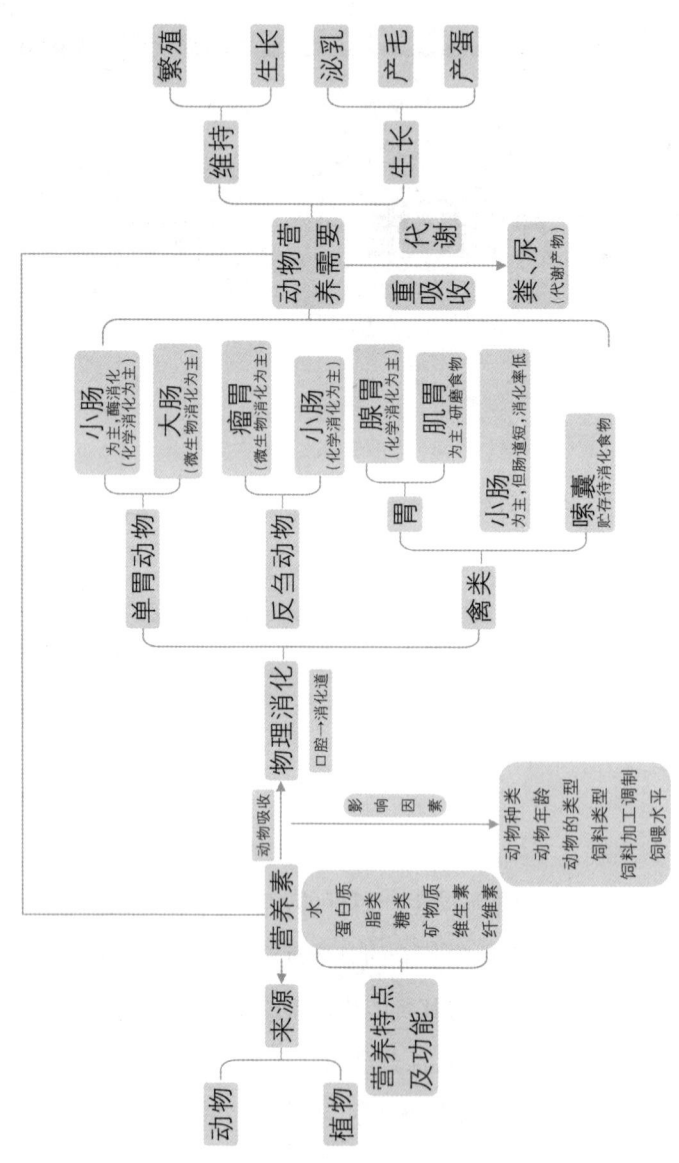

动物营养是动物生产的重要保障,营养是一个动态的过程,包括从采食、消化、吸收、利用到排泄全部过程。因此,本章从营养素的消化吸收入手,对动物营养原理的三个大方面进行阐述。首先,不同种类的动物消化道结构特点决定了对营养素消化的特点与吸收利用的差异;其次,不同的营养素特点、来源,不同的动物营养需求特点对动物营养需求的满足是不同的;最后,回归到动物生产中,营养满足的一个重要而又实用的概念是动物的采食量,满足动物营养需要与动物采食量密切相关。因此,通过本章的学习,可以掌握动物营养的一些基本原理,比如营养素、营养消化吸收与利用、动物营养需要、采食量等,从动物的角度去理解营养,从而更好地为动物配制饲料,把动物养好。

第一节 营养素的消化吸收

根据不同种类的动物对营养物质的消化吸收特点和不同生产目标的营养需要特点,配制不同种类的动物饲料,制订相应的饲养标准。

一、动物消化系统结构及消化特点

动物的消化系统主要包括口腔、牙齿、舌、咽、食管、胃、小肠和大肠,还有附属的消化器官如唾液腺、胰腺、肝脏和胆囊等。口腔在饲料的物理消化中起主要的作用,肠道含有各种具有高代谢活性的微生物和消化酶,是饲料消化吸收的主要部位。消化的定义是饲料在管腔内或胃、小肠和大肠的刷状缘膜上被酶分解成小分子物质的化学过程。吸收是指养分从胃、小肠和大肠的黏膜细胞进入组织间液,再从组织间液进入毛细血管(进入血液)或乳糜管(进入淋巴)的过程。消化吸收由神经和胃肠激素调节,影响胃的排空、扩张和胃肠道的蠕动以及唾液腺、胃、胰腺和肠道的分泌。胃肠道的结构因动物种类不同而有所差异,这是自然进化产生的结果。

(一)单胃类

单胃动物以猪为例,其消化系统结构如图2-1-1所示。

1. 猪消化系统的结构特点

猪的门齿、犬齿和臼齿都很发达，咀嚼食物比较细致，咀嚼时多做下颚的上下运动，横向运动较少。猪在咀嚼时有气流自口角进出，因而随着下颚上下运动，会发出咀嚼所特有的响声。猪的味觉和嗅觉特别发达，其味蕾数量是人的数倍，对饲料的味道特别敏感。

猪的唾液腺很发达，内含的淀粉酶是马的14倍，牛、羊的3~5倍，胃肠道内具有各种消化酶，因而能充分利用各种动植物和矿物质饲料。

猪只有一个胃，位于食管和十二指肠之间，胃由四个区域组成：贲门部、胃底、胃体和幽门部。胃的舒张刺激食欲，胃的收缩促进饲料的摄取和食糜进入十二指肠。

小肠(十二指肠、空肠和回肠)是主要的营养消化和吸收部位，以酶消化为主。

大肠(结肠、盲肠)以微生物消化为主，比如母猪大肠的消化作用可为机体提供的能量约占总能量的10%。

饲料在猪胃肠道平均滞留的时间约为43 h，有利于让饲料的营养被机体充分消化和吸收。

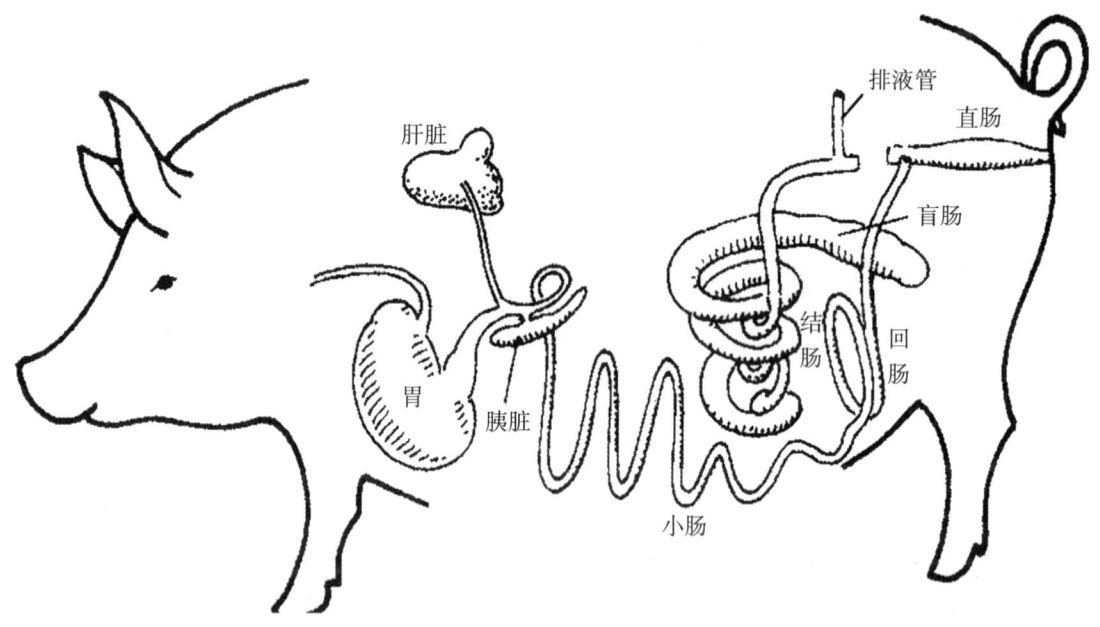

图2-1-1 猪消化道的结构

2. 猪的消化特点

猪的口腔有坚硬的吻突，可以掘地寻食，靠尖形下唇将食物送入口腔。猪饮水或饮取流体食物时，主要靠口腔形成的负压来完成。

猪的唾液中含有较多的淀粉酶，这在家畜中是一个突出的特点。唾液淀粉酶的最适pH环境是弱碱性或中性。食物进入胃之后，在未被酸性胃液浸透之前，随食物入胃的唾液淀粉酶，仍继续起消化作用。猪的唾液分泌是连续的，不论是否采食，一天24 h总在不断分泌，但采食时分泌增强，唾液分泌量每昼夜可多达15 L。猪两侧唾液分泌呈不对称性，对于某一食物的刺激，左侧腺体的分泌可能多于右侧，对于另一种食物的刺激，右侧腺体的分泌可能多于左侧。因此，应避免长期喂食单一饲料造成单侧腺体负担过重，而另一侧腺体的功能得不到发挥而退化的情况发生。另外，唾液分泌的质和量随饲料不同而变化。

胃液是胃黏膜各种腺体所分泌的混合液，无色透明，呈酸性(pH 0.5~1.5)，由水、有机物、无机盐和盐酸等组成。有机物中主要是各种消化酶,包括胃蛋白酶、胃脂肪酶和凝乳酶。猪胃腺细胞不产生水解糖类的酶,但糖在胃内也存在一定程度的消化,这主要依靠唾液淀粉酶和植物性饲料中含有的酶来完成。仔猪胃内的消化酶具有一些突出的特点:哺乳仔猪胃液分泌量随日龄增长而增加,到断乳时白天和夜间胃液分泌量几乎相等,然后逐渐过渡到白天分泌量大于夜间分泌量的水平,达到成年猪的分泌水平。初生仔猪胃液中不含游离的盐酸或仅有少量盐酸,盐酸产生后即被胃液中和,到1月龄左右,仔猪胃酸才表现出杀菌功能,但此时酸度仍然较低,直至2.5月龄时,胃酸才达到成年猪的水平。仔猪胃液中凝乳酶和脂肪酶活性很强,但胃蛋白酶活性很弱,仔猪对蛋白质的消化主要依靠小肠中的胰蛋白酶来完成。仔猪出生后便对母猪乳汁中的各种营养成分有很强的消化吸收能力,消化吸收率几乎达100%。

由胃排入小肠的食糜,在小肠内受到胰液、胆汁和小肠液中酶的化学作用,并受到小肠收缩运动的机械作用,于是食糜含有的大部分营养物质变成能溶于水的小分子物质。因此,小肠是整个消化系统中最重要的消化部位。胰液由胰腺组织中的消化腺细胞所分泌,经胰腺导管排入十二指肠,无色透明,呈碱性(pH 7.8~8.4)。胰液分泌是连续的,并在采食时分泌增加。胰液中含有无机盐和有机物,无机盐主要是浓度很高的碳酸氢钠和钾、钠、钙等离子,有机物主要包括胰蛋白酶、胰脂肪酶、胰淀粉酶等。仔猪哺乳期间的胰脂肪酶活性很高,断奶之后活性降低。胆汁由肝细胞分泌,是有黏性、味苦、橙黄色的弱碱性液体。在非消化期间,胆汁贮于胆囊中,消化时胆囊收缩,胆汁由胆管排入十二指肠。胆汁中除水以外,主要包括胆盐、胆色素、胆固醇等,不含消化酶。小肠液是指小肠黏膜中腺的混合分泌物,呈弱碱性,含有水、碳酸氢钠和多种消化酶,并混有脱落的肠黏膜上皮细胞。小肠液中的消化酶种类较多,主要包括肠肽酶、肠脂肪酶、麦芽糖酶、蔗糖酶、乳糖酶、核酸酶、核苷酸酶等。小肠中的食糜,一方面受到小肠液中各种消化酶的水解作用,另一方面小肠也在不断运动,使消化产物与肠黏膜密切接触,以利吸收,并推进食糜后移,进入大肠。小肠运动是肠壁平滑肌收缩与舒张的结果,肠壁内层环行肌收缩时,胸腔缩小;外层纵行肌收缩时,肠管长度缩短。两层肌肉协同舒缩而表现出各种肠运动方式,包括蠕动、分节运动和摆动。

大肠液的主要成分是黏液,含酶很少。随食糜进入大肠的小肠液中的消化酶,在大肠内继续发挥着消化作用。但食糜中绝大部分营养物质,经过小肠之后均已被消化和吸收,进入大肠的大都是难以消化的物质,主要是植物性饲料中的纤维素。大肠内的微生物可对部分纤维素进行分解和发酵。大肠内的细菌也能分解蛋白质、氨基酸等含有氮素的物质。猪大肠运动方式基本与小肠相似,但速度比小肠慢,运动强度也较弱。大肠内容物被推送到大肠后段后,由于水分被强烈吸收,最终形成粪便。自饲料进入口腔直至消化残渣形成粪便由肛门排出体外所需的时间,因饲料性质、猪的采食量以及猪体生理状态不同而异,一般情况下,成年猪进食18~24 h后开始排出饲料中的第一份残渣,持续12 h左右方能排泄完毕。

(二)反刍类

反刍动物包括牛、羊、羊驼、鹿、羚羊、骆驼等。反刍动物消化系统最大的特点是胃分四个部分:瘤胃、网胃、瓣胃和皱胃(如图2-1-2所示),前两个胃室是不完全分开的,统称为瘤网胃,瘤胃、网胃和瓣胃也称为前胃,皱胃称为真胃。

瘤胃在反刍动物消化过程中发挥着重要的作用,瘤胃结构包括颅囊部、腹囊部和后背盲囊部等。反刍动物瘤胃壁具有小而广泛的手指状突起,称为乳头,具有增加瘤胃表面积以及促进瘤胃壁将瘤胃中营养物质、发酵产物吸收并能运送至血液的作用。正常饲喂条件下,瘤胃的特征:平均温度39 ℃(38~40 ℃);pH 5.5~6.8(因饲料不同而不同);平均氧化还原电位-350 mV,是厌氧的强还原环境;主要气体为二氧化碳和甲烷。

瘤胃的极端厌氧环境决定了其独特的消化功能。微生物消化在瘤胃中占主导地位,瘤胃pH显著地影响微生物的发酵和生长。若大量单糖或淀粉添加到反刍日粮时,瘤胃的纤维消化能力会被削弱。瘤胃的发育依赖纤维日粮的摄入和微生物种群的建立,瘤胃微生物包括厌氧细菌(原核生物)、真菌(多细胞真核生物)和原虫(单细胞真核生物)等类型。由于微生物的作用,使反刍动物对蛋白质和其他含氮化合物的消化利用方式与单胃动物有很大的不同。

牛的消化系统

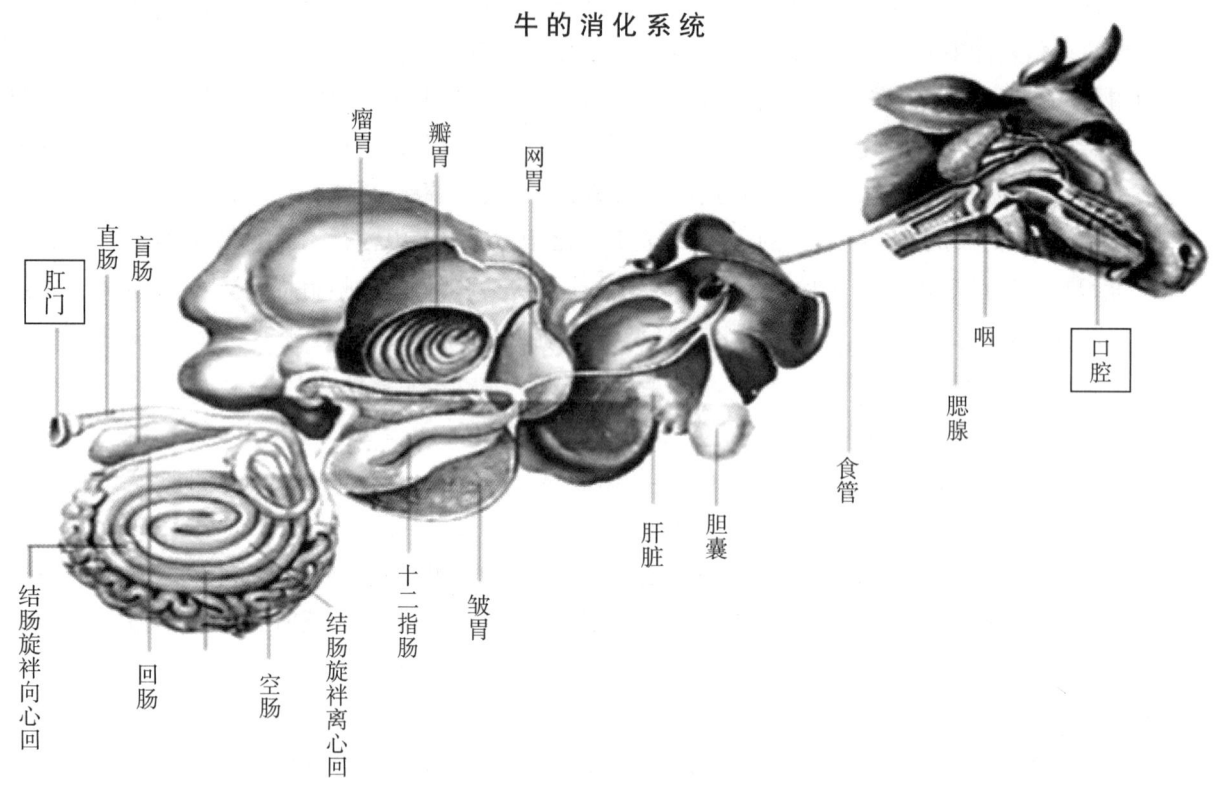

图2-1-2 牛的消化系统结构

1.饲料蛋白质在瘤胃中的降解

饲料蛋白质进入瘤胃后,一部分被微生物降解生成氨,生成的氨除用于微生物合成菌体蛋白外,其余的氨经瘤胃吸收,进入门静脉,随血液进入肝脏合成尿素。合成的尿素一部分经唾液和血液返回瘤胃再利用,另一部分从肾排出,这种氨和尿素的合成和不断循环,称为瘤胃中的氮素循环。氮素循环在反刍动物蛋白质代谢过程中具有重要意义,可减少摄入饲料蛋白质的浪费,并可使摄入的蛋白质被细菌充分利用合成菌体蛋白,以供畜体利用(如图2-1-3所示)。

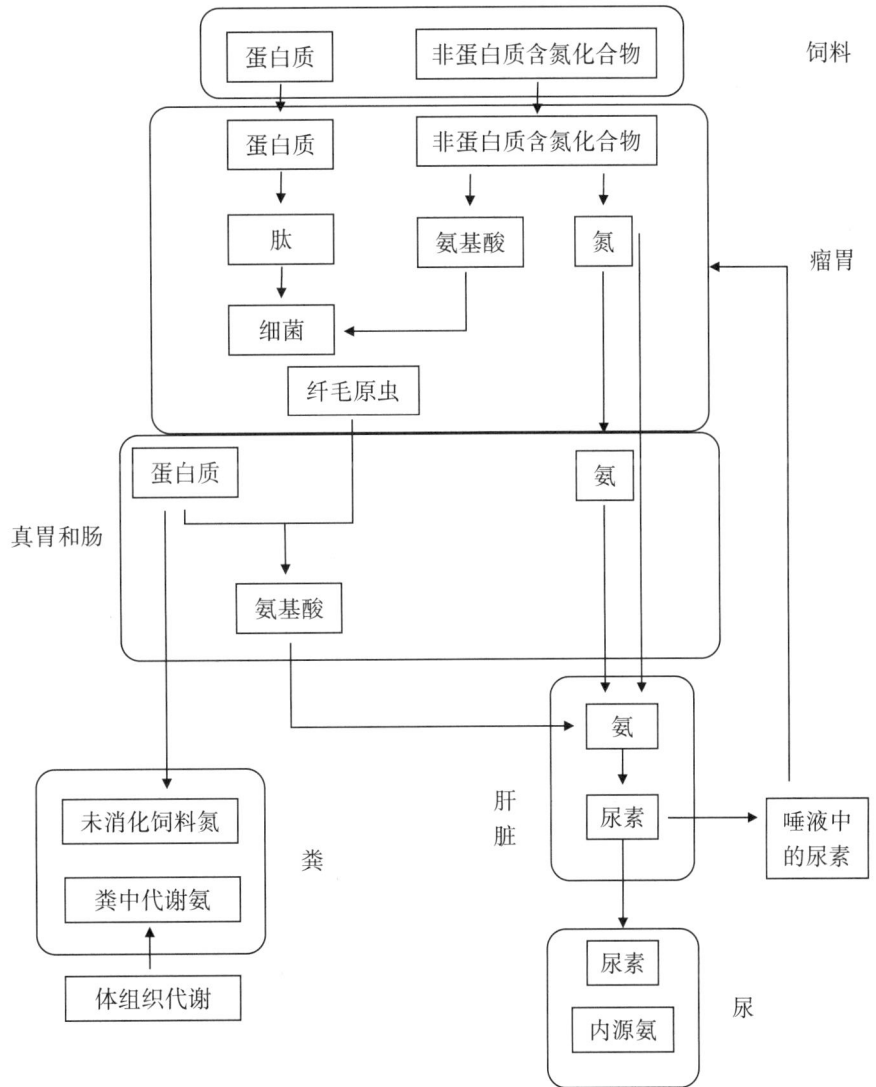

图2-1-3 反刍动物对饲料蛋白质的消化利用

饲料蛋白质经瘤胃微生物分解的那一部分称为瘤胃降解蛋白质(RDP),未被分解的那部分称为非降解蛋白质(UDP)或过瘤胃蛋白。饲料蛋白质被瘤胃降解的那部分占摄入饲料蛋白质总量的百分比称为蛋白降解率。各种饲料蛋白质在瘤胃中的降解率和降解速度不一样,蛋白质溶解性越高,降解越快,降解程度也越高。例如,尿素的降解率为100%,降解速度也最快;酪蛋白降解率为90%,降解速度稍慢;植物饲料蛋白质的降解率差别较大,玉米的蛋白降解率约为40%,但有的植物饲料蛋白质的降解率可达80%。

2.微生物蛋白质的产量和品质

瘤胃中80%的微生物能利用氨,其中约26%的微生物全部利用氨,约55%的微生物可以利用氨和氨基酸,少数的微生物能利用肽。在氮源和能量充足的情况下,瘤胃微生物能合成足以维持正常生长的蛋白质。在一般情况下,瘤胃中每1 kg干物质被微生物利用能够合成90~230 g菌体蛋白,至少可供100 kg左右的动物维持正常生长或满足日产奶10 kg的奶牛所需。瘤胃微生物蛋白质的品质次于优质的动物蛋白,与豆饼和苜蓿叶蛋白相当,优于大多数的谷物蛋白。

瘤胃微生物在反刍动物营养中的作用包括两个方面:一方面,瘤胃微生物能将品质低劣的饲料蛋白质转化为高质量的菌体蛋白(这是主流);另一方面,瘤胃微生物又可将优质的蛋白质降解。尤其是高产奶牛需要较多的优质蛋白质,而供给的优质蛋白质又难以避免被瘤胃降解,为了解决这个问题,可对饲料进行预处理使其中的蛋白质不被微生物分解,即成为过瘤胃蛋白。主要处理方法有:对饲料蛋白质进行适当热处理,用甲醛、鞣酸等化学试剂进行处理,将某种物质(如鲜猪血)包裹在蛋白质外面,这些方法可使饲料中过瘤胃蛋白量增加,让更多的氨基酸进入小肠。

3. 碳水化合物的消化和吸收

包括粗纤维和淀粉的消化吸收。前胃是反刍动物消化粗饲料的主要场所,前胃内微生物每天消化的碳水化合物量占采食粗纤维和无氮浸出物量的70%~90%。其中瘤胃相对容积大,是微生物寄生的主要场所,每天消化碳水化合物的量占总采食量的50%~55%,故瘤胃具有重要的营养意义。

饲料中的粗纤维被反刍动物采食后,在口腔中不发生变化。进入瘤胃后,瘤胃微生物分泌的纤维素酶将纤维素和半纤维素分解为乙酸、丙酸和丁酸。乙酸、丙酸和丁酸的比例正常情况下为70:20:10,但受日粮结构的影响而有显著差异。一般地,饲料中精料比例较高时,乙酸所占比例减少,丙酸所占比例增加。乙酸、丙酸和丁酸为挥发性脂肪酸(VFA),参与体内碳水化合物代谢,通过三羧酸循环形成高能磷酸化合物(ATP),产生热能,以供动物使用。约75%的挥发性脂肪酸经瘤胃壁吸收,约20%经皱胃和瓣胃壁吸收,约5%经小肠吸收。脂肪酸的碳原子含量越多,吸收速度越快,丁酸吸收速度大于丙酸。乙酸、丁酸有合成乳脂肪中短链脂肪酸的功能,丙酸是合成葡萄糖的原料,而葡萄糖又是合成乳糖的原料。瘤胃中未分解的纤维性物质,到盲肠、结肠后在细菌的作用下发酵分解为VFA、二氧化碳和甲烷。VFA被肠壁吸收参与代谢,二氧化碳、甲烷由肠道排出体外,最后未被消化的纤维性物质以粪便形式排出。

饲料中的淀粉被反刍动物摄入后,由于反刍动物唾液中淀粉酶含量少、活性低,因此淀粉在口腔中几乎不被消化。进入瘤胃后,淀粉等在细菌的作用下发酵分解为VFA与二氧化碳,VFA的吸收代谢与前述相同,瘤胃中未消化的淀粉与糖转移至小肠,在胰淀粉酶的作用下转变为麦芽糖,在有关酶的进一步作用下,转变为葡萄糖,并被肠壁吸收,参与代谢。小肠中未消化的淀粉进入盲肠、结肠,在细菌的作用下产生的变化与在小肠中相同。

4. 脂肪的消化吸收

饲料中的脂肪被反刍动物摄入后,在瘤胃微生物作用下发生水解,产生甘油和各种脂肪酸。甘油很快被微生物分解成VFA。脂肪酸包括饱和脂肪酸和不饱和脂肪酸两类,不饱和脂肪酸在瘤胃中经过氢化作用转变为饱和脂肪酸。脂肪酸进入小肠后被消化吸收,随血液运送至体组织,变成体脂肪贮存于脂肪组织中。

(三)禽类

禽类消化系统有独特的特点(如图2-1-4),没有牙齿,有嗉囊,胃分为腺胃和肌胃两部分,腺胃可分泌消化液(盐酸)和消化酶,肌胃用于研磨食物,以促进饲料在小肠中更好地消化。有一对盲肠,直肠不长,伸至泄殖腔,泄殖腔是直肠、输尿管、输卵管(输精管)的共同开口。家禽的消化系统结构简单,其消化主要特点如下。

(1)家禽的消化道短,消化道排空快。体长与消化道的长度比为1:4左右,鸭、鹅的肠管长度为体长的4~5倍,而牛的为20倍,猪的为14倍。因此,饲料通过家禽消化道的速度较快,消化吸收不完全,吃进去的食物经过4~5 h就可排出体外。鹅的消化道排空更快,其肌胃发达,占胃肠道重量的1/2以上,饲料在胃肠道内一般仅存留2 h左右。

（2）家禽有坚硬的喙，适于啄食。口腔内无牙齿，因此没有咀嚼能力，口腔底为舌所在处，舌黏膜上典型味蕾细胞数较少，味觉能力差，主要靠视觉寻找食物。无软腭和颊，须仰头才能将饮水送入食道。嗅觉不发达，但能凭经验感觉味道。唾液腺不发达，唾液内淀粉酶很少，消化作用不大，主要用于润滑饲料，便于吞咽。

（3）食道是一条长管，近胸口处膨大形成嗉囊，可以贮存待消化的饲料。嗉囊不分泌消化液，仅分泌黏液软化饲料，其中一些细菌和淀粉酶使饲料变成可溶状态。鸭、鹅的食管不形成嗉囊，颈部食管可呈纺锤形膨大，用以暂存食物。

（4）胃分肌胃和腺胃两部分，腺胃的容积小且壁厚，呈长口袋状，食物在此停留时间很短，基本上不消化便流入肌胃。肌胃又叫砂囊，由坚硬的平滑肌束与腱膜组成。肌胃内有一层角质层（中药称为鸡内金），具有强大的机械力，与吞食的沙粒相配合，把谷粒或其他坚硬的饲料磨碎，起机械磨碎食物的作用。

（5）饲料经肌胃磨碎后进入小肠。家禽的小肠是营养物质消化的主要场所，肠液中含蛋白酶、淀粉酶等消化酶。小肠与胰腺和胆囊相连，胰腺与胆囊中分泌出的蛋白酶、淀粉酶、脂肪酶和胆汁进入小肠后能促进蛋白质、淀粉、脂肪的消化。

（6）家禽的大肠包括盲肠和直肠。鸡的消化道内基本上不存在能消化粗纤维的酶，饲料中的粗纤维主要靠盲肠中的微生物来分解。但是，小肠内容物只有少量可通过盲肠，除鹅外其他家禽对粗纤维的消化能力很有限。所以，家禽对粗纤维的消化率比家畜低。家禽的直肠不长，伸至泄殖腔，泄殖腔是直肠、输尿管、输卵管（输精管）的共同开口。因此，鸡粪表面常有一层白色的尿酸盐。

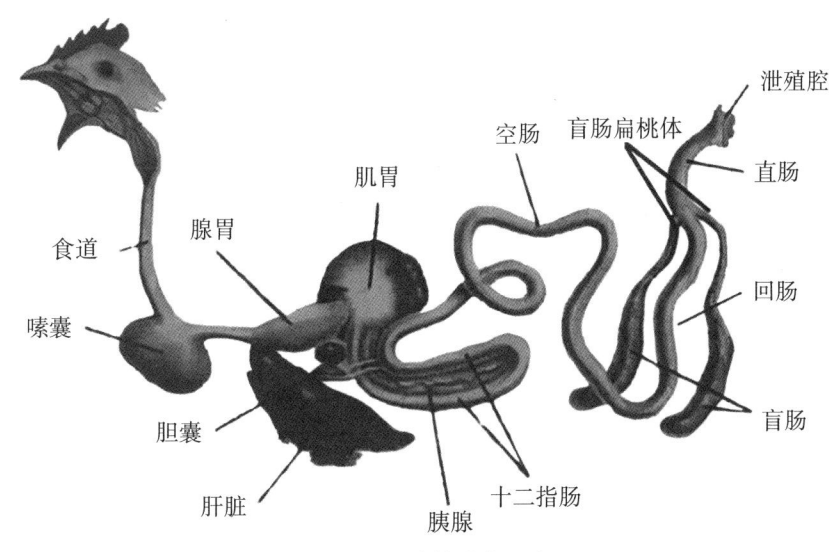

图 2-1-4　鸡的消化系统

二、营养物质的消化吸收

（一）动物对饲料的消化方式

消化是食物中的养分变成能被动物吸收的形式的过程，包括从大分子变成小分子和化学价的变化等。动物对饲料的消化方式主要有物理性消化、化学性消化和微生物消化三类。其中物理性消化主要依靠动物口腔内的牙齿和消化道管壁的肌肉运动把饲料撕碎、磨烂、压扁，有利于在消化道内形成含有水分的食糜，为饲料在胃肠道中的其他形式消化做准备；化学性消化主要是依靠消化道分泌的各种消化酶的消化方式；微生物消化主要是瘤胃微生物、大肠微生物参与的消化方式。不同的消化方式发生在动物的不同部位（表 2-1-1 所示）。

表2-1-1 动物的消化方式

消化方式	主要发生部位	工具	作用
物理性消化	口腔、消化道	牙齿、肌肉	将饲料磨碎、增加饲料表面积、使饲料与消化液充分混合
化学性消化	消化道	消化酶	将大分子分解为小分子
微生物消化	瘤胃、大肠	微生物	促使饲料分解、新物质生成

微生物消化须特别关注瘤胃内环境的四大特点：一是饲料稳定地进入瘤胃，提供微生物作用底物；二是唾液、碳酸氢钠不断进入瘤胃，维持pH在6~7；三是通过与血液间的离子交换使瘤胃渗透压接近血浆水平；四是通过发酵产热使瘤胃温度维持在38~42 ℃。瘤胃微生物主要有两大类：一大类是厌氧细菌，大致1011个/mL，可以细分为两个小类，第一个小类是可利用纤维素、淀粉、葡萄糖等的细菌，第二个小类是可发酵第一个小类细菌的代谢产物的细菌。另一个大类是原生动物（原虫），大致106个/mL，可以吞噬食物和细胞颗粒，并可利用纤维素。细菌的作用大于原生动物。反刍动物微生物能消化70%~85%的干物质和50%以上的纤维，在反刍动物消化中占有重要作用。

(二)动物对饲料的吸收

动物吸收营养的主要部位：单胃动物在小肠，反刍动物在瘤胃和小肠。营养的主要吸收方式如下。

(1)被动吸收——被动转运，物质由高浓度向低浓度区域扩散(顺浓度梯度)，不需要消耗机体能量。一些小分子物质，如短链脂肪酸、水溶性维生素、大部分离子和水等的吸收方式就是被动吸收。

(2)主动吸收——逆浓度梯度进行，需要载体参与，需要消耗能量。单糖、氨基酸等的吸收方式就是主动吸收。

(3)胞饮吸收——细胞直接吞噬某些大分子物质和离子物质。初生哺乳动物对初乳中的免疫球蛋白的吸收方式就是胞饮吸收，对初生动物获得抗体有十分重要的意义。

(三)反刍动物对营养物质的消化

反刍动物前胃(瘤胃、网胃和瓣胃)以微生物消化为主，主要在瘤胃内进行。瘤胃微生物消化具有两大优点：一是借助于微生物产生的β-糖苷酶，消化动物不能消化的纤维素、半纤维素等物质，显著增加饲料总能(GE)的可利用程度；二是微生物能合成必需氨基酸、必需脂肪酸和B族维生素等营养物质供动物利用。

皱胃和小肠的消化与非反刍动物类似，主要是酶的消化。

(四)非反刍动物对营养物质的消化

非反刍动物对营养物质的消化方式主要是酶的消化，微生物消化较弱。禽类对饲料中养分的消化类似于非反刍动物猪的消化。食物在腺胃停留时间很短，消化作用不强，主要在肌胃内进行消化，吞食进肌胃内的砂粒有助于饲料的磨碎和消化。禽类的肠道较短，饲料在肠道中停留时间不长，所以酶的消化和微生物的消化都比猪的弱。

(五)影响饲料消化率的因素

饲料消化率是动物消化饲料的能力或饲料能被动物消化的程度。衡量指标为：

$$饲料某养分消化率 = \frac{食入饲料中某养分含量 - 粪中某养分含量}{食入饲料中某养分含量} \times 100\%$$

影响饲料消化率的因素主要有：

(1)动物种类。动物消化道容积和消化道长度会影响饲料消化率。对于粗饲料,牛、羊的消化率会比猪和家禽高。

(2)动物年龄。一般来说,在成年之前,随着年龄的增长,饲料消化率逐步增大。成年之后,消化率又会随年龄的增长逐渐减小。

(3)动物的类型。以猪为例,瘦肉型猪和脂肪型猪的饲料消化率差异可达到6%。

(4)饲料类型。饲料的种类、化学成分和饲料中的抗营养因子都会影响到饲料消化率。

(5)饲料加工方法。加工包括粉碎细度和调制温度等,猪对不同粉碎细度大麦的消化率有所差异。

(6)饲喂水平。饲喂水平对反刍动物的影响大于单胃动物。

第二节 饲料中的营养元素及其功能

一、水

水是畜禽生长必不可少的营养物质之一,充足并符合卫生标准的饮水供应是畜禽饲养成功的重要因素之一。

(一)水的营养生理作用

(1)构成体组织(如表2-2-1),水是动物机体组织含量最高的成分。

表2-2-1 动物体中水的含量

动物	仔猪(8 kg)	肥猪(100 kg)	雏鸡	成年母鸡	新生犊牛	绵羊(瘦)	绵羊(肥)
动物体含水量/%	73	49	85	56	74	74	40

(2)参与养分代谢。水是一种理想的溶剂和化学反应介质,在养分代谢中发挥重要的作用。

(3)调节体温。

(4)润滑作用。

(5)稀释有毒有害物质。

(6)参与食物的消化、代谢和废物的排泄。

（二）水的来源和排出

水的来源主要有饮水（深井水或自来水）、饲料中的水、代谢水等。

水的排出主要有五大途径：由尿排出，动物由尿排出水的多少取决于动物种类、饮水量的多少以及其他途径排水量的多少。由粪排出，动物由粪排出水的多少受动物种类及饲料性质的影响。由肺脏排出，动物由肺脏排出水的多少受环境温度、动物活动量的影响。由皮肤排出，包括无知觉失水和排汗失水两种方式。由产品排出，包括产乳和产蛋等方式。

（三）动物的需水量及对水质的要求

动物对水的精确需要量不易测得，一般是在畜牧生产中饲养者根据积累的经验来大致判断需水量。一般规律是采食1 kg干物质，不同动物的需水量为：成年反刍动物需3~5 kg，犊牛需6~7 kg，猪与禽需2~3 kg。适宜环境条件下不同畜禽对水的需要量如表2-2-2所示。实际生产中还要注意水的供应方式，如表2-2-3所示为不同阶段的猪每天的饮水量及饮水时的水流速度。

表2-2-2　适宜环境条件下不同畜禽对水的需要量

动物种类	需水量/(L/d)
肉牛	22.0~66.0
奶牛	38.0~110.0
绵羊和山羊	4.0~15.0
马	30.0~45.0
猪	11.0~19.0
家禽	0.2~0.4
火鸡	0.4~0.6

表2-2-3　不同阶段的猪每天的饮水量和水流速度

阶段	饮水量/(L/d)	流速/(L/min)
刚断奶	1.0~1.5	0.3
体重达20 kg	1.5~2.0	0.5~1.0
20~40 kg	2.0~2.5	1.0~1.5
20~50 kg	5.0~6.0	1.0~1.5
后备与妊娠母猪	5.0~8.0	2.0
哺乳母猪	15.0~30.0	2.0
公猪	5.0~8.0	2.0

影响需水量的因素包括：(1)动物种类。大量排粪的动物需水多，反刍动物>非反刍动物>鸟类。(2)生产性能。产奶阶段的动物需水量最高，产蛋、产肉的动物需水相对较低。(3)气温。气温高于

30 ℃,动物需水量明显增加,低于10 ℃,动物需水量减少。(4)饲料或日粮组成。动物摄入的含氮物质越多,需水量越高;粗纤维含量越高,需水量越高;盐,特别是Na^+、Cl^-、K^+含量越高,需水量越高。(5)饲料的调制类型。饲料的调制类型对动物需水量的影响表现为粉料>干颗粒>膨化料。

水的质量直接影响动物的饮水量,质量不好的水会让动物的饮水量下降,导致采食量不足,生长潜力不能发挥,甚至引起疾病(如便秘、奶水减少等)。在实际生产中要记住:动物喝多少水才能吃多少料!必须保证饮水不被大肠杆菌、沙门氏菌和其他病原微生物所污染;溶解性总固体(TDS,主要为水溶性盐类,包括镁、钠和钙盐)的含量必须小于3000 mg/L,高于3000 mg/L对于畜禽有不利影响,比如会引发水便、增加死亡率、降低生长速度。猪饮用水的卫生标准最好能达到人的饮用水标准(GB 5749—2022《生活饮用水卫生标准》)。

二、蛋白质

(一)蛋白质的营养生理作用

1.蛋白质是构建机体组织细胞的主要原料

蛋白质是除水外含量最多的养分,占干物质的50%,占无脂固形物的80%。

2.蛋白质是机体内功能物质的主要成分

(1)血红蛋白具有运输氧的功能;

(2)肌肉蛋白对肌肉收缩起作用;

(3)酶、激素是调节代谢的主要物质;

(4)免疫球蛋白能提高机体的免疫力;

(5)运输蛋白承担载体的功能,如脂蛋白、钙结合蛋白等;

(6)核蛋白有传递和表达遗传信息的功能。

3.蛋白质是组织更新、修补的主要原料。

动物体蛋白质每天更新0.25%~0.3%,6~12个月可全部更新。

4.蛋白质可供能和转化为糖、脂肪。

实际生产中并不希望该种现象发生。

(二)氨基酸

1.氨基酸的营养生理功能

(1)合成蛋白质;

(2)分解供能;

(3)参与免疫调节过程;

(4)色氨酸及其代谢产物5-羟色胺参与神经调节,调控与食欲相关的激素的合成与分泌,从而调节采食量。

2.氨基酸在动物体内的代谢

从氨基酸代谢路径(图2-2-1)看,避免氨基酸富余和不平衡是低蛋白日粮的关键。多余的氨基酸在肝脏中脱氨,形成尿素随尿排出体外,会加重肝肾负担,严重时引起肝肾疾病,氨基酸过量在夏季会加剧动物热应激;过量氨基酸的代谢导致氨气排放量增加,加重环保的压力。

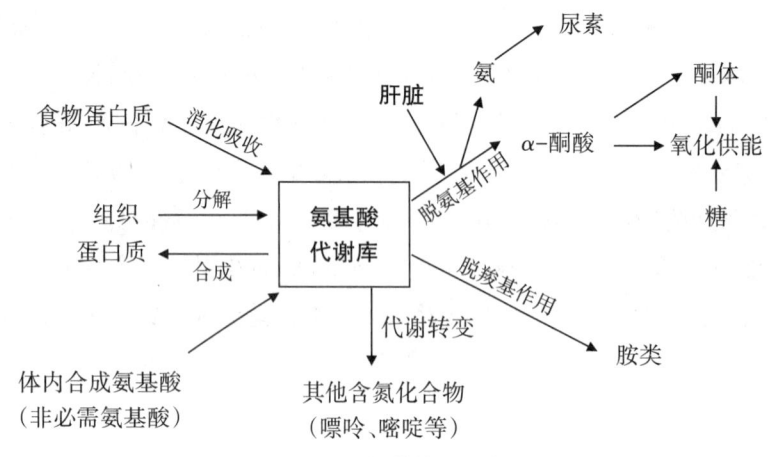

图2-2-1 氨基酸代谢路径

3.氨基酸分为必需氨基酸和非必需氨基酸两种类型

必需氨基酸(EAA,essential amino acids)是指动物体内不能合成或合成数量与速度不能满足机体需要,必须由饲料供给的氨基酸。生长猪的10种必需氨基酸:赖氨酸、蛋氨酸、色氨酸、苯丙氨酸、亮氨酸、异亮氨酸、缬氨酸、苏氨酸、组氨酸和精氨酸;成年猪、禽的8种必需氨基酸:赖氨酸、蛋氨酸、色氨酸、苯丙氨酸、亮氨酸、异亮氨酸、缬氨酸和苏氨酸;生长禽的13种必需氨基酸:赖氨酸、蛋氨酸、色氨酸、苯丙氨酸、亮氨酸、异亮氨酸、缬氨酸、苏氨酸、组氨酸、精氨酸、甘氨酸、胱氨酸、酪氨酸。

非必需氨基酸(NEAA,Non-essential amino acids)是指可不由饲粮提供,动物体内的合成完全可以满足机体需要的氨基酸,并不是指动物在生长和维持生命活动的过程中不需要这类氨基酸。

必需氨基酸和非必需氨基酸相比较,相同点:都是构成蛋白质的基本单位;都是维持动物生长和生产的必需成分;数量都必须满足蛋白质合成的需要。不同点:体内合成的速度和数量不同;血液中的浓度高低是否取决于饲粮中相应氨基酸的浓度;是否必须从饲粮中供给;是否会出现缺乏症。

4.限制性氨基酸

限制性氨基酸(LAA,limiting amino acids)指一定饲料或饲粮中的一种或几种必需氨基酸的含量低于动物的需要量、比值偏低的氨基酸。由于这类氨基酸的不足,限制了动物对其他必需和非必需氨基酸的利用。通常将饲料或饲粮中最缺乏的氨基酸称为第一限制性氨基酸,然后缺乏的依次为第二、第三、第四限制性氨基酸。不同动物的饲料中限制性氨基酸的顺序不同,如猪饲粮中的第一限制性氨基酸通常为赖氨酸,而鸡饲粮中的第一限制性氨基酸通常为蛋氨酸。

5.氨基酸互补

氨基酸互补也称蛋白质互补,是指两种或两种以上的蛋白质通过混合,取长补短,弥补单一蛋白质在氨基酸组成和含量上的缺陷。在生产实践中,这是提高蛋白质生物价的有效方法。混合饲料蛋白质的生物价高于任何一种单一饲料的蛋白质生物价。

6.可消化氨基酸与可利用氨基酸

可消化氨基酸是指被动物食入的饲料蛋白质经消化后被吸收的氨基酸。可利用氨基酸是指食入的蛋白质中能够被动物消化吸收并可用于蛋白质合成的氨基酸。有效氨基酸是对可消化、可利用氨基酸的总称。

(三)小肽营养

一系列的研究发现让小肽营养成为研究与应用的热门。已经发现单胃动物有3种小肽利用的方式，包括肠上皮细胞胞饮、细胞间隙吸收、细胞膜T1载体主动运输。与游离氨基酸吸收机制相比，小肽吸收具有吸收速度快、耗能低、不易饱和等优势。小肽进入机体后直接参与蛋白质代谢，沉积效率是晶体氨基酸或蛋白原料的2倍以上。

(四)理想蛋白质

理想蛋白质是指组成蛋白质的各种氨基酸之间平衡最佳、利用效率最高的蛋白质。理想蛋白中各种氨基酸(包括NEAA)具有等限制性，不可能通过添加或替代任何剂量的任何氨基酸使蛋白质的品质得到改善。

理想蛋白质的表达方式：以赖氨酸为100的必需氨基酸相对比例——理想氨基酸模式。之所以采用这种方式表达，原因是赖氨酸的分析测试简单易行；赖氨酸的主要功能是合成蛋白质；赖氨酸的需要量大，且常是日粮的第一、第二限制性氨基酸；与赖氨酸有关的研究资料最多；配制日粮时可应用价格便宜的合成赖氨酸。

(五)反刍动物对非蛋白氮的利用

反刍动物可以利用非蛋白氮(NPN)，通过微生物的作用将非蛋白氮合成为菌体蛋白而被机体利用。其利用的原理为：尿素分解为氨和二氧化碳，微生物分解纤维产生挥发性脂肪酸和酮酸，氨和酮酸结合生成氨基酸，进而合成菌体蛋白。因此，反刍动物通过利用非蛋白氮，可以节省蛋白质。

但要注意非蛋白氮释放氨的速度大大超过微生物利用氨的速度，使血液氨浓度大大增加，容易导致氨中毒。通常血氨浓度超过 8 mg/L 就会出现中毒，表现出神经症状，如肌肉震颤；超过 20 mg/L 出现呼吸困难、强直性痉挛、运动失调等症状；超过 50 mg/L 就会出现死亡现象。

生产上，合理利用NPN的途径：(1)延缓NPN的分解速度，选用分解速度慢的非蛋白氮，如双缩脲等，或者采用包被技术，减缓尿素等分解，还可以使用脲酶抑制剂等抑制脲酶活性。(2)提高微生物的合成能力，通过提供充足的可溶性碳水化合物和提供足够的矿物元素硫，让氮：硫=15∶1，即 100 g 尿素加 3 g 硫。(3)正确使用技术。非蛋白氮的用量不超过总氮的20%~30%，或者不超过饲粮干物质的1%，或者不超过精料补充料的2%~3%，或者每 100 kg 体重使用量控制在 20~30 g。(4)其他注意事项，如适应期2~4周，不能加入水中饲喂，可以制成舔砖，不与含脲酶活性高的饲料混合等。

(六)影响饲料蛋白质利用率的因素

1.动物品种的影响

不同品种的猪对蛋白质的吸收和代谢能力有一定的差异。

2.动物年龄的影响

幼龄时生长速率高，蛋白质的代谢能力较强，体内蛋白质沉积较多。随着年龄增长，蛋白质代谢也相应减少。

3.日粮中蛋白质与能量的比例

在正常情况下，猪能利用其吸收的70%~80%蛋白质合成体蛋白，20%~30%的蛋白质在体内分解，放出能量。当日粮中能量不足时，会使动物体内蛋白质分解比例增大以供给能量，但这对于蛋白质的利用效率和饲养的经济效益都是不利的。

4.饲料加工调制方法

豆类籽实的蛋白质中有一种抑制胰蛋白酶的物质,不利于蛋白质的消化吸收,经加热处理,可提高豆类籽实蛋白质的利用率。但禾本科籽实和动物性饲料经高温处理,均会降低蛋白质的利用率。

三、脂类的动物营养功能

脂类分为可皂化脂类(简单脂类、复合脂类)和非皂化脂类两大类(如图2-2-2所示)。简单脂类是动物营养中的重要脂类,是不含氮的有机物,甘油三酯是重要的形式,主要存在于植物种子和动物脂肪组织中。复合脂类是动植物细胞中的结构物质,平均占细胞膜干物质(DM)的一半或一半以上。非皂化脂类在动植物内种类甚多,但含量少,常与动物特定生理代谢功能相联系。

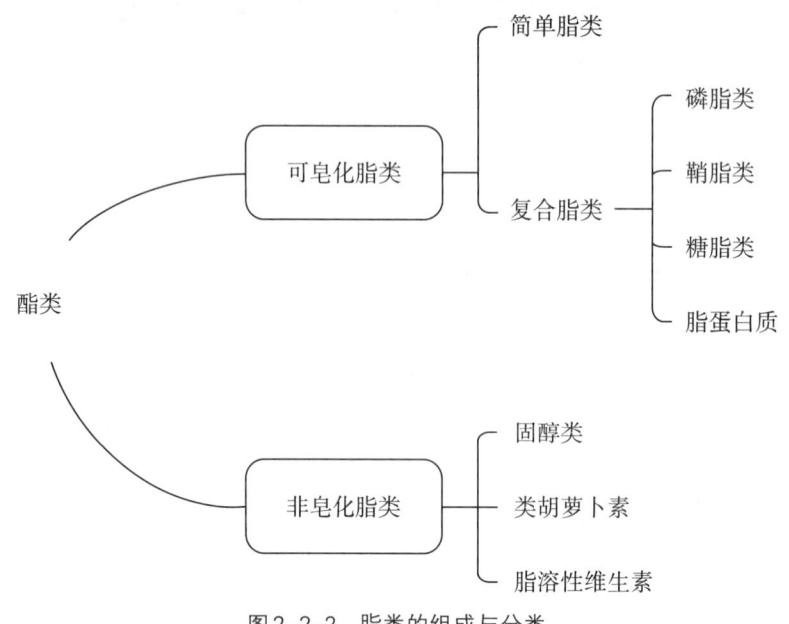

图2-2-2 脂类的组成与分类

(一)脂类的营养生理作用

(1)脂类的供能和贮能作用:①脂类是动物体内重要的能源物质。②脂类的额外能量效应。往禽饲粮中添加一定水平的油脂替代等能值的碳水化合物和蛋白质,能提高饲粮代谢能,使消化过程中能量消耗减少,热增耗降低,使饲粮的净能增加,同时添加植物油和动物脂肪后这种效果更加明显,这种效应称为脂肪的额外能量效应或脂肪的增效作用。③脂肪是动物体内主要的能量贮备形式。

(2)脂类是生物膜的组成成分。

(3)作为脂溶性营养素的溶剂:例如鸡日粮含脂类0.07%时,类胡萝卜素吸收率仅为20%,而含脂类4%的时候,类胡萝卜素吸收率为60%。

(4)脂类的防护作用:例如动物的皮下脂肪可抵抗微生物侵袭,保护机体;有绝热功能,防寒保暖(水生哺乳动物尤为重要)。

(5)脂类是代谢水的重要来源。

(6)胆固醇的生理作用:胆固醇是甲壳类动物必需的营养素,有助于甲壳类动物转化合成维生素D、性激素、胆酸、蜕皮激素和维持细胞膜结构的完整性。促进虾的正常蜕皮,以及消化、生长和繁殖。

(7)脂类也是动物体必需脂肪酸的来源。

(二)脂类的性质

1. 脂类的水解性

水解对脂类的营养价值没有影响,但水解产生的某些脂肪酸有特殊异味或酸败味,可能影响饲粮适口性。脂肪酸碳链越短(特别是4~6个碳原子的脂肪酸),异味越浓。动物营养中把这种水解看成影响脂类利用的因素。

2. 脂类的氧化酸败性

脂肪暴露在空气中,经光、热、湿、空气(氧气)的作用或者微生物的作用,逐渐形成醛、酮及其他低分子化合物的复杂混合物,产生一种特有的臭味,这个过程称为脂肪的酸败作用。氧化分为自动氧化和生化微生物氧化两类。自动氧化是一种由自由基激发产生的氧化,先形成脂过氧化物,再形成氢过氧化物,直至生成短链的醛、酮、醇,使脂肪出现不适宜的酸败味。自动氧化是一个自身催化加速进行的过程,而生化微生物氧化是一个由酶催化的氧化过程,存在于植物饲料中的脂肪氧化酶或微生物产生的脂肪氧化酶最容易使不饱和脂肪酸氧化。生化微生物氧化的反应与自动氧化一样,但反应生成的过氧化物在同样温度、湿度条件下比自动氧化多。

3. 脂肪酸氢化

在催化剂或酶的作用下,不饱和脂肪酸的双键得到氢而变成饱和脂肪酸的过程称为脂肪酸氢化。脂肪酸的氢化作用,可使脂肪的硬度增加,不易氧化酸败,有利于贮存,但也会导致必需脂肪酸损失。

(三)必需脂肪酸

必需脂肪酸(EFA, essential fatty acid):凡是动物体内不能合成必需由饲料供给,或能通过体内特定先体物形成,对机体正常机能和健康具有重要保护作用的脂肪酸称为必需脂肪酸;或动物体内不能合成,必须由饲料供给的含有两个或两个以上不饱和双键的脂肪酸。必需脂肪酸是多不饱和脂肪酸(PUFA, polyunsaturated fatty acid),但并非所有的多不饱和脂肪酸都是必需脂肪酸。必需脂肪酸的双键都是顺式构型,即双键两侧的两个原子或原子团是相同或相似的。

所有的多不饱和脂肪酸分为四个系列,即w-3、w-6、w-7和w-9系列,其中w-3、w-6系列的多不饱和脂肪酸不能从头合成,故必需脂肪酸属于w-3和w-6两大系列。重要的必需脂肪酸有亚油酸($C18:2w-6$)、亚麻酸($C18:3w-3$)、花生油酸($C20:4w-6$)、EPA(二十碳五烯酸)和DHA(二十二碳六烯酸)。

必需脂肪酸的生物学作用:(1)EFA是细胞膜、线粒体膜和质膜等生物膜的主要成分,在绝大多数膜的特性中起关键作用,也参与磷脂的合成;(2)EFA是合成类二十烷的前体物质;(3)EFA能维持皮肤和其他组织对水分的不通透性;(4)降低血液胆固醇水平。

如果必需脂肪酸缺乏,将会:(1)影响生产性能,引起生长速度下降,产蛋量、产奶量减少,饲料利用率下降。(2)引起皮肤病变,出现角质鳞片,水肿,皮下血症,毛细血管通透性和脆性增加。(3)导致动物免疫力和抗病力下降,生长受阻,严重时引起动物死亡。(4)引起动物繁殖机能混乱,导致繁殖力下降,甚至不育。

四、糖类的动物营养功能

1. 糖类的种类

糖类是多羟基醛或多羟基酮,以及能水解生成多羟基醛或多羟基酮的物质,含C、H、O,有些含N、P、S,一般分为单糖、低聚糖或寡糖(2~10个糖单位)、多糖三类。

2. 糖类的营养作用

(1) 供能和贮能:直接氧化供能,转化为糖原(肝脏、肌肉)或转化为脂肪。

(2) 构成体组织:戊糖构成核酸,黏多糖是结缔组织的重要成分,糖蛋白是细胞膜的组成成分。

(3) 作为结构物质,为合成新物质提供前体:例如为反刍动物瘤胃利用非蛋白氮合成菌体蛋白和动物体内合成非必需氨基酸提供碳架。

(4) 形成畜产品:如奶、肉、蛋。

3. 非淀粉多糖的营养与抗营养作用

非淀粉多糖(NSP,non-starch polysaccharide)主要由纤维素、半纤维素、果胶和抗性淀粉(阿拉伯木聚糖、β-葡聚糖、甘露聚糖、葡糖甘露聚糖等)组成。主要分为两大类:不溶性NSP(如纤维素)和可溶性NSP(如β-葡聚糖和阿拉伯木聚糖)。

可溶性NSP具有抗营养作用,与水分子直接作用增加溶液的黏度,且黏度随多糖浓度的增加而增加。多糖分子本身互相作用,缠绕成网状结构,引起溶液黏度大大增加,甚至形成凝胶。猪、鸡消化道缺乏相应的内源酶而难以将可溶性NSP降解。因此,可溶性NSP在动物消化道内能使食糜变黏,进而阻止养分接近肠黏膜表面,最终降低养分消化率。

五、矿物质的动物营养功能

矿物质(矿物元素)是一类无机营养物质,存在于动植物体内的各种化学元素,除碳、氢、氧、氮外,其余各种元素无论含量多少,统称为矿物质。

(一) 动物体内矿物元素含量

动物体内矿物元素含量约有4%,其中5/6存在于骨骼和牙齿中,其余1/6分布于身体的各个部位。

含量与分布特点:(1) 无脂空体重基础下,动物种类间的同一性;(2) 发育阶段的相关性;(3) 功能不同与含量的变异性。

(二) 必需矿物元素

常量元素(动物体内的含量>0.01%):Ca、P、K、Na、Cl、Mg、S。

微量元素(动物体内的含量<0.01%):Fe、Cu、Co、Mn、Zn、I、Se、Mo、Cr、F、Sn、V、Si、Ni、As。

(三) 矿物元素的基本功能

矿物元素的三大基本功能:(1) 构成体组织,体内5/6的矿物元素存在于骨骼和牙齿中,Ca、P是骨骼和牙齿的主要成分,Mg、F、Si也参与骨骼和牙齿的构成;(2) 少部分Ca、P、Mg及大部分Na、K、Cl以电解质形式存在于体液和软组织中,起维持渗透压、酸碱平衡、膜通透性、N-肌肉兴奋性等作用;(3) 某些微量元素参与酶和一些生物活性物质的构成。

矿物元素具有两面性,即营养作用与毒害作用,具体为哪一种取决于剂量。(1)缺乏到一定低限后,出现临床症状或亚临床症状;(2)生理稳衡区,其低限为最低需要量,高限为最大耐受量;(3)超过最大耐受量则出现中毒症状。

(四)常量元素

1.钙(Ca)与磷(P)

(1)体内分布:这两种元素在体内含量很多,占体重的1%~2%,99%的Ca和80%的P存在于骨和牙齿中,其余存在于软组织和体液中。骨中含水45%、蛋白质20%、脂肪10%、灰分25%,灰分中Ca占36%、P占16%、Mg占0.5%~1.0%,Ca:P约为2:1。

(2)钙与磷营养作用:①钙构成骨与牙齿,维持生物N-肌肉兴奋性,维持膜的完整性,调节激素分泌。②磷构成骨与牙齿,参与核酸代谢与能量代谢,维持生物膜的完整性,参与蛋白质代谢。

(3)典型缺乏症:

①佝偻病:是幼龄动物软骨骨化障碍,导致发育中的骨骼钙化不全、骨基质钙盐沉积不足的一种慢性疾病。②骨软病(溶骨症):骨软病是成年动物钙缺乏导致的一种典型疾病。骨软病是骨基质进行性脱钙,未钙化的骨基质过剩,从而导致骨质疏松的一种慢性骨营养不良病,临床上以骨骼变形为特征。③产乳热(乳热症):是高产奶牛因缺钙引起内分泌功能异常而产生的一种营养缺乏症。

(4)过量的危害:①反刍动物体内的Ca过量会抑制瘤胃微生物作用,导致消化率降低;②单胃动物体内的Ca过量会降低脂肪消化率;③动物体内过量Ca、P也会干扰其他元素的代谢。

(5)影响Ca、P营养的因素:

①钙磷比[Ca:P=(1~2):1]:比例不当,易形成难溶性磷酸盐和碳酸盐;②植酸:谷物及副产物中植酸磷占总磷的3/4,植酸主要以植酸钙、植酸磷的形式存在;③饲料中草酸的含量会影响Ca、P营养;④脂肪多或消化不良易形成钙皂,但少量脂肪可改善Ca吸收;⑤维生素D可促进Ca、P吸收;⑥胃酸缺乏会降低Ca、P吸收,往日粮中添加乳糖提高Ca、P吸收;⑦饲料种类:动物性饲料利用率高。

植物饲料含Ca少,含P多,但有一半左右为植酸磷,饲料总P利用率一般较低,猪的总P利用率为20%~60%,鸡的总P利用率为30%,反刍动物可较好地利用植酸磷。植物原料中植酸可以通过植酸酶将其中的部分磷释放出来,一方面可充分利用资源,另一方面也减少了环境磷污染。

(6)来源与补充:骨粉、磷酸氢钙、磷酸钙、$CaCO_3$和石粉等。

2.镁(Mg)

(1)体内分布:体内的Mg含量为0.05%,60%~70%的Mg在骨骼中,Mg占骨灰分的0.5%~1.0%,其余30%~40%存在于软组织中。

(2)营养作用:①构成骨与牙齿;②参与酶系统的组成与作用;③参与核酸和蛋白质代谢;④调节N-肌肉兴奋性;⑤维持心肌正常功能和结构。

(3)缺乏与过量:①反刍动物需Mg量高于单胃动物,以放牧形式喂养的动物易出现Mg缺乏症,叫"青草痉挛",表现为生长受阻、过度兴奋、痉挛、肌肉抽搐、呼吸弱、心跳快,严重的导致死亡。②动物体内的Mg过量时,会表现为昏睡、运动失调、拉稀、采食量和生产力下降。

(4)来源与补充:常用饲料含Mg丰富,一般不需补充Mg。缺Mg时,用硫酸镁、氧化镁和天然钾镁盐补饲。

3．钠(Na)、钾(K)、氯(Cl)

(1)体内分布:无脂体干物质中含Na 0.15%,K 0.30%,Cl 0.1%~0.15%。K主要存在于细胞内,是细胞内主要阳离子,Na、Cl主要存在于体液中。

(2)营养作用:Na、K、Cl为体内主要电解质,共同维持体液酸碱平衡和渗透压平衡,与其他离子协同维持N-肌肉兴奋性。

(3)钠、钾、氯缺乏:①异食癖,啄羽;②食欲下降,生产性能降低;③代谢紊乱,酸碱平衡失调。

(4)钠、钾、氯过量:动物一般对钠、钾、氯过量有一定耐受力,可以通过大量饮水将其排出体外。但实际生产中也可见到食盐中毒,动物出现腹泻、口渴,产生类似脑膜炎的神经症状。

(5)来源与补充:各种植物性饲料含Na、Cl少,可通过食盐补充。豆皮含钾较多,也可以使用天然钾镁盐补充钾。

4．硫(S)

(1)体内分布:动物体内约含0.15%的硫,大部分以有机硫形式存在,如组成S-AA、维生素B_1、生物素、羽毛,毛中含S量高达4%。

(2)营养作用:保持动物皮肤健康,毛发有光泽;有助于维持基本代谢;促进胆汁分泌,帮助消化;有助于抵抗细菌感染。

(3)来源与补充:硫的主要来源是含硫氨基酸,可从动物蛋白和植物蛋白中获取,动物蛋白的利用率更高。

(五)微量元素

1.铁(Fe)

(1)体内分布:①功能铁。血红蛋白(65%~70%)、肌红蛋白(3%)、含铁酶(1%,细胞色素氧化酶、过氧化物酶、过氧化氢酶、黄嘌呤氧化酶等)。②贮备铁。铁蛋白(含铁20%)、血铁黄素(含铁35%),转铁蛋白(含铁)是一种功能性成分,通常存在于乳汁中。

(2)营养作用:①参与载体的组成、转运和贮存。②参与体内的物质代谢,比如Fe^{2+}或Fe^{3+}是酶的活化因子,三羧酸循环(TCA)中有1/2以上的酶和因子含Fe或与Fe有关。③生理防卫机能:Fe与免疫机制有关。

(3)缺乏症状:表现为营养性贫血(哺乳仔猪贫血,常见于2~4周龄的仔猪),食欲下降,被毛粗糙,精神不振,腹泻。哺乳仔猪易贫血的原因主要有三个:仔猪出生时体内铁的贮备少;母乳中铁的含量低;仔猪早期生长迅速,对铁的需要量大。

(4)来源与补充:饲粮中含有一定量的铁。实际生产中通过无机铁和有机铁制剂进行补充,养猪生产通过给哺乳仔猪打铁针补充铁。

2.锌(Zn)

(1)体内分布:主要分布于骨骼肌、骨骼、皮肤、被毛、精液等组织中。

(2)营养功能:锌是生命元素;是多种酶的成分或激活剂,如碱性磷酸酶、碳酸酐酶、乙醇脱氢酶、乳酸脱氢酶、DNA聚合酶、RNA聚合酶等;维持上皮细胞和被毛的正常形态、生长和健康;是胰岛素的成分;维持生物膜的正常结构和功能。

(3)缺乏症状:不全角化症,初发时皮肤出现红斑,上覆皮屑,随后皮肤变得干燥、粗厚,并逐渐形成痂块,但上皮细胞和细胞核并未完全退化。猪最易发生 Zn 缺乏,其次为鸡、犊牛、羔羊。繁殖性能下降,公畜表现更为明显。

(4)来源与补充:饲粮中含有一定量的锌,实际生产中通过无机锌和有机锌制剂进行补充。

3.铜(Cu)

(1)体内分布:正常动物机体内的铜含量为 2~3 mg/kg,绝大部分分布在肌肉和骨骼内,肌肉组织中的铜约占总铜的一半,体组织铜主要分布于肝脏。

(2)营养功能:作为金属酶的组成成分,直接参与机体代谢,这些酶包括细胞色素氧化酶、尿酸氧化酶、氨基酸氧化酶、酪氨酸酶、铜蓝蛋白酶等;维持铁的正常代谢,有利于血红蛋白的合成和红细胞的成熟;参与骨骼的合成。

(3)缺乏症:缺铜使赖氨酰氧化酶、单氨氧化酶活性下降,导致骨胶原的多肽链交联作用不牢固,使骨胶原的强度减弱。铜参与过氧化物歧化酶系统的构成,在弹性组织中起催化作用,促进弹性蛋白交联结构的形成,从而使组织保持正常的弹性,铜缺乏后可导致血管破裂。缺铜使含铜酪氨酸酶的活性下降,色素合成减少,引起被毛脱色。羔羊缺铜常患后肢痉挛性瘫痪或"摇背病",这是由于缺铜降低了细胞色素氧化酶的活性,使磷脂的合成受阻,引起脑神经组织的结构缺陷和功能异常。缺铜还会导致母畜发情异常,流产,胎儿死亡,以及母鸡产蛋率和孵化率显著下降。

(4)铜的毒性和需要量:铜对动物的毒性表现为慢性中毒、血红蛋白尿、黄疸。铜对猪有促生长作用,这可能与铜的抑菌作用有关。但动物摄入了过多的铜会导致铜排放到环境中,引起环境污染,目前铜在使用上有严格的标准(中华人民共和国农业部公告 第2625号)。

4.锰(Mn)

(1)体内分布:锰在动物机体内的总量较少,25%的锰存在于骨骼中。新生犊牛锰含量为 4480~600 μg/kg(鲜重)。锰在动物体内的骨骼、肝脏、胰脏、肠道以及肾脏中的含量较高,多为 1.0~2.5 mg/kg(鲜重),而锰在心脏、脑、脾脏、肺、肌肉中的水平为上述器官的 1/10~1/5。血液及血浆中的锰含量分别为 1~5 μg/kg 和 10~20 μg/kg。

(2)营养功能:锰为骨骼正常发育所必需的元素,参与形成骨骼基质中的硫酸软骨素。锰也是体内许多酶的激活剂,参与线粒体内的氧化磷酸化、脂肪酸合成,是线粒体内过氧化物歧化酶所必需的元素。锰可激活碱性磷酸酶,促进骨骼及软骨中酸性黏多糖的合成,也可促进体脂的利用,抑制肝脏变性。此外,锰可与氨基酸形成螯合物参与氨基酸代谢。骨骼和肝脏中可以贮存大量锰,这些锰在需要时可以稳定地释放出来。

(3)缺乏症:锰缺乏时可致骨骼异常,如骨粗短症(滑腱症、脱腱症、溜腱症),是生长鸡腿骨的一种变态,症状为腿骨粗短,胫骨和跗骨之间的关节肿大畸形,胫骨扭向弯曲,长骨增厚缩短,腓肠肌腱滑出骨突;缺锰还能导致软骨营养障碍,鸡的下颌骨缩短呈鹦鹉嘴,鸡胚的腿、翅缩短变粗,死亡率升高。

(4)来源与补充:可在饲料中添加含锰的化合物,比如硫酸锰、碳酸锰、氧化锰、氯化锰、磷酸锰、乙酸锰、柠檬酸锰、葡萄糖酸锰等,其中常用的为硫酸锰。

5.硒(Se)

(1)体内分布:硒在哺乳动物体内主要以硒蛋白形式存在。硒蛋白包括:细胞内谷胱甘肽过氧化物酶,细胞外谷胱甘肽过氧化物酶,磷脂氢谷胱甘肽过氧化物酶,胃肠谷胱甘肽过氧化物酶(GPX-GI),Ⅰ、Ⅱ、Ⅲ型碘化甲状腺原氨酸 5'-脱碘酶,硒蛋白-P 及硒蛋白-W,均以硒半胱氨酸(SeCys)的形式存在于蛋白多肽中,其中前4种均为谷胱甘肽过氧化物酶,且硒均位于酶的活性中心,以谷胱甘肽(GSH)为底物还原降解H_2O_2,减少体内过氧化物损伤。细胞内谷胱甘肽过氧化物酶、磷脂氢谷胱甘肽过氧化物酶、胃肠谷胱甘肽过氧化物酶、硒蛋白-W均位于细胞内。其中,细胞内谷胱甘肽过氧化物酶位于各种组织的细胞内,是抗氢过氧化物最重要的酶之一;而胃肠谷胱甘肽过氧化物酶主要位于肠胃、肝细胞内;磷脂氢谷胱甘肽过氧化物酶位于各种组织细胞的细胞核和线粒体中,特异还原磷脂氢过氧化物,而且还有调节蛋白激酶C、钙释放蛋白的作用;硒蛋白-W位于肌细胞内。而细胞外谷胱甘肽过氧化物酶位于血浆及细胞外液中;3种5'-脱碘酶共同维持甲状腺素平衡;硒蛋白-P分布于血浆及细胞外液中,是一种硒转移蛋白,现已成为一个研究热点。

(2)营养功能:作为谷胱甘肽过氧化物酶的成分,具有抗氧化作用。

(3)缺乏症:①营养性肝坏死,3~15周龄动物易发。②渗出性素质,3~6周龄的雏鸡易发,症状为病鸡胸、腹部皮下出现大块水肿,积聚血浆样液体,特别是腹部皮下可见蓝绿色体液积蓄。③胰腺纤维变性,1周龄雏鸡易发,表现为胰腺纤维萎缩,胰腺消化液明显分泌不足。④肌肉营养不良(白肌病),3~6周龄的羔羊和犊牛易发,表现为横纹肌变性,肌肉表面出现白色条纹。⑤桑椹心,主要发生于60~90 kg的肥育猪,特征是皮肤出现紫红色斑块,心肌出血,主要是心内膜和心外膜出血,呈紫红色,心脏状如桑椹,并出现繁殖功能紊乱。

(4)硒的毒性:动物长期摄入5~10 mg/kg硒会导致慢性中毒,摄入500~1000 mg/kg硒会导致急性中毒或亚急性中毒。

(5)来源与补充:补充用亚硒酸钠或酵母硒。

6.碘(I)

(1)体内分布:体内大部分碘存在于甲状腺中,主要作为合成甲状腺激素的原料。

(2)营养生理功能:碘与酪氨酸或其前体物苯丙氨酸在甲状腺细胞中通过一系列酶促反应合成甲状腺素(T_4)和三碘甲腺原氨酸(T_3)。在组织细胞中T_4脱碘形成T_3,作为直接发挥作用的调节激素,与动物的基础代谢密切相关。

(3)缺乏症:缺碘可致甲状腺肿。

(4)来源与补充:非缺碘地区饲料中碘的含量(每千克干料中的含碘量),粗料为300~500 μg,籽实料为40~90 μg,油饼为100~200 μg,乳为200~400 μg,海鱼粉为800~8000 μg。

7.钴(Co)

(1)体内分布:体内钴14%分布于骨骼,43%分布于肌肉组织,43%分布于其他软组织中。

(2)营养功能:作为维生素B_{12}的成分,是一种抗贫血和促生长因子;是磷酸葡萄糖变位酶、精氨酸酶的激活剂,与蛋白质和碳水化合物的代谢有关。钴在反刍动物营养中具有很重要的作用。

(3)缺乏症:缺钴导致反刍动物出现生长速度下降、贫血等症状。

(4)来源与补充:钴主要添加在反刍动物饲料中,可作为饲料钴源的物质有氯化钴、碳酸钴、硫酸钴(含1个或7个结晶水)、乙酸钴、氧化钴等。

六、维生素的动物营养功能

(一)维生素的概念与种类

维生素是一类动物代谢所必需的需要量很少的低分子有机化合物。维生素在体内一般不能合成,必须由饲粮提供,或者提供其先体物。

维生素分为两大类:脂溶性维生素和水溶性维生素。

脂溶性维生素:维生素A、维生素D、维生素E、维生素K。

水溶性维生素(维生素C族和维生素B族):维生素C、维生素B_1、维生素B_2、维生素B_6、泛酸、烟酸、胆碱、维生素B_{12}、叶酸、生物素。

(二)维生素的营养特点

不参与机体构成;消化道微生物可合成部分维生素;不是能源物质;需要量少;主要以辅酶形式广泛参与体内代谢;缺乏时引起缺乏症,危害很大;过量导致中毒症。

(三)动物对维生素的需要特点

饲养方式(如集约化饲养或传统散养)不同会导致需求量有差异;动物生理状况不同会导致需求量有差异;生产水平不同会导致需求量有差异;个体的体内储备(主要是脂溶性维生素)不同会导致需求量有差异;动物的健康状况(尤其是肠道疾病)不同会导致需求量有差异。

(四)脂溶性维生素的营养特点

脂溶性维生素的共同特点是:(1)分子中仅含有碳、氢、氧三种元素。(2)不溶于水。(3)随脂肪经淋巴系统吸收,任何增加脂肪吸收的措施,均可增加脂溶性维生素的吸收。日粮中缺乏脂肪会导致脂溶性维生素的吸收率下降。(4)脂溶性维生素有相当数量贮存在动物机体的脂肪组织中。(5)动物缺乏脂溶性维生素时,表现出特异的缺乏症,但短期缺乏不易表现出临床症状。(6)未被消化吸收的脂溶性维生素,通过胆汁随粪便排出体外,但排泄较慢。体内脂溶性维生素过多(尤其是维生素A和维生素D_3)会产生中毒症或者妨碍与其有关养分的代谢。(7)易受光、热、湿、酸、碱、氧化剂等破坏而失效。(8)维生素K可在肠道内经微生物合成。动物皮肤中的7-脱氢胆固醇经紫外线照射可转变为维生素D_3。动物体内不能合成维生素A和维生素E,故必须由饲料提供。脂溶性维生素的营养功能和缺乏症见表2-2-4。

表2-2-4 脂溶性维生素的营养功能和缺乏症

名称	营养功能	缺乏症
维生素A	骨骼生长、暗视觉需要,保护上皮组织,维持健康	干眼症和夜盲症;公母畜繁殖障碍,不育症;弱胎或死胎;母鸡产蛋率和孵化率降低
维生素D	钙、磷的同化和吸收,维持骨骼正常生长发育	幼畜佝偻病,成年家畜骨软症,雏鸡生长缓慢,母鸡产薄壳蛋,降低孵化率
维生素E	抗氧化剂,维持心肌正常结构,保证繁殖	羔羊僵直病和白肌病,繁殖障碍,雏鸡脑软化,渗出性素质病
维生素K	参与凝血酶的形成和血液凝固	延缓血凝时间,导致全身出血

(五)脂溶性维生素的功能与来源

1. 维生素A(VA)

(1)结构与性质：为β-白芷酮环的不饱和一元醇。VA_2较VA_1在环上第3~4 C间多一个双键，VA_2生理功能较VA_1低，约为VA_1的40%。VA有视黄醇、视黄醛、视黄酸三种衍生物。

(2)分布：VA只存在于动物体内。植物饲料不含VA，但含有类胡萝卜素，包括β-胡萝卜素、α-胡萝卜素、γ-胡萝卜素和玉米黄素等，在肠壁细胞和肝脏内可转变为VA，1分子β-胡萝卜素可转化为2分子VA，其余的类胡萝卜素1分子只转化为1分子VA。

大鼠、禽：0.6 μg β-胡萝卜素可换算为1 IU VA(国际单位)

牛、羊：2.5 g β-胡萝卜素可换算为1 IU VA。

猪：2 μg β-胡萝卜素可换算为1IU VA。

VA在无氧时对热稳定，在120~130 ℃条件下其性质、结构基本不发生变化，有氧时易氧化，尤其是在湿热和有微量元素及酸败脂肪存在时，易氧化失效，在无氧黑暗处则更稳定。

(3)功能及缺乏症：

①促进视紫质形成，使动物对弱光产生视觉，缺乏时产生夜盲症。

②维持上皮组织健康，缺乏时上皮细胞发生鳞状角质化，引起腹泻、结石、炎症、干眼症。

③参与性激素形成，缺乏时引起繁殖能力下降，受胎率下降、流产、难产。

④促进骨骼和中枢神经系统发育，缺乏时骨骼畸形，且会出现运动失调、蹒跚、痉挛等症状。

⑤促进动物生长，缺乏时生长受阻、活力下降。

(4)需要特点：取决于饲料种类、添加情况，以及环境条件、饲养管理、动物体内贮备情况等，需要量一般为1000~1500 IU/kg(干料)。

(5)来源与补充：VA存在于动物产品中，胡萝卜素在饲料和青绿饲料中的含量高，可通过饲喂商品维生素胶囊进行补充。

2. 维生素D(VD)

(1)结构与性质：为固醇类衍生物，常见的有VD_2和VD_3，VD_2为麦角钙化醇，VD_3是胆钙化醇，二者侧链不同，分别由麦角固醇及7-脱氢胆固醇经紫外线照射而得。VD相当稳定，不易被酸、碱、氧化剂及加热所破坏。

(2)分布：7-脱氢胆固醇主要分布于皮下、胆汁、血液及许多组织中，在波长290~320 nm下转变为VD_3；麦角固醇存在于植物中，在波长280~330 nm下，一部分麦角固醇转变为VD_2。

(3)功能与缺乏症：①VD被吸收后，在肝内羟化为25-羟胆钙化醇，再运至肾脏进一步羟化成1,25-双羟胆钙化醇(活性VD)，此物质进入肠黏膜细胞后促进特异mRNA的生成，此mRNA指导合成一种与Ca结合的蛋白质，起主动吸收钙的作用。②促进肠道Ca和P(主要是Ca)的吸收，使血Ca、P浓度增加，有利于Ca、血P沉积于骨骼和牙齿。③VD缺乏导致Ca、P吸收减少，血Ca、血P浓度降低，Ca、P向骨骼沉积的能力也减弱，幼龄动物出现佝偻病，成年动物出现骨软病。母鸡产软壳蛋，蛋壳变薄，种蛋孵化率下降。④VD过量可使大量Ca从骨骼中转移出来，沉积于动脉管壁、关节、肾小管、心脏等处，对动物健康产生不利影响。

(4)需要特点：种母畜以及长期封闭饲养、无青干草饲喂的动物需提高VD摄入量，一般需要量为1000~2000 IU/kg(干料)。

(5)来源与补充:青干草、皮肤光照、合成产品。

3. 维生素E(VE)

(1)结构与性质:VE是一组化学结构近似的酚类化合物,为生殖所必需的脂溶性物质,叫抗不育维生素,自然界中存在α、β、γ和δ共4型,和生育酚和生育三烯酚2组,共8种,结构差异只是R_1、R_2基因不同。VE是所有生育酚和生育三烯酚的总称,天然的VE是D-生育酚和D-生育三烯酚。

(2)功能与缺乏症:

功能:①抗氧化作用,保护细胞膜的完整性,免受过氧化物的损害。VE发挥抗氧化剂作用的机制与酚上的羟基有关,羟基给自由基提供一个H^+与游离中子发生作用,抑制自由基,制止链的反应,在耗用VC的情况下,可能生成生育酚。②免疫作用,VE通过影响网状内皮系统的吞噬细胞的增殖,进而影响B-细胞、T-细胞的免疫反应,通过影响糖皮质素、前列腺素的合成进而影响机体的免疫能力和抗应激能力。③其他功能,VE与组织呼吸(影响泛醌形成)、H(前叶H、肾上腺皮质H等)合成、羟基化作用、核酸代谢、VC合成、血红素合成等有关。④VE的添加作用包括抗毒、抗肿瘤、抗癌和抑制亚硝基化合物形成。⑤动物摄入的VE可储存于脂肪、内脏、肌肉、蛋、奶中,故VE对食物的保鲜、色、香、味等有有益作用。

缺乏症:缺乏VE且与Se有关的病称为Se-VE缺乏综合症。

(3)需要特点:①需要量受日粮平衡、动物生理状态和产品质量的影响。②摄入的不饱和脂肪酸增加,VE需要量也相应增加,猪摄食的多不饱和脂肪酸每增加1 g,VE需要量增加0.25 g。③过量VA促使VE氧化分解,导致VE需要量增加,VE对VA有保护作用。④VC会影响VE的需要量,VC使被氧化的VE还原,VE促进VC的合成。⑤硒会影响VE需要量,磷脂氢谷胱甘肽过氧化物酶可催化被氧化了的VE转变成还原形式。⑥日粮中的Cu、Fe会加速VE的损失;高Cu会降低磷脂氢谷胱甘肽过氧化物酶活性,但Cu是超氧化物歧化酶(SOD)的成分,可把超氧阴离子自由基歧化为过氧化氢,防止高活性羟基的形成,对VE的作用有利;Fe是过氧化氢酶成分,可使过氧化氢分解,对VE有利。⑦应激、疾病等会提高机体对VE的需要量,新生仔猪和早期断奶仔猪最易发生VE缺乏症。畜禽对VE需要量一般为5~10 mg/kg(饲料)。

(4)来源与补充:青饲料、谷物胚、植物油和动物饲料中的VE含量丰富,籽实饲料和副产物中VE含量较少。

4. 维生素K(VK)

(1)结构与性质:VK以多种形式存在,都是萘醌衍生物。VK_1为叶绿醌,存在于植物中;VK_2为甲萘醌,来自微生物和动物;VK_3为人工合成。VK对热稳定,但在氧化、碱性、强酸、光照以及辐射等条件下其性质、结构易被破坏。VK的生物活性单位的国际标准尚未完全确定,VK_1、VK_2、VK_3生物活性的比例关系为2:1:4。

(2)功能与缺乏症:

功能:VK参与凝血酶原和凝血因子的形成,抑制血管钙化。

缺乏症:VK缺乏导致血液凝固机能失调,血液凝血酶原含量下降,血凝时间延长和出血,严重时导致动物死亡。

(3)需要特点:需要量受诸多因素影响,比如肠道合成VK数量不足,肠道吸收紊乱,肝脏利用能力下降,服用了抗生素,日粮中含有双香豆素,球虫病等。一般需要量为1~2 mg/kg(饲料)。

(4)来源与补充:饲料、动物饲料。

(六)水溶性维生素的营养特点

(1)化学组成除碳、氢、氧外,还含有氮等其他元素。

(2)溶于水,一般不溶于脂类溶剂。

(3)作为细胞酶的辅酶或辅基的成分,参与碳水化合物、脂肪和蛋白质三种有机物的代谢过程。

(4)很少或几乎不能在动物体内贮存,多出部分主要经尿排出(包括代谢产物)。

(5)水溶性维生素缺乏时,症状出现较快;除维生素B_{12}外,水溶性维生素几乎不能在体内贮存,容易产生缺乏症,主要表现为食欲下降、生长受阻等。

(6)毒性较小。

(七)水溶性维生素的营养功能与缺乏症

水溶性维生素包括B族维生素和维生素C。水溶性维生素的营养功能与缺乏症见表2-2-5。

表2-2-5 水溶性维生素的营养功能与缺乏症

名称	营养功能	缺乏症
维生素B_1（硫胺素）	是体内碳水化合物代谢所必需的物质,在能量代谢中作为辅酶,促进胃肠蠕动和胃液分泌,促进消化	生长停滞、食欲下降,雏鸡表现出多发性神经炎(头向后仰)
维生素B_2（核黄素）	作为酶的辅基,参与能量代谢,在生物氧化的呼吸链中传递氢原子,参与蛋白质代谢、脂肪酸的合成和分解	生长缓慢、饲料利用率降低;猪表现出皮肤炎,形成痂皮及脓肿;鸡表现出爪向内弯曲、腿部瘫痪、产蛋率和孵化率下降
维生素PP	是脱氢酶的辅酶成分,有传递氢的作用,是维持皮肤和消化器官正常机能所必需的物质,抗皮炎,抗神经和消化障碍	生长猪呕吐、下痢、皮炎、被毛粗糙、胃肠溃疡、肠炎,鸡生长缓慢,嘴、舌深红色,炎症
维生素B_6（吡哆醇）	是参与氨基酸代谢的许多种酶的辅酶,在氨基移换、脱羧和氨基酸分解过程中起重要作用,参与红细胞的形成	贫血、生长不良、神经系统受损、运动失调、抽搐、肝脂肪浸润
泛酸(维生素B_5)	是辅酶A的组成部分,参与碳水化合物、脂肪、蛋白质的代谢过程	生长猪表现出增重缓慢,食欲丧失,皮肤病,腹泻,肠出血,肝脏病变,后腿僵直,痉挛、摇摆、"鹅步";鸡出现皮炎,羽毛粗糙,孵化率降低
叶酸	叶酸以四氢叶酸形式参与一碳基团的中间代谢过程;参考维生素B_{12}代谢;参与嘌呤合成,对正常血细胞的形成有促进作用	生长受阻,巨红细胞贫血;成鸡产蛋率、孵化率下降
胆碱	为卵磷脂及乙酰胆碱等的成分,组成卵磷脂参与脂肪代谢,组成乙酰胆碱参与神经冲动的传导	脂肪肝,仔猪步态异常、贫血,母猪繁殖受阻,雏鸡骨粗短病
维生素B_{12}（氰钴胺素）	参与一碳基团的形成,与叶酸协作促进蛋氨酸的合成,促进核酸的合成	生长猪生长受阻、贫血、皮炎、运动失调,母猪受胎率降低,鸡孵化率降低

续表

名称	营养功能	缺乏症
维生素C	抗氧化作用或间接的抗应激特性,增强动物的免疫功能和抗病力;促进结缔组织、骨骼、牙齿和血管细胞间质的形成并维持它们的正常机能;维持体内许多羟酶的活性;促进肠道对铁的吸收和铁在体内的转运、利用;促进肉毒碱的合成,减少甘油三酯在血浆中的积累;在叶酸还原成四氢叶酸过程中起作用,防止贫血	生长缓慢、贫血、坏血病、免疫力和抗病力下降

1.维生素B_1(VB_1)

(1)结构与性能：含硫原子和氨基,故叫硫胺素,常以盐酸盐的形式出现。易溶于水,微溶于乙醇,不溶于其他有机溶剂；对碱特别敏感,pH在7以上时,室温下噻唑环被打开,对热稳定,干热至100 ℃不易分解。硫胺素在体内的存在形式有4种：游离的硫胺素、硫胺素单硫酸酯(TMP)、硫胺素二磷酸酯(TDP,又称为焦磷酸硫胺素TPP)和硫胺素三磷酸酯(TTP)。

(2)营养作用：①TPP以辅酶的方式参与糖代谢过程中α-酮酸(丙酮酸、α-酮戊二酸)的氧化脱羧反应。②VB_1作为转酮醇酶的辅酶,对维持磷酸戊糖途径的正常运行,以及脑组织的氧化供能、合成戊糖和NADPH有重要意义。③VB_1参与乙酰胆碱的合成,调节细胞膜对Na^+的通透性。④VB_1与脂肪酸和胆固醇的合成密切相关。

(3)缺乏症：①厌食(特别明显),生长受阻,体弱,体温下降等非特异性症状。②神经系统病变,以多发性神经炎为主,表现为共济运动失调、麻痹、抽搐(绵羊、犊牛、貂)、头向后仰(鸽、鸡、犊牛、羔羊)。③心血管系统变化,表现为心力衰竭、水肿。④消化系统症状,表现为腹泻、胃酸缺乏(大鼠、小鼠)、胃肠壁出血(猪)。⑤繁殖器官变化,表现为鸡生殖器官发育受阻萎缩,仔猪早产、死亡率增加。

(4)需要特点：需要量受动物种类、饲粮组成、动物生理状况及其他因素的影响。反刍动物的后肠发达,可合成足量的VB_1。高碳水化合物会增加VB_1需要量,脂肪和高剂量VC可减少VB_1的需要量。单胃动物体内VB_1含量处于临界水平时,饲喂低蛋白饲料会导致动物VB_1缺乏。代谢率增强时(快速生长、发烧、甲亢、妊娠、泌乳)VB_1需要量增加。随年龄增长,VB_1需要量增加。寄生虫感染、呕吐、腹泻、吸收不良及应激均会增加VB_1需要量。VB_1拮抗物,生鱼及霉变饲料中的硫胺素酶会破坏VB_1,导致VB_1需要量增加。动物VB_1需要量一般为1~2 mg/kg(饲料)。

(5)来源与补充：酵母、禾谷籽实及副产物、饼粕料及动物性饲料,一般猪对VB_1的需要通过日粮即可满足,不需额外添加,而禽需额外补饲VB_1。

2.维生素B_2(VB_2)

(1)结构与性质：由核酸与二甲基异咯嗪组成,呈橘黄色,也叫核黄素。VB_2为黄色或橙黄色结晶性粉末,味苦,在水、醇溶液中的溶解性中等,易溶于稀酸、强碱溶液,对热稳定,遇光(特别是紫外光)易分解成荧光色素。

(2)营养作用：以FAD(黄素腺嘌呤二核苷酸)和FMN(黄素单核苷酸)的形式参与氧化还原反应,起到递氧的作用,FAD与FMN是一些重要还原酶(琥珀酸脱氢酶、黄嘌呤氧化酶等)的辅基。参与能量代谢、维持细胞膜的完整性、抗氧化和参与药物代谢等。其他功能还包括解毒、维持红细胞功能与寿命、参与核酸代谢。

(3)缺乏症:眼、皮肤和神经系统发生异常变化。骨骼异常、角膜炎、结膜炎、口角炎、鳞状皮炎、被毛粗糙、脱毛、运动失调、胃肠黏膜炎。有关酶(谷胱甘肽还原酶、FAD合成酶、过氧化氢酶等)活性下降。

鸡缺乏VB_2时的典型症状为曲爪麻痹症,表现为小鸡跗关节着地、爪内曲、低头、垂尾、垂翼。种蛋孵化率低、胚胎发育不全、羽毛发育受损。猪的VB_2缺乏症表现为繁殖障碍、生长缓慢、白内障、足弯曲、步态僵硬、呕吐、脱毛。

(4)需要特点:①药物的影响,动物使用抗生素时对VB_2的需要量减少(抗生素能减少微生物对VB_2的竞争作用),增加VB_2吸收;氯丙嗪抑制VB_2向FAD转化导致VB_2的需要量增加。②甲状腺疾病,甲状腺功能减退时,黄素激酶活性降低,VB_2向FMN和FAD转化受阻导致VB_2的需要量增加。③二价离子,Cu^{2+}、Zn^{2+}、Co^{2+}、Fe^{2+}、Mn^{2+}、Cd^{2+}与VB_2形成螯合物,降低VB_2在肠道吸收,导致VB_2的需要量增加。④应激与疾病,糖尿病、心脏病、应激均增加VB_2的需要量。⑤动物对VB_2的一般需要量为1~4 mg/kg(饲料),随年龄增长,需要量减少(与VB_6相反)。繁殖动物对VB_2的需要量增加。VB_2的需要量随日粮中的蛋白质、脂肪水平增加而增加。低温下,动物对VB_2的需要量增加。

(5)来源与补充:植物性饲料、酵母、动物性饲料和某些细菌。植物叶片中的VB_2很丰富,动物性饲料VB_2含量较高,饼粕饲料中VB_2的含量中等,禾谷籽实及副产物的VB_2含量低。

3. 维生素B_6(VB_6)

(1)结构与性质:VB_6包括吡哆醇、吡哆醛和吡哆胺三种吡哆衍生物,这三种衍生物对动物的生物活性相同(对微生物不同)。VB_6为无色、易溶于水和醇的晶体,对热、酸、碱稳定,对光(特别是在中性或碱性条件下)敏感,商业制剂为吡哆醇盐酸盐。

(2)营养作用:①参与蛋白质代谢,转氨酶中含磷酸吡哆醛(PLP)和磷酸吡哆胺;很多脱羧酶中含有PLP,小肠吸收蛋白质也需PLP参与。此外,消旋酶、醛缩酶、脱水酶、胱硫醚酶等需要PLP的催化作用。②参与碳水化合物的代谢,PLP是转氨酶和糖原磷酸化酶的辅酶,对维持血糖稳定具有重要意义。③影响维生素代谢,VB_6与泛酸、VC、VB_{12}等维生素的代谢有关。④维持神经系统功能正常,许多神经递质的合成需要PLP的参与。⑤参与免疫功能的调节作用。

(3)缺乏症:动物缺乏VB_6主要表现为生长受阻、皮炎、癫痫样抽搐、贫血及色氨酸代谢受阻。

猪缺乏VB_6:食欲减退、小红细胞低色素性贫血、癫痫样抽搐、脂肪肝、腹泻、呕吐、被毛粗乱、皮肤结痂、眼周出现黄色渗出物、皮下水肿、共济失调、神经功能下降。

鸡缺乏VB_6:食欲减退,生长迟缓,产蛋率、孵化率下降,羽毛发育不良,头下垂,肢散开,痉挛。

(4)需要特点:动物对VB_6的需要量一般为1~5 mg/kg(体重),典型日粮一般能满足机体需要。动物对VB_6的需要量一般随日粮中的蛋白水平提高而增加,氨基酸水平不平衡(如色氨酸、蛋氨酸过高)或服用了VB_6拮抗剂均会增加需要量;高温也会增加需要量。

(5)来源与补充:动物性饲料、青绿饲料、整粒谷物及其副产物中VB_6的含量丰富,植物性饲料含有的主要是磷酸吡哆醛和磷酸吡哆胺,动物性饲料含有的主要是磷酸吡哆醛。饲料经加工贮藏后其含有的VB_6会被破坏,导致VB_6的利用率降低10%~50%不等。

4. 维生素PP(VPP)

(1)结构与性质:烟酸与烟酰胺称为维生素PP,化学性质稳定,不易被酸、碱、热破坏。

(2)营养作用:烟酸在体内可以转化为烟酰胺,然后合成烟酰胺腺嘌呤二核苷酸(NAD^+,又称辅酶Ⅰ,CoⅠ)和烟酰胺腺嘌呤二核苷酸磷酸($NADP^+$,又称辅酶Ⅱ,CoⅡ),这两种辅酶是体内许多脱氢酶的辅酶,在氧化还原反应中起传递氢的作用。因而VPP在体内参与有机物和能量的代谢,有降血脂作用,还可治疗神经炎症等。

(3)缺乏症:动物缺乏VPP时,常表现出口炎、皮肤破裂、腹泻等症状。

猪缺乏VPP:生长不良、腹泻、呕吐、皮炎(癞皮病)、贫血、消化紊乱。

禽缺乏VPP:生长缓慢、火头舌、羽毛不满、呈鳞状脱皮,产蛋鸡可发生狂躁症。

(4)需要特点:动物对VPP的需要量一般为10~50 mg/kg(体重),可利用色氨酸来合成烟酸,其转化效率与动物种类有关,有些动物(猪、貂、鱼类)可能缺乏转化能力。因此,体内的色氨酸过量时,机体对烟酸的需要量减少。

(5)毒性:过量烟酸对机体具有毒性[超过18 g/kg(活重)],动物烟酸中毒,表现出心搏加速、呼吸加快、呼吸麻痹、脂肪肝、生长抑制,严重时可能死亡。正常情况下烟酸中毒的情况很少发生,过量烟酸一般能被迅速排泄,正常情况下24 h便可排泄摄入量的1/3。

(6)来源与补充:谷类籽实及其副产品和蛋白质饲料中的VPP含量丰富。植物中主要是烟酸,动物中主要是烟酸胺。谷物饲料中的烟酸大部分是结合型,利用率低,如玉米烟酸利用率为30%~35%。

5. 泛酸(维生素B_5、遍多酸)

(1)结构与功能:是β-丙氨酸衍生物,为黄色黏稠的油状物,对氧化剂、还原剂稳定,对湿热稳定,对干热敏感,在酸碱介质中加热易破坏。

(2)营养作用:泛酸是辅酶A(CoA)和酰基载体蛋白(ACP)的组成成分,CoA是羧酸的载体,参与氨基酸、脂肪和碳水化合物的代谢,ACP在脂类代谢中起重要作用。

(3)缺乏症:动物缺乏泛酸可能出现生长缓慢,饲料转化率低;皮肤损伤;神经系统紊乱;胃肠道功能障碍;抗体形成障碍,对病原的抵抗力降低;肾上腺功能减退等症状。

牛缺乏泛酸:典型症状是眼睛和口鼻周围出现鳞状皮炎。

猪缺乏泛酸:典型症状是运动失调,初期后腿僵直、痉挛,站立时后躯发抖。缺乏时间较长时,上述症状更明显,形成"鹅步"。皮肤粗糙有皮屑,眼睛周围有黄色分泌物,皮肤症状主要出现在肩部和耳后。

禽缺乏泛酸:主要是神经系统、肾上腺皮质和皮肤受损。雏鸡羽毛粗糙卷曲、质脆易落,喙角最易患皮炎,有时脚趾也有皮炎,爪的肉垫部有疣状突出物。给禽类动物饲喂缺乏泛酸的日粮12~14 d时,其眼睛的边缘会出现黏性分泌物。

(4)需要特点:大多数动物对泛酸的需要量一般为7~12 mg/kg(饲料)。当饲料能量浓度提高时,动物对泛酸的需要量提高。摄入抗生素能降低动物对泛酸的需要量。高纤维饲料可使瘤胃微生物的泛酸合成量减少,而高水平的碳水化合物可促进泛酸的合成。摄入了VB_{12},可减少泛酸的需要量。日粮中的脂肪和蛋白含量影响动物对泛酸的需要量,前者在体内含量高则提高需要量,后者在体内含量高则降低需要量。

(5)来源:广泛存在于动植物副产品中,但许多猪禽日粮泛酸含量较低。玉米-豆粕日粮容易缺乏泛酸,米糠及麦麸是良好的泛酸来源,泛酸含量比相应谷物高2~3倍。普通颗粒饲料在室温下保存3个月后泛酸活性为原本的80%~100%。

6. 生物素

(1)结构与性质:生物素有多种可能的立体异构体,只有D-生物素具有活性。生物素为白色针状晶体,能溶于稀碱和热水中,不溶于有机溶剂,在常规条件下性质稳定,酸败的脂可使其失活。

(2)营养作用:碳水化合物、脂肪、蛋白质代谢中的许多反应都需要生物素的参与。生物素的主要功能是在脱羧、羧化反应和脱氨反应中起辅酶作用。

(3)缺乏症:一般表现为生长不良,皮炎,被毛与羽毛脱落。

猪缺乏生物素:后腿痉挛,足裂缝、干燥,有棕色渗出物。

禽缺乏生物素:喙及眼周围发生皮炎,类似泛酸缺乏症。

(4)需要特点:动物对生物素的一般需要量为50~300 μg/kg。下列情况可能会导致生物素缺乏症。①饲养方式:限制饲养减少食粪机会;②日粮类型:长期以玉米-豆饼日粮饲喂动物时,机体内的生物素含量和利用率较低;③饲料加工及拮抗物:加工可使饲料中生物素被破坏,生鸡蛋中有抗生物素蛋白,霉变饲料中有链霉菌抗生物素蛋白;④其他因素:如疾病与应激,抗生素的使用,日粮养分与不平衡等。

(5)来源与补充:生物素广泛存在于动植物组织中。饲料中一般不缺乏生物素,但动物对不同饲料中生物素的利用率有差异,对苜蓿、油粕及干酵母中生物素利用率最好,肉粉、血粉次之,谷物一般都较差,其中小麦、大麦最差。

7.叶酸

(1)结构与性质:叶酸在植物叶部的含量十分丰富并因此而得名,已知叶酸生物学活性形式有很多种。叶酸为黄色晶体,微溶于水,其钠盐在水中溶解度大,在中性及碱性溶液中稳定,但在酸性溶液中加热易分解,容易被光破坏。在室温条件下储存时,叶酸容易损失。

(2)营养作用:叶酸以四氢叶酸(FH_4)形式在体内作为一碳基团转移酶系的辅酶,叶酸辅酶是红细胞和白细胞合成、中枢神经系统功能的整合、胃肠道功能和胎儿或幼年动物生长发育所必需的物质。叶酸的大多数功能都与其在嘌呤和嘧啶合成过程中的作用有关。叶酸对维持免疫系统正常功能十分重要,因为叶酸缺乏会导致嘌呤、嘧啶合成减少,DNA合成受阻,影响免疫细胞的分裂或增殖,影响机体的免疫功能。

(3)缺乏症:动物缺乏叶酸的一般特征是红细胞性贫血和白细胞减少、食欲减退、消化不良、腹泻、皮毛粗糙、脱毛、血小板减少等。

禽对日粮中叶酸缺乏比家畜更为敏感,若肉鸡以玉米-豆饼为日粮,在添加VB_{12}但不加胆碱和蛋氨酸的情况下,饲喂该粮18 d后会出现叶酸缺乏症。猪的叶酸缺乏症仅在饲喂磺胺药的情况下出现,叶酸不足使母猪繁育能力下降,如妊娠早期、中期母猪血清叶酸浓度的急剧下降可能与胚胎死亡有关。

(4)需要特点:动物对叶酸的需要量一般为0.2~1.0 mg/kg(饲料)。各种动物中,禽易发生叶酸缺乏症。动物合成叶酸的能力与日粮组成有关:木聚糖、小麦麸和豆类能刺激大鼠合成叶酸,降低叶酸需要量。抗生素和叶酸拮抗物抑制体内叶酸的合成,增加动物的叶酸需要量。高蛋白饲粮会提高禽的叶酸需要量。快速生长的动物叶酸需要量高,种禽及种母猪的叶酸需要量高于相应的生长动物。此外,日粮中胆碱、VB_{12}、VC与Fe的含量均影响叶酸需要量。

(5)来源与补充:广泛分布于自然界,存在于动物、植物和微生物中。绿色植物的叶片富含叶酸,豆类和一些动物产品也是叶酸的良好来源,但谷物中叶酸含量较少,常规日粮一般不需要添加叶酸,但大量使用抗生素、饲料霉变、饲料在不良环境贮存过久等情况下,以及种畜禽均须提高叶酸添加量。

8.维生素B_{12}(VB_{12})

(1)结构与性质:VB_{12}的结构复杂,是唯一含有金属的维生素,天然VB_{12}只能由微生物合成。VB_{12}有多种形式,如氰钴胺素、羟钴胺素、硝钴胺素、甲基钴胺素、5'-脱氧腺苷钴胺素等。通常所说的VB_{12}指氰钴胺素,目前已知甲基钴胺素和5'-脱氧腺苷钴胺素在动物体代谢中具有类似辅酶的活性。VB$_{12}$为红色结晶粉末,易溶于水和乙醇,不溶于丙酮、氯仿和乙醚,在弱酸性水溶液中相当稳定,在日光、重金属、氧化剂、还原剂、强酸、强碱(pH<3.8)等条件下易被破坏。

(2)营养作用:VB$_{12}$辅酶在体内参与许多代谢过程,其中最重要的作用是参与核酸和蛋白质的生物合成,促进红细胞的发育与成熟。此外,VB$_{12}$对反刍动物利用丙酸十分重要。

(3)缺乏症:动物缺乏VB$_{12}$一般表现为生长受阻、动作不协调、贫血等。

猪缺乏VB$_{12}$:食欲丧失、对应激敏感、运动失调、后肢软弱、皮肤粗糙,出现典型的小细胞性贫血,体蛋白沉积缓慢,生长率和饲料报酬低。

禽缺乏VB$_{12}$:生长停滞、脂肪肝、贫血、死亡率高、产蛋率下降、孵化率下降,胚胎在孵化至17 d左右时常因畸形而死亡。

反刍动物缺乏VB$_{12}$:犊牛表现为厌食、营养不良、生长缓慢、肌肉软弱等。

(4)需要特点:禽对VB$_{12}$的需要量一般为3~9 μg/kg(饲料),仔猪、种猪、鱼对VB$_1$的需要量为20~40 mg/kg(饲料),幼龄动物对VB$_{12}$的需要量高,食粪动物及垫草饲养的动物对VB$_{12}$的需要量低,全植物饲料饲养的动物或动物患肠道疾病时对VB$_{12}$的需要量增加。

(5)来源与补充:天然VB$_{12}$只有微生物才能合成,这些微生物广泛分布于土壤、淤泥、粪便及动物消化道中,植物性饲料不含VB$_{12}$,动物性饲料中以肝脏的VB$_{12}$含量最高,集约化饲养动物的VB$_{12}$来源是动物性饲料和人工合成VB$_{12}$添加剂。

9.胆碱

按维生素的严格意义,将胆碱看作维生素类是不确切的,尽管如此,还是将其收为B族维生素。胆碱不同于其他B族维生素,它可以在肝脏中合成,机体对胆碱的需要量也较高,就其机能而言,与其说它是辅酶,不如说它是机体结构组分更确切,它不参与任何酶系,不具有维生素特有的催化作用。

(1)结构与性质:胆碱是β-羟乙基三甲胺的羟化物,纯品为无色,黏滞,微带鱼腥味的强碱性液体,可与酸反应生成稳定的结晶盐,具极强的吸湿性,易溶于水,对热相当稳定,耐贮存,但在碱性条件下不稳定。饲料工业中用的氯化胆碱为吸湿性很强的白色结晶,易溶于水和乙醇,水溶液pH近中性(6.5~8)。

(2)营养作用:构成细胞膜,胆碱是磷脂的组成成分,而磷脂是动物细胞膜的结构组分。防止脂肪肝,胆碱可促进肝脏脂肪以卵磷脂形式被转运走或者提高脂肪酸本身在肝脏的氧化利用。神经冲动的传导,乙酰胆碱是敏感和副敏感神经系统的神经递质。不稳定甲基的来源。

(3)缺乏症:通常表现为生长迟缓,肝脏和肾脏出现脂肪浸润,肾小球因脂肪大量浸润而堵塞,脂肪肝,骨软症,组织出血和高血压。家禽和生长猪易发生胆碱缺乏症,患猪多表现运动障碍,家禽则表现为胫骨短粗症,产蛋率下降。

(4)需要特点:一般需要量为0.05%~0.20%,日粮脂肪、Ser、碳水化合物含量、蛋白质含量及动物年龄、性别、进食量、生长速度、应激都影响动物对胆碱的需要量。叶酸、VB$_{12}$缺乏时,胆碱需要量增加,Met可节约胆碱,4.3 mg Met同1 mg胆碱可提供等量的甲基,过量蛋白质增加胆碱需要量,高剂量日粮加重胆碱的缺乏症,增加对胆碱的需要量。多数动物都可合成足量的胆碱,但合成过程需要Ser的参与。

(5)来源与补充:天然存在的脂肪都含有胆碱,含脂肪的饲料都可提供一定数量的胆碱,蛋黄(1.7%)、腺体组织粉(0.6%)、脑髓和血(0.2%)是胆碱来源。绿色植物、酵母、谷实幼芽、豆科植物籽实、油料作物籽实、饼粕的胆碱含量丰富,玉米的胆碱含量少,麦类比玉米高一倍。

10.维生素C(VC)

(1)结构与性质:VC因能防治坏血病也被称为抗坏血酸,在体内有两种形式,即还原型和氧化型,二者的L型异构体都具有生物学活性。抗坏血酸是一种白色或微黄的粉状晶体,微溶于丙酮和乙醇,0.5%的抗坏血酸水溶液为强酸性,pH为3。在干燥的室温条件下VC的性质非常稳定,加热易被破坏,特别是在碱性条件下,低浓度的金属离子可加速VC破坏。

(2)营养作用:①参与体内氧化还原反应。②VC的主要功能是参与骨胶原的合成,参与细胞间质生成。③VC在体内还能保护参加羟化作用的酶类免受铁离子和巯基氧化。④参与其他合成、代谢反应,比如FH_4合成,酪氨酸酶代谢等都需要VC的参与。

(3)缺乏症:一般情况下,在日粮缺VC时,只有包括人在内的灵长类动物、豚鼠和某些鱼会出现VC缺乏症,家畜可利用葡萄糖在脾脏和肾脏合成VC,通常不会出现VC缺乏症。经典的坏血病试验以豚鼠为试验对象,缺VC的豚鼠最初表现为采食量减少,体重减轻,接着是贫血和大面积出血,其他症状有肋骨软骨关节增大、齿质变性及牙龈炎等。

(4)需要特点:由于大多数动物(包括人在内的灵长类、豚鼠、某些鱼类等不能合成)自身可合成抗坏血酸,因此,动物日粮中一般不需额外添加VC。但在应激条件下,或者畜禽感染疾病时,或日粮的能量、蛋白质、VE、硒和铁的含量不足时,畜禽对VC的需要量增加,此时应补饲VC以提高畜禽的抵抗力。

(5)来源与补充:水果和蔬菜含有丰富的VC,某些动物性饲料也含有一定量的VC。

七、纤维的动物营养功能

1.纤维的营养作用

(1)填充消化道,让动物产生饱感。(2)刺激胃肠道发育,促进胃肠运动,减少疾病的发生。(3)提供能量,单胃动物在盲肠消化纤维,可获得维持正常生长发育能量的10%~30%。(4)能改善胴体品质,提高瘦肉率、乳脂率。(5)降低饲料成本。

但也存在一些不足:(1)适口性差,质地硬粗,降低动物的采食量。(2)消化率低(猪为3%~25%),且影响其他养分的消化,与能量、蛋白的消化率呈显著负相关。(3)影响动物的生产性能。

2.反刍动物对纤维利用

反刍动物将纤维降解为挥发性脂肪酸,有两个阶段:

(1)复合纤维(纤维素、半纤维素、果胶)在瘤胃中经微生物分泌的胞外酶作用水解为寡聚糖,主要是双糖(纤维二糖、麦芽糖和木二糖)和单糖。

(2)双糖与单糖被瘤胃微生物摄取,在细胞内酶的作用下迅速地降解为挥发性脂肪酸,同时产生甲烷和热量。甲烷产量很高,能值也高,但不能被动物利用,因而是巨大的能量损失。饲料中未降解的纤维量占采食纤维总量的10%~20%,这部分在小肠由酶消化,未消化部分再次进入大肠发酵。

3.单胃动物对纤维的利用

单胃动物的胃和小肠不分泌纤维素酶和半纤维素酶,故饲料中的纤维素和半纤维不能在小肠和胃中进行酶解。单胃动物对纤维素和半纤维素的消化,主要依赖于盲肠和结肠中微生物的发酵作用。初生动物的盲肠和结肠并无微生物存在,但随着采食植物饲料,盲肠和结肠逐渐建立起微生物区系。已经知道,猪盲肠中嗜碘球菌及某些厌氧性杆菌和球菌可产生使纤维素和半纤维素水解的酶。有人从猪大肠内分离出一种新型高活性的纤维分解菌——草食梭状芽孢杆菌,其降解细胞壁的能力相当于或高于反刍动物胃内的纤维素分解菌。纤维素和半纤维素经水解可产生挥发性脂肪酸与二氧化碳(可经加氢作用转变为甲烷)。挥发性脂肪酸可被肠壁吸收,二氧化碳和甲烷等气体则排出体外。

草食动物(如马、驴等)盲肠比较发达,其中的细菌区系对纤维素和半纤维素具有较强的消化能力。例如,猪对苜蓿干草中的纤维性物质的消化率仅为18%,而马却高达39%。因此,饲料中的纤维素、半纤维素等物质在草食性单胃动物营养中具有较重要的作用。家禽的盲肠借助于细菌的作用亦可消化少量纤维素和半纤维素,且消化率一般在18%左右。单胃动物消化道后段发酵产生的挥发性脂肪酸很容易通过扩散即进入体内。

4.非淀粉多糖营养

(1)非淀粉多糖的概念:一般植物性饲料中的多糖可分为两种类型,即贮存多糖和结构多糖。贮存多糖主要为淀粉,结构多糖通常称为非淀粉多糖(Non-Starch Polysaccharides,NSP)。

饲料中的非淀粉多糖(NSP)与饲料纤维在某种程度上曾有混淆,原因是饲料纤维的含义并不确定。纤维曾被看成一种不能被哺乳动物消化酶所消化的日粮组成成分,后来从化学的角度把纤维看成NSP和木质素的总和。最新的看法认为饲料纤维包含三层含义,即它是许多非同质的单个成分共同体现一种特殊生理作用的复合体,其组成包括结构性和非结构性成分,其分析方法以洗涤纤维或非淀粉多糖+木质素测定为基础,而且这些方法是否能完全代表对日粮纤维的分析尚有很大争议。非淀粉多糖作为日粮中确定的成分,其测定具有可操作性。目前,人们更关注各种类型的NSP对动物产生的各种营养与非营养效应,这种营养研究进程的深入,使NSP这个概念更易于被人们所接受。

(2)非淀粉多糖(NSP)的分类:根据结构特点可将NSP分为三类,如图2-2-3所示。

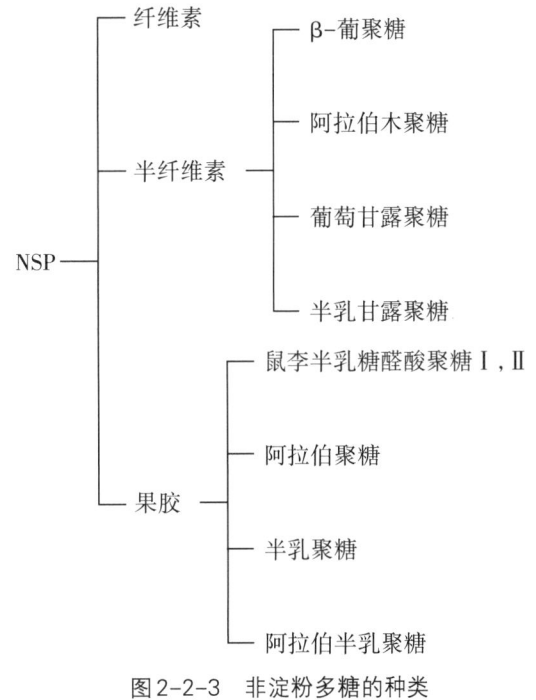

图2-2-3 非淀粉多糖的种类

(3)NSP的营养特性:NSP具有正面营养作用和负面营养作用两方面。

①正面营养作用:

提供能量:哺乳动物尤其是反刍动物可借助瘤胃和盲肠的微生物消化部分NSP类物质。NSP经瘤胃和盲肠微生物分解,可产生各种挥发性脂肪酸。其中以乙酸和丙酸为主,丁酸次之,戊酸和异戊酸最少。乙酸和丁酸是合成脂肪的原料或可氧化供能,丙酸可以合成氨基酸。研究表明,对于猪来说,NSP类物质经过大肠微生物作用产生的挥发性脂肪酸,可满足生长猪维持生长发育所需要的10%~30%。

对营养物质摄入的调控作用:在现代动物生产中,常用添加NSP物质降低日粮营养浓度的方法对采食量进行调控,从而实现对营养物质摄入的调控。如母猪怀孕前期,为防止母猪长得过肥,需降低其日粮营养浓度。

解毒作用:一方面,日粮中含有适量NSP可提高动物对一些不耐受物质的耐受程度。另一方面,NSP可预防仔猪断奶后大肠杆菌引起的肠毒血症,可防止猪胃肠溃疡,但NSP过量时无效。此外,日粮含有适量NSP可抑制仔猪胃肠内的细菌生长增殖,防止仔猪水肿病的发生,还可减少仔猪腹泻。

营养代谢效应:NSP可增加胆汁排泄,降低产生胆结石的可能性,因为NSP中果胶、半纤维素能与胆汁结合,从而加速胆汁排泄。NSP物质与胆汁的结合还可降低血清胆固醇的水平。另外,有报道指出NSP物质可降低禽类肝脏的脂肪含量,避免脂肪肝。

物理作用:一方面,NSP能刺激消化道膜,促进胃肠蠕动,还可促进胃肠道的发育和成熟。另一方面,NSP容积大、吸水力强,且较难消化,从而可充实胃肠使动物食后有饱腹感。

改善产品品质:如在生长肥育猪后期,增加日粮中的NSP含量,可减少猪的脂肪贮存量,提高胴体瘦肉率;母猪食入NSP物质含量高的日粮,可提高乳脂浓度。

提高动物生产性能:可提高母畜的生产性能。如母猪在怀孕期补充一定量的NSP物质,其产仔数和断奶数皆高于对照组。

②负面营养作用:

一方面,NSP物质在细胞壁中与木质素结合,虽然一些NSP物质可被动物的酶消化,但NSP和木质素共同存在时,使NSP类物质难以被消化。而且随植物越成熟,细胞壁木质化加重,以此植物做成的饲料质地坚硬粗糙,适口性变差,动物会减少对其的采食量。另一方面,NSP类物质作为植物细胞壁成分,在一定程度上影响细胞内容物中其他营养物质与消化酶的接触,从而降低动物对营养物质的消化利用能力。NSP对不同动物的负面营养作用表现如下。

家禽:NSP类物质对家禽营养的负效应与单胃动物基本相同。但家禽消化道更短,对NSP的耐受性更差,故NSP对家禽营养的负效应更明显。水溶性NSP对家禽营养的负效应主要体现为以下几个方面。

第一,降低能量利用效率。小麦水溶性NSP(主要为阿拉伯木聚糖和β-葡聚糖)含量越高,其表观代谢能值就越低;各种谷物水溶性NSP(主要为阿拉伯木聚糖与β-葡聚糖)含量和能量代谢率呈负相关;往高粱日粮中加入3%水溶性NSP使肉仔鸡表观代谢能下降9.9%;日粮中NSP含量每增加1%,总能消化率下降大约3.5%。

第二,降低养分消化率。一般日粮中水溶性NSP含量增加,家禽对日粮中养分的消化率即降低。往高粱日粮中加入3%水溶性NSP,肉仔鸡干物质消化率下降8.4%。黑麦阿拉伯木聚糖可显著降低脂肪和氨基酸消化率。

第三,降低生产性能。往高粱日粮中加入3%水溶性NSP,肉仔鸡日增重、饲料转化率分别降低24.6%和11.2%。家禽日粮中黑麦水平高于7.5%,会显著降低家禽的日增重和饲料转化率。往小麦基础日粮中加入1.0%~1.4%用水提取的黑麦阿拉伯木聚糖,会导致肉鸡生长速度下降19%~29%,饲料转化率下降14%~12%,采食量下降5%~17%;若加入3.4%用碱提取的阿拉伯木聚糖,则导致家禽的生长速度、饲料转化率和采食量分别下降50%、33%和34%;在肉鸡日粮中加入4%果胶可显著降低其生长速度。

第四,产生黏性粪便。试验表明,将黑麦水提取物加到玉米基础日粮中将会引起黏性粪便和生长抑制。另外,其他一些试验表明若用大麦基础日粮饲喂肉鸡,会导致肉鸡生长减慢并产生黏稠粪便。往肉仔鸡玉米基础日粮中,加入10%由大麦提取的β-葡聚糖,食糜上清液相对黏度会从2.16增加到6.27。

猪:往生长猪饲料中加入果胶能降低回肠氨基酸的消化率。有试验表明,饲料中NSP的适宜含量对不同生长阶段的猪是不一样的,小猪宜为5%左右,生长猪和母猪不超过10%。对猪的试验表明,饲料中的NSP每增加1%,饲料消化能浓度下降0.5~0.8 MJ。饲料中的NSP可通过加速肠黏膜脱落和增加消化液的分泌量来促进内源氮的分泌。

反刍动物:NSP对反刍动物营养的负效应主要体现在减少营养物质吸收、降低能值和增加内源物质损失三个方面。如果饲料中NSP含量过高,且木质化程度过高时,则会对瘤网胃后营养物质吸收造成较大的负面效应。饲料中NSP物质过多时,导致饲料消化率降低,不能为动物提供较多的能量,同时也会影响其他物质的吸收,降低了饲料可利用能值。有试验表明,饲料中NSP水平提高可使羊消化道内源蛋白质排出量增加。另外,还有试验表明饲料中NSP水平提高同样会引起内源脂肪和内源矿物质元素的增加。

第三节 动物的营养需要、采食量与饲养标准

一、营养需要

(一)营养需要的概念

营养需要(nutrient requirements)也称为营养需要量,是指动物在适宜的环境条件下,正常健康生长或达到一定生产性能时对各种营养物质需要的最低数量。营养需要是一个群体平均值,不包括一切可能增加需要量而设定的保险系数。

营养需要包括两部分,一部分用于维持本身的生命,表现在基础代谢、自由活动及维持体温三个方面,称为维持需要;另一部分用于动物生长或生产,这一部分称为生产需要,根据生产目的的不同,又可把生产需要分为生长、产奶、产蛋、产毛等的营养需要。

(二)营养需要的研究方法

1.综合法

该法是根据动物的总体反应来确定其对某种营养物质的总需要量。综合法是研究营养需要最常用的方法,包括饲养试验法、平衡试验法、屠宰试验法、生物学法等。在严格控制试验条件的情况下,根据剂量(某养分的食入量)—效应(增重、产毛、产蛋或泌乳等)反应的原则,通过回归分析法,确定动物对养分的需要量。该方法的优点是直接、客观、便于应用;但缺点是不能剖分构成需要的各种成分,无普遍指

导意义。

2.析因法

将动物对营养物质的总需要量解析为多个部分(如维持、生长、产毛、产蛋、产奶等),分别试验每个部分,然后综合每个部分的试验结果而得到动物的总养分需要量。动物对各种营养物质的总需要量,可分为维持需要和生产需要两大部分,即:总营养需要=维持需要+生产需要。生产需要又可细分为产奶、产蛋、增重、繁殖、产毛等的营养需要。该方法的优点是能分析出构成需要的成分及养分利用效率,是建立营养需要动态模型的典型方法;具有普遍指导意义。但缺点是必须清楚养分利用途径和效率,这一些要求难度大,不适合用于大多数微量养分需要量的确定。

(三)维持需要

1.维持

维持是动物生存过程中的一种基本状态。成年动物或非生产动物,体重稳定,体组织成分保持相对恒定,即体内合成代谢与分解代谢处于动态平衡状态。

2.维持需要

维持需要是动物在维持状态下的营养需要。

3.研究维持需要的意义

一方面,维持需要是动物的一种基本需要,是研究其他各种生产需要的前提和基础。另一方面,维持需要占总营养需要的比例较大,必须合理平衡维持需要与生产需要的关系,尽量降低维持需要所占比例。

4.维持需要的组成与作用

(1)维持正常的组织器官活动;

(2)维持体组织的更新;

(3)维持代谢过程中损失的矿物质;

(4)维持正常的生理生化过程。

(四)生产需要

1.繁殖的营养需要

动物的繁殖过程包括性成熟,公畜(禽)精子和母畜(禽)卵子产生,以及发情、排卵、配种、受精、妊娠、分娩等一系列生理阶段。因此,繁殖的营养需要包括公畜(禽)和母畜(禽)的营养需要。

(1)公畜(禽)的营养需要:根据种用体况、正常的配种和采精任务确定营养需要,一般包括能量需要、蛋白质需要、矿物质和维生素的需要。种公畜(禽)特殊营养需要还包括脂肪酸和类胡萝卜素等,目的是让种公畜(禽)保持健壮的体况、旺盛的性欲和提高配种能力,产出正常的精子。比如,种公牛的能量需要=$0.398 \times W^{0.75}$(MJ),式中的 W 为牛的体重单位是千克(kg)。一些微量营养成分对种公畜尤为重要,应注意补充。

(2)母畜(禽)的营养需要:繁殖周期中母畜体重的变化规律是妊娠期增重和哺乳期失重。妊娠期增重主要是因为子宫及其内容物的增长、胎儿体重的增长以及母体本身营养物质的沉积,因此要根据母畜生理变化规律确定母畜能量、蛋白质、矿物质和维生素的需要。例如,母畜受胎后,开始时胚胎很小,在妊娠的前 2/3 期内需要的养分不多，而在妊娠的后 1/3 期内需要大量营养物质，以供胎儿发育的需要。以猪为例，母猪的妊娠产物，几乎有一半以上的能量是在妊娠最后 1/4 期内储积起来的。妊娠母猪的能量需要包括维持需要、组织沉积（蛋白质和脂肪沉积）需要和调节体温需要。组织沉积需要包括母体组织沉积和胚胎发育的需要。妊娠母猪的维持能量需要占总需要的 75%~80%。每日维持需要的消化能多少取决于母体大小，一般为 $0.46 \times W^{0.75}$（MJ）。母体生长能量：母猪每增重 1 kg，所需要的消化能约为 20.92 MJ，114 d 增重 25 kg 需要 523 MJ，每天需要 4.60 MJ。胚胎发育每天的消化能需要为 0.79 MJ。妊娠母牛的能量需要只在妊娠的最后 4~8 周才明显增加。一般从妊娠的第 210 d 开始考虑妊娠需要，妊娠的能量需要约为维持能量需要的 30%，具体数量按每千克代谢体重需要 100.42 kJ 产奶净能计算。

2. 生长的营养需要

生长是动物达到成熟体重之前体重增加的过程，是细胞数目增多和细胞体积增大的结果，是体内蛋白质沉积的过程。从更特定的意义上来说，"生长"可以理解为结构组织（骨骼、肌肉和结缔组织）整体的增加，同时伴随着身体结构或成分的变化。

动物的生长是与时间相关的过程。动物的体重是各种组织和器官生长的综合体现，通常作为衡量生长的指标。各种器官和组织以及身体各部分的生长发育具有阶段性和不平衡性，同时，动物机体的化学成分在生长过程中也发生了极大的变化。在生长过程中，身体的化学成分最显著的变化是，除生长的早期外，体蛋白在脱脂基础上的比例相当稳定。随着动物的生长和成熟，机体的水分含量显著降低而脂肪含量大量增加，蛋白质含量基本维持不变。在早期的生长中，增重的成分主要是水分、蛋白质和矿物质；随着年龄的增加，增重的成分中脂肪的比例越来越高。

生长的营养需要由动物的生长发育规律、品种基因和相关影响因素所决定。生长的营养需要，可以通过饲养试验、平衡试验和屠宰试验或析因法来确定。

3. 泌乳的营养需要

泌乳的营养需要包括维持需要和产奶需要。例如，自由活动的成年奶牛维持的能量需要为 $356 \times W^{0.75}$ kJ。产奶母牛每日产奶的能量需要量等于牛奶的能量乘以产奶量。我国《奶牛饲养标准》（NY/T 34—2004）的能量体系采用产奶净能，以"奶牛能量单位（NND）"表示，将相当于 1 kg 含脂率为 4% 的标准乳能量，即 3138 kJ 产奶净能作为一个"奶牛能量单位（NND）"。奶牛的蛋白质需要包括维持、产奶和增重 3 个方面的需要，以粗蛋白质和可消化粗蛋白质表示较多。我国奶牛饲养标准规定，奶牛维持的粗蛋白质需要为 $4.6 \times W^{0.75}$（g），可消化粗蛋白质为 $3 \times W^{0.75}$（g）；每增重 1 kg 需要粗蛋白质 319 g，可消化粗蛋白质 239 g；每产 1 kg 含脂 4% 的标准乳需要供给粗蛋白质 85 g 或可消化粗蛋白质 55 g。

单位体重哺乳母猪的泌乳强度要大于奶牛，因此理论上泌乳母猪泌乳营养需要要高于奶牛。例如，猪乳蛋白质含量为 6%，可消化粗蛋白质的利用率在 70% 左右，故每 1 kg 标准乳需可消化粗蛋白质 86 g（1000×6%÷70%）。特别注意，动物的乳中，水的占比在 80% 以上，故水对泌乳动物十分重要。据测定，牛在一般环境条件下泌乳 1 kg 需水 2.0~2.5 kg，泌乳母猪每天需水 20~30 kg。

4. 产毛的营养需要

动物毛发在化学组成上与角和蹄相似，主要是角蛋白，其成分主要是碳（50%）、氢（6%~7%）、氧（20%~24%）、氮（15%~21%）、硫（3%~5%）。此外，还含有钾、钙、钠、氯、磷等矿物质（1%~3%）。在实际生产中，羊毛的胱氨酸含量高，其中的硫主要以二硫键（—S—S—）的形式存在于胱氨酸中，胱氨酸对羊毛的产量和毛的弹性、强度等纺织性能具有重要影响。可以根据羊毛产量与质量来确定羊对能量、蛋白质、矿物质和维生素等的需要。

5.产蛋的营养需要

产蛋家禽的营养需要分维持、产蛋和增重等几个方面。产蛋母鸡的基础代谢（kJ/d）为$285×W^{0.75}$，维持能量需要在此基础上根据饲养方式进行调整，比如笼养鸡增加37%，平养鸡增加50%。产蛋的能量需要主要取决于产蛋率、蛋重及蛋的含能量。产蛋的蛋白质需要主要包括维持需要和产蛋需要两部分，蛋白质的维持需要是根据成年产蛋家禽内源氮的日排泄量估算的，蛋白质的产蛋需要是根据蛋中蛋白质的含量及产蛋率确定的。产蛋家禽对钙的需要量特别高，我国产蛋鸡饲养标准中规定钙的供给量因产蛋率的高低而有变化，产蛋率在65%以下时，饲粮中钙的含量为3.0%，产蛋率在65%~80%时为3.25%，产蛋率高于80%时为3.5%。产蛋家禽磷的供给应注意满足有效磷的需要。

（五）影响动物营养需要的因素

影响动物营养需要的因素主要有：动物的种类、品种、年龄、性别、健康状况、皮毛的类型、活动量，以及总体的生产水平和环境温度等。

二、动物采食量

（一）采食量的概念

动物采食量：是指动物在24 h内采食饲料的重量，有3种表达方式。

（1）随意采食量（VFI）：是指动物在自由接触饲料的条件下，一定时间内采食饲料的重量。

（2）实际采食量：是在实际生产中，一定时间内动物实际采食饲料的重量。也称为自由采食量，即动物随时可以采食到饲料，但必须保证饲料时刻都是新鲜的。

（3）规定采食量：指饲养标准或营养需要中所规定的采食量的定额。

随意采食量一般随动物日龄或体重的增加而增加，与实际采食量可能相同，也可能不同，取决于动物自由接触饲料的程度和方式，而规定采食量是一个定额。

（二）研究采食量的意义

采食量是影响动物生产效率的重要因素，是配制动物饲粮的基础，是合理利用饲料资源的依据，是合理组织生产的依据。

（三）采食量的调节

1.采食量的神经调控

动物下丘脑存在摄食中枢（饱中枢及饿中枢），是调节采食量的重要部位。

2.采食量的化学调节

调控采食量的化学因素有：葡萄糖（血糖）、挥发性脂肪酸、氨基酸、矿物质、游离脂肪酸、渗透压、pH、激素（胰岛素、性激素、胆囊收缩素、生长激素、甲状腺素）等，其中最重要的是葡萄糖和挥发性脂肪酸。

3.采食量的物理调节

胃肠道紧张度和体内温度等。

(四)不同动物采食量调节机制的比较

1. 共同点

猪、禽和反刍动物的采食量调控都由中枢神经系统控制,控制机制没有本质的差异,都很复杂。

2. 不同点

(1)猪:以化学调节为主。

(2)禽:以化学调节为主。

(3)反刍动物:兼有物理调节和化学调节,取决于饲粮能量浓度。能量浓度低,以物理调节为主;能量浓度高,以化学调节为主。

(五)影响采食量的因素

1. 动物因素

(1)遗传因素:动物品种不同,采食量有差异。

(2)生理阶段:动物所在的生理阶段对采食量的影响机理既与物理调节有关,也与化学调节(主要是激素分泌的影响)有关。

(3)健康状况:患病和处于亚临床感染的动物常表现出食欲下降。

(4)疲劳程度:过度疲劳的动物,采食量会下降。

(5)感觉系统:感觉系统对动物采食量的调节作用不如对人类的影响大。

(6)学习:动物可从过去的采食经历或通过人为训练等,而对饲料产生喜好或厌恶的习惯。

2. 饲粮因素

(1)适口性:适口性是一种饲料或饲粮的滋味、香味和质地特性的总和。饲料的滋味包括甜、酸、鲜和苦四种基本味,饲料的香味来自挥发性物质。

(2)能量浓度:动物采食的目的首先是满足能量的需要,动物具有"为能而食"的本能。能量浓度对采食量和饲料转化率的影响在生产上具有重要意义。

(3)饲粮蛋白质和氨基酸水平:在一定范围内,随着饲粮蛋白质和氨基酸水平的提高,动物采食量会增加。但蛋白质水平过高,对动物采食和消化会有不利影响。

(4)脂肪:脂肪是促进动物采食的重要因素,尤其在高温季节。但是要防止脂肪氧化,饲料中氧化的脂肪反而会影响动物采食。

(5)膳食纤维:膳食纤维中的不溶性纤维可以促进动物肠道蠕动,在一定范围内,对动物采食有促进作用。

(6)矿物元素和维生素:矿物元素大多数是动物消化代谢酶的重要活性因子,在一定范围内,对动物采食有促进作用,但饲料中矿物元素含量过高会影响动物采食。维生素对动物采食有积极作用,尤其是B族维生素,可以促进动物采食。

(7)饲料添加剂:有苦味、涩味和其他不良味道的饲料添加剂,对动物采食有不利影响,猪对此尤其敏感。甜味、酸味和咸味饲料添加剂,在一定范围内,对猪饲粮的适口性有改善作用。

3. 环境因素

环境因素中,温度、湿度、通风量和空气质量,对动物采食量都会产生影响。在实际生产中,为动物创造良好的环境,才能保障动物有最大采食量,营养才能发挥最大化的效应。

4.饲喂技术

(1)饮水:喝多少水才能吃多少料。

(2)饲料形态:与粉料相比,颗粒料可提高采食量。

(3)饲喂方式:自由采食的动物的采食量高于限制饲养的动物。

(4)饲喂的连续性。

(六)提高动物采食量的方法

1.刺激摄食中枢

主要是利用一些药物。如已知巴比妥类药物能影响动物采食活动,以6.5 mg戊巴比妥钠注射于饥饿猪的下丘脑外侧区,可抑制采食;若注射于饱食猪的腹内侧区,则会刺激饱食猪采食。

2.减少胃内容积性反射

饲料容积由饲料中结构性碳水化合物和饲料内部的空气与水分间隙所决定。在生产中,通过对饲料进行适当的加工,调整饲料容积、物理性状,从而减少胃内容积性反射,提高采食量。

3.制订营养平衡的配方

动物的食欲取决于它对各种营养物质的需要量以及饲料中这些养分的含量(Emmans,1986)。一般认为,动物的采食量受日粮中第一限制性营养物质含量的影响。当某种营养物质处于边际缺乏时,采食量提高,当缺乏严重时,采食量下降。同时,各种营养物质的配比也至关重要。

4.提高日粮适口性

适口性是动物在觅食、定位和采食过程中,动物视觉、嗅觉、触觉和味觉等感觉器官对饲料或饲粮的综合反应。饲料适口性的改良方法:选用适当的主原料;保持饲料的新鲜度;添加风味剂,如香味剂、甜味剂、酸味剂、酶。香味剂可刺激动物的食欲,甜味剂可明显改变饲料口味,同时掩盖不良的口味,增加动物的日采食量,提高消化率。

5.调节一些激素水平

利用激素加强体内营养物质的代谢或促进营养物质的吸收从而提高采食量。如胰岛素可以加强葡萄糖的利用和生脂作用,促进单胃动物的采食;甲状腺激素能提高动物的代谢率,直接提高采食量;睾酮、孕酮可以促进代谢,提高动物采食量。

6.正确的饲喂技术

(1)保证饮水。

(2)适宜的饲料形态。

(3)适当的饲喂方式和时间,哺乳仔猪习惯用母乳来解渴并且每隔40~50 min就要哺乳一次。断奶后,仔猪必须有一个适应过程,学会分辨饥和渴,并通过采食和饮水分别满足饥与渴。

三、饲养标准

(一)饲养标准的概念及意义

根据生产实践中积累的经验,结合消化、代谢、饲养及其他试验,科学地规定了各种动物在不同体重、不同生理状态和不同生产水平条件下,每头每天应该给予的能量和各种营养物质的数量,这种规定称为"饲养标准"。饲养标准包括两个主要部分:一是动物的营养需要量表,二是动物饲料的营养价值表。

饲养标准的意义是指导动物生产,用最适合的营养配比满足动物的营养需要,同时用最适合的饲喂方式将营养供给动物。换句话说,饲养标准的制定使动物的合理饲养有了科学依据,避免了饲养的盲目性。根据饲养标准可以配制动物平衡日粮,对提高畜牧生产的效益意义重大。饲养标准会随着育种技术、营养科学和实际生产条件的优化而不断升级。

(二)饲养标准的指标

饲养标准中对各种营养物质的需要量是指在某一生产水平之下的总营养物质需要量,包括维持需要和生产需要。在饲养标准中,猪、鸡、肉牛不分维持需要和生产需要,而奶牛饲养标准中列有维持需要和生产需要。在计算成年母牛的每日需要时,先根据奶牛体重查出维持需要,再根据产奶量查出产奶需要,两者相加之和即为每日总营养需要。但鸡的饲养标准中只列有日粮中各营养物的百分数或含量,没有每只每日所需的营养物质量。

(三)饲养标准的表达方式

饲养标准数值的表达方式通常有两种,一种是按每头动物每天需要量表示,另一种是按单位饲料中营养物质浓度表示。实际饲养或配方设计中采用营养浓度或营养水平定额表示。而提供给动物的营养素能否满足动物遗传潜力的发挥显得特别重要,即营养素=营养浓度×采食量。因此,在实际生产中,饲养标准的应用需要充分考虑品种基因潜力的发挥,要特别关注采食量,即采食的营养素能否将遗传潜力发挥出来。

拓展阅读

扫码获取本章拓展数字资源。

课堂讨论

1. 营养物质在动物体内消化吸收的关键影响因素是什么?
2. 七大营养素的基本特性和功能之间的关系如何?
3. 七大营养素在动物生产中的作用有哪些?如何维护生态平衡?
4. 如何通过采食量的调控满足动物的营养需求?

思考与练习题

1. 单胃动物和反刍动物在营养素的消化和利用上有何异同点?
2. 影响动物营养需要的因素有哪些?
3. 如何科学使用饲养标准指导动物生产?
4. 采食量对动物的意义是什么？如何通过合理控制采食量满足动物营养需要?
5. 动物营养与动物生产性能、食品安全、环境友好的关系如何?

第三章

饲 料

本章导读

所有养殖动物都需要营养素来维持生命、生长、发育和繁殖后代,饲料中的养分是动物维持生命活动和生产的物质基础。那么,饲料如何分类?如何分析饲料中营养素和其他物质的含量,以及如何评价饲料养分在动物体内的利用效率和饲养效果?什么是配合饲料?如何设计饲料配方?本章将一一给予解答。

学习目标

1. 了解国内外饲料业发展现状和未来趋势,理解并掌握饲料分类方法及各类饲料的营养特性、饲料营养价值评定方法、配合饲料的种类及饲料配方的设计方法。

2. 正确识别不同的饲料原料及添加剂,合理设计饲料配方。

3. 正确处理日粮与饲料粮的发展关系,节约饲料粮食资源,遏制饲料生产和畜禽养殖过程中过度追求出栏率和料肉比的风气,避免饲料营养配方中蛋白、能量等含量过高的现象,积极推动饲料行业向绿色高质量转型升级。

4. 深刻认识饲料安全与食品安全的紧密联系,坚持"源头严防、过程严管、风险严控"的原则,用安全原料生产放心饲料。

概念网络图

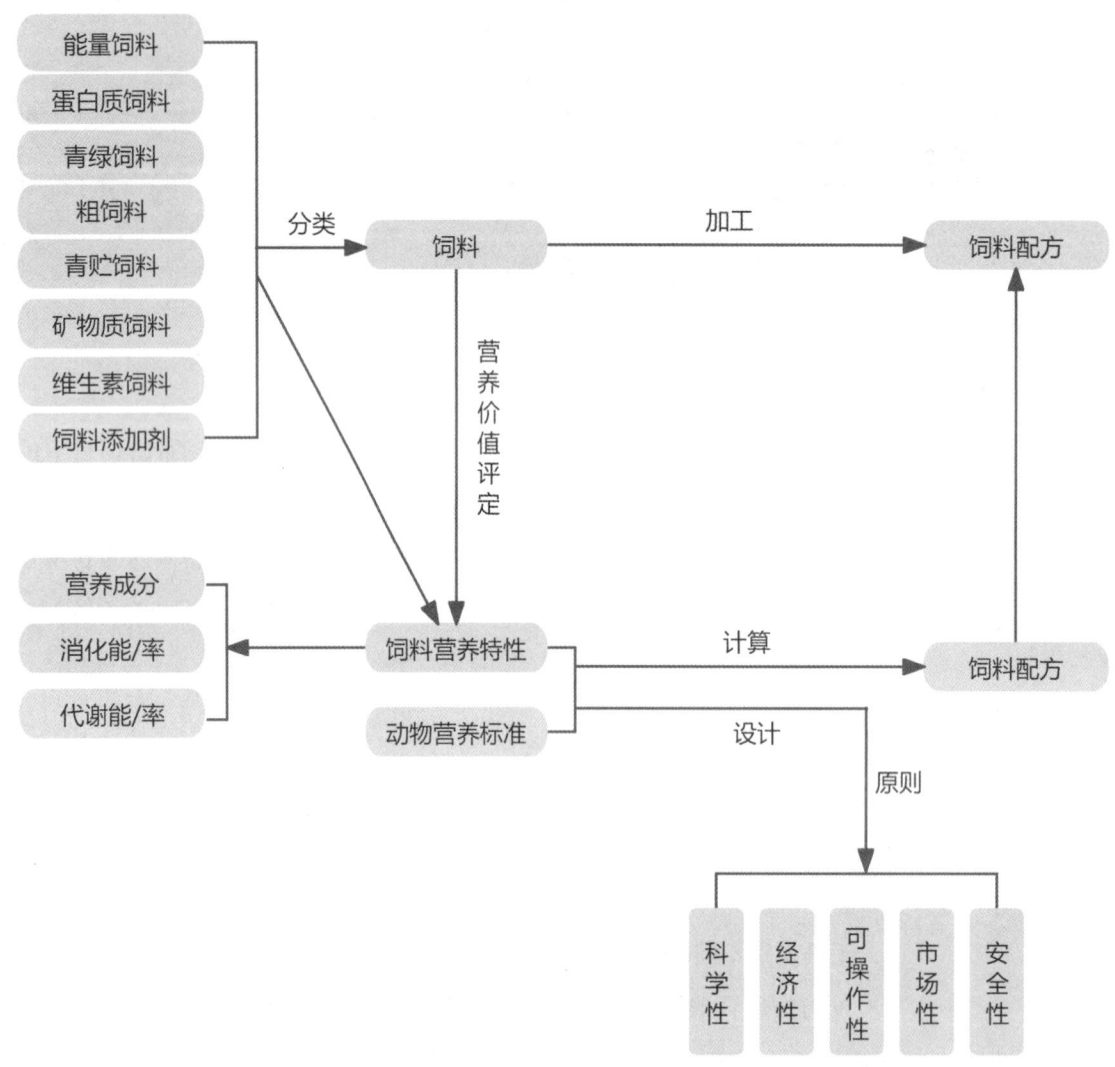

饲料是动物生产中必不可少的重要组成部分,饲料的分类及营养特性、饲料营养价值评定方法、配合饲料及配方设计是饲料科学与动物营养学的重要内容,本章主要从以下三个方面对饲料进行基本介绍。饲料的分类及营养特性:分为八大类,包括粗饲料、青绿饲料、青贮饲料、能量饲料、蛋白质饲料、矿物质饲料、维生素饲料和饲料添加剂,其营养成分主要包括粗蛋白、粗纤维、灰分、脂肪、无氮提取物等,不同动物对这些成分的需求有所不同。饲料营养价值评定方法:主要包括化学分析法、消化试验、平衡试验和饲养试验等。配合饲料与配方设计:根据动物的生长发育需要和生产性能要求,合理选择饲料种类和配比,设计出满足动物需求的配方,配方设计需要考虑到饲料的营养成分平衡、适口性和经济性等因素。

总的来说,饲料的分类及营养特性、饲料营养价值评定方法、配合饲料及配方设计是饲料科学与动物营养学中的关键内容,对于提高动物生产性能和饲料利用率具有重要意义。

第一节 饲料的分类及营养特性

一、饲料的分类

目前,饲料分类方法暂未完全统一,但总体而言,饲料分类方法可分为传统饲料分类法和标准编码法两种。美国学者L.E. Harris(1956)提出的国际饲料分类法应用较为广泛,我国张子仪院士等将国际饲料分类法与传统饲料分类法相结合制定了中国饲料分类法。

(一)国际饲料分类法

美国学者L.E. Harris(1956)提出了一套"关于饲料的命名与分类的体系",该体系得到了美国国家研究委员会(NRC,Nation Research Council)和联合国粮食及农业组织的认可,并被多数国家所接受,因此通常被称为"国际饲料分类法"。该分类法根据营养特性将饲料分为8大类并冠以相应的编码,并给予每类饲料相应的饲料编码,同时利用计算机建立了国际饲料数据管理系统。这种编码方法已逐步发展成当今饲料编码体系的基本模式,为多数学者所认同。

1.国际饲料编码(international feeds number,IFN)格式

IFN首位代表饲料的营养特性,后5位则按饲料的重要属性给定编码(表3-1-1)。编码分3节,表示为 □—□□—□□□。

表3-1-1　国际饲料编码

饲料分类号	饲料类别	INF编号	饲料分类号	饲料类别	INF编号
1	粗饲料	1-00-000	5	蛋白质饲料	5-00-000
2	青绿饲料	2-00-000	6	矿物质饲料	6-00-000
3	青贮饲料	3-00-000	7	维生素饲料	7-00-000
4	能量饲料	4-00-000	8	添加剂	8-00-000

2.国际饲料分类的特点

国际饲料分类法可以很好地描述饲料的组成、用途及功能,还可以帮助消费者更方便地了解饲料,从而更好地满足家畜的营养需求。此外,国际饲料分类法还可以帮助饲料生产商更好地控制饲料的质量,有效消除因各地域间农作物繁衍孕育而导致的"本土性"问题,并可避免不同产区之间由于价格歧视造成恶意竞争,还有利于监管部门对各企业进行规范管理。

(二)中国饲料分类法

张子仪院士于1987年建立了我国饲料数据库管理系统及饲料分类方法。中国饲料分类法根据国际饲料分类法将饲料分为8大类,并根据中国传统饲料分类习惯和饲料饲喂特性再将饲料分为16个亚类,采用7位数字编码。其首位数字对应国际饲料分类的8大类饲料,第2、3位按饲料属性划分为16种,第4至第7位为顺序号(图3-1-1,表3-1-2)。我国饲料编码系统将饲料种类划分得更加清晰明了,也便于检索。

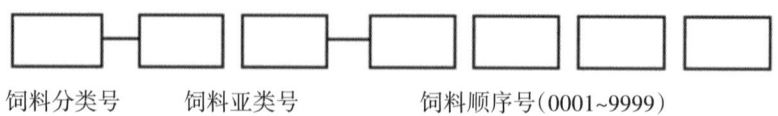

图3-1-1　CFN格式

表3-1-2　中国饲料编码

饲料亚类名	饲料亚类编号	INF与CNF结合后可能出现的饲料类别形式
青绿饲料	01	2-01-0000
树叶类	02	2-02-0000或1-02-0000
青贮饲料	03	3-03-0000、3-03-0000、4-03-0000
块根、块茎、瓜果类	04	2-04-0000、4-04-0000
干草类	05	1-05-0000、4-05-0000、5-05-0000
农副产品类	06	1-06-0000、4-06-0000或5-06-0000
谷实类	07	4-07-0000

续表

饲料亚类名	饲料亚类编号	INF与CNF结合后可能出现的饲料类别形式
糠麸类	08	4-08-0000、1-08-0000
豆类	09	5-09-0000、5-09-0000、4-09-0000
饼粕类	10	1-10-0000、4-08-0000
糟渣类	11	1-11-000、4-11-0000、5-11-0000
草籽树实类	12	1-12-0000、4-12-0000、5-12-0000
动物性饲料	13	5-13-000、4-13-0000、6-13-0000
矿物质饲料	14	6-14-0000
维生素饲料	15	7-15-0000
添加剂及其他	16	8-16-0000

二、各类饲料的营养特性

(一)能量饲料

含水量低于45%，且干物质中粗纤维含量小于18%、粗蛋白质含量小于20%的饲料划归为能量饲料。谷实类，糠麸类，富含淀粉和糖的块根、块茎，以及来源于动物或植物的油脂类饲料都属于能量饲料。

1.谷实类饲料

谷实类饲料是指禾本科作物的籽实(包括玉米、小麦、稻谷、大麦、高粱和燕麦等)。谷实类饲料的淀粉含量通常在70%以上，淀粉可作为主要的能量来源，这是谷实类饲料最突出的特点。谷实类饲料的粗纤维含量少，部分带壳的大麦、燕麦、水稻等的粗纤维可达10%左右，其余谷实类饲料粗纤维含量一般不超过5%。谷实类饲料具有适口性好、能量高的优良特点，在畜牧生产中，通过一系列的加工处理可以提高畜禽对其利用的有效能值。

谷实类饲料的营养价值特性：①可溶性碳水化合物含量高，占干物质的70%~80%，主要为淀粉，消化率高；②粗纤维含量低，一般为2%~6%；③蛋白质含量低，一般8%~10%，缺乏赖氨酸(Lys)、蛋氨酸(Met)，蛋白质品质较差；④脂肪含量低，一般为1%~6%，且以不饱和脂肪酸为主；⑤矿物质含量低，钙少磷多，其中磷主要以植酸磷形式存在；⑥维生素含量低且组成不平衡，B族维生素含量较丰富，但脂溶性维生素含量低。总的来说，谷实类饲料淀粉含量高、能值高、适口性好，但蛋白质含量低、氨基酸组成差。

2.糠麸类饲料

糠麸类饲料是指谷实经加工后形成的一些副产品，主要由种皮、外胚乳、糊粉层、胚、颖秆纤维残渣组成，包括米糠、小麦麸、大麦麸、玉米糠、高粱糠等。

糠麸类饲料的营养特点：①无氮浸出物含量低；②纤维含量高于籽实，9%~14%；③粗蛋白含量高，12%~15%；④脂肪含量在13%左右，多为不饱和脂肪酸；⑤矿物质含量比籽实高，钙少磷多，植酸磷含量较高；⑥B族维生素含量高，尤其是VB_1。

3. 块根、块茎类饲料

块根、块茎类饲料的适口性较好、水分含量较高，常用于饲喂反刍动物。此类饲料可分为薯类饲料和其他块根、块茎饲料两大类。

薯类是我国主要的杂粮品种，包括甘薯、马铃薯和木薯，属于能量饲料，具有产量高、水分含量高、淀粉含量高、适口性好、生熟饲喂均可的特点。但是若保管、存放不当，甘薯会变成黑斑薯，有苦味，含有毒性酮；若马铃薯表皮发绿，则有毒的茄素（龙葵精）含量急剧增加，动物食入后可能会出现中毒现象；木薯中含有一定的氢氰酸（HCN），摄入过多也会引起中毒。萝卜是蔬菜，为羊的常用饲料，具有产量高、水分多、适口性好、维生素含量丰富的特点。特别是胡萝卜，其维生素含量较高，含有蔗糖和果糖，故具甜味，是羔羊和冬季母羊维生素的主要来源，饲喂效果很好。甜菜是优良的制糖和饲料作物，根、茎、叶的营养价值均较高，是羊的优良多汁饲料。块根、块茎类饲料还有菊芋、芜菁等，它们都是多汁、适口性好和营养价值较高的饲料品种。

4. 油脂类饲料

饲用的油脂包括动物油脂、植物油脂、混合油脂和粉末油脂。动物油脂是从牛、羊、猪、禽类和水产动物的体组织中提炼出来的油，猪油、牛油、鱼油等是目前生产上常用的动物油脂，植物油脂是从各种油料籽实中榨取的油，植物油脂包括大豆油、玉米油、棕榈油、菜籽油和葵花籽油。几种动物油脂和植物油脂按一定比例混合而成的即为混合油脂。粉末油脂主要指被加工成粉末状的脂肪粉。油脂类饲料中多含不饱和脂肪酸，是淡水鱼类生长所需的营养物质，但其易被氧化，氧化、酸败的油脂对水产动物危害很大，易引起贫血、瘦弱等疾病。在油脂使用过程中通常会加入抗氧化剂，以减少氧化油的危害，如以含高不饱和脂肪酸的油脂作为淡水鱼类的饲料时，应按一定比例添加VE。通常情况下，肉食性淡水鱼类及虾蟹类的饲料需添加油脂，而草食性鱼类的饲料一般不另外添加油脂。

（二）蛋白质饲料

干物质中粗蛋白含量大于或等于20%，粗纤维含量小于18%的饲料为蛋白质饲料。蛋白质饲料包括动物性蛋白饲料、植物性蛋白质饲料、微生物蛋白质饲料等。

1. 动物性蛋白质饲料

（1）鱼粉。鱼粉是以一种或多种鱼类为原料，经去油、脱水、粉碎加工后的高蛋白质饲料原料。一般正常鱼粉为淡黄色或淡褐色，有咸腥味，杂质少，质地松软。

鱼粉的营养价值特性：①粗蛋白含量高，一般为50%~70%，氨基酸组成合理，赖氨酸和蛋氨酸含量较高；②消化率达90%以上；③粗脂肪含量一般为5%~10%，容易酸败；④是良好的矿物元素来源，钙、磷含量丰富、比例适宜，铁、铜、锌、硒和碘等微量元素含量高；⑤B族维生素和VA、VE含量高，且含有生长因子。

鱼粉的饲用注意事项：①鱼粉中不饱和脂肪酸含量较高，且有鱼腥味，价格较高，因此在动物饲粮中用量不宜过大；②一般鱼粉在家禽饲粮中的占比控制在8%以下，在猪饲粮中的占比控制在6%以下；③把好质量关，防止鱼粉掺假；④不使用变质的鱼粉，否则既影响适口性，还会导致幼龄动物下痢，肉质变差；⑤注意鱼粉中的食盐含量，并酌情增减饲料中的食盐，避免食盐中毒；⑥会产生肌胃糜烂素，可导致鸡的嗉囊肿大、肌胃溃烂、溃疡、穿孔，最终吐血死亡；⑦应妥善贮藏，防止霉变、酸败，一般可往鱼粉里添加抗氧化剂。

(2)血粉。血粉是一种非常规动物源性饲料,将家畜或家禽的血液凝成块后,再经高温蒸煮,压出汁液,晾晒、烘干后粉碎而成。因其细菌含量较高,国内的血粉原料未经杀菌处理不可直接用于饲料的加工和混合。

血粉的营养价值特性:①粗蛋白含量高,80%以上,必需氨基酸含量总体较高,尤其是赖氨酸含量高达6%~9%,但蛋氨酸和异亮氨酸含量较低;②粗脂肪含量一般为0.5%~2.0%;③矿物质含量为3.5%~6.0%,钙、磷含量低且变化幅度较大,富含铁元素。

鱼粉的饲用注意事项:①血粉中的红细胞和血纤维蛋白不易被动物消化。②氨基酸利用率低,尤其是赖氨酸和含硫氨基酸。③味苦,具有黏性,适口性差。④用量不宜过大,否则易造成动物腹泻。一般猪饲粮中的鱼粉占比控制在5%以下,禽饲粮中的鱼粉占比控制在2%以下,反刍动物饲粮中的鱼粉占比宜控制在6%~8%范围内。⑤使用血粉时需考虑其新鲜度,防止微生物污染。⑥由于血粉自身氨基酸组成不合理,且利用率低,因此在设计饲料配方时需注意整体氨基酸的平衡和消化率;⑦血粉吸湿性强,存放时间过长容易发生霉变,甚至分解腐败,故应密封保存于干燥地或添加防腐剂。

(3)肉骨粉。肉骨粉是以动物屠宰后不宜为人食用的下脚料,以及肉品加工厂等生产加工后的残余碎肉、内脏、杂骨等为原料,经高温高压、脱脂、干燥粉碎后制成的产品。饲用肉骨粉为金黄色至淡褐色或深褐色油性粉状物,脂肪含量越高颜色越深,具有新鲜的烤肉味,无腐败气味。肉骨粉营养价值的高低取决于肉骨比例。肉骨粉粗蛋白质含量在30%~50%之间,其中赖氨酸和含硫氨基酸含量较高,但因原料来源不同,各种氨基酸含量及可利用率差异较大。钙、磷、钠、镁、氯等矿物元素含量也较高。与鱼粉相比,肉骨粉价格相对较便宜。

肉骨粉的营养价值特性:①粗蛋白含量为20%~50%,赖氨酸和苏氨酸含量较高,色氨酸和酪氨酸含量较低,由于有部分蛋白质来自于结缔组织,因此脯氨酸、羟脯氨酸和甘氨酸含量也较高;②粗灰分含量较高,26%~40%,其中钙、磷含量高,磷利用率高;③粗脂肪含量较高,8%~18%,有效能值较高;④烟酸和胆碱含量丰富,VA和VD含量较低。

肉骨粉的饲用注意事项:①对单胃动物的饲用价值不如鱼粉和豆饼,肉骨粉在饲料中的用量一般应受到限制,鸡饲料中的占比一般在6%以下,猪饲料中的占比在5%以下,幼龄动物饲料中不用,反刍动物禁用;②来源不稳定,养分含量及品质变异较大,受原料、加工方法、脱脂程度及储藏时间的影响,使用前有必要实测养分含量;③脂肪含量较高,易氧化酸败;④原料可能来自患病动物(如疯牛病患牛),极易携带沙门氏菌和其他有害微生物,因此应注意监控肉骨粉的卫生指标;⑤钙、磷含量过高,使用时应酌量减少其他来源钙、磷的添加量。

(4)羽毛粉。羽毛粉是将禽类的羽毛及制作羽绒产品筛选下来的毛梗等经过高温、高压、酶类水解等工艺处理后,再粉碎或膨化制成的粉状物质。普通一只成年家禽可提供80~150 g羽毛粉。禽类羽毛中的蛋白质主要是角蛋白,占整体蛋白质含量的85%以上,但消化利用率低,需经过高温、高压、水解处理后使用。羽毛粉氨基酸不平衡,适口性较差,一般单胃动物的建议饲用添加量为饲料总量的1%~5%。

羽毛粉的营养价值特性:①蛋白含量高,79%~85%,富含胱氨酸,但赖氨酸、蛋氨酸和组氨酸含量较低,未经处理的羽毛粉氨基酸利用率低,水解羽毛粉的过瘤胃蛋白约占70%;②粗脂肪含量低,2%~4%;③矿物质含量低,2.0%~3.8%,钙少磷多,含硫量高,锌和硒的含量也相对丰富;④维生素含量低。

羽毛粉的饲用注意事项:①水解羽毛粉蛋白质生物学价值低,适口性差,氨基酸组成不平衡,因此需限量饲喂;②猪:生长猪饲粮中羽毛粉的占比为3%~5%;③禽:蛋鸡和肉鸡饲粮中羽毛粉的占比为4%左右,有防止鸡啄肛、啄羽和促进羽毛生长的功能;④反刍动物:奶牛饲粮中羽毛粉的占比应控制在5%以下;⑤水产动物:饲粮中羽毛粉的占比以3%~10%为宜。

(5)蚕蛹粉。蚕蛹粉是缫丝后的副产物蚕蛹经过加工处理后制成的一种饲用产品。蚕蛹粉可用于提高皮毛动物的毛绒产量和品质,但蚕蛹中含有难消化的甲壳素,因此用蚕蛹作饲料时必须进行加工处理,并与其他蛋白饲料合理配合使用。常用的加工处理方法:煮沸清洗法、纯碱处理法、烧碱处理法等。

蚕蛹粉的营养价值特性:①全脂蚕蛹粉蛋白质含量约为54%,脱脂蚕蛹粉蛋白质含量约为64%;②蚕蛹粉的蛋氨酸、赖氨酸、色氨酸、亮氨酸、异亮氨酸等氨基酸的含量较高,其赖氨酸含量与进口鱼粉相当,但精氨酸含量偏低;③钙、磷含量也比较低。

蚕蛹粉的饲用注意事项:①蚕蛹粉具有特殊气味,用量应加以限制,防止畜禽产品带有异味,肉鸡饲粮中的蚕蛹粉占比以2.5%~5.0%为宜,产蛋鸡饲粮中的蚕蛹粉占比不超过2%,生猪饲粮中的蚕蛹粉占比不超过2%;②蚕蛹粉含有一定的脂肪,应尽快使用;若保存不当,蚕蛹粉容易变质,产生恶臭气味。

2. 植物性蛋白质饲料

植物性蛋白质饲料分为常规型和非常规型两大类,常规植物性蛋白质饲料以豆粕为主,非常规植物性蛋白质饲料主要包括菜籽粕、棉籽粕、花生粕、芝麻饼粕和葵花籽粕等。

植物性蛋白质饲料的营养价值特性:①粗蛋白含量高,20%~50%,主要由球蛋白质和清蛋白组成,故蛋白质品质高于谷类蛋白质,蛋白质利用率是谷类蛋白质的1~3倍;②粗脂肪含量变化范围较大;③矿物质含量与谷物类相似,钙少磷多,磷主要以植酸磷形式存在;④植物性蛋白质饲料中B族维生素含量较丰富,但是VA和VD缺乏;⑤含有一定种类和数量的抗营养因子,影响饲用价值;⑥粗纤维含量较低,与谷物类近似,故能值与中等能量饲料相似。

3. 微生物蛋白质饲料

(1)微型藻类。微型藻类富含多种营养物质,从生态系统食物链角度而言,水产动物的最基础、最原始的食物来源为藻类。因此,藻类是一种非常好的饲料原料。

微型藻类的营养价值特性:提高生长率及产量、提高动物免疫力、提高饲料转化率、提高动物产品品质等。

(2)石油酵母。石油酵母是石油脱蜡过程中的副产品,是酵母菌在石蜡上繁殖产生的菌体蛋白质。

石油酵母的营养价值特性:①石油酵母的蛋白质含量超过豆饼,接近鱼粉,约为55%,脂肪含量约为20%~25%,核苷酸含量约为8%;②并含有维生素B_{12}、维生素P、维生素H、维生素G等,以及动物易于吸收的矿物质磷。

(3)饲料酵母。饲料酵母是目前较为理想的廉价蛋白饲料之一,其适口性较好。在动物饲料中适当添加酵母,可以改善动物食欲,提高饲料的消化率,增加饲料的进食量和提高饲料转化效率。

饲料酵母的营养价值特性:①蛋白质利用率高;②提高动物生产性能,能有效地促进生长,提高日增重、饲料报酬和繁殖性能;③可用饲料酵母替代日粮中大部分或全部鱼粉,降低饲料成本;④安全性好,不含沙门氏菌等病原菌,对人、畜禽和鱼虾类无毒、无害,无环境污染和交叉污染;⑤性能稳定,将饲料酵母添加在粉料、粒料和预混料中其性能均很稳定,流动性好、无静电吸附,可耐受胃酸和制粒高温,活菌率高。

(三)青绿饲料

青绿饲料是指天然水分含量在60%以上的新鲜饲草,以放牧形式饲喂的人工栽培的牧草、草原牧草,以及块根、块茎、瓜果类等饲料。

1.青绿饲料的营养价值特性

(1)水分含量高:陆生植物的水分含量一般为60%~90%,水生植物可高达90%~95%。

(2)鲜草能值较低:陆生植物每千克鲜重的消化能为1.20~2.50 MJ。以干物质为基础计算,因粗纤维含量较高(15%~30%),其消化能值为8.37~12.55 MJ/kg。

(3)蛋白质含量较高,品质较优:禾本科牧草和叶菜类饲料的粗蛋白质含量在1.5%~3.0%(若以干物质为基础,则为13%~15%),豆科牧草的粗蛋白含量在3.2%~4.4%(若以干物质为基础,则为18%~24%),含有各种必需氨基酸,尤其是赖氨酸、色氨酸含量较高,故青绿饲料的蛋白质生物学价值较高,一般可超过70%,蛋白质品质优于谷物籽实。

(4)粗纤维含量较低:若以干物质为基础,粗纤维含量为15%~30%,无氮浸出物含量为40%~50%;随植物生长期延长,粗纤维、木质素含量显著增加(开花或抽穗之前,粗纤维含量较低)。

(5)钙、磷比例适当,豆科牧草钙的含量较高。

(6)矿物质含量依植物种类、土壤与施肥情况而异,铁、锰、锌、铜等微量矿物元素丰富,牧草中钠和氯一般含量不足。

(7)B族维生素(大部分)、维生素E、维生素C、维生素K丰富,但维生素B_6含量低,维生素D、维生素B_{12}缺乏。

(8)含有酶、激素和有机酸。

2.常见青绿饲料

常见青绿饲料有天然牧草、栽培牧草、青饲作物、叶菜类、非淀粉质根茎、瓜类、树叶类、水生植物等。

(四)粗饲料

粗饲料是指饲料干物质中粗纤维大于或等于18%,以风干物质为饲喂形式的饲料。如干草类、农作物秸秆等。

1.常见粗饲料

(1)青干草。青干草是将牧草及禾谷类作物在质量和产量最好的时期进行刈割,经自然或人工干燥制成可长期保存的饲草。

(2)秸秆。此类主要用于草食家畜,其具有填充作用,使家畜具有饱腹感。主要包括:稻草、玉米秸、麦秸、豆秸等。

2.粗饲料的营养价值特性

粗饲料的营养价值不高,粗纤维含量高,蛋白质、维生素含量低,水分很少,一般钙多磷少。

(五)青贮饲料

青贮饲料是以新鲜的天然植物性饲料为原料,在厌氧条件下,经过以乳酸菌为主的微生物发酵后制成的饲料。如玉米青贮、青草青贮等。

1.青贮饲料的特点

①保存青绿饲料的营养特性:氧化分解作用微弱,养分损失少,一般不超过10%;②调剂青饲料供应的季节不平衡;③消化性强,适口性好;④单位容积内贮存量大;⑤调制方便,可扩大饲料资源。

2.青贮饲料的营养价值特性

青贮原料经微生物发酵,碳水化合物中的可溶性糖因被利用而含量降低,蛋白质中非蛋白氮(主要是氨基酸)含量增加。矿物质损失可达20%,但B族维生素含量增加。

3.青贮原理

青贮是一个复杂的微生物活动和生物化学变化过程。主要是利用乳酸菌对原料中的碳水化合物(主要是可溶性糖)进行厌氧发酵,产生以乳酸为主的有机酸,使pH迅速降至3.8~4.2,抑制有害微生物生长,达到长期贮藏的目的。

(六)矿物质饲料

矿物质饲料是指可供饲用的天然的或化学合成一种或多种混合的原料,常用来满足动物对矿物的需要。

1.常量矿物质饲料

(1)钙源性饲料。石灰石粉:石灰石粉的主要成分为碳酸钙。石灰石粉的用量取决于畜禽种类及生长阶段,一般家禽配合饲料中石灰石粉的含量为0.5%~2.0%,蛋禽和种禽饲料中可达到7.0%~7.5%。贝壳粉:由各种贝类外壳(蚌壳、牡蛎壳、蛤蜊壳、螺蛳壳等)经加工粉碎而成的粉状或粒状产品,其碳酸钙含量为90%~95%,钙含量≥33%。蛋壳粉:禽蛋加工厂或孵化厂废弃的蛋壳,经干燥灭菌、粉碎后即得蛋壳粉,钙含量为34%~36%,磷含量为0.1%。石膏:通常是二水硫酸钙($CaSO_4 \cdot 2H_2O$),含钙20%~23%,含硫16%~18%。石膏既可提供钙,又是硫的良好来源,生物利用率高。

(2)磷源性饲料。磷是以离子形式补充家禽营养需要,磷源性饲料通常是钙盐或钠盐的形式,目前没有单独的磷补充料。因此,磷源性饲料在补充磷的同时也有钙或其他矿物元素的添加效果。生产中常常参照家禽磷的需要量标准,先以磷酸钙盐补充磷,然后考虑同时补充的钙量是否足够,再以石粉等补充钙的不足。能同时补充磷和钙的饲料有磷酸钙类及骨粉等,在饲料中常用到的磷酸钙类有磷酸二氢钙、磷酸氢钙、磷酸一二钙、磷酸一钙、磷酸二钙、磷酸三钙等。

磷酸二氢钙利用率比磷酸二钙或磷酸三钙好,最适合用作水产动物饲料;磷酸氢钙的钙磷吸收率比骨粉高10%;磷酸一二钙的水溶性磷含量高,生物学效价高(>75%)。此外,使用磷酸钙盐应注意脱氟处理,磷酸一钙、磷酸二钙和磷酸三钙的含氟量分别不得超过0.20%、0.18%和0.12%。

骨粉:以家畜骨骼为原料加工而成,骨粉一般为黄褐色乃至灰白色的粉末,有肉骨蒸煮过的味道。但由于加工方法的不同骨粉成分变化大,且骨粉来源不稳定,而且常有异臭。劣质骨粉易腐败变质,常携带大量病菌,用于饲料易引发疾病。

(3)钠、钾、氯。由于普通饲料原料中所含的钾通常足以满足家禽的需要,因此一般不考虑在家禽饲料中补充钾。家禽饲料较缺乏钠,其次是氯。在家禽饲料中,钠和氯通常以食盐的形式一起补充。家禽风干饲料的适宜含盐量为0.25%~0.50%。如果饲料中的含盐量超过0.7%,就会引起雏鸡中毒,当蛋鸡饲料中的含盐量超过1%时,蛋鸡就会出现中毒症状。制作全价饲料时可以直接在饲料中添加食盐,也可以将钾、钠、氯制成预混料之后再用于配制全价饲料。

此外,钠的补充形式还有碳酸氢钠和硫酸钠。在肉鸡和蛋鸡饲粮中添加0.5%左右的碳酸氢钠可缓解夏季热应激,防止生产性能下降;在家禽饲粮中添加硫酸钠,可提高金霉素的效价,同时有利于羽毛的生长发育,防止啄羽癖。

(4)镁和硫。一般家禽饲料中所含的镁和硫足以满足家禽的营养需要,因此通常不用另外添加镁和硫。

2. 天然矿物质饲料

天然矿物质饲料是指在动物饲料中能够提供多种营养元素,促进动物机体新陈代谢,提高饲料转化率且无毒无害的天然矿物。目前,较常用的天然矿物质饲料有沸石、麦饭石、膨润土、泥炭等。

(1)沸石。沸石是沸石族矿物的总称,已知的天然沸石有40余种,其中最有使用价值的是斜发沸石和丝光沸石,沸石可作为载体和稀释剂、吸附剂、净化剂及水质改良剂等。

(2)麦饭石。麦饭石是经过蚀变、风化或半风化,具有斑状或似斑状结构的中酸性岩浆岩矿物质,麦饭石可用作填充物、载体和稀释剂等,还可用于降低饲料中棉籽饼毒素。

(3)膨润土。膨润土是由酸性火山凝灰岩变化而成的矿物质饲料,其含有动物生长发育所必需的多种大量和微量元素。膨润土具有提高饲料的混合均匀度和松散性、增进动物的食欲、延长饲料在消化道的通过时间等作用。

(4)泥炭。泥炭是植物残体在腐水和缺氧环境下腐解堆积而形成的天然有机沉积物,是沼泽中特有的有机矿产资源。一般来说,泥炭不直接用作饲料,必须经过分离和转化,才能被加工成畜禽食用饲料,精制泥炭腐植酸可用作饲料添加剂。

3. 微量矿物元素

目前动物的必需微量元素有铜、锰、锌、铁、硒、碘、钴等,在家禽生产中比较关注的是铜、锰、锌、铁、硒、碘等。家禽日粮中的各种微量元素很少单独添加,通常是将微量元素配制成预混料之后再用于家禽全价饲料的配制。

(七)维生素饲料

维生素是动物在维持正常生理机能的过程中必不可少的一类有机化合物,动物对维生素的需要量很少,但维生素对动物的作用极大,起着控制新陈代谢的作用,每一种维生素所起的作用不能为其他物质所替代。

由于动物体内维生素不能合成或合成不足,一般由饲料供给维生素,动物对维生素的需要量一般以微克或毫克计。维生素参与机体代谢调节,但不构成体组织,也不供给热能,其在机体内主要作用是构成辅酶进而参与营养素的合成与降解等生理活动。体内缺乏维生素时会引起代谢紊乱,而过量的脂溶性维生素会引起中毒症。

①脂溶性维生素:脂溶性维生素不溶于水,可溶于有机溶剂。脂溶性维生素包括维生素A、维生素E、维生素D、维生素K。脂溶性维生素供给不足会对畜禽生产力和健康产生不良影响,但若长期过量饲喂会在动物体内蓄积从而产生毒害作用。

②水溶性维生素:包括B族维生素和维生素C。B族维生素包括硫胺素(维生素B_1)、核黄素(维生素B_2)、泛酸、胆碱、烟酸和烟酰胺、维生素B_6、生物素、叶酸、维生素B_{12}及肌醇等。B族维生素主要是构成辅酶或辅基从而参与机体代谢。

维生素在配合饲料中的用量取决于饲养方式、饲粮类型、畜禽品种、畜禽生长阶段、拮抗物、维生素产品形式、饲养环境等多种因素。

(八)饲料添加剂

饲料添加剂的狭义概念是指各种用于强化畜禽饲料效果和有利于配合饲料生产和贮存的一类非营养性微量成分,其广义概念是为满足特殊需要而在饲料加工、制作、使用过程中添加的少量或微量物质的总称。

1.饲料添加剂的作用及要求

添加剂能提高饲料品质并能提高饲料的适口性及畜禽的采食量,具有明显的增重效果和经济效益。配合饲料中使用的添加剂能防止饲料品质的劣化,提高动物对饲料的利用率,抑制有害物质生长,增强动物的抗病能力,防止畜禽疾病及增进动物健康,加速动物的生长、生产,提高动物的生产性能,提高畜禽产品的质量并增加数量。

2.饲料添加剂的基本要求

(1)安全。饲料添加剂不会对动物产生急性、慢性毒害作用及其他不良影响;也不会导致种畜生殖生理发生恶变或对胎儿造成不良影响;不会在畜产品中蓄积或残留,或其残留及代谢产物不影响畜产品的质量及畜产品的消费者;不得违反国家有关法律法规所提出的限用、禁用等规定。

(2)有效。饲料添加剂需有确实的饲养效果和经济效益,有较高的生物学效价,即能被动物吸收利用,并能发挥特定的生理功能。

(3)稳定。饲料添加剂在饲料的加工与贮藏过程中要具有良好的稳定性,与常规饲料组分无配伍禁忌,方便加工、贮藏和使用。

(4)适口性好。对畜禽采食量无不良影响或可提高畜禽对饲料的采食量。

(5)对环境无不良影响。饲料添加剂经畜禽消化代谢排出机体后,对植物、微生物、水源和土壤等无有害影响。

3.饲料添加剂的分类

饲料添加剂种类繁多,不同国家、不同地区对饲料添加剂的分类方法各异,目前大多数认可的方法有两种。

(1)按饲料添加剂的作用分类:可分为营养性添加剂和非营养性添加剂两类。

(2)按饲喂对象分类:可分为牛用、猪用、禽用、兔用、水产养殖用及蚕用等类型,且动物所处的生长阶段不同,其所用饲料添加剂也不同。

4.常见营养性饲料添加剂种类

营养性饲料添加剂包括氨基酸类、维生素类、微量矿物元素、非蛋白氮等,在此简单介绍一下氨基酸类添加剂,常用氨基酸类添加剂包括:赖氨酸、蛋氨酸、苏氨酸和色氨酸。

(1)赖氨酸。赖氨酸是动物需要量最高的必需氨基酸,也是猪的第一限制氨基酸,生长动物对赖氨酸需要量高,如在乳猪日粮中赖氨酸的占比为1.2%,仔猪日粮中赖氨酸的占比为0.9%。日粮中添加合成赖氨酸,使氨基酸平衡后,可以减少粗蛋白质用量1%~2%。动物体不能利用D型赖氨酸,只有L型才具有生物活性。

(2)蛋氨酸。蛋氨酸又名甲硫氨酸、甲硫基丁氨酸,是中性氨基酸,分子式为$C_5H_{11}O_2NS$。蛋氨酸有L型和D型旋光性的化合物。L型易被动物吸收,D型可在动物体内经酶催化转化为L型。故L型和D型的蛋氨酸对动物具有同等营养价值。

(3)苏氨酸。苏氨酸常用的是 L-苏氨酸,分子式 $C_4H_9NO_3$。L-苏氨酸是无色或白色晶体,易溶于水,不溶于无水乙醇、乙醚和氯仿。当动物体内的苏氨酸不足时,会停止生长、体重减轻,引起贫血、脂肪肝等。饲料级苏氨酸为灰白色晶体粉末,活性成分不低于98.0%。

(4)小肽添加剂。大多数被消化的蛋白质不是以单个氨基酸的形式被吸收的,而是以小肽的形式被吸收的。以小肽的形式供给动物氨基酸,可以改善动物对氮的吸收和利用,能更有效地促进动物生产,并节约饲料蛋白质用量。目前,小肽在动物体内的吸收、运输和代谢机制,以及动物对小肽的最低需要量还有待于进一步研究。

5.常见非营养性添加剂

(1)驱蠕虫剂:目前世界各国批准使用的驱蠕虫剂仅2种:潮霉素B(Hygromycin B)和越霉素A(Destomycin A),均属于氨基糖苷类抗生素。

(2)抗球虫剂:抗球虫剂主要用于家禽和家兔。抗球虫剂包括:聚醚类抗生素和合成抗球虫药等。抗球虫剂存在耐药虫株问题,所以不可长期使用一种抗虫药,必须交替使用。

(3)饲用酶制剂:饲用酶制剂是将一种或多种利用生物技术生产的酶,并通过一定的生产工艺将载体和稀释剂与酶混合制成的一种饲料添加剂。饲用酶制剂可提高饲料的消化利用率,改善畜禽的生产性能,减少粪便中氮、磷、硫等给环境造成的污染,转化和消除饲料中的抗营养因子,并充分利用新的饲料资源。饲用酶制剂主要包括:消化糖类的酶和植酸酶、蛋白酶、酯酶等。

①消化糖类的酶:这类酶包括淀粉酶和非淀粉多糖(NSP)酶。非淀粉多糖酶又包括半纤维素酶、纤维素酶和果胶酶。

②植酸酶:植酸酶是一种难以被单胃动物消化利用的天然抗营养因子,其通过螯合作用降低动物对锌、锰、铁、钙等矿物元素和蛋白质的利用率。植酸酶可显著地提高磷的利用率,提高饲料营养物质转化率,促进动物生长。

③蛋白酶:该酶使蛋白质水解为小分子物质。不同蛋白酶的最适pH不同,据此可将蛋白酶分为酸性、中性和碱性蛋白酶3类,蛋白酶的主要作用是将饲料蛋白质水解为氨基酸。

(4)酸化剂:是能够提高饲料酸度的一类物质。酸化剂已广泛应用到饲料生产中,在养殖业中取得了良好的经济效益。目前国内外使用的酸化剂有单一酸化剂(有机酸化剂和无机酸化剂)和复合酸化剂两类。

①有机酸化剂主要有柠檬酸、延胡索酸、乳酸、苹果酸、甲酸、乙酸、丙酸。现在广泛使用的是柠檬酸和延胡索酸。

②无机酸化剂包括盐酸、磷酸。其中磷酸具有双重作用,可作为酸化剂,又可作为磷的来源。

③复合酸化剂是用几种特定的有机酸和无机酸复合而成的添加剂,能迅速降低饲料的pH,保持良好的缓冲能力,且生物性能和添加成本最佳。优化的复合酸化剂是饲料酸化剂发展的一种趋势。

(5)中草药制剂:中草药具有营养和药用双重作用。中草药不仅能调节动物机体的新陈代谢功能,增强机体的免疫力,还具有抑菌杀菌的作用,可促进动物的生长,提高饲料的利用率。中草药具有多种有效成分,如寡糖、多糖、生物碱、多酚和黄酮等。动物食入中草药后不易产生抗药性,并且药物不易残留,可长时间连续使用,不需要停药期。

中草药制剂的使用注意事项:中草药成分复杂多样,必须根据不同动物的不同生长阶段特点,科学设计配方；确定、提取与浓缩有效成分，提高添加剂的效果；必须通过安全试验证明中草药毒性成分的安全性后方可使用。

(6)饲料保存剂：饲料保存剂主要包括抗氧化剂和防霉剂。

①抗氧化剂：抗氧化剂主要用于高脂肪饲料，主要作用是防止脂肪氧化酸败变质；也可用于维生素预混料等，防止维生素氧化失效。目前饲料抗氧化剂有乙氧基喹啉、二丁基羟基甲苯及丁基羟基茴香醚等。

②防霉剂：常用防霉剂有丙酸盐及丙酸、山梨酸及山梨酸钾、甲酸、富马酸及富马酸二甲酯、双乙酸钠；丙酸及其盐类是公认的经济而有效的防霉剂。

(7)饲料风味剂：饲料风味剂主要有香料与调味剂。饲料风味剂具有改善饲料适口性，增加动物采食量，促进动物消化吸收，提高饲料利用率等作用。常用饲料风味剂如下：

①甜味剂：甘草和甘草酸二钠等天然甜味剂，糖精、糖山梨醇、甘素、三氯蔗糖等人工合成品。

②酸味剂：柠檬酸、乳酸。

③辣味剂：大蒜粉、辣椒粉。

④鲜味剂：味精、核苷酸二钠。

第二节 饲料营养价值评定方法

饲料不仅是维持畜禽生命的必需品，也是影响我国畜牧业生产的主要因素。由于饲料种类繁多，品种、来源和加工方式等也各不同，故各饲料的性质、营养含量和被动物吸收的程度也有所差异。而饲料的品质与动物的生长、繁殖和生产性能息息相关，为保证动物的生产效益最大化，必须提供适宜的饲料。为确保饲料的营养均衡，必须对饲料的营养成分与营养价值展开全面的分析研究。因此，饲料营养价值评定具有重要意义，主要有以下两个方面。

一是有助于合理运用现有的饲料资源：通过饲料营养价值的评定，可对饲料的饲用品质、养分含量及其有效利用价值进行全面分析，为合理利用饲料资源提供理论基础，为生产提供科学依据。

二是有利于开发新的饲料资源，扩大饲料来源：我国农业、轻工业副产品资源丰富，如作物残茬、发酵副产品、屠宰副产品和食品工业副产品等，但这类潜在饲料资源的有效利用价值较低，营养组分不全面，或含有有毒有害物质，从而未能得到充分利用。通过对这些潜在饲料进行营养价值评定，可以寻找到新的饲料资源，有助于提高生产效益。

动物饲料营养价值评定包括两方面内容：一是物质评定体系，以营养物质含量和利用效率为评定指标，主要包括物质成分中的蛋白质、脂肪、碳水化合物、维生素、无机盐和水等营养素；二是能量评定体系,以能量含量和利用效率为评定指标,主要有消化能、代谢能和净能等能量体系。饲料营养价值的评定方法主要由化学成分分析法、消化试验、平衡试验、屠宰试验和饲养试验组成。

一、化学成分分析法

化学成分分析法是指对饲料、动物组织以及动物排泄物中的化学成分(如营养物质、代谢产物、有毒有害物质等)进行定量分析的方法,是研究动物营养需要和饲料营养价值评定的必备手段之一,也是最基本的方法之一。所得结果可为动物营养物质的需要量和饲料营养价值的评定提供基础数据,并为早期诊断机体营养缺乏症提供重要参考数据。

(一)饲料成分分析

饲料成分分析包括常规养分分析、纯养分分析、抗营养因子分析和有毒有害物质分析。其中常规养分分析应用最广、历史最长。随着营养学的发展,纯养分分析,以及抗营养因子分析或有毒有害物质分析也成为饲料成分分析的重要内容。通过成分分析可对饲料的营养价值做出初步估计。饲料常规成分分析指标、方法和原理见表3-2-1。

表3-2-1 饲料常规成分分析指标、方法、原理

指标	方法	原理	主要成分
干物质	烘干法	100~105 ℃下烘干饲料样	水分和部分挥发性物质
灰分(ash)	灰分法	500~600 ℃下灼烧饲料样	各种矿物元素
粗脂肪(EE)	索氏法	乙醚浸提	脂肪、类脂、脂肪酸、色素蜡质等
粗纤维(CF)	溶解法	稀酸、稀碱消化	纤维素、半纤维素、木质素等
粗蛋白(CP)	凯氏法	浓硫酸消化定氮	蛋白质、氨基酸、生物碱等
无氮浸出物(NFE)	计算法	100%-(水分+灰分+粗蛋白+粗脂肪+粗纤维)含量	淀粉、寡糖、单糖等

(二)排泄物分析

1.尿液成分分析

尿液中含有各种无机物质和有机物质,是动物体新陈代谢的产物。尿液中各成分的含量受很多因素的影响,但在正常情况下各种成分的含量都有一定范围,所以在实际生产过程对尿液成分进行检测分析,可以了解动物的代谢和营养状况是否正常。例如,有些维生素以辅酶的形式参与体内物质代谢,若其缺乏可导致相关的代谢反应中断,使尿液中一些代谢的中间产物积累或尾产物减少,所以通过这些物质在尿中的含量可了解机体的营养状况。如维生素PP包括烟酸(尼克酸)和烟酰胺(尼克酰胺)两种,在体内烟酰胺可转化为辅酶Ⅰ(CoⅠ)和辅酶Ⅱ(CoⅡ),及NAD^+和$NADP^+$,NAD^+和$NADP^+$可接受H^+分别转化为还原形式的NADH和NADPH,故VPP具有传递氢离子的作用,在机体内的电子传递过程中发挥重要的作用;VPP作为脱氢酶的辅酶而存在,若缺乏可能导致尿中N-甲基烟酰胺减少;维生素B_6经过磷酸化可生成磷酸吡哆醛、磷酸吡哆胺,二者参与氨基酸的代谢循环,主要作为转氨酶的辅酶转移氨基,若VB_6缺乏则会导致蛋白质代谢紊乱,相应的尿液中黄尿酸、犬尿酸的含量也会增加;叶酸的活性形式四氢叶酸是转移酶的辅酶,参与体内一碳单位的转移,若叶酸缺乏则会导致尿液中亚胺甲基谷氨酸的含量增加。

2.粪便成分分析

分析粪便成分是消化试验和平衡试验的必做步骤。测定粪便中粗蛋白、粗纤维和粗脂肪等养分的含量,有助于估算饲料的可消化养分和消化能,以及研究矿物质元素的代谢情况等。由于每日内源矿物质的排泄量大,因此粪样成分分析结果用于测定矿物元素的吸收率存在较大误差,若结合同位素跟踪法,结果将更为准确。

(三)动物组织和血液分析

在确定动物的营养需要和评估饲料营养价值时,有时需要对动物的组织和血液进行分析。常用于测定的组织有肝、肾、心、骨骼肌、骨(胫骨)、毛发以及全血、血浆、血清和红细胞,甚至整个机体样品,需要测定组织中各种营养物质及其代谢产物的含量和相关酶的活性等。动物组织和血液的分析结果是确定各种营养物质需要量的重要依据,也是评价机体维生素、微量元素等营养状况的指标。

动物营养学上常用作标识的功能酶及相应的微量元素或维生素有:血浆谷胱甘肽过氧化物酶—硒,血清碱性磷酸酶—锌,血浆铜蓝蛋白氧化酶—铜,血浆黄嘌呤氧化酶—钼,血浆中以焦磷酸硫胺素为辅酶的酶—硫胺素,红细胞中含黄素二核苷酸(FAD)的谷胱甘肽还原酶—核黄素,红细胞或血浆中酪氨酸和天门冬氨酸转氨酶—维生素B_6,血浆丙酮酸羧化酶—生物素等。酶活性是评价机体某些微量元素和维生素的营养状况较灵敏的指标,缺点是准确测定有些酶的活性较困难,这是因为酶样品的保存和测定条件要求严格,保存不当极易失去活性,导致测定结果不准。

动物组织、血液和尿液中维生素及微量元素含量、相关酶活性以及代谢产物的水平,大多数情况下并不是确定缺乏症或动物需求量的唯一指标,且有时对某些动物敏感的指标未必适用于其他动物。因此,通常需要对组织、血液或尿液中的维生素、微量元素的含量、酶活性以及生长反应等因素进行综合评估。

二、消化试验

化学成分分析的结果只能表明饲料中各种营养物质的含量,而不能说明它们被动物消化和利用的程度。一般来说,动物摄入的食物中所含的一些营养物质不能完全被动物消化吸收,会随着消化分泌物和脱落的肠壁细胞一起以粪便的形式排出体外。因此,测定饲料中可消化(可利用)养分的含量或消化率具有重要的生产指导意义,同时也是评定饲料营养价值的重要方法。

饲料中某可消化养分含量等于动物食入饲料中某养分含量减去粪便中排出的该养分含量。消化率则是指饲料中某可消化养分含量占动物食入饲料中该养分含量的百分率。计算公式为:

$$表观消化率=\frac{食入饲料中某养分量-粪便中某养分含量}{食入饲料中某养分量}\times100\%$$

按上述公式计算出的数值是饲料中某特定养分的表观消化率。所谓"表观"是指该法测定的并不是动物的真消化率,因为粪便中所含的各种养分并非全部来自饲料,还有一部分来自消化道分泌的消化液、消化道黏膜、消化道脱落的上皮细胞等内源性产物及消化道微生物,这些成分常被统称为类代谢性产物。从粪便中排出的某养分含量中减去类代谢性产物中该养分含量后,计算出的消化率称为真消化率。计算公式为:

$$真消化率=\frac{食入饲料中某养分含量-(粪便中某养分含量-代谢性产物中某养分含量)}{食入饲料中某养分含量}\times100\%$$

消化试验是指在控制试验条件下和一定时期内,将饲料饲喂给一组或多组试验动物,准确记录动物的采食量并收集粪便,通过食入饲料中某养分含量与粪便中排出的某养分含量的差异来反映动物对饲料养分的消化能力和饲料养分的可消化性的试验研究。根据试验所用条件,消化试验的方法如图3-2-1所示。

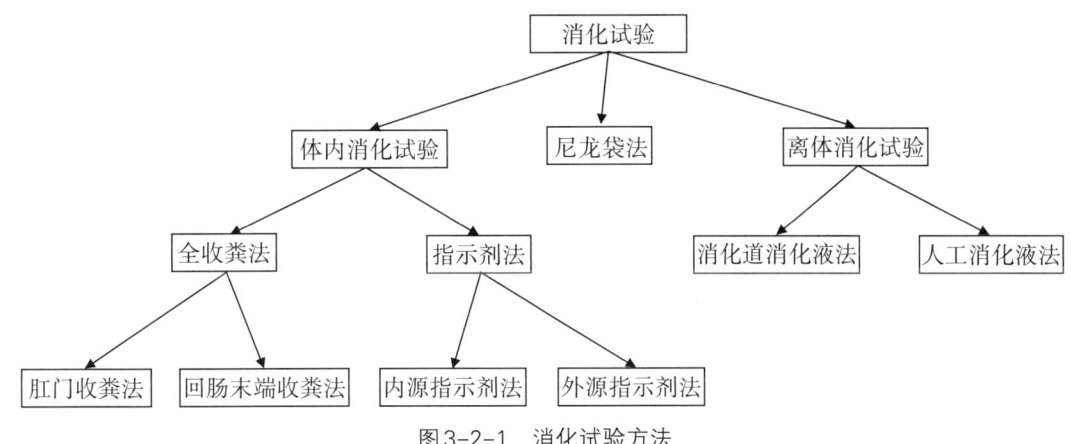

图3-2-1 消化试验方法

(一)体内消化试验

体内消化试验的测验对象是活体动物,通过测定动物摄入的养分含量及粪便中的养分含量来计算消化率。体内消化试验常根据是否全部收集粪便又分为全收粪法(常规法)和指示剂法两种。

1.全收粪法

全收粪法是一种传统的消化试验方法,需准确收集动物在试验期间从肛门排泄的全部粪便或回肠末端的食糜,从而计算出未消化营养物质的排出量。根据粪便收集的位置,分为肛门收粪法和回肠末端收粪法两种。

(1)肛门收粪法:该法假设粪便中的养分代表了饲料中未被消化的养分,养分消化率的计算公式如下。

$$养分消化率 = \frac{摄入养分量 - 粪排泄养分量}{摄入养分量} \times 100\%$$

由于粪中的养分有部分来自体内的代谢性产物,所以该公式计算的养分消化率为表观消化率。如果需要测定养分的真消化率,则需要测定来自代谢性产物的养分,可通过收集绝食动物的粪便来分析,在测定蛋白质、氨基酸的真消化率时,常用饲喂无氮饲粮动物的粪便来估计。因此,测定真消化率的难度较大。

肛门收粪法的优点是实验操作方便、测定较准确。缺点是排泄物成分受到以前采食的饲料的影响;由于饲料浪费或损耗,采食量不易准确记录;排粪量难以准确记录,容易受到饲料、脱落羽毛、皮屑、尿液等污染;粪便需要及时保存和处理,以防止成分发生改变。为避免以上缺点,对试验设计、动物选择、饲喂方式、试验期管理等均有相应要求。

①试验动物:一般来说,应选择健康、有代表性的动物,同时动物的品种、年龄、体重、血统和发育阶段也应基本相同。如果对性别没有特殊要求,通常会选择公畜,以利于粪便和尿液的分离。如使用拉丁方时,需使用3~5只动物进行测试,以消除个体差异。

②试验期:试验分为预备试验期和正式试验期两个阶段。预备试验期不仅是为了让动物适应试验饲料,排空肠道原有内容物,也是为了让试验人员熟悉动物的排粪规律,了解采食量。为了避免动物排

粪一天多一天少所带来的误差,在正式试验期间收集粪便的天数以偶数为好。一般而言,试验期长有利于获得精确的测定结果,但是由于消化试验费时、费力、耗资大,所以基于获得较准确的研究结果,在此推荐了一些动物消化试验的试验期(表3-2-2)。

表3-2-2　不同种类动物消化试验的试验期

实验动物	预备试验期/d	正式试验期/d
牛、羊	10~14	10~14
马	7~10	8~10
猪	5~10	6~10
家禽*	3~5	4~5

*一般进行代谢试验,采用强饲法,试验期为1~2 d。

③试验饲料:应参照试验动物的营养需要和试验目的,一次性配制试验饲料。按每日每头(只)动物的饲喂量将饲料称重分装,并取样供分析干物质和养分含量用。日饲喂量以动物能全部摄入为原则,一般为体重的3%~5%。体重越大,饲喂量占体重的比例越小。

由于某些饲料,如粗纤维含量高的饲料,动物在试验中很难摄取足够量,因此在全收粪法测定其养分或能量消化率时,通常采用顶替法,也称套算法。顶替法首先要配制一个正常的基础饲料并测定其消化率,然后用待测饲料顶替基础饲料的20%~30%,再次测定其消化率。适口性差或喂多了有毒害作用的待测饲料,可少顶替一些基础饲料,但一般不能低于15%。待测饲料某养分或能量的消化率可按以下公式计算:

$$D=\frac{A-B}{F}\times100\%+B$$

式中:D——待测饲料养分消化率;

A——基础饲料养分消化率;

B——顶替并混匀后的饲料养分消化率;

F——待测饲料养分占混合饲料养分的比例。

顶替法的缺点:待测饲料的消化率一般会受到基础饲料营养水平的制约,当基础饲料水平低于待测饲料营养水平时,测定结果偏高;反之,则偏低。尤其是在测定饲料中粗纤维、粗蛋白质、粗脂肪的含量较高时,顶替法的准确性更差。

④粪的收集和处理:在大型草食动物尾部系收粪袋收粪,猪和家禽有专用消化试验栏或笼进行收粪。每天定时收粪并称重,混匀后按总重的2%~10%取样,然后每100 g鲜粪加10%盐酸或硫酸10 mL,以避免粪中氨氮的损失。

(2)回肠末端收粪法:小肠是主要的饲料养分消化和吸收部位。在回肠末端未被吸收的养分进入大肠后,会经过微生物发酵,部分养分(特别是氨基酸)进一步分解或转化,因此从肛门收集的粪便中测得饲料氨基酸的消化率偏高。回肠末端收粪法主要用于测定饲料氨基酸的消化率。

收集回肠食糜的方法有多种,包括屠宰取样或外科手术,如在回肠末端安装瘘管以收集食糜,通过回直肠吻合手术(猪)或盲肠切除手术(家禽)在肛门收集粪便。

回肠末端收粪法的优点是可以避免大肠和盲肠的微生物干扰,能够真实反映饲料养分的消化吸收情况,所测得的氨基酸消化率较为准确。但也有一些缺点:屠宰取样时,样品较少且代表性差,成本高;安装瘘管取样需要进行手术,对动物消化生理有影响,需要使用指示剂,且食糜代表性受瘘管安装部位的影响,术后部位易感染和瘘管易脱落;如果采用回直肠吻合手术法,由于游离了大肠,使得动物的正常生理状况受到影响,导致代谢发生改变,影响试验结果。

2.指示剂法

在某些情况下,由于缺乏必要的试验设备或鉴于试验本身的特殊性,直接测量采食量和排粪量可能会很困难。例如,当动物群饲时,就无法准确测量各自的采食量。然而,如果饲料中含有完全不被消化的物质,仍然可以测得消化率。指示剂法是以饲料中或外源添加的不易消化的物质作为指示剂,根据指示剂在饲料和粪便中与养分的比例变化来计算养分的消化率。用作指示剂的物质必须不为动物所消化吸收,能够均匀分布且有很高的回收率。指示剂法的优点是减少了收集全部粪便所带来的麻烦,省时省力,尤其是在收集全部粪便很困难的情况下,采用指示剂法更为优越。根据来源,指示剂又分为外源指示剂法和内源指示剂法两种方法。

(1)外源指示剂法:最普遍使用的外源指示剂是三氧化二铬(Cr_2O_3)。如用Cr_2O_3作指示剂,从预备试验期开始就需将Cr_2O_3加入饲粮中混匀饲喂。指示剂法基本操作与全收粪法一致,不同之处是指示剂法每日仅须收集部分粪样。粪样收集期结束后将所有收集的粪样混匀,再取样分析粪中营养成分和Cr_2O_3含量。营养物质的消化率计算公式如下:

$$饲料中营养物质的消化率=100\%-\frac{饲料中指示剂含量(\%)}{粪便中指示剂含量(\%)}\times\frac{粪便中养分含量(\%)}{饲料中养分含量(\%)}\times100\%$$

外源指示剂法的缺点是指示剂回收率对消化率影响较大,很难找到回收率很理想的指示剂。Cr_2O_3的回收率在85%左右。为了达到一定的可靠程度,要求指示剂的回收率在85%以上才算有效。

(2)内源指示剂法:内源性指示剂是指用饲粮或饲料自身所含有的不被动物消化吸收的物质作为指示剂。内源指示剂较外源指示剂具有一定的优势:可减少将指示剂混入饲粮(饲料)的麻烦,并且具有更高的准确性。用内源指示剂法测定的饲料消化能和蛋白质消化率与全收粪法无显著差异。但在粪的收集过程中,应该避免粪中含有砂石等杂质,以免对测定结果造成影响。

(二)离体消化试验

离体消化试验是指在实验室内,模拟动物消化道的环境,在体外进行饲料消化试验的方法。与全收粪法和指示剂法相比,离体消化试验操作简单,可以节约人力、物力和时间。缺点是体外条件与动物体内的消化道环境有一定差异,测定结果与真实情况,难免会有误差。根据消化液的来源,离体消化试验可分为消化道消化液法和人工消化液法两种,前者又可分为人工瘤胃液法和猪小肠液法两种。

1.消化道消化液法

(1)人工瘤胃法:此法使用模拟反刍动物瘤胃微生态环境的特殊装置来评定饲料营养价值。人工瘤胃法有两种:一种方法是,将饲料样品置于38.5~39.5 ℃的厌氧、pH为6.7~7.0条件下,用$NaHCO_3$、NaH_2PO_4、KCl、$MgSO_4$等配制成的人工瘤胃液消化24 h后,再用离心法分离被降解的物质,所离心下来的沉淀(残渣)即视为非降解物质,通过计算消化过程中甲烷和二氧化碳的生成量来估计非降解物质中有机物和能量含量。这种方法需要恒温系统、培养系统、pH缓冲系统、定时搅拌系统和连续充填CO_2系统等。由于此法模拟了瘤胃发酵环境与过程,所以测定的结果有一定的可靠性和准确性,而且此法不需要活的动物,可同时测定多种饲料,优点明显。但是,由于微生物的种类和数量与体内瘤胃微生物有差异,故测定结果与活体测定结果有一定的差异。另一种方法是,先用瘤胃液消化,然后再用胃蛋白酶加盐酸进一步消化,洗净残渣后测各种养分含量或能值。

(2)猪小肠液法:这种方法需用猪小肠液或用小肠液制作的冻干粉(两者都含有复合消化酶)处理饲料。该方法分为两步,第一步是模拟猪胃的消化环境,用胃蛋白酶-盐酸溶液处理饲料样品。第二步,模拟小肠的消化环境,将饲料放入含有小肠液或冻干小肠液粉的中性溶液中孵育,最后将残留物视为不消化物质,测其热量,求能量消化率再用生物法测定的标准回归方程进行校正,最后求出能量消化率。该法适于测定猪的配合饲料、能量饲料、粗饲料及植物性蛋白质饲料的干物质消化率。用此法测得的结果与全收粪法无显著差异。此法要求安装收取小肠液的瘘管位置以离幽门1.5~2.0 cm为宜,因为此处小肠液的酶活性最高;同时,在收取小肠液前,饲喂日常的全价饲料,所获得的测定结果较符合实际情况。

2.人工消化液法

人工消化液法使用的消化液主要由消化酶制成,而并非来自消化道。这种方法主要用于测定反刍动物饲料的消化率以及瘤胃饲料蛋白质的降解率。该法分为两步,第一步用纤维素分解酶制剂加盐酸溶液进行分解,第二步用胃蛋白酶加盐酸溶液进行分解。因此,这种方法也被称为"HCl-纤维分解酶法"。

(三)尼龙袋法

尼龙袋法主要用于反刍动物蛋白质营养新体系,主要用于评估饲料蛋白质在瘤胃中的降解率。在使用十二指肠瘘管法测定其内容物的非氨氮和微生物氮时,需要用同位素进行双重标记以区分瘤胃微生物氮和过瘤胃饲料蛋白氮,过程复杂,难度较大。目前国际上普遍采用尼龙袋法测定饲料蛋白质的降解率。

尼龙袋法是将待测饲料装入特制尼龙袋中,经瘤胃管放入瘤胃中,48 h后取出,冲洗干净,烘干称重,与放入前的饲料蛋白质含量相比,差值即为饲料可降解蛋白量。待测饲料蛋白质的降解率的计算公式如下:

$$A = \frac{B-C}{B} \times 100\%$$

式中:A——待测饲料的蛋白质瘤胃降解率;

B——样品中待测饲料的氮含量;

C——残留物中待测饲料的氮含量。

体内瘤胃尼龙袋法的优点是简单易行,重现性好,试验期短,便于大批样品的研究和推广;其缺点是饲养瘘管动物费用较高,同时由于总氮的估计误差、尼龙袋内残留物被微生物污染(这将导致低估饲料蛋白质的降解率,该现象在测定粗蛋白质时更为严重)以及被测样品未经咀嚼和反刍等因素,导致降解率被低估。由于尼龙袋法受样品规格(颗粒大小)、尼龙袋的容积、孔径、培养时间,外排速度,洗涤温度及冲洗次数等多种因素的影响,因此在实际测定中要求尼龙袋的通透性要好,即网眼大小和密度要恰当,样品细度适当,便于瘤胃液充分发酵。同时由于饲料的降解速率不一致,而且容易受到外排速度的影响,在实际测定中,为掌握不同时间的降解情况,往往要测定多个时间点的数据,以分析降解程度与消化时间的关系。

三、平衡试验

平衡试验也是代谢试验的一部分,该法以物质守恒定律和能量守恒定律为基础,通过测定营养物质食入、排泄、沉积和产品中的数量,以此估计动物对营养物质的需要量和饲料营养物质的利用率,常用于研究能量和蛋白质的需要和利用情况。但因矿物元素受内源因素干扰较大,B族维生素也受到肠道微生物合成的影响,故平衡试验有一定的限制性。平衡试验主要包括氮平衡试验、碳平衡试验和能量平衡试验。

(一)氮平衡试验

氮平衡试验主要用于研究动物对蛋白质的需要,以及饲料或饲粮蛋白质的利用率和质量。如不考虑微量皮屑损耗,通过测定饲料、粪和尿中的氮,便可知道沉积氮的量。

测定的办法基本上与消化试验相同,但增加了对体氮的分析。试验需要在代谢笼或柜中进行,分别收集粪便和尿液。最好选择公畜进行试验,并饲喂颗粒饲料,以便于收集粪便和尿液,同时避免粪尿与饲料相互污染。

在氮平衡试验中,根据食入氮、粪氮和尿氮可建立以下关系式:

$$沉积氮=食入氮-粪氮-尿氮=体外产品氮$$

$$氮的消化率=(食入氮-粪氮)/食入氮\times100\%$$

$$氮的总利用率=沉积氮/食入氮\times100\%$$

$$氮的生物学效价(BV)=沉积率/(食入氮-粪氮)\times100\%$$

需要注意的是,氮的沉积受到动物年龄、性别和遗传因素以及蛋白质本身的质量和数量的影响。在确定动物对蛋白质的需求时,应当注意进行氮平衡试验,确保饲粮中的蛋白质水平满足动物需要,必需氨基酸数量充足、比例恰当,同时其他营养物质也应当适量,促使动物能够充分发挥其遗传潜力。

(二)碳平衡试验

碳平衡试验是一种测量含碳有机物(脂肪、碳水化合物、蛋白质)代谢的试验方法。由于碳水化合物在动物体内含量相对稳定,所以碳平衡试验主要测定的是动物体内脂肪的沉积情况。由于饲粮碳在动物体内代谢途径较多,所以,碳平衡的测定比氮平衡更复杂。动物食入的饲粮碳,除可能在体内沉积的部分外,其余排出体外。排出途径主要包括:(1)粪碳,饲粮中未被动物消化吸收的部分碳以残渣形式通过粪排出;(2)肠道气体碳,碳在消化道中发酵产生的气体从肠道排出,如甲烷、二氧化碳等;(3)尿碳,主要以尿素或尿酸形式排出的碳;(4)呼吸碳,在体内分解成二氧化碳由肺脏排出的碳;(5)沉积在体外的碳,主要是离体产品中的碳。因此,动物体的碳平衡计算公式如下:

$$沉积碳=食入碳-粪碳-尿碳-呼吸碳-肠道气体碳-离体产品碳$$

(三)能量平衡试验

能量平衡试验用于研究机体能量代谢过程中的数量关系,从而确定动物对能量的需要量,以及饲料或饲粮能量的利用率。评估能量平衡的方法有两种:一种是根据动物摄入饲料能量的去向,分别测定饲料、粪、尿、脱落皮屑、毛、营养物质沉积(生长肥育)、产品(奶、蛋、毛)和维持生命活动的机体产热,只要获得各个部分的能值,能量的需要和各阶段的能量利用率便可计算得出;另一种以碳、氮平衡为基础,能量的来源主要是含碳和氮的有机物,只要知道摄入饲料中的碳、氮的去向,根据碳、氮化合物的产热(常数)就可以估计出动物对能量的需要量和饲料能量的利用率。能量平衡试验根据动物机体产热评估方法的不同,将其分为直接测热法、间接测热法和碳、氮平衡法三种。

1. 直接测热法

将动物置于一测热室(柜)中,直接测定机体产热。对食入饲料、粪、尿、脱落皮屑和羽毛等进行取样并测定各个样本的燃烧值(若为反刍动物,还须测定其产生的甲烷)。其他步骤和消化试验、氮平衡试验一致。通过对一段时间里(通常是24 h)的能量收支情况进行估算,可以推算出动物在一个昼夜里的能量需求和能量利用率。直接测热法的原理非常简单,操作也很容易,但是测热室(柜)的制作技术却很复杂,且造价也很昂贵。因此,采用直接测热法来测定机体产热有较强的限制性。

2. 间接测热法

间接测热法是基于呼吸熵(RQ)的原理测定机体产热的方法。因碳水化合物和脂肪在体内氧化产生热量与它们二者共有的呼吸熵有一定的函数关系,即 $RQ=\dfrac{V_{CO_2}}{V_{O_2}}$。因此,只要测得吸入氧气的消耗量和排出二氧化碳的体积,就可以计算出呼吸熵。O_2、CO_2 和 CH_4(反刍动物)可通过呼吸测热室(柜)测定,机体蛋白质分解的产热可以由尿氮生成量推算。机体的总产热量等于蛋白质、碳水化合物和脂肪产热的总和。

3. 碳氮平衡法

由于动物体内碳水化合物贮存量较少且相对稳定,生长动物和育肥动物主要以蛋白质和脂肪形式贮存能量。因此,碳氮平衡法是根据摄入饲粮的碳、氮去向,蛋白质和脂肪的碳、氮含量,以及每克蛋白质和每克脂肪的产热量,或每克碳的脂肪和每克氮的蛋白质来估计动物对能量的需要量或饲料能量的沉积率。为此,需要测定摄入饲粮、粪、尿液、甲烷和二氧化碳的碳和氮的含量。蛋白质平均含碳52%,含氮16%,每克蛋白质产热23.8 kJ;脂肪含碳76.7%,不含氮,每克脂肪产热39.7 kJ。通过计算沉积能、粪能、尿能和甲烷能,并根据能量收支平衡情况,可以计算出畜体产热量。

四、屠宰试验

饲料的成分和质量会直接影响动物的生长、育肥率以及产品的数量和质量。因此,动物的生长速度和育肥速度,以及产品的数量和质量,可以反映饲料的营养价值。在平衡试验和饲养试验中有时需要屠宰动物,以比较试验组和对照组(常为试验前后)的差异,便于更好地了解动物机体成分的变化并评估胴体质量,故又称之为比较屠宰试验。由于试验的目的和要求不同,屠宰方法和测定指标也不尽相同。

(一)屠宰方法

动物的屠宰方法有两种:一种是先放血,然后收集血液并称重;另一种是不放血,先用药物麻醉,然后从血管或心脏注入凝血剂,接着剖开腹部清除消化道内容物。屠体经过冷冻后被粉碎,骨骼粉碎较为困难,通常需要粉碎2~3次。此外,动物体内的实质器官含有大量脂肪,导致粉碎后的样品难以通过40目网筛,而且较粗的骨粒不便分离和再次粉碎。样品中的粗骨粒会对灰分和粗蛋白质的分析产生较大影响。

针对大动物,如果需要对胴体品质进行测定,或者只需要对组织器官进行取样分析,最好选择放血屠宰方法。屠宰试验的最大缺点在于耗费大量资源和人力,特别是在皮、骨、肉、脂肪分离方面,各种组织的分离纯度和标准也难以控制一致。

(二)屠宰指标

在营养学方面,主要测定屠体或组织的氮(蛋白质)含量、能量、矿物质含量以及某些酶活性等。胴体品质的测定指标常包括肌肉颜色、肌间脂肪、眼肌面积、背膘厚、胴体长、空体重及屠宰率等,一般采用左侧胴体进行测定。如果需要了解瘦肉(蛋白质)与脂肪的沉积比例,则需分离左侧胴体的皮、骨、肉和脂肪。

五、饲养试验

饲养试验是指给动物饲喂已知营养成分的饲料或饲粮,根据动物的各种反应(生产性能、理化指标、健康状况等),以确定动物的营养需求、饲料的养分利用率,比较饲料或饲粮优缺点的方法。饲养试验的原理是营养摄入量的变化对体重、组织中营养成分以及胫骨强度、功能酶、代谢等相关理化指标有所影响。饲养测定的主要目的:(1)测量替代另一种饲料的饲料在多大程度上能满足动物的生理功能;(2)建立饲料性能与其特定功能之间的相关性;(3)通过摄入营养物质来预测或控制动物的生产性能。饲养试验的优点:(1)可以综合评定营养物质的需要量和营养物质的相对生物学效价;(2)条件接近生产,结果便于推广应用;(3)也可作为验证试验,评定其他研究方法的有效性。但是,饲养试验也具有周期长,成本高,影响试验结果的因素多,且试验条件难以控制,试验准确实施较困难等缺点。

(一)试验动物

在饲养试验中,试验动物的选择应遵循"唯一差异"的原则,即为了提高试验的准确性以达到预期目的,除要被研究的因素外,其他条件应完全一致。而试验动物自身的遗传因素、性别、年龄、体重和健康状况等是影响试验效果的重要因素,所以选择符合条件的试验动物是保证试验成功的前提和基础。然而,在实际研究中,要选择各方面条件一致的动物非常困难,特别是试验所需动物数量很大,并且需要有一个大于目标数量的畜群(1倍以上)时,开展饲养试验的难度很大。如果试验显示各处理组之间的变异性较小,则对动物的一致性要求更高,解决办法是适当增加重复,但最好从母畜配种时就考虑到血缘、体况的一致性及产仔时间的同步性,同时确保有足够数量的母畜以供配种,以便提供较多的、条件较一致的可供选择的动物。

(二)试验环境

为确保试验成功,除了试验动物的一致性外,试验环境条件的一致性也必须考虑,环境是影响试验结果的重要因素。如果试验周期短,则温度、湿度等条件易于控制,且试验动物不受季节变化的影响;如果周期较长,因为试验动物本身对环境温度等的变化较为敏感,所以因季节变化对动物的影响(如体内代谢变化、疾病等)是不可避免的。因此,除了尽可能创造理想的实验条件外,应尽可能在畜舍不同位置,即不同的小气候区,设置试验组,如靠近门窗与畜舍中央,笼子的上下层等,且每个处理有一或两个重复。

(三)饲粮

试验饲粮也是影响试验结果的关键因素,一般来说,配制的饲粮需要满足动物最大生产性能的要求,所以必须在接近实际饲养条件下对饲粮进行评价,必须测定饲粮原料的各种营养成分含量,以保证试验饲粮尽可能符合试验要求。不容易测准的指标,应多测两次。饲粮原料应一次配齐,做到原料一致;按试验要求确定配制饲粮的时间和次数;饲粮应放在阴凉干燥处,如果天热,应放在冰柜和冷库里。

(四)饲喂方式

(1)群饲或单饲:在饲养试验中,动物可群饲,也可单饲。群饲的优点是动物吃食有竞争,采食量可能更多,长得更快,同时也节省设备和减少工作量。缺点是单个动物实际消耗的饲料无法进行统计,只能取得平均数;如果个别动物健康状况不佳或死亡时,则很难准确估计其采食量。群饲适用于小动物,可多设重复组(群)。在需要限制采食的试验中,群饲有可能导致弱小动物采食不足,从而增大了组内动物体重间的差异。单饲能避免群饲的不足,但可能会导致动物减少采食量,从而影响试验结果。在试验动物体重均匀度不够理想时,单饲将增加组内误差,影响处理间差异的显著性。

(2)自由采食与限食:自由采食是指动物可以自由接触和任意采食饲粮,而限食是在一定程度上限制动物的饲粮摄入量。为了确保动物都有同等的接触饲粮的机会,充分发挥动物饲料的潜力以达到试验目的,评定动物的营养需要、比较饲料或饲粮的差异以及环境温度和其他非营养因素对生产性能的影响时,自由采食是必要的。而限食则多用于评定饲料的利用率,以及采食量对动物生长速度、能量和蛋白质沉积等指标的影响。

第三节 配合饲料与配方设计

饲料占养殖成本的70%左右,精准配制和高效利用饲料是畜牧业健康可持续发展的重要基石。配合饲料是以动物营养需要和饲料营养价值评定的研究结果为基础,设计出营养平衡的饲料配方,将多种饲料原料按照配方均匀混合,按规定的工艺流程生产的具有营养性和安全性的饲料产品。配合饲料合理利用各种饲料资源,满足不同种类、不同生产目的与水平、不同生长发育阶段的动物营养需要,最大限度地发挥动物的生产潜力,降低饲养成本,提高养殖收益。

根据动物的营养需要,以及饲料原料的营养价值、可用性及价格等因素,合理确定各种饲料原料的配合比例,这种配比被称作饲料配方。饲料配方设计是饲料生产的关键环节之一,饲料配方决定饲料企业的产品质量和经济效益。设计饲料配方时,既要考虑动物的营养需要和消化生理特点,又要合理地利用各种饲料资源,实现低成本、高收益。

一、配合饲料生产的意义

配合饲料作为一种特殊商品,其生产与国民经济联系紧密。第一,种植业为配合饲料的生产提供原料,发展配合饲料有利于农业生产的良性循环。第二,配合饲料的生产与农产品加工、机械制造业紧密相关。第三,配合饲料的生产与化工行业密不可分,后者的许多产品被用作饲料添加剂。第四,配合饲料的生产与运输业、建筑业、金融保险业等有密切关系。简言之,饲料工业是国民经济的重要支柱产业之一。配合饲料具有以下优点。

1. 提高生产性能,缩短饲养周期

配合饲料是采用科学配方,应用最新科研成果,根据畜禽营养需要、消化特点与饲养标准配制的一种混合饲料。配合饲料的各种营养成分之间比例适当,可最大限度地发挥畜禽生产潜力,使之生长快、产量高,饲料消耗少,缩短饲养周期最终提高饲料转化效率,增加经济效益。

2. 充分利用地方资源

配合饲料能充分、合理、高效地利用生产地的各种资源,包括农副产品、牧草和林业资源、屠宰和食品工业下脚料以及制药过程中的废物等,节约粮食。

3. 安全且有利于健康

在传统单一饲料中,各种营养物质往往含量过少或比例不当,动物采食后经常出现维生素和微量元素缺乏症。配合饲料考虑了畜禽的营养需要及饲料原料中各种营养成分的含量,适当地使用了维生素、微量元素以及氨基酸等添加剂,使饲料中各营养成分的含量充分,而且比例恰当,发挥出最大的营养效能。同时,配合饲料中加入了有益于畜禽健康的微量活性成分和功能性物质,可预防高密度、工厂化饲养条件下营养代谢病、肠道疾病的发生。此外,配合饲料中含有防霉剂、防腐剂、抗氧化剂等物质,可以防止饲料变质,提高产品稳定性,便于存放和运输。

4. 生产效率高,质量标准化

配合饲料采用工业化、机械化生产方式,技术先进,装备精良,管理规范,加工成本低,生产效率高。配合饲料的计量准确,粒度适宜,能将养分含量在百万分之一的微量成分混合均匀,包装规格化,质量标准化。

5. 使用方便,节省设备和人力

配合饲料由专门化企业集中生产,节省了养殖企业或养殖户的设备投入和劳动支出。配合饲料可直接饲喂或稍加混合、调制后饲喂,使用方便,与畜禽场机械化、自动化饲养方式契合,推动实现畜牧业现代化。

二、配合饲料的种类

1. 按营养成分分类

按照配合饲料所含营养成分不同,可将配合饲料分为以下4种类型。

(1)全价配合饲料:除水分外,能完全满足动物营养需要的配合饲料称为全价配合饲料。这种饲料所含的各种营养成分均衡全面,能够完全满足动物的营养需要,不需要添加任何其他成分就可以直接饲喂。全价配合饲料由能量饲料、蛋白质饲料、矿物质饲料以及各种饲料添加剂组成,多为家禽和猪所用。

(2)浓缩饲料：是由蛋白质饲料、矿物质饲料和添加剂预混料按一定比例配制而成的均匀混合物。按一定比例将浓缩饲料与能量饲料混合均匀，就可以配制成全价配合饲料，浓缩饲料在全价配合饲料中的占比通常为20%~40%。

(3)添加剂预混料：指由一种或多种饲料添加剂，与载体或稀释剂按一定比例配制的均匀混合物。添加剂预混料在全价配合饲料中所占比例很小，但它是构成配合饲料的精华部分，也是配合饲料的核心成分。

(4)精料补充料：指为了给以粗饲料、青饲料、青贮饲料为基础饲粮的草食动物补充营养，采用多种饲料原料按一定比例配制的饲料，也称混合精料。精料补充料主要由能量饲料、蛋白质饲料、矿物质饲料和添加剂预混料组成，适用于牛、羊、兔等草食动物。这种饲料营养不全价，仅为草食动物日粮的一部分，饲喂时必须与粗饲料、青饲料或青贮饲料搭配。

2.按物理性状分类

按物理性状的不同，可将配合饲料分为以下4种类型。

(1)粉状饲料：粉状饲料是多种饲料原料的粉状混合物。粉状饲料的生产流程：将配合饲料所需的各种原料分别粉碎至一定粒度后再称重配料，然后混合均匀。这是目前国内普遍采用的一种料型，这种饲料的生产设备及工艺要求比较简单，加工成本低，但易引起动物挑食，造成浪费。

(2)颗粒饲料：是用压模机将粉状饲料挤压而成的粒状饲料。颗粒饲料的生产流程：先将所需的饲料原料按要求分别粉碎到一定的粒度，制成全价粉状配合饲料，然后与蒸汽充分混合均匀，进入颗粒饲料机(平模压粒机或环模压粒机)加压处理。这种料型可增加动物采食量，避免挑食，提高饲料利用率。颗粒饲料在制作过程中经加热加压处理，破坏了饲料中的部分有毒有害成分，还起到杀虫灭菌作用。不过，这种饲料制作成本较高，在加热加压时还会导致一些维生素、酶、氨基酸等物质的效价降低。

(3)碎粒饲料：是由颗粒饲料破碎成适当粒度的饲料，是颗粒饲料的一种特殊形式，即将生产好的颗粒饲料经过磨辊式破碎机破碎成2~4 mm大小的碎粒。如果按要求加工小动物如雏鸡等的颗粒饲料，费工、费时、费电、产量低，实践证明，先将饲料原料压制成大颗粒(直径4.5~6.0 mm)再破碎成小颗粒(直径2.0~2.5 mm)比直接将饲料原料压制成小颗粒的耗电量减少5%~10%，且产量更高。碎粒饲料具有颗粒饲料的各种优点。

(4)膨化饲料：是经调制、增压挤出模孔和骤然降压等过程制得的膨松颗粒饲料。膨化是对物料进行高温高压处理后减压，利用水分瞬时蒸发或物料本身的膨胀特性使物料的某些理化性质改变的一种加工技术，分为气流膨化和挤压膨化两种类型。膨化饲料是近年来兴起的优质、高档饲料类型，不仅具有颗粒饲料的优点，还具有适口性好、经济效益显著等优势。可膨化的饲料原料有大豆、玉米、豆粕、棉籽粕、鱼粉、羽毛粉及肉骨粉等，生产的全价配合饲料有乳猪料、鸡料、鱼虾料、宠物料等。

3.按动物的不同种类、生长阶段和生产性能分类

按此分类方法，可将配合饲料分为鸡用、猪用、牛用、羊用、兔用配合饲料等。不同种类动物的配合饲料又可根据生长阶段和生产性能的不同分为多种，此处不再赘述。

三、饲料配方设计的原则和方法

1. 饲料配方设计的原则

(1)科学性:①饲养标准以现代动物营养学与饲料学为理论指导,列出了动物在不同生长阶段和不同生产水平下对各种营养物质的需要量,是设计饲料配方的科学依据。不过,饲养标准给出的动物群体营养需要为平均值,数据呈现静态化,无法反映具体生理状态、环境条件和管理水平等因素对动物营养需要的特定影响。在设计饲料配方时,必须结合当地的饲料资源和饲养管理状况对饲养标准进行适当调整,才能更符合动物实际需求。②饲料营养价值表是选择饲料原料的重要参考。设计饲料配方时,必须根据饲料的营养价值、动物的种类及消化生理特点、饲料原料的适口性及体积等因素合理确定各种饲料的用量和配合比例。比如,全脂大豆在肥育猪饲料中使用过多会造成软脂现象,小麦麸用量过多会改变饲料体积,棉籽饼和菜籽饼含有多种抗营养因子,用量过大将危害动物健康影响生长发育。

(2)经济性:饲料成本通常占动物生产总成本的60%~70%,因此,在设计饲料配方时,必须注意经济原则,使配方既能满足动物的营养需要,又尽可能地降低成本,防止片面追求高质量。这就要求尽量选择当地产量较大、价格较低廉的饲料原料,少用或不用价格昂贵的饲料。随着计算机科学的发展,饲料配方软件让饲料成本大幅降低。

(3)可操作性:生产上的可行性原则。因为一个合理的配方必须选择特定的原料,通过一定的加工工艺才能生产出合格的产品,所以设计配方时必须考虑其可操作性。设计的饲料配方必须与企业的生产条件配套,与生产工艺及设备配套,所用原料来源稳定,各种原料的用量或比例尽量不保留小数。此外,产品的种类与阶段划分也应符合养殖业的生产需要。

(4)市场性:配合饲料是一种商品,所以设计饲料配方时必须以市场需求为导向。设计配方前,应对市场进行调查,了解市场的需求,明确产品的定位。例如,应明确产品的档次、销售价格、客户范围、市场的认可程度及销售前景等,这样才能做到有的放矢,提高产品的市场竞争力。

(5)安全性:饲料配方选用的饲料原料,尤其是饲料添加剂,必须以安全为先,禁止使用发霉、变质、酸败、污染等不合格的饲料原料,对于某些含有毒有害物质的饲料原料,应脱毒使用或限量使用。必须遵守添加剂停用期的规定,对于国家明令禁止的饲料添加剂,如抗生素、激素、瘦肉精等绝对不能使用,禁止在反刍动物日粮中使用动物性饲料。

(6)合法性:配方设计应符合国家有关规定,例如饲料的营养指标、感官指标和卫生指标等必须符合国家规定。饲料配方不仅要符合饲养标准的要求,还必须严格遵守国家有关饲料标准和法规,防止违规生产。

2. 饲料配方设计的基本步骤

(1)明确设计目标:进行配方设计时必须明确设计目标。首先,应明确饲料产品用来饲喂的对象,即根据饲喂对象的品种、年龄、性别以及生产方向选用相应的饲养标准。其次,明确饲料配方的预期目标值。对一个养殖企业来说,所设计的配方应达到预期的生产目的,如设计20~60 kg体重的瘦肉型生长育肥猪日粮配方,应达到日增重550 g的预期效果。对一个饲料企业来说,在设计配方时应满足饲养标准所规定或建议的主要参考值。最后,在设计饲料配方时,还应考虑相应产品的定位问题。如果是商业性饲料产品,除要求符合一定的饲养标准外,还需符合相应的行业标准。若是自用的饲料产品,就应考虑尽量使用当地的饲料原料。

(2)确定营养水平:饲养标准是大量科学试验反复论证与生产证实的结果,对不同种类、性别、年龄、体重、生产用途和生产水平的畜禽,科学地规定出每头(只)每天应供给的各种营养物质的数量。饲养标准反映了动物营养学的研究成果,是确定饲料中营养水平的科学依据。饲养标准的种类繁多,不同的国家有各自的饲养标准,应结合自身的特点合理地选用。由于饲养标准中所规定的指标数量很多,且不同动物之间的指标量差异极大,因此确定饲料的营养水平时不可能满足全部指标,应有重点地进行筛选,主要考虑下列几条原则。

①确定重要指标:在饲养标准规定的若干指标中,根据其营养作用的重要性依次列出各项指标,并选择其中作用较大的指标。

能量:能量指标是最基本的指标之一。能量是动物机体所有生命与生产活动不可缺少的元素,是设计饲料配方时应首先考虑的指标。不同的畜禽使用的能量评价方法不同,一般猪使用消化能(DE)体系,家禽使用代谢能(ME)体系,反刍动物使用净能(NE)体系。

蛋白质和氨基酸:蛋白质是参与机体所有生命活动的主要物质,是机体的基本结构物质和代谢活性物质(激素、酶、免疫抗体)的主要成分,是组织更新、修补的原料。蛋白质占动物机体固形物总量的50%左右,饲料中蛋白质供应对畜禽生产具有重要作用。对猪和鸡的蛋白质、氨基酸需要的认识是从对蛋白质的需要开始的,再到必需氨基酸和非必需氨基酸的需要,然后到可利用氨基酸需要和理想蛋白质的概念,最终到理想氨基酸模式理论的建立。动物对蛋白质的需要实质是对氨基酸的需要,美国NRC(2012)《猪的营养需要》中列出了标准回肠可消化氨基酸和表观回肠可消化氨基酸的需要量,弱化了粗蛋白质的概念,仅以总可消化氮(TDN)表示蛋白质的需要量。

钙和磷:是动物所需的基本矿物质。它们在体内数量多、分布广,是设计饲养配方时必须考虑的指标。美国NRC(2012)《猪的营养需要》中列出了总钙、标准全肠可消化磷(STTD)、表观全肠可消化磷(ATTD)和总磷的需要量。

②考虑饲养方式:在自然放牧或粗放饲养条件下,动物有自我营养调节的可能性。若生产水平较低,可以适当放宽饲养标准中的某些指标的规定量。在高度集约化饲养的方式下,由于动物所需的营养完全依赖于人为供给,故必须严格执行标准。

③考虑日粮组成:饲料原料往往具有地缘性,这就难免造成不同产地的原料在某些营养指标上的偏差。此外,由于原料的初加工工艺和新鲜度不同,其营养成分也往往不同。如果条件允许,最好对每批原料都进行营养成分的检验。

④考虑环境的影响:饲料原料和饲养标准虽然是设计配方的重要依据,但总有一定的适用条件,任一环境条件的改变都有可能引起动物对营养需要的改变。因而,在某些特定条件下,适当调整某些营养指标是十分必要的。如在高温季节,动物采食量减少,应适当提高饲料的各项营养水平,以补充因饲料摄入减少而造成的能量、蛋白质及氨基酸等物质的不足。在寒冷季节,动物采食量增加,此时应提高饲料能量水平,以补充因寒冷造成的能量消耗的增加。

⑤添加剂的补充:在使用营养性添加剂时,从降低饲料成本上考虑,可以对饲养标准中相应指标加以调整。例如,使用植酸酶时可以根据植酸酶的磷当量对配方的磷水平进行调整,使用非淀粉多糖酶时可以根据其能量当量适当降低配方的有效能水平。

(3)选择饲料原料:

①应尽量利用当地饲料资源:设计饲料配方时应尽量选择资源充足、价格低廉而且营养丰富的原

料,以达到降低原料成本的目的。一般来说,能量和蛋白质在饲料配方中的比例高达70%~90%,而当地的玉米、稻谷、脱毒菜籽饼、棉仁饼、苜蓿粉等原料具有价廉的优势。

②应尽量优化营养源并合理搭配:饲料的合理搭配包括三方面的内容,一是营养源及饲料原料的优化,二是各种饲料之间的配比量,三是各种饲料的营养物质之间的互补作用和制约作用。不同来源的同一营养素,对畜禽生产性能、营养代谢、营养需要甚至肠道微生态等有不同的影响。例如,玉米淀粉、木薯淀粉、小麦淀粉和豌豆淀粉因其淀粉结构的差异导致饲喂效应的差异显著。饲料中各种原料的配比关系到饲料的适口性、消化性和经济性。如粗纤维含量高的饲料,用量过多会影响其他饲料营养物质的消化吸收,饲用酵母使用过多会影响适口性等。若各种饲料原料配比合理,则可发挥各种营养物质的互补作用,有效地提高饲料的生物学价值,提高饲料的利用率。但这并不意味着饲料原料的种类越多越好,原料种类过多不但造成设计和实际生产上的麻烦,而且易出现新的营养失衡。

③要考虑畜禽的消化生理特点:在设计配方时,要针对饲喂对象合理地选用不同的饲料原料。由于猪、鸡等单胃动物对粗纤维的消化率很低,故在设计配方时不宜使用含纤维过高的饲料。

④最好对原料进行分析检测:因品种、产地和新鲜度不同,饲料原料的营养成分也不同,每批原料均有可能存在营养成分上的变化。有条件的话对原料的重要组分进行检测,这对配方设计有重要意义。此外,对饲料原料进行分析检验可减少有毒有害物质的影响。

(4)计算配方:

饲料配方的计算分为手算法和电脑配号两种方式,手工计算又分为对角线法(交叉法、正方形法)、联立方程法(公式法)、试差法(凑数法)三种方法。手工计算配方存在局限性,计算复杂,工作量大,需要丰富的实践经验与较强的专业知识。由于是手工计算,结果常常不十分准确,选用的原料数量十分有限,无法进行筛选,得到的往往不是成本最低的配方。

电脑配方可解决上述问题,目前已开发出很多计算程序。电脑配方技术与传统配方技术相比具有很多优点:不但能够提高配方的精确度,进行营养限制因素的研究,而且可迅速进行成本的重新估算和再次配方;同时,能考虑更为广泛的饲料原料和更好地反映市场状况。

尽管电脑配方有很多优点,但手算法是计算配方的基本方法,理解与掌握手算法对我们进一步利用电脑配方十分必要。

①手算法:

a 试差法:试差法也称凑数法,是目前中小型饲料企业和养殖场(户)经常采用的方法。用试差法计算饲料配方的方法:首先根据配合饲料的一般原则或以往经验自定一个饲料配方,计算出该配方中各种营养成分的含量,再与饲养标准或自定的营养需求进行比较,根据原定配方中养分的盈缺情况,调整各类饲料的用量,直至各种养分含量符合要求为止。这种方法简单易学,尤其是对于配料经验比较丰富的人来说,非常容易掌握。缺点是计算量大,尤其当自定的配方不够恰当或饲料种类及所需营养指标较多时,往往需反复调整各类饲料的用量,且不易筛选出最佳配方,成本也可能较高。

[例]用玉米、麸皮、豆粕、棉籽粕、鱼粉、石粉、磷酸氢钙、食盐、微量元素添加剂及维生素添加剂为0~6周龄蛋雏鸡设计饲粮配方。

第一步:查营养需要量。从蛋鸡饲养标准中查得0~6周龄蛋雏鸡的营养需要(表3-3-1)。

表3-3-1　0~6周龄蛋雏鸡的营养需要

代谢能/(MJ/kg)	粗蛋白质/%	钙/%	磷/%	赖氨酸/%	蛋氨酸/%
11.92	18.00	0.80	0.70	0.85	0.30

第二步：查饲料原料的营养成分。从饲料营养价值表查得各种饲料原料的营养成分含量（表3-3-2）。

表3-3-2　饲料原料的营养成分含量

名称	代谢能/(MJ/kg)	粗蛋白质/%	钙/%	磷/%	赖氨酸/%	蛋氨酸/%
玉米	14.06	8.6	0.04	0.21	0.27	0.13
麸皮	6.57	14.4	0.18	0.78	0.47	0.15
豆粕	11.05	43.0	0.32	0.50	2.45	0.48
棉籽粕	8.16	33.8	0.31	0.64	1.29	0.36
鱼粉	12.13	62.0	3.91	2.90	4.35	1.65
石粉	—	—	36.00	—	—	—
磷酸氢钙	—	—	23.00	18.00	—	—

注："—"表示"无"。

第三步：自定饲料配方。根据配方实践经验和营养原理，初步拟定配方并验算各养分含量。一般来讲，蛋雏鸡饲粮中各类饲料的比例一般为：能量饲料65%~70%，蛋白质饲料25%~30%，矿物质饲料2%左右，维生素和微量元素添加剂约为1%。拟定配方时可先确定能量饲料和蛋白质饲料的用量，矿物质饲料和饲料添加剂待定。同时注意，棉籽粕适口性差并含有棉酚等有毒成分，用量应限制在3%以下，鱼粉价格高，用量也应控制在3%以下。初步拟定的饲料配方见表3-3-3。

表3-3-3　初步拟定的饲粮配方及营养水平

饲料原料	配比/% ①	原料代谢能/(MJ/kg) ②	日粮代谢能/(MJ/kg) ①×②	原料粗蛋白/% ③	日粮粗蛋白/% ①×③
玉米	60	14.06	8.4360	8.6	5.160
麸皮	10	6.57	0.6570	14.4	1.440
豆粕	21	11.05	2.3205	43.0	9.030
棉籽粕	3	8.16	0.2448	33.8	1.014
鱼粉	3	12.13	0.3639	62.0	1.860
合计	97		12.0222		18.504
营养需要			11.9200		18.000
相差			+0.1022 (≈0.1)		+0.504 (≈0.5)

第四步：调整配方。首先考虑调整能量和蛋白质，使其符合标准。方法是降低配方中某种原料的比例，同时增加另一原料的比例，二者的增减数相同，即用一定比例的某种原料替代另一种原料。计算时，可先求出每代替1%时，日粮能量和蛋白质的改变程度，然后结合第三步中求出的与标准相差的数值，计算出应代替的百分数。

由表3-3-3可知，上述配方中的代谢能比营养需要高0.1 MJ/kg，粗蛋白质高0.5%。用能量和蛋白都较低的麸皮代替豆粕，每代替1%可使能量降低0.05 MJ/kg，即(11.05 - 6.57)×1%，粗蛋白质降低0.29%，即(43.0 - 14.4)×1%。因此，要满足能量需要，麸皮代替豆粕的比例为0.1÷0.05×1% = 2%；欲满足蛋白质需要，麸皮代替豆粕的比例为0.5÷0.29×1% = 1.7%。由此可见，麸皮代替豆粕的比例为1.7%。配方中豆粕改为19.3%，小麦麸改为11.7%。经调整后饲粮中各种养分的含量见表3-3-4。

表3-3-4　第一次调整后的日粮组成和营养成分

饲料原料	配比/%	代谢能/(MJ/kg)	粗蛋白质/%	钙/%	磷/%	赖氨酸/%	蛋氨酸/%
玉米	60.0	8.4360	5.1600	0.02400	0.12600	0.16200	0.07800
麸皮	11.7	0.7687	1.6848	0.02106	0.09126	0.05500	0.0175
豆粕	19.3	2.1327	8.2990	0.06176	0.09650	0.47285	0.09264
棉籽饼	3.0	0.2448	1.0140	0.00930	0.01920	0.03870	0.010800
鱼粉	3.0	0.3639	1.8600	0.11730	0.08700	0.13050	0.04950
合计	97.0	11.9461	18.0178	0.23340	0.42000	0.85900	0.24800
与标准相差		+0.0261	+0.0178	-0.57000	-0.28000	+0.00900	-0.05200

第五步：计算矿物质饲料和添加剂用量，确定配方。在能量和蛋白质基本接近标准后，调整饲粮的钙、磷和氨基酸含量。根据上述配方计算知，饲粮中钙比营养需要低0.57%，磷低0.28%。因磷酸氢钙中含有钙和磷，所以先用磷酸氢钙满足磷的需要，需磷酸氢钙0.28%÷18% = 1.56%。1.56%磷酸氢钙可为饲粮提供钙23%×1.56% = 0.3588%，与营养需要相比钙还差0.2112%，可用石粉补充，需要石粉0.2112%÷36% = 0.60%。赖氨酸已满足需要，蛋氨酸与标准差0.052%，可用商品蛋氨酸添加剂补充，需蛋氨酸添加剂0.052%÷98% = 0.05%。

原估计矿物质饲料和添加剂约占饲粮的3%，现计算结果为磷酸氢钙1.56%，石粉0.60%，食盐应占0.30%，蛋氨酸添加剂0.05%，维生素添加剂为0.02%，微量元素添加剂为0.50%，总加起来为3.03%，比估计值高0.03%。像这样的结果不必再算，可从小麦麸中扣除0.03%即可。一般情况下，在能量饲料调整不大于1%时，对饲粮中能量、蛋白质等指标引起的变化不大，可忽略不计。最终配方及营养水平含量见表3-3-5。

经过两次调整后，所有营养成分均接近饲养标准，饲料配方计算完成。可以用同样的方式定出几组饲料配方，以便比较和选择。用试差法设计饲料配方要求计算人员需要一定的配方经验，设计过程中应注意的主要问题是：初拟配方时，先将矿物质、食盐、预混料等的用量确定；调整配方时，先以能量和蛋白质为目标，然后考虑矿物质和氨基酸；矿物质不足时，先以含磷高的饲料原料满足磷的需要，再计算钙的含量，不足的钙以低磷高钙原料补足；氨基酸不足时，以合成氨基酸补充。

表3-3-5 第二次调整后的饲粮组成和营养成分

饲料原料	配比/%	代谢能/(MJ/kg)	粗蛋白质/%	钙/%	磷/%	赖氨酸/%	蛋氨酸/%
玉米	60.00	8.4360	5.160	0.02400	0.1260	0.16200	0.07800
麸皮	11.67	0.7667	1.680	0.02100	0.0910	0.05500	0.01750
豆粕	19.30	2.1327	8.299	0.06176	0.0965	0.47285	0.09264
棉籽饼	3.00	0.2448	1.014	0.00930	0.0192	0.03870	0.01080
鱼粉	3.00	0.3639	1.860	0.11730	0.0870	0.13050	0.04950
磷酸氢钙	1.56			0.35880	0.2808		
石粉	0.60			0.21600			
食盐	0.30						
维生素添加剂	0.02						
微量元素添加剂	0.50						
蛋氨酸添加剂	0.05							0.05000
合计	100.00	11.9441	18.013	0.80800	0.7005	0.85900	0.30000
与标准相差		+0.0241	+0.013	+0.00800	+0.0005	+0.00900	0

b 四角法：四角法又称交叉法、方形法、对角线法或图解法，是一种将简单的作图与计算相结合的运算方法。在饲料原料种类不多及考虑营养指标较少的情况下，可较快地获得比较准确的结果。其缺点是在饲料种类及营养指标较多的情况下，需反复进行两两组合，计算比较麻烦。

[例]用玉米(粗蛋白质含量为8.7%)和豆饼(粗蛋白质含量为40.9%)为35~60 kg生长肥育猪设计粗蛋白质含量为14%的日粮配方。

首先，画一个正方形，将玉米和豆饼的粗蛋白质含量写在左边两个角上，将所要求日粮的粗蛋白质水平写在正方形的中间。

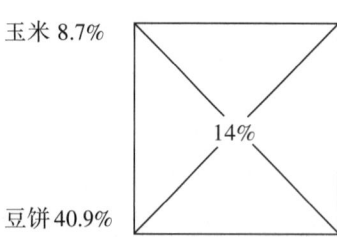

然后，分别以正方形左边上、下角为出发点，通过中心向各自的对角作对角线，每条对角线上均以大数减小数，所得数值写在对角上。所得数值即为左边所对应原料在最终饲料中所占的比例。

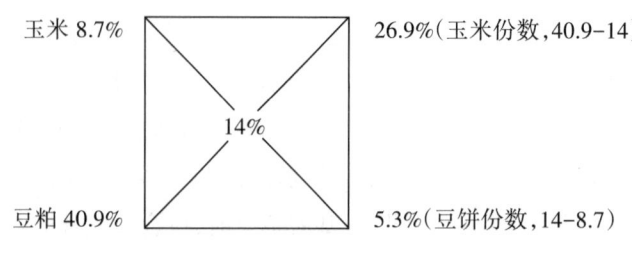

最后,折算成百分比配方。方法是分别用每种原料的份数除以各种原料的总份数。玉米用量为26.9%/(26.9%+5.3%)=83.54%,豆饼用量为5.3%/(26.9%+5.3%)=16.46%。因此,用83.54%的玉米和16.46%的豆饼可为35~60 kg的生长肥育猪配合出粗蛋白为14%的日粮。

c 公式法:公式法又称代数法或联立方程法,是利用数学上的联立方程计算饲料配方的运算方法。优点是条理清晰,方法简单。用公式法计算时,方程式必须与饲料种类数相等,一般以2~3个方程求2~3种饲料用量为宜。若饲料种类多,可先自定几种饲料用量,计算余下2~3种饲料。

[例]用玉米、麸皮、豆饼、棉籽饼、石粉、磷酸氢钙、食盐、微量元素及维生素预混料为35~60 kg生长肥育猪配合饲料。

第一步,查35~60 kg生长肥育猪营养需要和饲料营养成分,见表3-3-6和表3-3-7。

表3-3-6　35~60 kg生长肥育猪的营养需要

消化能/(kJ/kg)	粗蛋白质/%	钙/%	磷/%	赖氨酸/%	蛋氨酸+胱氨酸/%
12970	14	0.50	0.41	0.56	0.37

表3-3-7　所用各种原料的营养成分

饲料原料	消化能/(kJ/kg)	粗蛋白质/%	钙/%	磷/%	赖氨酸/%	蛋氨酸+胱氨酸/%
玉米	14270	8.7	0.02	0.27	0.24	0.38
麸皮	9370	15.7	0.11	0.92	0.58	0.39
豆饼	13510	40.9	0.30	0.49	2.38	1.20
棉籽饼	9920	40.5	0.21	0.83	1.56	1.24
石粉	—	—	38.00	—	—	—
磷酸氢钙	—	—	26.00	18.00	—	—

注:"—"表示"无"。

第二步,自定部分饲料原料用量,并计算须由其他饲料原料提供的养分数量。先定下棉籽饼用量为5.0%,食盐0.3%,维生素预混料1.0%,配制100 kg饲料应由其他饲料原料提供的养分见表3-3-8。

表3-3-8　其他饲料原料提供的养分

饲料原料	用量/kg	消化能/kJ	粗蛋白质/kg	钙/kg	磷/kg	赖氨酸/kg	蛋氨酸+胱氨酸/kg
棉籽饼	5.0	49600	2.025	0.0105	0.0415	0.078	0.062
食盐	0.3	—	—	—	—	—	—
预混料	1.0	—	—	—	—	—	—
需由其他饲料补充的养分	93.7	1247400	11.975	0.4895	0.3685	0.482	0.308

注:"—"表示"无"。

第三步，求其他饲料原料用量。以每100 kg配合饲料中玉米、麸皮、豆饼的用量以及消化能、粗蛋白质量列出方程，求这三种饲料原料的用量。设玉米用量为X(kg)，麸皮为Y(kg)，豆饼为Z(kg)，则：

$$X + Y + Z = 93.7$$
$$14270X + 9370Y + 13510Z = 1247400$$
$$0.087X + 0.157Y + 0.409Z = 11.975$$

X、Y、Z均应≥ 0，对上列方程求解得：$X = 68.5$，$Y = 17.0$，$Z = 8.2$。

第四步，计算矿物质饲料的用量。先计算出混合料的养分含量（表3-3-9）。混合料中除钙、赖氨酸略有不足外，其他养分均略有多余，所以只要添加1.1 kg石粉（0.4325/38%）和0.03 kg赖氨酸盐酸盐（0.0238/78%）即可满足赖氨酸和钙的需求。

表3-3-9 混合料的养分含量

饲料原料	用量 /kg	消化能 /(kJ/kg)	粗蛋白质 /%	钙 /%	磷 /%	赖氨酸 /%	蛋氨酸+胱氨酸 /%
玉米	68.5	977495	5.9595	0.0137	0.185	0.1644	0.2603
麸皮	17.0	159290	2.669	0.0187	0.1564	0.0986	0.0663
豆饼	8.2	110782	3.3538	0.0246	0.0402	0.1952	0.0984
合计	93.7	1247567	11.9823	0.057	0.3816	0.4582	0.4250
与标准相差	0	+167	+0.0073	−0.4325	+0.0131	−0.0238	+0.1170

第五步，列出日粮组成和百分比配方。日粮组成：玉米68.50 kg，麸皮17.00 kg，豆饼8.20 kg，棉籽饼5.00 kg，食盐0.30 kg，石粉1.10 kg，维生素预混料1.00 kg，赖氨酸0.03 kg。百分比配方：玉米67.73%，麸皮16.81%，豆饼8.11%，棉籽饼4.94%，食盐0.30%，石粉1.09%，预混料0.99%，赖氨酸0.03%。其养分含量为：消化能12824 kJ/kg，粗蛋白质13.85%，钙0.48%，磷0.42%，食盐0.3%，赖氨酸0.56%，蛋氨酸+胱氨酸0.48%。

②电脑配方：

电脑配方是利用饲料配方软件来实现最优配方设计的方法，基本原理是利用线性规划来优化饲料配比，以满足畜禽的日粮营养需要。只要确定适合的目标函数，就能有效地获得最低成本配方。与手算方法相比，电脑配方具有以下3个方面的优势：第一，手算的饲料配方只能算出可以满足动物营养需要的配方，而电脑配方可以计算出在满足动物营养需要的同时成本也最低的饲料配方；第二，电脑配方更为快捷准确；第三，电脑配方应用最新饲料科技成果更为方便。电脑配方软件在编制过程中已经储存了大量饲料原料数据和动物营养需要数据，这些数据可以根据最新研究成果逐步补充和完善。

目前市场上有许多配方软件，有的软件具有许多功能。总体而言，配方软件普遍都具有以下几个方面的特点。

一是适应性：通常大部分配方软件都适用于各种畜禽、鱼虾及试验动物的饲料配方设计，适用于各类全价配合饲料、浓缩料和各种饲料添加剂预混料的配方设计。当然，也有只针对某一种动物的配方软件。

二是多种优化方案选择：配方软件可提供线性规划和目标规划两种优化方案，并可按氨基酸总量和有效氨基酸含量计算配方。

三是数据分析详细清晰:配方软件通过分析原料价格,帮助决定需要采购的原料品种和数量,使原料采购由简单的经验判断甚至盲目购买走向科学决策,从而在原料采购方面降低产品成本。同时,通过对配方进行研究可以深入了解原料价格、原料用量、约束条件和原料营养成分等因素的变化对配方最优解的影响,进而最大限度地在保证饲料质量的前提下降低成本。

四是完备的数据库:任一配方软件均包括一个饲料原料数据库和一种或者多种畜禽饲养标准,并提供方便的编辑功能,可随时增加或修改饲料原料和饲养标准。

3.饲料配合注意事项

除了已经介绍的几种设计方法外,还有影子价格、概率配方技术和多配方技术等方法。无论是采用何种方法进行配方设计,都有其优越性和局限性,但最终目的是让饲料配方具备营养性和经济性,当然安全性也是必不可少的。设计饲料配方时,还应考虑以下几个方面。

(1)市场认同性:配方设计必须对产品的对象、档次和特定需求做出明确的定位,否则配方设计得再好也不能被市场所认可。

(2)配方的稳定性:养殖业对配合饲料很敏感,尤其是集约化养殖,饲料配方突然改变可能让动物产生应激反应,影响动物的正常生长发育。因此,配方的稳定性对养殖企业或饲料企业十分重要,故要求配方保持相对稳定,如需调整配方应循序渐进。

(3)可操作性:配方原料的种类、质量、价格及数量都应与市场情况、生产加工、饲养管理相适应。

(4)灵活性:饲料配方的稳定性是相对的,即应有一定的灵活性。饲料配方应随着动物品种、季节、区域与环境、动物的健康状况等因素的变化而变化,从而更好地促进动物最大限度发挥其生产性能。

拓展阅读

扫码获取本章拓展数字资源。

课堂讨论

1.在动物消化道的内源养分中,哪种养分所占比例最大?这种内源排泄对饲料营养价值评定有何影响?

2.如何提高小麦型日粮在畜禽生产中的利用率?

3.如何科学合理地依据饲养标准进行配方设计?

4.民以食为天,食以安为先。饲料既是动物的食物,也是人类的间接食品,饲料安全关系到动物的健康生长、畜产品质量和人类健康。围绕饲料安全监管,以"饲料即食品"为主题开展讨论。

思考与练习题

1. 我国与国际的饲料分类方法有哪些不同点和相同点?
2. 饲料营养价值评定的方法有哪些?
3. 饲料的加工方式有哪些?
4. 饲料加工对其营养价值有何影响?
5. 简述饲料添加剂的种类与作用。
6. 简述消化试验的概念、要求和实验步骤。
7. 比较全收粪法和指示剂法测定饲料养分消化率的优缺点。
8. 请介绍在生物发酵中常用来补充碳源的物质及添加方式。
9. 什么是配合饲料?配合饲料分为哪几类?它们各具有哪些特点?
10. 简述饲料配方设计的基本原则和基本步骤。
11. 现有玉米(DE 14.35 MJ/kg)和麦麸(DE 10.59 MJ/kg)两种饲料原料,试用对角线法和方程法分别配制一种混合饲料,使其DE达到13.75 MJ/kg。
12. 用试差法和方程法设计蛋鸡育成期(12~18周龄)饲料配方,供选饲料原料为玉米、高粱、豆粕、麦麸、棉籽饼、骨粉、碳酸钙、石粉、蛋氨酸、赖氨酸等。

第四章

畜禽遗传育种技术

本章导读

畜禽遗传育种是畜牧业可持续发展的工作基础。畜禽遗传育种技术是依据畜禽遗传学理论,通过一系列的遗传育种技术创造遗传变异以及改良遗传特性,以培育优良动物新品种为目的的一种技术。利用畜禽遗传育种技术可充分保护和开发利用畜禽品种资源,培育出符合市场需求的新品种及品系。遗传育种技术能够提高畜禽群体的良种覆盖率,利用杂种优势为人类提供高产、低耗的商品畜禽。那么,畜禽性状的遗传规律是什么呢?怎样使优良种畜的优良性状稳定遗传给后代呢?培育新品种或品系的方法有哪些?如何利用杂种优势提高畜禽的生产效率呢?如何去保护我们现有的畜禽遗传资源呢?这些是本章我们将要学习的主要内容。

学习目标

1.掌握遗传基本定律,质量性状和数量性状的特点,伴性性状的遗传特点,品种应具备的条件,群体选择、选种、选配,本品种选育,杂交利用基础知识和原理;理解质量性状和数量性状的遗传规律,畜禽遗传资源的保种理论;了解动物的育种方法,品种和品系的培育方法,畜禽资源的现状。

2.能够利用分离定律和自由组合定律预测后代可能出现的类型及其比例;能够区分畜禽的质量性状和数量性状;在家禽生产中能够利用伴性遗传进行雌雄鉴别;能够熟练应用性能测定技术对种畜进行鉴定和选种。

3.通过本章的学习,培养正确的辩证思维、勤于思考的逻辑推理能力以及学以致用的能力;树立起畜禽种源的自信心,认识到遗传育种在现代畜牧生产的广阔应用前景,激发创新精神和灵感,从而培养出具有良好的职业道德、掌握遗传育种基本技能的现代农业人才。

概念网络图

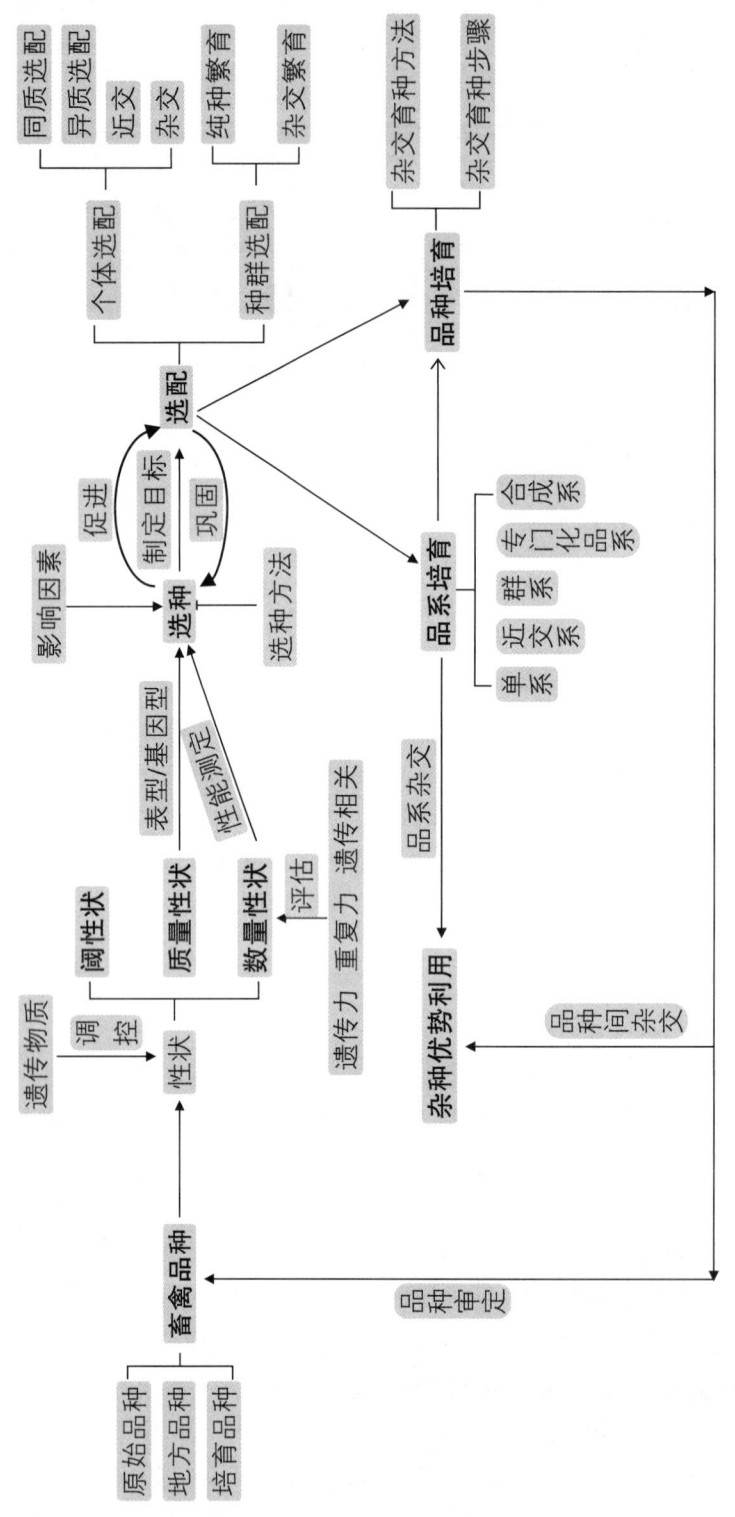

在影响动物生产效益的诸多因素中,遗传育种起着主导作用。畜禽遗传育种学是将动物遗传规律、育种理论和方法相结合,以遗传为理论基础,通过育种进行实践的一门综合性学科,其内容包括遗传原理和育种原理两部分。本章遗传学内容主要包括动物遗传的基本定律、畜禽主要性状的分类及遗传规律。育种学内容主要包括生产性能测定,选择优良种畜,选配的方法与类别,培育新品种、新品系的理论与方法,杂种优势的利用与畜禽遗传资源的保护与利用。基于动物的遗传理论基础,结合育种实践培育新品种、新品系,提高动物生产效率、改善畜产品品质,合理开发、利用畜禽遗传资源,保障畜牧业可持续发展。

第一节 | 动物遗传学基础

一、遗传的基本定律

(一)分离定律

性状(trait)即生物体所表现的形态特征和生理特性的总称,分为单位性状(unit character)和综合性状(complex character)两类。综合性状指的是性状本身由多个性状组成,如人的眼睛包括大小、长圆和颜色等性状。孟德尔在进行性状遗传研究时,把个体所表现出的性状总体区分为单个性状,这些被区分的单个性状称为单位性状。不同个体在单位性状上常有不同的表现形式,如猪的毛色有白色、黑色、褐色和花斑色,牛有角和无角,鸡的冠型有玫瑰冠、单冠、豆冠和胡桃冠,这种同一个单位性状在不同个体间所表现出的相对差异称为相对性状。

1. 分离现象

在研究性状遗传原理时,孟德尔以纯种个体为研究对象,选择仅有单个性状表现型不同的纯合个体作为父母本进行正反交试验,通过大量的试验得出,杂交子一代(F_1)个体表现出的一个亲本的性状为显性性状(dominant character),没有在子一代中显现出的另一个亲本的性状称为隐性性状(recessive character)。F_1代自交所产生的后代(F_2)中,不仅出现了表现显性性状的个体,同时也表现出了F_1代所没有出现的隐性性状,而且在F_2代中,显性性状个体数大约是隐性性状个体数的3倍,这就是性状的分离现象(character segregation)。

如鸡的玫瑰冠(R)与单冠(r)为一对相对性状,将纯种的玫瑰冠鸡和纯种的单冠鸡作为亲本进行杂交,如图4-1-1所示,产生的F_1代冠型均表现为玫瑰冠,这表明玫瑰冠为显性性状,单冠为隐性性状。在大群杂交时,当F_1代个体中公母交配后,所产生的F_2代中冠型表现为既有玫瑰冠型也有单冠型个体,而且显性性状即玫瑰冠型个体占比约为3/4,隐性性状而单冠型个体占比约1/4,显性性状的个体和隐性性状的个体的分离比例大致总是3:1。

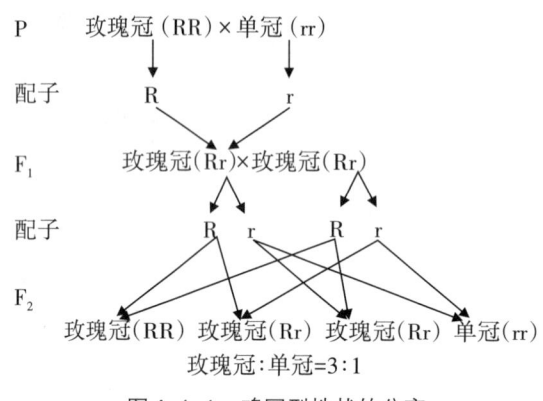

图4-1-1 鸡冠型性状的分离

2. 分离定律的实质

相对性状在F_2代为什么都出现3:1分离比呢?孟德尔为了解释这个现象提出了以下假设。

(1)生物体的每个遗传性状均由基因控制。

(2)在体细胞中每个基因成对出现,即有两个等位基因,两个等位基因可以相同(纯合基因型),也可以不同(杂合基因型)。

(3)在生殖细胞形成过程中,每对等位基因分开,均等地分配到不同的配子中,每一个生殖细胞(精子或卵细胞)只含有每个基因的一个等位基因。

(4)在雌、雄生殖细胞随机结合形成合子过程中,来自父本和母本的两个等位基因重新结合成对。

(5)控制显性性状的等位基因和控制隐性性状的等位基因是同一种基因的两种形式,当两者同时存在时,显性等位基因能抑制隐性等位基因发挥作用。

从基因的组合来看,如图4-1-1,RR和rr这种等位基因相同的基因型在遗传学上称为纯合基因型(homozygous genotype),具有纯合基因型的个体称为纯合体(homozygote)。像Rr这种等位基因不同的基因型称为杂合基因型(recessive homozygote),具有杂合基因型的个体称为杂合体(heterozygote)。

从细胞角度来看,R和r是一对等位基因,位于同源染色体的相对位点上。F_1的基因型是Rr,当生殖细胞进行减数分裂时随着同源染色体的分离,R和r分别进入不同的二分体。最后形成一半带有R的配子和一半带有r的配子。因此,雌雄配子的相互随机结合有4种组合,在基因型上出现1(RR):2(Rr):1(rr)的比例,在表现型上出现3:1的比例。

3. 分离比例实现的条件

根据分离定律,具有一对相对性状的个体间杂交产生的F_1再自交,产生的后代(F_2)性状分离比应为3:1,测交后代性状分离比应为1:1,但这些分离比的出现必须满足以下条件。

(1)研究的生物是二倍体。如真菌常以单倍体形式存在,不能自交,后代必然无3:1的分离比例。

(2)F_1个体形成的两种配子的数目相等或近似相等,并且两种配子的活力是一样的。即受精时各雌雄配子都能以均等的机会相互结合,否则分离比例无规则。

(3)不同基因型的合子及由合子发育的个体具有相等或近似相等的存活率。

(4)研究的相对性状差异明显且为完全显性,如果显性不完全或有其他的表现形式,则出现其他分离比例。

(5)杂种后代都处于相对一致的条件下,而且试验分析的群体比较大。

4.分离定律的意义与应用

分离定律是遗传学中最基本的一个定律,从本质上阐明了控制生物性状的遗传物质是以基因存在的。基因作为遗传单位在体细胞中成对存在,在遗传上具有高度的独立性。同时说明了性状传递的实质是基因在上下代间的传递,而非性状本身的传递。

应用分离定律我们可以设计育种方案,育成我们想要的品种,例如既有一个优良的奶牛品种,但奶牛有角易打斗和伤人,且已知无角是显性性状,有两种方法可以育成无角奶牛群。①在本品种中找无角公牛与无角母牛杂交,并在后代中采用测交的方式选出无角的纯合个体留种,就可以育成稳定的无角奶牛品种。②若本品种中没有无角公牛,可以用另一个无角品种的公牛把"无角基因"引进这个品种,经过几代可以育成优良无角奶牛品种。

在动植物生产中往往使用杂种一代进行生产,因为它们具有杂种优势、产量高。但是由于基因的分离,杂种子二代个体优劣混杂且生产性能降低,所以杂种子一代一般不作种用。

(二)自由组合定律

许多遗传杂交的结果是由2个或2个以上基因的等位基因分离决定的。这些基因可能在不同的染色体上,也可能在同一条染色体上。孟德尔在提出了分离定律之后,进一步研究了2对和2对以上相对性状的遗传关系,从而提出了自由组合定律,又称为独立分配定律。

1.自由组合现象

通过对2对不同性状的2个纯合亲本进行杂交,获得了仅表现两个显性性状的双杂交子一代(F_1),之后F_1个体自交获得F_2代,通过对F_2代个体的表型进行统计分析,发现F_2代中表现型不仅出现了亲本原有的2个性状组合如图4-1-2毛冠、丝羽和非毛冠、正常羽,称为亲本组合;还出现了亲本中所没有的2个性状组合如毛冠、正常羽和非毛冠、丝羽,称为重组型。从性状表现的情况可以看出,一对相对性状之间出现分离,而不同性状之间可以相互组合。

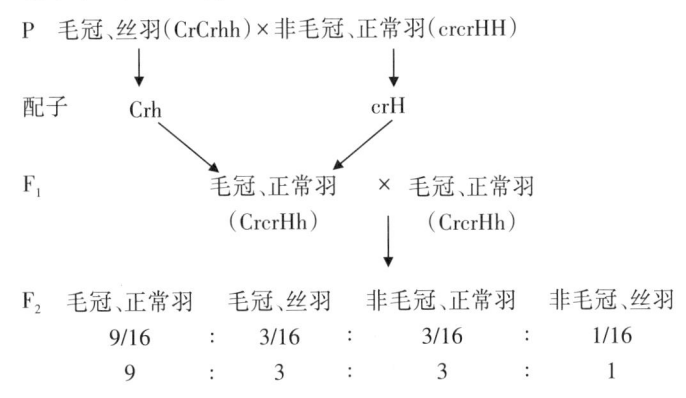

图4-1-2 鸡2对性状的杂交图解(引自李碧春等,《动物遗传育种学》,2019)

根据上述的分析,虽然2对相对性状同时由亲代遗传给子代的,但由于F_2代中毛冠(3/4)和非毛冠(1/3)这对性状的分离比为3∶1,正常羽(3/4)和非正常羽(1/4)这对性状的分离比也为3∶1,均符合分离定律。说明不同性状之间从亲代彼此独立地遗传给子代,没有发生任何相互干扰。同时在F_2群体内出现2种重组型个体,说明控制2对性状的基因在从F_1代传递给F_2代时是自由组合的。在F_2代出现的4种性状组合毛冠、正常羽,毛冠、丝羽,非毛冠、正常羽和非毛冠、丝羽的个体比为9:3:3:1。

2.自由组合定律的实质

自由组合定律的实质:以上述鸡的2对性状为例,控制这2对性状的2对等位基因分别位于不同的同源染色体上,下代在形成配子时,每对同源染色体上的每一对等位基因发生分离,互不干扰;而位于非同源染色体上的等位基因之间可以随机自由组合分别进入不同的配子,形成4种类型的配子,且比例为1:1:1:1;假设配子全部成活,不同类型的精子和卵子之间随机自由结合形成合子,在F_2代形成的表型分离比为9:3:3:1。

以纯种毛冠、丝毛羽和纯种非毛冠、正常羽杂交为例。(1)控制不同相对性状的等位基因在配子形成过程中,同对等位基因在分离时互相独立,互不干扰。即F_1代毛冠、正常羽(CrcrHh)在产生配子时,一对等位基因Cr与cr分离,产生Cr和cr 2种配子;另一对等位基因H与h分离,产生H和h 2种配子。(2)不同对等位基因间完全自由、随机组合到配子中。即F_1代可能会随机产生CrH、Crh、crH和crh 4种配子,且4种配子的比例为1:1:1:1。(3)不同类型的精子和卵子之间随机自由结合形成合子。即在精子和卵子种类和数目相同、自由组合的情况下会形成9种基因型,包含4种表现型,即毛冠、正常羽,毛冠、丝羽,非毛冠、正常羽和非毛冠、丝羽的个体,且比例为9:3:3:1。

3.自由组合定律的意义和应用

孟德尔自由组合定律可以解释部分生物多样性和生物进化的原因,非同源染色体上的基因自由组合,产生配子的多样性,从而导致生物也具有多样性。按照自由组合定律,如果一个杂合体有n个不同的性状,如每个性状由一对等位基因控制,假设这些基因都是独立遗传的,那么将产生2^n种配子,如让杂合体自交,子代将出现3^n种基因型,2^n种不同的表型。据估计,高等生物的基因数有几万个,因此每种生物本身都呈现出多样性现象,有着丰富的变异类型。变异是生物进化的前提条件,丰富的变异类型使生物能够适应千变万化的自然条件,从而有利于生物进化。

根据自由组合定律,在杂交育种工作中,可以有目的地组合2个亲本的优良性状,并可预测在杂交后代中出现的理想型性状组合及其大致比例,以便确定育种工作的规模。

二、性状的分类及遗传规律

从遗传学的角度看,家畜育种学的宗旨是通过改变家畜群体的基因组合逐代改进家畜群体的目标性状,以满足人类的各种需求。家畜大部分性状都能够稳定遗传,这些性状与畜禽品种的主要特征特性、用途以及生产性能有直接或间接的关系,对这些特征特性的认识,有助于充分了解同一畜种不同品种间的生产特点和用途。每一个畜禽品种会表现出很多的性状,不同的畜禽品种表现出的主要性状有所不同,同一畜禽品种的不同个体在同一性状上的表现也存在差别。因此,了解畜禽性状的遗传特性和遗传规律,是在育种工作中选择优秀个体、群体遗传改良和培育新品种(品系)等的必要前提。根据畜禽性状的表现形式、遗传基础以及人类对相关性状的度量手段、分析方法,可将畜禽性状分为数量性状、质量性状以及阈性状三大类,具体如下。

1. **数量性状**(Quantitative trait)

指个体间表现的差异很难描述,只能通过度量来区别,易受环境的影响而发生变异,变异呈连续性分布,且受多个微效基因调控的性状。如家禽产蛋量、孵化率、日增重、饲料利用率、奶牛产奶量、绵羊产毛量等都属于数量性状。因此,数量性状遗传研究具有以下特点:①必须进行度量;②必须应用统计学方法进行分析归纳;③必须以群体为对象才有意义。

2. **质量性状**(Qualitative trait)

是由单个基因座或少数几个基因座控制的性状,其表型的分布呈非连续性变异,一般可分成两个或两个以上的等级,不受环境的影响或所受影响较小。如毛色、角的有无、血型、遗传缺陷和遗传疾病等都属于质量性状。这些性状的遗传方式一般可通过孟德尔遗传定律进行分析。

3. **阈性状**(Threshold trait)

指表型呈非连续性变异,但遗传规律不服从孟德尔遗传定律,遗传基础与数量性状一样受多个微效基因调控,易受环境影响的一类性状。即只有超越某一遗传阈值时才出现的性状,如动物的抗病力、死亡率以及单胎动物的产仔数等性状。阈性状不完全等同于数量性状或质量性状,具有一定的生物学意义或经济价值。

为了更好地对三种性状进行区别,将三种性状的主要特征以表格的形式列出,如表4-1-1所示。

表4-1-1 三种性状的区别与联系

比较项目	数量性状	质量性状	阈性状
考察方式	度量	描述	描述
表型变异的连续性	连续性变异	非连续性变异	非连续性变异
遗传调控基础	微效多基因调控,遗传基础复杂	少数主基因控制,遗传基础简单	微效多基因调控,遗传基础复杂
对环境的敏感性	敏感	不敏感	敏感
分析方法	群体统计分析	系谱和概率分析	群体统计分析

三、数量性状的遗传

(一)数量性状的遗传学基础

到目前为止,对数量性状遗传基础的解释主要是微效多基因假说。微效多基因假说的论点主要包括以下两个方面。

(1)数量性状是由大量的、彼此独立的基因控制,这些基因间的效应微小且相等、各对等位基因间无显隐性之分,且各基因的作用效应具有累加性。

(2)数量性状还受环境的影响,在各环境因素的作用下,数量性状的表型值间的差异又进一步缩小,变异度增大。

多基因假说阐明了数量性状遗传的基本原因,为数量性状的遗传分析奠定了理论基础。

(二)数量性状的遗传参数

根据数量性状的遗传特点,在对数量性状遗传规律进行描述时主要参考三个最基本的遗传参数,即遗传力、重复力和遗传相关。遗传参数是群体遗传结构和环境变异方差的函数,由于不同群体的遗传基础、遗传结构及所处环境不同,因此遗传参数具有群体特异性,同一性状在不同的群体之间会有不同的遗传参数值;同一性状在同一群体的不同时期的遗传参数也会因群体遗传结构的变化而不同。尽管同一性状的遗传参数在不同参考资料中略有差异,但大致的变化趋势一致,在有限的变化范围内仍可体现该性状的遗传特性。

1. 遗传力(Heritability)

指的是数量性状的加性效应方差(V_A)占表型方差(V_P)的比例,一般用h^2(狭义遗传力)表示。由于数量性状所表现的表型是在多基因和环境因素的共同作用下所形成,因此在某一个特定群体中,描述单个数量性状的表型变异受遗传因素影响的程度,一般用遗传力表示。在世代传递中加性效应可以稳定遗传,因此加性效应在育种中具有重要的意义。

$$h^2 = \frac{V_A}{V_P}$$

如表4-1-2所示,不同性状的遗传力不相同,一般将遗传力分为高、中、低三个范围,其中$h^2<0.2$为低遗传力性状,$0.4>h^2\geq0.2$为中等遗传力性状,$h^2\geq0.4$为高遗传力性状。一般来说,与繁殖相关的性状如产蛋率、孵化率、产仔数等的遗传力较低,与生长发育有关的性状如胴体重、日增重等的遗传力中等大小,与机体结构有关的性状如背膘厚、瘦肉率等遗传力较高。

表4-1-2 畜禽部分重要经济性状的遗传力估计值(均值)

畜禽	性状	遗传力	畜禽	性状	遗传力
鸡	产蛋率	0.15	猪	窝产仔数	0.10
	蛋重	0.55		窝断奶仔数	0.10
	蛋形	0.25		初生重	0.10
	开产体重	0.40		断奶重	0.15
	孵化率	0.15		眼肌面积	0.50
	受精率	0.21		瘦肉率	0.60
	饲料转化率	0.41		肉色	0.28
	日增重	0.39	牛	产奶量	0.31
	胴体重	0.24		乳脂率	0.45
绵羊	多羔性	0.15		乳蛋白率	0.45
	成年体重	0.40		乳蛋白量	0.31
	净毛重	0.40		乳脂量	0.30
	断奶毛丛长度	0.39		背膘厚	0.44
	日增重	0.23		肥育终体重	0.45
	眼肌面积	0.53		屠宰率	0.39

由于遗传力是在特定的群体中通过特定的统计方法估计得出的,故不同群体的遗传力估值也不同。因此,遗传力没有固定的理论值。对特定群体进行遗传力估计时,必须满足以下条件:一是群体应具备足够大的规模,以保证估计值具有较高的准确性;二是群体遗传背景清楚,遗传结构清晰;三是群体要开展规范的性能测定,数据记录完整可靠;四是使用科学正确的统计方法。在实际育种工作中,并非所有育种群体均满足遗传力估计的条件,这时可参考相近群体的估计遗传力值。虽然在不同群体间性状遗传力估计值略有不同,但变化范围有限,一般相近群体的遗传力估计值有很大的参考价值。

2. 重复力(Repeatability)

指的是某一性状在动物个体不同生长周期中的多次重复度量值之间的相关程度。如年产蛋量、泌乳期产奶量、年剪毛量、胎产仔数等。根据遗传学原理,遗传效应对个体所有性状产生的影响是终身的。除此之外,个体在生长发育过程中因受到一些随机的环境因素的影响,由此改变了控制某些性状的基因的表达,进而对性状的终身表现产生持续的影响,数量遗传学中称之为永久性随机环境效应(V_{EP})。故将(V_{EP})和遗传方差(V_G)对个体表型的影响称为永久效应。一般假设永久性随机环境效应(V_{EP})和暂时性随机环境效应(V_{ET})之间不存在相关性,那么表型方差$V_P=V_G+V_{ET}+V_{EP}$,则重复力(r)的计算公式如下:

$$r = \frac{V_G + V_{EP}}{V_P} = \frac{V_G + V_{EP}}{V_G + V_{EP} + V_{ET}}$$

基于上式,从遗传学的角度可以看出,重复力实质上反映了遗传效应和永久性随机环境效应对一个性状影响的大小。而从统计学的角度看,重复力反映了同一个体某种性状多次测量记录的组内相关系数。

3. 遗传相关(genetic correlation)

个体作为一个整体,拥有多种性状,由于遗传因素的影响,这些性状间或多或少存在一定的联系。在遗传学上,将一个个体不同性状育种值间的相关称为性状的遗传相关。

与对数量性状表型值剖分一样,性状间的相关也分为表型相关和遗传相关。表型相关(phenotypic correlation)指的是一个个体的两个数量性状表型值间的相关,由遗传相关和环境相关(environmental correlation)两方面组成。遗传相关由基因的多效性和基因间的连锁不平衡所引起,而环境相关则由两个性状受个体所处相同的环境所引起。

在畜禽育种中,当一个目标性状不能直接选择或直接选择效果较差时,可以应用遗传相关,可在畜禽选育时通过间接选择与该目标性状存在一定相关的另一个性状,从而达到选择目标性状的目的。因此,遗传相关在畜禽育种中具有重要的应用意义。

四、伴性遗传及应用

(一)伴性遗传的概念及特点

伴性遗传又称性连锁遗传(sex-linked inheritance),即有些性状的遗传与性别有一定联系的一种遗传方式。在两性生物体中,不同性别的个体所携带的性染色体也不同。因此,性染色体遗传和常染色体遗传的方式也不相同。由常染色体上的基因所控制的遗传性状的分离比例在两性中是一致的,正反交的结果相同。但由性染色体上的基因控制的遗传性状分离比例却不一样。与常染色体遗传形式相比,伴性遗传有以下特点:①性状的遗传与性别有关;②在特定的交配形式下,表现出交叉遗传的现象;③正交、反交结果不一致,即在后代中因性别的不同可产生不同的分离比。

由于Y和W染色体非同源部分的基因远远少于X和Z染色体非同源部分的基因，只在少数动物中被发现，故伴性遗传常见于X染色体和Z染色体上非同源部分的基因所控制的性状遗传行为。在家禽生产中，我们常见的伴性遗传现象有很多种，如鸡的快慢羽、金银色羽、芦花羽色等。鸡的性染色体类型为ZW型，雌性性染色体组成为ZW，雄性为ZZ。以鸡的快慢羽伴性遗传为例，控制羽毛生长速度的基因位于鸡的Z染色体上，也称为Z连锁遗传。快羽、慢羽是一对等位基因（K/k），慢羽基因（K）对快羽基因（k）为显性。当主翼羽长于覆主翼羽且两者之差≥2 mm时称为快羽，反之为慢羽。用快羽公鸡与慢羽母鸡交配，子一代母鸡全是快羽，公鸡全是慢羽；当用慢羽公鸡与快羽母鸡交配时，子一代公鸡和母鸡全为慢羽（图4-1-3）。由于鸟类的性染色体携带方式与XY型相反，故性连锁的遗传途径也与XY型生物相反。

A 正交

P　Z^kZ^k（♂快羽）　×　Z^KW（♀慢羽）

↓

F_1　Z^KZ^k（♂慢羽）　　Z^kW（♀快羽）

B 正交

P　Z^KZ^K（♂慢羽）　×　Z^kW（♀快羽）

↓

F_1　Z^KZ^k（♂慢羽）　　Z^KW（♀慢羽）

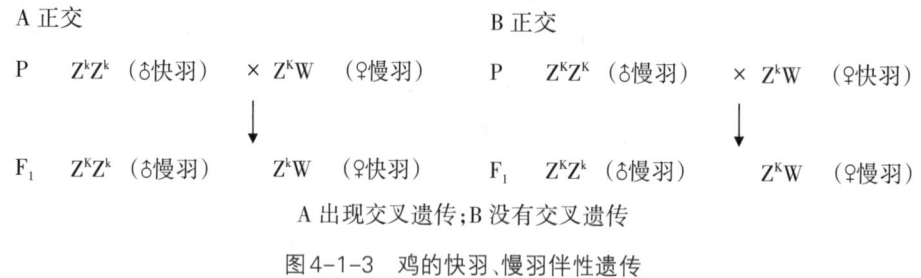

A 出现交叉遗传；B 没有交叉遗传

图4-1-3　鸡的快羽、慢羽伴性遗传

（二）伴性遗传的应用

在家禽生产中，利用伴性遗传的特点，根据生产需要设计特定的交配组合，可利用交叉遗传的现象对雏鸡进行雌雄鉴别。即当带有纯合隐性基因的同配性别（如ZZ）与带有显性基因的异配性别（如ZW）交配时，F_1代表现出交叉遗传现象，可以对雏鸡进行雌雄鉴别。

常见的鸡芦花羽色和金银羽色也是伴性遗传的性状。以芦花羽色的遗传为例，芦花鸡的雏鸡绒羽是黑色的，但头顶有一黄斑可与其他黑色鸡相区别，芦花鸡的成羽有黑白相间的横纹，芦花性状（B）对非芦花性状（b）为显性。如图4-1-4所示，当让非芦花公鸡（Z^bZ^b）与芦花母鸡（Z^BW）交配时，F_1代中的公鸡都是芦花鸡，母鸡都是非芦花鸡。即母亲的芦花羽色传给了儿子，父亲的非芦花羽色传给了女儿，后代中芦花羽色的小鸡全是小公鸡，非芦花羽色的小鸡全是小母鸡，这就是交叉遗传现象。因此，用这种交配方式，可根据羽色判断后代的雌雄。以金银羽色的遗传为例，S表示银色羽，s表示金色羽，银色羽（S）对金色羽（s）为显性，用同样的交配方式，遗传机制与芦花羽色相同，如图4-1-5所示。

P　Z^bZ^b（♂非芦花羽）　×　Z^BW（♀芦花羽）

↓

F_1　Z^BZ^b（♂芦花羽）　　Z^bW（♀非芦花羽）

图4-1-4　鸡芦花羽色的伴性遗传

P　Z^sZ^s（♂金色羽）　×　Z^SW（♀银色羽）

↓

F_1　Z^SZ^s（♂银色羽）　　Z^sW（♀金色羽）

图4-1-5　鸡金银羽色的伴性遗传

伴性遗传的理论意义在于为验证基因位于染色体上提供了证据，其实践意义是：①根据伴性遗传规律，可以预防某些伴性遗传疾病。例如，人的红绿色盲和血友病是由位于X染色体上的隐性基因决定的，为了防止这类遗传疾病的发生，双方家族中都有此类病史的男女对是否结婚应持慎重态度。②利用伴性遗传可以对后代进行雌雄鉴别，特别是在鸡的生产中，通过羽毛颜色、羽速等伴性性状对雏鸡进行雌雄鉴定已得到广泛应用，为家禽产业带来了很大的经济效益。

第二节 畜禽品种概述

一、品种的概念

(一)种和品种

物种(简称种,Species)是具有一定形态、生理特征和自然分布区域的生物类群,是生物分类系统的基本单位。在自然条件下,由于物种间存在生殖隔离,物种间的个体一般不交配,即使交配所产生的后代也没有生殖能力。物种是生物进化过程中由量变到质变的结果,是自然选择的历史产物。由于物种内部分群体的迁移、长期的地理隔离和基因突变等因素的影响,会导致物种的基因库发生遗传漂变,从而形成亚种或变种,在畜牧育种中一般称之为品种。

品种(Breed)是指在各个家畜物种内,由于长期人工选择,导致群体内发生分化,形成表型一致并具有稳定遗传的生态、生理特征,在品质和产量上比较符合人类需求的一类动物群体。品种是人工选择的历史产物,由于选择方向或目的不同,一般一个动物物种包含多个品种,这些品种间在生产性能、繁殖性能及适应性等经济特性方面存在差异。在一个畜禽品种中,一些具有突出优点并能稳定遗传的亲缘个体形成的类群被称为品系,品系是品种的结构单位。

(二)品种应具备的条件

作为一个畜禽品种应有较高的经济或种用价值、来源相同、性状相似、遗传性稳定,并且有一定的结构和足够的数量。具体要求如下:

(1)有共同的遗传起源。凡属同一个品种的动物,有着基本相同的血统来源,个体间有血统关系,故而个体间遗传基础也非常相似。这是构成一个"基因库"的基本条件。

(2)有相同的表型标志、相似的适应性,且能稳定遗传。作为同一个品种的动物,在体型外貌、生理机能、重要经济性状以及对自然环境条件的适应性等方面都很相似,这些是该品种区别于其他品种的典型特征,且这些典型的特征能够稳定遗传给下一代。

(3)有较高的经济用途。作为一个品种应有自己独特的特性,其在产量、品质或适应性等方面能满足人们对某些经济活动的需要。

(4)有一定的结构。在具备基本共同特征的前提下,一个品种内所有个体可以分为若干各具特点的类群,如品系或亲缘群。这些类群有的是自然隔离形成的,有的是育种者定向培育而成的,它们构成了品种内的遗传异质性,这种异质性为品种的遗传改良和新品种(配套系)的培育提供了丰富的素材。

(5)足够的数量。对于一个品种来说,数量是维持品种结构、保持品种特性、不断提高品种质量的决定性条件。只有具备一定的数量规模,才能避免过早与近亲交配或与近亲交配的频率过高,才能保持个体具有足够的适应性、生命力和繁殖力,并保持品种内的异质性和广泛的利用价值。

(6)被政府或品种协会所承认。一个畜禽品种必须经政府或品种协会等权威机构审定,确定其满足上述条件,并予以命名,才能正式称为品种。

二、品种的分类

我国地方畜禽品种资源丰富,经驯化后的畜禽在经过长期的自然选择和人工选择后,逐渐形成了数以千计的各具特征、特性的品种。为了更好地掌握和充分挖掘利用这些品种的遗传特性,以及便于制订规划、开展育种工作,将这些品种进行合理的分类是非常有必要的。品种的分类标准有很多种,但在畜牧业上比较常用且实用的分类方法主要有如下三种。

(一)按改良程度

按改良程度,品种一般分为原始品种和培育品种两大类。

1.原始品种

是在驯化后,长期处于粗放饲养状态,未经过人工选择而形成的品种。这种品种一般体小晚熟,体质结实,体格协调匀称,各性状稳定整齐,有较强的增膘和保膘能力,生产力低,但较全面,具有适应性强、抗病力强、耐粗饲等特点。如文昌鸡、哈萨克马、蒙古马、蒙古牛等都是古老的原始品种。

一般,原始品种都是地方品种,但地方品种不都是原始品种。有些地方品种是在原始品种的基础上经过系统培育或改良育成的,如金华猪、湖羊、秦川牛、北京鸭等,这些地方品种一般被称为地方良种。

2.培育品种

是在遗传理论和技术指导下,经过人工长期系统的定向选育而形成的一类畜禽品种。这类品种一般集合了多个优良的基因,因此表现出比原始品种更高的生产力,具有更高的经济用途,如黑白花奶牛、长白猪等品种。培育品种主要有以下几个特点:①生产力高且专门化;②分布地区广;③品种结构复杂,除地方类型和育种场类型外,还有许多专门化品系;④育种价值高,用培育品种进行品种间杂交时,能起到改良品种的作用;⑤抗病性、适应性和抗逆性低于原始品种,因而对饲养管理条件要求更严格。

(二)按体型和外貌特征

1.按体型大小

可分为大型、中型、小型三种。例如鹅有大型鹅(狮头鹅)、中型鹅(四川白鹅、雁鹅等)和小型鹅(太湖鹅、长乐鹅等)等;马有重型(重挽马)、中型(蒙古马)、小型或矮马(云南的矮马)等。

2.按角的有无

根据角的有无,牛和绵羊可分为有角品种和无角品种两类。

3.按尾的大小或长短

绵羊有大尾品种(大尾寒羊)、小尾品种(小尾寒羊)以及脂尾品种(乌珠穆沁羊)等品种。

4.根据毛色或羽色

鸡有芦花羽、红羽、白羽品种,猪有黑、白、花斑、红等品种。

5.根据蛋壳颜色

有褐壳(红壳)、白壳、粉壳和绿壳等品种。

6.骆驼的峰数

有单峰驼和双峰驼等品种。

(三)按用途分类

按照主要用途,畜禽品种可分为专用品种(special-purpose breed)和兼用品种(dual-purpose breed)两大类。

1.专用品种

即经过长期定向选择和培育,品种的某些性状具有突出的特点,从而能够专门用于生产某一种畜产品或具有某种能力的品种。专用品种一般在某一方面的生产性能很高,但对饲养管理要求也较高。如家禽品种可分为蛋用品种、肉用品种、药用品种和观赏性品种等几种。牛品种可分为乳用品种、肉用品种等几种;猪品种可分为脂肪型品种、腌肉型品种及瘦肉型品种等几种。羊品种可分为细毛羊品种、半细毛羊品种、裘皮羊品种等几种。

2.兼用品种

即有两种或两种以上生产用途的原始品种或是专门培育的兼用品种,如肉蛋兼用鸡、乳肉兼用牛、毛肉兼用细毛羊、肉乳兼用羊等。

上述分类方法在一定程度上是相对的,因为随着时代的变迁和国民需求的变化,这些品种的用途也会相应发生改变。如短角牛本以肉用著称,但后来有些区域形成了乳肉兼用型和乳用型短角牛。

第三节 畜禽生产性能测定

在家畜育种中,生产性能测定(Performance testing)是指在一个相对一致的环境条件下对待测定群体的每个个体的主要生产性能进行测定的重要工作。生产性能测定的意义在于:①为家畜个体遗传评定提供信息;②为估计群体遗传参数提供信息;③为评价畜群的生产水平提供信息;④为畜牧场的经营管理提供信息;⑤为评价不同的杂交组合提供信息。

生产性能测定是家畜育种工作的前提和基础。因此,要严格按照科学、规范、系统、权威的流程去实施测定,才能保证所得信息的全面性和可靠性,否则信息价值就大打折扣,进而影响育种工作的效率,甚至会对其他育种工作产生误导。因此,世界各国尤其是畜牧业发达的国家,都对生产性能测定工作高度重视,并针对不同的畜种逐渐形成了科学、规范、系统、权威的生产性能测定系统。

一、生产性能测定的一般原则和基本形式

(一)生产性能测定的一般原则

生产性能测定的一般流程包括选择测定的性状、确定测定的方法、记录与管理测定数据以及性能测定实施四个方面。

1.选择测定的性状

家畜育种的目的是对畜群的遗传基础进行改良从而使生产者获得最大的经济效益,而群体遗传变异是获得遗传改良的前提。因此,在选择测定的性状时要遵循以下几个原则:①根据特定种畜的生产特点,选择具有较大经济价值的性状进行测定。②选择测定的性状需尽可能地符合生物学规律。例如,在奶牛的产奶性能上,用泌乳期产奶量比用年产奶量更符合奶牛的泌乳规律。③选择测定的性状在群体中具有一定的遗传变异性。④选择测定的性状应低成本、可活体实施测定。有的性状虽具有重要的经济价值,但在实际生产中无法实施测定,或者测定的成本很高,因而不具可行性。例如,动物的饲料利用率,是体现动物生产效率的主要因素之一,计算饲料利用率需要记录动物的个体采食量,但在动物生产中,通常以群饲的方式进行饲养,无法记录个体采食量,故饲料利用率不宜作为测定性状。随着现代技术的不断发展,很多以前不宜测定的性状如饲料利用率可通过自动饲喂控制系统自动记录每个动物每次的采食量,同时由计算机将这些记录的数据进行处理,这让在群饲条件下记录个体采食量成为可能,但由于成本昂贵,测定站内不易实施。肉用动物的胴体瘦肉量可利用B型超声波仪进行性能测定。

2.确定测定的方法

(1)具有重复性。可靠的表型数据是育种工作取得成效的基本保证,精确的性能测定数据才能保证选种的准确性。因此,所用的测定方法要让测定数据具有较高的重复性。

(2)具有广泛适用性。育种工作常常并不局限于一个场区或一个地区,往往需要在多个区域实施联合遗传评定。因此,要综合考虑育种工作中所涉及的单位是否都能接受这些测定方法。

(3)具有经济实用性。选择的测定方法要尽可能经济实用,以降低性能测定的成本,提高育种工作的经济效益。

3.记录与管理测定数据

(1)简洁、准确和完整地记录测定结果,尽可能避免人为因素造成数据错记、漏记。

(2)同时记录影响性状表现的各种可辨别的环境因素(如测定日期、场所、动物个体的性别、操作人员等),以便于遗传统计分析。

(3)数据记录管理规范,便于数据的统计分析和长期保存及使用。

4.性能测定实施

根据畜禽遗传育种的原理,用于个体遗传评定的测定资料必须具有可比性和准确性。因此在组织性能测定工作时,必须做到以下几点。

(1)应由一个中立的、有权威的监测机构或协会去组织实施,以保证测定结果的客观性和可靠性。若所有的性能测定都由各个牧场各自组织实施,一方面很难保证测定方法的统一性,另一方面也不能保证数据的可靠性。

(2)制订统一的测定规程。不同牧场执行统一规范的测定规程是场间测定资料具有可比性的基本保证,这样的测定资料用于跨场的遗传评估。

(3)数据管理的一致性。一个育种方案涉及的不同育种单位所要测定的性状、所选择的测定方法和所使用的记录管理系统均应一致。

(4)性能测定的实施要有连续性和长期性。育种工作是一项长期的工作,只有经过长期坚持不懈的努力,才能取得一定的成效。

(二)性能测定的基本形式

1.按照测定场所划分

按实施生产性能测定的场所,将性能测定的形式可分为测定站测定(station test)和场内测定(on-farm test)两种。

(1)测定站测定:是指将待测群体集中在一个专门的性能测定场所,并在一定的时间范围内完成性能测定工作的测定形式。

这种测定形式的优点表现在以下几个方面:①由于所有个体都在相同的环境条件(尤其是饲养管理条件)下进行测定,被测性状在个体间所表现的差异主要是由遗传差异造成的,因此,个体遗传评定更为可靠。②测定结果更具有中立性和客观性。③具备对一些需要特殊设备或较多人力才能测定的性状进行测定的条件。

测定站测定也存在一些缺点,主要表现在:①测定成本较高。②由于成本高,限制了测定规模,因而基于测定群的选择强度也相应较低。③被测个体在运输过程中,容易传播疾病。④在某些情况下,利用测定站的测定结果进行遗传评定后,种畜优劣排序往往与在实际生产条件下的排序不一致。造成这种不一致的原因是"基因型-环境互作"(interaction between genotype and environment),即测定站的环境和实际的生产环境不同,使基因型有所变化。因此,在依据测定站的测定结果进行种畜选择时要特别谨慎。

(2)场内测定:是指直接在各个生产场内测定相关生产性能的测定形式,一般不要求在统一的时间内完成测定。其优缺点正好与测定站的相反。由于各场间的环境和饲养管理条件不一致,如果各场间的个体无遗传关系,则不同场间的测定结果不具可比性,因而不能进行跨场的遗传评定。

目前,由于人工授精技术的广泛应用,使得优秀的种公畜可大范围地跨群体使用,从而增加了场群间的遗传联系性(genetic connectedness)。同时,由于个体遗传评定的最佳线性无偏预测(best linear unbiased prediction,BLUP)方法可以有效地校正不同环境的影响,并能借助不同畜群间的遗传联系进行种畜的跨群体评定,因此场内测定已成为性能测定的主要方式。测定站测定则主要用于测定一些需要大量人力或特殊设备才能测定的性状,如采食量、胴体品质等性状,也可用于商品畜禽的肉品质测定。

2.按照被测个体亲缘关系测定

性能测定的主要目的是对后备种畜进行遗传评定,因此可以根据遗传评定对表型数据的要求,有目的地安排与待遗传评定种畜有亲缘关系的个体实施性能测定。按亲缘关系测定的方式,可将性能测定的方式分为个体测定(individual test)、同胞测定(sib test)和后裔测定(progeny test)三种。个体测定是指直接测定待遗传评定的对象本身;同胞测定是指测定待遗传评定对象的全同胞和(或)半同胞;后裔测定是指测定待遗传评定对象的后裔。

从数量遗传学理论的角度分析,这三种测定方式所获得的信息,对个体遗传评定可靠性的贡献是不一样的。但现代家畜育种的一个重要理念是,在科学系统的性能测定体系下,遗传评定时允许利用一切可以利用的信息,因而应该尽可能将三种测定方式结合使用。但对不同的畜种、不同的性状和不同的性别,这三种测定方式的侧重点有所不同,例如对于猪、肉鸡等畜种,单个个体可以有多个全同胞和半同胞,且有个体本身的测定结果,则可以利用"个体测定加同胞测定"的方法进行遗传评定。对于产奶和产蛋等限性性状,由于无法直接对雄性个体进行性能测定,可利用其他亲属的测定信息进行评估。尤其对于乳用种公牛来说,由于人工授精使其在牛群中的影响面很广,因而需要通过后裔测定提高其遗传评定的可靠性和准确性。

3.按照测定的目的划分

根据性能测定的目的,可将性能测定的方式分为大群测定和抽样测定两种。大群测定是对种畜群中所有符合条件的个体都进行测定的方式,其目的主要是给个体遗传评定提供尽可能多的资料信息。依据遗传评定理论,测定的个体越多,则选择强度越大,遗传评定的可靠性就越高,遗传进展越快。抽样测定主要用于品种鉴定,或比较不同品种(系)以及不同杂交组合的生产性能,通常是从需要鉴定的群体中随机抽取一定数量(取决于统计学的要求和测定的容量)的个体,在相同的环境中进行性能测定。

二、畜禽生产性能测定的指标和方法

(一)鸡生产性能测定

鸡的生产性能分为产蛋性能和产肉性能两大类。

1.产蛋性能的测定

产蛋性能是蛋鸡最主要的生产性能,同时产蛋性能也决定种鸡的繁殖性能。产蛋性能主要测定指标:

①产蛋数,即个体在一定时间范围内的产蛋总数。生产上常记录40周龄、55周龄、66周龄和72周龄的产蛋数,分别记录从开产至该周龄的累积产蛋数。

在种鸡场及商品鸡生产中,一般可获得群体平均产蛋数,通常用以下两个指标表示:

$$饲养日产蛋数 = \frac{统计期天数 \times 统计期产蛋总数}{统计期累计饲养鸡数}$$

$$入舍鸡产蛋数 = \frac{统计期产蛋总数}{入舍鸡数}$$

饲养日产蛋数反映了实际存栏鸡只的平均产蛋能力,而入舍鸡产蛋数则综合体现了鸡群的产蛋能力和生存能力。这两个指标必须标明时间范围,如500日龄饲养日产蛋数或72周龄入舍鸡产蛋数。

②蛋重:单个蛋的重量,取新鲜蛋(产出不超过24 h)称重。

③产蛋总重(或总蛋重):是指一只鸡或某群鸡在一定时间范围内产蛋的总重量。实际工作中一般用以下公式估计总蛋重:

$$统计期总蛋重(kg) = \frac{平均蛋重(g) \times 统计期产蛋数(个)}{1000}$$

④蛋品质:主要测定蛋壳颜色、蛋形指数、蛋比重、蛋壳厚度、蛋壳强度、哈氏单位、蛋黄色泽、血斑率、肉斑率、蛋黄比重等指标,应在蛋产出24 h内进行测定。这些指标通常需要特定的仪器才能测定,由于工作量较大,故一般只做抽样测定。

⑤料蛋比:产蛋鸡在某一年龄阶段的饲料消耗量与产蛋总重之比。

2.产肉性能的测定

产肉性能主要包括生长发育和胴体品质两个方面。

(1)生长发育主要测定指标:

①体重:指不同周龄鸡的体重。对于蛋鸡来说,通常测定初生重、18周龄体重和72周龄体重等。

②增重:指鸡在一定生长周期内体重的增量,与体重密切相关,是肉鸡育种中最重要的选择指标之

一,通常用平均日增重或达到一定体重的日龄来衡量增重速度。

③料重比:指在一定生长周期内饲料消耗量与增重之比。通常只对有限数量的公鸡进行阶段耗料量的测定(单笼饲养),或以家系为单位集中饲养在小圈内,测定家系耗料量。

(2)胴体品质主要测定指标:

①屠体重:放血后去除羽毛、脚部角质层、趾壳和喙壳后的重量为屠体重。

②半净膛重:指屠体去除气管、食道、嗉囊、肠、脾、胰、胆、生殖器官、肌胃内容物及角质膜后的重量。

③全净膛重:指半净膛重减去心、肝、腺胃、肌胃、肺、腹脂和头脚的重量。

④屠宰率:是全净膛重或半净膛重占宰前活重的比例。

⑤胸肌重:沿着胸骨脊切开皮肤并向背部剥离,再用刀切离附着于胸骨脊侧面的肌肉和肩胛部肌腱,即可将整块去皮的胸肌剥离,然后称重。

⑥腿肌重:去腿骨、皮肤、皮下脂肪后的全部腿肌的重量。

3.繁殖性能的测定

繁殖性能主要测定的指标包括受精率、孵化率、健雏率等。

①受精率:指入孵蛋中受精蛋所占比例,是一个综合性状,与公鸡的精液品质、精液处置方法、授精方法、母鸡生殖道内环境等密切相关,主要用于衡量公鸡的繁殖性能。

②孵化率:也称出壳率或出雏率。是指孵化出壳雏禽只数占入孵种蛋数(或入孵受精蛋数)的百分比。孵化率除受孵化条件的影响外,还受种蛋质量的影响,主要用来反映母鸡的繁殖性能。

③健雏率:指孵化雏鸡中健雏数占出雏数的百分比。健雏指适时出雏、绒毛正常、脐部愈合良好、精神活泼、无畸形者。

(二)牛生产性能测定

1.产奶性能的测定

产奶性能主要分为产奶量和乳成分含量两部分。

(1)产奶量主要测定指标:

①年产奶量:在一个自然年度中的总产奶量。

②泌乳期产奶量:从产犊到干乳期间的总产奶量。

③305 d产奶量:从产犊到第305个泌乳日的总产奶量。由于不同个体的泌乳时间长短不一样,为便于比较不同牛的泌乳期产奶量,我们将实际的泌乳期产奶量标准化为统一泌乳天数的产奶量。目前,国际上将实际的泌乳期产奶量标准化为305 d产奶量。当泌乳期超过305 d时,取305 d的总泌乳量;当泌乳期不足305 d时,则校正为305 d产奶量。

(2)乳成分含量主要测定指标:

①乳脂率:乳中脂肪所占的百分率。

②乳脂量:乳中所含脂肪的重量,它等于乳脂率与产奶量的乘积。

为了推算全泌乳期的产奶量、乳脂量和乳蛋白量,每间隔一段时间就要对母牛的日产奶量进行称重和采样分析。这种被抽测的泌乳日称为测定日(test day),在每个测定日中要对每次挤的奶样进行称重并收集奶样,还要进行乳成分分析。泌乳期产奶量是通过母牛在一个泌乳期中各测定日记录的数据计算得来的数据。两个测定日之间的间隔天数称为测定间隔。目前国际上通用的做法是平均每月测定一次产奶性能,测定间隔不少于26 d,不多于33 d,第一个测定日必须在奶牛产奶6 d以后。正常情况下测定日奶量为各次挤奶的奶量的总和,乳成分含量为混合样(将各次收集的奶样混合)的分析结果(乳脂率、乳蛋白率),乳脂量和乳蛋白量分别为乳脂率、乳蛋白率与产奶量的乘积。对于多次测定间隔来说,产奶量就是2个测定日奶量的平均值与测定间隔的乘积。全泌乳期产奶量(乳成分含量)为所有测定间隔的产奶量(乳成分含量)的总和,305 d产奶量(乳成分含量)是在305 d之前的各个测定间隔的产奶量(乳成分含量)的总和。

2.挤奶能力的测定

挤奶能力是指奶牛在挤奶时所表现出的诸如排乳速度、各个乳区泌乳量的均衡性等性能。

①排乳速度:一般用平均每分钟泌乳量来表示。由于每分钟的泌乳量与测定时的日产奶量有关,一般规定在第50~180个泌乳日期间,在一个测定日内测定一次挤奶需要的时间和挤奶量,所测定的奶量不少于5 kg,其剩余的奶量少于300 cm³。由此得到平均每分钟奶量,再矫正为第100个泌乳日的标准平均每分钟泌乳量,矫正公式为:

$$标准乳流速=实际乳流速+0.001×(测定时的泌乳日-100)$$

②前后房指数:指一次挤奶中,前乳区的挤奶量占总挤奶量的百分比。四个乳区发育的均匀程度,对挤奶非常重要。通常左右乳区产奶量基本相等,但前后乳区产奶量差异很大,且后乳区的产奶量大大超过前乳区,故常用前乳房指数表示乳房的均匀程度,该指数也是衡量每个乳区泌乳均衡性的主要指标。

3.功能性状的测定

功能性状也称次级性状(secondary trait),指具有较高经济意义,但遗传力较低或难以测定的性状,如繁殖性状、抗病性状、使用年限等。

(1)配妊时间:指母牛产后第一次输精到最后一次导致妊娠的输精所间隔的天数,主要反映母牛的繁殖性能,同时受公牛精液质量的影响。

(2)产犊间隔(calving interval):指母牛最近一次产犊与上一次产犊的间隔天数。母牛一生的平均产犊间隔等于从第一次产犊到最后一次产犊的间隔天数除以产犊次数。

(3)不返情率(non-return-rate):指一头公牛的所有与配母牛在第一次输精后的一定时间间隔(如60 d或90 d)内不返情的比例,是衡量公牛配种能力的重要指标。

(4)产犊难易性(calving ease):指母牛产犊时顺产或难产的程度。通常分为4个等级:①没有困难,无须人工帮助;②轻度困难,需要人工帮助;③重度困难,需要机械助产;④难产,需要剖宫产。

(5)体细胞数(somatic cell count, SCC):指每毫升乳汁中所含有的体细胞(主要是乳腺上皮细胞和血液白细胞)数,是判断奶牛是否患有乳腺炎的辅助指标。

(6)使用年限(herd life, longevity):理想的奶牛在具有高的泌乳性能的同时还应有较长的使用年限,使用年限短表明牛群的更新周期短,从而增加奶牛生产成本。母牛的使用年限可以用其在牛群中实际使用的胎次或月龄来度量,对公牛的使用年限则可用其女儿在一定月龄(如60月龄、75月龄、90月龄等)时,仍在牛群内继续生产的比例来度量。

4.生长发育及肥育性能测定

乳用、乳肉兼用和肉用牛的生长发育或肥育性能的测定数据可为牛的早期选择提供依据。生长发育的测定性状主要是各生长阶段的体重,如初生重、6月龄重、12月龄重、18月龄重和24月龄重等。公犊牛一般在测定站进行测定,母犊牛一般在牛场内进行测定。

(三)猪生产性能测定

测定指标主要包括繁殖性能、生长发育性能、胴体品质和抗应激性等。

1. 繁殖性能的测定

①初产日龄：母猪头胎产仔时的日龄。

②窝间距：2次产仔之间的间隔天数。根据窝间距可计算出每年能完成的窝数。

③窝产仔数：包括总产仔数（不包括木乃伊）和活仔数（产仔后24 h内存活的仔猪数）。根据窝产仔数可计算出一头母猪一年的总产仔数。

④断奶仔猪数：指断奶时一窝中仍然存活的仔猪数。

⑤出生窝重：指出生时一窝仔猪的总重量。

⑥断奶窝重：指断奶时一窝仔猪的总重量，是衡量母猪哺乳能力的主要指标。

2. 生长发育性能和胴体品质的测定

生长性能和胴体组成是衡量一头肉猪经济价值的最重要指标，也是性能测定的重要组成部分。生长发育性能的主要测定指标如下。

①达到目标体重日龄：指达到目标体重即标准的屠宰体重时的日龄。

②平均日增重：结束测定时的体重减去开始测定时的体重之差除以测定天数，所得之值即为平均日增重。不同猪个体在测定期的初始体重和结束体重不同，为便于比较，通常将平均日增重标准化为30~100 kg平均日增重，计算公式为：

$$30\sim100\ \text{kg平均日增重}(g) = \frac{70 \times 1000}{\text{校正达}100\ \text{kg日龄} - \text{校正达}30\ \text{kg日龄}}$$

$$\text{校正达}30\ \text{kg日龄} = \text{实测日龄} + b \times [30 - \text{实测体重}(\text{kg})]$$

式中，b的取值随品种而异，杜洛克猪为1.536，长白猪为1.565，大白猪为1.550。

③背膘厚：测定猪达目标体重时的背膘厚。活体背膘通常用B型超声波测膘仪（简称B超仪）测定，测定部位为猪身体左侧第10~11肋间（或倒数第3~4肋间）距背中线5 cm处。

④眼肌面积：活体眼肌面积通常用B超仪测定，测定部位与测定背膘厚的部位相同。

⑤采食量：指测定期间，一头猪的总采食量。在规模化养猪生产中，一般是群养，因此只能测定一个饲养栏的总采食量和每头猪的平均采食量。

⑥饲料转换率：指每单位增重所消耗的饲料，也称为料重比。

3. 胴体品质的测定

对屠宰后的胴体组成和肉质进行测定，由于这些指标的测定需要屠宰设施和特殊的测定设备，而且需要大量的人力和时间，因此不可能进行大规模的现场测定，通常只在测定站进行测定。

（1）胴体组成测定：受测猪在停饲24 h后称重屠宰，屠宰后主要测定以下指标。

①胴体重：指屠宰后去内脏、头和蹄后的半扇胴体重。

②屠宰率：指胴体重占宰前体重的百分比。

③膘厚：用游标卡尺测定肩部皮下脂肪最厚处、胸腰椎结合处和腰荐结合处的膘厚，再求平均值，或只测第6~7肋间的膘厚。

④皮厚：用游标卡尺测第6~7肋间的皮厚。

⑤胴体长：指从耻骨联合前缘中点至第一颈椎前缘中点的长度。

⑥眼肌面积:在倒数第3~4肋间处垂直切下,用硫酸纸描出眼肌轮廓,或用照相机拍下眼肌的照片,然后用求积仪、图像仪或坐标纸计算出面积。

⑦瘦肉率:左侧胴体去板油和肾脏,分离成瘦肉(含肌间脂)、脂肪(含皮肌)、皮和骨,瘦肉重占瘦肉、脂肪、皮和骨的总重的百分比为瘦肉率。

⑧后腿比例:让胴体后肢向后呈行走状态,沿腰荐结合处垂直切下,后腿重量占整个胴体重量的比例为后腿比例。

(2)肉品质测定:肉品质是一个综合性状,主要由以下指标来度量。

①肉色:屠宰后45~60 min内,在倒数3~4肋间处取新鲜背最长肌横断面样本,目测肉色,对照标准肉色图评分,1分——灰白色,2分——轻度灰白色,3分——亮红色,4分——稍深红色,5分——暗红色。以3分为最佳;2分和4分仍为正常;1分则趋于PSE肉(苍白、肌肉松软无弹性并且表面有肉汁渗出的肉),俗称"白肌肉";5分则趋于DFD肉(暗红色、质地坚硬、表面干燥的干硬肉),pH较高在6.5以上。除目测法外,也可用仪器(如分光光度计、肉色计等)客观地度量肉色。

②pH:屠宰后45~60 min内测定倒数3~4肋间背最长肌的pH(用pH测定仪或pH试纸),记为pH_1,pH_1小于5.9是PSE肉的象征。将胴体在4 ℃下冷却24 h后,测定后腿肌肉的pH,记为pH_{24},pH_{24}大于6.0是DFD肉的象征。

③系水力:指肌肉受外力(加压、加热、冷冻等)作用时保持其原有水分和添加水分的能力,也称为持水性或保水力,通常通过滴水损失来度量。屠宰后45~60 min内在倒数3~4肋间取眼肌长肌肉,切成长5 cm、宽3 cm、厚2 cm的肉条,称重后用细铁丝钩住肉条一端,使肌纤维垂直向下,悬挂于塑料袋中(肉条不得与塑料袋接触),扎紧袋口后吊挂于冰箱内,在4 ℃下保持24 h,之后取出肉条称重,按下式计算滴水损失:

$$滴水损失 = \frac{吊挂前肉条重(kg) - 吊挂后肉条重(kg)}{吊挂前肉条重(kg)} \times 100\%$$

④肌内脂肪含量:指肌肉纤维之间脂肪的含量,是影响口味的主要指标。有两种测定方法,一是屠宰后在胴体倒数第3~4肋间取眼肌横切面样本,在4 ℃下存放24 h,再用肉眼观察肌肉中脂肪的分布情况。通常是对照肌肉大理石纹评分标准图进行评分,1分——脂肪呈极微量分布,2分——脂肪呈微量分布,3分——脂肪呈适量分布,4分——脂肪呈较多量分布,5分——脂肪呈过多量分布。二是在相同部位取肉样300~500 g,送实验室用索氏提取法将肉样中的脂肪提取出来,而后计算脂肪所占比例。

(四)羊生产性能测定

1.绵羊生产性能的测定

绵羊生产性能的测定指标主要是产毛性能,也有一些毛肉兼用或肉毛兼用的绵羊品种需要测定产肉性能。

对绵羊产毛性能的测定主要在羊一周岁和成年时进行,测定部位一般是在体左侧中线偏上方肩胛骨后缘10 cm处,主要测定的指标如下。

①毛长:打开毛丛,保持毛丛自然状态,量取从毛根到毛梢(不含毛梢虚尖)的长度。

②细度:一种测量方式是用肉眼观察再凭经验进行评定,用品质支数(1 kg重的羊毛能够纺成的1000 m长的毛纱的段数)来表示其细度,在测定部位拨开毛丛,取10~20根毛纤维,与细度标样中的毛纤维对照,再判定最近似的品质支数。另一种方式是用仪器测定,用羊毛的直径(以 μm 为单位)来表示其

细度,可在羊的肩部(肩胛骨中心点)、体侧(测量毛长的同一部位)和股部(腰角至飞节连线的中点)3个部位各取毛样15~25 g并充分混匀,制成横切片用显微镜测微尺测量,或直接用专用的羊毛细度测定仪测量。

③弯曲度、油汗含量、细度匀度、长度匀度:这几个指标在测量毛长的同一部位用肉眼观察再凭经验进行评定,都可分为好、中和差3个等级。

④密度:以两手抓握羊体侧部被毛,根据手感饱满程度判断毛的密度,同时两手分开毛丛,如露出的皮肤为一条狭窄的直线,则表示毛较密;如露出的皮肤宽且不呈直线,毛丛中交叉毛多,羊毛弯曲度高,则表示毛较稀。可分为好、中和差3个等级。

⑤被毛手感:用手感来判断羊毛的柔软、弹性和光滑程度,可分为好、中和差3个等级。

⑥剪毛量:指一次剪毛所得的羊毛重量。

⑦净毛率:指剪下的羊毛经过洗毛处理除去杂质(油污、尘土、粪渣、草料碎屑等)后所得净毛的重量(称为净毛量)占剪毛量(也称为污毛量)的百分比。

⑧剪毛后体重:指剪毛后羊的体重。

2.山羊生产性能的测定

山羊主要分为乳用山羊和毛用山羊两类。乳用山羊的产奶性能测定与奶牛相似,毛用山羊的产毛性能测定与绵羊相似。

第四节 畜禽的选种与选配

一、选择原理

从进化论的角度来看,选择是物种起源与进化的动力和机制所在。根据实现选择的动力将选择分为自然选择(natural selection)和人工选择(artificial selection)两种。

(一)自然选择与人工选择

1.自然选择

达尔文认为,在生存斗争中,具有有利变异的个体,容易在生存斗争中获胜而生存下去;而具有不利变异的个体,则容易在生存斗争中失败而死亡。达尔文把有利变异的保存,以及那些不利变异的毁灭,叫作"自然选择",或"最适者生存"。由于生存斗争一直存在,因此自然选择也从未停止,一代代的个体通过生存环境的选择作用,物种变异被定向地朝着某一个方向积累,于是性状逐渐与祖先不同,并逐渐形成新的物种。达尔文认为,自然选择过程是一个长期的、缓慢的、连续的过程。由于生物所在生态环境的多样性,故生物适应环境的方式也是多种多样的,经过长期的自然选择就形成了生物界的多样性。

在整个物种的起源过程中,自然选择起主要的导向作用,控制着群体内变异发展的方向,同时导致适应性性状的形成。遗传变异是自然选择的基础,只有群体内有足够的遗传变异存在时,自然选择方可改变一个群体结构。实际上,在自然群体中,不论群体规模大小,普遍存在着大量的遗传变异。

2. 人工选择

人工选择是按照人为制定的标准,保存具有有利变异的个体和淘汰具有不利变异的个体,从而改良生物的性状和培育新品种的过程,人工选择可以培育出满足人类需要的畜禽品种。自然选择的目的是使动物更加适应自然条件,而人工选择的目的是使家畜更加有利于人类。

(二)选择的原理

不论是自然选择还是人工选择,都是改变基因频率的重要影响因素。通过选择可使种群的基因频率发生定向的改变,这是因为选择打破了繁殖的随机性,进而打破了群体的平衡状态,从而使得基因频率发生定向改变。通过选择使得某些类型的个体繁殖后代的机会增加,而另外一些类型的个体繁殖后代的机会减少甚至完全被剥夺,最终升高了符合人们需求、适应自然环境而被保留的类型所具有的基因频率,降低了淘汰类型所具有的基因频率。

人工选择是育种者选择理想的亲本用来繁殖下一代的方式。改变一个种群的主要方法,一是发现变异或可通过人工诱变、导入变异、杂交等办法创造变异,二是通过选择来提高理想基因频率,在群体中扩大变异,使理想基因型成为群体的主要类型。对于数量性状来说,提高增效基因的频率,从而提高该数量性状在下一代中的表达概率,这是当前动物育种工作的主要手段。目前在创造生物个体遗传性变异方面,主要是通过选择定向改变种群的基因频率,从而改变种群中质量性状各种类型的比率和数量性状的全群平均水平。尽管自然选择和人工选择均需通过改变基因频率发挥作用,但两者在选择的性状、选择的效果(速度)、选择的类型等方面具有极大的差异。

(三)人工选择的作用与目的

人工选择能引导畜禽变异方向,还能扩大变异、积累和加强变异,从而使畜禽朝着人们预期的方向发生根本性的改变,这与基因的重组和突变等密切相关。人工选择,从动物育种实践角度讲,即人们常称的选种。通过选种可从现有群体内筛选出最佳个体,逐代连续筛选出最佳个体再繁殖,可以获得一批超过原有最高水平的个体,这就是人工选择的创造性作用。这种作用很早就被人们发现了,而且经过长期的畜禽育种实践证明,人工选择的作用巨大。经过长期人工选择可育成许多优良的畜禽品种;在育成的优良品种中,通过系统地选择某些质量性状也可能育成新品种;选育有益突变也能培育新品种。家畜选种的目的是去劣留优,改变种畜繁殖(繁衍后代)的随机性,打破群体的平衡状态,提高计划改良性状的基因频率,从而提高下一代整体水平。

二、选择方法

畜禽性状分为质量性状和数量性状两大类,由于这两类性状的遗传基础不同,故对两类性状选择的方法也有所不同。

(一)质量性状的选择

在杂种后代分离群体中,根据个体相对性状的差异,可以明确分组,求出各类型的比例。因此,可根据质量性状的表型淘汰非理想个体,从而使群体达到育种目标,实现对质量性状的选择。因此,掌握质量性状的选择原理和方法对于新品种的培育具有重要的意义。

1. 淘汰显性基因的方法

淘汰显性基因实际上是保留隐性基因的过程。这种选择相对较容易,若显性基因的外显率是100%,而且杂合基因型个体与显性纯合基因型个体的表型相同,则可以通过表型进行鉴别,一次性全部淘汰显性基因。

但是在育种实践中,育种目标往往是多性状综合性的,而且主要育种目标性状往往是有经济意义的数量性状。以对奶牛的毛色选择为例,在牛的毛色遗传中,黑毛基因(E)和红毛基因(e)是同一基因座上的等位基因,而且黑毛基因对红毛基因完全显性。假设拟从一个黑白花(基因型为EE或Ee)和红白花(基因型为ee)混合牛群中通过选择培育出一个纯红白花牛群,则可以一次性将表型为黑白花的奶牛个体全部检出淘汰。这样的育种策略虽然可以很快地得到毛色一致且遗传稳定的红白花牛群,但在一次性淘汰所有的携带黑白花显性基因个体的同时,会使一部分有利于提高产奶性能的基因从群体中消失,将导致这个牛群的产奶性能很难再得到提高。因此,明智的育种策略是在保证产奶性能等主要生产性状的前提下,逐步完成对显性基因的淘汰。在实际育种中,隐性基因的选择是经过数代逐步实现的过程。在逐步选择隐性基因的过程中,育种者应在每一世代监测群体内基因频率和基因型频率的动态。

以选择红白花毛色奶牛为例,假设初始群体中黑毛基因E的频率为q,红毛基因e的频率为p,E对e为完全显性,EE基因型的频率为D,ee基因型的频率为H,Ee基因型的频率为R,则$D=q^2$,$H=p^2$,$R=2pq$。在保留一定显性个体的情况下,若淘汰率为S,留种率为$1-S$,则经过一代选择后,基因型频率的变化情况如表4-4-1所示。

表4-4-1 淘汰部分显性个体后基因型频率的变化

频率	EE基因型	Ee基因型	ee基因型
初始频率	q^2	$2pq$	p^2
淘汰率	S	S	0
淘汰后频率	$\dfrac{q^2(1-S)}{1-S(1-p^2)}$	$\dfrac{2pq(1-S)}{1-S(1-p^2)}$	$\dfrac{p^2}{1-S(1-p^2)}$

选择后e基因频率变化为Δp:

由于 $p_1 = \dfrac{p^2}{1-S(1-p^2)} + \dfrac{1}{2} \times \dfrac{2pq(1-S)}{1-S(1-p^2)} = \dfrac{p-S(p-p^2)}{1-S(1-p^2)}$

则 $\Delta p = p_1 - p = \dfrac{p-S(p-p^2)}{1-S(1-p^2)} - p = \dfrac{Sqp^2}{1-S(1-p^2)}$

当$S=1$时,则$\Delta p=q$,表明当全部淘汰显性基因后,e基因的频率增加了q,选择淘汰后e基因的总基因频率为$p+q=1$,即经过一代选择即可使得奶牛群体中隐性红毛基因频率达到1。当$S=0$时,则$\Delta p=0$,表明不淘汰黑白花个体时,e基因频率没有发生变化。

当基因的外显率较低时,通过表型淘汰显性基因的效果不理想。为了提高选择的效率,除了依据个体本身表型外,还可参考系谱、后裔或全同胞、半同胞的表型进行判断。

2.淘汰隐性基因的选择方法

淘汰隐性基因实际上是保留显性基因的过程。选择显性基因,则要淘汰全部隐性基因。首先要鉴别出隐性纯合个体,并全部淘汰。由于显性杂合个体也携带隐性基因,故显性杂合个体也需要全部淘汰。隐性纯合个体可通过表型进行淘汰,而显性杂合个体则需要通过测交试验进行鉴定后淘汰。

(1)表型鉴别淘汰隐性纯合个体:

以控制海福特牛侏儒症(dwarfism)的基因为例,侏儒症牛往往在1岁前死亡,而杂合子公牛头部清秀,身体粗壮、紧凑,表现出外形优势,因而常在选种时被选中。侏儒症的基因为隐性等位基因dw,正常个体为显性等位基因Dw,Dw和dw为一对等位基因。现在要根据表型进行选择,全部淘汰隐性纯合个体,之后基因频率发生如下变化。

假设初始群体中显性等位基因Dw的频率为q,隐性等位基因dw的频率为p,Dw对dw为完全显性,在淘汰全部纯合隐性基因型个体后,基因型频率变化情况如表4-4-2所示。

表4-4-2 淘汰全部纯合隐性个体后基因型频率的变化

频率	DwDw基因型	Dwdw基因型	dwdw基因型
初始频率	q^2	$2pq$	p^2
淘汰率	0	0	1
淘汰后频率	$\dfrac{q^2}{q^2+2pq}$	$\dfrac{2pq}{q^2+2pq}$	0

经过一代的选择后dw基因频率p_1变化如下:

$$p_1=\frac{1}{2}\times\frac{2pq}{q^2+2pq}=\frac{pq}{q^2+2pq}=\frac{p}{q+2pq}=\frac{p}{1+p}$$

则$p_2=\dfrac{p_1}{1+p_1}=\dfrac{p}{1+2p}$

由此,可推算经历n代选择后,dw基因频率为$p_n=\dfrac{p}{1+np}$。

虽然表型选择有一定的效果,但显性纯合子和杂合子因表型相同而不能区分,因此很难通过表型选择从群体中彻底淘汰隐性基因。

(2)测交试验鉴定显性杂合个体:

通过表型识别隐性纯合个体并进行淘汰的方法在初期可较快地降低群体中隐性基因的频率,但下降趋势将逐渐变缓,而且很难将其降低到0。甚至当显性杂合个体在群体中具有表型优势被优先选择时,隐性基因的频率还可能增高。因此,需要采取一定的办法将群体中的显性杂合个体鉴定出来,并进行淘汰。假设在一个畜群中,在具有显性表型的双亲后代中出现了纯合隐性,就可确定该双亲为隐性基因的携带者。将这样的隐性基因携带者与其后代同时淘汰,可快速降低隐性基因频率。若再能淘汰隐性纯合个体的其他亲属个体,也会进一步降低隐性基因频率。因此,能否准确鉴定杂合个体,直接影响到显性基因选择的效率。因此,测交是判定种畜个体的基因型为显性纯合还是杂合的经典遗传检测手段。常用的鉴别显性杂合体的测交方案有依据系谱信息,依据后裔信息,依据测交的检验概率,让被测公畜与隐性纯合体母畜交配,让被测公畜与已知的隐性基因携带母畜交配,让被测公畜与已知隐性基因携带者的女儿交配,让被测公畜与被测公畜自己的女儿交配,让被测定公畜与一母畜群随机交配,多胎畜种的测交等。

3.伴性基因的选择方法

大部分畜禽的性别是由性染色体所决定,家畜为雄性异配型(XY),家禽为雌性异配型(ZW)。遗传学研究表明,绝大部分的伴性基因在一条性染色体上(X或Z),即家畜性染色体X和家禽性染色体Z上的基因不仅控制性别,还可以控制着其他性状,除少数伴性基因控制数量性状外,大多数控制质量性状,从而导致伴性遗传现象的出现。因此,某一伴性性状的判别和选择的依据主要是个体表型。

鉴于在家禽生产中伴性遗传得到了较好的应用,这里主要以鸡为例。在鸡的Z染色体上,含有较丰富的伴性基因,如羽色基因(S—s)、羽速基因(K—k)、真皮黑色素基因(Id—id)、芦花羽色基因(B—b)、眼色基因(Br—br)和矮脚基因(Dw—dw)等。上述伴性基因之间均表现为显隐性遗传方式,因此不同性染色体组合类型,即ZZ和ZW在决定鸡个体性别的同时,Z染色体上携带的伴性基因也随性别表现出特殊的遗传规律。

在畜禽生产中,由于生产目的的不同,往往需要某一特定性别或优先考虑某种性别用于生产。特别是在蛋鸡的生产中,为减少公雏饲养成本,早期进行性别鉴定是非常必要的工作。但是,人工翻肛法鉴别雌雄不仅增加工作量,还会增加疫病交叉感染的风险。在家禽育种中,对伴性性状进行鉴别可以达到早期性别筛选的目的。现以金银羽性状(羽色基因)为例说明伴性性状用于雌雄鉴别的原理。金银羽基因位于Z染色体上,鸡的银色羽受伴性显性基因(S)控制,金色羽受伴性隐性基因(s)控制,在出雏时可以通过羽色的不同对雏鸡的性别进行鉴定。当用纯合金羽公鸡与银羽母鸡交配,子一代银羽全为公雏,金羽全为母雏,因而在出雏时就可以鉴别雌雄。在"十二五"期间,我国家禽育种工作者在新品种豫粉1号蛋鸡的培育过程中,就充分利用了羽色和羽速双自别雌雄技术。此外,由于带有矮脚伴性基因dw个体的饲料转化率明显高于正常Dw个体,且dw个体的生活力和主要生产性能无显著变化,利用这一特点,我国家禽育种工作者在"八五"期间,培育出了节粮小型褐壳蛋鸡新品种。

4.基于基因型的选择方法

部分质量性状无法直接根据表型判断基因型,或者表型无法直接用肉眼观察到而需要借助于特定的仪器或设备进行观察而导致成本较高。分子生物学检测技术的快速发展为准确鉴定这类质量性状的基因型提供了便捷,并且在育种实践中已有多个成功应用该检测技术的范例。分子生物学技术主要用于检测蛋白质和DNA,据此可分为生化遗传检测技术和DNA分子遗传检测技术两种类型。生化遗传检测技术主要检测体液中某种蛋白质的形态和表达量,依据已知蛋白质变异体形态与质量性状不同表型的对应关系,或者特定蛋白质表达量与质量性状不同基因型的表现阈值间的对应关系,由蛋白质检测结果直接推断出基因型,前提是事先需要通过生化遗传检测技术明确不同基因型对应的蛋白质水平(或活性)或变异体。DNA分子遗传检测技术直接检测质量性状控制座位的DNA片段,由于质量性状的不同基因型的表现是由对应基因座不同的突变所引起,因而通过检测DNA片段可以直接检测出质量性状的不同基因型。

(二)数量性状的选择

在家畜育种中,大多数的重要经济性状都属于数量性状,数量性状通常由微效多基因控制,每个基因作用微小、效应各异,且效应可以累加,通过选择对群体中的遗传物质进行重新组合,在世代的更替中,使群体内优秀个体的优良性状不断得到巩固。因此,选择是进一步改良和提高家畜生产性能的重要手段。

在家畜选择中,依据数量遗传学原理,无论是进行单性状的选择,还是多性状的选择,目的都是尽可能充分利用亲属的生产性能记录或信息,力争最准确地选择种畜。在个体出生前,只能利用其祖先等亲属的资料进行选择;个体出生后有了自身的记录,则以其个体性能信息为主,再辅以亲属的资料进行选择;当个体有了后代时,则其后代的性能记录就成了最重要的信息来源,必要时再结合个体本身和亲属的资料进行选择,这样的选择结果更为准确。总之,在种畜的选择和使用过程中,需要随着有关信息资料的出现,不断地对其种用价值进行评定和选留。任何时候都是利用最有利的资料,以期获得最大的选择准确性和最大的遗传进展。

1. 单性状选择的基本方法

经典的家畜育种学将单性状的选择方法分为个体选择、家系选择、家系内选择和合并选择四种。

任何个体的表型值 P_i 可剖分为个体所在的家系均值(P_f)及个体表型值(P_i)与家系均值之差(P_i-P_f)两部分,后者也称为家系内偏差(P_w),则:

$$P_i = P_f + (P_i - P_f) = P_f + P_w$$

如果对上式两组分分别给予加权系数,合并为一个指数: $I=b_f \cdot P_f + b_w \cdot P_w$,指数 I 即为估计育种值,对 P_f 和 P_w 给予的加权系数不同,则形成了四种选择方法:

个体选择: $b_f=b_w=1$,即对个体的两组分同等重视,用个体表型值(P_i)估计育种值;

家系选择: $b_f=1$, $b_w=0$,即只重视个体的家系均值,用家系均数(P_f)估计育种值;

家系内选择: $b_f=0$, $b_w=1$,即只重视个体的家系内偏差,用家系内偏差(P_w)估计育种值;

合并选择: $b_f \neq 0$, $b_w \neq 0$,即利用遗传力加权,用 $b_f \cdot P_f + b_w \cdot P_w$ 估计育种值。

下面分别讨论四种选择方法的要点:

(1)个体选择(individual selection):也称大群选择(mass selection),只依据个体表型值进行选择,不仅简单易行,而且在性状遗传力较高时,采用个体选择是有效的,有望获得一定的遗传进展。一般在性状遗传力高、标准差大或缺乏育种记录的育种方案中使用。

(2)家系选择(family selection):以整个家系为一个选择单位,只根据家系均值的大小决定个体的去留。家系指的全同胞和半同胞家系,单胎畜种的选择采用半同胞家系,而多胎畜的选择则使用全同胞家系。

(3)家系内选择(within-family selection):在稳定的群体结构下,不考虑家系均值的大小只根据个体表型值与家系均值之差来进行选择,在每个家系中选择超过家系均值最多的个体留种。家系内选择主要应用于群体规模较小,家系数量较少,既不希望过多地丢失基因,又不希望近交系数增量过快,且性状遗传力偏低,家系内表型相关性较大时。因此家系内选择的使用价值主要用于小群体内选配、扩繁和小群保种方案。

(4)合并选择(combined selection):需对个体表型值和家系内偏差分别给予加权系数,能够较真实地表现遗传上的差异。

2. 多性状选择的基本方法

一般情况下,影响畜牧生产效率的经济性状是多方面的,而且各性状间往往存在着不同程度的遗传相关。如果只对种畜进行单性状选择,尽管在这个性状上可能会很快得到改进,但是该性状与某些性状间的负相关会导致其他性状变差,即出现"负进展"。为了获得最大的育种效益,在实施选择时需要同时考虑多个重要的经济性状。传统的多性状选择方法有顺序选择法(tandem selection)、独立淘汰法(independent culling)和综合指数选择法(comprehensive index selection)三种。

(1)顺序选择法:同一时期只选一个性状,当这个性状的改良结果达到育种目标后,再致力于选择第二个性状,然后再选择第三个性状,依次递选。选择效率主要取决于所选性状间的遗传相关。如果性状间呈正相关,可能选择效果明显;如果呈负相关,则费时费力,选择效率低。

(2)独立淘汰法:同时选择2个及以上性状,并分别列出每个性状应达到的最低标准,凡全面达到标准的个体被选留。若有一项未达标准,即使其他方面都很突出也将被淘汰。该方法虽简单易行,但被选留下来的个体,总体表现中庸,因而后代的遗传改进不大。

(3)综合指数选择法:是根据育种要求,按所选择的每个性状的遗传力、经济重要性以及表型相关和遗传相关的不同,分别给以不同的加权系数,组成一个综合选择指数,然后按指数高低选种,该方法的选择效率高于其他方法。由于该方法中的各种遗传参数存在估计误差,各性状的加权系数不易确定,选择反应(衡量选择对性状改善程度的指标,即留种个体后代平均值与供选择群体平均值之差记为 R,R 为选择差,h^2 为该性状的遗传力)估计不准确,信息性状与目标性状不一致,遗传关系不确切等不足,导致在实际应用时,该法很难达到理论上的预期效果。为了改进综合指数选择法的不足,可采用多性状BLUP选择法,该法适用于不同来源、不同世代及不同环境下的种畜个体的遗传评定。

三、选种

(一)选种的意义和作用

选种即从畜群中选出优良的个体作为种畜。选种使优秀个体得到更多的繁殖机会,产生更多的优良后代,使群体的遗传结构发生定向变化,使有利基因的频率提高,不利基因的频率降低,最终使有利基因纯合个体的比例逐代增多。选种是动物育种工作者改进种群遗传素质的重要手段,是畜群改良的前提和基础。

(二)影响选种效果的因素及改进措施

1. 可利用的遗传变异

在一个群体中,获得每个选择反应的根本前提是个体间的遗传变异,群体内的遗传变异越大,可获得的选择成效就越高。为了能获得较理想的遗传进展,采取一定育种措施使群体保持足够的可利用的遗传变异是非常必要的,包括:①育种群应保持一定规模。大量的实践证实,在同样的选择强度下,小规模育种群将较早地出现遗传变异度下降,进而导致选择成效明显下降。因此,在实际生产中应根据育种方案的要求,采用科学的育种规划,确定一个优化的群体规模。②育种初始群体应具有足够的遗传变异。由于群体内可利用的遗传变异与种畜间的相似性直接有关,因此组建初始群的种畜应保持尽可能多的血统关系和较远的亲缘关系。③经常估计育种群的遗传参数。在诸多参数中,加性遗传方差最为重要,在条件允许的情况下可每世代或每隔几个世代估计一次加性遗传方差,根据估计值检测群体中遗传变异度的变化,并依此确定下一步育种措施。④采取适当的育种方法扩大群体的遗传变异。当发现群体的遗传进展出现减缓趋势,或加性遗传方差较小时,最有效的育种措施就是以引进种畜、冷冻精液或冷冻胚胎的形式导入外血。一方面,可以向群体引入一些最有利的基因,改进某个生产性能;另一方面,又可以扩大群体的遗传变异。

2.选择的准确性

选择的准确性通常用个体育种值与选择所依据的表型值之间的相关性来评价。不同选择方法的准确性不同,一般来说遗传力越高的选择准确性也会越高。增加选择准确性的重要且有效的措施有以下几个:①提高遗传力的估计值。估计值的准确性随着遗传力的提高而提高,在实践中,一般在一个稳定的标准化饲养管理环境中(如性能测定站)进行性能测定,尽可能降低环境变异,以提高遗传力估计值的准确性。②校正环境效应给遗传力估计值造成的误差。当数据受到环境变异的影响较大时,可进行统计学校正后再估计,减小环境效应造成的误差。③扩大可利用的数据量。可通过对同一个体的性状进行多次度量和使用多种亲属资料来估计个体育种值以提高选择的准确性。④选择科学的育种值估计方法。BLUP法在对大规模不均衡数据资料进行统计分析时,可以获得最佳线性无偏预测值,即所估计的育种值的准确性很高,因此目前该法应用广泛。

3.选择强度

选择反应受遗传力和选择差的制约,选择差(S)就是所选种畜某一性状的表型平均数与该性状在畜群中的表型平均数之差。而选择差的大小取决于选择强度和性状的标准差,选择强度又与留种率密切相关。留种率越小,选择差越大,选择的成效也越好。为了便于比较分析,将选择差标准化,即用选择差除以该性状表型值的标准差(δ),所得结果叫选择强度(i),用公式表示为 $i=\dfrac{S}{\delta}$。在育种工作中,根据所选性状的遗传力和标准差,结合从小样本选择时的选择强度表,找出与留种比率相对应的选择强度,即可预测选择反应。

4.世代间隔

两个相邻世代之间的时间间隔称为世代间隔,可用子代出生时父母的平均年龄来计算。选择反应体现了一代所能获得的遗传改进量,世代间隔与动物的遗传改进量成反比,世代间隔越大,动物的改良速度越小。为了缩短世代间隔,应尽可能缩短种畜的使用年限。在保证选择具有一定准确性的前提下,选择世代间隔较短的选种方法。如繁殖力强的畜种如猪、鸡,或非性别限制的性状如猪和肉鸡的肉用性状,一般不使用耗时长的后裔进行测定;种用的乳用母牛也仅依据个体的第一胎生产性能和其他信息进行遗传评定。在家畜个体尚未表现生产性状,或尚未完成性状的表现时,实施早期选种措施,如利用蛋鸡66周龄或72周龄的累积产蛋量进行种鸡的选择,可利用有关标记辅助选择实现早期选种,缩短世代间隔。

上述的措施并非只对某一个因素有影响,往往可能同时作用于多个因素。而作用的方向可能是协同促进,也可能是对立的。因此,要求在育种规划中,对特定的育种方案可能实现的成效进行"最优化"分析。

(三)种畜的选择

对种畜的要求包括:首先是自身生产性能高,体质外形好,发育正常;其次是繁殖性能好,合乎品种标准,种用价值高。可根据种畜的表型对其进行选择,对其基因型的判定则须参考其亲属包括祖先、后代和兄弟姐妹等的遗传信息。

1.个体选择

根据个体的生长发育、体质外形、生产力的实际表现情况来进行选择的方法称为个体选择法。首先要对个体本身进行生产性能的测定,然后与其所在畜群的其他个体相比,或与所在畜群的平均水平相比,也可与鉴定标准相比,再确定是否留种。由于利用个体本身的表型信息进行选择的准确性直接取决于性状遗传力的大小,因此遗传力高的性状采用个体选择的准确性较高。因此,只要不是限性性状或者是摧毁性性状(如屠宰后才能测定的胴体性状和肉质性状),在一般情况下尽量应用个体本身的表型信息进行选择。

2. 系谱选择

根据系谱,利用被估个体的祖先包括父母、祖代、曾祖代等的信息进行选种的方法叫系谱选择。由于后代的品质在很大程度上取决于亲代的遗传品质及其遗传的稳定性,所以系谱选择法一般采用分析和对比法,即先逐个分析各个体的系谱,审查祖先特别是父母和祖代的血统是否为纯种、生产性能高低及是否稳定;然后对各个体的系谱进行比较,从中选出其祖先性能高且稳定又没有遗传疾患的个体作种用。但系谱选种只能预见个体的遗传可能性,故此法多用于选留幼畜和引种等方面。

3. 后裔选择

根据后代的平均表型值进行选择的方法称为后裔选择,后代的品质是对亲本遗传性能及种用价值最直接的体现,该法尤其适用于低遗传力性状的选种,因此在许多国家普遍流行,但该方法需要时间长、成本高,所以一般只用于种公畜的选留。后裔选择的方法有母女对比法、同龄女儿比较法、半同胞比较法、公牛指数法等。

后裔选择应注意的事项:①选配的母畜应在品种、类型、年龄、等级上尽可能相同;②后裔之间、后裔与亲代之间应在饲养管理上尽可能相同;③后裔的出生时间应尽可能安排在同一季节;④后裔的数量要足够多,大畜有10~20头、小畜有20~30头具备生产能力的后代,即可对种畜的种用价值做出大致肯定;⑤评定指标要全面,既要重视后裔的生产力,还要注意后裔生长发育情况、体质外形、适应性及有无遗传疾患等。

4. 同胞选择

以旁系亲属的表现为基础的选择方法称为同胞选择,一般只根据全同胞或半同胞的平均表型值来选留种畜。统计资料时,被选留个体本身不计入同胞的平均值。优点:同胞资料可较早获得,故比后裔选择需时较短,能提早取得结果;对限性性状、不能活体度量的性状及低遗传力性状的选择都有重要意义。但是该法不如后裔选择可靠。

上述4种方法虽被广泛应用,但却不能用数字来准确表示种畜的种用价值,且评定结果间不能相互比较。为克服这些缺点,可采用较复杂的"估计个体育种值"方法来评定种畜的种用价值。

(四)提高选种的准确性

为了确保选种工作顺利进行,提高选种效果及准确性,必须建立一套选种的程序与制度。例如,猪的选种程序及制度可概括为"三选、四评、两达到、一突出"。"三选"即选留、选出、选定三步;"四评"即从外形、生长发育、生产性能和适应性(耐粗饲性能)四方面进行评定;"两达到"即本身与其后裔要达到育种要求;"一突出"即要突出育种的主选性状或品系特点。为此应做好以下工作:①目标明确;②情况熟悉;③条件一致;④资料齐全;⑤记录准确;⑥方法正确;⑦制度健全。

四、选配

(一)选配与选种的关系

选配就是有意识、有目的、有计划地决定种公母畜的交配组合,以期获得具有更优秀遗传素质的后代。家畜遗传改良的效果在很大程度上取决于选种和选配,选种与选配相互联系又彼此促进。

(1)选种发掘优秀个体、挖掘优良基因,选配将优良基因组合成更优秀的基因型,获得优秀后代。即选种是选配的基础和前提,选配则为下一世代的选种提供重要素材。

(2)选配巩固选种的效果,选种为选配提供基础。没有合理的选配,选种成果就得不到充分体现。要使所选种畜的优良品质能在后代中得到保持和加强,则必须同时也选具有相应优良品质的异性种畜作为配偶,这样才能达到提高的目的。

(3)选种与选配交替进行,先选种后选配,选配后又要继续选种。

(二)选配的作用

(1)能创造新的变异,为培育新的理想型创造了条件。

(2)能加快遗传性的稳定。如使性状相似的公母畜相配若干代后,基因型即趋于纯合,遗传性也就稳定下来。

(3)能把握变异的大方向。选配可使有益变异固定下来,经过长期继代选育后,有益性状就会突出表现出来,形成一个新的品种或品系。

(三)选配的分类

根据选配对象,可将选配分为个体选配和种群选配两大类。个体选配按品质分为同质选配和异质选配两种方法,按亲缘关系远近分为近交和远交两种方法。种群选配按种群特性不同可分为纯种繁育和杂交繁育两种方法。

1.品质选配

畜禽品质选配依据交配双方品质可分为同质选配和异质选配两种方法。

(1)同质选配(选同交配):就是选用遗传表型相似或遗传同质的优秀公母畜来配种,实施"以优配优"的交配方案,以期获得与亲代品质相似的优秀后代,如高产的公畜配高产的母畜。同质选配有利于促进畜群逐渐趋于同质化。

同质选配的作用:①可改变群体基因型的频率。提高群体内纯合子的频率,降低杂合子的频率。②可促进有利优良性状稳定遗传。通过同质选配,优良性状得以保持与巩固,并使具有这种优良性状的个体数量在群体中得以增加。同质选配与选择相结合,既改变群体的基因频率,又改变基因型频率,且群体会以更快的速度定向达到纯合。③建立独具特色的品系。连续同质选配,杂合子频率不断降低,各种纯合子频率不断提高。最后,群体将分化为由独特纯合子组成的亚群。④不改变数量性状育种值。对于数量性状,选配不改变个体的育种值,但因杂合子的频率降低可能会降低群体的平均值。

(2)异质选配(选异交配):选择品质类型不相似的公母畜进行交配。在选配时,一种是"优+优"方案,即选用具有不同优异性状的公母畜相配,以期获得兼有双亲不同优点的后代;另一种是"优改劣"方案,即选择性状相同但优劣程度不同的公母畜相配,以期对与配个体不良性状进行改进和提高。

异质选配的作用:①在"优+优"策略下,双亲的优良性状得以结合,丰富了后代的遗传基础,创造新类型。主要用在品种或品系培育的初期，通过性状重组，获得理想型个体。②在"优改劣"策略下，可以改良不良性状并提高不良性状个体（群体）水平。主要用于改良不良性状个体（群体），或用在畜群某一性状停滞不前需进一步提高时。

2.亲缘选配

亲缘选配指的是依据交配双方亲缘关系远近进行配种的选配方法。交配双方有较近亲缘关系的交配叫近亲交配，简称近交（inbreeding）；反之则叫远亲交配，简称远交（outbreeding）。畜牧学中通常将到共同祖先的距离在6代以内的个体间的交配（其后代的近交系数大于0.78%）称为近交，而把6代以外个体间的交配称为远交。

(1)近交程度分析：个体间近交程度可用罗马数字表示法、近交系数计算法、畜群近交程度计算法等表示。

①罗马数字法是用罗马数字标记共同祖先在父系和母系系谱中所处的位置来表示近交的程度，由于该法无法确切地明确近交的复杂程度而很少使用。

②近交系数就是某一个二倍体生物任何基因座上的两个相同基因来自父母共同祖先（common ancestor,CA）同一基因的概率。通俗地说就是由于该个体其双亲具有共同祖先而造成这一个体（在任何基因座上）带有相同等位基因的概率。个体X的近交系数用F_x表示，其计算公式如下：

$$F_x = \sum_{CA=1}^{k} \left(\frac{1}{2}\right)^{(n_1+n_2+1)} (1+F_{CA})$$

式中，CA为个体X父母亲的共同祖先；k为个体X父母亲的共同祖先数；n_1为个体X的父亲到共同祖先的世代数；n_2为个体X的母亲到共同祖先的世代数；F_{CA}为共同祖先的近交系数。如果共同祖先不是近交个体，此时$F_{CA}=0$，公式可进一步简化为：

$$F_x = \sum \left(\frac{1}{2}\right)^{(n_1+n_2+1)}$$

(2)近交的用途：

①近交可揭露有害基因。由于近交使基因型趋于纯合，出现隐性有害基因表型机会增多，因而有助于发现和淘汰有害基因携带者，进而降低有害基因的频率。

②近交固定优良性状。近交可使基因型纯合，因而可以用来固定优良性状。

③近交可保持优良个体的血统。

④近交可提高畜群的同质性。

⑤近交可提供试验动物。通过近交可产生高度一致的近交系，为医学、遗传等生物学试验提供试验动物。

(3)近交衰退：

由于近交使群体中杂合子的比例逐渐下降，使得群体的平均非加性效应值也逐步减小，因此造成群体的均值逐步下降，产生近交衰退。近交衰退表现为后代繁殖力减弱，死胎和畸形数增多，生活力下降，适应性变差，体质变弱，生长较慢，生产力降低等。

为了防止近交衰退的发生，可以采用以下措施：①严格淘汰。坚决把那些不符合目标要求、生产力低下、体质弱、繁殖力差等有衰退迹象的个体淘汰掉。②加强饲养管理。近交个体虽然种用价值高，但生活力较差，对饲养管理条件要求较高。如果能满足近交后代对饲养管理条件的需求，衰退现象则可缓解，或少表现甚至不出现。③血缘更新。一般近交几代后，近交都会达到一定程度。为防止不良影响过多积累,可从外地引进一些同类型但无亲缘关系的种公畜或冷冻精液,进行血缘更新。④灵活应用远交。当近交达到一定程度后,可适当运用远交,人为选择亲缘关系远甚至无亲缘关系的个体进行交配以缓和近交不利影响。

(4)个体选配的注意事项:

①选配必须根据既定的育种目标进行,并注意加强优良品质和克服缺点。②选配时,尽量选择亲和力好的公母畜交配。③公畜的等级一定要高于母畜。④有相同缺点或相反缺点者不能交配。⑤搞好品质选配,对优秀的公母畜进行同质选配。

3. 种群选配

种群选配是依据交配双方是同一种群还是不同的种群而进行选配的方式,根据交配双方的来源,分为纯种繁育与杂交繁育两大类。

(1)纯种繁育(pure breeding):指同一品种内的个体进行交配繁殖,同时进行选育和提高的方法,简称纯繁。纯种繁育的目的是促使更多的成对基因纯合,是改良现有优良品种的一种重要方法。

(2)杂交繁育(cross breeding)是指不同品种以至不同种属个体间进行交配繁殖,同时进行选育和提高的方法,目的是促使各对基因的杂合性增加。

杂交的作用之一是杂交利用:所谓杂交利用,就是通过杂交的方法利用杂种优势和亲本性状的互补性,提高商品畜禽的商业价值,提高商品生产水平。杂交的作用之二是杂交育种:通过杂交能够使基因得到重新组合,不同品种所具有的优良性状有可能集中到一个杂种群中,为培育新品种和新品系提供素材;通过杂交还能起到品种改良作用,既能迅速提高低产畜群的生产性能,也能较快改变一些种群的生产方向。

五、动物育种的方法

家畜育种方法可以分为两种:一是纯种繁育方法,当品种经过长期选育,已经具有优良特性,并符合国民需要时,应采用纯种繁育方法,即通过品种内的选种,加之合理选配和科学培育等手段,获得比本品种整体质量更高的一个群体。二是杂交繁育方法,让两个或两个以上的品种、品系或群体之间进行杂交,可能出现杂种优势和遗传互补,并提高现有群体的遗传基础。

(一)纯种繁育

纯种繁育也称为本品种选育,是指在同一个品种内,通过选种、选配、品系繁育和定向培育等措施,提高或改进品种遗传性能的繁育方法。选种是纯种繁育中最基本、最重要的技术环节和措施,在纯种繁育过程中,选种必须持续不断。选种与近交结合既可使培育中的品系得到提高,又因其群体较小而易于提纯,同时又可把一个品种所要重点改良的性状分散在不同畜群中来完成。在一个品种中,若能建立若干个各具不同特长、相互隔离的品系,再进行系间结合,接着又在其后代中培育新品系,如此一代一代发展,就有可能使品种质量逐步得到提高。对于不同类型的品种,在纯种繁育过程中所采取的措施的侧重点有所不同。

1. 地方品种(indigenous breed, local breed)

地方品种是在种种特定的生态条件下经过长期选择而育成的品种,具有较好的适应性和抗逆性,有的在生产性能上不乏优点,但大多数地方品种选育程度相对较低,主要生产性能水平还不高。对于地方品种的纯种选育策略:在加强保种工作的同时,可利用其遗传变异程度较大的特点加强选择,有条件和有必要时可适当采用引入杂交方法,针对地方品种突出缺点,引入少量外血以克服个别的突出缺点,加快改良步伐。只要引入杂交使用得当,不会改变该品种的主要特点,引入杂交不失为地方品种纯种选育的重要辅助措施。

2. 新育成品种(newly developed breed)

对于新育成的品种和品系,除继续加强种畜测定、遗传评估、强度选择等工作外,还应抓好提纯、稳定遗传性,以及推广与杂交利用等工作。绝不能让新品种在通过鉴定、审定与获奖后便放松或基本放弃种畜的测定、选种工作,甚至让其自生自灭。

3. 引入品种(国外引入品种,exotic breed)

对于按计划引进的外来品种,在开始阶段应着重考查其适应性,再逐步转入选育提高、改造创新阶段。若引种地的生态环境与原产地相差悬殊,则应采取措施,加强引入品种的风土驯化,引入品种还应集中饲养、繁育。具体措施如下。

(1)创造条件,防止退化。为使引入品种尽快适应新地区的条件,防止退化,在开始阶段应尽量创造与原产地相似的饲养管理条件,随着适应性的增强再逐步过渡为新地区条件。但仍然要满足引入品种的营养需要,采取相应的饲养管理方式。

(2)集中饲养、繁殖,逐步推广。由于引入品种数量较少,应选择在适合的地区进行集中饲养繁殖,然后根据引入品种对当地的适应情况逐步推广。

(3)加强选种、选配,合理培育利用。在纯种选育过程中,要严格选种,合理选配,加强培育,保证出场种畜的质量一定要符合该品种的标准。要注意选留对当地适应性强的合格种畜。

(二)杂交繁育

杂交繁育是结合两个或两个以上品种(类群)的不同优点并采用适当的方法进行杂交,创造出新的理想变异类型,然后通过育种手段将理想变异固定下来,从而培育出新品种或改进品种的个别缺点的方法。主要包括引入杂交和级进杂交两种方法。

1. 引入杂交

引入杂交也称为导入杂交,是当原品种品质较好,但还存在个别缺点急需改良,采用纯种繁育在短期内不易见效时,引入少量其他优良品种"血液"可以迅速改良这些缺点的一种杂交方法。引入杂交的流程是先让改良品种的公畜和被改良品种的母畜杂交一次,然后选用优良的杂种(包括公畜和母畜)与被改良品种(母畜和公畜)回交。回交一次获得含有1/4改良品种血统的杂种,此时如果已合乎目标要求,即可对该杂种动物进行自群繁育;如果回交一次所获得的杂种未能很好表现出被改良品种的主要特征、特性,则可再回交一次,把改良品种的血统含量降到1/8,再开始自群繁育。

引入杂交应注意的问题:①改良品种和被改良品种要体质类型相似,生产方向一致;改良品种必须具有针对被改良品种缺点的显著优点。②以加强原品种选育作为基础。③引入外血的量一般不要超过1/4。④创造有利于性状表现的饲养管理条件,同时必须进行严格的选种和细致的选配,这是保证引入杂交成功的两条重要措施。

2. 级进杂交

又叫改造杂交或吸收杂交,是一种为迅速改造低产畜群或改变畜群生产方向,利用改良品种的公畜与被改良品种的母畜杂交,所生杂种母畜连续几代与改良品种的公畜交配,直到杂种基本接近改良品种的水平时为止,然后将理想型的杂种进行自群繁育的方法,该法可以育成适应当地条件的新品种。

级进杂交应注意的事项:①正确选择改良品种,根据地区规划、国民经济的需要以及当地自然条件,选择适应性好、生产力高、遗传力强的品种作为改良品种。②正确掌握级进杂交的代数,当后代既具有改良品种的优良性状,又适当保留被改良品种原有的良好繁殖力和适应性等优点时,就要不失时机地进行自群繁育。③必须为杂种提供合理的饲养管理条件。

第五节 畜禽品系与品种的培育及杂种优势利用

一、品系与专门化品系的培育

(一)品系的培育

1. 品系的概念

指具有突出特点,并能将这些突出特点相对稳定地遗传下去的种群。品系是品种内的一种结构单位,既符合该品种的一般要求,又有其独特优点。品系作为动物育种工作最基本的种群单位,在加速现有品种改良、促进新品种育成和充分利用杂种优势等工作中发挥了巨大的作用。品系繁育是较高级的育种方法,即把品种核心群分化成若干个各具特点的品系,然后按品系进行繁育。不管是纯种繁育、杂交繁育,还是杂种优势利用,均要用到品系繁育,它是促进品种不断提高和发展的一项重要措施。品系分成以下五类。

(1)单系:利用系祖建系法培育的品系。从同一优良祖先的后裔中挑选育成的具有突出特点的品系。单系的祖先通常称为系祖,系祖通常以公畜较多。

(2)近交系:采用高度近交法建立的品系。一般采用连续的全同胞交配方法,使近交系数很快上升到37.5%以上,通过高度近交建立具有突出特点的品系,称为近交系。

(3)群系:采用群体继代选育法建立的品系。通过建立基础群和闭锁繁育等措施,使畜群中分散的优良性状迅速集中,并成为群体所共有的稳定性状,为与单系相区别,称这个品系为群系。此法建系速度快、规模大,其后代品质可超过祖先。

(4)专门化品系:是指生产性能在某一个方面具有突出优点的品系,按照育种目标进行分化选择育成,不同的品系配置在繁育体系不同的位置,承担着专门任务。专门化品系一般分为父系和母系两类,在培育专门化品系时,母系主选繁殖性状,辅以生长性状,父系主选生长、胴体和肉质等性状。

(5)合成系:是两个或两个以上的品种或品系通过有计划的杂交繁育而建立的品系。这种品系往往具有生产性能较高,经济性状突出,不追求外形的一致,育成快等特点。

2.品系的培育方法

(1)系祖建系法:实质是使卓越系祖的优秀特点稳定遗传给较多的后代,以促进群体的改良。一般流程为:首先是选择卓越的系祖,要求系祖在各方面都要达到畜群的中上等水平,且具有独特优点,遗传力强,并有成功的选配组合。其次是选配,将系祖与经过严格选配的母畜进行同质选配。然后是选择继承者,只选择那些完整继承系祖优良品质的,且又经后裔测验证明其能稳定地遗传给后代的公畜。最后是加强系祖对后代的遗传影响而进行近交。

(2)近交建系法:是在挑选出的公母畜(足够数量)中,以育种目标性状为基础,进行近亲程度高的亲缘选配,如亲子、全同胞或半同胞交配,经历若干世代,使尽可能多的基因位点迅速达到纯合,通过选择和淘汰等措施建立品系的方法。

近交建系法的技术要点包括:①建立基础群,基础群的母畜数量越多越好,公畜不宜多,并力求彼此同质,相互间有亲缘关系。组成基础群的个体不仅要优秀,且选育性状相同,不能带有隐性不良基因。②选配,建系开始时近交程度可以较高,此后则根据上代近交效果来决定下一代的近交方式。③选种,在最初4~5代中可不加选择,任其分离,等分化出性状明显不同的纯合子时,再按选育目标进行选择,这样易于选准,大大提高建系的效率。

(3)群体继代选育法:依据个体特征、特性构建基础群,对基础群进行闭锁繁育,逐世代依据生产性能和体型外貌等性状,按照育种目标选留一定数量的种公畜和种母畜,并进行选配,构建下一世代选育群,每代等量留种,总保持一个小规模群体。如此代代闭锁选育,直至获得达到育种目标且遗传性稳定的畜群。

该法的技术要点包括:①组建基础群,基础群要包括建系目标所要求的所有性状。若拟建立的品系同时在几个方面都有特点,则基础群以异质为宜。若拟建立的品系只用突出个别性状,则基础群以同质为好。②闭锁繁育,至少在4~6个世代之内不得引入任何外来种畜。更新用的后备动物要从基础群的后代中选留。如果畜群不大,可随机选配;当畜群较大时,可根据前期的选配效果,选择品质符合品系标准的优秀个体进行同质选配或近交。③严格选留,对各世代后备动物的出生时间、饲养管理条件、选种标准和选种方法等要保持基本一致,以提高选种的准确性。保持每世代的畜群规模大小稳定不变,一般每一家系都应留下后代,优秀家系可多留些。④在保证子代的表现优于上代的前提下,适当缩短世代间隔,以加快遗传进展。

3.品系培育的意义

(1)为商品生产种的杂交利用提供良好的亲本;(2)为配套系培育过程的第一阶段提供专门化品系作为亲本系;(3)可加速现有品种的改良;(4)可促进新品种的育成。

(二)专门化品系的培育

一方面,与通用品系相比,建立专门化父系和母系可以提高选择进展。因为在父系中主选生产性状、在母系中主选繁殖性状的选择效率,一般比在一个系中同时选择两类性状的效率高,特别是当两类性状间呈负相关时,分开选择的效果更明显。另一方面,专门化品系的性状在杂交体系中可取得互补。分别在杂交父本和母本的系群中选择不同类的性状,通过杂交可把父本和母本的优点聚合在商品代个体上。

组建专门化品系是为了充分利用品系间的杂种优势和互补优势,提高家畜的生产性能和经济效益。一般每个配套系由多个专门化品系组成,每个专门化品系只重点突出1~2个经济性状,遗传进展较快,培育配套系比纯种繁育所需的时间更短,能灵活应对市场的需求和变化。专门化品系的建立方法主要有系祖建系法、群体继代选育法、正反交反复选择法等,系祖建系法、群体继代选育法等前面已述,此处仅介绍正反交反复选择法。

正反交反复选择法:简称RRS法,目的是在选择的同时还能有效利用性状的一般配合力和特殊配合力。根据数量遗传学原理,如果两个不同品系在影响某个数量性状的基因位点上的等位基因频率存在差异,且等位基因间有显性效应,那么这两个系进行杂交就可能产生较大的杂种优势,即两系的配合力较高。主要步骤是:首先组建A、B基础群,每个群中着重选择不同的性状,其中一个群应着重选择生长、肉质和胴体等生产性状,另一个群则着重选择繁殖性状。第一年,把A、B两群的公母畜分为正、反两个杂交组,即A(雄)×B(雌)和A(雌)×B(雄),开展杂交组合试验。第二年,对上年的正反杂交的后裔F_1分别进行生产性能,根据F_1性能测定结果选出最好的亲本个体并留种,其余的亲本和全部的F_1都淘汰作肥育用。选留下来的亲本个体与其本系的成员分别进行纯繁,产生下一代亲本。第三年,将第二年繁殖的优秀A、B两系纯繁个体选择出来,按第一年的正反两组进行杂交测验。第四年,再重复第二年的纯繁工作。如此循环重复地进行下去,到一定时间后,即可形成两个新的专门化品系,并且因血统一致,彼此间具有很好的杂交配合力,可正式用于杂交生产。

正反交反复选择法颇受欢迎并被广泛应用,但也有育种家基于实践结果提出了对RRS法的改良方案,即在原RRS法的基础上将正反杂交和纯繁在同一年内进行,把原RRS法时间缩短一半。具体步骤是:首先组成A、B两个基础群,根据性能特点分为A、B系。第一年,将A系母畜的一半与A系公畜交配进行纯繁,另一半与B系公畜杂交;同样,B系母畜的一半与B系公畜交配进行纯繁,另一半与A系公畜杂交。正反杂交的后代用作肥育测定,从杂交效果好的亲本公畜的纯繁后代中选留种畜,组成一世代。第二年,将选留纯繁后代再按第一年正反杂交组合和纯繁措施进行正反杂交和纯繁,如此将正反交反复选择进行下去,即可育成具有高度杂种优势的两系配套的专门化品系。

二、品种的培育

我国是畜牧业生产大国,要提高我国畜禽种业的国际竞争力,就必须应用现代育种新技术和新方法,加快畜禽种业创新步伐,培育特色畜禽新品种。掌握畜禽种业发展的主动权,才能在面对进入中国市场的国外竞争对手时和激烈的市场竞争中立于不败之地,才能为振兴我国的畜牧业作出贡献。

畜禽新品种培育的方法主要有选择育种法与杂交育种法两种。目前主要采用杂交育种法,又称为育成杂交法。育成杂交法是为结合两个或两个以上品种(类群)的不同优点而采用适当的方式进行杂交,然后进行理想型杂种的自群繁殖和选育从而创造新品种的方法。目前,育成杂交法已成为培育家畜新品种的重要且常用的方法。

(一)杂交育种方法

(1)依据参与育种的品种数量可分为:①简单育成杂交,即通过2个品种杂交培育新品种,如利用短角牛和蒙古牛杂交培育出草原红牛。②复杂育成杂交,即利用3个及3个以上的品种杂交育成新品种,如利用苏联美利奴、高加索和当地蒙古羊进行复杂杂交培育出内蒙古细毛羊。

(2)依据培育品种的用途可分为:①改变畜禽生产方向的杂交育种,如将脂肪型猪向瘦肉型的方向转变等。②增强畜禽抵抗能力的杂交育种,如培育有特殊抵抗能力的耐热性品种、耐寒性品种、抗病性品种等。

(3)依据育种基础可分为:①在杂交改良基础上培育新品种,如三河马、三河牛都是在群众性杂交改良基础上培育而成的新品种。②有计划地从头开始培育新品种,如中国美利奴羊。

(二)杂交育种的步骤

杂交育种的过程一般可分为三个阶段:第一阶段为杂交创新阶段,主要是根据育种目标选择参与杂交育种的品种。通过杂交育种,聚合各个品种的优良特性,创造出符合育种目标的理想型杂种。第二阶段为自繁定型阶段,主要是将理想型个体转入自群繁育,从血统上封闭畜群。为了使理想型个体的遗传性能尽快纯合稳定,使其已具备的新品种特征得到巩固和发展,可进行同质选配,必要时也可进行近交。第三阶段为扩群提高阶段,本阶段主要是大量繁殖理想型,迅速增加理想型的个体数量并扩大分布地区、建立品系,完成一个品种应该具备的条件,使之成为合格的新品种。

三、杂种优势的利用

(一)杂种优势的概念

不同品种或品系的动物杂交所产生的杂种F_1代,其生活力、生长势和生产性能等在一定程度上优于亲本纯繁群体均值数的一种现象叫杂种优势(heterosis)。因此,通常用杂种F_1代在特定性状上的表型值与纯合亲本均值之差来度量杂种优势。运用杂种优势在育种中是提高动物生产效率的重要手段,目前,市场上89%的商品猪和几乎全部的肉用仔鸡都是杂种,杂种优势在肉牛、肉羊、蛋鸡等畜禽中得到了广泛运用。

(二)杂种优势利用的主要步骤

并非任何杂交都能取得极好的杂种优势。杂种优势利用过程包括对杂交亲本种群的选优与提纯,和杂交组合的选择和杂交工作的实施,是一项非常复杂的系统工程。主要包括两个方面的工作:一是对杂交亲本种群的选优与提纯。通过选择,尽可能提升亲本种群原有的优良、高产基因的频率;提纯就是通过选择和近交,尽可能提升亲本种群的优良、高产基因的纯合基因型频率,尽可能减小个体间差异。二是选择杂交亲本。对母本的选择标准是尽可能选择本地区数量多、适应性强且繁殖力高、母性好、泌乳能力强的品种或品系作母本,在不影响杂种生长速度的前提下,母本的体格不一定要太大。对父本的选择标准是,父本必须是与杂种所要求的类型相同的品种,且具有生长速度快、饲料利用率高、胴体品质好等突出特点。有时也可选用不同类型的父母本相杂交,以生产出中间型的杂种。

(三)杂交效果的预估

不同种群间的杂交效果差别很大,可通过配合力测定来预估杂交效果。由于测定工作复杂,成本高,故在杂交时只选择预估效果较好的杂交组合正式列入配合力测定工作。杂种优势的大小,一般与种群差异大小成正比:主要经济性状变异系数小的种群,一般杂交效果较好;遗传力较低,近交时衰退比较严重的性状,杂种优势较大。长期与外界隔绝的种群间杂交,一般可获得较大的杂种优势。

1. 杂种优势的度量

配合力是指杂种的优势程度,或杂交效果的好坏和强弱,是选配亲本和决定杂交成效的重要因素。配合力包括一般配合力和特殊配合力两种:一般配合力反映的是基因的加性遗传效应,可以通过选育提高;特殊配合力的遗传基础是基因的显性效应和上位效应,难以预测。当两个特定群体杂交后,杂种后代所能获得的超过一般配合力的效应值,即为杂种优势。

假设将A、B两个群体杂交,产生的杂种后代为F_{AB},则某一性状的杂种优势可表示为:

$$H=\overline{P}_{AB}-\frac{1}{2}(\overline{P}_A+\overline{P}_B)$$

式中,H表示杂种优势,$\overline{P}_{AB}$表示杂种后代F_{AB}的群体均值,$\overline{P}_A$和$\overline{P}_B$分别表示A和B两个亲本群的群体均值。

为了便于比较不同性状间的杂种优势,可将杂种优势与其双亲均值之比进行度量,用杂种优势率$H\%$表示,即杂种后代超过亲本均值的百分率。

$$H\%=\frac{2H}{\overline{P}_A+\overline{P}_B}\times 100\%$$

为了提高畜牧业的生产效益,应该选育出一般配合力高的品种(或品系)作为当家品种进行推广,通过杂交试验选定出特殊配合力高的杂交组合供生产使用。

2. 杂交方式

因具体情况不同,常用的杂交方式有五类。

(1)简单杂交:两个品种杂交一次所产生的杂种一代全部得到利用,不再配种繁殖的杂交方式,对提高产肉、产卵、产乳及繁殖性能有明显效果。

(2)三元杂交:也称三品种杂交,先用两个品种杂交,生产繁殖性能方面具有显著杂种优势的母畜,再用第三个品种作父本与具有显著杂种优势的母畜杂交,生产经济用畜群。三元杂交总的杂种优势要超过简单杂交,故目前广泛采用三元杂交提高猪的瘦肉率。

(3)双杂交:选择四个种群,分别两两杂交,然后再在两个杂种群间进行杂交,用于生产商品代畜禽。

(4)轮回杂交:两个或更多个品种轮流参加杂交,杂种母畜继续参加繁殖,杂种公畜供经济利用。此种杂交方式的优点:①有利于充分利用繁殖性能方面的杂种优势;②由于母畜需要较多,故该方式适合于单胎动物;③始终都能保持一定的杂种优势。

(5)顶交:近交系公畜与无亲缘关系的非近交系母畜交配。近交系母畜的生活力和繁殖性能都差,不宜作母本,故改用非近交系母畜。顶交方式具有见效快、投资少、后代多、成本低的优点。

第六节 畜禽遗传资源保护

一、畜禽遗传资源现状

(一)我国畜禽遗传资源丰富

我国是世界上畜禽遗传资源最丰富的国家之一。畜禽品种是畜牧业发展的关键,随着生产条件不断改善和市场需求不断变化,人类对畜产品的数量和品质提出了更高的要求。要培育出适应性更强、生产性能更高、品质更优、具有独特性状的畜禽品种(系),必须依靠现存的畜禽遗传资源。地方畜禽品种不仅数量多,而且经过长期不断的饲养与驯化,具有明显的优势特性,如繁殖力高、肉质鲜美、产绒性好、抗逆性强等,是培育新品种的"芯片",在畜牧业可持续发展中发挥着重要作用。2021年,农业农村部公布了《国家畜禽遗传资源品种名录(2021年版)》,其中包含猪、牛、羊、鸡、鸭、鹅等家畜与家禽,共收录畜禽地方品种、培育品种、引入品种及配套系948个。这些优秀地方畜禽品种均具有特色明显的优势基因,对维护生物多样性具有不可替代的作用。

(二)畜禽遗传资源保护的紧迫性及现状

随着科技不断进步、城镇化建设不断加快,大量的外国品种被引入国内并盲目与地方品种进行杂交。部分家畜遗传资源虽然具有一定特色,但因其生产性能不高、养殖效率低,而被杂交改造或彻底替代,致使许多地方品种或类群濒临灭绝,甚至彻底消失,导致具有许多优势基因的畜禽品种逐渐消失或被人为淘汰,家畜遗传资源多样性正受到严重的威胁。不加选择的杂交繁殖是导致家畜遗传资源受到威胁的主要原因,其他常见威胁因素还包括增加非本地原生品种的使用量、畜牧管理政策和制度薄弱、传统畜牧业生产体系的衰落以及竞争力较差的品种被忽视等。

我国高度重视对家畜遗传资源的保护,1979年开展了全国第一次畜禽遗传资源调查工作,并在此基础上编撰出版了《中国家禽品种志》。我国于1994年正式颁布了《种畜禽管理条例》,1998年颁布了《种畜禽管理条例实施细则》。2006年开展了第二次全国畜禽遗传资源普查工作,并在此基础上编撰出版了《中国畜禽遗传资源志》。随着工业化、城镇化进程加快,气候环境的变化以及畜牧业的升级转型,畜禽种质资源群体数量和区域分布发生了巨大变化,地方品种消失风险剧增,一旦灭绝,其蕴含的优质遗传资源、传承的农耕文化也可能随之消失,生物多样性也将受到影响。因此,2021年国家组织开展了第三次全国畜禽遗传资源普查工作,旨在摸清畜禽和蜂、蚕遗传资源家底,发掘新资源,科学评估资源珍贵稀有程度和濒危状况,为实施有效保护,打好种业翻身仗奠定种质资源基础。另外,我国还先后建立了一批国家级畜禽遗传资源基因库,包括国家家畜基因库、国家蜜蜂基因库、国家地方鸡种基因库、国家水禽基因库。

二、保种理论和方法

家畜遗传资源的保护是家畜育种工作的重要工作内容之一,故畜禽遗传资源保护理论和方法,成为畜禽育种科学研究中的热门领域之一。

(一)畜禽遗传资源保护理论

遗传资源保护简称保种,指保护现有家畜家禽品种,使之不遭混杂和灭绝。品种资源的实质就是基因资源,聚合了控制这个品种遗传特性的所有基因或基因组合。所以,保种的实质就是将品种资源看作遗传资源,保存基因库,尽可能不让基因座上的等位基因丢失,无论这些基因目前是否有用或无用。

畜禽遗传资源保护的目标是使被保护群体的遗传结构保持相对稳定,即让群体基因频率保持平衡。因此,畜禽遗传资源保护研究的核心问题是如何分析并保持保种群的群体遗传结构。遗传资源原位保种方法,要求尽量保存一个群体基因库(gene pool 或 gene bank)的平衡,力争不丢失其中的任何一个基因。支持该方法的理论是哈代-温伯格平衡定律,即在随机交配的大群体中,在没有选择、迁移、突变等因素的影响下,基因频率在各世代间保持恒定不变。任何引起基因频率变化的因素都会造成遗传平衡的变化。

畜禽遗传资源的保护有原位保种和异位保种两种方式。原位保种就是在自然生态环境条件下维持一个活体动物群体;异位保种就是通过一定的技术手段保存精液、胚胎、细胞和DNA文库从而实现保存物种群体的遗传资源。

原位保种通常用于保护的物种群体是一个闭锁的规模有限的小群体,遗传漂变和近交是影响群体遗传平衡和导致基因丢失的两个主要因素。群体大小(population size)是影响遗传漂变和近交系数的主要因素。

遗传漂变(genetic drift):由抽样所引起基因频率随机波动的现象称为遗传漂变。一般来说,群体规模越大,遗传漂变程度越小,即基因频率的随机变化越小;群体规模越小,遗传漂变程度越大,即基因频率的随机变化越大。

近交系数(inbreeding coefficient):近交使群体内纯合子频率升高,遗传纯合度增加,使一部分等位基因纯合,另一部分等位基因丢失。群体规模越小,近交发生的概率越大,近交系数增长得越快。因此,为了防止群体近交衰退,要降低世代间群体的近交系数。

(二)原位保种的遗传学基础

通常用近交系数增量(ΔF)来表示基因的平均纯合速度,决定群体近交系数增量的参数为群体有效含量(N_e),群体有效含量指实际群体的遗传漂变程度与近交速率相当于理想群体时的个体数。理想群体指公母各半、随机交配、规模恒定、世代间隔不重叠且不存在突变和选择的群体。ΔF反映了群体遗传结构中基因的平均纯合速度,当初始群的近交系数为0时,第t代的近交系数为:

$$F_t = 1 - (1 - \Delta F)^t$$

1. 保种群体的大小

在实际保种群中,群体规模大小不等,导致有效群体大小也不等。群体的有效含量相对大的群体,平均近交系数增量越小,遗传漂变相对也较小。若群体中公畜的数量为N_f,母畜的数量为N_m,则有:

$$N_e = \frac{1}{4N_m} + \frac{1}{4N_f}$$

$$\Delta F = \frac{1}{2N_e}$$

2. 保种群体中参与繁殖的公母比例

在实际保种群中,公畜和母畜数目经常不等,通常公畜较少,母畜较多,群体有效含量比实际群体规模要少。公畜数量(N_f)和母畜数量(N_m)与近交系数增量的关系近似:

$$\Delta F = \frac{1}{8N_m} + \frac{1}{8N_f}$$

3. 保种群的留种方式

保种群常用的留种方式为随机留种和家系等量留种两种,不同的留种方式对近交系数增量的影响不一样。家系等量留种,即每对亲本(亲本对数为N)的后裔中选留雌雄各一个个体,群体有效含量近似为$N_e=2N$。若采用随机留种,各家系留种雌雄数目不等,则有:

$$\Delta F = \frac{1}{32N_m} + \frac{1}{32N_f}$$

4. 连续世代间群体规模的波动

在不同世代间群体的规模是变化的,在t世代时,群体平均有效含量是各个世代数目的调和平均值,连续t个世代中每个世代的群体有效含量分别为$N_1, N_2, \cdots, N_t$,则有:

$$\frac{1}{N_e} = \frac{1}{t}\left(\frac{1}{N_1} + \frac{1}{N_2} + \cdots + \frac{1}{N_t}\right)$$

$$\Delta F = \frac{1}{2t}\left(\frac{1}{N_1} + \frac{1}{N_2} + \cdots + \frac{1}{N_t}\right)$$

5. 交配个体间的亲缘关系

近交使纯合基因频率增加,杂合基因频率降低,导致基因丢失。故在随机交配的基础上,应避免全同胞、半同胞、亲子等亲缘关系较近的个体间交配。将群体划分为不同的亚群体(品系),不同亚群体的亲缘关系较远,在亚群体间采用轮回交配,避开有亲缘关系个体间的交配,可有效地控制近交系数的增长。

6. 世代间隔

世代间隔不直接影响群体近交系数增量,但与一定时间内群体遗传结构变化速度密切相关。对长期的遗传资源保存来说,世代间隔延长可有效缓解群体的遗传结构变化。

三、畜禽遗传资源的管理与利用

我国是世界上畜禽遗传资源最丰富的国家之一,畜禽遗传资源不仅是推动现代种业创新的物质基础,还是保障生物多样性、国家生态安全和农业安全的重要战略资源,保护、利用好畜禽遗传资源意义重大。畜禽遗传资源的保护与利用是一项综合性很强、涉及面很广且要求非常高的工作,涉及对畜禽遗传资源特别是地方品种资源的调查,对新的遗传资源及新的变异类型或新的种质特性的发掘,资源的收集与评估、保护与利用,以及利用优异的地方畜禽遗传资源育成新的育种材料、品系或品种等多方面的工作。

(一)畜禽遗传资源的管理

调查清楚遗传资源的保存情况是畜禽遗传资源管理的首要任务。畜禽遗传资源一直处于动态的变化中，需要定期组织开展调查，摸清底数、掌握情况，及时了解资源的动态变化，为资源的管理、科学研究和产业发展提供基础支撑。我国分别于1979年、2006年开展了两次全国畜禽遗传资源普查工作，基本掌握了除青藏高原区域以外的大部分地区畜禽遗传资源情况。2019年农业农村部颁布了《畜禽遗传资源保护与利用三年行动方案》，旨在进一步提升畜禽遗传资源保护与利用水平，推动现代化种业发展，助力乡村振兴战略实施。2023年《中华人民共和国畜牧法》修订，强化了对畜禽遗传资源保护的相关要求，明确了"畜禽遗传资源保护以国家为主、多元参与，坚持保护优先、高效利用的原则，实行分类分级保护"，"县级以上地方人民政府应当保障畜禽遗传资源保种场和基因库用地的需求"。为了加强畜禽遗传资源的管理和保护，设立由专业人员组成的国家畜禽遗传资源委员会，负责畜禽遗传资源的鉴定、评估和畜禽新品种、配套系的审定，承担畜禽遗传资源保护和利用规划论证及有关畜禽遗传资源保护的咨询工作。我国先后制定了遗传资源保护与利用规划，建立了一批地方畜禽遗传资源保种场、保护区以及遗传资源基因库，公布和修订了国家级畜禽品种资源保护名录。随着国家经济实力的提高和对资源保护工作的重视，用于畜禽遗传资源保护工作的中央财政经费逐年增加，围绕地方种质特性与遗传多样性评估开展了一系列的研究工作。采取原产地保种和异地基因库保存相结合的方式，抢救了独龙牛、荷包猪、鹿苑鸡等一批濒临灭绝的畜禽品种，初步建立了畜禽遗传资源保护体系，为畜牧业的可持续发展奠定了基础。

畜禽品种信息数据库的建立是家畜遗传资源管理中的一项基础性工作。依托中国农业科学院北京畜牧兽医研究所创建的"国家家养动物种质资源库"，建立了完善的家养动物种质资源立体式保存的理论、方法和技术的科学体系。以家养动物体细胞、干细胞、基因组文库、cDNA文库、突变体库、线粒体DNA库、功能基因、精液、卵母细胞和胚胎的形式为基础，制定了种质资源切实可行的科学管理和技术操作标准，并抢救性地保存了大量的遗传物资，建立了信息库和实物共享服务平台，通过该平台可以比较详细地了解我国不同的畜禽品种。

《中华人民共和国畜牧法》将畜禽遗传保护工作纳入了法治化轨道，为畜禽遗传资源保护提供了法律保障，建立了一系列畜禽遗传资源管理制度。包括国家畜禽遗传资源(物种)保护制度，国家畜禽遗传资源调查制度，国家畜禽遗传资源状况报告定期发布制度，全国畜禽遗传资源保护规划、保护名录，畜禽遗传资源的鉴定、评估制度，畜禽遗传资源分级管理制度，进出口管理制度等。其目的是保护国家畜禽遗传资源多样性，确保畜禽遗传资源的保护与利用工作依法有序、高效推进。保护优秀畜禽遗传资源，不仅符合中国人民的利益，也符合世界人民的利益，优秀畜禽遗传资源是中国和世界畜牧业可持续发展的重要保障。

(二)畜禽遗传资源的开发利用

畜禽良种是建设现代畜牧业，提高畜产品市场竞争力的基础。畜禽良种的培育，源于畜禽遗传资源的优良种质特性。我国地方畜禽品种不仅数量众多，并且大多具有独特的遗传性状，如繁殖性能高、抗逆性强等，是培育畜禽优良品种的良好素材。只有充分挖掘地方品种的优良特性，培育适合我国国情和畜牧业生产需要的畜禽良种，才能进一步提高我国畜牧业生产水平和畜产品的竞争力。畜禽遗传资源的保存最终都是为了现在和将来对畜禽品种资源进行利用，利用方式一般包括直接利用和间接利用两种，两种方式的运用前提都是要注意保持原种的连续性，在地方品种杂交利用中要特别注意不能无计划杂交。一些地方良种以及新育成的品种或者一些引入的良种，一般都具有较高的生产性能，或者在某一性能方面有突出的生产用途，对当地的自然生态环境有较好的适应性，一般可以直接利用，用于畜产品的生产。但大部分地方品种的生产性能较低，若直接作为商品生产，则经济效益较差。可在保种的同时，创造条件间接利用这些地方良种，主要有两种方法：一是将地方良种作为杂种优势利用的原始材料。许多地方良种都具备繁殖性能好、母性强、哺乳力高、产品品质优、对当地条件的适应性强等优点，符合杂种优势利用中对母本的要求。选用具有较高的生长发育速度和良好的饲料利用率的外来品种作为父本，通过杂交试验确定最好的杂交组合，配套推广使用。二是将地方良种作为培育新品种的原始材料。在培育新品种时，为了使育成的新品种对当地的气候条件和饲养管理条件有良好的适应性，通常都需要利用当地优良品种或类型与外来品种杂交，再系统选育出新品种。

近年来，在加强畜禽遗传资源管理的同时，对畜禽遗传资源的开发、利用也取得了一定的新进展。建立了畜禽精准鉴定体系，加快构建了品种分子身份证、挖掘了优异基因和构建了参考基因组，尝试在分子水平鉴定、评价畜禽品种。同时运用现代育种技术和手段，选育了一大批新品种和专门化品系，形成育种、生产、加工为一体的畜禽资源开发利用模式，使许多畜禽地方品种的主要优良性状得以保持，生产性能有较大提高。如由国内地方鸡种培育而成的优质黄羽肉鸡现已得到广泛推广；利用地方猪种培育的苏太猪等品种已成为目前一些地方主要的杂交亲本；选育的绒山羊的产绒量得到了显著的提高；经过长期选育，绍兴鸭、金定鸭的产蛋量处于世界领先水平。另有一些培育的新品种和配套系获得审定，其中绝大部分是以地方品种为素材培育而成的，并得到了广泛的推广与应用，取得了良好的经济效益。畜禽遗传资源的合理利用，可以促进资源优势向经济优势转化，形成畜禽产品的多样化、优质化和特色化，为畜牧业增产、增效和农牧民增收作出重要贡献。

拓展阅读

扫码获取本章拓展数字资源。

课堂讨论

1.畜禽遗传资源是一个国家的战略资源，也是农业生产的重要资源。我国是世界上畜禽遗传资源最丰富的国家之一，如何将我国丰富的畜禽遗传资源转化为显著的经济效益，促进畜牧业可持续发展并满足人类多样化需求呢？我国主要的优秀地方畜禽（猪、鸡、牛、羊）品种有哪些？种质资源特点是什么？我们应该如何保种以及对种质资源进行开发利用呢？

2.在地方畜禽遗传资源开发利用和品种培育过程中，我国老一辈科学家心系"三农"，长期致力于动物遗传理论与育种实践研究，先后培育出了"节粮小型蛋鸡品种""节粮高产型藏鸡""豫粉1蛋鸡""三高青脚黄鸡三号"和3个快大型白羽肉鸡品种"圣泽901""广明2号""沃德188"等新品种。请谈谈老一辈科学家在我国畜牧业发展和服务脱贫攻坚、乡村振兴等国家重大战略中所体现的科学家精神。

思考与练习题

1. 名词解释：数量性状、质量性状、伴性遗传、同质选配、异质选配、近交、家系选择、个体选择、家系内选择、纯种繁育、杂种优势、一般配合力、群体有效含量、世代间隔、遗传力、重复力、选择差、选择反应。

2. 自由组合定律和分离定律的实质是什么？

3. 品种应具备哪些条件？

4. 试叙述影响数量性状选择效果的因素。

5. 畜禽育种实践中的生物新技术有哪些？

6. 近交的用途有哪些？

7. 品系的类别及培育方法有哪些？

8. 影响群体近交系数增量的因素有哪些？

第五章

动物繁殖技术

本章导读

动物繁殖性状是重要的经济性状,提高动物繁殖力可以降低动物生产成本,从而提高生产经济效益。目前,动物繁殖技术是现代动物学中的研究热点之一。本章将学习的内容主要包括:动物的生殖器官、机能及生殖生理是怎样的?生殖激素有哪些具体分类及生理功能?如何正确、有效地进行人工授精?如何提高动物繁殖力?

学习目标

1.熟悉动物的生殖生理,了解精子发生与精液形成的过程,掌握动物的性分化、初情期、性成熟、发情、排卵、受精、妊娠、分娩、泌乳和性行为等各种生殖现象的机理、内分泌调节机制及各种影响因素。

2.熟练评定精液品质,掌握人工授精技术、精液冷冻的流程和相关原理;熟练掌握发情鉴定技术,能够把握母畜的配种时机,掌握妊娠诊断技术,能够利用B超对雌性动物进行妊娠诊断,科学处理接产与难产,正确护理新生仔畜。

3.通过本章的学习,探索生命产生的奥秘。新生命的产生从精子与卵子结合形成受精卵开始,每一步都离不开精准的调节机制。深刻体会生命的来之不易,难能可贵。

概念网络图

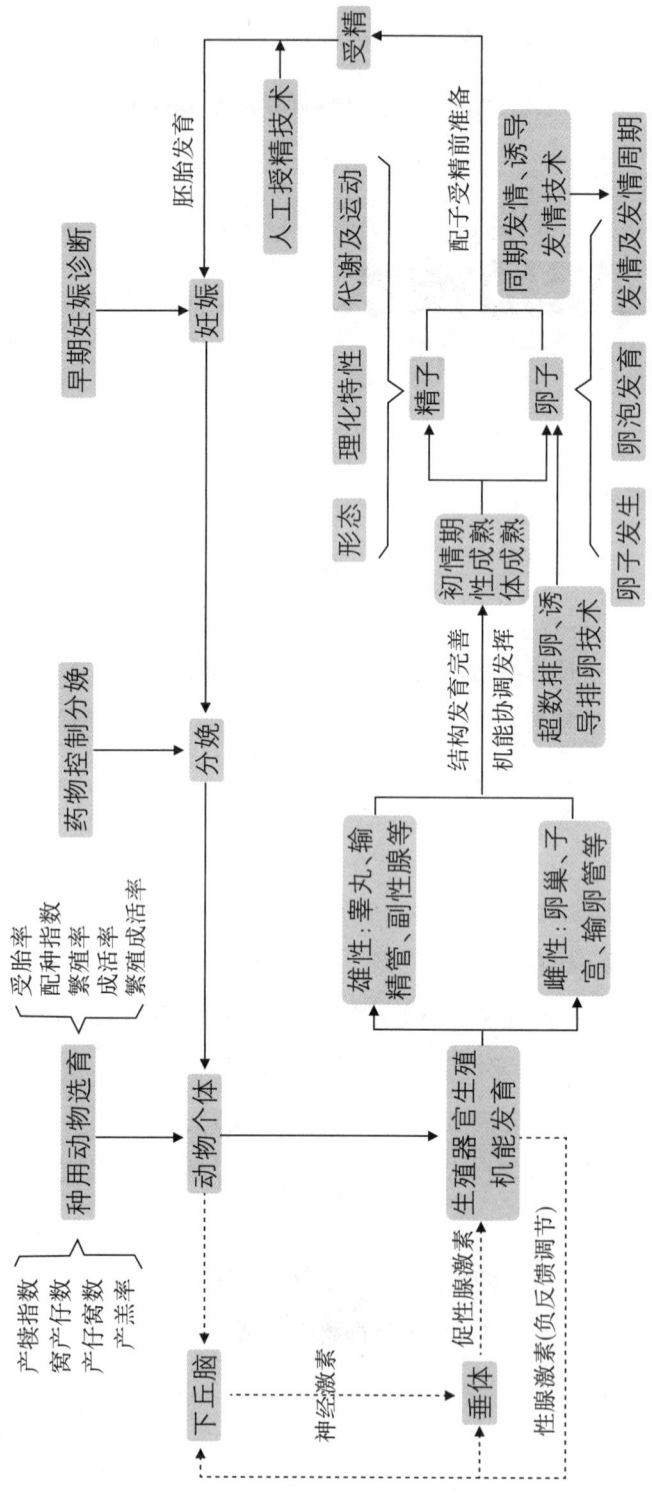

本章深入探讨了动物繁殖领域的关键知识和技术，系统地介绍了动物的生殖器官及机能、生殖激素的分类及作用、动物的生殖生理，以及受精、妊娠和分娩等重要生理过程，涵盖生殖系统解剖学、内分泌调控机制，以及生殖机能发育过程等动物繁殖方面的生物学基础。同时，还重点探讨了现代生殖技术的应用。介绍了人工授精技术，主要包括其原理、操作步骤和应用范围。此外，还重点介绍了动物发情周期、性别、受精，以及分娩过程的繁殖控制技术，并且讨论了衡量动物繁殖力的具体方法与指标，以及提高动物繁殖力的相关措施。通过学习本章内容，读者将深入理解动物繁殖生理学和技术，掌握现代畜牧业中关键的繁殖管理策略和操作技术。这对于提高畜禽生产效率、改善繁殖效果以及实现畜牧业的可持续发展具有重要意义。

第一节 动物的生殖器官及机能

动物的生殖器官因性别不同而有所差异，雄性动物的生殖器官主要包含睾丸、附睾、输精管、副性腺、尿生殖道以及阴茎等，雌性动物的生殖器官主要包含卵巢、输卵管、子宫、阴道以及外生殖器。虽然雌雄动物的生殖器官各不相同，但都能依据生殖器官的功能划分为生殖腺、生殖管道和附属器官等组成部分。生殖器官通过各种活动，例如交配、受精、妊娠以及分娩等繁衍后代。

一、雄性动物主要生殖器官及机能

雄性动物的生殖器官主要由睾丸、附睾、输精管、副性腺、尿生殖道以及阴茎等构成（图5-1-1）。

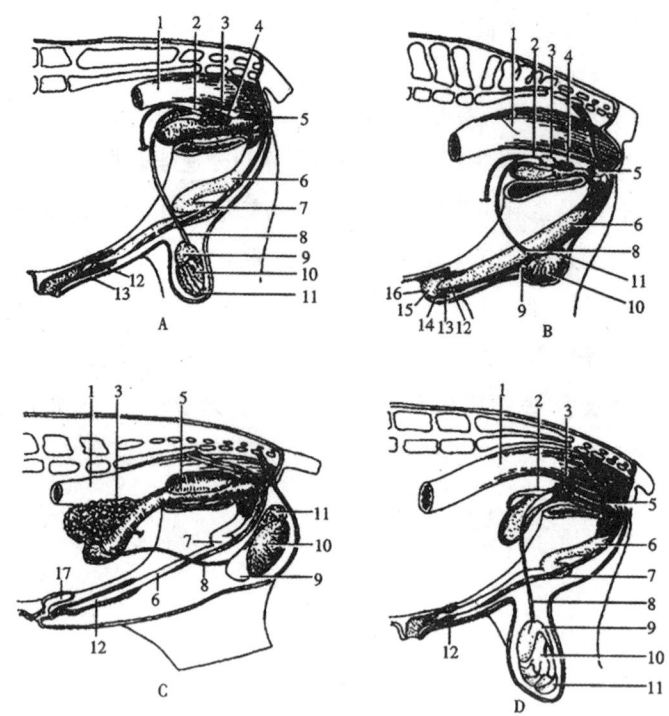

A.牛;B.马;C.猪;D.绵羊

1.直肠;2.输精管壶腹;3.精囊腺;4.前列腺;5.尿道球腺;6.阴茎;7.S状弯曲;8.输精管;9.附睾头;10.睾丸;11.附睾尾;12.阴茎游离端;13.内包皮鞘;14.外包皮鞘;15.龟头;16.尿道突起;17.包皮憩室

图5-1-1 公畜生殖器官剖面示意图

1.睾丸

正常雄性动物的睾丸成对存在,均为长卵圆形,不同动物睾丸的大小、重量有较大差别。曲细精管是睾丸的重要组成部分,是精子发生的主要场所;曲细精管之间的间质细胞可分泌雄激素,进而刺激附睾、阴茎以及副性腺的发育,维持精子发生以及保证精子存活,同时刺激公畜第二性征的发育。此外,位于曲细精管管壁的支持细胞还可分泌抑制素、激活素等蛋白质类激素。睾丸能产生大量的睾丸液,有助于维持精子的生存并使精子向附睾移动。

2.附睾

附睾位于睾丸的附着缘,由头、体、尾三部分组成。附睾头和附睾体可吸收来自睾丸的水分和电解质,提升附睾尾中的精子浓度;精子在附睾内运行,在运行过程中逐步获得运动以及受精能力,并且伴随着原生质滴的脱落,精子逐渐成熟;附睾尾部是精子贮存的主要场所;附睾为精子的发育提供必需的养分;此外,附睾也是精子运输的重要通道。

3.输精管

输精管由附睾尾延续而成,是运送精子的重要通道,同时在射精、分泌、吸收和分解老化精子等过程中发挥重要作用。输精管肌肉层受激素、神经调节,发生规律性收缩,可将精子由附睾尾部快速排入尿生殖道。

4.副性腺

公畜的副性腺包括精囊腺、前列腺、尿道球腺,副性腺的分泌物与输精管壶腹腺体的分泌物混合在一起称为精清,可冲洗尿生殖道,为精子通过做准备;副性腺分泌物可稀释精子,扩大精子的容量,还能为精子提供果糖等养分;副性腺分泌物所形成的弱碱性环境有利于精子的活化,并且缓冲不良环境对精子的危害;在精液排出的过程中,副性腺分泌物帮助精子排出体外,防止精液倒流。

5.尿生殖道

尿生殖道可分为骨盆部和阴茎部两个部分,是运送精子的重要管道,同时也是尿液的排出通道。

6.阴茎

阴茎是雄性动物的交配器官,主要由勃起组织及尿生殖道阴茎部组成,具有交配及排尿功能。

二、雌性动物主要生殖器官及机能

雌性动物生殖器官主要由卵巢、输卵管、子宫、阴道以及外生殖器等构成(图5-1-2)。

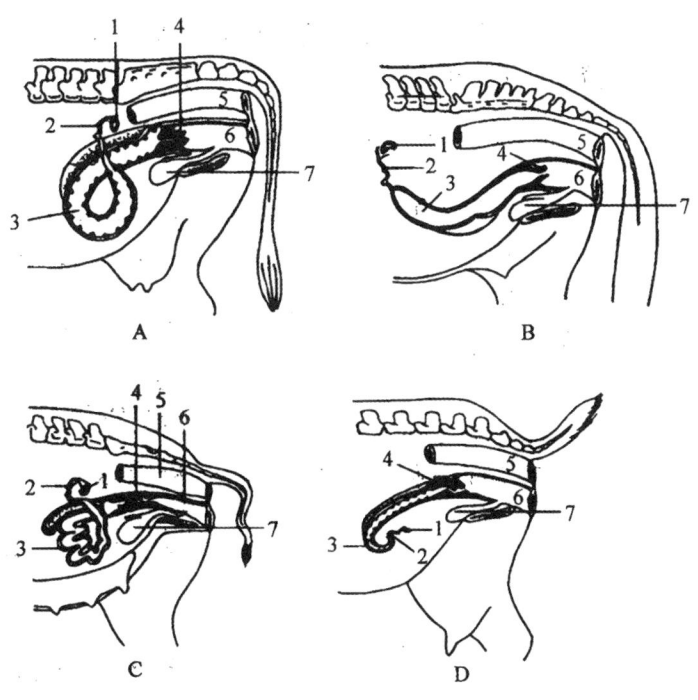

A.母牛;B.母马;C.母猪;D.母羊

1.卵巢;2.输卵管;3.子宫角;4.子宫颈;5.直肠;6.阴道;7.膀胱

图5-1-2 母畜的生殖器官剖面示意图

1.卵巢

卵巢是雌性动物重要的生殖器官,其大小、形态和位置因母畜种类的不同而不同。卵巢是卵细胞发生及卵泡发育的主要场所,卵泡当中的卵母细胞和颗粒细胞可分泌多种类固醇激素,促进其他生殖器官及乳腺的发育。此外,不同发育阶段的卵泡还可分泌抑制素、活化素、卵泡抑制素及其他多肽类激素或因子,并通过内分泌、旁分泌以及自分泌等方式调节卵泡自身的发育。

2.输卵管

输卵管位于卵巢和子宫角之间,是一对长而弯曲的细管,可分为漏斗部、壶腹部和峡部三个部分。输卵管在运送卵子和精子时,将卵子从输卵管漏斗部运送至输卵管壶腹部,同时反向将精子从输卵管峡部运送至输卵管壶腹部,完成精卵结合;输卵管对精子的获能、精子筛选以及控制受精卵卵裂都具有重要作用;同时输卵管能分泌氨基酸、葡萄糖、乳酸黏蛋白及黏多糖等物质,维持精子、卵子受精能力以及促进早期胚胎发育。

3.子宫

子宫大部分在腹腔,小部分在骨盆腔,前接输卵管,后接阴道,背侧为直肠,腹侧为膀胱。多数动物的子宫由子宫角、子宫颈和子宫体三部分组成,子宫颈口突出于阴道。雌性动物发情配种时,子宫颈口张开,有利于精子进入,且可对精子进行筛选,防止过多的精子进入受精部位,同时将剩下的精子运送至输卵管;子宫是胚胎发育的重要器官,子宫腺分泌物为早期胚胎的发育提供养分,胎儿也可通过胎盘进行代谢产物、养分以及气体的交换;子宫颈黏液高度黏稠,可形成栓塞封闭子宫颈口,防止子宫感染;此外,胎盘所产生的雌激素可刺激子宫肌肉的生长,同时使子宫、阴道、外阴以及骨盆韧带软化,为胎儿的娩出创造条件。

4.阴道

阴道位于骨盆腔,背侧是直肠,腹侧是膀胱和尿道,前接子宫,后接尿道生殖前庭,是交配器官,也可在交配后贮存精子,并将精子向子宫运送,同时也是分娩时的产道。

5.外生殖器

外生殖器包括尿生殖前庭、阴唇和阴蒂,是交配器官及产道,同时也是排尿的必要通道。

第二节 生殖激素

激素是由机体产生,包含微量信息传质或微量生物活性物质,经体液途径或空气传播途径等,作用于靶器官(或靶细胞),调节机体生理功能。作用于动物生殖活动的激素称为生殖激素,生殖活动是一系列复杂的生理过程,生殖激素的作用一直贯穿于整个生殖过程。动物的生殖过程必须在多种激素的协调作用下,按照严格顺序使各器官、组织产生相应的变化,才能完整进行。

一、生殖激素的概念、分类、化学特性及主要生理作用

(一)生殖激素的概念

生殖激素和动物的繁殖密切相关,直接或间接地影响动物某些生殖环节的生理活动。直接参与调控生殖活动(发情、排卵、受精、妊娠、分娩等)的一类激素,如促性腺激素释放激素(GnRH)、促性腺激素(FSH、LH、hCG等),称为生殖激素。同时,还有一些激素通过维持机体正常生理状态而间接作用于生殖

过程,这些激素称为次要生殖激素,如生长激素等。

随着现代畜牧业的发展,需要人为控制动物繁殖行为的情况越来越多,利用外源生殖激素控制动物繁殖过程的技术,越发受到现代畜牧业的重视,如同期发情、超数排卵、胚胎移植、分娩辅助等技术都离不开生殖激素的使用。

(二)生殖激素分类

生殖激素根据生理功能可分为:神经激素,由脑部各区域神经核团等分泌,主要调节脑内外生殖激素的分泌活动(GnRH等);促性腺激素,由垂体前叶和胎盘分泌,是具有促性腺功能的激素(FSH、LH、PMSG、hCG等);性腺激素,由睾丸、卵巢、胎盘分泌,对生殖活动以及下丘脑、垂体分泌活动有直接、间接调控作用(雌激素、雄激素、孕激素等)。

生殖激素根据分泌位置及其对生殖器官的作用,可分为下丘脑的释放激素、垂体前叶的促性腺激素、胎盘的促性腺激素、性腺的性激素、子宫的前列腺素等种类。

生殖激素按照其化学成分,可分为蛋白质、多肽类生殖激素,类固醇类生殖激素以及脂肪酸类生殖激素三大类。蛋白质、多肽类生殖激素主要包括由垂体以及脑部分泌的催乳素、促性腺激素释放激素、促黄体素、促卵泡素等;同时,胎盘和性腺也可分泌蛋白质、多肽类生殖激素,如孕马血清促性腺激素。类固醇类生殖激素主要由性腺和肾上腺分泌,如雌激素、雄激素、孕酮等。脂肪酸类生殖激素主要由前列腺、精囊腺等腺体分泌,如前列腺素。

(三)生殖激素的化学特性和主要生理作用(表5-2-1)

表5-2-1 生殖激素种类、来源、化学特性及主要功能

种类	来源	名称	化学特性	主要功能
神经激素	下丘脑	促性腺激素释放激素(GnRH)	10肽	促进垂体合成、释放LH、FSH
		促性腺激素抑制激素(GnIH)	12肽	抑制促性腺激素分泌,促进禽类采食
		催乳素释放激素(PRH)	多肽	促进垂体释放催乳素
		催产素(OXT)	9肽	促进子宫收缩、乳汁分泌,溶解黄体
	松果腺	褪黑素	胺	控制动物性腺发育
促性腺激素	垂体	促卵泡素(FSH)	糖蛋白	促进卵泡发育、成熟以及精子发生
		促黄体素(LH)		刺激排卵和黄体生成,刺激分泌雌激素、雄激素
		催乳素(PRL)		促进乳腺发育和乳汁分泌,增强黄体分泌机能和母性行为
	胎盘	人绒毛膜促性腺激素(hCG)		主要功能与LH类似
		孕马血清促性腺激素(PMSG)		主要功能与FSH类似,对马属动物有促进副黄体形成的功能

续表

种类	来源	名称	化学特性	主要功能
性腺激素	卵巢	雌激素(E)	类固醇	促进发情行为,维持第二性征,刺激雌性动物生殖器官发育,控制促性腺激素释放
	睾丸	雄激素(A)		促进副性腺发育、精子发生,维持第二性征和性欲
	卵巢、胎盘	孕激素(P)		与雌激素协调发情行为,维持妊娠,促进子宫腺体和乳腺发育
	卵巢、子宫	松弛素(RLX)	多肽	促进子宫颈、耻骨联合、骨盆韧带松弛
其他	广泛分布	前列腺素(PG)	脂肪酸	溶解黄体,促进子宫收缩
	外分泌腺	外激素(PHE)	脂肪酸	影响性行为和性活动

二、几种主要的生殖激素及其在动物繁殖上的应用

(一)神经激素

1. 促性腺激素释放激素(GnRH)

GnRH主要由下丘脑神经核团分泌,哺乳动物具有相同结构的GnRH,是由9种氨基酸组成的直链式10肽化合物,相对分子量为1181,禽类和两栖类以及鱼类的GnRH分子结构与哺乳动物的有所差异。天然GnRH在体内极易失活,国内合成的GnRH类似物主要有促排卵2号和促排卵3号。GnRH的生理作用不存在种间差异性,表现为促进LH和FSH的合成与释放,进而影响性腺激素的分泌。在畜牧生产上有以下几个方面的应用。

(1)诱导母畜产后发情:产后的母畜在多种因素的影响下,导致卵巢活动受到抑制,此时可注射促排卵3号诱导发情。

(2)提高受胎率:在配种前给母畜注射GnRH类似物可以促进卵泡进一步成熟,提高发情期受胎率。

(3)提高超速排卵效果:注射GnRH类似物可以促进排卵,增加可用胚胎数。

(4)治疗卵泡囊肿和排卵异常。

(5)改善公畜精液质量:注射GnRH类似物可以刺激垂体分泌间质细胞刺激素,促进睾丸发育、雄激素分泌和精子成熟,从而达到改善公畜精液质量的目的。

2. 催产素(OXT)

主要由下丘脑合成分泌,储存在垂体中,在生产中有以下应用。

(1)诱发同期分娩:临产母牛在注射地塞米松48 h后静脉注射OXT类似物5~7 μg/kg,可在4 h左右分娩。

(2)提高受胎率:母畜配种前,子宫灌注OXT可提高其受胎率。

(3)终止妊娠:母畜发生不当配种后一周内,每日连续注射OXT,能抑制黄体发育而终止妊娠,且一般在处理8~10 d后出现返情。

(二)垂体激素

1.促卵泡素(FSH)

又称卵泡刺激素,是由垂体嗜碱性细胞分泌的由 α 和 β 亚基组成的糖蛋白激素,垂体中的FSH含量较少,稳定性差。在生产上有以下应用。

(1)刺激卵泡生长发育:卵泡生长至出现卵泡腔时,使用FSH能够刺激卵泡继续发育至近成熟。

(2)刺激卵巢生长:适量FSH可刺激卵巢生长、增加卵巢重量。提高FSH浓度只能使大卵泡数量增加,而不能加速卵泡发育。

(3)配合LH协同诱发排卵:排卵发生时要求母畜体内的FSH与LH达到一定浓度且比例适宜。

(4)刺激曲精细管上皮和次级精母细胞的发育:使用FSH刺激精管上皮细胞的分裂活动,促进精细胞增多、睾丸增大。

(5)协同刺激精子发育成熟。

2.促黄体素(LH)

又称促间质细胞素,是由垂体嗜碱性细胞分泌的由 α 和 β 亚基组成的糖蛋白激素,稳定性较好,在提纯过程中较为稳定。在生产上有以下应用。

(1)刺激卵泡发育成熟和诱发排卵:在发情期内,LH协同FSH刺激卵泡的生长发育并促进卵泡成熟。

(2)促进黄体形成。

(3)刺激睾丸间质细胞发育和睾酮分泌。

(4)刺激精子成熟:LH刺激睾丸间质细胞分泌睾酮,在FSH协同作用下促进精子的成熟。

3.催乳素(PRL)

因能促进泌乳而得名催乳素,又名促乳素,由垂体催乳素细胞分泌,妊娠子宫蜕膜和部分免疫器官也能分泌PRL。在生产中有以下应用。

(1)刺激乳腺发育和泌乳:与雌激素协同作用于乳腺腺管系统,与孕激素协同作用于腺泡组织,刺激乳腺发育,与皮质醇协同促进乳腺泌乳。

(2)刺激和维持黄体机能:与LH协同维持黄体分泌功能,对老化黄体有促退化、溶解作用。

(3)对GnRH有抑制作用。

(4)维持妊娠和刺激母性行为:PRL对某些动物的妊娠具有维持作用,可以增强动物的母性行为。

(5)增强LH作用:能刺激雄性啮齿类动物睾丸间质细胞生成LH受体,从而增强LH的生理作用。

(6)抑制性腺发育。

(三)胎盘激素

1.孕马血清促性腺激素(PMSG)

主要由马属动物的尿膜绒毛膜子宫内膜杯细胞产生,分子不稳定,在高温、酸、碱条件下易失活,冷冻干燥和反复冻融也会影响其生物活性。在生产中有以下应用。

(1)诱导发情:对各种动物均有诱情效果,但诱情效果存在种间差异。

(2)同期发情:在对母畜进行发情处理时,配合使用PMSG可提高同期发情率。

(3)超数排卵。

(4)治疗卵巢疾病:对于卵泡囊肿、闭锁和持久黄体具有良好的作用效果。

(5)刺激公羊性活动:对治疗非条件反射的性抑制具有良好作用效果。

2.人绒毛膜促性腺激素(hCG)

是由胎盘的滋养层细胞分泌的一种糖蛋白,在妊娠动物的血液、尿液中大量存在。在生产中有以下应用。

(1)促进卵泡发育及排卵:可用于治疗断续发情,促进正常排卵。

(2)诱导同期排卵:做超数排卵处理时,使用hCG可以促使排卵时间趋于一致。

(3)治疗繁殖障碍:对延长排卵、不排卵、卵泡囊肿和慕雄狂症具有良好的临床效果。

(4)治疗产后缺奶。

(四)性腺激素

1.雄激素(A)

雄性动物的雄激素主要由睾丸间质细胞分泌,肾上腺皮质细胞也能少量分泌,主要成分为睾酮。雌性动物的雄激素主要来源于肾上腺皮质细胞和卵泡内膜细胞,其主要成分为雄烯二酮和睾酮。在生产中有以下应用。

(1)治疗雄性繁殖障碍:对治疗性欲减退、性机能衰退有一定作用,但不利于提高精液品质。

(2)试情:长时间利用雄激素处理母畜,可使其具有类似公畜的性行为,即可作为试情动物使用。

2.雌激素(E)

主要由卵泡内膜细胞、颗粒细胞和胎盘产生,卵巢间质细胞、肾上腺皮质细胞也能少量产生。在生产中有以下应用。

(1)诱导发情:单独使用雌激素诱导发情时,母畜一般不排卵,通常要配合使用其他激素。

(2)治疗胎衣不下。

(3)用于雄性动物化学去势。

3.孕激素(P)

在初情期前的雌性动物,孕激素主要由卵泡内膜细胞和颗粒细胞分泌;第一次发情、妊娠后,主要由黄体分泌;雄性动物的睾丸间质细胞和肾上腺皮质细胞也能分泌孕激素。在生产中有以下应用。

(1)促进生殖道充分发育:雌激素能刺激生殖道开始发育,但需要经孕激素刺激后才会充分发育。

(2)促进雌性动物表现性欲和性兴奋:少量孕激素要协同雌激素才能使雌性动物表现出性欲和性兴奋。

(3)抑制发情、排卵:孕激素对下丘脑-垂体-性腺轴具有极强的负反馈调节作用,能抑制GnRH分泌,从而抑制LH峰形成,抑制雌性动物发情、排卵。

(4)维持妊娠:孕激素可以促进子宫内膜生长,抑制子宫肌活动,做好妊娠准备,降低子宫兴奋性,利于维持妊娠。

(5)促进乳腺发育:与雌激素协同促进乳腺发育。

(五)前列腺素(PG)

广泛存在于机体各个组织中,以旁分泌、自分泌形式在局部发挥作用。其在精液和精囊腺中含量最高,子宫局部PG含量随生殖周期变化而波动。在生产中有以下应用。

(1)调节发情周期:可以缩短黄体存在时间,进而控制雌性动物的发情和排卵。

(2)分娩控制:其诱导分娩机制可分为两类,一种是通过溶解黄体触发分娩,另外一种类似催产素机制。

(3)增加射精量,提高人工授精效果。

三、下丘脑-垂体-性腺轴的调控

下丘脑分泌的GnRH作用于垂体,促进垂体合成分泌LH、FSH;下丘脑低频、少量释放GnRH到垂体有利于FSH的分泌,高频、大量释放GnRH到垂体有利于LH的分泌;同时,GnRH也可直接作用于性腺,但对性腺具有抑制作用。

下丘脑有两个中枢可以调节GnRH分泌,即持续中枢和周期中枢。雌激素对持续中枢具有负反馈调节作用,对周期中枢有正反馈调节作用;而雄激素则无周期性调节作用。孕酮对周期中枢有抑制作用,因此孕酮的大量分泌对GnRH的分泌有抑制作用。

类固醇性腺激素通过降低垂体细胞对GnRH的反应性,从而减少促性腺激素的释放;卵巢颗粒细胞和睾丸支持细胞分泌的抑制素,对下丘脑和垂体有负反馈调节作用,可以选择性抑制FSH的分泌。下丘脑-垂体-性腺轴调控模式如图5-2-1所示。

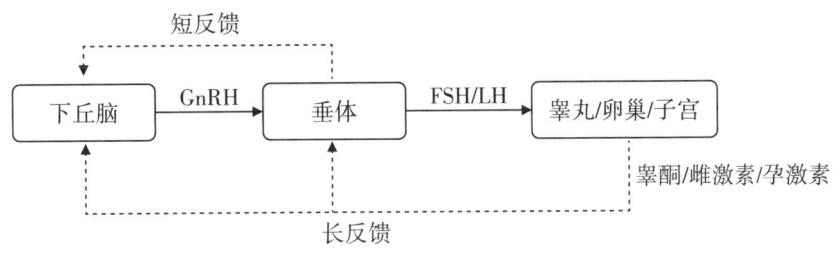

图5-2-1 下丘脑-垂体-性腺轴调控模式示意图

第三节 雄性动物生殖生理

雄性动物生殖机能的发育主要分为胎儿与幼年、初情期和性成熟等几个阶段,包括了生殖器官的发育、精子的发生等过程。同时,雄性的性行为是雄性动物生殖机能发育到一定阶段相伴出现的特殊行为序列,是雄性动物完成交配的保证。此外,本节还介绍了精子的形态结构、代谢和运动以及精液的理化特性等方面的内容。

一、雄性动物生殖机能的发育

(一)初情期

从实践的观点来说,公畜初次释放有受精能力的精子,并表现出完整性行为序列的年龄,即为公畜的初情期(puberty),是促性腺激素活性不断加强,以及性腺产生类固醇激素和精子的能力逐渐调整一致的结果。初情期标志着公畜开始具有生殖能力,但此时繁殖力很低,家畜要持续几周,人需一年以上,才能达到正常的繁殖水平。初情期也是公畜生殖器官和体躯发育最为迅速的生理阶段。

在正常饲养管理条件下,引进品种的猪、绵羊和山羊的初情期为7月龄,牛为12月龄,马为15~18月龄,兔为3~4月龄。国内地方品种相对提早,晚熟品种相应推迟。

(二)性成熟与体成熟

性成熟(sexual maturity)是继初情期之后,青年公畜的躯体和生殖器官进一步发育,具备正常生育能力的生理阶段。通常公畜性成熟要比母畜晚。

性成熟是生殖成熟的标志,但对于多数公畜来说,此时畜体的发育尚未成熟,必须再经过一段时间才能达到体成熟(表5-3-1)。体成熟是指公畜生长发育基本完成,具有成年公畜应有的形态结构。体成熟年龄受品种、环境气候、饲养管理等条件的制约,家畜在体成熟后才能配种。

表5-3-1 几种雄性动物达到性成熟和体成熟的时间

畜种	性成熟	体成熟
牛	10~18月	2~3年
水牛	18~30月	3~4年
马	18~24月	3~4年
骆驼	24~36月	5~6年
猪	3~6月	9~12月
绵(山)羊	5~8月	12~15月
家兔	3~4月	6~8月
水貂	5~6月	10~12月

(三)适配年龄

适配年龄是根据公畜自身发育状况和使用目的,人为确定的公畜适宜配种的年龄阶段。适配年龄并非一个特定的生理阶段。

哺乳动物的成熟过程普遍存在一种规律,即性机能的成熟均早于体成熟。性成熟只表明生殖机能达到了正常水平,并非公畜正式进入配种的年龄。在畜牧生产实践中,考虑到公畜自身发育和提高繁殖效率的要求,根据品种、个体发育情况和使用目的,适配年龄在性成熟年龄的基础上推迟数日(鼠、兔)、数月(猪、羊)甚至1年(牛、马)。

二、精子的形态结构

公畜自初情期开始直至生殖机能衰退,生精细胞在睾丸的精细管上皮不断分裂、分化并发生形态上的变化,使精子不断产生和释放,生精细胞也能得到不断补充和更新。母畜早在胚胎期就已形成并储备了终身需要的原始卵泡,这是公母畜在配子发生方面的重要区别之一。

哺乳动物射出体外的精子,在形态和结构上有共同的特征,可分为头、颈和尾三个部分,表面由质膜覆盖(图5-3-1)。

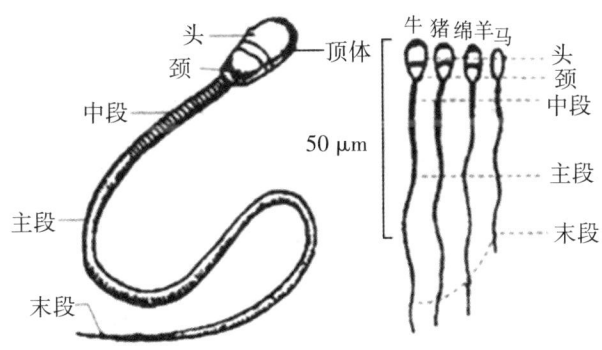

图5-3-1 主要家畜的精子形态与结构

家畜精子的长度为50~70 μm。头和尾的质量大致相等,只有卵子的1/30000~1/10000。虽然不同畜种的精子在形态和体积方面存在一定差异,但其长度和体积与动物自身的大小无关。例如,大鼠精子长约190 μm,而大象的精子长度只有50 μm左右。

(一)正常精子的形态结构

1. 头部

家畜精子的头部呈扁卵圆形(图5-3-2),精子正面图像似蝌蚪,侧面似刮勺。家禽的精子比较特殊,头呈长圆锥形;啮齿类动物的精子头呈镰刀状。精子的头部主要是细胞核和顶体,内含遗传物质DNA。

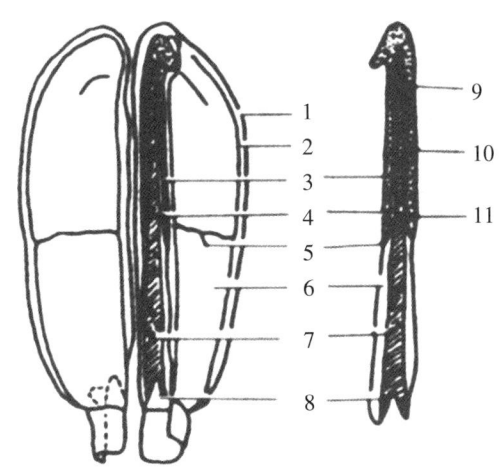

1.质膜;2.顶体;3.顶体下间隙;4.核;5.核环;6.核后帽;
7.空泡;8.植入窝;9.顶体外膜;10.顶体层;11.顶体内膜

图5-3-2 家畜精子头部结构

2. 颈部

精子颈部位于头的基部,是头和尾的连接部,也可作为精子头的部分,由中心小体衍生而来(图5-3-3)。

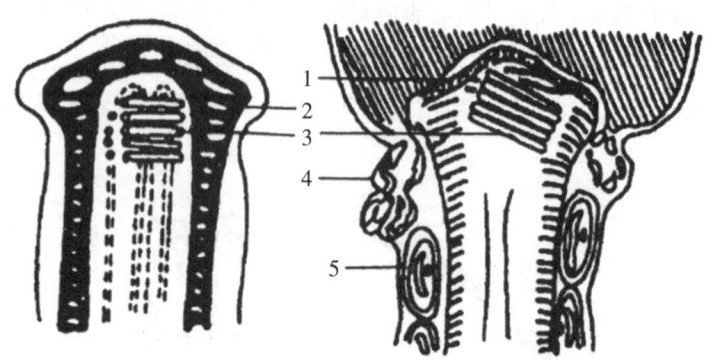

1.小头;2.植入板;3.中心粒;4.核膜瘤;5.中段起始部

图5-3-3　家畜精子颈部结构

3. 尾部

尾部为精子最长的部分,是精子的代谢和运动器官。根据其结构的不同又分为中段、主段和末段。中段由颈部延伸而来,外周纤丝由螺旋状的线粒体鞘膜环绕,是精子分解营养物质、产生能量的主要部分(图5-3-4)。主段是精子尾部最长的部分,是中心纤丝的延伸。尾部的基础是纤丝,有中心纤丝2条,纵贯尾的各部。

精子主要靠尾部向前运动,由于精子能量主要来自尾部的中段,头尾脱离或头部有缺陷或损伤的精子仍可能有运动的能力。

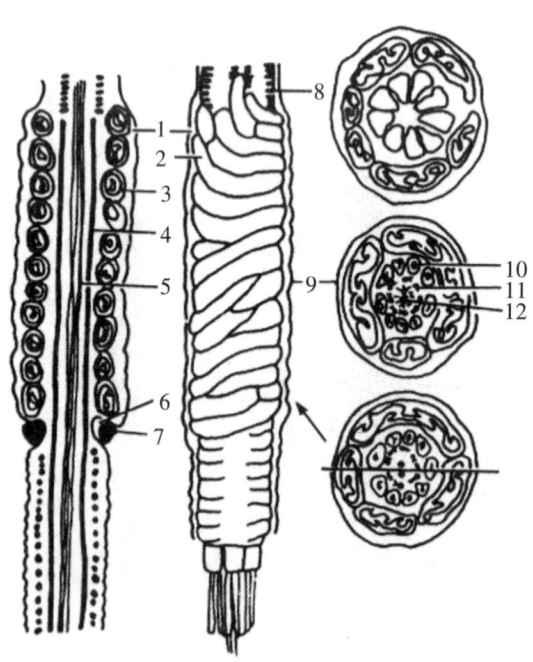

1.质膜;2.线粒螺旋体;3.线粒螺旋体横切;4.外周纤丝;5.中心纤丝;6.终环后窝;
7.终环;8.植入板;9.质膜;10.外圈纤丝;11.内圈纤丝;12.中心纤丝

图5-3-4　家畜精子中段结构

(二)畸形精子的形态结构及分类

根据出现畸形的部位可把精子畸形分为头部、中段和尾部畸形三类(图5-3-5)。

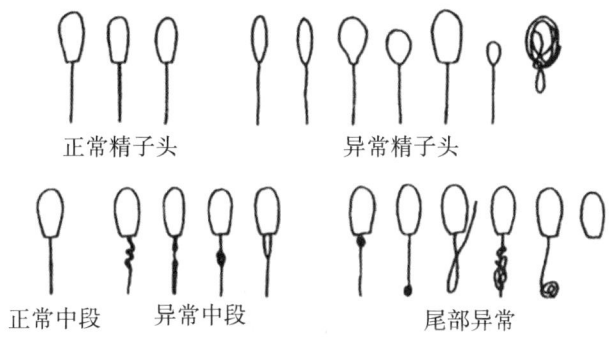

图5-3-5 牛、羊精液中常见的精子形态

1. 头部畸形

常见的头部畸形有窄头、头基部狭窄、梨形头、圆头、巨头、小头、头基部过宽和发育不全等。头部畸形的精子多数是在精子发生过程中,细胞分裂和精子细胞变形时受某些不良环境影响引起的,对精子的受精能力和运动方式都有显著的影响。

2. 中段畸形

中段畸形包括中段肿胀、纤丝裸露和中段呈螺旋状扭曲等。试验证明,中段畸形多数是在睾丸或附睾中产生的,直接影响精子运动方式和运动能力。

3. 尾部畸形

尾部畸形包括尾部各种形式的卷曲、头尾分离、带有近端和远端原生质滴的不成熟精子,大部分尾部畸形是精子在通过附睾、尿生殖道或体外处理等过程中形成的。尾部畸形对精子运动能力和方式影响最为明显。

三、精液的组成和理化特性

家畜射精排出的精液由精子和精清(也称为精浆)两部分组成,精子和精清有各自的理化特性,二者处在一种平衡的状态。

(一)精液的合成和排出

精液中的精清主要为副性腺的分泌物,还有少量的睾丸液和附睾液。交配时,尿道起始部内壁上的精阜勃起阻断膀胱的排尿通道,并防止精液向膀胱倒流。尿道球腺先分泌少量液体,冲洗并滑润尿道。接着,附睾尾由输精管向骨盆部尿道排出浓密的精子,同时各副性腺向骨盆部尿道排出各自的分泌物,这些分泌物与精子混合构成精液(图5-3-6)。精液流经骨盆部尿道和阴茎部尿道,射入母畜生殖道或假阴道中。附睾管、输精管和尿道的管壁上都有一层环形平滑肌,在激素、神经调节作用下发生节律性收缩,为精液的排出提供动力。

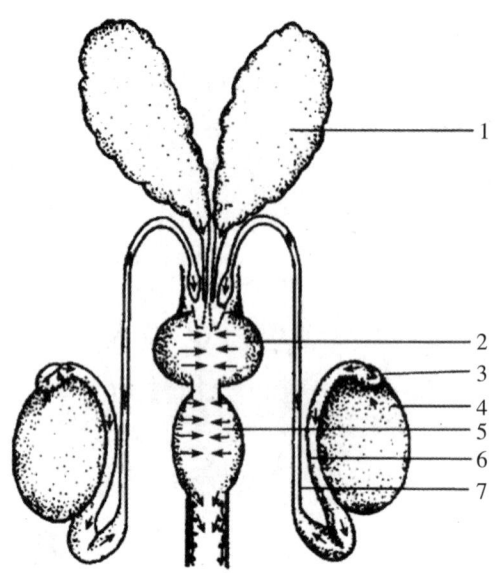

1.精囊腺;2.精囊腺;3.前列腺;4.附睾头;5.尿道球腺;6.附睾体;7.输精管

图5-3-6 混合精液特点

(二)精清的主要化学成分

不同家畜副性腺的大小、结构和分泌物存在差异,故不同家畜的精清的化学组成也有明显差异,即使同一个体每次射精的精清成分也有一定变化。

1.糖类

大多数哺乳动物的精清中都含有糖类物质,其中主要是果糖,来源于精囊腺。精液中还有几种糖醇,如山梨糖醇(sorbitol)和肌醇(inositol),也来源于精囊腺。其中山梨糖醇可氧化为果糖被精子利用。

2.蛋白质和氨基酸

精清中的蛋白质含量很低,一般为3%~7%,射精后常在某些蛋白酶的作用下,非透析性氮的浓度降低,而非蛋白氮和氨基酸的含量增加。其中,游离的氨基酸可能成为精子有氧氧化的基质之一。精清中还含有唾液酸(sialic acid),属于黏蛋白。还有一种含氨碱的麦硫因(ergothioneine),其确切的生理功能尚不十分清楚,一般认为对射精量大的家畜精液中的精子有保护作用。

3.酶类

精清中含有多种酶,大部分来自副性腺,也有少量由精子渗出。绵羊精清中的谷草转氨酶主要来自附睾和精囊腺,牛精清中的谷草转氨酶和谷丙转氨酶主要来自附睾,精清中的乳酸脱氢酶主要是精子渗透造成的。精清中的酶类是精子蛋白质、脂和糖类分解代谢的催化剂。

4.脂类

精清中的脂类物质主要是磷脂,如磷脂酰胆碱和乙胺醇等,主要来自前列腺,其中卵磷脂对延长精子的寿命和抗低温打击有一定作用。牛、猪、马和犬精液中的磷脂多以甘油磷酰胆碱的形式存在。甘油磷酰胆碱主要来自附睾分泌物,不能被精子直接利用,只有通过射精进入母畜生殖道被其中的酶分解为磷酸甘油后,才能作为能源物质被精子利用。

5.无机离子

哺乳动物的精清中,Na⁺和K⁺是主要的阳离子,除此还有少量的Ca^{2+}和Mg^{2+}。主要的阴离子有Cl^-、PO_4^{3-}和HCO_3^-,对维持精液的缓冲体系具有一定的作用。

(三)精液的生物物理学特性

精液的主要生物物理学特性包括渗透压、pH、相对密度、透光性、导电性和黏度,这些特性为精液的体外处理和保存提供了理论依据。

1.渗透压

精液渗透压通常以渗压摩尔浓度(osmolarity, osm)表示。精液渗透压的种间差异甚小,精清和精液的渗透压相同,约为0.324 osm[或324毫压摩尔(mosm)]。在配制稀释液时应考虑精液对渗透压的要求。

2.pH

在附睾内的精子,处于弱酸环境,精子的运动和代谢受到抑制,处于一种休眠状态。射精后,受pH偏高的副性腺分泌物的影响,精液的pH接近于7.0。若精液继续在体外停留,可能会受所处的环境温度、精子密度、代谢程度等因素的影响,造成pH不同程度的降低。一般情况下,新采出的牛、羊精液偏酸性,猪和马的精液偏碱性。

3.相对密度

精液的相对密度与精液中精子的含量有关,由于成熟精子的相对密度高于精清,精液的相对密度一般都大于1。猪和马精液的精子含量较低,其相对密度略大于1;牛和羊的精子含量显著高于猪、马,其相对密度也自然比较高。有时精液中未成熟的精子比例过高,水分含量较大,也会使精液的相对密度降低。

4.透光性

精液的透光性主要受精液浑浊度的影响,精子的含量又与精液的浑浊度直接相关,因此可通过精液的透光性估测精子含量。

5.黏度

精液黏度与精子密度和精清中黏蛋白、唾液酸的含量有关。精清的黏度大于精子,含胶状物多的精液其黏度相对较大。

6.导电性

精液的导电性由精液中的无机离子决定,离子含量越高精液导电性越强,因此可利用这一特性,通过精液的导电性估计精液中电解质的含量。

(四)精清的生理作用

精清在精液中所占比例与动物的种类和射精量有密切关系,几种主要家畜精液中的精清含量:猪为93%、马为92%、牛为85%、羊为70%。精清的主要生理作用有以下几个:①稀释来自附睾的浓密精子,扩大精液容量;②调整精液pH,促进精子运动;③为精子提供营养物质;④对精子起到保护作用;⑤清洗尿道和防止精液逆流。

四、精子的代谢和运动

代谢活动是维持精子生命和运动能力的基础,在不同的环境条件下,代谢活动会受到不同程度的促进或抑制作用,进而影响精子的生存和运动能力。精子在维持生存的过程中,要利用周围的代谢基质乃至自身的物质进行复杂的代谢,主要包括糖酵解、呼吸及某些元素和化合物的生物化学变化等活动。

(一)精子的代谢

精子只能利用精清或自身的某些能源物质进行分解代谢,而不能进行合成代谢。精子的分解代谢主要有两种形式,即糖酵解(果糖酵解)和有氧氧化(精子的呼吸),两者既有联系又有区别。

1. 精子的糖酵解

可被精子利用的能源物质以糖类为主,精子本身缺乏这类物质,主要靠精清来提供。通常精清中存在的可被精子直接分解产生能量的糖类是果糖。

在不需氧(即不论有氧或无氧)的条件下,精子把精清(或稀释液)中的果糖(葡萄糖)分解成乳酸并释放能量的过程,称为糖酵解。由于精子所酵解的几乎都是果糖,所以也称为果糖酵解。精子糖酵解的终末产物是乳酸,每摩尔的果糖经酵解产生的能量只有 150.7 kJ。

2. 精子的呼吸

精子的呼吸和糖酵解是精子分解代谢中密切相关的两个生物化学过程。在有氧条件下,精子可将糖酵解产生的乳酸,通过呼吸作用进一步分解为 CO_2 和水,产生比糖酵解多得多的能量,这个过程称为有氧氧化,也称为精子的呼吸。精子的呼吸的终产物是不能再被精子利用的 CO_2 和水,故精子的呼吸是一种彻底的分解过程。糖酵解产生的乳酸,在无氧的条件下则不能被分解利用,故在无氧条件下精子的糖酵解是一种不彻底的分解代谢过程。

一般情况下,精子的呼吸的代谢基质主要是能进行糖酵解的物质。此外,乳酸、丙酮酸和乙酸等有机酸及其盐类也是支持精子的呼吸的代谢基质。精子的呼吸主要在尾部中段的线粒体内进行,代谢过程产生的能量转化为ATP,大部分ATP用于维持精子活动,另一部分可能用于维持精子膜的完整性。

精子在消耗了精清或稀释液中的外源基质后,还能够通过呼吸作用分解和利用细胞内的脂类或蛋白质,产生能量,维持生存,这一现象称为内源呼吸。随着自身能量的消耗,精子的生命力会逐渐减弱而死亡。

3. 精子对脂类的代谢

当精子耗尽了外源基质时,可通过呼吸作用分解利用细胞内的磷脂以维持生存。精子先将磷脂分解,产生脂肪酸,再经氧化而获得能量。在不含果糖的精清中,脂类分解产生的甘油可促进精子氧的消耗和乳酸的产生,这是甘油进入精子内部而被代谢分解的结果。在精子的呼吸中,甘油氧化产生的乳酸能够再形成果糖。由此可见,甘油不仅作为精液冷冻保存的防冷剂,还可以参与糖酵解。

4. 精子对蛋白质和氨基酸的代谢

在正常情况下,精子不会从蛋白质中获取能量,精子分解蛋白质时表明精液已开始变性。在有氧条件下,精子能让某些氨基酸脱氢生成氨和过氧化氢,过氧化氢对精子有毒害作用,能降低精子的耗氧率,这是精液腐败的表现。

(二)精子的运动

运动能力是活精子的重要特征之一,但活精子未必都有运动的能力。如睾丸内和附睾头的精子、冷冻保存和酸抑制条件下的精子,往往不具备运动能力。因而,运动能力和生命力是两个不同的概念。

1.精子的运动形式

精子尾部弯曲时,出现自尾前端或中段向后传递的横波,压缩精子周围的液体使精子向前泳动。精子的运动形式主要有三种:第一种是直线前进,指精子运动的大方向是直线,但局部或某一点的方向不一定是直线;第二种是转圈运动,其运动轨迹为由一点出发向左或向右的圆圈;第三种是原地摆动。其中,只有直线前进运动为精子的正常运动形式。在正常条件下,精子的运动形式是精子形态、结构和生存能力的综合反映,在一定程度上也是精子受精能力的反映。

2.精子运动的速度

精子运动的速度与所在介质的性质和流向有关。精子具有趋流性(rheotaxis),即精子在流动的液体中,趋逆向前进并会加快运动的速度。此外,介质的黏滞度、精子的密度对精子的运动速度也有一定影响。环境条件如温度、渗透压、pH、光照、振动和一些化学物质等会对精子的生存时间、运动、代谢和受精能力等产生影响。

第四节 雌性动物生殖生理

雌性动物的生殖生理不同于雄性动物,具有明显的周期性,当雌性动物生长发育到一定时期,卵巢开始活动,在雌激素的作用下,卵巢发育和排卵,并表现出明显的第二特征。掌握母畜生殖过程中激素及相关行为的变化,对生产中母畜的发情、排卵、适时配种、早期妊娠诊断和控制分娩等方面具有重要意义。

一、雌性动物生殖机能发育

性机能的发育过程是一个从发生至衰老的过程。与雄性相比,雌性动物性活动的主要特征是具有周期性。在母畜性机能的发育过程中,一般分为初情期、性成熟期、繁殖周期及繁殖能力停止期四个阶段。雌性动物进入初情期即开始具有生殖能力,性成熟时生殖能力达到基本正常状态,到一定年龄后,随着身体各器官的衰老,生殖能力下降直至繁殖能力消失。

(一)初情期

母畜初次发情和排卵的时期,称为初情期(puberty),也是初具繁殖能力的时期,此时的生殖器官仍在继续生长发育。初情期是雌性动物成功获得繁殖能力的时期,是性成熟的初级阶段。初情期主要依赖于下丘脑,下丘脑分泌足够数量的促性腺激素释放激素(GnRH)促进卵泡发育和卵子成熟,同时,在引起排卵之前,下丘脑还具有对雌激素产生正反馈作用的能力。

影响雌性动物初情期的因素有品种(遗传)、营养水平、环境因素、出生季节等。

1. 品种(遗传)

动物品种是影响初情期的重要因素。猪的初情期一般为3~7月龄,奶牛通常在7~9月龄达到初情期,而肉牛则需要在12~13月龄才能达到初情期。另外,个体小的品种的初情期较个体大的品种早。

2. 营养水平

饲养管理水平高且健康状况良好的雌性动物,初情期来临较早;饲养管理不好或日粮营养因子,如蛋白质、维生素及矿物质缺乏,造成雌性动物生长发育缓慢、垂体促性腺激素分泌不足,从而使发情延迟。高营养水平可以使动物初情期提前,而低营养水平则推迟动物初情期,但是太高的营养水平会导致动物过度肥胖而推迟初情期。日粮中能量水平是影响动物初情期的主要营养因素。

3. 环境因素

外界环境对动物初情期有明显影响,其中温度、湿度和光照是主要的影响因素。高寒地区冬末及春初所产的羔羊,一般在出生后第一个发情季节(秋季)发情;但在产羔季节出生过迟且营养不良的羔羊,则因发育不足而不发情,初情期年龄可推迟到第二个发情季节。总体来说,雌性动物对环境变化的感知主要依靠下丘脑的光学与气味神经元系统。

4. 出生季节

出生季节也会影响雌性动物的初情期,对季节性繁殖动物的影响尤为明显。以绵羊为例,春天(1~3月)出生的羔羊,其初情期一般在5~6月龄,而秋季(9~10月)出生的羔羊受日照改变的影响,其初情期在10~12月龄。

(二)性成熟期

雌性动物生长到一定年龄,生殖器官已经发育完全,可以产生功能和形态正常的卵子,具备了基本正常的繁殖功能,称为性成熟(sexual maturity)。性成熟是指母畜初情期以后的一段时期,此时生殖器官已发育成熟,具备了正常的繁殖能力。

(三)繁殖周期

繁殖周期(reproductive cyclicity)是雌性动物已达到性成熟,身体发育达到成年平均体重的65%~70%,可以进行周期性配种繁殖的时期。在繁殖周期内,雌性动物重复发情、排卵、受精与妊娠。每个繁殖期,雌激素的大量产生引起雌性动物生殖系统发生明显的变化,有明显的发情症状,如生殖道充血与黏液产生,然后受LH和排卵的影响,卵巢上黄体逐渐形成,产生大量孕激素,雌性动物进入发情间期(卵子未受精)或妊娠期(卵子受精)。繁殖周期会占用雌性动物生命周期的绝大部分时间。

雌性动物的初次配种年龄,可根据年龄、体况等进行综合判断后再决定。例如,中国荷斯坦奶牛在初次配种时的体重应达到350~400 kg,我国地方品种猪初次配种的体重应超过50 kg,引进品种猪初次配种的体重应达80 kg等。

(四)繁殖能力停止期

母畜的繁殖能力有一定的年限,繁殖能力消失的时期,称为繁殖能力停止期。繁殖年龄的长短因母畜的品种、健康状况，以及饲养管理水平、环境条件等不同而异。

常见雌性家畜的初情期、性成熟期、初配适龄及繁殖能力停止期见表5-4-1。

表5-4-1 常见雌性家畜生殖时期

时期	猪	牛	绵羊	山羊	马	驴
初情期	3~7月	6~15月	6~8月	4~6月	12~15月	12月
性成熟期	8月	12月	12月	12月	18月	15月
初配适龄	8~12月	1.2~2.0岁	1.0~1.5岁	1.0~1.5岁	3岁	2.5~3.0岁
繁殖能力停止期	6~8岁	13~15岁	8~10岁	12~13岁	8~20岁	15~17岁

二、卵子的发生与卵泡的发育

卵子发生（oogenesis）广义上指雌性生殖细胞的形成、发育和成熟的过程，狭义上指生殖细胞迁移进入性腺后的一系列变化过程，一般包括卵原细胞的增殖、卵母细胞的生长发育和成熟三个阶段。卵泡发育（follicular development）指雌性生殖细胞与卵巢体细胞共同构成功能复合体卵泡结构，并以卵泡的形式进行后期发育直至排卵的过程。

（一）卵子的发生过程

1. 卵原细胞的增殖和初级卵母细胞的形成

动物在胚胎期性别分化后，雌性胎儿的原始生殖细胞（primordial germ cell，PGC）从卵黄囊中迁移到生殖嵴形成卵原细胞（oogonium），然后通过有丝分裂不断增加卵原细胞数量。卵原细胞的染色体为二倍体，含有典型的细胞成分。卵原细胞通过有丝分裂增加卵原细胞数量的时期，称为增殖期或有丝分裂期。增殖期的长短因动物种类而异，通常是在出生前或出生后不久即停止。

卵原细胞经过最后一次有丝分裂，发育为初级卵母细胞（primary oocyte），并进入减数分裂前期，而后便被一层扁平的卵泡细胞包围，形成原始卵泡。原始卵泡出现后不久，有的卵泡便开始发生闭锁或退化。此后，新的卵母细胞不断产生，同时又不断退化，到出生时或出生后不久，卵母细胞的数量已经减少很多。以后随着年龄的增长，卵母细胞数量继续减少，最后能发育成熟至排卵的只有极少数。

2. 卵母细胞的生长

初级卵母细胞形成后，一直到初情期到来之前，卵母细胞的核物质处于第一次减数分裂的双线期（diplotene stage），称为静止期或核网期（dictyotene stage），也称为休眠期。这个时期原始卵泡中的初级卵母细胞保持休眠状态，直至卵泡被激活，初级卵母细胞生长发育才重新启动，之后迅速生长。细胞质内细胞器大量复制增生，RNA含量成倍增长，大量的蛋白质合成及能量物质积累，为卵母细胞后期的受精及合子早期胚胎发育做好准备。卵母细胞生长到一定体积时，能够获得恢复减数分裂的能力。

初级卵母细胞的主要特点是：①卵黄颗粒增多，卵母细胞的体积增大；②出现透明带；③卵母细胞周围的卵泡细胞经过有丝分裂而增殖，由扁平形单层变为立方形多层。

3. 卵母细胞的成熟

卵母细胞成熟是指初级卵母细胞经两次减数分裂后，卵母细胞逐步获得恢复减数分裂的能力并为受精和胚胎早期发育做准备的过程。在排卵前或后不久完成第一次减数分裂,变为次级卵母细胞(secondary oocyte),在受精过程中完成第二次减数分裂。

第一次减数分裂分为前期、中期和末期三个时期。前期分为细线期(leptotene)、偶线期(zygotene)、粗线期(pachytene)、双线期(diplotene)及终变期(diakinesis)五个时期。第一次减数分裂前期的细胞核很大,染色质高度疏松,外包完整的核膜,称为生发泡(germinal vesicle, GV)。当初级卵母细胞进行第一次减数分裂时,卵母细胞的核向卵质膜方向移动,核仁和核膜消失,染色体聚集成致密状态,然后中心体分裂为两个中心小粒,并在其周围出现星体,这些星体分开,并在其间形成一个纺锤体,成对的染色体游离在细胞质中,并排列在纺锤体的赤道板上。在第一次减数分裂的末期,纺锤体旋转,有一半的染色质及少量的细胞质排出,称为第一极体;而含有大部分细胞质的卵母细胞则称为次级卵母细胞,所含的染色体数仅为初级卵母细胞的一半,变为单倍体。

第二次减数分裂时,次级卵母细胞再次分裂成为卵细胞(卵子)和第二极体。卵细胞的染色体为单倍体,第二极体与第一极体一样也为单倍体,且细胞质含量很少。此外,第一极体有时也可能分裂为两个极体,分别称为第三极体和第四极体。第二次减数分裂持续时间很短,并终止于第二次减数分裂中期(metaphase Ⅱ, M Ⅱ),在受精过程中受精子的刺激,才能最终完成第二次减数分裂。此期的卵子与精子一样,含有单倍染色体,受精后形成的合子为二倍体(图5-4-1)。

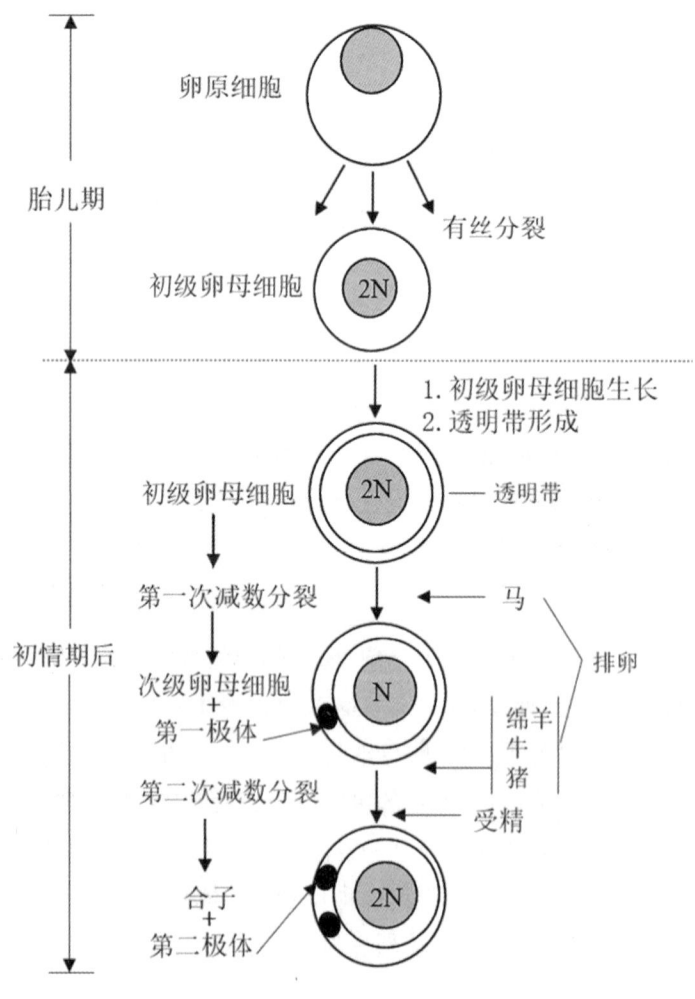

图5-4-1 卵子发生过程的主要阶段

大多数动物在排卵时，卵子尚未完全成熟。例如，牛、绵羊和猪在排卵时，仅完成第一次减数分裂，即卵泡成熟破裂时，排出的是次级卵母细胞和第一极体。排卵后，次级卵母细胞开始进行第二次减数分裂，但在中期停止分裂，直到精子入卵后续分裂过程才被激活，产生并释放出第二极体，完成第二次减数分裂。大多数动物在排卵后3~5 d，不论受精与否，卵母细胞均已运行至子宫，未受精的卵母细胞在子宫内退化及碎裂，最后被细胞吞噬或被子宫吸收。但是，马在排卵后才完成第一次减数分裂（即排出的是初级卵母细胞），只有受精后的卵子才能通过输卵管进入子宫，未受精的卵母细胞停留在输卵管内，最后崩解被机体吸收。

哺乳动物的正常卵子为圆形。卵子较一般细胞含有更大的细胞质，细胞质中含有卵黄，所以卵子比一般的细胞大得多。哺乳动物的卵子比精子大1万倍以上，大多数哺乳动物卵子直径为70~140 μm。

(二)卵泡的发育及排卵

1.卵泡的发育

卵泡发育（follicular development）是指卵泡由原始卵泡发育为初级卵泡、次级卵泡、三级卵泡和成熟卵泡的生理过程。

(1)原始卵泡（primordial follicle）：位于卵巢皮质部，是体积最小的卵泡。在胎儿期间已有大量原始卵泡作为储备，除极少数原始卵泡发育成熟外，其他均在发育过程中闭锁、退化而死亡。此发育阶段的特点是卵原细胞周围被一层扁平状的卵泡细胞所包裹，没有卵泡膜和卵泡腔。

(2)初级卵泡（primary follicle）：由原始卵泡发育而成，其特点是卵母细胞的周围被一层立方形卵泡细胞所包裹，卵泡膜尚未形成，也无卵泡腔。

(3)次级卵泡（secondary follicle）：由初级卵泡进一步发育而成。次级卵泡位于卵巢皮质较深层处，其特点是卵母细胞被多层立方形卵泡细胞所包裹，次级卵泡细胞和卵母细胞的体积均较初级卵泡大，随着卵泡的发育，卵泡细胞分泌的液体增多，卵泡的体积逐渐增大，透明带在卵质膜与放射冠细胞之间形成，尚未形成卵泡腔。此阶段以后的发育为促性腺激素依赖期。

(4)三级卵泡（third follicle）：由次级卵泡进一步发育而成。在这一阶段，卵泡细胞分泌液体，使卵泡细胞彼此分离，并增大卵泡细胞与卵母细胞之间的间隙，形成不规则的腔隙，即卵泡腔（follicular antrum）。之后，由于卵泡液分泌量继续增加，卵泡腔进一步扩大，卵母细胞被挤向一边并被包裹在一团卵泡细胞内，形成突出于卵泡腔的半岛，称为卵丘（cumulus oophorus），而其余的卵泡细胞则紧贴在卵泡腔的周围，形成颗粒细胞层。

(5)成熟卵泡（mature follicle）：也称葛拉夫氏卵泡（Graafian follicle），三级卵泡进一步发育至体积最大，卵泡壁变薄，卵泡腔内充满液体，此时的卵泡即为成熟卵泡或排卵卵泡。

原始卵泡、初级卵泡和次级卵泡三种卵泡的共同特点是都没有卵泡腔，因此将这三种卵泡统称为无腔卵泡（follicle without antrum）或腔前卵泡（preantral follicle）。而三级卵泡和成熟卵泡的共同特点是具有卵泡腔，因此统称为有腔卵泡。此外，初级卵泡、次级卵泡和三级卵泡由于生长发育较快，细胞分裂迅速，体积增大明显，故也将这三种卵泡统称为生长卵泡。

2.排卵及排卵类型

成熟的卵泡破裂即发生排卵，动物的排卵大致分为自发性排卵和诱发性排卵两种类型。

(1)自发性排卵（spontaneous ovulation）：指卵泡成熟后便自行排卵并自动生成黄体的排卵类型。这种类型又分为两种情况，一种是发情周期中具有功能性黄体，且黄体可以维持到一定时期，如牛、猪、马、羊等的排卵属于这种类型;另一种是除非交配,否则形成的黄体不具备功能,小鼠的排卵属于这种类型。

(2)诱发性排卵(induced ovulation):指只有通过交配或子宫颈受到刺激才能排卵的类型。在发情周期中,卵泡有规律的成熟和退化,如交配、输精或注射促黄体素等皆可引起成熟的卵泡排卵。兔、猫、骆驼等动物的排卵属于此类型。

(3)排卵过程和机理:①排卵过程。卵泡在排卵过程中要经过一系列的变化,首先要完成卵母细胞核和细胞质的成熟,卵丘细胞团中间出现空腔,卵丘颗粒细胞彼此逐渐分离,只剩下卵母细胞周围的卵丘细胞,即放射冠,然后卵母细胞从颗粒层细胞中释放出来,并在促性腺激素峰后约3 h重新开始成熟分裂,并排放出第一极体,这个过程称为核成熟,于排卵前1 h结束。此时由于卵泡液的增加,卵泡膜变薄,卵泡外膜细胞发生水肿,纤维蛋白水解酶活性提高,在酶的作用下卵泡顶端的上皮细胞脱落,卵泡膜进一步变薄,最后形成排卵点,在卵巢神经肌肉系统的作用下,卵泡自发性收缩频率增加导致卵泡破裂而排卵。②排卵机理:排卵是一个十分复杂的过程,许多研究表明,排卵受生殖激素及卵泡局部活性物质的调节。一般认为,雌二醇(E_2)引起的促黄体素排卵峰引发卵泡内一系列细胞和分子反应,包括前列腺素、类固醇合成和释放的增加,某些生长因子和蛋白酶活性的增强,从而促进排卵前卵泡顶端血管破裂以及细胞死亡,最终导致卵泡壁变薄破裂释放出卵子和卵泡液。

3.黄体的形成及退化

成熟的卵泡破裂排卵后,由于卵泡液被排空,导致卵泡腔内产生了负压,从而部分血管发生破裂,血液积聚于卵泡腔内形成凝块,破裂口呈火山口样,且为红色,故称为红体(corpus hemorrhagicum)。此后,颗粒层细胞增生变大,长满整个卵泡腔,并突出于整个卵泡表面,在类脂的作用下颗粒层变成黄色,故称为黄体(corpus luteum)。

家畜一般在发情周期的第7 d(按21 d为一个周期,发情日为0 d),黄体内的血管生长及黄体细胞分化完成,第8~9 d黄体达到最大体积。母畜如未配种或配种后未孕,黄体就逐渐退化,此时的黄体称为周期性黄体或称为假黄体。如配种后妊娠,则黄体一直维持到母畜临近分娩前,此时的黄体称为妊娠黄体或真黄体。在整个妊娠期中,黄体持续分泌孕酮,以维持妊娠,到妊娠即将结束时才退化。在黄体退化时,颗粒层细胞退化较快,表现为细胞质空泡化及细胞核萎缩,随着血管的退化,黄体的体积逐渐变小,颗粒层细胞逐渐被成纤维细胞所取代,最后整个黄体被结缔组织所取代,形成一个瘢痕,称为白体(corpus fibrosum)。大多数白体与功能性黄体共存,一般到第三个发情周期时白体仅有疤痕存在。

4.超数排卵

在母畜发情周期的适当时间,注射外源促性腺激素,使卵巢比自然发情时有更多的卵泡发育并排卵,这种方法称为超数排卵(superovulation),简称超排。

(1)超数排卵方法:

①FSH+PG法:牛和绵羊在发情周期的第9~13 d(山羊第17 d)中的任意一天开始肌肉注射促卵泡素(FSH),以递减法连续注射4 d,每天间隔12 h等量注射2次。在第5次注射促卵泡素的同时,肌肉注射前列腺素(PG),以溶解黄体。母畜一般会于前列腺素注射后的24~48 h发情。此方法的优点是超数排卵效果较好,但不适用于批量处理。

②CIDR+FSH+PG法:在发情周期的任意一天给牛、羊阴道内放入CIDR,计为0 d,然后同上述FSH+PG法注射促卵泡素,在第7次肌肉注射促卵泡素时取出CIDR,并肌肉注射前列腺素(PG),一般在取出CIDR后24~48 h发情。此方法的优点是超数排卵效果较理想,为目前常采用的方法,但成本较高。

③PMSG+PG法:牛和绵羊在发情周期的第11~13 d(山羊为16~18 d)中的任何一天肌肉注射孕马血清促性腺激素(PMSG),于PMSG注射48 h后肌肉注射前列腺素(PG),以溶解黄体。母畜一般会于前列腺素(PG)注射后24~48 h发情。此方法的优点是较简单易行,但超数排卵效果不理想。

(2)提高超数排卵效果的措施:

①选择合适的畜群和个体:母畜的品种、个体、年龄和生理状态直接影响超数排卵的结果。在同一个品种中,不同个体对超数排卵反应的结果是不一样的,并且这种结果还具有重复性和遗传性。

②采取规范的饲养和管理措施:需超数排卵的母牛被确定以后,要进行规范的饲养管理,主要从畜舍的环境卫生、疾病防疫、日粮营养水平和防止应激等方面入手。

③采用优质药品和科学的处理方案:用于超数排卵的药品直接影响胚胎的产出率,目前国内外的孕马血清促性腺激素、前列腺素、雌激素、孕激素等的质量无明显差异,但促卵泡素的纯度和活性差异较大,要注意生产厂商和批次。

三、发情与发情周期

(一)发情与发情周期的概念

1.发情

母畜达到一定的年龄时,由卵巢上的卵泡发育所引起的,受下丘脑-垂体-卵巢轴调控的一种生殖生理现象称为发情(estrus)。

2.发情周期

母畜自第一次发情后,若未配种或配种后没有妊娠,则间隔一定时间便开始下一次发情,如此周而复始地进行,直到性机能停止为止,这种周期性的活动称为发情周期(estrous cycle)。计算发情周期的时间,是从前次发情开始至下一次发情开始,或者从前次发情结束到下一次发情结束所间隔的时间。

(二)发情周期的类型

家畜的发情周期主要受神经内分泌系统控制,外界环境条件也会产生影响,但由于各种家畜所受的影响程度不同,表现也各异。总之,各种动物发情周期类型基本上可分为下述两种。

1.非季节性发情周期

这一类型的动物,无发情季节之分,常年均可发情,如猪、牛、湖羊以及小尾寒羊等。

2.季节性发情周期

季节性发情周期的动物只有在发情季节才能发情排卵。在非发情季节,卵巢机能处于静止状态,不会发情排卵,将这一阶段称为乏情期。家畜的发情周期之所以有季节性,是长期自然选择的结果。家畜的发情季节并非固定不变,随着驯化程度的加深,饲养管理条件的改善,控制光照等可使发情周期发生一定程度的改变,甚至变成无季节性发情周期。

(三)发情周期的划分

根据雌性动物的生殖生理和行为变化,可将发情周期人为地划分为几个阶段。阶段的划分方法主要有四分法和二分法:四分法主要侧重于将发情的外部表现和内部生理变化相结合,有利于进行发情鉴定、适时配种;二分法侧重于卵泡发育和黄体生成,适于研究卵泡发育、排卵和超数排卵规律。生产中常用四分法对母畜发情周期各阶段进行划分。

1. 四分法

母畜的发情周期受卵巢分泌的激素所调节,因此根据母畜的精神状态、性行为表现、卵巢和阴道黏膜上皮细胞的变化以及黏液分泌情况,可将发情周期分为发情前期、发情期、发情后期和间情期4个阶段。

(1)发情前期(proestrus):为发情的准备时期。这一阶段卵巢上的黄体已经退化或萎缩,新的卵泡开始生长发育,雌激素分泌逐渐增加,孕激素的水平逐渐降低;生殖道上皮增生,腺体活动增强,黏膜下基层组织开始充血,子宫颈和阴道的分泌物稀薄且逐渐增多,但无性欲表现,具体表现为母畜不接受公畜和其他母畜的爬跨。

(2)发情期(estrus):是有明显发情症状的时期,相当于发情周期第1~2 d。主要表现为精神兴奋、食欲减退,接受公畜或其他母畜的爬跨,有很强的性欲。

(3)发情后期(metestrus):是发情症状逐渐消失的时期,相当于发情周期第3~4 d。发情状态由兴奋逐渐转为抑制,母畜拒绝爬跨;多数母畜的卵泡破裂并排卵,新的黄体开始生成,雌激素含量下降,孕激素分泌逐渐增加。

(4)间情期(diestrus):又称休情期,相当于发情周期第4~16 d。此阶段母畜性欲消失,精神和食欲恢复正常。卵巢上的黄体逐渐生长并发育至最大,孕激素分泌逐渐增加至最高水平,子宫腺体分泌活动旺盛。

2. 二分法

(1)卵泡期(follicular stage):指卵泡从开始发育至成熟、破裂并排卵的时期。这一阶段卵泡逐渐发育、增大,雌激素分泌量逐渐增多至最高水平;黄体消失,孕激素水平下降至最低水平。外阴充血、肿胀,表现出发情症状。卵泡期相当于四分法中的发情前期至发情后期。

(2)黄体期(luteal stage):指黄体开始形成至消失的时期。在这一阶段黄体分泌大量孕激素,作用于子宫,使内膜进一步生长发育并增厚,血管增生,子宫变粗,腺体分泌活动增强,子宫肌收缩受到抑制。黄体期相当于四分法中间情期的大部分时期。

(四)发情周期中机体的生理变化

母畜在发情周期中卵巢、生殖道、行为变化和生殖激素都会发生相应的变化。

1. 卵巢上的卵泡和黄体活动

母畜在发情周期中,卵巢经历着卵泡的生长、发育、成熟、破裂、排卵和黄体的形成与退化等一系列变化过程。

2. 生殖道变化

母畜在卵泡期,由于雌激素的作用,生殖道血管增生并充血,至排卵前雌激素分泌达到最高峰。排卵时,雌激素水平骤然降低,导致充血的血管破裂,使血液从生殖道排出体外。

此外,在发情周期中,受激素的影响,生殖道黏膜上皮细胞也会发生一系列生理变化。以牛为例,输卵管的上皮细胞在发情时增高,发情后降低;子宫内膜上皮细胞在发情时呈圆柱状,增长速度很快,受孕激素的作用,子宫内膜增厚,子宫腺生长很快,形成很多分支并弯曲;子宫颈上皮细胞的高度在发情时也有所增加,腺体分泌大量黏液,发情后2~3 d表层上皮缩小。发情前期和发情期阴道黏膜呈水肿和充血状,表层上皮有白细胞浸润。发情后期表层上皮细胞有角质化细胞脱落并夹杂着有核白细胞。

3.行为变化

母畜是在卵泡分泌的大量雌激素和少量孕激素的共同作用下,中枢神经系统受到刺激,引起发情。表现为兴奋不安、食欲减退、鸣叫、喜接近公畜、举腰弓背、频繁排尿、走动频率增加、愿意接受雄性交配,甚至爬跨其他母畜或被爬跨。

4.生殖激素的变化

(1)牛发情周期中的激素变化:发情前孕酮含量低于1.0 ng/mL,直到发情后第5 d才呈上升趋势,第6~14 d孕酮的含量持续上升,达到最高值时超过8.0 ng/mL;整个黄体期孕酮的平均峰值为5.4 ng/mL,功能性黄体期孕酮平均峰值为6.0~8.0 ng/mL;在发情周期第17~19 d之间孕酮浓度几乎呈直线下降,此时雌激素的浓度则出现高峰,引起母畜发情。

(2)绵羊发情周期中的激素变化:绵羊在发情周期中的激素变化与牛基本相似,不同的是在发情周期开始的前几天,外周血浆的孕酮浓度低,自第3 d开始上升,上升速度较快,至第11 d达到高峰。

(3)猪发情周期中的激素变化:猪在卵泡期时,外周血浆中雌激素浓度逐渐升高,即由10~30 pg/mL增加到60 pg/mL以上,水平较高。而排卵前,外周血浆的促黄体素(LH)峰值为4~5 ng/mL,明显低于其他几种家畜。

(4)马发情周期中的激素变化:马在发情周期中的激素变化与其他家畜有所不同,主要有以下几个方面的特点。①马在发情周期中有两个促卵泡素(FSH)峰,一个发生在发情末期至间情期早期,另一个发生在间情期中期。②大多数哺乳动物促黄体素(LH)峰出现时间很短,一般是在排卵前12~14 h出现。但马的促黄体素浓度是在排卵前数天开始慢慢上升,逐渐形成高峰,持续约10 d,这是马的发情期较其他动物长的主要原因。③马的雌激素峰在接近发情期出现,而其他动物如牛、羊和猪等在发情期出现。

(五)同期发情技术

利用外源生殖激素等使一群母畜在同一时期内发情并排卵的技术,称为同期发情(estrus synchronization)技术。同期发情的基本原理是通过调节发情周期,控制群体母畜的发情排卵在同一时期发生。一般采用延长或缩短黄体期的方法,即通过孕激素抑制群体卵泡的发育和排卵,产生人为黄体期,或采用前列腺素类激素迅速消除黄体,人为缩短黄体期,使新的卵泡快速发育,达到同期发情的目的。

目前,孕激素处理是延长黄体期,抑制卵泡发育,达到同期发情最常用的方法,常用的孕激素有孕酮、甲羟孕酮、甲地孕酮、炔诺酮、氯地孕酮、18-甲基炔诺酮、16-次甲基甲地孕酮等,常见的处理方法有皮下埋植、阴道栓、口服和肌肉注射等。缩短黄体期的方法包括注射前列腺素、促性腺激素、促性腺激素释放激素等。总之,所有能够调节家畜发情排卵的方法均可用于诱导同期发情。

第五节 受精、妊娠及分娩

受精是精子和卵子结合产生合子的过程,主要包括精子穿越放射冠、穿越透明带、与卵质膜融合、雌雄原核形成、配子配合等阶段。早期胚胎一边卵裂一边向子宫迁移,形成的囊胚在子宫内附植,结束游离状态,形成胎盘。妊娠是哺乳动物所特有的一种生理现象,是自卵子受精开始一直到胎儿发育成熟与其附属物排出母体前,母体所发生的复杂生理过程。早期妊娠诊断对提高母畜繁殖效率意义重大。分娩是雌性动物经过妊娠期后,胎儿在母体内发育成熟,母体将胎儿及其附属物从子宫内排出体外的生理过程。

一、受精

受精是精子和卵子结合产生合子的过程,受精前精子、卵子都要发生一系列的变化,并经过复杂的过程才能完成受精。

(一)配子的运行

配子的运行(transport of gametes):大多数动物的受精部位是输卵管壶腹部,卵母细胞从卵泡进入输卵管经伞部到达受精部位的过程,称为配子的运行。

1. 家畜的射精部位

在自然交配(copulation)时,根据雄性动物精液射入雌性动物生殖道的位置不同,一般可将射精分为阴道型(vaginal style)射精和子宫型(uterus style)射精两种。前者是将精液射入雌性动物的阴道内(牛、羊、兔和灵长类等),后者是将精液直接射入雌性动物的子宫颈或子宫体内(马和猪等)。

2. 精子的运行

处于发情阶段的子宫颈黏膜上皮细胞具有旺盛的分泌作用,并由子宫颈黏膜形成许多腺窝(crypt)。射精后,一部分精子借自身运动和黏液的流动向前进入子宫;另一部分则随黏液的流动进入腺窝,暂时贮存在此形成精子贮库(sperm reservoir)。库内的活精子会在子宫颈的收缩作用下进入子宫或进入下一个腺窝;而死精子可能因纤毛上皮的逆蠕动被推向阴道而排出,或被白细胞吞噬而清除。

(1)精子在子宫颈的运行:子宫颈是精子运行中的第一道栅栏,阻止了过多精子进入子宫。

(2)精子在子宫内的运行:穿过子宫颈的精子在阴道和子宫肌的收缩作用下进入子宫,大部分精子进入子宫内膜腺,在子宫内形成精子贮库。精子从这个贮库不断被释放,并在子宫肌和输卵管系膜的收缩、子宫液的流动以及精子自身运动的综合作用下通过子宫,进入输卵管。精子进入子宫促使子宫内膜腺白细胞反应加强,一些死精子和活动能力差的精子被吞噬,使精子又一次得到筛选。

(3)精子在输卵管中的运行:精子自子宫角尖端进入输卵管时,宫管结合部成为精子向受精部位运行的第二道栅栏,由于输卵管平滑肌收缩和管腔狭窄,使大量精子滞留于该部,但能不断向输卵管释放。进入输卵管的精子,随输卵管收缩、黏膜皱襞和输卵管系膜的复合收缩以及管壁上皮纤毛摆动引起液体的流动从而继续前行。在壶峡连接部,精子因峡部括约肌的有力收缩被暂时阻挡从而让精子暂时贮存在峡部,成为精子到达受精部位的第三道栅栏,限制更多精子进入输卵管壶腹部。精子经过三道栅栏的筛选,在一定程度上防止卵子发生多精受精(polyspermy)。受精前,精子在峡部贮存可能是哺乳动物的一般规律,在排卵时,只有获能精子从贮存位点释放,通过精子的趋化性引导向卵子运行。图5-5-1为精子运行模式图。

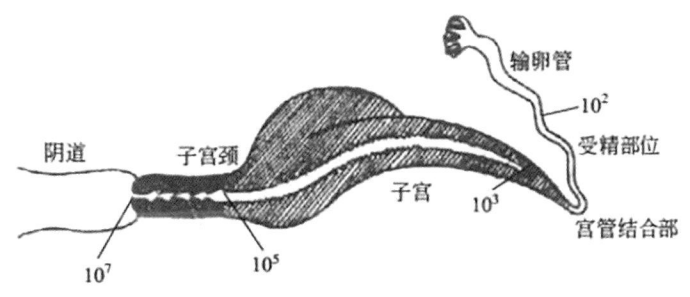

图5-5-1 精子运行模式图

3.卵子的运行

卵子排出后,自身无运动能力,而是随卵泡流入输卵管伞部后,借输卵管内纤毛的颤动、平滑肌的收缩以及腔内液体流动的作用,继续向受精部位运行,在到达受精部位与壶腹部的液体混合后,卵子才具受精能力。

卵子在整个输卵管内的运行时间:牛90 h,马98 h,羊72 h,兔75 h。动物卵子通过输卵管壶腹部的时间需6~12 h,也大致相当于卵子保持受精能力的时间。

(二)配子在受精前的准备

受精前,精子和卵子都要经历一个生理成熟的阶段,才能顺利完成受精过程,并为受精卵发育奠定基础。

1.精子获能

刚射出的精子不能与卵子结合,必须在子宫或输卵管内经历一段时间,直至精子的形态和生理机能发生某些变化而进一步成熟以后才具备受精能力,这一现象称为精子获能(capacitation)。精子获能的主要意义在于使精子做好顶体反应的准备和精子超活化,促使精子穿越透明带。子宫型射精的动物,精子获能开始于子宫,最后完成于输卵管;阴道型射精的动物,流入阴道的子宫液可使精子获能,因此精子获能始于阴道,但获能最有效的部位仍然是子宫和输卵管(图5-5-2)。

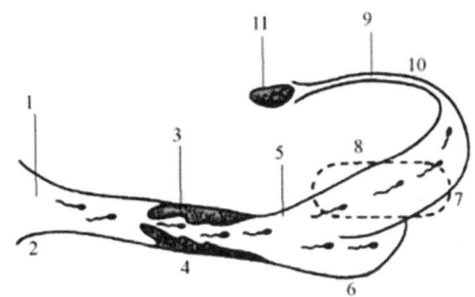

1.阴道;2.射出精子,含高水平胆固醇、氨基多糖等;3.子宫颈;4.子宫黏液,去除精清和不活动精子;
5.子宫;6.雌激素较高时,子宫分泌物有助于去除精子表面各种成分;7.获能,去除精子表面胆固醇、氨基多糖及其他成分;
8.去能,精子和精清培育;9.输卵管;10.Ca^{2+}、低水平的胆固醇和氨基多糖;11.卵巢

图5-5-2 精子通过雌性生殖道的获能过程

2.精子的顶体反应

获能后的精子,在受精部位与卵子相遇,会出现顶体帽膨大,精子质膜(spermatozoal plasma membrane)和顶体外膜(outer acrosomal membrane)相融合(fusion)等现象。融合后的膜形成许多泡状结构(vesculation),随后这些泡状物与精子头部分离,造成顶体膜局部破裂,顶体内的酶释放出来,可溶解卵丘、放射冠和透明带,这一过程称为顶体反应(acrosome reaction),如图5-5-3所示。

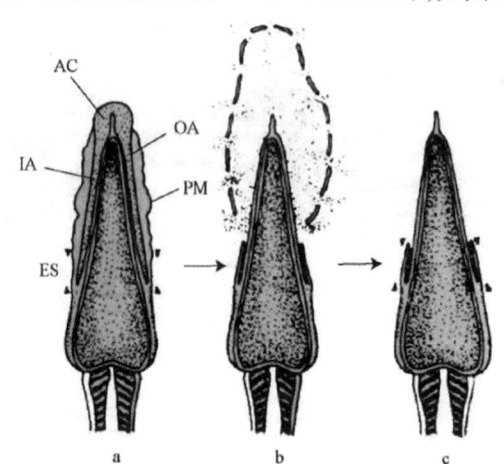

a.顶体完整的精子,顶体周围细胞膜轮廓不规则;b.顶体反应:细胞膜与顶体外膜多处融合,空泡化,内容物膨胀、外溢;c.精子开始穿过透明带时,顶体脱落
AC.顶体;OA.顶体外膜;IA.顶体内膜;PM.质膜;ES.赤道段

图5-5-3 精子的顶体反应过程(引自张忠诚,《动物繁殖学》(第四版),2004)

3.卵子在受精前的准备

大多数哺乳动物的卵子都在输卵管壶腹部完成受精。卵子排出23 h后才被精子穿入,有证据表明卵子在受精前也有类似精子的生理准备过程。

(三)受精过程

受精指精子和卵子相结合的生理过程(图5-5-4),正常的受精过程大体分为以下五个阶段。

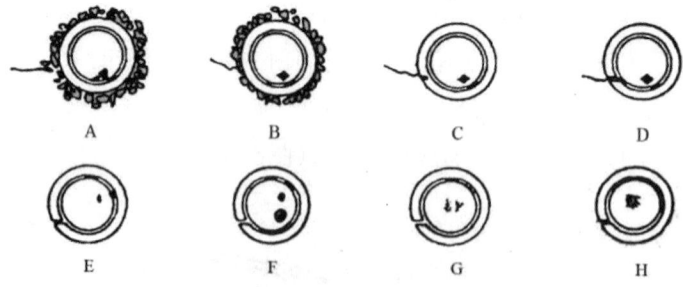

A.精卵相遇,精子穿入放射冠;B.精子发生顶体反应,并接触透明带;
C、D.精子释放顶体酶,水解透明带,进入卵周隙;E.精子头膨胀,同时卵子完成第二次减数分裂;
F.雄、雌原核形成,释放第二极体;G.原核融合,向中央移动,核膜消失;H.第一次卵裂开始

图5-5-4 受精过程

(1)精子穿越放射冠:卵子的外周被放射冠细胞所包围。受精前大量精子包围着卵细胞,精子顶体反应释放的透明质酸酶将基质溶解,使精子得以穿越放射冠到达透明带表面。卵丘细胞层选择性地允许获能的、顶体完整的精子穿过。

(2) 精子穿越透明带：穿过放射冠的精子，与透明带接触并附着其上，随后与透明带上的精子受体相结合。这时卵子对精子有严格的选择性，只有相同种类动物的精子才能进入透明带。当精子穿过透明带，触及卵黄膜时，引起卵子发生一种特殊变化，将处于休眠状态的卵子激活，同时卵黄发生收缩，释放某种物质，使透明带发生变化，这种变化称为透明带反应，可阻止后来的精子进入透明带内。

(3) 精子进入卵质膜：精子进入透明带到达卵周隙，与卵质膜即卵黄膜接触。当精子进入卵黄膜后，卵黄膜立即发生变化，表现出卵黄紧缩和卵黄膜增厚，并排出部分液体进入卵周隙，这种变化称为卵黄膜反应(vitelline membrane reaction)。这是一种防止两个以上的精子进入卵子的保护机制。

(4) 原核形成：精子进入卵细胞后，精子核开始破裂、膨胀、解聚，形成球状核，核内出现多个核仁，而后重新形成核膜，核仁增大融合，最后形成一个比原细胞核大的雄原核。精子进入卵黄后不久，卵子进行第二次减数分裂，排出第二极体，形成雌原核。

(5) 配子配合(syngamy)：两性原核形成后，相向移动，彼此接触，随即便融合在一起，核仁核膜消失，两组染色体合并成一组。从两个原核的彼此接触到两组染色体结合的过程，称为配子配合，至此受精即告结束，受精后的卵子称为合子。

二、胚胎的早期发育、胚泡迁移及附植

受精完成后，形成了二倍体的合子（又称受精卵），开始进行有丝分裂（卵裂）并向子宫迁移，形成的囊胚在子宫中附植，结束游离状态，与母体开始建立联系。

1. 胚胎早期发育

合子形成后即进行有丝分裂，在输卵管内开始早期胚胎发育(图5-5-5)。通过一系列有序的细胞增殖分化，胚胎由单细胞变成多细胞，由简单细胞团分化为各种组织、器官，最后发育成完整个体。早期胚胎是指哺乳动物由受精卵开始，到尚未与子宫建立组织联系处于游离阶段的胚胎。

早期胚胎发育有一段时间是在透明带内进行的，在这一时期，胚胎细胞（卵裂球）数量不断增加，但总体积并不增加，且有减小趋势，称为卵裂(cleavage)。根据形态特征可将早期胚胎发育分为桑葚胚、囊胚、原肠胚和中胚层三个阶段。

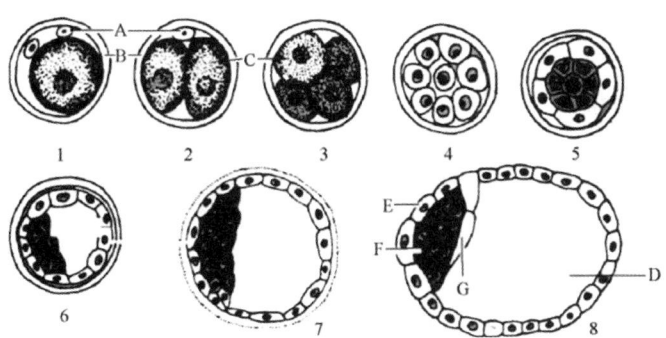

1.合子(受精卵，单细胞期); 2.二细胞期; 3.四细胞期; 4.八细胞期; 5.桑葚胚; 6~8.囊胚期
A.极体; B.透明带; C.卵裂球; D.囊胚腔; E.滋养层; F.内细胞团; G.内胚层

图5-5-5 受精卵的发育

(1) 桑葚胚：胚胎在透明带内进行有丝分裂，卵裂球数目呈几何级数增加。当胚胎卵裂球达到16~32个细胞时，细胞间形成紧密连接，成为致密细胞团，形似桑葚，称为桑葚胚(morula)。随着胚胎发育，细胞

间界限逐渐消失,胚胎外缘变得光滑,体积减小,整个胚胎形成一个紧缩细胞团,这一过程称为胚胎致密化(embryonic compaction),这个胚胎称为致密桑葚胚(compact morula)。

(2)囊胚:桑葚胚继续发育,细胞开始分化,出现细胞定位现象。胚胎一端细胞较大密集成团,称为内细胞团(inner cell mass,ICM);另一端细胞较小,沿透明带内壁排列扩展,称为滋养层(trophoblast);滋养层和内细胞团之间出现囊胚腔,这时称为早期囊胚。卵裂和囊胚都是在透明带内发育的,虽然细胞数量大量增加,但总体体积变化不大,囊胚进一步扩大,从透明带中伸展出来,这在胚胎移植技术中称为孵化囊胚。囊胚一旦脱离透明带,立即迅速扩展增大。

(3)原肠胚和中胚层的形成:囊胚进一步发育,出现两种变化。①内细胞团顶部滋养层退化,内细胞团裸露,成为胚盘(blastoderm);②胚盘下方衍生出内胚层(endoderm),沿滋养层内壁延伸、扩展,衬附在滋养层内壁上,这时的胚胎称为原肠胚(gastrula)。原肠胚进一步发育,在滋养层(又称外胚层,ectoderm)和内胚层之间出现中胚层(mesoderm);进一步分化为体壁中胚层(somatic mesoderm)和脏壁中胚层(splanchnic mesoderm),两个中胚层之间的腔隙,构成以后的体腔(coelom)。三个胚层(内、中、外)的建立和形成,为各类器官的分化奠定了基础。

2.妊娠识别

在妊娠初期,孕体(即胎儿、胎膜和胎水构成的综合体)即能产生信号(激素)并传递给母体。母体随即产生一定的反应,从而识别或知晓胎儿的存在,于是胚胎和母体之间建立起密切的联系,这称为妊娠的识别。

3.胚胎的附植

胚胎又称胚泡,胚胎进入子宫后,起初呈游离状态,同子宫内膜之间尚未建立联系,它以子宫腺分泌的子宫乳为营养。而后,胚胎逐渐同子宫内膜建立联系,这个过程称为附植。附植是一个渐进的过程,首先胚胎在子宫中的位置固定下来,然后对子宫内膜产生轻度浸润,最后同子宫内膜建立起胎盘系统,这时,胚胎即同母体之间建立起巩固完善的联系。

三、妊娠维持和妊娠母畜的变化

(一)妊娠的维持

妊娠维持需要母体和胎盘激素协同调控,在排卵前后,血浆中雌激素和孕激素是调控子宫内膜增生和胚胎附植的主要因子。在整个妊娠期内,孕激素发挥主导作用,主要功能:①抑制子宫肌肉的收缩,使胎儿处于平静而稳定的环境中;②促进子宫颈栓形成,防止异物和病原微生物侵入子宫危及胎儿;③抑制垂体FSH的分泌和释放,从而抑制卵泡发育和母畜发情;④妊娠后期孕激素水平的变化有利于分娩发动。

(二)妊娠母畜的主要生理变化

1.生殖器官的变化

(1)卵巢:母畜配种后,若受精卵正常发育,卵巢上的周期黄体会转化为妊娠黄体,分泌孕酮,维持妊娠,周期性发情活动停止。

(2)子宫:在妊娠期间,随着胎儿发育,母体子宫容积逐渐增大。同时,子宫肌层保持相对静止状态,以防胎儿被过早排出。胚胎附植前,子宫内膜增厚,子宫血管增粗、数量增加,子宫腺变长、弯曲增多,子宫内出现白细胞浸润现象;胚胎附植后,子宫肌层变肥大,结缔组织广泛增生,肌纤维和胶原蛋白含量增加;妊娠后期,子宫生长变慢,胎儿生长迅速,子宫肌层变薄,肌纤维被拉长。

(3)子宫颈:内膜腺体数量增加,并分泌黏稠液体封闭子宫颈口,形成子宫颈栓,子宫颈栓在分娩前被液化后排出。

(4)阴道和阴门:在妊娠期,母畜阴门收缩,阴道干涩,阴道黏膜苍白。在分娩前,阴唇肿胀,阴道黏膜潮红,整个组织变得柔软。

2. 母体全身的变化

妊娠后,随着胎儿生长,母体新陈代谢活动逐渐增强,表现为食欲增加、消化能力增强、体重增加、被毛光润。在妊娠中后期,母畜心输出量增加,进入子宫的血量在妊娠后期增加几倍到十几倍。随着采食量增加,母体的碱储下降,血液中酮体含量增加,有时会导致妊娠性酮血症。

(三)妊娠诊断

依据不同目标可以将妊娠诊断方法分为两大类:一类是临床诊断法,包括外部检查、直肠检查、超声波诊断等;另一类是实验室诊断法,包括阴道组织切片、免疫诊断和激素测定等。

1. 外部检查法

主要依据雌性动物的行为变化和外部表现来判断是否妊娠。雌性动物妊娠后,一般表现为发情周期停止,性情温顺、安静、食欲增加、易长膘,妊娠一定时期(马、牛5个月,羊3~4个月,猪2个月以上)后腹围增大。

2. 直肠检查法

将手伸进直肠壁直接触摸子宫、卵巢、胎泡、子叶等的形态、大小和变化来判断是否妊娠。主要检查要点:子宫的变化,卵巢上有无大的黄体存在,以及子宫中动脉的搏动情况。此法主要适用于牛、马、驴等大动物。

3. 超声波诊断法

利用超声波在传播过程中遇到母体子宫不同结构而出现不同反射物的特性,探知胚胎是否存在以及胎动、胎儿心音和脉搏等,从而进行妊娠诊断。此法多在配种后一个月应用,过早准确性较差。

4. 阴道检查法

先用温肥皂水、清水清洗雌性动物外阴部,再用开膣器打开阴道,主要观察阴道黏膜的色泽、干湿状况、黏液性状(黏稠度)、子宫颈口形态等,进而判断是否妊娠,此法多用于大动物。配种15 d后,在用开膣器插入阴道时感到有阻力,阴道黏膜苍白而干燥,子宫颈口紧闭、有糨糊状样物质封住颈口,则是妊娠的表现。

5. 免疫学诊断法

免疫学妊娠诊断的主要依据为:母畜妊娠后,胚胎、胎盘、子宫或卵巢可产生某些特异化学物质(某些物质具有很好的抗原性)进入母体血液、尿液或乳汁中。依此制备相应抗体,根据抗原抗体反应结果来判断母畜的妊娠状态。

6.血或奶中孕酮水平测定法

母畜妊娠后,由于妊娠黄体的存在,血液(血清)和奶中(乳汁或乳脂)孕酮含量维持在较高水平且不再出现周期性变化,利用此特点可进行早期妊娠诊断。用放射免疫法测定血浆(或乳中)的孕酮含量,可以判定雌性动物是否妊娠。

7.其他方法

还有一些在某些特定条件下能判断是否妊娠的方法,如子宫颈-阴道黏液理化性状鉴定、尿中雌激素检查、外源激素特定反应等方法,这些方法难易程度不同,准确率偏低,难于推广应用。

四、分娩及泌乳

(一)分娩

妊娠母畜将发育成熟的胎儿和胎衣从子宫中排出体外的生理过程,称为分娩(parturi-tion)。正常情况下胎儿可以自然产出,饲养员只要做好产后护理工作即可。若母畜不能顺利产仔,则必须进行人工助产。当胎儿姿势异常又难以矫正时,应请兽医及时处理,避免胎儿和/或母体死亡。

1.母畜临产表现

外阴部肿胀,阴道黏膜潮红,乳房膨大,乳头变得十分丰满,进而排乳,表明1 d左右即可分娩。若母畜频频排尿、不吃草料,或食量减少、起卧、转圈,表明即将分娩。

2.分娩过程

分娩是母畜借子宫和腹肌收缩将胎儿及胎衣排出体外的过程,可分为三个阶段。(1)开口期:从子宫有规则地出现阵缩到子宫颈口完全开为止。(2)产出期:自宫颈口充分开张至胎儿全部产出为止。(3)胎衣排出期:自胎儿产出后至胎衣完全排出为止。

3.助产

根据配种记录和产前预兆,一般在预产期前1~2周将母畜转入产房。产房要预先消毒并准备好必需的药品和用具。对临产母畜要做好外阴部消毒、缠尾,并换上清洁柔软的垫草。正常分娩的母畜无需助产,但母畜难产时,除注意抢救母畜和胎儿外,还要尽量保护母畜的繁殖能力,防止产道的机械损伤和感染。矫正异常胎势时,要在母畜阵缩间歇期间将胎儿推回子宫,然后矫正胎势。

4.产后护理

为使仔畜尽快适应新环境,减少患病和死亡,应从以下几个方面做好工作:防止窒息,加强保温,尽早吃上初乳,失乳的仔畜应进行人工哺乳或寄养,防止脐带感染。对产后母畜的护理:要及时供给足够的饮水或麸皮汤,要认真清洗并消毒外阴部和臀部,勤换柔软、洁净的垫草,适量供给质量好、营养丰富且容易消化的饲料。

(二)泌乳

泌乳是哺乳动物以分娩成功为标志的周期性生殖活动过程中的最后一个阶段,是乳腺组织的真正分化并发挥功能的体现。

1.泌乳的发动

母畜分娩时及分娩后,发育成熟的乳腺开始分泌乳汁的现象称为泌乳发动。在分娩前后,血中促乳素峰对泌乳发动有直接作用。在妊娠前期,黄体孕激素大量分泌,抑制了垂体促乳素的分泌,使乳腺对促乳素的敏感性有所降低。在妊娠后期,黄体退化以及胎盘分泌能力降低,导致孕激素水平迅速下降,减弱或解除了其对促乳素分泌和释放的抑制作用,提高了乳腺细胞对促乳素的敏感性。同时,雌激素水平在分娩前的升高加速了促乳素释放并形成峰值,引起泌乳发动。

2.泌乳的维持

泌乳开始后,一般能维持一段较长的时间,称为泌乳期,维持时间长短有明显的种间差异。在自然哺乳条件下,一般泌乳期相当于哺乳期。泌乳初期乳腺细胞的数目逐渐增加,直至泌乳高峰期。除促乳素外,还需要生长激素、肾上腺皮质素以及胰岛素、胰高血糖素等激素参与调控泌乳的维持。

3.排乳

乳汁生成后,由腺泡上皮细胞分泌到腺泡腔,让乳汁充满腺泡腔和细小导管。通过肌上皮细胞和输乳管平滑肌反射性收缩,乳汁被转移至乳导管和乳池,哺乳和挤乳刺激均可让乳汁排出体外,即为排乳。

第六节 人工授精技术

在家畜繁殖过程中,配种是非常重要的环节,配种分为自然交配和人工授精两种方法,本节主要介绍人工授精。人工授精技术是研究家畜繁殖的基本操作,动物繁殖控制技术、胚胎生物技术等都以此为基础,包括精液采集、品质检查、精液处理和输精4大步骤。

一、人工授精的概念及意义

人工授精是将收集到的雄性动物的精液,经过品质检查、稀释保存等处理后,再用器械将精液输送到发情母畜生殖道适当位置使母畜受孕的一种配种方式。

人工授精技术的普及大幅度提高了公畜的种用价值、降低了生产成本、提高了母畜的受胎率、降低了生殖疾病的传播率、加速了育种进程,还可以有计划地选种选配,并可代替种公畜的引种。

二、人工授精的主要技术程序

人工授精的主要技术环节包括采精、精液品质检查、精液稀释、精液保存(液态保存和冷冻保存)和输精等。

（一）采精

将采集到干净、质量好、量多的精液的过程称为采精。

1.采精前的准备

（1）采精场的准备：畜禽场一般都设有专用采精场地，方便公畜建立稳固的条件反射，另外还设有真台畜或假台畜用来吸引公畜爬跨，要求采精场地安静、宽敞、清洁、平坦，采精的地方最好和精液处理室相近。

（2）台畜的选择和利用：台畜一般分为真台畜和假台畜两种（图5-6-1）。

真台畜：使用与公畜同种的母畜、阉畜或另一头种公畜作台畜，应选择健康无病（包括性病、其他传染病、体外寄生虫病等）、体格健壮、大小适中、性情温顺且无踢腿等恶癖的同种家畜。一般，用具备上述条件的发情良好的母畜作为台畜最为理想。在采精前需将真台畜的后驱尤其是尾根、肛门、外阴等处清洁、擦拭干净。

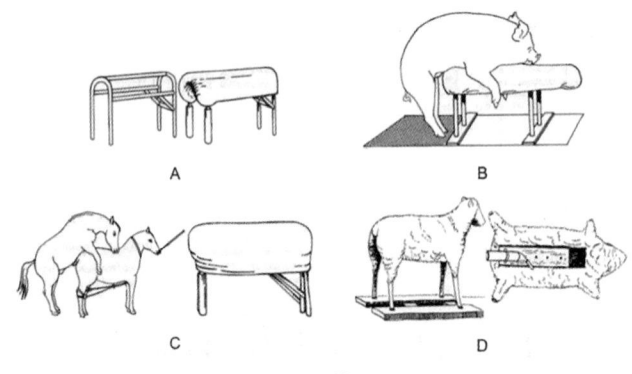

图5-6-1 采精用的台畜

假台畜（采精台）：基本结构都是模仿母畜体型，选用钢管或木料等做成一个具有一定支撑力的支架，然后在架背上铺以适当厚度的竹绒、棉絮或泡沫塑料等有适当弹性的物质，其表面再包裹一层干净的备皮或麻袋、人造革。有的台畜则完全模仿同类母畜的模样制成，有的还将假阴道固定安装在假台畜内相应部位——假台畜的后下部，并且假阴道的角度可随意调节。

（3）种公畜的准备：种公畜采精前必须用诱情的方法使其有足够的性欲，对于性欲迟钝的公畜要采取改换台畜、观摩其他公畜爬跨等方法诱导发情。利用假台畜采精，在事前要先对种公畜进行调教，使其建立条件反射。可在假台畜后驱涂抹发情母畜的尿液或阴道分泌物，同时模仿母畜叫声，也可以将其他公畜的尿或口水涂在假台上。调教成功的公畜在非配种季节也要定期采精，以形成条件反射。

在公畜很兴奋时，要注意公畜和采精员的安全，采精栏必须设有安全角。无论采用哪种调教方法，公畜爬跨后一定要进行采精，不然公畜很容易对爬跨假畜台失去兴趣，同时要注意公畜生殖器官的清洁卫生。

2.采精方法

采精方法主要有假阴道法、手握法、电刺激法和按摩法等。

（1）假阴道法：假阴道是模仿发情雌性动物阴道环境设计的装置，能够满足雄性动物交配时对压力、温度和润滑度的要求，假阴道法是目前应用最广泛的一种方法。

假阴道主要由外壳（又称外筒）、内胎、集精杯（管、瓶）、固定橡皮圈和外套等附件构成。假阴道外壳多为黑色硬橡胶或硬塑料制成的圆筒，中间有注水孔并带有橡皮塞（有气阻），可由注水孔注入温水和空气,采精过程中内腔温度一般维持在38~40 ℃。内胎是由柔软且有弹性的橡胶制成的圆筒,装在外壳内充当假阴道的内壁。集精杯为一棕色的双层玻璃杯或橡胶漏斗,装在假阴道的一端。此外,还有固定内胎的橡皮圈和固定集精杯用的外套。

假阴道的压力一般用注水和空气来调节。压力不足不能刺激公畜射精,压力过大导致阴茎不易插入或勃起时不易射精。一般假阴道内胎入口处是Y字形或X字形最好。凡是接触精液的部分必须消毒,且不能有残留的酒精。假阴道内表面要涂润滑剂,涂抹范围是假阴道的阴茎插入端距外口1/3处。

(2)手握法:手握法目前适用于公猪及犬的采精,具有设备、操作简单,能选择收集精液浓密部分等优点。但这种方法使精液长时间暴露在空气中,精液容易被污染且易受低温打击等。

手握法是模仿母畜子宫颈对公畜阴茎龟头约束力而引起射精的采精方法,需要用手握住公畜阴茎龟头节奏性地给予压力刺激,因此适当的压力十分重要。射精时只收集第二阶段富含精子的精液,同时注意精液不能被污染。

(3)电刺激法:电刺激法是利用电刺激采集器,通过电流刺激公畜(雄兽)腰荐部神经引起射精反射的采精方法。主要适用于那些种用价值高而失去爬跨能力的优良种畜或不适宜用其他方法采精的小动物和野生动物。

(4)按摩法:按摩法适用于无爬跨能力的公牛和禽类。用该法采集公牛的精液时,将手伸入直肠,在膀胱背侧稍后部位,轻柔按摩精囊腺,刺激其分泌部分精清。然后将食指放在两输精管末端的壶腹部之间,将中指和无名指放在壶腹部一侧,将拇指放在壶腹部另一侧按摩至公牛精液流出,由助手将精液收集到集精管中。

用该法收集禽类的精液时,以左手拇指为一方,其余四指为另一方,从翼根部沿体躯两侧滑动,推至尾脂区,如此反复按摩数次,采精员用左手掌将尾羽拨向背部,同时右手掌紧贴公禽腹部柔软处,拇指与食指分开,于耻骨下缘抖动触摸若干次,当泄殖腔外翻露出退化交配器时,左手拇指与食指立刻捏住泄殖腔上缘,轻轻挤压,公禽立刻射精,右手迅速用集精杯接取精液。

3.采精频率

采精频率(frequency of semen collection)是指在一定时间内对公畜采精的次数。合理的采精频率既可以提高优秀种公畜的利用效率,也可以延长种公畜的利用年限,所以采精频率在生产上十分重要。实际生产中,不同家畜生理特性不同,合适的采精频率也有所差异。

(二)精液品质检查

精液品质检查是为了评价精液的品质,为后续工作提供依据,还可用于评价公畜的生理健康状态。

1.精液外观形状检查

(1)精液量:精液量(semen volume)是指公畜一次射出的精液体积。评定公畜正常射精量时,应多次测量取平均值作为最终测定结果。

(2)颜色与气味:正常家畜精液的颜色一般为乳白色,有时略显浅灰色或浅乳黄色,且精子密度越高颜色就越深。正常精子略带有腥味或动物本身的固有气味。

(3)云雾状:精子密度大、活力强时可通过肉眼或低倍镜观察到精子如云雾状翻腾。

(4)pH:新鲜采集的家畜精液pH接近中性,精液的pH也与品种、个体、采精方法和环境等因素有关。

2. 实验室检查

(1)精子的运动能力:一般用精子活率(sperm motility)和死活精子百分率这两个指标来评价精子运动能力以及精液品质。精子活率是指精液中呈直线运动的精子占全部精子的百分比,死活精子百分率是指在将精液染色后观察到的死活精子占全部精子的百分比。

(2)精子的密度:精子密度(sperm concentration)指每毫升精液中所含精子数,是评价精液品质的重要指标。精子密度的评定方法有估测法、血细胞计数法和光电比色法等。

(3)精子的形态:精子形态与受精率的关系十分紧密。评价精子形态的指标有精子畸形率和精子顶体异常率等。精子畸形率是指在精液中形态异常的精子数占精子总数的百分比,精子顶体异常率则是指顶体异常的精子数占精子总数的百分比。

3. 其他检查

(1)精子存活时间与存活指数:精子存活时间是指将精子置于某一温度下(0或37 ℃),每隔一定时间(4~8 h)检查一次精子活力,直至无活动精子,然后将总时长减去最后两次间隔时间的一半之差,即为精子的存活时间。精子存活指数是相邻两次检查的间隔时间与平均活力的积之和。精子存活时间越长和存活指数越大的精子品质越高。

(2)微生物检查:正常家畜精液中不含任何微生物,受到微生物污染的精液质量会降低,并且输精后还会使母畜的繁殖功能受损。

(三)精液稀释

精液稀释是指在采集的精液中加入适合精子存活的稀释保护液,使精子在体外也可以保持受精能力的措施。

1. 稀释液的成分及作用

(1)稀释剂:作用是扩大精液量,一般选用与精液渗透压相同,对精子无伤害的试剂作为稀释剂。常用的稀释剂有等渗氯化钠、等渗葡萄糖、等渗蔗糖等溶液。

(2)营养剂:指为精子提供营养的成分,有糖类、蛋白质等。

(3)保护剂:为了使精子在储存和运输中免受伤害,还需在稀释液中加入一些保护物质以保证精子的活力在使用时达到要求。如柠檬酸钠、三羟甲基氨基甲烷、磷酸二氢钾作为缓冲物质可防止精子酸中毒;一些非电解质和弱电解质如糖类和氨基己酸等可用来降低电解质浓度,降低副性腺分泌物质对精子的刺激;另外精子的保存过程中常需要低温甚至冷冻处理,因此在稀释液中添加卵黄、奶类以及甘油、二甲基亚砜(DMSO)等物质有助于减弱精子在降温的过程中受到的伤害;精子稀释液中还需要添加一些抗菌物质如青霉素、链霉素、氯霉素等,防止外来病菌侵入使精液质量下降。

(4)其他添加物质:除了上面提到的三类物质,稀释液中还可以加入一些其他成分起到特定的作用。催产素和前列腺素能促进母畜生殖道蠕动,提高受胎率;VB_1、VB_2、VB_{12}、VC、VE等对精子活力有一定提高作用;酶类可以分解代谢废物或促进精子获能。

2. 稀释液的种类及配制

(1)稀释液的种类:根据精液的用途和保存形式,可将稀释液分为现用稀释液、常温保存稀释液、低温保存稀释液和冷冻保存稀释液等几种类型。

(2)稀释液的配制:需要保存的精液要立马进行稀释。稀释液一般是现用现配,若保存时间较长要严格灭菌。配制过程中所有添加组分都要在保证其有效成分不被分解的情况下进行消毒灭菌，若需要加入卵黄，则必须保证其新鲜度。

3.稀释方法和稀释倍数

（1）稀释方法：精液稀释应在测定精子活力及确定稀释倍数后尽快进行，先将精子与稀释液同温处理，再将稀释液沿容器壁缓慢加入精液中，并缓慢搅拌至两者混合均匀。若稀释倍数较高可先进行低倍稀释再进行高倍稀释。

（2）稀释倍数：稀释倍数与公畜精液质量、母畜生殖机理状况等因素有关，应合理选择适当的稀释倍数。稀释倍数过低不能充分利用优秀公畜的精液，而过高则不利于精子存活，且会降低母畜受胎率。

（四）精液保存

根据保存形式的不同，精液保存的方法可分为液态保存和冷冻保存两种。液态保存是指稀释后的精液保存在 0 ℃以上的环境中，以液态形式保存的方法，分为常温保存和低温保存两种。冷冻保存是指精子在处理后利用液氮（-196 ℃）作为冷源，以冻结态形式保存的方法。通常，液态保存的保存时间较短，冷冻保存的保存时间较长。

1.常温保存

常温保存的温度一般在15~25 ℃，又称为室温保存。方法是将稀释后的精子密封后避光保存，所以不需要特殊设备，简单易行，常用来保存猪的稀释精液。

2.低温保存

精液低温保存的温度范围为0~5 ℃。方法是将精子稀释后以每30 min降低5 ℃的速度降到指定温度，避免精子产生冷休克，对活力造成影响。

3.冷冻保存

方法是先将稀释后的精子分装，再将精子在-250~-60 ℃的低温环境中快速降温，越过对精子造成损害的冰晶化阶段直接达到玻璃化阶段。精液冷冻保存技术显著延长了精液保存的时间，使精液的使用不再受时间与空间的限制，是人工授精技术的一大进步，加快了育种改良乃至畜牧业的发展速度。

（五）发情鉴定技术

发情鉴定（estrus diagnosis）可判断母畜发情所处阶段和程度，以此确定合适的配种或人工授精的时间，从而提高受胎率和繁殖效率。发情鉴定的方法随着畜牧业的发展也越来越多，但还是要根据各家畜的特点和各种表现来确认具体的一种或几种鉴定方法。

1.外部观察法

外部观察法是动物发情鉴定最简便也最常用的方法，主要通过观察动物的外部表现和精神状态，判断其是否发情和发情程度。动物发情时常表现为心神不安，鸣叫，食欲减退，外阴部充血肿胀、湿润并有黏液流出，对周围环境和动物的反应敏感。另外，有一些动物会有一些特殊的表现。在猪和牛的生产中，常使用外部观察法进行发情鉴定。

2.试情法

试情法即根据雌性动物在性欲和性行为上对雄性动物或类似雄性动物的声音、气味、行为等的反应来确定其是否发情和发情程度，该法容易掌握且适用于大部分家畜。

3.阴道检查法

阴道检查法是利用阴道开张器扩开母畜的阴道,根据阴道的黏膜颜色、湿润度,子宫颈的颜色、肿胀度、开口大小,以及黏液的分泌量、颜色、黏稠度等来判断母畜是否发情和发情程度。在使用该法时,要额外注意避免对阴道黏膜造成损伤,阴道检查法常用于大家畜的发情鉴定。

4.直肠检查法

直肠检查法需要技术人员将手伸入母畜直肠内,隔着直肠壁触摸卵巢的状态,以此来确定母畜是否适宜配种。该方法的优点是可以直接检查母畜卵泡的发育程度并确认准确的配种时间,还可以进行妊娠诊断并确定是否需要补配;缺点是对操作人员的操作手法要求较高,并且须严格注意卫生、防止疫病的传播。直肠检查法适用于牛、马等大家畜的发情鉴定。

5.超声波仪法

将超声波仪的探头通过阴道壁触及卵巢上的卵泡或黄体时,探头能接受不同的反射波,在屏幕上显示出卵泡或黄体的结构图像,根据图像上卵泡的发育阶段来确认母畜的发情状态。腹腔内窥镜可以起到同样的作用。虽然这种方法准确度高,适用于各种家畜,但操作复杂且成本较高,限制了这种方法的推广普及。

(六)输精

输精(insemination)是把准备好的精液输入到发情母畜体内的过程,是人工授精的最后一个并且十分重要的环节。

1.输精前的准备

母畜要经过发情鉴定并确认已发情,将其保定后对阴门和会阴等处擦拭并消毒。输精需要用到的非一次性器材也需要进行彻底的清洗和消毒,并在使用前使用稀释液再冲洗一次。精液在使用前要再检查一次精子活力,确认其达到输精要求。输精操作人员要身着工作服,指甲剪短磨光并将手部擦净消毒,若需将手臂伸入阴道内,则还要将手臂消毒后再充分润滑。

2.输精要求

不同畜种因生理结构不同,故对输精量、输入有效精子数、适宜输精时间、输精次数、输精间隔和输精部位等的要求也有一定的差异。

3.输精方法

(1)牛的输精方法:采用的方法常为阴道开张器输精法和直肠把握子宫颈输精法。阴道开张器输精法的受胎率不高,目前已基本停止使用。直肠把握子宫颈输精法的输精部位深,可防止精液逆流,并且用具简单、操作方便、不易感染,还可以进一步检查卵巢状态,确认母牛发情和妊娠情况,还能发现卵巢和子宫存在的疾病,是目前普遍使用的输精方法。

(2)鸡、鸭、鹅的输精方法:生产中广泛应用的是阴道输精法,可将精子直接送入家禽的输卵管中,这种方法操作简单且受精率高。

(3)猪的输精方法:猪的阴道与子宫颈之间没有明显界限,采用的输精方法为输精管插入法。这种方法可将精子送达子宫颈口甚至子宫角,且与送达子宫颈口相比送达子宫角可以取得更高的繁殖率。

(4)羊的输精方法:有阴道开张器输精法、输精管插入法和腹腔内窥镜子宫角输精法等。腹腔内窥镜子宫角输精法输送冷冻精液的受胎率,比输精部位为子宫颈的更高,但该法所用设备价格较高,且需要专业技术人员的操作,故推广上有一定困难。

(5)马、驴的输精方法:常用胶管导入法(指导法)。对于经过性别鉴定的精子,使用内窥镜法将其输入到宫管连接部,可提高母畜妊娠率。

第七节 繁殖控制技术

当前,与畜牧业相关的科学技术在不断发展,特别是生物科学技术以及工业水平的提高,为家畜繁殖控制技术的快速发展奠定了基础。繁殖控制技术使家畜在很大程度上摆脱了自然环境的直接影响,通过人为的措施给予控制,以提高家畜的生产性能。目前,繁殖控制技术主要有:发情控制、排卵控制、性别控制、受精控制、产仔控制、分娩控制等。这些技术不但能够提高各种家畜繁殖率,也能提高管理水平与经济效益。

一、发情控制

发情控制指应用外源生殖激素或药物以及管理措施使母畜个体或群体发情并排卵的技术,主要包括同期发情和诱导发情。

(一)同期发情

1.同期发情的概念与意义

(1)同期发情的概念:利用某些激素人为地控制一群母畜发情周期的进程,使之在预定时间内集中发情。

(2)同期发情的意义:同期发情技术能够帮助饲养管理人员更好地进行批量生产,节省管理时间,节约人力、物力,降低生产成本。根据实际情况,选择合适的同期发情技术进行管理,更有助于规模化、集约化的饲养模式,能够显著提高经济效益。

2.同期发情的方法

(1)孕激素阴道栓法:取18-甲基炔诺酮50~100 mg,用色拉油溶解后,让海绵(海绵呈圆柱状,直径和长度约10 cm,在一端系一细绳)吸满药品。在发情周期的任意一天,利用开张器将阴道扩张,用长柄镊子夹住海绵,放置于阴道子宫颈口周围,细绳露于阴门外部,并在9~14 d后拉出海绵。为了提高发情率,最好在取出海绵后肌肉注射PMSG或前列腺类激素。

除海绵外,国外有阴道硅橡胶环孕激素装置,使用方法同海绵栓。阴道硅橡胶环孕激素装置由硅橡胶环和附在环内用于盛装孕激素的胶囊组成。另一种孕激素装置为CIDR(阴道孕酮释放装置),孕酮含量为1.38 g,形状呈Y字形,内有塑料弹性架,外附硅橡胶,两侧有可溶性装药小孔,尾端有尼龙绳。

(2)孕激素埋植法:国外普遍采用的是硅橡胶药棒,含有3~6 mg 18-甲基炔诺酮,直径3~4 mm;长15~20 mm。国内使用的是塑料药管(管壁上烫有小孔)含有20~40 mg 18-甲基炔诺酮,内径为2~5 mm、长25~30 mm,称为药物埋植物。使用时,用专用的埋植器将药物埋植物埋植于牛的耳背皮下,埋植时间为9~12 d,到期后取出。为加速自然黄体的消退,一般在埋植的同时肌肉注射4~6 mg 苯甲酸雌二醇(国内)或戊酸雌二醇(国外)。

(3)前列腺素法:前列腺素及其类似物(简称PG)的主要功能是引起黄体溶解,但只对功能性黄体有溶解作用,只有当母畜处在功能性黄体期时该法才能产生作用。为了使一群母畜获得较高的同期发情率,往往采取间隔一定时间注射两次PG的方法,例如母牛两次注射的间隔时间为11 d,第二次注射PG后大都在48~72 h内发情。

(二)诱导发情

1.诱导发情的概念及意义

诱导发情是指利用外源生殖激素等诱导单个母畜发情并排卵的技术。其意义是为了将母畜的繁殖周期缩短,从而提高母畜的繁殖效率。

2.诱导发情的方法

为了让产后长期不发情或欲使产后提前配种的母畜,以及一般的乏情母畜发情,可用孕激素处理1~2周(参阅同期发情)诱导发情,在处理结束时注射PMSG的诱导效果更好。对于哺乳乏情的母畜,除用上述激素处理外,还可以采用提前断乳的方法来诱导发情。因持久黄体而长期不发情的母畜可注射前列腺素及其类似物,使黄体溶解,随后引起发情。

二、排卵控制

采用外源生殖激素,使单个或多个母畜发情并控制其排卵的时间和数目的技术称为排卵控制。排卵控制包括控制排卵时间和排卵数两个方面的内容。控制排卵的时间,是在母畜发情周期的适当时候,用促性腺激素(或促性腺激素释放激素)处理母畜,诱导排卵,以代替母畜靠自身的促性腺激素的自发排卵,即促使成熟的卵泡提早排卵。控制排卵数,是指利用促性腺激素增加发情母畜的排卵数,根据不同的目的又分为超数排卵和限数排卵两种。超数排卵多用于胚胎移植,限数排卵多用于母畜的一产多胎。

(一)诱导排卵

1.诱导排卵的概念及意义

(1)概念:控制排卵时间或者使因某些原因不能正常排卵的性成熟雌性排卵的技术,称为诱导排卵。在生产实践中,大多是在同期发情的情况下实施诱导排卵,即同期排卵。

(2)意义:准确控制排卵的时间,更好地掌握配种时机,提高繁殖率;可对群体进行集中处理,节省人力、物力、财力,提高生产效益;使不能正常排卵的卵泡排卵。

2.诱导排卵的方法

诱导排卵的药物有多种,主要有LH和GnRH。其中,常用的主要有GnRH及其类似物——促排卵2号或3号(LRH-A2或LRH-A3),具体方法是在配种前数小时或者第一次配种的同时肌肉注射药物。此外,对某些动物例如牛使用诱导排卵的药物时,还可以添加一定量的人绒毛膜促性腺激素(hCG)。

(二)超数排卵

1.超数排卵的概念及意义

(1)概念:超数排卵是指在母畜发情周期的适当时间,人为注射外源促性腺激素,使卵巢比自然发情时产生更多的卵泡并排卵。

(2)意义:超数排卵技术,可以充分挖掘母畜的繁殖潜力,为胚胎移植提供充足的胚胎。超数排卵是胚胎移植过程中必不可少的一环,同时也是转基因动物生产和动物克隆等研究中的一种重要的技术手段。为畜牧生产、濒危动物物种保存和生物工程研究以及人类辅助生殖技术作出了巨大贡献。

2.超数排卵的方法

(1)FSH+PG法:牛和绵羊在发情周期的第9~13 d(山羊第17 d)中的任一天开始肌肉注射促卵泡素(FSH),常连续注射4 d,每天间隔12 h等量注射2次。在第5次注射促卵泡素的同时,肌肉注射前列腺素(PG)以溶解黄体,一般于前列腺素注射后24~48 h发情。此方法的优点是超数排卵效果较好,但不适宜批量处理。

(2)CIDR+FSH+PG法:在发情周期的任一天在牛、羊阴道内放入CIDR,计为0 d,然后同上述"FSH+PG法"注射促卵泡素,在第7次肌肉注射促卵泡素时取出CIDR,并肌肉注射前列腺素(PG),一般在取出CIDR后24~48 h发情。此方法的优点是超数排卵效果较理想,是目前常采用的方法,但成本较高。

(3)PMSG+PG法:牛和绵羊在发情周期的第11~13 d(山羊为第16~18 d)中的任何一天肌肉注射孕马血清促性腺激素(PMSG),48 h后肌肉注射PG。此法较简单易行,但超数排卵效果不理想。另外,在注射孕马血清促性腺激素(PMSG)的同时需注射抗PMSG制剂,以消除其半衰期长的副作用。

三、性别控制

(一)性别控制的概念和意义

1.概念

性别控制是按生产者的意愿,采用技术手段使成年雌性动物产出的后代的性别符合人们期望的一门生物技术。

2.意义

(1)控制出生后代的性别,可充分发挥受性别限制和影响的生产性状的生产潜力。

(2)控制出生后代的性别可提高选种强度,加快育种进程。

(3)可提高育种效率,对于后裔测定来说,有性别控制的测定比无性别控制的测定至少可以节省一半时间和费用。

(二)性别控制的方法

1.X精子和Y精子分离法

当前,较准确的X精子和Y精子分离方法是流式细胞分离仪分离法,其理论根据是两类精子头部DNA含量存在差异。根据这一差异,流式细胞分离仪可对X精子和Y精子准确进行分离。具体方法:先用DNA特异性染料对精子进行活体染色,然后让精子连同少量稀释液逐个通过激光束,探测器可探测精子的发光强度并把不同强度的光信号传递给计算机,计算机指令液滴充电器使发光强度高的液滴带正负电荷,然后带电荷的液滴通过高压电场,液滴因所带电荷不同而在电场中被分离开,进入两个不同的收集管,正电荷收集管为X精子,负电荷收集管为Y精子。用分离后的精子进行人工授精或体外受精可对后代的性别进行控制。

2. 早期胚胎的性别鉴定法

胚胎的性别鉴定是指通过人为的方法对胚胎的性别进行鉴定,选择或淘汰某一性别胚胎的技术,可以预知所生动物的性别。目前主要有以下几种方法。

(1) 细胞学方法:是通过分析部分胚胎细胞的染色体组成来判断胚胎性别的一种方法,通常具有XX染色体的胚胎发育为雌性,具有XY染色体的发育为雄性。

(2) 免疫学方法:此法是利用H-Y抗血清或H-Y单克隆抗体检测胚胎上是否存在雄性特异性H-Y抗原,从而鉴定胚胎性别的一种方法。

(3) 分子生物学方法:是采用雄性特异性DNA探针和PCR扩增技术对哺乳动物早期胚胎进行性别鉴定的一种方法。

四、受精控制

(一)体外受精

1. 概念

体外受精是哺乳动物的精子和卵子在体外人工控制的环境中完成受精过程的技术,与胚胎移植技术密不可分,由卵母细胞体外成熟、体外受精、受精卵体外培养三个关键环节构成。把体外受精胚胎移植到母体后获得的动物称为试管动物。

2. 意义

体外受精技术对动物生殖机理研究、畜牧生产、医学和濒危动物保护等具有重要意义,包括:克服母畜不孕提高繁殖效率,可使由于输卵管堵塞或排卵障碍等不能受孕的母畜正常繁殖后代;扩大胚胎来源,可以从屠宰母畜的卵巢采集卵母细胞,或者结合活体采卵技术从良种家畜体内采集卵母细胞进行体外受精,从而"工厂化"生产胚胎,为胚胎移植提供充足而廉价的胚胎;使犊牛和羔羊在幼龄时繁殖后代,缩短世代间隔,加快育种进程;为其他动物繁殖生物技术如克隆、转基因、性别控制等提供丰富的试验材料。

3. 体外受精的方法

(1) 卵母细胞的获得:可从屠宰母畜的卵巢,或利用活体采卵法直接从活畜卵巢上获得卵母细胞。

(2) 卵母细胞的体外成熟:将未成熟的卵母细胞在成熟的培养系统中培养至成熟。

(3) 精子与卵子的体外受精:将获能精子与成熟卵母细胞放在一起进行共同孵育,形成受精卵。

(4) 早期胚胎培养:在一定的环境条件下,将受精卵放在体外培养液中进行培养,使其发育至桑葚胚或囊胚阶段。

(5) 胚胎移植或冷冻保存:将桑葚胚或囊胚进行移植或冷冻保存后再移植。

(二)显微受精

1. 概念

通过透明带钻孔、透明带下注射、卵母细胞胞质内注射等方法对配子进行显微操作以协助其受精的技术称为显微受精技术,亦称显微操作协助受精技术。

2. 意义

(1)使人们可以更进一步深入了解受精过程以及卵子激活、分裂,胚胎发育,基因的表达调控等一系列胚胎发育生物学的问题。

(2)有助于人们探索异种之间精卵结合等生命现象中最根本的问题。

(3)可以解决家畜(人类)一部分雄性不育问题。

(4)通过显微受精技术,可大大提高精子的利用率,从而让优良公畜得到充分利用。

(5)显微受精技术可以作为性别控制的手段,随着X精子和Y精子分离法、标记技术的提高,可以有选择地进行X精子或Y精子的注射,从而得到期望性别的后代。

五、产仔控制

产仔控制技术是人为控制单胎动物(牛、羊等)产双胎的技术,即诱导双胎技术。

(一)诱导双胎的概念和意义

1. 概念

采取遗传选择、生殖激素、胚胎移植及营养调控等措施,使单胎动物产双仔。

2. 意义

诱导双胎技术可提高双犊(羔)率,并能成倍提高牛、羊的繁殖力,增加后代数量,相对减少基础母牛、母羊饲养头(只)数,节省饲养管理费用,降低生产成本,为加快良种奶牛繁殖开辟了新的途径。

(二)诱导双胎的方法

1. 遗传选择法

该法主要用于有双胎史的牛。双胎性状可由基因决定,利用转基因技术将F基因(多胎基因)转移到牛中,或对牛体内编码抑制双胎的基因进行人工改造,有可能培育出双胎品种。采取合适的选择方法,建立高双胎率的公、母牛群,并与胚胎移植技术结合,以遗传选择方式提高牛群双胎率。

建立以公羊为主的家系选择制度,并在公羊选择时以睾丸大小为主选性状,母羊选择时以每次发情排卵个数为主选性状,则可以提高产羔率。

2. 复合促性腺激素法

具体方法是,在牛发情周期的10~12 d,肌肉注射PMSG 1200~1500 IU,间隔48 h后,注射氯前列烯醇0.4 mg,在发情后8~12 h第一次输精的同时,肌肉注射抗PMSG 1200~1500 IU。

3. 生殖激素免疫法

(1)类固醇激素免疫法:用类固醇激素作为免疫原制成双胎素。以羊为例,具体方法是在配种前7周进行第1次免疫注射,间隔3周以后(即配种前4周)进行第2次免疫注射。注射方法为每次在每只羊颈部皮下注射2 mL双胎素,发情后适时配种。

(2)抑制素免疫方法:以牛为例,用抑制素1~2 mg和福氏完全佐剂,对产后1~3月的母牛进行主动免疫,20 d后再进行加强免疫。加强免疫所用抑制素剂量减半为0.5~1.0 mg,佐剂为福氏不完全佐剂,加强免疫第10 d肌肉注射氯前列烯醇0.4 mg,母牛发情后适时配种。

4.胚胎移植法

(1)人工授精+胚胎移植:追加1枚胚胎到已输精的母牛生殖道内,这种方法在生产中使用最多。

(2)双胚及双半胚移植法:向经同期发情处理后的母牛的子宫角移植双胚或经分割的两枚半胚。

5.营养调控法

营养调控法是在母羊配种前采取短期优饲以及补饲维生素(维生素E、维生素A)、微量元素或其他生物活性物质等措施诱导双胎的方法。实践证实,这些措施可提高母羊的繁殖率。对配种前(一般1个月以前)的母羊实行营养调控管理,可提高母羊双胎率,在补充高蛋白的条件下,可增加母羊的排卵数和产羔数。母羊经过营养调控管理之后,体重可以保持在适宜的水平,有助于提高双胎率。

六、分娩控制

(一)分娩控制的概念和意义

1.概念

分娩控制也称诱发分娩或引产,是指在母畜妊娠末期的一定时间内,采用外源激素处理,人为控制母畜在确定的时间范围内分娩,产出正常仔畜的繁殖技术。

2.意义

合理安排母畜分娩时间,便于对母畜和仔畜进行集中管理,从而节省人力和时间,有利于高效使用产房及其他设施;有利于安排护理工作,防止母畜和仔畜发生意外或伤亡事故;分娩同期化,有利于仔畜的哺乳、断乳、育肥等饲养管理。此外,同期分娩对于放牧牛群来讲也具有较大的意义。据报道,新西兰每年都采用分娩控制技术处理超过100万头放牧饲养的牛,分娩控制已成为当地极为重要的一项技术措施。

(二)分娩控制的药物和方法

主要药物包括$PGF_{2\alpha}$及其类似物、糖皮质素及其合成制剂、雌激素、催产素等。处理方法主要为肌肉注射,处理时间是在正常预产期结束之前数日,猪为前4 d,牛、羊、马为前7 d。以猪为例,在妊娠的110~113 d,肌内注射前列腺素,24 h后90%左右的妊娠母猪同期分娩产仔,值得注意的是,超过这一期限给母畜用药,易出现幼龄动物成活率低、胎衣不下等情况,往往时间提前越早,影响越大。因此,通过分娩控制能够改变天然自发分娩的程度是有限的。

第八节 提高动物繁殖力的主要措施

动物的繁殖力是指动物在生殖机能正常的条件下，生育繁衍后代的能力。对种用动物来讲，繁殖力就是生产力，能直接影响生产水平的高低和发展。种用雄性动物的繁殖力主要表现在精液的数量、质量和性欲，与雌性动物的交配能力及受胎能力等方面。雌性动物的繁殖力主要表现在性成熟的迟早、发情周期正常与否和发情表现、排卵多少、卵子的受精能力、妊娠能力及哺育幼龄动物的能力等方面。

一、繁殖力的评定方法与指标

(一)受胎率

受胎率是评定母畜的受胎能力或公畜的受精能力的综合性指标，常有以下几种表示方法。

1. 情期受胎率

即妊娠母畜头数占情期配种数的百分率。

$$情期受胎率 = \frac{妊娠母畜头数}{情期配种数} \times 100\%$$

可按月份、季度进行统计，情期受胎率在一定程度上反映出受胎效果和配种水平，能较快发现畜群的繁殖问题。一般来说，当母畜健康、排卵正常、输精适时，且精液品质良好时，情期受胎率就高，但低于总受胎率。情期受胎率又可分为两种：

(1) 第一情期受胎率：第一情期配种的妊娠母畜占第一情期配种母畜数的百分率，包括青年母牛第一次配种或经产母牛产后第一次配种后的受胎率。

$$第一情期受胎率 = \frac{第一情期配种的妊娠母畜数}{第一情期配种母畜数} \times 100\%$$

(2) 总情期受胎率：配种后最终妊娠母畜数占情期总配种母畜数(包括历次复配情期数)的百分率。

$$总情期受胎率 = \frac{最终妊娠母畜数}{情期总配种母畜数} \times 100\%$$

2. 总受胎率

即最终妊娠母畜数占配种母畜数的百分率。一般在每年配种结束后进行统计，用来衡量年度内的配种计划完成情况。在计算配种头数时，应把有严重生殖道系统疾病(子宫内膜炎等)和中途失配的个体排除。

$$总受胎率 = \frac{最终妊娠母畜数}{配种母畜数} \times 100\%$$

3. 不返情率

又称不再返情率，即配种后某一段时间内，不再表现发情的母畜数占配种母畜数的百分率。但使用不返情率时，必须冠以观察时间，如30~60 d不返情率、60~90 d不返情率、90~120 d不返情率等。配种后母畜不发情的时间越长,不返情率越接近实际受胎率。不返情率常用于猪、牛和羊。

$$不返情率=\frac{不再发情的母畜数}{配种母畜数}\times100\%$$

(二)配种指数

即参加配种母畜每次妊娠的情期平均配种数占妊娠母畜数的百分率,是衡量受胎能力的一项指标,在相同的条件下,可反映出不同个体和群体间的配种难易程度。

$$配种指数=\frac{情期平均配种数}{妊娠母畜数}\times100\%$$

(三)繁殖率

指本年度内出生仔畜数占上年度终存栏适繁母畜数的百分率,主要反映畜群增殖效率。

$$繁殖率=\frac{本年度内出生仔畜数}{上年度终存栏适繁母畜数}\times100\%$$

(四)成活率

一般是指断乳成活率,即断乳时成活仔畜数占出生时活仔畜总数的百分率,也可看作本年度终成活仔畜数占本年度内出生仔畜数的百分率。

$$断乳成活率=\frac{断乳时成活仔畜数}{出生时活仔畜数}\times100\%$$

$$年度终成活率=\frac{本年度终成活仔畜数}{本年度内出生仔畜数}\times100\%$$

(五)繁殖成活率

即本年度内成活仔畜数占上年度终(本年度初)适繁母畜数的百分率。

$$繁殖成活率=\frac{本年度内成活仔畜数}{上年度终(本年初)适繁母畜数}\times100\%$$

(六)产犊指数

即母牛两次产犊所间隔的天数,也叫作产犊间隔。常用平均天数表示,奶牛正常产犊指数约为365 d,肉牛为400 d以上。

(七)窝产仔数

即猪或兔等多胎动物每胎产仔的总数(包括死胎和死产),是衡量多胎动物繁殖性能的一项主要指标,一般用平均数来比较个体和群体的产仔能力。

(八)产仔窝数

一般指猪或兔等多胎动物在一年内产仔的窝数。

(九)产羔率

主要用于评定羊的繁殖力,即产活羔羊数占参加配种母羊数的百分率。

$$产羔率=\frac{产活羔羊数}{参加配种母羊数}\times100\%$$

二、提高动物繁殖力的措施

(一)加强种用动物的选育

繁殖力受遗传因素的影响很大,不同品种和个体的繁殖性能也有差异。尤其是种用雄性动物,其品质对后代群体的影响更大。因此,选择优良种用雌雄动物是提高动物繁殖力的前提。

(二)科学的饲养管理和营养水平

加强种用动物的饲养管理,维持种用动物良好的膘情和性欲,是保证种用动物维持正常繁殖机能的基础。雌性动物营养缺乏会出现瘦弱、性机能减退、生殖机能紊乱、不发情或发情不排卵,以及多胎动物排卵少、产仔少等情况;雄性动物营养缺乏则表现出性欲下降、精液品质降低等。因此,规范种用动物的饲养标准,提供营养水平恰当的日粮,控制饲喂量,可有效提高动物繁殖力。

(三)做好发情鉴定和适时输精工作

根据雌性动物发情时内部及外部的变化和表现,准确做好发情鉴定,适时输精,以保证活力旺盛的精子和卵子在受精部位受精,防止误配和漏配,特别是对于发情期比较长、发情表现不明显的动物,更要做好发情鉴定工作,这样才能提高受胎率。

(四)做好早期妊娠诊断工作,防止失配空怀

通过早期妊娠诊断,能够及早确定动物是否妊娠,对已妊娠和未妊娠的动物做到区别对待。对已确定妊娠的母体,应加强保胎,使胎儿正常发育,防止孕后发情误配。对未孕的动物,应认真、及时找出原因,采取相应措施,不失时机地补配,减少空怀时间。

(五)减少胚胎死亡和流产

由于营养失调、管理不当、生殖细胞老化、生殖道疾病等原因,动物胚胎死亡率一直很高,牛、羊、猪的胚胎死亡率一般为20%~40%,马为10%~20%。特别是在妊娠早期,胚胎与子宫的结合还不够紧密,不利因素易引起早期胚胎死亡而消失。妊娠26~40 d的母猪,胚胎死亡率可达20%~35%。应根据上述造成胚胎死亡的原因,采取相应的措施,如科学进行饲养管理、适度使役和运动、补充外源孕激素等,可以减少胚胎死亡和流产。

(六)防治不育症

将雄性动物的生殖机能异常或受到破坏,失去繁衍后代的能力统称为不育。对于先天性和衰老性不育这类个体,因难以克服,应及早淘汰。对于营养性和利用性不育,则应通过饲养管理和合理利用加以克服。对于传染性疾病引起的不育,应加强防疫并及时隔离和淘汰这类个体。对于一般性疾病引起的不育,应积极采取治疗措施,使该类个体尽快恢复繁殖能力。

(七)应用推广繁殖新技术

在有条件的地区或单位,应大力推广如人工授精、繁殖控制、胚胎移植及胚胎工程等新技术,从公畜、母畜两个方面,提高养殖场整体的繁殖力。

(八)健全家畜繁殖制度

制订好畜群繁殖计划,建立健全以生产责任制为中心的各项规章制度,认真做好各项记录,定期分析畜群繁殖动态,并做好疫病防治工作。

拓展阅读

扫码获取本章拓展数字资源。

课堂讨论

1. 在生产中,同期发情技术能提高繁殖率和经济效益,根据同期发情的原理,请思考同期发情的优缺点。

2. 分娩是哺乳动物胎儿发育成熟后的自发性生理活动,是由激素、神经等多种因素协同配合,母体和胎儿共同参与完成的过程,每一个新生命的诞生都来之不易,请联系自己的日常学习和工作生活围绕"感恩父母、珍爱生命"进行小组讨论。

思考与练习题

1. 简述雄性动物生殖器官的构成及主要生理机能。
2. 简述雌性动物生殖器官的构成及主要生理机能。
3. 举例说明生殖激素的种类、理化特性及功能。
4. 简述精子、卵子的发生过程。
5. 简述受精的具体过程。
6. 简述母畜妊娠诊断的常用方法。
7. 简述人工授精的技术及其生产意义。
8. 繁殖控制技术是什么?目前主要有哪些方式?

第六章

畜牧场环境控制与设计

本章导读

畜牧场是家畜重要的生活场所，畜牧场的环境，直接影响到舍内空气的质量和畜牧生产的组织。良好的畜牧场环境应满足以下3个条件。

1. 保证场区具有较好的小气候条件，有利于畜舍内空气环境的控制。

2. 消毒设施健全，便于严格执行各项卫生防疫制度和措施。

3. 规划、布局合理，便于合理组织生产、提高设备利用率和职工劳动生产率。

因此，建立一个畜牧场，必须对场址选择、场区规划布局及场内卫生防疫设施等多方面进行综合考虑，合理设计，为家畜创造一个良好的畜牧场环境。本章将带大家共同学习的内容主要包括：高温、低温对动物生理机能、生产性能及健康有哪些影响？空气湿度对家畜热调节机制有何影响？气流对家畜有哪些影响？养殖场如何降暑和防寒？畜牧场场址选择有哪些要求？

学习目标

1. 通过本章节的学习，了解影响家畜健康和生产的因素及其作用原理，掌握动物环境及环境控制措施，了解畜禽生产设备及智慧牧场建设。

2. 熟悉畜牧场选址和规划布局的原则，掌握建筑制图的基本方法、标准和规定，以及畜牧场初步设计的内容、方法和步骤。

3. 了解畜牧场规划设计在现代化畜牧业发展中的意义，以及建设适合畜禽生产需求和生态保护理念的畜禽生产场所的重要性，树立为生产服务的强烈责任感。

概念网络图

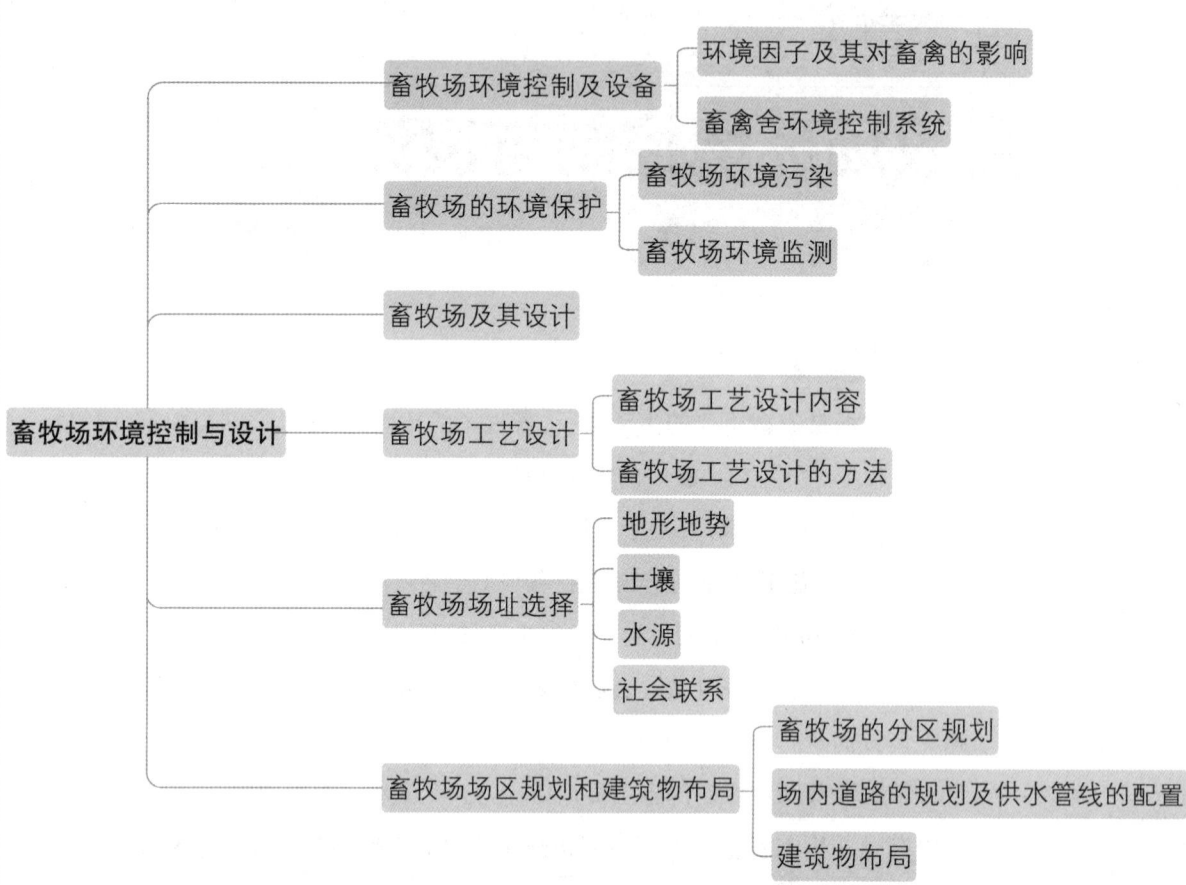

> 本章主要介绍了畜牧场环境变化、场址选择、场地规划布局、畜舍设计,以及配套设备、设施的选择等内容。畜牧场是集中饲养家畜的场所,现代畜牧场具有生产专业化、品种专门化、产品上市均衡化和生产过程机械化的特点。在大规模、高密度、高水平的生产过程中,只有采用现代环境控制技术,充分考虑畜舍温热环境因子、光照、有害气体、噪声、微粒和病原微生物等因素并严格控制这些因素,才能生产出安全、优质的产品,并获取高额经济效益。
>
> 本章节涉及动物生产工艺、动物饲养、建筑物与设施工程、环境控制工程、设备选择等专业知识,主要任务是让学生掌握现代化畜牧场的生产工艺设计,并了解畜牧场规划设计的主要程序、内容与方法,运用文字与绘图技术来完整而准确地表达畜牧场的建设思想。

第一节 畜牧场环境控制及设备

一、环境因子及其对畜禽的影响

(一)温度

环境温度偏离机体正常温度时,机体会开启自身物理和化学调节以维持体温正常。当这些调节不能有效维持体内热平衡时,机体将发生一系列非特异性防御应答反应,即热应激或冷应激。高温环境状态下,动物体内多种自身平衡被打破,严重影响动物的采食量和生长发育,导致动物易感染传染病甚至死亡。低温环境下,动物机体散热量大大增加,饲料利用率明显降低,导致动物抗病力降低,传染病发病率提高。

家畜属于恒温动物,当环境温度处于一定范围内时,可以依靠产热、隔热和散热方式来维持体温恒定。其产热方式主要是营养物质的消化代谢,以及肌肉活动产热等;隔热主要靠皮下脂肪、贴身覆盖的绒羽和紧密的表层羽毛维持体温;散热方式主要是传导、对流、辐射和蒸发。但部分家畜(如家禽)没有汗腺,又有羽毛紧密覆盖周身形成的保温层,因而当环境温度过高时,辐射、传导和对流等散热形式受到限制,只能通过蒸发散热来调节体温,蒸发散热是通过呼吸作用使呼吸道内的水分蒸发而实现散热的方式。当环境温度较低时,动物表现出缩颈、伏坐、头藏于翼下、羽毛蓬松及扎堆等现象,以此加强空气绝热保护。当环境温度大大超出动物最适温度时,机体散热受阻,导致体热平衡失调,严重时甚至出现休克、死亡等现象。

1.高温对动物生理机能的影响

(1)呼吸系统:在高温情况下,动物的呼吸深度变浅,频率加快,肺通气量增加,出现热性喘息,动物张口伸舌、唾液直流。动物通过增加肺通气量来加快呼吸蒸发散热,在严重热应激情况下,由于呼吸频率加快,体内CO_2排出量过多,导致血液中H^+和HCO_3^-浓度降低,pH升高,动物出现呼吸性碱中毒症状,这是造成蛋禽软皮蛋、破壳蛋和家禽死亡率升高的重要原因;禽舍内持续高温,将导致家禽腹肌疲劳、呼吸速度减慢,体内的CO_2蓄积,血液中H^+和HCO_3^-浓度升高,pH降低,出现呼吸性酸中毒症状,这是造成肌无力、瘫痪、散热更困难、死亡率急剧升高的主要原因。

(2)循环系统:在高温情况下,动物心律提高,血液循环加快,外周血管扩张,使体内代谢产热迅速随血液流向皮肤排出。此时,皮肤温度升高,非蒸发散热增加。皮肤潮湿,汗腺分泌活跃,皮肤表面水汽压增大,水分蒸发速度加快,蒸发散热也随之增加。持续高温时,由于血液流向四周,导致消化系统、肝脏、肾脏和卵巢的血液供应量减少,使体内营养成分的吸收和利用受到限制,肝肾功能衰竭。另外,在限制饮水条件下,高温会导致血液因水分随皮肤蒸发而浓缩,但在自由饮水条件下,高温使动物饮水量急剧增加而使血液被稀释。高温情况下,由于热喘息排出大量二氧化碳,故血液中HCO_3^-浓度降低,血液pH升高,血钙、血钠、血钾和血糖浓度显著降低。严重热应激情况下,心脏发生病理性变化,表现为心肌细胞线粒体崩解、间质毛细管壁增厚、内皮细胞内胞饮小泡大量增加。

(3)消化系统:在高温情况下,动物大量出汗,导致体内氯化物丧失,造成Cl^-储备减少,再加之大量饮水,胃液酸度降低,酶的活性降低,胃肠蠕动减弱,消化腺分泌的胃蛋白酶、胰酶数量减少。肠道消化酶的含量和活性决定了动物消化营养物质的能力,但是高温会导致肠道中蛋白酶的活性明显降低,在连续高温下,小肠内多种酶的活性都会降低,例如十二指肠中胰蛋白酶和空肠中胰蛋白酶的活力显著下降,且回肠中胰淀粉酶活性也受到明显影响。另外,动物消化道的蠕动幅度和频率均受到高温环境的影响。高温环境通过影响消化酶的活性、饲料的摄取量、消化道的蠕动和营养物质在肠道内的运输,从而严重影响家禽的消化功能,进而影响动物的生长发育。此外,高温使动物血液流向皮肤,导致消化系统供血不足,消化腺分泌的淀粉酶、蛋白酶和脂肪酶数量不足,且活性降低,从而动物消化系统消化吸收营养物质的能力降低。总的来说,在高温环境中,动物食欲减退、消化不良、胃肠道疾病增多。

(4)泌尿系统与神经系统:在高温情况下,机体大量的水分通过体表及呼吸道排出,经肾排出的水量大大减少。同时,脑垂体受高温的作用后,增加了血管升压素(抗利尿激素)的分泌量,使肾对水分的重吸收能力加强,造成尿液浓缩,甚至在尿中出现蛋白质和红细胞等。高温还抑制中枢神经系统的运动区反应,使机体动作的准确性、协调性和反应速度降低。在严重的热应激情况下,延脑与大脑神经细胞肿胀变性,肾上腺皮质细胞中脂质小滴减少,髓质细胞中肾上腺素颗粒和去甲肾上腺素颗粒大量脱落。

(5)免疫系统:高温通过抑制细胞免疫、体液免疫和免疫活性细胞因子的活动来降低动物的非特异性免疫机能。在高温情况下,血清皮质类固醇含量升高,皮质类固醇进入淋巴细胞,抑制细胞增生因子或白介素Ⅱ的产生。在高温环境中,给家禽接种绵羊红细胞悬液、新城疫疫苗、法氏囊疫苗及牛血清白蛋白,机体所产生的相应抗体水平都降低。这表明,在高温环境中,动物免疫力下降,机体抵抗力减弱。

(6)内分泌机能:温度对动物内分泌机能有重要影响,动物的许多生产性能都与内分泌激素密切相关。

①甲状腺素：随着环境温度的升高，甲状腺的机能下降，导致甲状腺激素分泌量减少，机体代谢速度减慢，细胞代谢水平降低，产热减少。高温条件下，甲状腺素浓度降低对适应热应激有一定作用，但持续高温会抑制动物甲状腺分泌功能，导致血液甲状腺素含量下降，影响动物生产性能。

②肾上腺皮质激素：肾上腺由髓质部和皮质部组成。肾上腺髓质主要分泌肾上腺素和去甲肾上腺素，两种激素在热调节过程中的作用主要是收缩静脉和皮肤小动脉血管，升高血压和加强组织代谢活动，促进糖原分解，升高血糖。热应激时，两种激素水平均升高，引起外周血管过度收缩，散热减少，出现中暑现象。

③生殖激素：高温导致下丘脑促性腺激素释放激素和垂体前叶促性腺激素分泌减少，所以促卵泡素、促黄体素和催乳素生成减少，从而影响了卵泡的生长发育和成熟，使排卵数减少。动物体内的甲状腺素、性激素和生长激素具有促进蛋白质和脂肪合成的作用，所以高温会造成内分泌失调。

（7）行为：环境温度变化时，动物行为也发生变化，详见表6-1-1。

表6-1-1　环境温度对动物（哺乳动物和禽类）行为的影响

高温环境	低温环境
嗜眠，活动量减少，采食量减少	活动量增加，采食量增加
饮水量增加，喜食多汁食物	饮水量减少
在水中打滚，甩水于冠，嬉水舔舐体表	保持体表干燥
肢体伸展，皮肤松弛	肢体萎缩，被毛竖立
群体散开	互相拥挤，聚集
喜伏冰冷地面	喜伏干燥温暖地面
栖息于温度较低的小气候之处	栖息于温度较高的小气候之处
夏眠	冬眠

2.高温对动物生产性能的影响

（1）采食量及饲料利用率：采食量与动物生长发育、生产性能均密切相关，是评估动物能量代谢和营养需求的基础。当环境温度在等热区范围内时，动物的采食量相对恒定；当环境温度高于等热区时，动物采食量会有所下降，饮水量会增加。这主要有两个方面的原因：一方面，外界温热信号可能直接作用于家禽下丘脑食欲调控中枢，抑制食欲；另一方面，消化道活动被削弱，导致消化道食物充盈从而抑制食欲。当机体处于轻微热应激时，交感神经开始兴奋，促使胃肠道蠕动减缓，延长食物在消化道内的滞留时间，使胃内充盈，并通过胃壁上的胃伸张感受器，将信号传递至下丘脑摄食中枢，进而减少采食量。当机体处于严重热应激时，家畜为促进散热，皮肤表面血管会膨胀充血，使消化器官中循环血量减少，消化酶分泌减少，消化功能削弱，导致采食量大幅下降，严重时还会造成消化器官损伤。肠道是机体消化营养物质的重要部位，其生理质量直接影响营养物质的消化、吸收和运输，影响动物抗病力及生产性能。在高温环境中，不同日龄和不同品种动物的十二指肠和空肠绒毛、小肠形态结构均易受到损伤，诱导黏膜上皮细胞坏死和脱落程度加剧。同时，环境温度是影响动物肠道菌群的重要因素之一，随着高温持续时间的延长，消化道黏膜结构会发生变化，影响有益菌的定植，致使病菌大量繁殖，从而造成动物消化率显著下降。连续的高热对动物肠道菌群的结构和多样性有一定的影响，影响程度随高温的程度和持续时间不同而不同。同时,高温可显著降低肠内消化酶活性,破坏盲肠内的微生物菌群,从而影响动物的生产性能,对机体造成严重危害。

(2)饮水量:在高温情况下,动物饮水量增加。例如,蛋鸡在22 ℃时,饮水量为每只115 mL/d,而在36 ℃时为189.39 mL/d,40 ℃时达294.7 mL/d。牛在气温为22 ℃时,水的消耗量为22.1 kg/d,27 ℃时耗水量为34.7 kg/d,35 ℃时为60.3 kg/d。在高温环境中,动物增加的饮水主要是用以补充体表和呼吸道蒸发散热所丧失的水。

(3)繁殖性能:

①公畜:繁殖力与精液的品质关系密切,许多研究已证实高温会导致公畜精液品质下降。公畜靠其睾丸动脉与静脉在精索内形成的复杂锥形螺旋结构的血管网(睾丸蔓状丛)来调节睾丸实质的温度,逆流热交换机制使动脉血在进入睾丸时被流出的静脉血冷却,保证了精子的正常发育与成熟。睾丸温度一般比体温低4~5 ℃,最利于精子生成,但公畜处于高温环境中时,支持细胞吞噬能力下降,未及时清除的凋亡生殖细胞诱发睾丸炎症。同时高温影响促黄体素的合成和分泌,导致睾丸内睾酮合成减少,抑制精母细胞的发育,使精母细胞的增殖分裂和发育受阻,导致精液量减少。持续高温环境还会导致猪精子能量生成障碍,引起附睾精子线粒体损伤,ATP不足,精子活力下降。高温对公畜精液品质的不良影响一般在遭受高温作用1~2周后才表现出来,即使高温作用停止,也需要7~8周后才能逐渐恢复,这也是生产中经过夏季高温的公猪在9、10月份配种率仍然较低的主要原因。

②母畜:

产仔性能:使后备期母畜初情期推迟,当环境温度高于28 ℃时,母猪初情启动日龄可延迟22 d左右。后备期母畜在刺激卵泡发育及分泌的同时,卵巢也会受热应激的影响引起卵泡数量减少或成熟推迟,造成卵泡质量较差从而导致母猪配种后易返情或产仔率低,同时高温也不利于母畜受精卵的着床和附植,使受精率和胚胎成活率降低。高温使母猪不发情、难配种受孕、母猪泌乳期失重过大、断乳后发情延迟、排卵数减少、受胎率下降、返情率升高。高温影响母畜产仔数和断奶幼崽数,主要原因是高温环境引起母畜体温升高,母畜子宫内环境温度也升高,易使胚胎死亡、畸形率增加;同时皮肤供血量增大,内脏(子宫)供血不足,导致胎儿生长发育所需的养分,如氧、水、蛋白质、脂肪和矿物质缺乏,造成母畜子宫供血量减少;在连续高温情况下,动物下丘脑-垂体-性腺轴分泌的促性腺激素、性激素、促甲状腺素和甲状腺素减少,催乳素分泌增加,引起内分泌机能失调;在高温情况下,动物食欲减退,采食量下降,营养物质摄入不足,这是动物产仔数下降和幼崽断奶重降低的重要原因。热应激会使哺乳期母畜采食量减少、奶水分泌量减少、体重失重增大、体脂损失增加;幼崽断奶后,母畜在高温的影响下内分泌紊乱、卵泡发育缓慢、黄体持久、发情周期延长、配种率降低;受热应激的影响,母畜在泌乳期的采食量低直接导致泌乳量降低,从而引起幼崽增重减慢。

产蛋性能:高温可使蛋鸡产蛋率下降,蛋重减轻,蛋壳变薄、变脆,表面粗糙,破蛋率升高。鸡只在等热区才能发挥生产潜力,温度为27 ℃时饲料利用率最高,产蛋鸡最适产蛋温度为13~26 ℃,一般认为在27 ℃以下蛋鸡产蛋率不会显著下降,超过此温度对蛋鸡生长和存活均不利。研究表明,蛋鸡在25~30 ℃之间,温度每升高1 ℃,产蛋率下降1.5%,蛋重减轻0.3 g/枚;30 ℃以上,产蛋率明显下降;32 ℃时,产蛋率较21 ℃时下降7.4%,蛋重减轻5.7%,蛋壳厚度下降11%。上述现象主要是热应激导致产蛋鸡采食量下降,蛋白质和能量摄入不足所致。温度在27 ℃以上时,每上升1 ℃,不合格蛋会增加1%。主要原因包括3方面:①钙、磷和维生素D的摄入量减少。②内分泌机能障碍,高温条件下,蛋鸡甲状腺素分泌减少。甲状腺素水平直接影响新陈代谢的速率,甲状腺素分泌减少导致蛋鸡采食量下降,引起产蛋率和蛋重降低,蛋壳质量恶化。③热应激时,蛋鸡的呼吸频率加快,体内的 CO_2 排出量过多,导致血液 H^+ 和 HCO_3^- 浓度降低,pH 值升高,出现呼吸性碱中毒症状,软皮蛋、破壳蛋增加。

产奶性能:泌乳期间,若母畜持续处于高温环境中,产奶量将降低 25%~40%,会给养殖场造成巨大经济损失。导致泌乳量降低的原因主要为采食量降低和乳腺上皮细胞凋亡等。若处于持续高温环境中,母畜会通过减少饲料摄入量来降低自身温度。当环境温度达到 25 ℃时,母畜的采食量开始下降;当环境温度超过 40 ℃时,采食量急剧下降,热应激导致母畜采食量较正常时下降 20%~40%。机体处于高温状态时,乳腺细胞中与热应激蛋白相关基因表达量升高,乳腺蛋白合成减少,泌乳量降低;乳腺上皮细胞凋亡率升高,导致泌乳量减少。乳蛋白率、乳脂率、乳糖率和非脂固体含量等是判断乳品质的重要指标,研究表明母畜处于高温环境时,各泌乳阶段的乳蛋白率、乳脂率、非脂固体含量均有下降趋势,且在泌乳前期降低幅度最大。热应激对乳蛋白的影响主要表现为与乳腺上皮细胞酪蛋白等相关的乳蛋白基因表达量下调,乳中总酪蛋白含量减少而尿素浓度增加,导致乳汁营养价值降低。

对畜产品品质的影响:对于肉畜而言,环境温度影响胴体的组成。高温环境有利于动物脂肪的沉积。在高温环境中猪的背膘厚度增加,瘦肉率降低。但当环境温度过高时,易诱使猪产生 PSE 肉。高温也可导致动物胴体脂肪含量升高,主要原因是在高温情况下,饲料中能用来产热的能量减少,大多数能以脂肪的形式沉积体内。

3. 高温对动物健康的影响

(1)高温直接引发疾病:高温环境可使牛、羊、猪、禽等动物发生热射病。热射病是指动物在炎热潮湿的环境中,机体散热困难,体内蓄积热增加,导致体温升高,引起中枢神经系统紊乱的一种疾病,患病动物表现为运动缓慢、体温升高、呼吸困难、结膜潮红、口舌干燥、食欲废绝、饮欲增进。动物在高温环境中,为了增加蒸发散热而使呼吸频率增加,导致血液中 CO_2 大量排出,血液 pH 升高从而发生呼吸性碱中毒。哺乳动物的体温升高达 43~44 ℃、鸡达 45 ℃、鸽达 48~50 ℃时,可导致死亡。

(2)高温有利于病原微生物繁衍,诱发传染病:某些病原微生物的繁衍需要较高的温度。夏季的高温高湿环境为此类病原微生物的繁衍创造了有利条件,从而引发疾病。例如,牛和羊的腐蹄病、炭疽病、肉毒梭菌中毒症、气肿病、传染性角膜(结膜)炎等,多发生于高温高湿的季节。炭疽杆菌形成芽孢的适宜温度为 30 ℃,低于 15 ℃或高于 42 ℃时则停止形成芽孢,因此炭疽病多发生于 7~8 月。

(3)高温有利于病媒昆虫繁衍和活动:病媒昆虫是传播流行性疾病的媒介,主要为蚊、虻、蝇、蚋、蠓、蜱等,传播的病原体包括细菌、病毒、立克次氏体、原虫和蠕虫等。在夏季高温季节(25~35 ℃),蝇、蚊、蠓等病媒昆虫繁衍迅速,活动猖獗,使动物传染性疾病发生率显著增加。

(4)高温有可能导致寄生虫病的发生和流行:由于寄生虫、虫卵及中间宿主的发育和传播都受环境温度、湿度等气候条件的影响,因此寄生虫病的发生和流行,具有季节性和地方性。在夏季高温环境中,常发生和流行的寄生虫病有牛羊片形吸虫病、猪的姜片虫病、犊牛新蛔虫病等。

(5)高温可降低动物抵抗力,诱发疾病:热应激对非特异性免疫和特异性免疫均有影响。研究发现,热应激会显著抑制动物机体淋巴细胞的活性,促使其显著凋亡。此外,高温应激时动物的白细胞、红细胞及单核细胞受到严重影响,而动物血清球蛋白中 γ-球蛋白的含量会因热应激而降低,提高母畜乳腺炎的发生率。热应激不但影响初生仔畜对初乳的摄入,而且能加速肠道封闭,妨碍幼畜对初乳中球蛋白的吸收,从而影响被动免疫,导致初生仔畜的发病率和死亡率升高。

(6)高温可降低饲料品质,使动物发生疾病:持续高温促使环境和饲料中的微生物、有害昆虫繁殖和生长,导致饲料以及原料发霉变质的概率增加。饲料霉变后,其理化性质会发生改变,物理变化表现为变色、腐烂、发热、发臭,化学变化表现为饲料分解、营养物质消耗,从而造成饲料浪费。在发霉饲料的代谢产物中,以黄曲霉毒素的危害最大。畜禽摄食发霉饲料后,会感染霉菌病,表现出食欲减退或停食、精神萎靡、生长抑制、产量降低、衰弱、贫血及各种严重并发症,甚至死亡。同时毒素又可通过畜禽产品间接危害人体健康。

4. 低温对动物生理机能的影响

(1)消化系统:低温有助于动物消化系统的发育。研究表明,在寒冷环境中动物的肝、胃和肠的绝对质量比炎热时的大。动物在适应冷环境后,消化酶及氨基酸转运速度、肠细胞寿命都比温暖环境中的动物高。但低温能刺激胃肠蠕动,让饲料在消化系统停留时间缩短,导致动物对饲料的消化利用率降低。

(2)呼吸系统:低温对家畜上呼吸道黏膜具有刺激作用。长期的冷刺激,可使动物呼吸道产生炎症。例如,气管炎、支气管炎和肺炎等都与冷刺激有关。

(3)循环系统:在低温环境中,动物的心率下降、脉搏减弱。持续的低温会导致动物的代谢产热达到最高限度后,引起体温持续下降、血压下降、脉搏减弱。在低温环境中,流向动物表面及四肢的血液减少,一方面降低了体表温度,减少了散热,另一方面畜体末端部位组织因供血不足会被冻伤和冻死。

(4)泌尿系统:在低温环境中,动物流经肾脏的血流量增加,导致尿液稀薄、尿量增多。

(5)内分泌系统:在低温环境中,动物肾上腺素和去甲肾上腺素分泌量增加;甲状腺活动增强,如冬季甲状腺的质量比夏季的大;低温环境中的甲状腺分泌效率比高温环境中的高。冷刺激还可使动物血液中的胰岛素和胰高血糖素含量升高。

5. 低温对动物生产性能的影响

(1)采食量与饲料消化率:在低温环境中,动物为维持体温,会需要摄入更多的能量,采食量随着温度降低逐渐增加。饲料消化率与饲料在动物消化道中的停留时间成正比,饲料在消化道中停留时间越长,其消化率越高;反之,越低。动物在低温环境中,新陈代谢加快,胃肠蠕动加强,食物在消化道停留时间短,消化率降低,所以冬季动物的生长速度就相对缓慢。

(2)生长发育:在饲料供应充足的情况下,适当低温对动物生长发育速率没有不良影响,但饲料利用率下降,饲养成本提高;严重的低温可导致动物的日增重减小,饲料消耗量增加。低温能导致猪抗病力降低,易发生传染病,同时由于猪呼吸道、消化道的抵抗力降低,常发生气管炎、支气管炎、胃肠炎等,低温高湿还易诱发肌肉风湿、关节炎等疾病。低温对仔猪的影响更为严重,在低温环境下,仔猪出生后发生机械性死亡的比例大幅度增加。另外,低温环境有利于病毒和大肠杆菌的增殖和侵害,对于产房仔猪和保育仔猪的伤害尤其巨大。

(3)产乳量:低温也会影响产乳量,一般认为温度低于6 ℃时产乳量即会下降。同时,低温可使乳脂率、总氮、总干物质和非脂固形物含量升高。低温对产奶性能的影响与品种有关,如荷兰牛体型较大,较耐低温,在寒冷条件下产乳量下降得较少,乳的组成变化也小,而体型较小的娟珊牛则相反。低温降低产奶量的主要原因是催乳素分泌量下降,以及流经乳腺的血量下降。

(4)繁殖力:在饲养条件比较好的情况下,低温对繁殖力影响较小,但强烈的冷应激也会导致繁殖力降低。温度过低可抑制公鸡睾丸的生长,延长成年公鸡精子的产生时间。在低温中培育的小母鸡,性成熟期比在适温或高温中培育的小母鸡性成熟期更迟;公猪性欲低下,产精量和精子活力下降,配种能力不高;后备和空怀母猪发情推迟或出现隐性发情;妊娠母猪发生死胎和流产现象的概率增加;分娩母猪难产比例升高或产程时间延长、死胎数增加；泌乳母猪出现泌乳不足、仔猪健康差等现象。

6.低温对动物健康的影响

（1）低温直接导致动物发病：低温可导致动物发生局部冻伤、肢僵、肠痉挛、感冒等。当动物在低温环境中暴露时间过长，超过动物代偿产热的最高限度，可引起体温持续下降，代谢率亦随之下降。低温易导致动物出现呼吸器官渗出性出血和微血管出血，呼吸道黏膜受到破坏，抗体形成和白细胞的吞噬作用减弱，全身机能陷于衰竭状态，中枢神经麻痹，甚至冻死等现象。同时，环境温度低，动物因采食过冷的食物，易诱发肠炎、胃炎、腹部胀气、下痢等消化道疾病。

（2）低温影响病原微生物、媒介虫和寄生虫的生命活动，从而影响动物健康：如腐败梭菌引起的羊快疫多发生在寒冷的秋季、冬季和早春。当羊受到风寒或采食带霜冻的草料后，机体抵抗力减弱，平时存在于羊消化道的腐败梭菌大量繁殖，产生外毒素，引起动物中毒。猪传染性胃肠炎和流行性感冒多发于晚秋、冬季和早春，呈地方性流行，这可能与天气寒冷时动物呼吸道黏膜受到刺激，病毒易于侵袭、存活和扩散有关。寄生虫虫卵、幼虫及中间宿主大部分不耐低温，侵袭力减弱，寄生虫发病率减少。但有少数虫卵能耐低温，如牛、羊丝状网尾线虫的卵在4~5 ℃时可以发育，幼虫在低温环境下可生活23周，第3期感染性幼虫的抗寒力更强。又如羊毛圆线虫卵内含有未发育的卵，抗寒力强，能经受寒冷和冰冻，故在高寒地区该寄生虫感染率很高。

（3）低温改变机体对传染性疾病的抵抗力，使疾病的发生和流行具有季节性：冷应激会提高猪对致病性大肠杆菌和传染性胃肠炎病毒的敏感性，使小鸡对沙门氏菌的抵抗力下降，使犊牛对呼吸道传染病的抗病力下降，但冷应激可提高鸡对多杀性巴氏杆菌和新城疫病毒的抵抗力。冷应激使初生幼畜相互拥挤和寻找温暖场所，这种热调节行为可减少初乳的摄入，降低幼畜免疫力，最后导致幼畜发生疾病甚至死亡。冷应激降低幼畜血清中初乳免疫球蛋白水平是幼畜被动免疫力降低的主要原因。

（4）低温通过影响饲料品质使动物发病：低温可使块根、块茎、青贮等多汁饲料发生冰冻，当家畜采食冰冻饲料，或饮用温度过低的水，易患胃肠炎、下痢等疾病，严重时可使孕畜流产。

（二）湿度

（1）湿度概念：空气湿度是表示空气中水分含量或空气潮湿程度的物理量，空气水分含量越大，湿度越大。空气在任何温度下都含有水汽，大气中的水汽主要来自江、河、湖泊、海洋等水面和潮湿表面的蒸发及植物叶面的水分蒸腾。畜舍空气中的水汽主要来自家畜体表和呼吸道蒸发的水汽（占70%~75%），暴露水面（粪尿沟或地面积存的水）和潮湿表面（潮湿的垫草、畜床、堆积的粪污等）蒸发的水汽（占10%~25%），通风换气带入的舍外空气中的水汽（占10%~15%）。

（2）湿度对畜禽热调节的影响：空气湿度对畜禽的影响和环境温度有密切的关系。无论是幼畜禽还是成年畜禽，当其所处的环境温度在最佳范围之内时，环境空气湿度对畜禽的生产性能无太大影响。这时，常出于其他考虑来限制相对湿度，例如湿度过低时畜禽舍内易形成过多的灰尘，湿度过高时病原体易于繁殖，畜禽舍和舍内机械设备的使用年限也会变短，所以畜禽舍内环境相对湿度不应过低或过高。当舍内环境温度较低时，由于潮湿空气的导热性大，会提高畜禽的寒冷感，影响到生产性能，幼畜禽对此更为敏感。例如，据试验在冬季于湿度高的猪舍内饲养仔猪时，活重比对照组低，且易发生下痢、肠炎等疾病。当舍内环境温度较高时，空气湿度大会影响到畜禽蒸发散热，从而加剧了高温对畜禽生产性能的影响，成年畜禽对此更为敏感。

①湿度对蒸发散热的影响：蒸发散热量和畜体蒸发面（皮肤和呼吸道）的水汽压与空气水汽压之差

成正比。畜体蒸发面的水汽压取决于蒸发面的温度和潮湿程度,蒸发面的温度愈高、愈潮湿,则畜体蒸发面的水汽压愈大,愈有利于蒸发散热。若空气水汽压升高,畜体蒸发面水汽压与空气水汽压之差减小,则蒸发散热量减少。在高温条件下,空气湿度增大,不利于畜体蒸发散热,因此在高温条件下,空气湿度增大,会使畜体散热更为困难。在低温条件下,散热的主要形式为非蒸发散热,因此在低温条件下,空气湿度对蒸发散热的影响并不显著。

②湿度对非蒸发散热的影响:在低温环境中,非蒸发散热是畜体主要的散热方式,非蒸发散热越少,越有利于低温时畜体的热调节。在低温环境中,空气湿度越大,非蒸发散热量越大,其原因是湿空气的热容量和导热性分别比干空气高2倍和10倍,从而空气中的水分提高了家畜被毛的导热性,降低了体表热阻,使动物辐射和传导散热大大增加,加剧了动物冷应激。

③湿度对产热量的影响:在适温条件下,湿度对产热量的影响很小。但是如果动物长期处在高温和高湿环境中,发热散热受到抑制,代谢率降低,动物产热量就会减少;如果动物突然处于高温和高湿环境中,由于体温升高和呼吸肌强烈收缩,动物产热量就会增加。在低温环境中,高湿可促进非蒸发散热,加剧动物冷应激,引起动物产热量增加。

④湿度对机体热平衡的影响:在适宜温度环境中,空气湿度变化对畜体热平衡的影响并不显著。在高温环境中,空气湿度增大,畜体蒸发散热受阻,体温升高。例如,黑白花奶牛在26.7 ℃的环境中,当相对湿度从30%增加到50%时,体温将升高0.5 ℃;猪在32.2 ℃的环境中,当相对湿度从30%增加到94%时,体温将升高1.39 ℃。在有限度的低温环境中,空气湿度变化对畜体热平衡无显著影响,此时动物可通过提高代谢率来抵御空气湿度变化对热平衡的影响。例如,在-11.1 ℃~4.4 ℃的低温环境中,相对湿度在47%~91%范围内变化时,牛的体温无明显变化。但较低的温度和高湿环境,会大大加重体热调节的负荷,加剧体热平衡的破坏程度并加快体温降低的速率。

(3)湿度对家畜生产力的影响:

①生殖:在高温环境中,空气湿度大,不利于动物生殖活动。在适宜温度或低温环境中,空气湿度对动物生殖活动的影响很小。例如,据田野观察分析,当7~8月份平均气温超过35 ℃时,牛的繁殖率与相对湿度呈密切的负相关;9月份和10月初,气温下降到35 ℃以下,湿度对繁殖率的影响很小。

②生长和肥育:在适宜温度条件下,湿度对动物生长发育和肥育无明显影响,例如在温度比较适宜的条件下,相对湿度为45%、70%和95%时,体重30~100 kg猪的日增重和饲料利用率没有显著的差异;在15 ℃适温环境中,相对湿度对犊牛的生产性能也无显著影响。在高温环境中,若空气湿度变大,则动物生长和肥育速度下降。例如,当气温超过最适温度11 ℃,相对湿度从50%增至80%时,猪的日增重和饲料利用率显著降低。在低温环境中,若空气湿度变大,则动物生长和肥育速度下降。例如,在7 ℃以下饲养犊牛时,相对湿度从75%升高到95%,日增重和饲料利用率显著下降。一般认为,气温在14~23 ℃之间,相对湿度为50%~80%时,猪的肥育效果最好。

③产乳量和乳组成:在低温或适宜温度条件下(气温在24 ℃以下),空气湿度变化对奶牛的产乳量、乳的组成、饲料和水的消耗以及体重等都没有明显影响。但在高温环境中(如当气温高于24 ℃),随着空气湿度升高,黑白花牛和瑞士黄牛的采食量、产乳量和乳脂率都下降。在30 ℃时,当相对湿度从50%增加到75%,奶牛产乳量下降7%,乳蛋白含量也下降。

④产蛋量:在适宜温度或低温条件下,空气湿度对产蛋量无显著影响。然而,在高温环境中,空气相对湿度高对蛋鸡产蛋有不良影响。例如,据报道冬季相对湿度在85%以上对产蛋有不良影响。产蛋鸡的上限临界温度随湿度的升高而下降,如相对湿度为75%时,产蛋鸡耐受的最高温度为28 ℃;相对湿度

为50%时,产蛋鸡耐受的最高温度为31 ℃;相对湿度为30%时,产蛋鸡耐受的最高温度为33 ℃。

(4)空气湿度对动物健康的影响:

①高湿环境的影响:高湿环境为病原微生物和寄生虫的繁殖、感染和传播创造了条件,使家畜传染病和寄生虫病的发病率升高,且更易流行。如在高温高湿条件下,猪瘟、猪丹毒和鸡球虫病等极易发生流行,家畜易患疥、癣及湿疹等皮肤病。高湿环境还有利于空气中猪布氏杆菌、鼻疽放线杆菌、大肠杆菌、溶血性链球菌和无囊膜病毒的存活。同时,高温高湿环境尤其利于霉菌的繁殖,造成饲料、垫草霉烂,极易引起赤霉病及曲霉菌病大量发生。在梅雨季节,畜舍内高温高湿,往往使肺炎、白痢和球虫病在幼畜群中暴发、流行。而在低温高湿环境中,家畜易患各种呼吸道疾病,如感冒、支气管炎、肺炎等,以及肌肉、关节的风湿性疾病和神经痛等。但在温度适宜或偏高的环境中,高湿有助于空气中灰尘下降,使空气较为干净,对防止和控制呼吸道疾病有利。

②低湿环境的影响:空气过分干燥,特别是再加以高温,能使皮肤和外露黏膜发生干裂,从而降低皮肤和外露黏膜对微生物的防卫能力,易引起呼吸道疾病。低湿有利于白色葡萄球菌、金黄色葡萄球菌、鸡白痢沙门氏杆菌以及脂蛋白囊膜病毒的存活。湿度过低易使家禽羽毛生长不良,低湿还是家禽发生互啄癖和猪皮肤落屑的重要原因之一。空气干燥会使空气中尘埃和微生物含量提高,易引发皮肤病、呼吸道疾病,并有利于其他疾病的传播。

(三)采光

光作用于动物既可引起光热效应,也可引起光化学效应。光的生物学效应与光照强度以及光照时间有关。

1.光照强度对家畜的影响

(1)生长发育:根据以往的报道,光照强度对家畜影响的研究主要集中在家禽和猪方面。鸡对可见光十分敏感,感觉阈很低,大量的资料表明,小鸡在弱光中能很好地生长,光照强度过大,容易引起鸡发生啄癖和神经质,对鸡的生长有抑制作用。一般认为5 lx光照能刺激仔鸡快速生长,过弱的光照强度不但影响饲养管理工作,还影响鸡的生长发育。大量试验表明,母猪舍内的光照强度以60~100 lx为宜,光照强度过弱会使仔猪生长减慢,成活率降低;肥育猪则宜采用40 lx的光照强度饲养,一般认为,弱光能使肥育猪保持安静,减少活动,提高饲料利用率,但光照强度小于5 lx时猪的免疫力和抵抗力降低。过强的光照会引起肥猪兴奋,减少休息时间,增加甲状腺素的分泌,提高代谢率,从而影响增重和饲料利用率。

(2)产蛋:光照强度对蛋鸡产蛋具有重要影响,据相关报道,要获得最大产蛋率,在饲槽水平高度至少应有10 lx照度。光照强度(在0.12~37 lx范围内)与500日龄内产蛋量的关系为:

$$E=232.4+15.18X-4.256X^2$$

式中:E——每只母鸡到500日龄产蛋数;

X——光照强度(lx)的常用对数。

(3)死亡率:光照强度对鸡的死亡率也有影响,光照强度过强,会刺激动物神经系统,引起动物过度兴奋,易产生行为异常,如异癖、争斗等,导致动物死亡率增加。

(4)繁殖:适当提高光照强度有利于动物的繁殖活动,雄禽的性活动可能需要较强的光照。研究表明,光照强度对母猪性成熟具有重要影响,当光照强度从10 lx增加到45 lx,母猪初情期提前30~40 d。当光照强度从10 lx增加到100 lx,公猪射精量和精子密度显著增加。低光照强度不利于母畜子宫发育,研究发现在较黑环境中培育的猪的子宫要比光亮环境中培育的猪的子宫质量少18%~26%,睾丸质量少

21%。当光照强度从10 lx增加到60~100 lx时,母猪繁殖力提高4.5%~8.5%,初生窝重增加0.7~1.6 kg,仔猪成活率增加7.0%~12.1%,仔猪发病率下降9.3%,平均断奶个体重增加14.8%,平均日增重增加5.6%。

(5)泌乳:研究表明,牛舍人工光照强度从15~20 lx增加到100~200 lx后,氧消耗量增加11.0%~22.6%,每千克体重沉积能量增加16.0%~22.0%。

(6)行为:光照强度也会影响家畜的行为和生长发育。光照强度较低时,鸡群比较安静,生产性能和饲料利用率都比较高;光照强度过大时,容易引起啄喙、啄趾、啄肛和神经质等异常行为。突然增大光照强度,容易引起母鸡泄殖腔外翻。在光照强度为0.5 lx时,猪的站立和活动时间较短,睡眠和休息时间较长,随着光照强度增加,猪活动时间增加、休息时间缩短。

2. 光照时间对家畜的影响

(1)繁殖性能:马、驴等动物适合在春季日照逐渐延长的情况下发情配种,绵羊和山羊等动物适合在秋季日照时间缩短的情况下发情配种。把在光照时间逐渐延长条件下发情配种的动物称为长日照动物,将在光照时间逐渐缩短条件下发情配种的动物称为短日照动物。常见的长日照动物有马、驴、雪貂、浣熊、狐、野猪、野猫、野兔、仓鼠和一般食肉、食虫兽以及所有的鸟类,常见的短日照动物有牛、绵羊、山羊、鹿和一般反刍动物。此外,有一些动物由于人类的长期驯化,其繁殖的季节性消失,如牛、猪、兔,这些动物能常年发情配种。动物繁殖的季节性本身就说明光对家畜的繁殖性能具有深刻的影响。一般而言,延长光照时间,有利于长日照动物繁殖。对于长日照动物的公畜,延长光照时间,可提高公畜的性欲,增加公畜的射精量,提高公畜精子密度,增强精子活力。例如,马在春夏长日照季节,精液质量最高,性行为反应最为明显。短日照动物与长日照动物相反,延长光照时间,短日照动物的繁殖活动受到抑制。大量研究表明,缩短光照可提高短日照公畜的繁殖力,如将绵羊的光照时间从13 h/d缩短到8 h/d,公羊精子活力和正常精子顶体能力增加16.6%和27%;用短日照处理组公羊的精液配种,母羊妊娠率和产羔率分别比自然光照组增加35%和150%。

(2)产蛋性能:禽类对光照的刺激更为敏感,小母鸡在短日照尤其是逐渐缩短光照时间的环境中性成熟延迟,在长日照尤其是逐渐延长光照时间的环境中性成熟提前。每日分别用13 h、14 h、15 h的光处理秋冬季母鸡,与每日12 h光照组相比,产蛋率分别增加71.6%、85.0%和118.1%;每日光照14 h,母鸡产蛋率比光照10 h/d组产蛋率高92%。每日用14 h光照射母鸭,产蛋率比对照组(10 h/d)增加92%。产蛋鸡最佳光照时间为14~16 h/d,光照时间超过17 h/d,反而导致产蛋率下降。

(3)产奶量:延长光照时间,可增加牛、羊和猪的产奶量。据报道,乳牛用16 h/d的人工光照,产奶量比9 h/d光照组高6%~15%,将猪的光照从每日8 h延长到16 h,产奶量增加24.5%。延长光照能提高家畜产奶量的主要原因:一是长光照刺激了动物的采食活动,增加了营养物质的摄入量,为提高产奶量奠定了物质基础;二是长光照促进了垂体分泌生长激素、催乳素、促甲状腺素和促肾上腺皮质激素,这些激素调节体内能量和物质代谢过程,使其向有利于乳汁生成的方向发展。

(4)生长肥育和饲料利用率:一般认为,光具有促进畜禽生长的作用。对仔鸡的研究表明,每天24 h的持续光照,无论强度如何,均较每天8 h光照的鸡生长速度快。采用短周期间歇光照,可刺激肉用仔鸡消化系统发育,增加肉用仔鸡采食量,缩短肉用仔鸡活动时间,提高日增重和饲料转化率。与24 h/d连续光照相比较,采用间歇光照(明暗周期为1:3),可提高肉鸭日增重,降低腹脂率和皮脂率,其原因是间歇光照黑暗期长,限制了畜禽的采食和活动,降低了能量消耗量和推迟了脂肪沉积的时间。延长光照,有利于牛的生长,如每日光照时间从8 h延长到15 h,3~6月龄牛的胸围增加31.8%,平均日增重增加10.2%。在限饲和任意采食两种情况下,光照16 h/d组比8 h/d组的日增重分别增加12.8%(限饲)和24.8%(任意采食)。

(四)通风

畜舍内外的空气通过门、窗、通气口和一切缝隙进行自然交换,或以通风设备引起舍内空气流动。畜舍内的气流速度,可以说明畜舍的换气程度:若气流速度在0.01~0.05 m/s之间,说明畜舍的通风换气不良;在冬季,畜舍内气流大于0.4 m/s,对保温不利;结构良好的畜舍,气流速度微弱,很少超过0.3 m/s。舍内适宜气流速度与环境温度有关,在寒冷季节,为避免冷空气大量流入舍内,气流速度应在0.1~0.2 m/s之间;在炎热的夏季,应当尽量加大气流速度,用风扇、风机加强通风,气流速度一般要求不低于1 m/s。

1.气流对家畜健康的影响

在适温时,风速大小对动物的健康影响不明显。在低温潮湿环境中,提高气流速度,会引起关节炎、冻伤、感冒和肺炎等疾病发生,也会导致仔猪、雏禽、羔羊和犊牛死亡率增加。温度与气流对雏鸡的影响如表6-1-2所示。

表6-1-2 温度与气流对雏鸡增重和死亡率的影响

舍温/℃	气流/(m/s)	死亡率/%	1日龄体重/g	7日龄体重/g
18	0.35	6	37	80
10	0.10	16	37	79
9	0.35	51	37	74

注:各舍均饲养雏鸡1000只。

2.气流对家畜生产力的影响

(1)生长和肥育:在低温环境中,提高气流速度,动物生长发育和肥育速度下降。例如,仔猪在低于下限临界温度(如18 ℃)时,气流速度由0 m/s增加到0.5 m/s,生长率和饲料利用率分别下降15%和25%。在适宜温度下,提高气流速度,动物采食量有所增加,生长肥育速度不变,例如在25 ℃环境中,气流速度从5 m/s增加到10 m/s,仔猪日增重不变,饲料消耗增多。在高温环境中,增加气流速度,可提高动物生长和肥育速度。例如,在气温为32.4 ℃和相对湿度为40%时,当气流速度从0.3 m/s增加到1.6 m/s时,肉牛平均日增重从0.64 g增加到1.06 g。气温≥30 ℃时,气流速度由0.28 m/s增至1.56 m/s,可提高300~350 kg阉牛的日增重。再如,气温为21.1~35.0 ℃时,气流自0.1 m/s增至2.5 m/s,可使小鸡的日增重提高38%。

(2)产奶量:在适宜温度条件下,气流速度对奶牛产奶量无显著影响。例如气温在26.7 ℃以下,相对湿度为65%,气流速度在2.0~4.5 m/s之间变动时,欧洲牛及印度牛的产乳量、饲料消耗和体重都不发生明显变化。但在高温环境中,增大气流速度,可提高奶牛产奶量。例如,与适宜温度相比较,在29.4 ℃高温环境中,当气流速度为0.2 m/s时,奶牛产乳量下降10%,但当气流速度增大到2.2~4.5 m/s,奶牛产乳量可恢复到原来水平;在35 ℃的高温环境中,气流速度自0.2 m/s增大到2.2~4.0 m/s,黑白花牛的产乳量增加25.4%,瑞士褐牛产乳量增加8.4%。

二、畜禽舍环境控制系统

(一)防暑与隔热

从动物生理角度讲,家畜一般比较耐寒而怕热,各种家畜的耐热程度也不相同,例如骆驼、驴、马、瘤牛、水牛和绵羊较为耐热,而牦牛、黄牛、猪、犬、猫、兔和家禽较不耐热。特别是那些育成于温带地区的高产家畜,在高温季节生产力显著下降,会给畜牧业生产带来了重大的损失。近年来,在畜牧生产中,国内外均采取措施来消除或缓和高温对畜禽健康和生产力的有害影响,以减少高温造成的严重的经济损失。

我国由于受东亚季风气候的影响,夏季南方、北方普遍炎热,尤其是在南方,高温持续期长、太阳辐射强、湿度大、日夜温差小,对畜禽的健康和生产极为不利。例如,在上海地区,气温高于23 ℃时,奶牛的产奶量下降20%~28%,温度高于30 ℃,蛋鸡产蛋率下降10%~30%以上。因此,在南方炎热地区或处于夏季的北方,解决防暑降温问题,对于提高畜牧业生产水平具有重要意义。但与低温情况下采取防寒保温措施相比,解决畜禽舍防暑降温问题要艰巨复杂得多。

1.畜禽舍的隔热设计

在高温季节,导致舍内过热的原因:一方面,大气温度高、太阳辐射强,畜禽舍外部大量的热量进入畜禽舍内;另一方面,畜禽自身产生的热量通过空气对流和辐射散失减少,热量在畜禽舍内大量积累。因此,加强屋顶、墙壁等外围防护结构的隔热设计,可以有效防止或减弱太阳辐射热和高气温综合效应引起的舍内温度升高。

(1)合理确定屋顶的隔热构造:应选择导热系数较小、热阻较大的建筑材料构建屋顶以加强隔热,但单一材料往往不能有效隔热,必须从结构上综合运用几种材料,才能形成较大热阻达到良好隔热的效果。确定屋顶隔热材料和构造的原则是:屋面的最下层铺设导热系数较小的材料,中间层为蓄热系数较大的材料,最上层是导热系数较大的建筑材料。多层结构的优点是,当屋面上层受太阳照射变热后,热量到达蓄热系数较大的材料层后被蓄积起来,而下层的导热系数较小、热阻较大,使热传导受到阻止,缓和了热量向舍内的传播速度。当夜晚来临,被蓄积的热又通过最上层导热系数较大的材料层迅速散失,从而避免舍内白天过热。这种结构设计只适用于冬暖夏热的地区,对冬冷夏热的地区,将屋面上层的导热系数较大的建筑材料,换成导热系数较小的建筑材料。根据我国自然气候特点,屋顶除了须具有良好的隔热结构外,还必须有足够的厚度。

(2)通风屋顶:将屋顶修成双层或夹层屋顶,空气可从中间流通。屋顶上层受综合温度作用而升温,使间层空气被加热变轻并由间层上部开口流出,温度较低的空气由间层下部开口流入,从而在间层中形成不断流动的气流,将屋顶上层接受的热量带走,大大减少了通过屋顶下层传入舍内的热量。为了保证通风间层隔热良好,要求间层内壁必须光滑,以减少空气阻力,同时进风口尽量与夏季主风方向一致,排风口应设在高处,以充分利用风压与热压。间层的风道应尽量短直,以保证自然通风顺畅;同时,间层应具有适宜的高度,如坡屋顶间层高度为12~20 cm,平屋顶间层高度为20 cm。夏热冬冷和寒冷地区,不宜修建通风屋顶,因为冬季舍内温度大大高于舍外温度,通风间层的下层吸收热量加剧间层空气形成气流,从而加速舍内热量的散失,会导致舍内过冷。

2.降温设备

盛夏季节,由于舍内外温差很小(13:00—15:00舍内温度甚至可以低于舍外),通风的降温作用很

小,甚至起不到降温作用,为了有效促进动物散热,降低舍内温度必须靠降温设备。常用的降温设备有:

(1)喷雾降温设备:喷雾降温的原理是当喷雾设备喷出的雾状细小水滴蒸发时可以大量吸收空气中的热量,使空气温度得到降低,但降温的同时会增加舍内的湿度。喷雾降温的效果与空气湿度有关,当舍内空气相对湿度小于70%时,采用喷雾降温,可使气温降低3~4 ℃。当空气相对湿度大于85%时,喷雾降温效果并不显著。

(2)湿帘降温设备:畜禽舍采用负压式通风系统时,将不断淋水的蜂窝状湿帘安装在通风系统的进气口,通过湿帘进入舍内的空气温度降低。湿帘是工厂生产的定型设备,也可以自行制作刨花箱,箱内填充刨花,以增加蒸发面,构成蒸发室,在箱的上方有开小孔的喷管向箱内喷水,箱的下方有回水盘收集多余的水,供水由水泵维持循环。排气风机排除舍内的污浊空气,使舍内形成负压,舍外高温空气便通过刨花箱进入舍内,当热空气通过刨花箱时,由于箱内水分蒸发吸收了空气中的大量热量,使通过的空气得以降温。舍外空气越干燥,温度降低越多。试验表明,外界35~38 ℃的空气通过蒸发冷却后温度可降低2~7 ℃。

(3)水冷式空气冷却器:这种空气处理设备的核心部件是由细长、盘曲并带散热片的紫铜管构成的换热器,冬季通过热水(或蒸汽)可以采暖,而夏季通过深井冷水(或冷冻水)可以降温。

(二)防寒保温

在严寒冬季,仅靠建筑保温难以维持畜禽舍的温度在适宜的范围内,因此,必须采取供暖设备,尤其是幼畜禽舍更须做好防寒保温措施。当舍内保温不好或舍内过于潮湿、空气污浊时,为让舍内保持适宜温度和通风换气,必须对畜禽舍供暖。畜禽舍采暖分为集中采暖和局部采暖两种:集中采暖由一个集中的热源(锅炉房或其他热源),将热水、蒸汽或预热后的空气,通过管道输送到舍内或舍内的散热器。局部采暖则由火炉(包括火墙、地龙等)、电热器、保温伞、红外线等就地产生热能,供给一个或几个畜栏。畜舍采用哪种采暖方式应根据现实需要来确定,但不管怎样,均应经过经济效益分析后再选定最佳的方案。常用的畜舍供暖设备主要有以下几种。

1. 热风炉式空气加热器

由通风机、热风炉和送风管道组成,风机将热风炉加热后的空气通过管道送入舍内,属于正压通风。

2. 暖风机式空气加热器

加热器有蒸汽(或热水)加热器和电加热器两种。暖风机有壁装式和吊挂式两种形式,前者常装在畜禽舍进风口上,对进入畜舍的空气进行加热处理;后者常吊挂在畜舍内,对舍内的空气进行局部加热处理。

3. 太阳能式空气加热器

太阳能式空气加热器就是利用太阳辐射能来加热进入畜禽舍空气的设备,是畜禽舍冬季采暖经济而有效的设备,相当于民用太阳能热水器,但投资大,供暖效果受天气状况影响,在冬季的阴天几乎无供暖效果。

4. 电热保温伞

电热保温伞下部为温床,用电热丝加热混凝土地板(电热丝预埋在混凝土地板内,电热丝下部铺设隔热石棉网),上部为直径1.5 m左右的保温伞,伞内有照明灯。

5.电热地板

在仔猪躺卧区地板下铺设电热缆线,每平方米供给电热300~400 W,电缆线应嵌入混凝土内38 mm,均匀隔开,电缆线不得相互交叉和接触,每4个栏设置一个恒温器。

6.红外线灯保温伞

红外线灯保温伞下部为铺设有隔热层的混凝土地板,上部为直径1.5 m左右的锥形保温伞,保温伞内悬挂有红外线灯。保温伞表面光滑,可聚集并反射长波辐射热,提高地面温度。在母猪分娩时采用红外线灯照射仔猪的保温效果较好,一般一窝一盏(125 W),这样既可保证仔猪所需的较高温度,又不至于影响母猪。保温区的温度与红外线灯悬挂的高度(即与地面的距离)有密切关系,在灯泡功率一定的条件下,红外线灯悬挂高度越高,地面温度越低。

7.热水加热地板

在仔猪躺卧区地板下铺设热水管,方法是在距混凝土地面50 mm处铺设热水管,管下部铺设矿棉隔热材料。热水管可以是铁铸管,也可以是耐高温塑料管。

8.电热育雏笼

电热育雏笼由一个供热笼、一个保温笼和四个运动笼构成,每个电热笼可饲养800~1000只雏鸡,有自动控温装置,管理方便。

(三)通风系统

通风换气是调控畜禽舍环境的一个重要手段,可以避免畜禽舍内热、湿、粉尘及有害气体等因素对畜禽生长产生不利影响。畜禽舍里,如果空气不流通,舍内的空气成分就会发生变化,CO_2和其他有害气体就积聚起来,使畜禽所需要的氧气供应不足,影响畜禽的健康。畜禽舍的通风系统,不仅能输入新鲜空气,保证畜禽生命活动所必需的氧气供应量,还能排除舍内污浊空气,减少舍内空气中的病原体。

在一年四季内,畜禽舍通风的要求是不相同的。冬季通风主要是为了排除舍内多余的水汽、二氧化碳和有害气体,但是与此同时,也会带走一定的热量,导致舍内温度低于畜禽要求的适宜温度,从而影响生产性能。在这种情况下就要考虑辅助采暖,为了节约能源,一般都把冬季通风量限制在排除水汽所必需的最低水平。夏季通风的重点是排除畜禽舍内的余热,从生理上看,大牲畜一般比较耐寒而怕热,在畜舍内积聚的大量多余热量对于大牲畜的生产十分不利。从环境控制的观点看,舍内温度低时可以利用畜禽产生的热量来提升温度,但是炎热气候下舍内多余的热量却是一个额外负担,消除多余热量要比补充热量更为困难。由此可见,一年内最冷和最热的时期是影响畜禽舍通风量的两个不同的典型时期。在冬季,畜禽舍通风系统主要考虑排除多余水汽,尽可能少地带走热量,所以规定了畜禽舍最小冬季通风量;在夏季,应在节约能源的前提下,尽可能排除多余热量,在畜禽四周产生一定的气流,使畜禽有舒适感,所以规定了最大夏季通风量。上述这两个通风量是选择通风设备时最应考虑的参数。

(四)采光系统

畜禽舍内的光照有自然光照和人工光照两种。一般畜禽舍以自然光照为主、以人工光照为辅,无窗密闭式畜禽舍则以人工光照为主。在畜禽舍中,不仅应保持适当的光照强度,还应根据畜禽品种、年龄、生产方向(肥育、种用等)以及生产过程等确定合理的光照时间。

1. 自然光照

让太阳的直射光或散射光通过畜舍的开露部分或窗户进入舍内的采光称为自然光照。在一般条件下，畜禽舍都采用自然光照。夏季为了避免舍内温度升高，应防止直射阳光进入舍内；冬季为了提高舍内温度，并使地面保持干燥，应让阳光直射在畜床上。影响畜禽舍自然光照的因素很多，主要如下。

(1)畜舍的方位：畜禽舍的方位直接影响舍内的自然光照，为增加舍内自然光照强度，畜禽舍的长轴方向应尽量与纬线平行。

(2)舍外状况：畜禽舍附近如果有高大的建筑物或大树，就会遮挡太阳的直射光和散射光导致进入舍内的光照减少，影响舍内的自然光照。因此，在建筑物布局时，一般要求其他建筑物与畜禽舍的距离，应不小于建筑物本身高度的2倍。为了防暑而在畜禽舍旁边植树时，应选用主干高大的落叶乔木，而且要妥善确定种植位置，尽量减少遮挡畜禽舍的光照。舍外地面反射阳光的能力对舍内的自然光照也有影响，据测定，裸露土壤对阳光的反射率为10%~30%，草地为25%。

(3)玻璃：玻璃对畜禽舍的自然光照也有很大影响，一般玻璃可以阻止大部分的紫外线进入舍内，脏污的玻璃可以阻止15%~50%可见光，结冰的玻璃可以阻止80%的可见光。

(4)采光系数：采光系数是指窗户的有效采光面积与畜禽舍地面面积之比(以窗户的有效采光面积为1)。采光系数愈大，则舍内光照度愈大。畜禽舍的采光系数，因畜禽种类不同而要求不同。

2. 人工照明

利用人工光源发出的可见光的采光称为人工照明。人工照明除无窗封闭畜禽舍必须采用外，一般还作为畜禽舍自然光照的补充光照。夜间的饲养管理操作也须靠人工照明。

(1)光源：白炽灯或荧光灯皆可作为畜禽舍照明的光源。白炽灯发热量大但发光效率较低，安装方便，价格低廉，灯泡寿命短(750~1000 h)。荧光灯发热量低但发光效率较高，灯光柔和，不刺眼睛，省电，但一次性设备投资较高，值得注意的是荧光灯启动时需要适宜的温度，环境温度过低，影响荧光灯启动。

(2)光照强度：各种畜禽需要的光照强度，因其品种、地理与畜禽舍条件不同而有所差异。近年来，研究光照对禽类(尤其是蛋鸡)影响的报道较多，一般认为，如雏禽舍的光照偏弱，易引起雏鸡生长不良，死亡率升高，生长阶段给禽类供给的光照较弱，可使性成熟推迟，并使禽类保持安静，能防止或减少啄羽、啄肛等恶癖形成。肉用畜禽育肥阶段光照弱，可使动物活动减少，有利于提高日增重和饲料转化率。各种家禽所需要的光照强度见表6-1-3。

表6-1-3　各种家禽所需的光照强度

种类	光照度/lx	种类	光照度/lx
第一周幼雏	20.2	蛋用鹌鹑	3.0~5.0
雏禽	5.0	第一周火鸡幼雏	30.0~50.0
蛋鸡与种鸡	6.0~10.0	火鸡雏	2.0
肉鸡	2.5	种火鸡	30.0
鸭	10.0~20.0		

(3)光色：光色对家畜生产具有重要的影响。光色对鸡的影响较大，但在多数情况下，光色的影响是微小的，故通常采用白色光。

第二节 畜牧场的环境保护

一、畜牧场环境污染

随着我国畜牧养殖方式的转变,传统的家庭散养已经开始向集约化和规模化的饲养方式转变,一些大规模的畜牧养殖企业纷纷出现,在推动我国畜牧养殖业发展的同时也产生了严重的环境污染问题。畜牧养殖业造成的环境污染不仅影响人们正常的生产生活,也会影响畜牧养殖业的可持续发展,为此,应该明确污染的原因,找到具体的治理方法,并且提出科学有效的防控对策,解决畜牧养殖造成的一系列问题,推动我国畜牧养殖业的健康发展。

(一)对大气环境的污染

1. 畜舍中有害气体的产生

畜牧业对大气环境的污染主要表现为代谢活动、粪便和尿液产生的恶臭和温室效应等。畜禽舍外空气环境一般比较稳定,但舍内空气环境的变化很大,畜禽的呼吸、排泄、生产中有机物分解等使畜舍内空气的成分和含量变化较大,有害气体的浓度也较高。舍内外有害气体的差异首先表现为舍内NH_3与H_2S含量比舍外高很多,其次CO、CO_2、CH_4、粪臭素和吲哚等含量也比舍外高,空气中O_2含量下降。对于封闭式畜禽舍,如果通风不良、卫生管理差、畜禽饲养密集,有害气体浓度将增大,对畜禽生产危害极大,甚至造成畜禽慢性中毒或急性中毒。畜禽舍内有害气体主要来源是:

(1)动物代谢活动产生的气体,如CO_2、CO等。

(2)动物消化食物过程中产生的少量臭气,主要是食物在消化道消化分解过程中产生的气体。

(3)动物粪便和尿液中的糖类、蛋白质和脂肪在体外分解产生的大量臭气,包括NH_3、CH_4、H_2S、酰胺类、硫醇类等。

2. 畜禽舍中主要有害气体对动物的危害

(1)氨(NH_3):畜禽舍氨气的来源主要有两类,一是消化道内产生的氨,二是圈舍环境中产生的氨。圈舍中氨气的含量取决于环境温度、饲养密度、通风状况、地面结构、管理水平、粪污清除情况等。由于氨是高度溶于水的,所以在高湿空气中氨的浓度相对较高。在畜禽舍中,氨常被溶解或吸附在潮湿的地面、墙壁和家畜的呼吸道黏膜上,能引起黏膜细胞快速生长和代谢,这将造成氧和能量的需要量增加,同时氨的解毒过程是一个高度耗能的过程,因此畜禽用于生长和生产的能量就相应减少从而影响生长性能。根据临床观察,当空气中含有 50 mg/m³氨,小猪的生长效率减少12%;当空气中含有 100 mg/m³和 150 mg/m³氨,小猪的生长效率减少30%;当空气中含有 38 mg/m³的氨,兔的呼吸频率减慢。氨的水溶液呈碱性,对黏膜有刺激性,严重时可发生碱灼伤,故可引起眼睛流泪、灼痛、角膜和结膜发炎,视觉障碍。氨气进入呼吸道可引起咳嗽、肺水肿、呼吸困难、窒息等症状。此外,氨溶解到呼吸道黏膜的黏液中,使黏液的pH偏碱性,纤毛丧失活动能力,异物排空功能受损,提升呼吸道疾病的易感性。通常,经滴鼻、点眼和喷雾等途径进行接种的疫苗都首先侵入呼吸道上皮免疫细胞,刺激产生局部黏膜免疫应答,当舍内氨气浓度过高时,免疫细胞的功能受阻。此外,畜禽舍内高浓度氨气还能增加疫苗接种反应,导致接种动物出现呼吸道症状。

(2)硫化氢(H_2S):H_2S主要来源于畜禽舍内未及时清理的粪便,粪肥搅拌、沼渣清理等过程会产生大量的H_2S。H_2S主要是刺激动物呼吸系统及其他系统黏膜,易溶于动物黏膜中的黏液,与黏液中的钠离子结合生成硫化钠,对黏膜产生刺激作用,引起眼结膜炎,表现出流泪、角膜浑浊、畏光等症状,还能引起鼻炎、气管炎、咽喉灼伤甚至肺水肿等症状。动物长期吸入H_2S,H_2S溶解在血液中并分布在全身(因为其脂溶性高),能抑制细胞色素C氧化酶的活性,影响线粒体呼吸链,从而抑制结肠细胞对氧的利用,同时H_2S限制丁酸氧化(丁酸氧化产生的能量占结肠细胞能量的70%)导致能量缺乏,溃疡性结肠炎和肠道通透性受损通常与这种能量缺乏有关。所以,长期处在低浓度硫化氢环境中的家畜体质变弱,抗病力下降,易发生肠胃病、心脏衰弱等。高浓度的硫化氢可直接抑制呼吸中枢,引起动物窒息和死亡。

(3)一氧化碳(CO):CO对血液和神经系统具有毒害作用。CO随空气吸入体内后,通过肺泡进入血液循环系统,与血红蛋白和肌红蛋白进行可逆性结合。CO与血红蛋白的结合力要比氧和血红蛋白的结合力大200~300倍,形成相对稳定的碳氧基血红蛋白(COHb)。COHb不易解离,不仅制约了血细胞的携氧功能,而且还能抑制和减缓氧合血红蛋白的解离与氧的释放,造成机体急性缺氧,发生血管和神经细胞的机能障碍,机体各脏器功能失调,出现呼吸、循环和神经系统的病变。中枢神经系统对缺氧最为敏感,缺氧后,可发生血管壁细胞变性,渗透性增高,严重者呈脑水肿,大脑及脊髓有不同程度的充血、出血和血栓形成。动物试验表明:室内CO浓度为500 mg/m³时,短时间内即可引起急性中毒,CO浓度为6000 mg/m³时,可使马在20~25 min内死亡。

(4)二氧化碳(CO_2):CO_2主要来源于动物的呼吸代谢,粪便微生物代谢也能产生CO_2。CO_2本身无毒,但是高浓度CO_2导致空气中氧气(O_2)含量降低,造成畜禽缺氧,引起脑内ATP迅速耗竭,中枢神经系统失去能量供应,钠泵运转失灵,钠离子(Na^+)、氢离子(H^+)进入细胞内,使膜内渗透压升高,形成脑水肿。过量的CO_2还会危害肺脏和心血管系统。根据试验,当舍内CO_2浓度为1%时,家畜呼吸加快,出现轻微气喘现象;当舍内CO_2浓度为2%时,牛在其中停留4 h后,气体代谢和能量代谢下降24%~26%。当舍内CO_2浓度为4%时,家畜血液中发生CO_2积累;当舍内CO_2浓度为10%时,动物出现严重气喘,呈现麻痹状态;当CO_2浓度高达25%时,动物在数小时内窒息而亡。成年绵羊在CO_2浓度分别为4%、8%、12%、16%、18%的环境中时,每千克体重的干物质采食量随CO_2浓度增加而下降。在一般畜禽舍中,CO_2浓度很少会达到引起畜禽中毒的浓度。但畜禽舍中CO_2浓度常与空气中氨、硫化氢和微生物含量成正相关,CO_2浓度在一定程度上可以反映畜舍空气污浊程度。因此,CO_2浓度可作为评定畜禽舍空气卫生状况的一项间接指标。

(二)对水体的污染

1.畜禽舍中污水的产生

畜牧生产和畜产品加工过程中产生的污水,主要包括冲洗圈舍、畜床、畜体体表用水,以及兽医院、屠宰场、乳品加工厂、肉品加工厂和蛋制品加工厂所产生的废水。畜牧业产生的污水中的主要污染物包括有机质、蛋白质、脂肪、糖类、病原微生物等,主要化学元素有氮、磷、钾、碳、硫、氯、钠等常量元素和铁、铜、锌、硒、锰等微量元素。这类污水必须经过处理才可用于灌溉或排出。

2.水体受到污染后对动物的危害

(1)水体出现异味、异臭等,造成水体感官性状恶化,如水体富营养化使水变黑发臭,石油、酚类等使水产生异味、异色、泡沫和油层等,妨碍水体的正常使用等。

(2)造成细菌性、病毒性及寄生虫性疾病的发生与流行,如口蹄疫、血吸虫病、霍乱等,这些细菌、病毒和寄生虫可通过各种途径继续污染其他水体,进而使这些疾病在局部地区暴发和流行。

(3)抑制水体的自净,铜、锌、镍等在水中可抑制微生物的生长繁殖,而水中的微生物能够降解有机物,这些化学物质直接影响了好氧、厌氧微生物降解有机物的天然自净过程,间接影响了水体的净化。

(4)引起中毒,污水中的有毒物质主要引起动物慢性中毒,急性中毒较为少见。

(5)造成畜禽产品品质下降。特别是一些重金属,可通过饮水和饲料等途径危害畜禽健康,或在畜禽体中蓄积,并通过食物链由畜禽产品转移到人体,危害人体健康。

3.净化水质的措施

(1)沉降和逸散作用:①沉降作用。沉降作用是指水中的悬浮物在重力作用下自然下沉的过程。悬浮物的沉降速度与其密度有关,密度越大沉降速度越快,颗粒越粗沉降速度越快。悬浮物下沉时,可吸附一部分细菌、寄生虫卵一起下沉。一些悬浮态的污物也可被胶体颗粒、悬浮的固体颗粒、漂浮微生物等吸附并随之下沉;有些污染物,如砷化物易与水中的氧化铁、硫化物等结合而发生沉降,溶解性物质也可被生物体吸收后随其残骸而下沉。②逸散作用。逸散作用是指水中的一些挥发性物质在阳光和水流等作用下,逸散进入大气的过程。逸散作用可以使水体中的挥发性污染物浓度降低,如酚、金属汞、二甲基汞、硫化氢、氢氰酸等可从水中逸散出去,使水体得到一定程度的净化。

(2)光照射:自然光中的紫外线具有杀灭病原微生物的作用,同时日光照射还可提高水温,促进微生物分解有机污染物;水面10 cm内的病原微生物还具有光分解作用,可使某些有害物质转化为无害物质

(3)有机物的分解:水中的有机物在微生物作用下,进行需氧或厌氧分解,使水中复杂的有机物变为简单的有机物质,这称为生物性降解。水中的有机物也可通过水解、氧化还原等反应进行化学性降解。水中有机物的自净与水中溶解氧含量有很大关系,溶解氧充足时,有机物以有氧氧化反应为主,分解速度快,使有机物转变为 CO_2、NO_3^-、PO_4^{3-} 等无机物,无特殊臭味;溶解氧不足时,以厌氧分解为主,分解速度慢,且会产生 H_2S、NH_3 等恶臭气体,又称为厌氧腐解。因此,应限制有机物排入水体的量,以保证水体中有充足的溶解氧,使水体中有机污染物能按有氧分解方式进行。

(4)水栖生物的拮抗作用:生物拮抗作用是指一种生物的生存、繁衍可抑制另一种生物的生存和繁衍的作用。水体生物对病原微生物的拮抗作用普遍存在,表现为:一是这种拮抗作用使进入水体的病原微生物受到非病原微生物的营养竞争作用而趋于死亡或变异,二是水中多种原生动物能吞食细菌、寄生虫及其卵(如甲壳动物和轮虫可吞细菌、鞭毛虫以及有机碎屑)。水栖生物的拮抗作用,可使病原微生物减少或被消灭,致病作用减弱或消失。

(5)生物学转化及生物富集:①生物学转化。某些污染物进入水体后,可通过微生物作用而发生生物化学反应,使其毒性增强或降低。如在水底淤泥中,无机汞在厌氧性细菌作用下可发生甲基化反应,形成毒性更强烈的一甲基汞和二甲基汞,但大部分有机污染物通过生物学转化变为毒性更小的无机物。②生物富集。生物富集是指水体中的污染物被水生生物吸收后在其组织中浓集的过程,即机体摄入有害物质的量大于代谢排出量,有害物质在机体组织中浓度逐渐提高。被生物富集的有毒物质可随食物链在不同营养级生物之间进行传递,逐渐提高在生物组织内的聚集量(称为生物放大作用),使生物体内

污染物浓度提高几倍甚至几十万倍。因此,生物富集作用,可使毒物的危害性增强。

(三)对土壤的污染

1.畜禽舍中土壤污染

舍内土壤污染源主要是畜禽粪尿、尸体等,被污染后的土壤常成为寄生虫病的"温床"。各种致病寄生虫的幼虫和卵,原生动物如蛔虫、钩虫、阿米巴原虫等,在污染的土壤中有较强的抵抗力。

2.土壤污染对动物的危害

(1)传播细菌性和病毒性疾病:土壤中的微生物引起细菌性和病毒性疾病流行的途径有两种,一是病原体随着病畜禽的粪便等进入土壤后,通过雨水的冲刷,进入地面水或地下水,在条件适宜时,经水和食物引起霍乱、副霍乱、伤寒、副伤寒、痢疾、病毒性肝炎等疾病暴发流行;二是某些病原体如破伤风杆菌、气性坏疽、肉毒梭杆菌和炭疽杆菌能形成芽孢,能在土壤中长期生存,可通过接触传播导致疾病流行。

(2)传播寄生虫病:粪便中的寄生虫进入土壤后可长期生存。有些寄生虫的生活史中有一个阶段必须在土壤进行,例如蛔虫卵必须在土壤中发育成熟,钩虫卵一定要在土壤中孵出钩幼虫才有感染性等,所以被粪便污染的土壤很可能成为寄生虫病传染的中间环节。因此,对粪便和动物尸体进行无害化处理是预防寄生虫疾病的重要措施。

二、畜牧场环境监测

(一)畜牧场环境监测的目的和任务

环境监测是进行畜牧场环境保护工作的基础,是对环境中某些有害因素进行调查和度量的工作。其目的是准确、及时、全面地反映被监测环境的变化幅度以及环境变化对畜牧业生产的影响,以便采取有效措施,减少环境变化对畜禽生产造成的不良影响。饲养管理人员可通过环境监测及时了解畜禽舍及畜牧场内环境的状况,掌握环境是否过冷或过热,或环境中出现了什么污染物、污染范围有多大、污染程度如何、影响如何。根据测定的数据和环境卫生标准(环境质量标准),以及畜体的健康和生产状况进行分析,并进行环境质量评价,及时采取措施解决存在的问题,确保畜禽生产正常进行。

(二)畜牧场环境监测的基本内容和方法

1.确定畜牧场环境监测的内容

畜牧场环境监测的内容和指标应根据监测的目的以及环境质量标准来确定,应选择在所监测的环境领域中较为重要的、有代表性的指标。监测内容包括两方面:一是对畜牧生产所使用的畜舍、水源、土壤、空气、饲料等进行监测;二是对畜牧生产所排放的污水、废弃物以及畜产品(人类食品)进行监测,以避免畜牧场的环境污染影响人体健康。一般情况下,对畜牧场、畜禽舍的空气、水质、土质、饲料及畜产品的品质应予以全面监测。但在适度规模经营的饲养条件下,家畜的环境大都局限于圈舍内,其环境范围较小,应着重监测空气环境的理化和生物学指标,水体和土壤质量相对稳定,特别是土质很少对家畜产生直接作用,可放在次要地位。目前我国畜牧业的各项卫生标准,对畜牧场环境监测指标尚无明文规定,但工业企业、矿业企业及居民区的一些卫生标准已经制定,如《工业企业设计卫生标准》对饮用水、地面水、大气、废气等的卫生标准做了明确规定,畜牧场的各项环境卫生监测均可参照执行。

2.空气环境监测的内容与方法

空气环境监测主要是对畜牧场空气中的污染物质和可能存在的大气污染物进行监测,包括对温热环境(气温、气湿、气流、畜舍的通风换气量)、光环境(光照强度、光照时间、畜舍采光系数)的监测。也包括空气卫生指标,主要有恶臭气体、有害气体、细菌、灰尘、噪声、总悬浮微粒、飘尘、二氧化硫、氮氧化物、一氧化碳、光化学氧化剂等。

空气环境监测的一般方法是在固定监测点放置仪器,供管理人员随时监测,可随时了解家畜环境指标的状况,及时掌握变化情况,以便及时调整管理措施。如在畜舍内放置干湿球温度表,可随时观察畜舍的空气温度、湿度。按照计划在固定的时间、地点对固定的环境指标进行的监测为定期监测,如根据气候条件和管理方式的变化规律,在一年中每旬、每月或每季度确定一天或连续数天对畜舍的温热环境进行定点监测。监测空气环境,有助于掌握畜舍温热环境与气候条件及管理方式之间的关系及变化规律。

监测畜舍温热环境时,一般采用普通干湿球温度表或通风干湿球温度表等仪器。应在舍内选择多个测点,测点可均匀分布或沿对角线交叉分布。也可根据测定目的,选择有代表性的位置作为测点,如通风口处、门窗附近、畜床附近。测点的高度原则上应与家畜的呼吸带等高。按常规要求以一天中的2:00、8:00、14:00和20:00四次观测的平均值作为平均温度和平均湿度值。

3.水质环境监测的内容与方法

水质监测包括对畜牧场水源水质的监测和对畜牧场周围水体污染状况的监测。水源水质的监测指标,包括感官性状和一般化学指标、微生物指标、毒理指标、放射性指标四个方面,共35个项目。周围水体污染状况的监测指标:物理指标,包括温度、颜色、浑浊度、臭味、悬浮物;化学指标,包括溶解氧、化学耗氧量、化学需氧量、氨氮、亚硝酸盐氮、硝酸盐氮、磷、pH等;细菌学指标,包括细菌总数、总大肠菌群等。

4.土壤环境监测的内容与方法

土壤监测主要是对土壤生物和农产品有害的化学物质进行监测,包括氟化物、硫化物、酚、氰化物、砷、六价铬等。由于畜牧场废弃物对土壤的污染主要是有机物和病原体的污染,所以就畜牧场本身的污染而言,主要监测项目为土壤肥力指标和卫生指标,前者主要包括有机质、氮、磷、钾等,后者主要包括大肠菌群数、蛔虫卵等。

(三)减少畜舍中有害气体的措施

减少畜禽舍中有害气体是改善畜舍环境的一项重要措施,由于产生有害气体的途径多种多样,因而消除有害气体也必须从多方面入手,采取综合措施。

1.科学设计畜禽舍建筑

畜禽舍建造得合理与否直接影响舍内环境卫生状况,因而在修建畜禽舍时就应精心设计,做到及时排除粪污、通风、保温、隔热、防潮,以利于有害气体的排出。采用粪和尿、水分离的干清粪工艺和相应的清粪排污设施,确保畜禽舍粪尿和污水及时排出,以减少有害气体和水汽产生。当畜禽舍中湿度太大时,一方面有机物易腐败变质产生有害气体,另一方面有害气体溶于水汽不易排除,为了保证有害气体能及时排出,必须在畜舍的地基、地下墙体、外墙边角、地面设防潮层,降低畜舍湿度,有利于排出有害气体。在寒冷季节,隔热不好的畜禽舍内的温度低,当低于露点温度时,水汽容易凝结于墙壁与屋顶上,溶解有害气体,因而对于屋顶、墙壁都要做保温和隔热处理。

2. 日常管理

(1)及时清理粪尿:氨和硫化氢的主要来源就是粪尿,及时清扫粪尿,不给粪尿分解的机会,畜禽舍内氨、硫化氢等有害气体的含量就较低。训练家畜定点排泄,或者到舍外排泄,可有效防止舍内空气恶化。每天及时清洗粪尿,保持畜禽舍清洁卫生,能有效地减少畜禽舍内有害气体的产生。

(2)注意畜禽舍防潮:当畜禽舍内湿度过大,氨、硫化氢等有毒气体就很容易被吸附在潮湿的墙壁、屋顶上,当空气干燥的时候,又挥发出来污染环境,湿度是妨碍有害气体排出的重要因素,因而对畜禽舍进行防潮、保暖处理和尽量减少冲圈等饲养管理用水是减少有害气体的重要措施。

(3)勤换垫料或垫草:对于规模较小的养殖场,在舍内地面尤其是在畜床上应辅以垫料,减少有害气体产生。垫料可吸收一定量的有害气体,其吸收能力与垫料的种类和数量有关。

(4)合理设计畜禽舍结构,加强舍内空气流通:合理设计畜禽舍结构,可有效降低舍内有害气体含量,降低动物发病率,提高动物生产水平和动物福利。通风换气效率取决于畜禽舍的构造和通风设备的使用,要根据畜禽舍的跨度、长度、高度、养殖密度以及季节变化等确定通风量。尤其是冬季,一定要平衡好畜禽舍保温与通风换气的关系,做到既要保温,又要维持舍内有害气体处于卫生学指标范围内。

(5)适当降低饲养密度:在规模化、集约化畜牧场,冬季畜禽舍密闭、通风不良、换气量小,舍内饲养密度过大导致产生的有害气体量超过正常换气量,易造成空气污浊,适当降低饲养密度可以减少有害气体产生量。

(6)采用饲料添加剂降解有害物质:研究发现,很多有益微生物可在肠道内建立优势菌群,抑制有害菌群的定植,维持肠道微生物区系的平衡,从而提高饲料蛋白质利用率,减少粪便中氨的排量,抑制细菌产生有害气体,降低空气中有害气体的含量。往饲料中添加酶制剂可以消除相应的抗营养因子,补充动物的内源酶,提高蛋白质和碳水化合物的利用率,使粪便中氮的排泄量减少从而改善畜禽舍内的空气质量,并节约饲料。在肉鸡日粮中添加植酸酶可使排泄物中磷的含量降低50%。一些具有吸附功能的添加剂,如麦饭石等,已经作为水质净化剂广泛应用于水产养殖中。一些植物提取物可以抑制脲酶产生菌的生长,减缓尿素的分解、氨气的散发和硫化氢的产生。

(7)优化饲粮配方:形成恶臭气味的物质,主要是家畜排泄物中蛋白质分解产生的。因此,应用理想蛋白模式和可利用的氨基酸来设计饲料配方,合理确定日粮中蛋白质的含量,以减少排泄物中蛋白质的含量。资料表明,猪日粮中蛋白质含量每降低1%,氮的排出量减少8.4%,猪日粮中加赖氨酸、蛋氨酸可降低饲料中粗蛋白1%~2%,既不影响生产性能又可使氮排出量减少25%。理想蛋白是将动物生长、妊娠、泌乳、产蛋等需要的各种氨基酸按理想比例配制而来的蛋白,按理想蛋白模式配制日粮,粗蛋白水平可降低2%~3%,氮排出量可减少20%~25%。

(四)畜禽废弃物处置

1. 废水处理

废水处理是采用各种手段和技术,将废水中的污染物分离除去或将其转化、分解为无害的物质,从而使废水净化的过程,净化后的水应达到农业灌溉用水标准或渔业用水标准,或达到《畜禽养殖业污染物排放标准》(GB 18596—2001)的过程。畜禽养殖废水处理的重点是将废水中的有机污染物质分解、转化为无害的物质。污水中的主要污染因子为化学需氧量、五日生化需氧量、氨氮含量、总磷、悬浮物、病原微生物。畜禽养殖废水无论以何种工艺进行处理,都要采取一定的预处理措施,预处理可使废水污染物负荷降低,同时防止大的固体或杂物进入后续处理环节,造成设备的堵塞或破坏等。针对废水中的大颗粒物质或易沉降的物质,畜禽养殖业采用过滤、离心、沉淀等固液分离技术进行预处理,常用的设备有格栅、沉淀池、筛网等。格栅是污水处理过程中必不可少的设备,其作用是阻拦污水中粗大的漂浮物和悬浮固体,以免阻塞孔洞、闸门和管道,并保护水泵等机械设备。沉淀法是在重力作用下将水中的悬浮物从水中分离出来的处理工艺,是废水处理中应用最广的方法之一,目前凡是有废水处理设施的养殖场基本上都是在舍外串联2~3个沉淀池,通过过滤、沉淀和氧化分解等步骤处理废水。筛网是筛滤所用的设施,废水从筛网的缝隙流过,而固体部分则凭机械或其本身的重量被筛网截留下来,或推移到筛网的边缘排出,常用的畜禽粪便固液分离筛网有固定筛、振动筛和转动筛。此外,常用的机械过滤设备还有自动转鼓过滤机、转辊压滤机、离心盘式分离机等。畜禽养殖废水的主要处理技术包括4种。

(1)自然处理法:自然处理法是畜禽养殖废水处理中最传统的方法。自然处理法是利用天然水体、土壤和生物的综合作用来净化污水,其净化机理主要包括过滤、截留、沉淀、物理和化学吸附、化学分解、生物氧化以及生物的吸收等,涉及生态系统中物种共生、物质循环再生原理、结构与功能协调原则,以及分层多级截留、储藏、利用和转化营养物质机制等。自然处理法投资少、工艺简单、动力消耗少,但净化功能受自然条件的制约。自然处理法的主要模式有氧化塘、土壤处理法、人工湿地处理法等。氧化塘又称为生物稳定塘,是一种利用天然或通过人工整修的池塘进行污水生物处理的建筑物,其对污水的净化过程和天然水体的自净过程很相似,污水在塘内停留时间长,有机污染物在水中微生物的作用下(代谢活动)被降解,溶解氧由藻类通过光合作用和塘面的复氧作用产生,亦可通过人工曝气法产生。土壤处理法是常年性的污水处理方法,将污水施于土地上,利用土壤—微生物—植物组成的生态系统对废水中的污染物进行一系列物理、化学和生物净化过程,使废水得到净化,并循环利用系统的营养物质和水分,使绿色植物生长繁殖,从而实现废水的资源化、无害化和稳定化。人工湿地可通过沉淀、吸附、阻隔、微生物同化分解、硝化、反硝化以及植物吸收等途径去除废水中的悬浮物、有机物、氮、磷和重金属等污染物。

(2)厌氧处理技术:20世纪50年代出现了厌氧接触法工艺,此后厌氧滤器(Anaerobic filter, AF)和上流式厌氧污泥床(upflow anaerobic sludge bed, UASB)的发明,推动了以提高污泥浓度和改善废水与污泥混合效果为基础的一系列高负荷厌氧反应器的发展,并逐步应用于禽畜养殖废水处理。厌氧处理特点是造价低、占地少、能量需求低,还可以产生沼气,而且处理过程不需要氧,不受传氧能力的限制,因而具有较高的有机物负荷潜力,能将一些好氧微生物所不能降解的部分进行有机物降解。常用的设施、设备主要包括:完全混合式厌氧消化器、厌氧接触反应器、厌氧滤池、上流式厌氧污泥床、厌氧流化床、升流式固体反应器等。

(3)好氧处理技术:好氧处理的基本原理是利用微生物在好氧条件下分解有机物,同时合成自身细胞(活性污泥)。在好氧处理过程中,生物降解的有机物最终被完全氧化为简单的无机物。该方法的主要技术包括活性污泥法和生物滤池、生物转盘、生物接触氧化、序批式活性污泥、A/O及氧化沟等。采用好氧技术对畜禽养殖废水进行生物处理,这方面研究的较多的是水解与SBR(sequencing batch reactor)结合的工艺。SBR工艺,即序批式活性污泥法,是在传统Fill-Draw系统的基础上改进并发展起来的一种间歇式活性污泥工艺,它把污水处理构筑物从空间系列转化为时间系列,在同一构筑物内进行进水、反应、沉淀、排水、闲置等周期循环。SBR与水解方式结合处理畜禽养殖废水时,水解过程对COD_{Cr}有较高的去除率,SBR对总磷的去除率为74.1%,对高浓度氨氮的去除率超过97%。此外,其他好氧处理技术也逐渐应用于畜禽养殖废水处理,如间歇式排水延时曝气循环式活性污泥系统、间歇式循环延时曝气活性污泥法。

(4)混合处理法:上述的自然处理法、厌氧法、好氧法各有优缺点和适用范围,为了取长补短,获得良好稳定的出水水质,实际应用中常联合其他处理方法协同处理废水。混合处理法就是根据畜禽养殖废水的多少和具体情况,设计出由以上3种或以它们为主体并结合其他处理方法进行优化的组合共同处理废水的方法。这种方式能以较低的处理成本,取得较好的效果。养殖场数据显示,采用厌氧好氧结合的工艺处理废水后,水中COD_{Cr}约为400 mg/L,BOD_5为140 mg/L,基本达到废水排放标准。

2. 粪便处理

养殖废水与粪便中含有很高浓度的有机物,这些有机物实际上是有机碳,通过厌氧发酵实现水解、酸化、产氢、产甲烷,能将90%以上的有机物降解去除,还可以产生大量的沼气资源。理论上1 kg COD可产生0.6 m³沼气,1 m³沼气可以产生2.2 kW·h的度电,这是一个十分可观的转化效率,一个规模化养殖企业,其废水与粪便产生的沼气所能生产的电力不但可以供养殖企业自用,还有富余,可以与其他企业并网使用。目前,由于受厌氧发酵技术和沼气发电技术的限制,沼气资源的利用率在国内仍然不到15%,大部分建有沼气设施的养殖企业,沼气资源的利用率也只有30%。厌氧发酵产生沼气的设施,受停留时间、温度、厌氧反应池(器)的建设方式等影响很大,覆膜沼气池对沼气资源的利用率只有20%~30%,UASB、IC反应器对沼气资源的利用率为50%~60%。目前,沼气脱硫、沼气脱水、发电技术仍然只能将40%~60%的沼气资源转化为电力。开发高效的厌氧反应器和沼气脱硫、沼气脱水、发电机设施是今后厌氧发酵与沼气资源利用技术发展的重点。

3. 病死动物处理

病死动物处理的方法有4种:(1)人与动物食用;(2)丢弃与填埋;(3)焚烧;(4)生物处理。第一种方法已被严格禁止;第二种方法既污染环境又浪费土地;第三种方法会产生二次污染,并且浪费能源;第四种方法为现阶段国家重点扶持与推广的方法。

生物处理方法可分为两条路径:一是生物路径,通过生物分解、发酵的方法来处理病死动物,使之变成可以被农作物使用的有机肥,将病死动物高温灭菌后,破碎成微小颗粒状,再加入发酵菌种和干物质辅料发酵变成粗堆肥。二是生物化学路径,病死动物经高温灭菌、破碎,再经生物化学分解后,变成油脂与氨基酸等化学物质,残渣同样可堆肥。

第三节 畜牧场及其设计

一、畜牧场类型

畜牧场是集中饲养家畜的场所,随着国民经济的发展,畜牧场的经营逐渐向高效能的集约化方向发展,并且其用途也更趋专一化。畜牧场的分类方法很多:根据经营方式不同,分为单一型畜牧场和综合型畜牧场两类;根据饲养管理方式不同,分为舍饲型畜牧场、半舍饲型畜牧场和放牧型畜牧场三类;根据性质、用途不同,分为原种场(曾祖代场)、种畜场(祖代场)、繁殖场(父母代场)和商品场(商品代场)四类。原种场的任务主要是强化原种畜品质,不断提高原种畜生产性能,为下一级种畜场提供高质量的更新畜;种畜场的主要任务是扩大繁殖种母畜,同时研究适宜的饲养管理方法和良好的繁殖技术,提高母畜的繁殖性能;繁殖场的任务是向商品场提供商品畜;商品场的任务是进行商品畜的饲养,直接为社会生产和提供畜产品。不同性质的畜牧场,不仅畜群组成和周转方式不同,并且对饲养管理和环境条件的要求也不同,所以在设计畜牧场时应区别对待。

二、畜牧场设计的基本原则

畜牧场设计是建场的关键环节,设计时必须遵循以下基本原则:(1)为牧场职工和家畜创造良好、适宜的生活和生产环境条件;(2)采用科学的饲养管理工艺;(3)因地制宜,充分考虑本国国情和当地条件;(4)尽量做到经济上合理、技术上可行。

三、畜牧场设计的步骤

具有一定规模的畜牧场,在建场之前,须对拟建畜牧场的性质、规模、建场投资、经济效益、社会效益和环境效益进行可行性论证;论证确认后,编制计划任务书,并报有关部门审批;审批通过后才能进行设计、施工。畜牧场设计一般包括工艺设计、建筑设计和技术设计三个步骤。

1. 工艺设计

是用来说明畜牧场生产工艺的文字材料,是畜牧场建筑设计和技术设计的依据。工艺设计涉及许多畜牧专业知识,因此必须有畜牧工作者参与,或者由他们承担设计任务。

2. 建筑设计

是以工艺设计为依据,在选定的场址上进行合理的分区规划和建筑物、构筑物及道路等的布局,绘制畜牧场总平面图;在畜牧场总体设计的基础上,根据工艺设计的要求,设计各种房舍的式样、尺寸、材料及内部构造等,绘制各种房舍的平面、立面和剖面图,必要时绘制用于展示房舍局部构造、材料、尺寸和做法的建筑详图。建筑设计的全部图纸包括牧场总平面图和各种房舍的平面、立面、剖面图及建筑详图,统称为建筑施工图。建筑设计也涉及畜牧专业知识,因此也需要有畜牧工作者参与。

3.技术设计

包括结构设计和设备设计。结构设计是根据建筑设计要求,设计和绘制每种房舍的基础、屋面、梁、柱等承重构件的平面图和构造详图,这些图纸统称为结构施工图;设备设计是根据工艺设计、建筑设计和结构设计的要求,设计和绘制场区及各种房舍的给水、供暖、通风、电气等管线的平面布置图、立体布置图以及各种设备和配件的详图,这些图纸统称为设备施工图。技术设计必须由工程设计人员承担。

工艺设计和建筑设计合称为"初步设计",如果还包括主要详图,可称为"扩大初步设计"。初步设计直接关系到畜牧生产和兽医卫生,该设计步骤完成后,应请有关专家和工作人员进行论证和审查,然后再进行技术设计。

第四节 畜牧场工艺设计

一、畜牧场工艺设计内容

现代化畜牧场普遍采用的是分阶段饲养和全进—全出的连续流水式生产工艺,这种生产工艺是适应集约化生产要求的有效工艺。在编制畜牧场工艺设计方案时,必须充分考虑现代畜牧场的生产工艺特点并结合当地实际情况,使设计方案既科学、先进,又切合实际,能够付诸实现。工艺设计作为建筑设计和技术设计的依据,以及指导畜牧场管理和生产的纲领,应力求具体、详尽。其主要内容包括以下几个方面。

(一)畜牧场的性质和规模

不同性质的畜牧场,如种畜场、繁殖场、商品场,它们的公母比例、畜群组成和周转方式不同,对饲养管理和环境条件的要求不同,所采取的技术措施也不同,都有各自的特点。因此,在工艺设计中必须明确规定畜牧场性质,并阐明其特点和要求。

牧场的性质必须根据社会和生产的需要来决定。原种场、种畜场须纳入国家或地方的良种繁育计划,并符合有关规定和标准。此外,畜牧场的性质,还须考虑当地技术力量、资金、饲料等条件,经调查论证后方可决定。

畜牧场规模一般以存栏繁殖母畜头(只)数表示,或以年上市商品畜禽头(只)数表示,或以常年存栏畜禽头(只)数表示。畜牧场规模是畜牧场设计的基本数据。

确定畜牧场规模时必须考虑社会和市场需求、资金投入、饲料和能源供应、技术和管理水平,还有环境污染等各种因素,此外还应考虑畜牧场劳动定额和房舍利用率。例如,某商品蛋鸡场,其管理定额为每人饲养蛋鸡5000~6000只,则每栋蛋鸡舍容量就应为5000~6000只,或为其倍数,全场规模也应是管理定额的倍数。此外,鸡场规模还应考虑蛋鸡舍与其他鸡舍的栋数比例,以提高各鸡舍利用率,并防止出现鸡群无法周转的情况。蛋鸡生产一般分为三阶段:育雏阶段一般为0~6或7周龄,育成阶段一般为7或8周龄至19或20周龄,产蛋阶段一般为20或21周龄至72或76周龄。为便于防疫和管理,应按三阶段设三种鸡舍,实行全进全出的转群制度,每批鸡转出或淘汰后,对鸡舍和设备进行彻底清洗和消毒,并空舍一段时间后再进新群。工艺设计应调整每阶段的饲养时间(饲养日数加消毒空舍日数)恰成比例,就可使各种鸡舍的栋数也恰成比例。表6-4-1是编制鸡群周转计划和鸡舍比例的两种方案,供参考。

表6-4-1　蛋鸡场鸡群周转计划和鸡舍比例方案

方案	鸡群类别	周龄	饲养天数/d	消毒空舍天数/d	占舍天数/d	占舍天数比例	鸡舍栋数比例
I	雏　鸡	0~7	49	19	68	1	2
	育成鸡	8~20	91	11	102	1.5	3
	产蛋鸡	21~76	392	16	408	6	12
II	雏　鸡	0~6	42	10	52	1	1
	育成鸡	7~19	91	13	104	2	2
	产蛋鸡	20~76	399	17	416	8	8

(二)主要生产指标

畜牧场主要生产指标包括:公母畜禽比例、种畜禽利用年限、情期受胎率、年产窝(胎)数、窝(胎)产活仔数、仔畜初生重、种蛋受精率、种蛋孵化率、年产蛋量、畜禽各饲养阶段的死亡淘汰率、增重指标或产蛋率、耗料定额和劳动定额等。

制定合理的畜牧场生产指标,不仅为设计工作提供依据,也为投产后实行定额管理和岗位责任制提供依据。生产指标一定要高低适中,指标过高,不但定额不能完成,而且依此设计的房舍、设备也将不能充分利用;指标过低,则不能充分发挥工作人员的劳动生产潜力,据此设计的房舍设备将不足。

(三)畜群组成及周转

根据畜禽在生产中的不同作用,或根据不同生长发育阶段的特点和对饲养管理的不同要求,应将畜禽分成不同类群,分别使用不同的畜舍设备,采用不同的饲养管理措施。在工艺设计中,应说明各类畜群的饲养时间和占栏时间,后者包括饲养时间加消毒空舍时间,分别算出各类群畜禽的存栏数和各种畜禽舍的数量,并绘出畜群周转框图,即生产工艺流程图。

(四)饲养管理方式

饲养管理方式包括饲养方式、饲喂方式、饮水方式、清粪方式等。饲养方式包括地面平养、网上平养、笼养散放饲养及拴系饲养等。饲喂方式可分为手工喂料和机械给料两种,或分为定时限量饲喂和自由采食两种。饲料料型关系到饲喂方式和饲喂设备的设计,稀料、湿拌料宜采用普通饲槽进行定时限量饲喂,而干粉料、颗粒料可采用自动料箱进行投喂,让动物进行自由采食。饮水方式可分为定时饮水和自由饮水两种,所用设备有水槽和各式饮水器。清粪方式可分为人工清粪、机械清粪、水冲清粪三种,对于采用板条地面或高床式笼养的鸡舍,可在一个饲养周期结束时进行一次性清粪。

饲养管理方式关系到畜舍内部设计及设备的选型配套设计,同时也关系到投产后的机械化程度、劳动效率和生产水平。因此,在设计畜牧场时,必须根据实际情况进行周密考虑,并要经过充分论证后再确定拟建牧场的饲养管理方式,在工艺设计中加以详尽说明。

(五)卫生防疫制度

为了有效防止疫病的发生和传播,畜牧场必须制定一套严格的卫生防疫制度。经常性的卫生防疫工作,要求具备相应的设施和设备,在工艺设计中必须对此提出明确要求。例如,畜牧场应杜绝外面车辆进入生产区,因此,饲料库应设在生产区和管理区交界处,场外车辆由靠管理区一侧的卸料口卸料,各畜舍用场内车辆在靠生产区一侧的料口领料。而对于产品的外运,应在靠围墙处设装车台,车辆停在围墙外装车。场大门须设车辆消毒池,供外面车辆入场时消毒。各栋畜舍入口处也应设消毒池,供人员、手推车出入消毒。人员出入生产区还应通过消毒更衣室,有条件最好进行淋浴。此外,工艺设计应明确规定设备、用具要分栋专用,场区、畜舍及舍内设备要定期消毒。对病畜隔离、尸体剖检和处理等也应作出严格规定,并对有关的消毒设备和处理设施提出要求。

(六)畜牧场的技术参数和标准

工艺设计应提供有关的各种参数和标准,作为工程设计的依据和投产后生产工作的参考。包括各种畜群要求的与温度、湿度、光照、通风、有害气体等相关环境参数,畜群大小及饲养密度、占栏面积、采食及饮水宽度、通道宽度、非定型设备尺寸、饲料日消耗量、日耗水量、粪尿及污水排出量、垫草用量等参数,以及冬夏季对畜舍墙壁和屋顶的温度要求等设计参数。

(七)各种畜舍的样式和主要尺寸

畜舍的样式应根据不同畜禽的要求、当地气候特点、常用建材和建筑习惯等来确定,并且还要讲究实用效果。畜舍主要尺寸:应根据畜群组成、周转计划以及劳动定额,确定畜舍种类和栋数,再根据饲养方式和场地地形,确定每栋畜舍的跨度和长度。畜舍主要尺寸和全场布局须同时考虑,并反复调整,方能确定畜舍主要尺寸和全场布局方案。

(八)附属建筑及设施

畜牧场附属建筑一般可占总建筑面积的10%~30%,附属建筑包括行政办公用房、生活用房、技术业务用房、生产附属房间等。附属设施包括地秤、产品装车台、贮粪场、污水池、饮水净化消毒设施、消防设施、尸体处理设施及各种消毒设施等。在工艺设计中,应对附属建筑和附属设施提出具体要求。

(九)环境保护措施

工艺设计应提出水源卫生防护及饮水净化消毒方法、粪便污水处理方法等环境保护措施,以保证畜牧场环境不被污染和畜牧场不污染周围环境。

除上述内容外,工艺设计还应根据劳动定额和牧场行政、技术及其他辅助工作需要,确定人员组成。在完成建筑设计之后,还应会同设计部门做出投资概算及生产成本和经济效益估算。

二、畜牧场工艺设计的方法

如前所述,畜牧场工艺设计的内容要求很多,在实际设计时,应对所有内容进行全面、详细的阐述。在此,仅对工艺设计中的主要步骤和方法进行简单介绍,如下。

(一)确定畜牧场生产工艺及工艺参数

不同的生产工艺,对畜群的划分方法不同,因而对畜舍种类、数量、比例等的要求也不同。所以,在工艺设计时,首先要确定畜牧场拟采用的生产工艺及工艺参数。下面以商品猪场为例加以说明。

目前,商品猪场多采用三种生产工艺:①四阶段三次转群工艺,如图6-4-1所示。即,将生产线划分为种猪空怀妊娠阶段、分娩哺乳阶段和商品猪的断奶仔猪阶段、生长肥育阶段,四个猪群分别置于空怀妊娠猪舍、分娩哺乳猪舍(产房)、断奶仔猪保育舍和肥育猪舍内饲养。②五阶段四次转群工艺,如图6-4-2所示。即在四阶段工艺流程基础上,又将生长肥育阶段划分为育成(生长)阶段和肥育阶段,分别置于不同的猪舍饲养。③六阶段五次转群工艺,如图6-4-3所示。这种工艺就是在五阶段工艺基础上把空怀母猪与妊娠母猪分开,单独组群,分舍饲养。

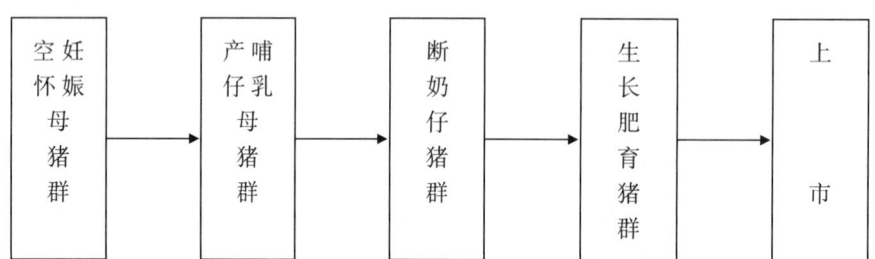

图6-4-1 四阶段三次转群工艺流程图

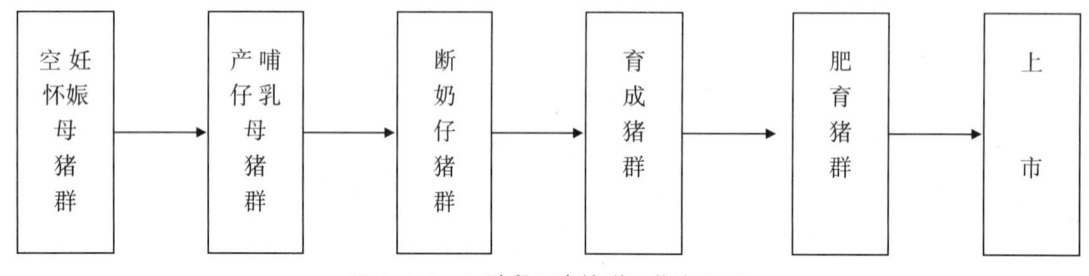

图6-4-2 五阶段四次转群工艺流程图

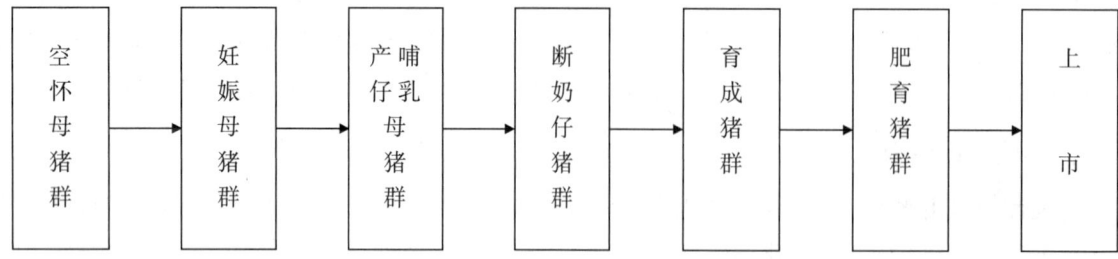

图6-4-3 六阶段五次转群工艺流程图

生产工艺流程的阶段划分越多,专业分工越细,对猪舍的利用率越高。但由于转群次数增多,所以对猪造成的应激反应增强,而且劳动强度也加大。在设计时,各畜牧场应根据本场实际情况选择适宜的饲养工艺。在选定饲养工艺后,还应确定工艺参数。表6-4-2是商品猪场的主要工艺参数,以供参考。

表 6-4-2　商品猪场工艺参数参考值

项目	参数	项目	参数
妊娠期/d	114	窝产活仔数/头	8~10
哺乳期/d	35	公母猪年更新率/%	25~33
保育期/d	35	母猪情期受胎率/%	85
断奶至受胎/d	7~14	公母比例	1:25
繁殖周期/d	159~163	消毒空舍时间/d	7
母猪年产窝数/窝	2.24	繁殖节律/d	7
成活率/% 哺乳仔猪(35日龄)	90	母猪临产前进产房时间/d	7
成活率/% 断奶仔猪(36~70日龄)	95	母猪配种后原圈观察时间/d	21
成活率/% 生长肥育猪(71~180日龄)	98		

(二)确定各工艺畜群的存栏数

根据已确定的工艺流程及工艺参数,可计算出生产流程中各种畜群的存栏数,即确定畜群结构。仍以猪场为例:年出栏1万头商品肉猪的猪场,根据工艺参数计算该场各类猪群结构,如下。

(1)年平均需要基础母猪总头数为:

$$\frac{\text{计划年出栏商品肉猪数} \times \text{繁殖周期}}{365\text{天} \times \text{窝产活仔数} \times \text{从出生至出栏各阶段成活率}} = \frac{10000 \times 163}{365 \times 10 \times 0.9 \times 0.95 \times 0.98} \approx 533(\text{头})$$

(2)种公猪总头数为:

$$\text{基础母猪总头数} \times \text{公母比例} = 533 \times 1/25 \approx 22(\text{头})$$

(3)后备公猪头数为:

$$\text{种公猪总头数} \times \text{年更新率} = 22 \times 33\% \approx 8(\text{头})$$

(4)后备母猪头数为:

$$\text{基础母猪总头数} \times \text{年更新率} = 533 \times 33\% \approx 176(\text{头})$$

(5)成年空怀母猪头数为:

$$\frac{\text{基础母猪总头数} \times \text{年产窝数} \times \text{饲养日数}}{365} = \frac{533 \times 2.24 \times (14+21)}{365} \approx 115(\text{头})$$

(6)妊娠母猪头数为:

$$\frac{\text{基础母猪总头数} \times \text{年产窝数} \times \text{饲养日数}}{365} = \frac{533 \times 2.24 \times (114-21-7)}{365} \approx 282(\text{头})$$

(7)分娩哺乳母猪头数为:

$$\frac{\text{基础母猪总头数} \times \text{年产窝数} \times \text{饲养日数}}{365} = \frac{533 \times 2.24 \times (7+35)}{365} \approx 138(\text{头})$$

(8)哺乳仔猪(35日龄)头数为：

$$\frac{基础母猪总头数 \times 年产窝数 \times 窝产活仔数 \times 哺乳成活率 \times 饲养日数}{365}$$

$$= \frac{533 \times 2.24 \times 10 \times 0.90 \times 35}{365} \approx 1031(头)$$

(9)35~70日龄断奶仔猪头数为：

$$\frac{基础母猪总头数 \times 年产窝数 \times 窝产活仔数 \times 哺乳成活率 \times 断奶成活率 \times 饲养日数}{365}$$

$$= \frac{533 \times 2.24 \times 10 \times 0.90 \times 0.95 \times 35}{365} \approx 979(头)$$

(10)71~180日龄肥育猪头数为：

$$\frac{基础母猪总头数 \times 年产窝数 \times 窝产活仔数 \times 成活率 \times 饲养日数}{365}$$

$$= \frac{533 \times 2.24 \times 10 \times 0.90 \times 0.95 \times 0.98 \times 110}{365} \approx 3015(头)$$

(三)确定各工艺畜群所需圈栏(笼具)数量

圈栏或笼具的需要量，应根据各畜群的占栏头数(占笼只数)和每栏(笼)能容纳的头(只)数来确定。

占栏头数就是指存栏头数加上消毒空圈时空圈所能容纳的头数。可按存栏头数的公式计算，只是将式中的饲养天数再加上消毒空舍时间(一般按7 d计)即可。

每栏头数根据畜种、阶段的不同有所差异。比如，奶牛适合于拴系饲养，所以其占栏数即为其栏位数；空怀母猪和妊娠前期母猪每栏可养4头，而妊娠后期母猪宜每栏2头，分娩哺乳母猪每栏1头，仔猪、生长肥育猪适于每窝1栏；笼养鸡则应根据所采用的定型笼具的饲养量来确定，如采用9LJ1-396型蛋鸡笼，其每笼能饲养96只，如采用9LJ2-264型蛋鸡笼，则每笼能饲养64只。

在确定占栏头数(占笼只数)和每栏(笼)头(只)数后，即可计算出各工艺畜群所需圈栏(笼具)数量：

$$圈栏(笼具)数 = \frac{占栏头数(占笼只数)}{每栏(笼)饲养头(只)数}$$

仔猪、生长肥育猪若一窝占一栏，则只需计算占栏窝数，即为其所需圈栏数，如前述万头猪场的生长肥育猪所需圈栏数为：

$$\frac{基础母猪总头数 \times 年产窝数 \times (饲养日数 + 消毒空舍日数)}{365}$$

$$= \frac{533 \times 2.24 \times (110 + 7)}{365} \approx 383(窝(栏))$$

(四)确定各工艺畜舍的数量

各类畜舍数量的确定，应综合考虑各畜群圈栏(笼具)数量、劳动定额及各畜舍长度一致性等几方面因素，做到既有利于提高畜舍、设备利用率和工人劳动生产率，又能在外观上整齐一致。畜禽的数量需要在设计时反复斟酌，并要参考生产规模的大小进行综合考虑。各种畜牧场劳动定额的参考数据见表6-4-3，供设计时参考。

表6-4-3　各种畜牧场劳动定额参考值

畜种		劳动定额/[头(只)/人]	备注
牛场	泌乳牛	14~16	机械挤奶兼饲养
		8~12	人工挤奶兼饲养
	种公牛	4~6	—
	育成牛	30~50	—
	育肥牛	30~50	—
	犊牛	20~25	—
鸡场	雏鸡	10000~12000	机械化笼养或网养
		5000~6000	半机械化笼养或网养
		2500	手工笼养
		2000~3000	半机械化地面平养
		1500	手工地面平养
	育成鸡	20000~30000	机械化笼养或网养
		10000	半机械化笼养或网养
		5000	手工笼养
		4000~6000	半机械化地面平养
		3000	手工地面平养
	产蛋鸡或种鸡	5000~6000	机械化笼养或网养
		2500~3000	半机械化笼养或网养
		1200~1500	手工笼养或网养
		1200~1500	半机械化地面平养
		800~1000	手工地面平养
猪场	公猪	10~15	—
	母猪	15~20	—
	断奶仔猪	150~200	—
	肥育猪	80~100	—

(五)确定各工艺畜舍的主要尺寸

畜舍的主要尺寸是指跨度和长度,应根据畜栏或笼具的尺寸、数量和排列方式,舍内横向通道、纵向通道的数量、宽度及食槽宽度等情况来确定。

1.确定畜栏或笼具尺寸

在设计时,如果畜牧场计划采用工厂生产的畜栏、笼具定型产品,则必须根据定型产品的外形尺寸确定畜舍的尺寸。表6-4-4是北京通州长城畜牧机械厂鸡笼、猪栏定型产品的外形尺寸情况,供在设计时参考。

表6-4-4　部分鸡笼、猪栏定型产品外形尺寸

产品名称	型　号	外形尺寸(长mm×深mm×高mm)	饲养量/(只、头)
育雏笼	9YCL	3062×1450×1720	600-1000
育成鸡笼	9LYJ-4144	1900×2150×1670	144
	9LYJ-3126	1900×2090×1550	126
蛋鸡笼	9LJ1-396	1900×2178×1585	96
	9LJ2-396	1900×2260×1603	96
	9LJ2-348	1900×1155×1603	48
	9LJ2-264	1900×1670×1153	64
	9LJ2B-396	1900×1600×1610	96
	9LJ3-390	2000×2260×1603	90
	9LJ3-345	2000×1155×1603	45
	9LJ3-4120	1900×2200×1770	120
种鸡笼	9LZMJ-260	2000×1670×1153	60
	9LZGJ-212	1900×1025×1540	12
	9LZGJ-224	1900×2050×1540	24
	9LRZMJ-248	2000×1950×1350	48
	9LRZGJ-214	2000×1060×1420	14
	9LRZGJ-228	2000×2120×1420	28
母猪产仔栏		2200×1700×800	
仔猪保育栏		1800×1700×735	

如果畜栏不采用定型产品，则需根据每栏头数和每头家畜的采食宽度，确定圈栏宽度，以减少家畜采食时的争斗现象，再根据占栏面积即可确定畜栏深度。例如，自行设计肥猪栏，每栏头数按10头计，沿纵向饲喂通道地面撒喂湿拌料。由表6-4-5知，每头猪(50~100 kg)的采食宽度为27~35 cm(取32 cm)；由表6-4-6知，每头肥育猪占1栏面积为0.8~1.0 m²(取0.9 m²)，则该猪栏宽度为3.2 m(32 cm×10)，面积应为9 m(0.9 m²×10)，故猪栏深应为9 m²÷3.2 m≈2.8 m。但若猪舍采用自动饲槽，圈栏宽度可不受采食宽度限制。

笼养鸡舍通常采用定型鸡笼，可参照表6-4-5确定鸡笼型号及尺寸。地面平养、网上饲养或板条地面饲养的鸡舍则需自行设计网栏，但按上述方法设计往往使栏、圈过宽或过浅，甚至无法满足采食宽度，所以在设计时可采用吊桶式喂料器或链环式料槽，安置在栏、圈中央，也可将饲槽沿饲喂通道设两层，形

成立体饲喂,两层高度差0.6 m,上层设踏板,宽30 cm。这样,圈、栏宽度不受采食宽度限制,只要占栏面积适宜及饲养管理操作方便即可。

散放饲养的牛,其圈栏设计也要考虑采食宽度、每圈适宜头数及占栏面积等。但拴系饲养的牛则可直接根据牛床尺寸参数确定其栏位尺寸。

各种家畜的采食宽度、每圈(栏)适宜头数及每头所需面积、各种牛床尺寸参数分别见表6-4-5、表6-4-6和表6-4-7。

表6-4-5 各类畜禽的采食宽度

畜禽种类			采食宽度/(cm/头或只)
牛	拴系饲养	3~6月龄犊牛	30.0~50.0
		青年牛	60.0~100.0
		泌乳牛	110.0~125.0
	散放饲养	成年乳牛	50.0~60.0
猪		20~30(kg)	18.0~22.0
		30~50(kg)	22.0~27.0
		50~100(kg)	27.0~35.0
		自动饲槽自由采食群养	10.0
		成年母猪	35.0~40.0
		成年公猪	35.0~45.0
蛋鸡		0~4(周龄)	2.50
		5~10(周龄)	5.0
		11~20(周龄)	7.5~10.0
		20周龄以上	12.0~14.0
肉鸡		0~3(周龄)	3.0
		3~8(周龄)	8.0
		8~16(周龄)	12.0
		17~22(周龄)	15.0
		产蛋母鸡	15.0

表6-4-6　畜禽每圈头数及每头所需地面面积

畜禽种类			每圈适宜头数/头	所需面积/(m²/头)
牛	拴系饲养的牛床	种公牛	1	3.30~3.50
		6月龄以上青年母牛	25~50	1.40~1.50
		成年母牛	50~100	2.10~2.30
		散放饲养乳牛	50~100	5.00~6.00
	散放饲养肉牛	犊牛		1.86
		1岁小牛		3.72
		肥育牛	10~20	4.18~4.65
猪		断奶仔猪	8~12	0.30~0.40
		后备猪	4~5	1.00
		空怀母猪	4~5	2.00~2.50
		孕前期母猪	2~4	2.50~3.00
		孕后期母猪	1~2	3.00~3.50
		设固定防压架的母猪	1	4.00
		带仔母猪	1~2	6.00~9.00
		育肥猪	8~12	0.80~1.00
鸡	地面平养蛋鸡	0~6(周龄)		0.04~0.06
		7~20(周龄)		0.09~0.11
		成年鸡		0.25~0.29
		网栅平养蛋鸡		0.25~0.29
	厚垫草地面平养肉鸡	0~6(周龄)	500~1500	0.05~0.08
		7~22(周龄)	≤500	0.12~0.19
		成年母鸡	≤500	0.25~0.30
	厚垫草地面平养肉用仔鸡	0~4(周龄)	≤3000	0.05
		5~9(周龄)	≤3000	0.07~0.08

注：所需地面面积不包括运动场、排粪区、饲槽、通道等。

表6-4-7 牛床的尺寸

牛 别	牛床尺寸/m	
	长	宽
种公牛	2.20	1.50
成年母牛	1.70~1.90	1.20
6月龄以上青年母牛	1.40~1.50	0.80~1.00
临产母牛	2.20	1.50
分娩间	3.00	2.00
0~2月龄犊牛	1.30~1.50	1.10~1.20
役牛和肥育牛	1.70~1.90	1.10~1.25

2.确定畜栏或笼具的排列方式

畜栏或笼具通常是沿畜舍的长轴纵向排列的,根据畜群规模大小酌情布置为单列、双列或多列。畜群规模小可采用单列,规模大则采用双列或多列。排列数多,要求畜舍跨度大,可相对减少通道所占面积,节省建筑面积,有利于畜舍的保温隔热,但不利于自然通风和采光。

3.确定舍内通道的数量和宽度

畜栏或笼具沿舍长轴纵向布置时,饲喂、清粪及管理通道也纵向布置,其宽度参考值见表6-4-8。纵向通道数量因饲养管理的机械化程度不同而异,机械化程度越高,通道数量越少。进行手工操作的畜舍,纵向通道的数量一般为畜栏或笼具列数加1。如果靠一侧或两侧纵墙布置畜栏或笼具,则可省1~2条纵向通道,但这种布置方式使靠墙畜禽受墙面的冷或热辐射影响较大,且管理也不太方便。在设计时应根据本场实际情况确定纵向通道数量。

对于较长的或带有运动场的双列式或多列式畜舍,为了管理方便,应每30~40 m沿跨度方向设一条横向通道,其宽度一般为1.5 m,马舍、牛舍较宽,为1.8~2.0 m。

表6-4-8 畜舍纵向通道宽度

畜舍种类	通道用途	使用工具及操作特点	宽度/cm
牛舍	饲喂	用手工或推车饲喂精、粗、青饲料	120~140
	清粪及管理	手推车清粪,放奶桶,放洗乳房的水桶等	140~180
猪舍	饲喂	手推车喂料	100~120
	清粪及管理	清粪(幼猪舍窄、成年猪舍宽),接产等	100~150
鸡舍	饲喂、拣蛋、清粪、管理	用特制手推车送料、拣蛋时,可采用一个通用车盘	笼养80~90
			平养100~120

4.确定饲槽、排尿沟宽度

目前,许多牛舍、猪舍采用沿饲喂通道设置通长饲槽,和沿清粪通道设置通长排尿沟的设计形式,对于这种畜舍,其饲槽和排尿沟宽度也是构成畜舍跨度的一部分。猪舍、牛舍饲槽宽度可参考表6-4-9,排尿沟宽度一般为25~30 cm。现在,地面(饲喂通道)可兼作饲槽,排尿沟上盖铁箅可兼作清粪通道,这样的设计在计算畜舍跨度时可不考虑饲槽和排尿沟宽度。

表6-4-9 饲槽的宽度

畜　别	宽度/cm
仔猪	20
幼猪、生长猪	30
肥育猪、种猪	40
牛	50

5. 确定畜舍的跨度和长度

以上数据确定后,即可按下列公式计算出畜舍的跨度和长度:

畜舍净跨度=畜栏(笼具)深度×列数+饲喂通道宽度×数量+清粪通道宽度×数量
+饲槽宽度×数量+排尿沟宽度×数量

在计算鸡舍的净跨度时,不考虑饲槽和排尿沟两项。

畜舍净长度=畜栏(笼具)宽度×每列畜栏(笼具)数量+横向通道宽度×数量

对于拴系牛舍,计算公式为:

牛舍净跨度=牛床长度×列数+饲喂通道宽度×数量+清粪通道宽度×数量+饲槽宽度×数量+排尿沟宽度×数量

牛舍净长度=牛床宽度×每列牛床数+横向通道宽度×数量

牛舍总跨度=牛舍净跨度+纵墙厚×2

牛舍总长度=牛舍净长度+端墙厚+端部附属房间长度

第五节　畜牧场场址选择

具有一定规模的畜牧场,在建场之前,必须严格选择场址,因为场址直接关系到投产后场区的小气候状况、畜牧场的经营管理及环境保护状况。选择场址时,应将地形地势、土壤、水源、交通、电力、物资供应,以及畜牧场与周围环境的配置关系等条件综合起来考虑。

一、地形地势

地形是指场地形状、大小和地物等情况,要求所选场址的地形应开阔整齐,并有足够的面积。地形开阔,是指场地上原有房屋、树木、河流、沟坎等地物要少,可减少施工前清理场地的工作量或填挖土方量。地形整齐,则有利于建筑物的合理布局,并可充分利用场地。避免选择过于狭长或边角太多的场地,因为地形狭长,会拉长生产作业线和各种管线,不利于场区规划、布局和生产联系;而边角太多,则会使建筑物布局凌乱,降低对场地的利用率,同时也会增加场界防护设施的投资。场地面积应根据家畜种类、规模、饲养管理方式、集约化程度和饲料供应情况(自给或购进)等因素进行初步设计,在尚未做出初步设计时,可按表6-5-1的推荐值估算。确定场地面积时应本着节约用地的原则,不占或少占农田。我国畜牧场建筑物一般采取密集型布置方式,建筑系数一般为20%~35%。

表6-5-1 畜牧场所需场地面积推荐值

畜牧场性质	规模	所需面积/(m²/头或只)	备注
奶牛场	100~400头成年乳牛	160.00~180.00	
繁殖猪场	100~600头基础母猪	75.00~100.00	按基础母猪计
肥猪场	年上市0.5万~2.0万头肥猪	5.00~6.00	本场养母猪,按上市肥猪头数计
羊场		15.00~20.00	
蛋鸡场	10万~20万只蛋鸡	0.65~1.00	本场养种鸡,蛋鸡笼养,按蛋鸡计
蛋鸡场	10万~20万只蛋鸡	0.50~0.70	本场不养种鸡,蛋鸡笼养,按蛋鸡计
肉鸡场	年上市100万只肉鸡	0.40~0.50	本场养种鸡,肉鸡笼养,按存栏20万只肉鸡计
肉鸡场	年上市100万只肉鸡	0.70~0.80	本场养种鸡,肉鸡平养,按存栏20万只肉鸡计

地势是指场地的高低起伏状况,畜牧场的场地应地势高燥、平坦微坡。地势高燥,有利于保持地面干燥,防止雨季洪水的冲击;地势低洼容易积水而潮湿泥泞,有利于蚊蝇和微生物滋生,降低畜舍使用寿命。因此,畜牧场应选择高燥场地。一般要求,畜牧场的场地应在当地历史洪水线以上,地下水位在2 m以下。此外,场地平坦,可减少建场施工土方量,降低基建投资。场地稍有坡度,便于场地排水。在坡地建场宜选择向阳坡,因为我国冬季盛行北风或西北风,夏季盛行南风或东南风,所以向阳坡夏季迎风利于防暑,冬季背风可减弱风雪的侵袭,对场区小气候有利。但场地坡度不宜过大,一般要求不超过25°,否则,会加大建场施工的工程量,并且也不利于场内运输。

二、土壤

畜牧场场地的土壤情况对家畜影响很大,不仅影响场区空气、水质和植被的化学成分及生长状态,还影响土壤的净化作用。

透气透水性不良、吸湿性大的土壤,当受粪尿等有机物污染以后,往往在厌氧条件下进行分解,产生NH_4、H_2S等有害气体,污染场区空气。此外,土壤中的污染物还能通过土壤孔隙或毛细管被带到浅层地下水中,或被降水冲刷到地面水源中,从而使水源受到污染。

潮湿的土壤有利于微生物的生长,也是病原微生物、寄生虫卵以及蝇蛆等存活和滋生的良好场所。此外,吸湿性强、含水量大的土壤,常常抗压性低,易使建筑物的基础变形,缩短建筑物的使用寿命,同时也会降低畜舍的保温隔热性能。

土壤中的化学成分可通过水和植物进入畜体。土壤中某些矿物元素的缺乏或过量，可导致家畜发生某些矿物元素的地方性缺乏症或中毒症。

适合于建立畜牧场的土壤，应该是透气透水性强、毛细管作用弱、吸湿性和导热性小、质地均匀、抗压性强的土壤。现对几种典型土壤加以评价，以供选择畜牧场场址时参考。

(1)砂土类：颗粒较大、粒间孔隙大、透气透水性强、吸湿性小、毛细管作用弱，所以易于干燥，有利于有机物的有氧分解。但砂土的导热性强，热容量小，易增温或降温，昼夜温差明显，这种特性对家畜不利。

(2)黏土类：颗粒细、粒间孔隙极小、透气透水性弱、吸湿性强、容水量大、毛细管作用明显，故易变潮湿、泥泞，当长期积水时，也易沼泽化。在其上修建畜舍，舍内容易潮湿，也易于滋生蚊蝇。由于其容水量大，冬天冻结时，体积膨胀变形，导致建筑物基础损坏。此外，这种土壤的自净能力差，易产生污染。

(3)砂壤土类：这类土壤由于砂粒和黏粒的比例比较适宜，兼具砂土和黏土的优点。既克服了砂土导热性强、热容量小的缺点，又弥补了黏土透气透水性差、吸湿性强的不足，而且其抗压性较好，膨胀性小，适于作畜舍地基。因此，砂壤土是建立畜牧场较为理想的土壤。但在一定地区内，由于客观条件的限制，不容易选择到最理想的土壤。这就需要在畜舍的设计、施工、使用和其他日常管理上，设法弥补当地土壤的缺陷。

三、水源

建立一个畜牧场，必须有一个可靠的水源。要求畜牧场水源水量充足、水质良好，便于取用和卫生防护。

畜牧场水源的水量，必须满足畜牧场内的人畜饮用和其他生产、生活用水等的需要，并应考虑消防、灌溉和未来发展的需要。人员用水可按每人每天24~40 L计算，家畜饮用水和饲养管理用水可按表6-5-2估算，消防用水按我国防火规范规定，场区设地下消火栓，每处保护半径不大于50 m，消防水量按每秒10 L计算，消防延迟时间按2 h考虑。灌溉用水根据场区绿化、饲料种植情况而定。

畜牧场人畜的饮用水，必须符合饮用水水质卫生标准。饮用水不符合标准时，须经净化、消毒处理，若含有某些矿物性毒物，还须进行特殊处理，达到标准后方可饮用。

表6-5-2　畜禽需水量

家畜种类		需水量/[L/(天·头)]
乳牛	成年乳牛	80
	公牛及处女牛	50
	2岁以前的青年牛	30
	6月龄以前的犊牛	20

续表

家畜种类		需水量/[L/(天·头)]
马	役用、骑乘、速步种用马,不哺乳的母马及满1.5岁的小马	60
	种用哺乳母马	80
	种公马	70
	1.5岁以前的小马	45
羊	成年羊	10
	1岁以前的羊	3
猪	种公猪、成年母猪	25
	带仔母猪	60
	4月龄以上的幼猪及育肥猪	15
	断奶仔猪	5
禽	鸡和火鸡	1
	鸭和鹅	1.25
其他	水貂、黑貂	5
	狐狸、白狐兔	7
		3
兽医院	每头大家畜	160
	每头小家畜	80

注:1.雏禽、幼禽可按表中标准的50%计;2.表中需水量包括家畜饮水,冲洗畜舍、畜栏、挤奶桶,以及冷却牛奶、调制饲料等用水。

四、社会联系

社会联系是指畜牧场与周围社会的关系,如与居民区的关系、交通运输和电力供应条件等。

畜牧场场址的选择,必须遵循社会公共卫生准则,使畜牧场不致成为周围社会的污染源,同时也要注意不受周围环境的污染。因此,畜牧场应选在文化、商业区及居民住宅的下风处且地势较低处,但要避开污水排放口,更要避开化工厂、屠宰场、制革厂等易造成环境污染的企业的下风处或附近。此外,畜牧场与居民区及其他牧场应保持适当的卫生间距:与居民区之间的距离,一般牧场应不少于300~500 m,大型牧场(万头猪场、十万只以上鸡场、千头奶牛场等)应不少于1000 m;与其他畜牧场之间的距离,一般牧场应不少于150~300 m(禽、兔等小家畜之间距离宜大些),大型牧场应不少于1000~1500 m。

畜牧场饲料和产品的运进运出要求交通方便,但交通干线又往往是疫病传播的途径,因此,在选择场址时,既要考虑到交通方便,又要使畜牧场与交通干线保持适当的卫生间距。一般来说,距一级、二级公路和铁路应不少于300~500 m,距三级公路(省内公路)应不少于150~200 m,距四级公路(县级、地方公路)不少于50~100 m。

选择场址时还应考虑供电条件,特别是集约化程度较高的大型畜牧场,必须具备可靠的电力供应。为了保证生产的正常进行,减少供电投资,应尽量靠近原有输电线路,缩短新线架设距离。

第六节 畜牧场场区规划和建筑物布局

在选好畜牧场场址之后,应在选定的场地上进行合理的分区规划和建筑物布局,这是建立良好的畜牧场环境和组织高效率畜牧生产的先决条件。

一、畜牧场的分区规划

具有一定规模的畜牧场,通常分为三个功能区,即管理区、生产区和病畜隔离区。在进行场地规划时,应充分考虑未来的发展,在规划时留有余地,对生产区的规划更应注意。各区的位置要从人畜卫生防疫和工作方便的角度考虑,根据场地地势和当地全年主风向,按图6-6-1所示的模式图顺序安排各区。

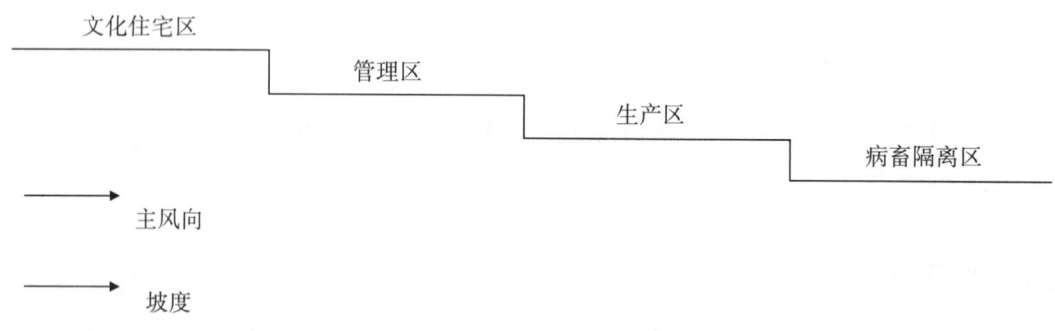

图6-6-1 畜牧场各区依地势、风向规划示意图

图6-6-1所示的规划,可减少或防止畜牧场产生的不良气味、噪声及粪尿污水因风向和地面径流对居民生活环境和管理区工作环境造成污染,并减少疫病蔓延的机会。

(一)管理区

也称场前区,是畜牧场从事经营管理活动的功能区,与社会具有极为密切的联系。包括行政和技术办公室、饲料加工车间及料库、车库、杂物库、配电室、水塔、宿舍、食堂等。在确定此区位置时,除考虑风向、地势外,还应考虑将其设在与外界联系方便的位置。

为了防疫安全,又便于外面车辆将饲料运入和饲料成品送往生产区,应将饲料加工车间和料库设在该区与生产区隔墙处。但对于兼营饲料加工销售的综合型大场,则应在保证防疫安全和与生产区保持方便联系的前提下,独立组成饲料生产小区。此外,由于负责场外运输的车辆严禁进入生产区,其车棚、车库应设在管理区。同理,放置待出售畜产品的仓库及其他杂物库均应设在管理区。

(二)生产区

生产区是畜牧生产的核心区,包括畜舍、饲料调制和贮存建筑物(青贮塔、青贮壕、干草棚)及粪便堆场,此区应设在畜牧场的中心地带。规划生产区时要考虑是经营多种还是只有一种家畜,是从事育种—繁殖—幼畜培育—商品的全过程生产还是只从事某一阶段如繁殖或者育肥的生产。生产区的经营范围不同,规划时的要求也不同。

如果畜牧场饲养多种家畜,实行综合经营时,由于各种家畜对饲料、畜舍、设备的要求不同,且饲养管理的特点与要求也不同,故应在同一个生产区内按畜种的不同划小区布局,不能混杂交错配置。

对于饲养同一种家畜的畜牧场,应将种畜(包括繁殖群)、幼畜与生产群(商品群)家畜分开,设在不同地段,分区饲养管理。通常将种畜群、幼畜群设在防疫比较安全的上风处和地势较高处,然后依次为青年畜群、生产(商品)畜群。以一个自繁自养的猪场为例,猪舍的布局根据主风方向和地势由高到低的顺序,依次设置种猪舍、产房、保育猪舍、生长猪舍、育肥猪舍。

生产区内与饲料有关的建筑物,如饲料调制、贮存间和青贮塔(壕),原则上设在生产区上风处和地势较高处,同时要与各畜舍保持方便的联系,设置时还要考虑与饲料加工车间保持最方便的联系。青贮塔(壕)的位置既要便于青贮原料从场外运入,又不需要外面车辆进入生产区。

干草和垫草的堆放场所因在防火方面具有不安全性,必须设在生产区的下风向,并与其他建筑物保持60 m的防火间距。还要注意该场的卫生防护,与堆粪场、病畜隔离舍必须保持一定的卫生间距,同时要考虑避免场外运送干草、垫草的车辆进入生产区。

贮粪场原则上应设在生产区的最下风向处和地势最低处,同时要考虑便于粪便由畜舍运出,又便于粪便运送出场到田间施用。对于大型集约化畜牧场,为了防止环境污染,在规划时应考虑配备对粪便废弃物处理和利用的设施。

(三)病畜隔离区

病畜隔离区包括兽医诊疗室、病畜隔离舍、尸坑或焚尸炉等,应设在场区的最下风向处和地势较低处,并与畜舍保持300 m以上的卫生间距。该区应尽可能与外界隔绝,四周应有隔离屏障,如防疫沟、围墙、栅栏或浓密的乔木灌木混合林带,并设单独的通道和出入口,处理病死家畜的尸坑或焚尸炉更应严密隔离。此外,在规划时还应考虑严格控制该区的污水和废弃物的排放,防止疫病蔓延和污染环境。

二、场内道路的规划及供水管线的配置

(一)场内道路的规划

场内道路应尽可能短而直,从而缩短运输线路;主干道路因与场外运输道路连接,其宽度应能保证顺利错车,为5.5~6.5 m。支干道与畜舍、饲料库、产品库、贮粪场等连接,宽度一般为2.0~3.5 m;生产区的道路应分为运送产品、饲料的净道和运送粪污、病畜、死畜的污道两种。从卫生防疫角度考虑,要求净道和污道不能混用或交叉;路面要坚实,并做成中间高两边低的弧度,以利排水;道路两侧应设排水明沟,并应植树。

(二)供水管线的配置

集中式供水方式是利用供水管将清洁的水由统一的水源送往各个畜舍,在进行场区规划时,必须合理配置供水管线。供水管线应力求路线短而直,尽量沿道路铺设在地下通向各舍。布置管线时应避开露天堆场和拟建地段。其埋置深度与地区气候有关,非冰冻地区管道埋置深度依管道材质不同而有所差异,金属管一般不小于0.7 m,非金属管不小于1.0~1.2 m;冰冻地区则应埋在冻土层以下,如哈尔滨地区冻土深度1.8 m左右,一般的管线埋置深度应在2.0~2.5 m以下,天津地区管线的埋置深度一般为0.8~1.2 m。

三、建筑物布局

畜牧场建筑物布局的任务就是合理设计各种房舍建筑物及设施的排列方式和次序,明确每栋建筑物和每种设施的位置、朝向和相互间距。在布局时,要综合考虑各建筑物之间的功能联系、场区的小气候状况以及畜舍的通风、采光、防疫、防火要求,同时兼顾节约用地、布局美观整齐等要求。

(一)建筑物的排列

畜牧场建筑物通常应设计为东西成排、南北成列,尽量做到整齐、紧凑、美观。生产区内畜舍的布置,应根据场地形状、畜舍的数量和长度,酌情布置为单列、双列或多列。要尽量避免横向狭长或竖向狭长的布局,因为狭长形布局势必加大饲料、粪污运输距离,使管理和生产联系不便,也使各种管线距离增长,建场投资增加,而方形或近似方形的布局可避免这些缺点。因此,如场地条件允许,生产区应采取方形或近似方形布局。通常畜舍数量在四栋以内时,宜呈单列布局;超过四栋时,可酌情布置为双列或多列。

(二)建筑物和设施的位置

确定每栋建筑物和每种设施的位置时,主要参考依据是它们之间的功能联系和卫生防疫要求。畜牧场各类建筑物和设施之间的功能联系见图6-6-2。在安排位置时,应将相互有关、联系密切的建筑物和设施就近设置,以便于生产联系。例如,某商品猪场的生产工艺流程是:种猪配种—妊娠—分娩哺乳—保育—育成—育肥—上市。因此,考虑到各建筑物和设施的功能联系,应按种公猪舍、配种间、空怀母猪舍、妊娠母猪舍、产房、保育舍、育成猪舍、育肥猪舍、装猪台的顺序相互靠近设置。饲料调制、贮存间和贮粪场等与每栋猪舍都有密切联系,应尽量使这几处至各栋猪舍的线路距离最短,同时要考虑净道和污道的分开布置及其他卫生防疫要求。

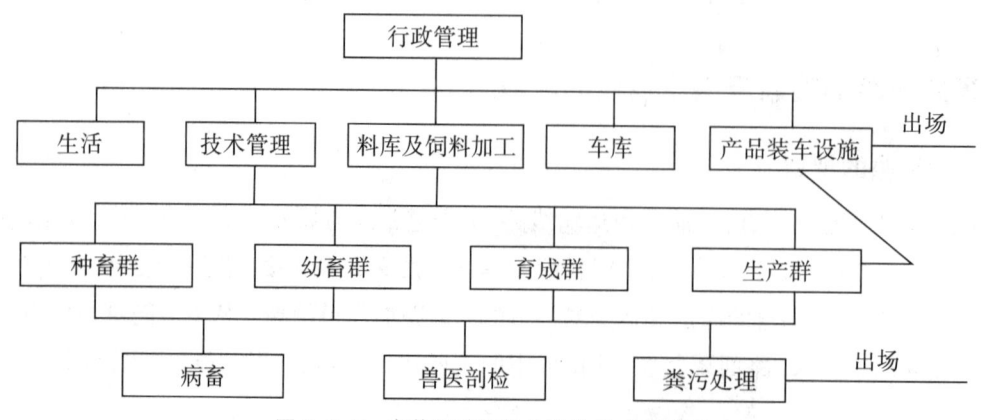

图6-6-2 畜牧场建筑物和设施的功能联系

考虑卫生防疫要求时,应根据场地地势和当地全年主风向布置各种建筑物,这在本节"畜牧场的分区规划"中已述及。需要指出的是,地势与主风向一致时较易设置,但若二者正好相反时,则可利用与主风向垂直的对角线上两"安全角"来安置防疫要求较高的建筑物。例如,主风为西北风而地势南高北低时,则场地的西南角和东北角均为安全角。

(三)建筑物的朝向

畜舍建筑物的朝向关系到舍内的采光和通风状况。地处北纬20°~50°之间,太阳高度角冬季小、夏季大,且夏季盛行东南风,冬季盛行西北风,因此畜舍宜采取南向。这样的朝向,冬季可增加射入舍内的直射阳光,有利于提高舍温;而夏季可减少射入舍内的直射阳光,防止强烈的太阳辐射影响家畜。同时,这样的朝向也有利于减少冬季冷风渗入和增加夏季舍内通风量,如图6-6-3、图6-6-4所示。畜舍朝向可根据当地的地形条件和气候特点,采取南偏东或偏西15°以内配置。

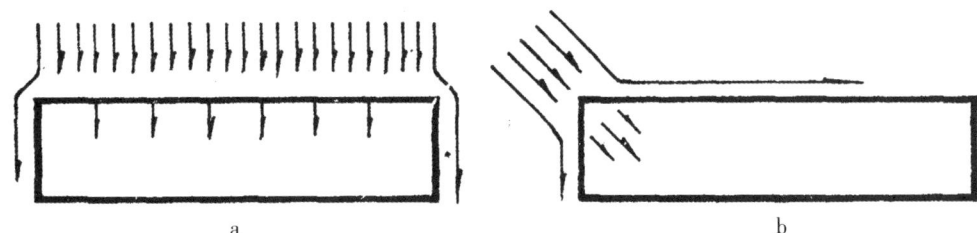

a.主风与纵墙垂直,冷风渗透量大;b.主风与纵墙成0°~45°角,冷风渗透量小

图6-6-3 畜舍朝向与冬季冷风渗透量的关系

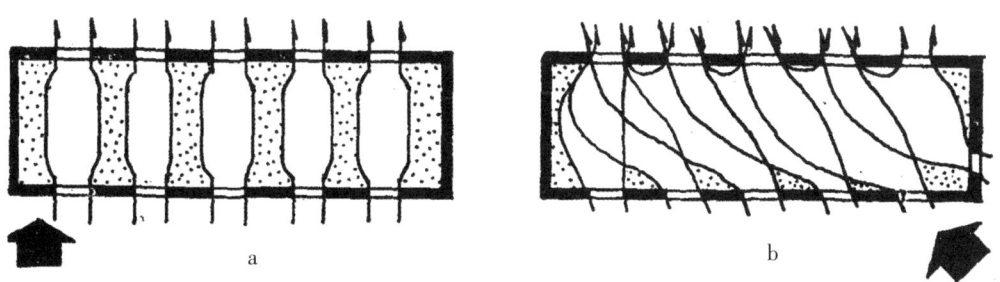

a.主风与畜舍长轴垂直,舍内涡风区大;b.主风与畜舍长轴呈30°~45°角,舍内涡风区小

图6-6-4 畜舍朝向与夏季舍内通风效果的关系

(四)建筑物的间距

相邻两栋建筑物纵墙之间的距离称为间距。确定畜舍间距主要从日照、通风、防疫、防火和节约用地等多方面综合考虑。间距大,前排畜舍不致影响后排光照,并有利于通风排污、防疫和防火,但势必增加牧场的占地面积。因此,必须根据当地气候、纬度,以及场区地形、地势等情况,酌情确定畜舍适宜的间距。

如前所述,畜舍朝向一般为南向或南偏东、偏西一定角度。根据日照确定畜舍间距时,应使南排畜舍在冬季不遮挡北排日照,一般可按一年内太阳高度角最小的冬至日计算,而且应保证冬至日9:00—15:00这6个小时内畜舍南墙为满日照,这就要求间距不小于南排畜舍的阴影长度,而阴影长度与畜舍高度和太阳高度角有关。经计算,南向畜舍当南排舍高(一般以檐高计)为H时,要满足北排畜舍的上述日照要求,在北纬40°地区(北京),畜舍间距约需2.5H,北纬47°地区(齐齐哈尔)则需3.7H。在我国绝大部分地区,间距为檐高的3~4倍时,可满足冬至日9:00—15:00南向畜舍的南墙满日照。纬度更高的地区,可酌情加大间距。

根据通风要求确定舍间距时,应使下风向的畜舍不处于相邻上风向畜舍的涡风区内,这样既不影响下风向畜舍的通风,又可使其免遭上风向畜舍排出的污浊空气的污染,有利于卫生防疫。据试验,当风向垂直于畜舍纵墙时,涡风区最大,约为其檐高 H 的5倍(见图6-6-5);当风向不垂直于纵墙时,涡风区缩小。可见,畜舍的间距取檐高的3~5倍时,可满足畜舍通风排污和卫生防疫要求。

防火间距取决于建筑物的材料、结构和使用特点,可参照我国建筑防火规范。畜舍建筑一般为砖墙、混凝土屋顶或木质屋顶并做吊顶,耐火等级为二级或三级,防火间距为6~8 m。

综上所述,畜舍间距不小于畜舍檐高的3~5倍时,可基本满足日照、通风、排污、防疫、防火等要求。

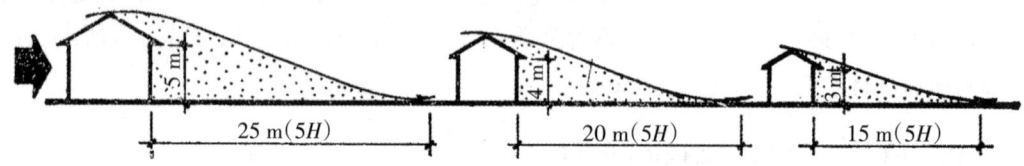

图6-6-5　风向垂直于纵墙时畜舍高度檐高与涡风区的关系

拓展阅读

扫码获取本章拓展数字资源。

课堂讨论

1. 热应激和冷应激对动物生产性能影响的区别有哪些?
2. 为什么无论气温高低,高湿环境对畜禽热调节都是不利的?
3. 寒冷地区和炎热地区的畜牧场设计的主要区别有哪些?
4. 防疫在畜牧场规划设计中的重要性有哪些?
5. 在选择畜牧场场址时应考虑哪些因素?
6. 工业三废、汽车尾气等因素导致环境污染已深入人心,但我们对畜禽养殖产生的污染还不够了解。我国是世界第一养殖大国,畜牧业对环境污染的影响不容小觑,请大家分组讨论畜牧生产过程中对环境破坏的因素有哪些。
7. 在"绿水青山就是金山银山"绿色生态发展之路前提下,如何平衡环境与畜牧业的关系?
8. 畜牧场分区规划的原则和建筑物布局的原则是什么?

思考与练习题

1. 如何提高寒冷条件下动物的生产力?
2. 综合评价环境热状况的指标有哪些?

3. 光照强度对动物生产和健康有何影响?

4. 简述进行畜牧场选址与布局的总体目标。

5. 绘图表示养牛生产的工艺流程。

6. 举例说明生殖激素的种类、理化特性及功能。

7. 简述在选择畜牧场场址时需要考虑的社会条件。

8. 绘图表示养猪生产的工艺流程。

9. 简述畜牧场选址时对水源的要求,并估计畜牧场用水量。

第七章 猪生产技术

本章导读

猪肉作为我国主要的保供肉食品而受到高度重视,加强生猪生产技术的利用和科技成果转化,是保障生猪高效生产和产品消费安全,推进生猪生产高质量发展的重要前提。养猪生产中如何利用好猪的生物学和行为学特性?引进猪种和地方猪种有哪些种质特性差异?种猪、仔猪、生长育肥猪生产的主要技术管理措施有哪些?猪的生产工艺有哪些?如何做好猪的批次化生产?本章将对这些问题给予解答。

学习目标

1.掌握猪种的分类方法,主要引进猪品种、培育品种和配套系的特征;理解和应用猪的生物学和行为学特性;掌握地方猪种类型划分及主要代表品种的种质特性;掌握种猪、仔猪、生长育肥猪的饲养管理技术以及养猪生产工艺。

2.思考如何做好养猪生产,推进生猪高质量发展;培养学生发现和解决养猪生产中的技术问题,和利用现代养猪科技指导生猪生产的能力;树牢生猪安全生产和生命共同体意识。

3.增强学生对专业的认同感和自豪感,坚定学生的职业道德意识和关爱生命的理念,树立助推生猪高质量发展的强烈责任感。

概念网络图

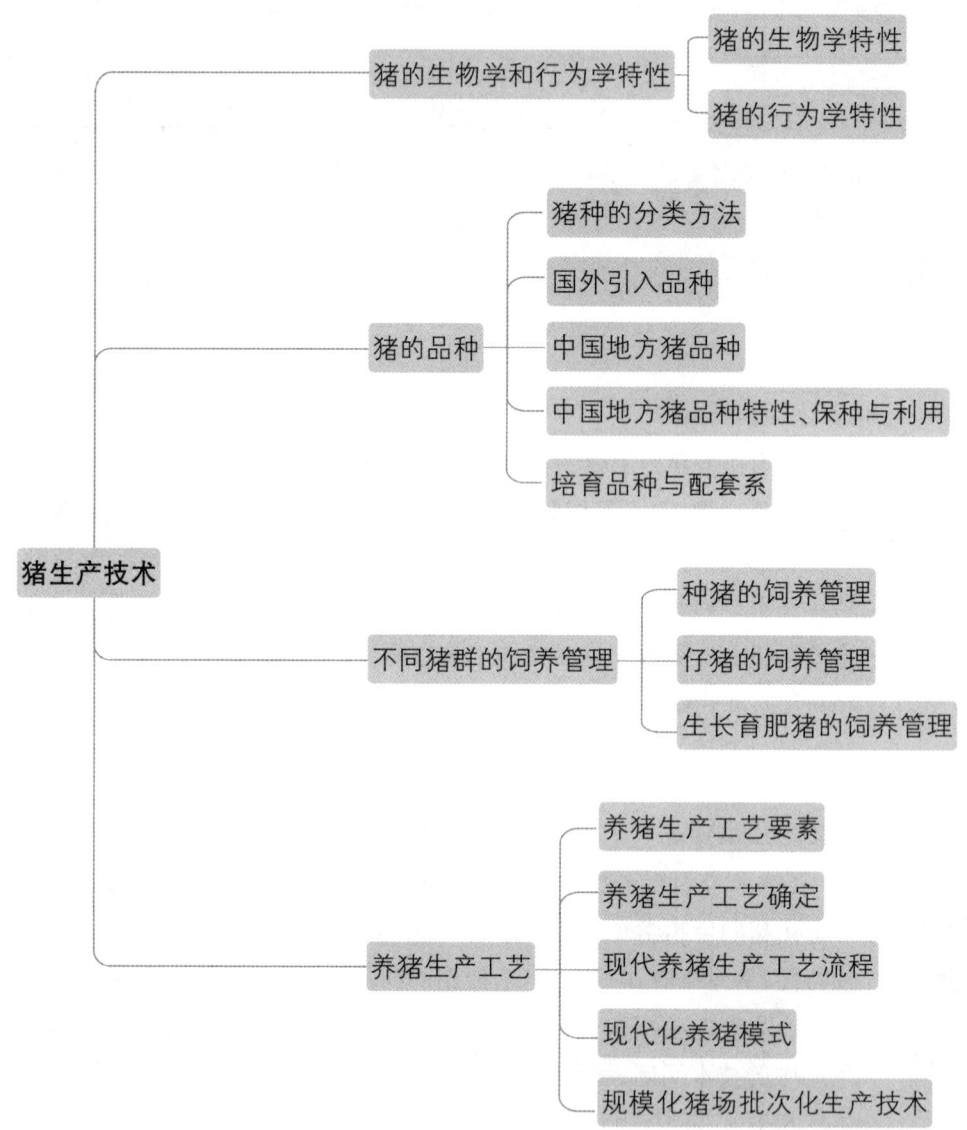

> 猪肉被国家列入保供食品,保障猪肉生产对改善民生有重要意义。因此,本章围绕养猪生产的关键环节,主要介绍了:(1)猪的生物学和行为学特性及其应用,比如繁殖行为利用、小猪怕冷和大猪怕热的利用等;(2)国内外猪品种特性和中国地方猪品种类型划分及育种贡献,比如中国二花脸猪对世界养猪业的影响;(3)种母猪、种公猪、哺乳仔猪和生产育肥猪的饲养管理措施;(4)养猪生产工艺。因此,通过本章的学习,可以掌握养猪生产的基本理论,培养全产业链思维,从而更好地推进养猪业的发展。

第一节 猪的生物学和行为学特性

野猪在人工驯养的过程中,受自然选择、人工选种选配及专门化的定向选(培)育等选种方式的影响,逐渐形成独特的生物学和行为学特性。认识和掌握猪的生物学特征和行为学特性,对科学养猪有重要指导意义。

一、猪的生物学特性

(一)性成熟早、发情明显、繁殖率高、母性强、世代间隔短

猪属常年发情的多胎哺乳动物,具有性成熟早、发情明显、产仔多、母性强和繁殖利用年限长等繁殖特性。中国地方猪种一般4~5月龄达性成熟,母猪断奶后5~7 d即可发情配种,发情母猪表现出躁动、来回走动、爬栏、爬跨等现象。从江香猪18日龄开始爬跨,30日龄有精液排出,4月龄可初配。公猪精液量在150~400 mL,精子密度在1.5亿~3.0亿/mL。

(二)采食强、食性广、转化高

猪是单胃杂食动物,门齿、犬齿和臼齿发达,咀嚼有力,胃的消化类型是介于肉食动物的简单胃和反刍动物复胃之间的中间类型,喜食清香味甜的食物,可消化利用多种动植物、矿物质和添加剂饲料。如给香猪提供精料占40%、青料占60%的饲料,香猪仍能正常生长。

(三)发育速度、生长期短、沉脂能力强

仔猪初生重小,仅为成年猪体重的0.5%~1.0%。出生后的仔猪为了补偿妊娠期发育的不足,生后2个月生长发育特别快,1月龄体重为初生重的5~6倍,2月龄体重为1月龄体重的2~3倍、初生体重的10~12倍,2月龄至8月龄期间,生长速度仍迅速。

(四)适应性强、分布区广

猪对自然条件和饲养条件的适应性强,是世界上分布最广、数量最多的家畜之一。早熟高产猪品种一般分布在发达的高产农业区;晚熟低产猪品种一般分布在非农业区或不发达的农业区;小型腌肉型和脂用型猪品种一般分布于热带、亚热带和暖温带的农业区;大型瘦肉型猪多分布在寒冷的农业区。

(五)小猪怕冷、大猪怕热

新生仔猪大脑皮层体温调节中枢发育不健全,体温调节机能差,加之皮薄、毛稀、皮下脂肪少、体表面积相对较大,单位体重散热快,表现出怕冷不怕热的特点,新生仔猪等热区为36.0~37.7 ℃,哺乳仔猪为30.3~36.0 ℃,断奶仔猪为26.3~32.0 ℃。大猪汗腺退化,皮下脂肪层厚,加之皮薄、毛稀,对热辐射的防护能力差,表现出怕热的特点,一般的适宜温度为18.0~23.0 ℃。

(六)嗅觉、听觉灵敏,视觉不发达

猪的鼻子嗅区广,嗅黏膜的绒毛面积大,嗅神经密集,嗅觉发达,对气味的识别能力比狗高1倍。猪的听觉分析器相当完善,耳形大,外耳腔深而广,能够很好识别声音来源、强度、音调和节律,仔猪出生2 h就对声音有反应,2月龄就能分辨不同声音刺激物,4月龄就能鉴别声音的强度、声调和节律。猪的视觉不发达,视距、视野范围小,对光线刺激反应慢,不能精确分辨物形和光的强弱。

(七)喜清洁、易调教

猪喜欢在清洁干燥的地方生活和卧睡,喜欢在墙角、潮湿、阴暗、有粪便气味处排泄。现今,由于产床、保育床的大量推广使用,喜清洁这一习性被逐渐减弱,特别是在大型规模养殖场这一点表现尤为明显。猪属平衡灵活的神经类型畜种,易于调教,可通过短期训练实现"三点定位",即吃食在一处,睡觉在一处,排粪尿在一处。

(八)群居漫游、位次明显

猪喜群居,不论群体大小,同猪群都会按体质强弱建立明显的和睦相处的次序。不同猪群混群会产生激烈打斗和撕咬,分群躺卧,强者取得优势地位,几天后才能形成一个有序群体,这时猪群才能保持安稳状态。但若群体过大,就难以建立有效的群体位次,相互争斗频繁,影响采食、休息和生产性能的发挥。

二、猪的行为学特性

(一)采食行为

猪的采食行为包括摄食与饮水,具有各种年龄特征,例如猪生来就有拱土觅食的行为。群饲猪比单饲猪吃得快、吃得多,故增重也较快。猪对饲料具有选择性,颗粒料与粉料相比,喜吃颗粒料;干料与湿料相比,喜食湿料。猪的采食和饮水多为同时进行,白天采食次数大于晚间。

(二)排泄行为

家猪继承了野猪定点排泄,以及保持躺卧、吃料位置干净的习性。大多数猪只会选择污浊或阴暗潮湿的位置或角落区域排粪尿,生长猪在饲喂前多为先排尿后排粪,饱食后多为先排粪后排尿,一般早晨的排泄量最大,夜间排粪2~3次。

(三)群居行为

群居猪群表现出更多的身体接触和信息传递。无猪舍条件下,表现出固定地方居住和群体漫游的生活习性,合群性好。异窝仔猪竞争性强,同窝仔猪合群性较好,受到惊吓常聚集成堆或成群逃逸。猪的群居行为具有明显等级位次,表现为出生体质强、体重大的仔猪获得最优的乳头位置。

(四)争斗行为

争斗行为包括进攻、防御、躲避和守势等活动。仔猪争夺母猪前端乳头会出现争斗,"群殴"现象常出现在陌生猪只混入不同猪群时。将不同猪群进行合群时,争斗是产生新的群居位次的主要方式,群居位次确定后,争食和争地盘的格斗才会发生。营养缺乏、饲养密度过大、环境通风差会加剧互咬行为。

(五)母性行为

母性行为主要表现为产前做窝、分娩、哺乳、护仔、抚育及分娩前后对幼崽的关爱和保护等,受到激素和神经系统的调控。垫草式养殖猪舍,衔草做窝是母猪临近分娩时的主要表现形式;水泥地和无垫草的猪舍,母猪临近分娩时表现出蹄子刨地。母猪在产仔时多侧卧,整个分娩过程乳腺始终处于放奶状态,亮开乳头,发出哄仔猪声音。躺卧时会用嘴将仔猪赶出卧位,防止仔猪被压;仔猪被压会发出尖叫声,母猪会立刻站起。

(六)性行为

性行为包括发情、求偶和交配行为。性成熟时母猪有明显的发情表现,有接受交配的欲望;公猪有生精能力,有交配的欲望。公猪性行为受发情母猪释放的性激素支配,公猪接触发情母猪,会主动追逐,亲吻素分泌上升,口吐白沫,拱动母猪臀部,嗅闻发情母猪体侧肋部和外阴部,发出柔和、连续有节律的求偶声,出现有节奏的排尿。

(七)活动与睡眠

猪的活动与睡眠有明显的昼夜节律。出生后3 d内的仔猪,一般表现出酣睡不动,随日龄增长、体质增强、活动量增加,睡眠逐渐减少。40日龄仔猪饱食后一般表现为安静睡眠,多表现为群体卧。

(八)后效行为

后效行为指猪出生后逐渐建立对新鲜事物的熟悉与认知的行为。猪对饲喂的工具、饲槽、饮水槽及其方位的记忆力强,生产中常以笛声或铃声或音乐作为饲喂的信号,提示猪只采食。猪具有探索能力,仔猪出生后可通过视、听、闻、尝、啃、咬、拱和触进行摸索性探究,并向母猪或周围猪只学习,如仔猪的开食。

第二节 猪的品种

猪的品种是根据人类的需求,在一定的自然条件和社会经济背景下,通过人工选择和自然选择,选(培)育出的具备某些特殊经济用途且有一定数量、遗传稳定的类群。采用品种分类方法可将国内外繁多的猪品种划分成不同类型,有利于了解和掌握各个猪品种的种质特性,对猪的引种和杂交利用有重要指导意义。

一、猪种的分类方法

猪的生物学特性、生理特点、体型外貌、经济用途等不同,一般有以下几种分类方法。

(1)按体型大小划分:大型猪,成年体重超过250 kg;中型猪,成年体重一般为150~250 kg;小型猪,成年体重在150 kg以下。

(2)按毛色划分:白毛猪、黑毛猪、大白花猪、小白花猪、两头乌猪、棕毛猪等。

(3)按头耳类型划分:竖耳、垂耳、荷叶耳和前倾耳等。

(4)按经济类型划分:脂肪型、瘦肉型和兼用型。脂肪型猪种的胴体脂肪占胴体重的55%~60%,体长和胸围相差不超过5 cm,胴体背膘厚(6~7肋间)大于5 cm。瘦肉型猪种的胴体脂肪占胴体重的40%~45%,胴体背膘厚(6~7肋间)一般为1.5~3.5 cm,头颈轻而肥腮小,中躯较长,腿臀丰满,背线与腹线平直,体长往往大于胸围15~20 cm或以上。兼用型猪种是介于脂肪型与瘦肉型的中间类型,胴体中肉、脂各占50%左右,背膘厚(6~7肋间)为3.5~4.5 cm,体长大于胸围5~15 cm。

(5)按有无外来血统划分:引入品种和地方品种。

(6)按培育程度划分:原始品种和培育品种。

二、国外引入品种

自19世纪末期开始,我国从国外引入的猪种有十多个,其中对我国猪种影响较大的有巴克夏猪、大白猪、长白猪等,国外引入品种因表现出生长快、屠宰率和瘦肉率高而受到广大养殖业主青睐。

(一)大白猪(Large White)

原产于英国,又称大约克夏猪(Large Yorkshire)。体躯高大、紧凑结实、呈长方形,头颈较小,耳大竖立,被毛全白,背腹平直,胸、臀宽,后躯充实,肌肉丰满,乳头数多为7~8对。胴体瘦肉率达60%~65%,生长育肥期平均日增重达(或超过)700 g,全期料重比(2.2~2.5):1。

(二)长白猪(Landrace)

原产于丹麦,原名兰德瑞斯猪,由英国大约克夏猪与丹麦当地白猪杂交选育而成。体躯呈流线型,被毛白色,头颈较小,面直,嘴筒长直,耳前倾或略有下垂,背腹平直,腿臀丰满,肌肉发达,以眼肌面积大、瘦肉率高、繁殖力高而著称。

(三)杜洛克猪(Duroc)

原产于美国,俗称红毛猪,被毛以棕红色、金黄色或浅棕色为主,也有全黑杜洛克。头小清秀,嘴短直,耳略向前倾、中等大小,耳根稍立,中部下垂略向前倾,蹄呈黑色,胸宽而深,后躯丰满,四肢粗壮结实,生长期背腰呈平直状态,成年略呈弓形。

(四)皮特兰猪(Pietrain)

原产于比利时,毛色呈白色并有大块的黑斑,或毛色呈灰白色并带有不规则的深黑色斑点,偶尔出现少量棕色毛。头部清秀,颜面平直,嘴大且直,双耳略微向前倾,体躯呈圆柱形,腹部平行于背部,肩部肌肉丰满,背直而宽大,后躯发达丰满,眼肌面积很大。

(五)巴克夏猪(Berkshire)

原产于英国,体躯长而宽,鼻短而凹,耳直立或稍前倾,胸深臀宽,被毛黑色,六白特征(四肢下部、鼻端、尾帚为白色),耐粗饲,适应力强,生长快,早熟,胴体品质优秀,肌肉品质好呈大理石状花纹。

三、中国地方猪品种

中国地方猪种资源丰富,具有繁殖力高、抗逆性好、肉质优良等特性,但普遍存在生长缓慢、早熟易肥、胴体瘦肉率低等缺陷。根据猪的起源、外貌特征和生产性能,结合地理分布、自然条件、社会经济条件等因素,可将我国地方猪种划分为六大类型。

(一)华北型

主要分布在秦岭、黄河以北,包括东北、华北等广大地区。华北型猪种体躯高大,体质健壮,骨骼发达,毛色多为黑色,少数有白斑,头较平直,嘴筒长,面直,耳大下垂,额部多横行纹,背狭而长直,四肢粗壮,后腿微弯,抗寒能力强,毛长而密,冬季密生绒毛抗寒,晚熟,繁殖率高,背膘厚3~4 cm,屠宰率高达72%,奶头数7~8对,经产母猪产活仔数12头左右。主要猪种有东北民猪、西北八眉猪、河北深州猪、汉江黑猪、里岔黑猪、沂蒙黑猪、互助猪等。

(二)华南型

主要分布在云南省西南和南部边缘,广西壮族自治区和广东省偏南的大部分地区,以及福建省东南部、海南省和我国台湾等热带和亚热带地区。华南型猪种体躯较小,外形呈现"矮、短、圆、肥、宽"的典型特征,面凹,嘴短,头纹横行,耳小竖立,背多凹陷,腹大下垂,臀腿较丰满。毛色多为黑白花,头、臀部多为黑色,腹部多白色。性成熟较早,易育肥,偏脂肪型猪种,肉质滋味好。发情早,3~4月龄发情明显,6月龄可达30 kg,背膘厚5~6 cm,屠宰率高达70%~74%,乳头数5~6对,经产母猪窝产活仔数8~9头。主要猪种有两东小耳花猪、滇南小耳猪、贵州香猪、槐猪、粤东黑猪等。

(三)华中型

主要分布于长江中下游和珠江之间的广大地区,介于华北和华南之间。华中型与华南型外貌相似,但体型略大,体躯呈圆筒形,头较小,额部横纹明显,耳较大下垂,背腰多下凹且宽,腹大下垂,毛色以黑白花和"两头乌"(头尾多为黑色)为主,面凹嘴短,骨骼纤细,性情温顺,生长发育较快,性成熟和体成熟均较早,肌肉细嫩,肌内脂肪含量高,背膘厚4~5 cm,屠宰率达70%~75%,乳头数6~8对,经产母猪窝产活仔数10~13头。主要猪种有金华猪、华中两头乌猪、宁乡猪、湘西黑猪、赣中南花猪等。

(四)江海型

主要分布于汉水、长江中下游、东南沿海和我国台湾的西部沿海平原地区,以及秦岭和大巴山之间的汉中盆地。江海型猪种毛色以黑色为主,少数有白斑,头中等大小,面部有皱纹,耳大下垂,背腰宽且平直或稍凹陷,骨骼粗壮,皮肤有皱褶。性成熟早,耐热耐湿,增重快,脂肪沉积能力强,一般4~5月龄即具备配种受胎的能力,繁殖力高,背膘厚3~5 cm,屠宰率较低,仅65%左右,乳头数8~9对,经产母猪窝产活仔数13头以上,个别高产母猪产仔数甚至大于20头。主要猪种有太湖猪、阳新猪、姜曲海猪等。

(五)西南型

主要分布于四川盆地、云贵高原和湘、鄂西部地区。西南型猪种毛色多以全黑和"六白"为主,也有白色、黑白花和红毛,头较大,额部多有旋毛和横行皱纹,背腰宽而凹,腹大略下垂,臀部稍倾斜,四肢细致、坚实,性成熟较早,育肥能力较强,背膘厚4~5 cm,屠宰率68%左右,乳头数6~7对,经产母猪窝产活仔数8~10头,初生个体重0.7~0.9 kg。主要猪种有荣昌猪、乌金猪、关岭猪、内江猪等。

(六)高原型

主要分布于青藏高原,海拔3000 m以上的区域,包括西藏、甘肃、青海和四川西部及云南地区。高原型猪种属小型晚熟种,被毛以黑色为主,少数为棕黄色,体躯较短、紧凑,前低后高,嘴尖长而直,耳小直立,背腰狭窄、平直或微弓,腹线较平或略下垂;四肢发达,蹄小结实,皮厚,毛密,鬃毛发达、有绒毛,善于奔跑,生长慢,耐粗饲,耐高寒,耐低氧,放牧性能好,繁殖力和屠宰率低,但胴体瘦肉率较高,肉质细嫩,背膘厚3~4 cm,屠宰率65%左右,乳头数5~6对,经产母猪窝产活仔数4~7头。代表猪种有藏猪等。

四、中国地方猪品种特性、保种与利用

(一)中国地方猪种的特点

(1)繁殖性能好:主要表现为母猪初情期和性成熟早、排卵数和产仔数多、乳头多、泌乳力强、母性好、发情明显;公猪睾丸增重较快,初情期、性成熟期和配种日龄均早。

(2)抗逆性强:主要表现为抗寒力与耐热性强,如东北民猪、哈白猪等;对饥饿的耐受力强;对高海拔适应性强,表现在猪的代偿作用强,如藏猪;耐放牧、耐粗饲,对粗纤维的消化率较高,能大量利用青粗饲料。

(3)肉质优良:我国地方猪种的肉质特点为肉色鲜红,保水力强,肌肉大理石纹适中,肌纤维直径小,肌间脂肪含量高等。

(4)生长缓慢、背膘较厚、胴体中瘦肉少而肥肉多,生长发育具有特殊性。体型较小,平均日增重低。

(5)可当作医用实验动物,如香猪。

(二)中国地方猪种资源的保护

1.中国地方猪种资源保护的意义

我国地方猪种资源丰富,许多品种蕴藏着世界上独一无二的优良基因资源。目前,盲目引种和无序杂交造成原有地方品种数量锐减和质量下降的现象频发。我国有不少地方猪种濒临灭亡甚至已经消亡,如河北定州猪、河南项城猪、浙江虹桥猪、黔东花猪等。保护中国地方猪种资源势在必行、迫在眉睫。

2.中国地方猪种资源保护的内容

(1)种群遗传多样性分析:合理、妥善地保护中国现有地方猪种遗传资源,需要全面评估猪种种群内和种群间的遗传多样性,确定其遗传资源的独特性、遗传基础的宽窄以及濒危与否等。

(2)种质特性研究:全面深入了解中国地方猪种种质特性,是品种保护的一个重要基础。

(3)品种保护:保存某一品种(系),必须有一定规模的活畜种群,避免因过度近交致使遗传资源多样性丧失。保种具有长远的社会效益和经济效益,但从短期来看是一项缺乏经济效益的工作。要在全面了解中国地方猪种遗传多样性和种质特性的基础上实行分类保护,特别对以下三类地方猪种进行重点保护。

①有着特殊种用特性的猪种:繁殖力最高的二花脸猪,肉质细嫩、适宜腌制火腿的金华猪和乌金猪,体格极小的小型猪(香猪、五指山猪、版纳微型猪)。

②最能适应特定环境条件的生态型猪种:分布于青藏高原,具有极强放牧性和抗逆性的藏猪;分布于东北三省,有着极强抗寒力的民猪;适应性好、杂交配合力高的内江猪;耐高温、高湿的两广小花猪;分布很广,适应于长江中下游地区生态环境的华中两头乌。

③驯养历史悠久,有着特定历史文化价值的猪种:八眉猪。

3.中国地方猪种资源保护的方法

(1)原位保存法:该法是目前我国普遍采用的保种方法。即在品种原产区划定良种基地,建立足够数量的保种群。

(2)非活畜保种法:该法采用了现代分子生物学技术和繁殖技术,如超低温保存地方猪种的精液、胚胎甚至细胞株等,是目前和将来颇为引人注目的保存措施。

(3)在保种的基础上利用,以利用促进保种:

①根据中国地方猪种的种质特性,研究其在繁育体系中的适宜地位。

②作为育种素材,培育新的品种或品系。

③积极发掘部分地方猪种特殊资源的利用价值。

(三)中国地方猪种资源的开发利用

(1)根据中国地方猪种的种质特性,研究其在繁育体系中的适宜地位。中国地方猪种普遍具有肉质好和抗逆性强的特点,而国外引进猪种则具有生长快、饲料转化能力强、胴体瘦肉率高的优点,两者遗传背景差异悬殊,互补效应强,杂种优势明显。

(2)作为育种素材,培育新的品种或品系及配套系。在国内,对极有特色的地方猪种,适当导入国外瘦肉型猪种的血缘,培育市场竞争力强的新品种或品系,发挥地方猪种固有的优势,克服其生长速度缓慢、饲料转化率低、胴体瘦肉率低的缺点,是一项积极利用地方猪种资源的措施。

(3)积极发掘部分地方猪种特殊资源的利用价值。例如香猪、五指山猪、巴马香猪等小型猪,可开发其在生物医学和食品领域中的利用途径。

五、培育品种与配套系

利用我国地方猪种与引进猪种开展杂交育种,培育出新的品种和配套系,推进我国种业的发展。培育的品种和配套系继承了地方猪种肉质好、繁殖力高、抗逆性强等优良种质特征,克服了生长速度慢、胴体瘦肉率低等缺点，生产性能得到了明显提升。

（一）三江白猪

黑龙江省1983年育成的瘦肉型品种，用长白猪和民猪正反杂交，再与长白猪回交，经系统选育而成的瘦肉型猪品种。三江白猪体型近似长白，具有肉用型猪的典型体躯结构，毛色全白，嘴直头轻，耳稍前倾或下垂，四肢粗壮，背腰宽平，腿臀丰满，体质健壮，毛丛较密，乳头排列整齐，有效乳头7对左右，生长发育快，生长育肥期日增重可达620 g左右。

（二）苏太猪

江苏省1999年育成的瘦肉型新品种，由太湖猪和杜洛克猪通过二元杂交选育而成，全身被毛黑色，头面有清晰皱纹，嘴筒中等且直，耳中等大小向前下方下垂，背腰平直，腹小，四肢结实，后躯丰满，乳头多，泌乳力强，抗逆性强，肉色鲜红，肉质鲜美，继承了太湖猪高繁殖力的特性。

（三）湘村黑猪

湖南省2012年育成的瘦肉型品种，以湖南地方品种桃源黑猪为母本和引进品种杜洛克猪为父本，经杂交和群体继代选育而成的新品种。湘村黑猪被毛黑色，背腰平直，胸宽深，腿臀较丰满。头大小适中，面微凹，耳中等稍竖立前倾，四肢粗壮，蹄质结实，乳头细长、排列匀称，有效乳头12个以上。

（四）北京黑猪

北京市1982年育成的瘦肉型品种，其血统源自亚、欧、美三大洲的诸多品种，北京当地的华北型本地猪是主要的育种素材。北京黑猪被毛全黑，体型中等，结构匀称，四肢结实健壮，胴体细致，骨量较小，膘厚适度，猪肉大理石纹明显、系水力良好。初产母猪10.4头/胎，经产母猪12头/胎，90 kg胴体瘦肉率可达57%，抗病力强，耐粗饲，抗应激，生长快，商品猪日增重650~850 g，肉料比1:2.8。

（五）PIC猪

PIC猪最明显的优点是产仔数高。PIC曾祖代的品系都是合成系，具备了父系和母系所需要的不同特性。

A系瘦肉率高，不含应激基因，生长速度较快，饲料转化率高，是父系父本。

B系背膘薄，瘦肉率高，生长快，无应激综合征，繁殖性能同样优良，是父系母本。

C系生长速度快，饲料转化率高，无应激综合征，是母系中的祖代父本。

D系瘦肉率较高，繁殖性能优异，无应激综合征，是母系父本或母本。

E系瘦肉率较高，繁殖性能特别优异，无应激综合征，是母系母本或父本。

PIC猪采用五系配套杂交，综合各品系的优点，生产的商品肉猪具有吃得少、发育快、产仔多、成活率高、瘦肉率高、肉质细嫩、免疫力强、适应性好等特点。经产母猪11.5头/胎，21 d断奶重6 kg，158日龄的猪可达110 kg，母猪年产2.3胎，屠宰率达82%，瘦肉率达72%，料肉比2.78:1。

第三节 种猪的饲养管理

猪场应根据猪的年龄、性别、体重和用途不同将其划分不同的猪群结构,形成闭合生产工艺系统。合理的猪群结构是保障生产设施高效利用的关键要素,制定科学适用的饲养管理方案和技术操作规范,最大限度地发挥各猪群的生产能力,对提高猪场经济效益具有重要意义。

一、种猪的选择与淘汰

(一)种公猪的选择

种公猪指经过系统选择,将符合选育目标、种用价值好、最终留作种用的公猪。俗话说"公猪好好一坡、母猪好好一窝"。因此,做好种公猪的选育,对后代的遗传稳定性和生产性能的影响极为重要。种公猪的选择主要考虑体形外貌、生产性能和乳房发育等指标。

1. 体形外貌特征

种公猪须要符合品种特征、类型要求,来自无任何遗传缺陷的家系,整体结构发育良好且有强壮端正的肢蹄,前躯宽深,后躯结实,肌肉紧凑,体躯修长,背线平直,四肢曲线合适,腹线发育良好,睾丸发育正常、左右对称,性欲旺盛。

2. 生产性能

种公猪的选择以生长发育性状和胴体性状为主,以肉质性状和繁殖性状为辅。生长发育性状以生长速度和饲料转化效率为主,胴体性状以活体背膘厚度为主,繁殖性状以精液质量为主。后备猪的生产性能需要结合同胞、半同胞、双亲等测定结果进行综合评估,最终选择具有最高性能指数且身体结实的公猪作种公猪。

(二)种母猪的选择

种母猪指经过系统选择和评定,将符合品种特征和选育目标,最终通过第一次分娩,经繁殖性能评定后留作种用的母猪。种母猪的淘汰比例决定了后备母猪的选择方案。种母猪必须易受精和受胎,并能产大窝仔猪,能够哺乳全窝仔猪,体质结实,在背膘和生长速度上具有良好的遗传素质。

1. 体形外貌特征

整体上一般要求母猪行走自如,被毛光滑,皮肤红润,体质健壮,走路时两腿间距足够宽,背部强壮,骨架宽,后躯轻微倾斜,腹部应稍有弧度但不下垂,腿臀丰满。肢、蹄、趾要发育优良,肢蹄结实,肢势正常,趾大小均匀,两趾要很好地往两边分开,以便更好地承担体重。阴户发育良好,外阴大小和形状正常,发育良好的有效乳头达12个。

2. 生产性能

种母猪的选择以繁殖性状为主,以生长发育性状、胴体性状为辅。繁殖性状以窝总产仔数、断奶仔猪数为主选指标,生长发育性状以平均日增重、饲料转化率为主选指标,胴体性状以活体背膘厚度为主选指标。选择后备母猪时,系统评定其种用价值,选择比猪群繁殖力、胴体品质和生长速度平均水平更高的母猪作为种用,才能保障种母猪具有较高繁能力。

(三)种猪的淘汰

种猪的淘汰是猪遗传改良计划中必不可少的部分。通常规模化商品猪场种公猪年更新率为30%~35%,育种场则高于50%,中小型养殖场应根据种猪规模及效益适当调整更新率,一般为25%~30%。

1.种公猪的淘汰

种公猪的淘汰分为自然淘汰与异常淘汰两种。

(1)自然淘汰主要是指对老龄公猪进行淘汰,当种公猪达到一定年龄后或者使用年限较长后,因其配种能力减退、精液品质下降、种用价值降低等因素被淘汰。

(2)异常淘汰是指在生产过程中,饲养管理不当、使用不合理、疾病,或者一些未能预见的因素导致青壮年种公猪不能很好地被利用而被淘汰。

2.种母猪的淘汰

种母猪的淘汰也分为自然淘汰与异常淘汰两种。

(1)自然淘汰包括衰老淘汰与计划淘汰。衰老淘汰是指母猪使用年限太长,生殖器官的功能减退、生产性能低于平均水平,应及时给予淘汰。计划淘汰是指由于生产计划的变更、引种、换种、疾病等因素,对生产性能低下或患病的母猪进行淘汰。

(2)异常淘汰主要包括:后备母猪达不到选留的标准而被淘汰;后备母猪长期不发情,经处理无效后淘汰;仔猪出现畸形等遗传缺陷的母猪应淘汰;母猪产后不发情或者3次配种都不怀孕的应淘汰;过肥过重或过瘦过轻的母猪应淘汰;连续2次流产的母猪应淘汰;产仔数低,母性差,有恶癖的母猪应淘汰;患有繁殖类疫病如细小病毒病、乙型脑炎、伪狂犬病等的母猪应淘汰;患乳房炎、子宫炎、阴道炎等经过治疗无效的母猪应淘汰;出现肢蹄疾病的母猪应淘汰。

二、种公猪的饲养管理

种公猪肩负着繁殖下一代仔猪的重任,如果种公猪拥有健壮的身体、充沛的体力、旺盛的性欲、优质的精液,对整个养猪场的配种工作可起到很好的促进作用。因此,应对种公猪进行精心管理,最大限度地发挥其遗传潜能,提高与配母猪的受胎率和产仔头数。

(一)后备公猪的饲养管理

1.饲喂全价日粮

全面保证后备公猪的营养需求,保障其组织器官得到充分发育。后备公猪的全价日粮中,原料种类一般在5种以上,消化能为12.8~13.8 MJ/kg,粗蛋白含量为15%~18%,赖氨酸要比商品猪高7%~10%,钙、磷比例以1.5:1为宜,日饲喂量一般为1.5~2.0 kg。高温季节添加适量的赖氨酸、维生素C和维生素E,可提高精液品质。

2.分群饲养

公猪断奶初选后为减少转群应激,即可进行公母分群饲养,根据公猪体况强弱和体重大小进行分解,一般体重相差不超过2~3 kg。养殖密度随年龄、体重的增加而减少;群养以2~3头/圈为宜,要防止公猪相互打斗及爬跨。

3.适度运动

运动有利于后备公猪保持强健的体魄和旺盛的性欲,增强体质和提升四肢的灵活度及坚实性。运动主要为场内自由运动、驱赶和放牧运动3种形式。若后备公猪合群运动,须防止因突然合群而发生互相咬斗等现象。

4.及时调教

后备公猪的调教方法有3种:现场观摩法、发情母猪引诱法和尿液、精液诱情法。一般公猪每天调教2次,每次15~20 min,能取得较好的效果。

现场观摩法:1头种公猪配种或爬跨采精台时,利用公猪的模仿能力及好奇心,将待调教公猪关在隔壁栏观摩学习。

发情母猪引诱法:用处于发情高峰期、性情温顺且体重接近的经产母猪引诱、刺激后备公猪,促进公猪发情、爬跨。

尿液、精液诱情法:在假台畜上涂抹发情母猪的尿液或公猪精液,利用公猪发达的嗅觉,刺激其产生性兴奋,诱导公猪爬跨假台畜射精。

5.定期称重

定期对后备公猪的体重和饲料消耗量进行统计,掌握后备公猪生长发育情况,适时对饲粮营养水平进行调整。若后备公猪过肥,需要进行限制性饲养,过瘦则需要加强饲养,保障后备公猪的生长发育维持在正常的标准。

6.防疫与保健

根据各养殖场防疫程序及当地动物疫病发生情况,科学合理制订后备公猪的防疫和保健程序,严格进行疫苗接种,制订消毒和驱虫制度,做到外防内控。

(二)配种公猪的饲养管理

1.提供优质平衡日粮

饲料中蛋白质的质量和数量对于种公猪精液的质量和数量影响很大。配种期公猪的日粮中消化能、粗蛋白质、赖氨酸和含硫氨基酸含量的下限值分别为12.55 MJ/kg、14%、0.65%和0.44%,钙和磷适宜含量分别为0.65%和0.55%。另外,要保证日粮中有足够的微量元素,铁、铜、锌、锰、碘和硒等均不可缺,如缺硒会引起睾丸退化、精液品质下降。

2.加强日常管理

强化对配种期种公猪的管理,合理饲喂种公猪,做到定时、定量、定质,每天喂2次,以自由采食为主。

(1)根据配种期种公猪的品种、体重、体况、采精频率等情况适当增减饲料。

(2)确保种公猪每天都有充足的运动量,有利于增强体质,提高性欲、精液品质和配种能力。一般在每天早上和傍晚各运动1次,避开中午温度较高的时段,冬天则可以在中午温度较高时运动,每次运动1~2 h,放牧可代替运动。

(3)保持养殖场的环境卫生,保持猪舍温暖、清洁、干燥、通风良好、无贼风,圈舍要防寒防暑,做到冬暖夏凉,圈舍最适宜的温度为18~20 ℃。

(4)经常刷拭猪体,保持猪体清洁卫生,促进血液循环,减少皮肤病和寄生虫病的发生,还可使种公猪温驯听从管教,便于采精。

(5)要合理地使用种公猪,根据品种和年龄等确定合适的采精频率。

(6)要经常修整种公猪的蹄,以免在配种时踩伤母猪等。

(7)定期检查种公猪的精液品质,最好7~10 d检查一次,根据精液品质调整种公猪营养、运动和配种次数。

(8)种公猪要单栏(圈)饲养,每栏(圈)面积6~8 m²,与母猪圈舍保持适当距离,同时避免公猪相互爬跨。

(三)配种方式及利用

1.种公猪的配种方式

配种方式分为本交配种和人工授精两种。本交配种:公、母比例一般为1:(20~30)。人工授精:公、母比例一般为1:(200~300)。

2.种公猪的利用

通常情况下,公猪体重达成年体重的80%左右可进行初配。种公猪的使用频率根据年龄及体况略有差异,青年公猪一般每3天采精1次,每周不超过2次;成年公猪每2天采精1次,每周不超过3次。种公猪的最佳配种年龄为2~4岁。规模化集约化猪场公猪正常使用寿命为2~3年。

三、种母猪的饲养管理

养猪场种母猪饲养管理的好坏直接关系到母猪繁殖能力和哺育能力的高低。母猪的正常发情、适时配种、及时受精、科学妊娠、安全分娩一直是安全高效生产的前提和保障。

(一)后备母猪的饲养管理

1.提供精准的营养

成功培育后备母猪,更新繁殖母猪群,是提高繁殖母猪生产效率、完成配种计划、达到满负荷生产的根本保证。后备母猪在70 kg前为生长阶段,在这个时期需要提供营养全面的优质饲料以满足生长需要和繁殖营养储备。70 kg后为配种前的准备阶段,在这个时期要注意观测后备母猪的体重和体况,调整饲料供应,防止过肥或过瘦影响发情和配种。

2.小群饲养

仔猪断奶后,对仔母猪进行选择,分群饲养,按照体重大小和体质强弱进行分群,4月龄前每群以10~20头为宜,4月后每群以4~6头为宜,不能过早地让后备母猪单栏(圈)饲养,防止采食量下降影响膘情。

3.做好环境控制

猪场管理人员要定时检查环境温度、湿度、空气质量、供水等控制系统,保持舍内的通风和换气,定期对猪舍地面、饲养设备、工具、猪体进行消毒。冬季做好防寒保暖工作,夏季做好防暑降温工作,防止贼风侵袭。

4.做好卫生管理

及时清扫舍内污物,但干清粪设计的圈舍,尽可能减少清洗次数,保持圈舍干燥。猪舍栏内、顶棚、墙壁、窗户、过道、隔栏、风机、水帘、饲料间、工具间等每天都要除尘和打扫。及时清洁洗手盆和脚踏消毒盆,勤换消毒液。适时做好蚊、蝇、鼠等消灭工作。

5.运动

保证后备母猪有充足的运动量,促进骨骼和肌肉的生长发育,增强体质,防止过肥或患肢蹄病。每天让母猪晒4~6 h太阳,或者把母猪赶到运动场进行日光浴1~2 h,但需要避免烈日照射。

6.催情

催情补饲:配种前10~14 d增加饲喂量,主要增加青绿饲料饲喂量,扩充腹容,锻炼胃肠道机能,为增加哺乳期采食量做准备。

合栏催情:将165 d以上不同栏的小母猪转栏或重新合栏,可促进发情。断奶后不发情的母猪可与正在发情的母猪短期合圈饲养,可促进母猪发情排卵。

诱导催情:后备母猪初情期在165 d左右,有效刺激母猪发情的方法是定期与成熟公猪接触,每天让母猪在栏中接触10月龄以上的公猪20 min,但要避免意外怀孕配种。

7.训练和驱虫

训练后备母猪养成在指定的地方吃食、睡觉和排泄的习惯。后备母猪体重达到15~20 kg时,用伊维菌素和阿苯达唑驱虫,每隔3~4个月驱虫一次。可在饲料中添加驱虫剂,一定要注意时间和剂量。

8.做好防疫

做好后备母猪配种前的常规免疫,4月龄之前做好猪瘟、口蹄疫等的免疫,4月龄之后到配种前的准备阶段,做好繁殖障碍疾病如细小、伪狂犬、乙脑、蓝耳、圆环等的免疫。不同的猪场应根据区域性疫病流行情况建立科学的免疫制度,保障猪群生物安全。

(二)空怀母猪的饲养管理

1.合理饲喂

饲养空怀母猪,饲料配合要科学合理,饲料原料应多样化,矿物质和维生素等营养物质要均衡,添加剂使用要适量。一般体重为120~150 kg的空怀母猪,每天可投饲配合精料1.6~1.9 kg;体重150 kg以上的空怀母猪,每天可投饲精料2.0~2.2 kg。

2.膘情优化

常言道"空怀母猪膘情七八成,容易发情受胎产仔多"。空怀母猪过肥,必须加强运动和调整饲喂策略,使其恢复正常膘情。断乳前泌乳量仍较多且断乳时膘情良好的空怀母猪,要在断乳前后3 d适量加喂青绿饲料和减少精料的投饲量,促进干乳。断乳时体质较弱、膘情较差的空怀母猪,要增加精料投饲量,尽快恢复体质和膘情。泌乳量大、带仔数多和产前膘情较差的空怀母猪,要在哺乳期适当增加精料投饲量,力争断乳时保持七八成的膘情。

3.乏情防控

长期不发情的空怀母猪要进行乏情处理,主要方法有以下几种。

(1)公猪诱导:经常用试情公猪去追爬不发情的母猪,公猪分泌的雄激素气味和接触刺激,可引起母猪垂体分泌促卵泡激素,促使母猪发情排卵。

(2)合群和并窝:把不发情的母猪合并到有发情母猪的圈(舍)内饲养,利用爬跨等动作刺激,促进母猪发情排卵;也可将产仔较少和泌乳能力较差的母猪的仔猪(吃完初乳后),全部寄养给同期产仔数合理、泌乳能力强的其他母猪进行哺育,促进母猪提早回乳,并促进发情和配种,有效增加年产仔猪窝数和产仔头数。

(3)按摩乳房:对不发情的母猪,可按摩其乳房以促进发情,即在每天晨饲后,用手掌对母猪的乳房进行表层按摩,持续6~10 d,每次10~15 min,增强对垂体前叶的刺激,使卵泡成熟,促进发情。

(4)加强运动:到了发情期还没有发情表现的母猪,可驱赶其进行运动,从而促进母猪新陈代谢,改善母猪膘情。让母猪接受日光照射,呼吸新鲜空气,可以促进发情排卵。

(5)药物催情:对于应该发情而未发情的母猪,可采用西药或中药催情。

4. 发情鉴定

发情鉴定是掌握母猪适配期的重要技术环节,主要鉴定方法如下。

(1)外部观察法:通过观察母猪的采食、起卧、精神状态、外阴部变化等情况进行鉴定。

发情前期:表现为食欲下降,焦躁不安,爬跨或咬食栏门,发出吼叫声;睡卧减少,站立、走动和排尿次数增多;外阴肿胀呈粉红色,有少许黏液流出;公猪出现时,尚无静立反射,发情前期一般持续1~2 d。

发情期:表现为采食量减少或停止采食;外阴部红肿呈大红色,阴门流出黏稠液体;发出吼叫声;部分母猪会出现尾根上翘;用手按压母猪背部,往往静立不动。在大栏圈养中,发情前期的母猪经常爬跨、拱起其他母猪;处于发情期的母猪被其他公猪或母猪爬跨时,出现静立反射,发情期一般持续2~3 d。

发情后期:母猪表现为阴户红肿逐渐消退,呈暗红或暗紫色,黏液分泌减少,拒绝公猪爬跨,用手按压其腰部无静立反射,食欲逐渐恢复,发情后期一般持续1.0~1.5 d。

(2)公猪试情法:每天早晚将性情温驯、性欲旺盛的公猪赶到母猪生活区域,用公猪对发情母猪进行试情观察,若有主动接近公猪等情况,根据接受公猪爬跨的安定程度来判断母猪发情与否和发情期的早晚。

(3)压背法:用手按压母猪背部或后躯,若母猪站立不动,呈"静立反射",表示母猪发情已到盛期,也是配种的适宜时间。

(4)黏液判断法:休情期外阴黏膜干燥,较苍白,无光泽,阴唇较松弛。发情初期,外阴黏膜有光泽,有湿润感,但黏液量少而稀薄,阴唇有轻微充血;发情盛期,黏液增多而变稠,手感有黏性,手指开合有弹性,可拉成丝。

5. 适时配种

(1)配种时间或年龄:母猪发情持续时间一般为2~3 d,排卵的时间多在发情中期和后期。发情期内排卵时间可持续10~15 h,平均排卵数20个。排卵的高峰期,一般在发情后24~36 h,故配种一般不早于发情后24 h。初配年龄因品种而异,空怀母猪在断奶后7~10 d发情配种。

(2)配种方法:生产中一般在第一次配种后间隔12 h再进行第二次配种,也有猪场采用三次配种,即第一次配种后间隔6 h配种一次,再间隔6 h配种一次。育种猪场中,在一个发情期内用同一头公猪先后配种两次或三次,保证后代血统纯正,即为重复配。商品猪场中,在一个发情期内用同一头公猪或不同的公猪先后配种两次或三次(或用不同的精液输精两次或三次),在一个发情期内用不同的公猪先后配种两次或三次的方法,即为双重配或多重配。配种时做到"老配早、小配晚,不老不小配中间"的原则,即老龄母猪发情宜早配,小母猪发情宜晚配,青年公猪配老龄母猪,老龄公猪配青年母猪。

(三)妊娠母猪的饲养管理

1. 妊娠诊断

妊娠诊断是母猪生产过程中的一项重要工作,现在常用的妊娠诊断方法如下。

(1)公猪试情诊断:一般对于配种后18~23 d的母猪,可每天2次将公猪驱赶到母猪栏前进行试情,若母猪不主动与公猪接触,可以推断已经妊娠。配种后21 d左右没有返情的母猪,在配种后40~43 d再进行妊娠鉴定,每天2次让公猪在母猪栏前走动,若母猪对公猪没有任何反应或反应极小,可确认母猪已妊娠。

(2)母猪外阴及行为变化诊断:母猪配种3周后未出现发情表现,且有食欲渐增、被毛顺溜光亮、增膘明显、性情温驯、行动稳重、贪睡、尾巴自然下垂、阴户缩成一条线、驱赶时夹着尾巴走路等现象,可初步断定已经妊娠,但要注意个别母猪的"假发情"现象。

(3)超声波妊娠诊断:利用超声波妊娠诊断仪判定母猪是否妊娠。将仪器的探触器贴在母猪腹部右侧倒数第2个乳头处,根据是否有胎儿心脏跳动感应信号或脐带多普勒信号音判断母猪是否妊娠。在配种后18~23 d超声波妊娠诊断的准确率约为80%,40 d以后准确率可达到100%。

(4)雌激素水平诊断:取母猪尿液15 mL放入试管中,加浓硫酸3 mL或者浓盐酸5 mL,加温至100 ℃,保持10 min,待冷却至室温后,加入18 mL苯,加塞后振荡,出现分层现象,取上层透明液,加10 mL浓硫酸,再加塞振荡,加热至80 ℃,持续25 min,冷却后借日光或紫外线灯观察,若在硫酸层出现荧光,则是阳性反应。此种方法对母猪无危害,准确率高达95%。

2. 引起胚胎死亡的因素

正常情况下,母猪妊娠期内胚胎与胎儿会发生一定程度的死亡,损失的胚胎占排卵数的30%~40%,甚至更高。损失主要发生在三个高峰期。

(1)第一个死亡高峰期:出现在配种后9~13 d,此时母猪体内的受精卵刚开始与子宫壁相接触准备着床,但还没有完成附植,当子宫内的环境受到干扰,很容易引起附植失败导致胚胎死亡,此阶段的胚胎死亡率高达20%~25%。

(2)第二个死亡高峰期出现在妊娠后18~24 d,此时母猪体内的胚胎器官正在形成,都在相互争夺胚盘分泌的物质,在争抢的过程中,一些能力较弱的胚胎会相继死亡,此阶段胚胎死亡率高达10%~15%。

(3)第三个死亡高峰期:出现在妊娠后60~70 d,此时母猪体内的胚盘已经停止发育,胎儿在加速发育,如果母体不能提供充足的营养物质,则会引起胚胎死亡,此阶段胚胎死亡率高达5%~10%。

造成胚胎死亡的原因,除排卵数或受精卵数过多等构成正常的胚胎死亡水平外,遗传、高温、母猪年龄、近交、营养与饲料、疫病等都能影响胚胎的成活率。

3. 胚胎与胎儿的生长发育规律

卵子在输卵管受精后,受精卵沿着输卵管向两侧子宫角移动,附植在子宫黏膜上并在其周围逐渐形成胎盘,母体通过胎盘向胎儿供应营养。正常发育的胚胎,在受精后即开始通过吸取子宫乳来得到营养。妊娠第9~13 d胚胎附植于子宫,第18~24 d胎盘形成,第30 d时胚胎重仅2 g。妊娠前期胎儿的主要表现为组织和器官的分化和形成。妊娠愈接近后期,胎儿生长愈快。第50 d时,平均每头不超过100 g;到第90 d时,平均每头体重达(或超过)500 g;到第110 d,平均体重达1000 g。妊娠后期初生仔猪的体重增加最快,在加强营养的同时还要防止母猪过肥。

4.不同妊娠阶段母猪的饲养管理

(1)妊娠前期:指配种后1~40 d,此期旨在保胎,是受精卵着床和胚胎器官的形成期。要保持环境安静,母猪少运动,减少疫苗接种,不能随意更换饲料,饲料营养均衡,不得饲喂腐败、变质、发霉的饲料或饲草,每头母猪的日粮饲喂量与配种前相同,保证清洁、充足的饮水,舍内温度不超过25 ℃,但不得低于10 ℃,不得对母猪施以暴力,尽量避免转群,以免造成胎儿死亡导致母猪返情,母猪单栏(圈)饲养,避免互相干扰。

(2)妊娠中期:指配种后41~80 d,也称妊娠母猪的维持期,是胎儿通过胎盘在妊娠母猪子宫内牢固着床且固定成长的阶段。妊娠中期胎儿生长比较缓慢,需要的营养不多,配制饲料时可适当提高低能量高纤维饲料的占比,注意观察膘情,调整饲喂方式。防止妊娠母猪跌倒、打架以及饲料和环境的突然变化等应激现象的发生,以免引起妊娠母猪中期流产。

(3)妊娠后期:指配种后81~107 d,此期是提高仔猪的初生重、提升母猪泌乳性能和胚胎生长速度最快的阶段。妊娠母猪要为产后恢复体质和体力、胎儿的生长发育以及充足的泌乳储蓄营养,需加喂全价配合饲料,每头母猪的日粮饲喂量较妊娠前期增加10%~20%。切忌饲喂有刺激性的或者容易引起便秘的饲料。禁止粗暴对待母猪,环境应干燥、清洁、卫生,防止环境脏乱导致母猪养成异食癖等恶习。

围产期:指配种后108 d到产后7 d。产前7 d至产仔,全价配合补充料的饲喂量较妊娠后期要减少10%~20%,逐渐减少饲喂量,降低胃肠道对产道的压力,保证母猪顺产。从妊娠舍转到产房时,要细心照顾,防止母猪在新环境应激。

(四)哺乳母猪的饲养管理

1.母猪分娩与接产

(1)预产期的推算:仔细查阅母猪档案,确认配种时间和受孕鉴定时间,推算出预产期。预产期可以用配种月份加3、日期加24或配种月加4、日期减6的方法来推算。规模养猪场,需要在临产前7~10 d将妊娠母猪引导上产床。

(2)分娩前的准备:

①产房和栏圈消毒:在母猪分娩前两周,应做好产前准备工作。产房要求干燥(相对湿度65%~75%),温度适宜(产房内温度22~23℃),无贼风,阳光充足,空气新鲜。严格清洗并消毒产房和栏圈,保证环境清洁卫生。

②准备垫草和用具:在母猪分娩前应准备的用具,包括仔猪保温箱、剪牙钳、白炽灯、红外灯泡或仔猪保温板;消毒药品如碘酒、酒精、高锰酸钾、凡士林等。对于地面平产的母猪,应准备干净垫草,特别是冬春季节给产仔母猪提供干净的垫草尤为重要。

③母体消毒:母猪在预产期前5~7 d进入分娩舍。母猪出现临产症状时,应立即清除母体腹部、乳房和阴户附近的污物,用2%~5%的来苏尔或1%的高锰酸钾溶液擦洗消毒,准备接产。

(3)临产征兆:母猪从产前20 d开始,腹部膨大下垂、乳梗膨胀呈潮红色,手挤乳房有乳汁流出(临产前1~2 d乳汁透明,临产时乳汁乳白色);阴门松弛红肿,尾根两侧下陷、松胯;叼草做窝,无垫草时,常用蹄刨地,表现出做窝的姿态,这种现象出现后6~12 h就要产仔;食欲下降,呼吸加快,行动不安,时起时卧,频频排尿,阴部流出稀薄黏液(破水),应用清洁温水或高锰酸钾水溶液擦洗外阴部、后躯和乳房,准备接产。

(4)接产操作:母猪生产时,伴随着子宫强烈的阵缩,阴户流出羊水。待仔猪自然娩出后,进行接产。

①擦干黏液:母猪产仔时,保持环境安静。一般母猪破水后数分钟至 20 min 即会产出第一头仔猪。仔猪产出后,立即用手指掏除口腔中的黏液,然后用干净的毛巾、布或垫草将仔猪鼻内和全身黏液仔细擦干净,促使其呼吸,减少体表水分蒸发引起的散热。

②剪犬齿:修剪初生仔猪犬齿,防止打斗咬伤其他仔猪和吸乳时咬痛母猪。

③断脐:先将脐带内血液向腹部方向挤压,距腹壁3指(约4 cm)处用手指掐断脐带(不用剪刀,以免流血过多),断端涂5%碘酊。若出血,用手指捏住断端,直至不出血,再次涂碘酊。

④断尾:用消毒处理过的锋利剪刀剪去最后3个尾椎,防止咬尾。

⑤假死猪的急救:仔猪初生时,有的虽不能呼吸,但脐带基部和心脏仍在跳动,这样的仔猪称为假死猪。急救的方法:先掏出仔猪口中黏液,擦净鼻部和身上黏液,然后进行人工呼吸。最简单有效的人工呼吸方法:将仔猪四肢朝上,一手托肩背部,一手托臀部,然后将两手一曲一伸,使仔猪呈内屈和伸展状态。直到仔猪能自行呼吸并发出叫声,即可认为抢救成功。

⑥给奶:一般采用"随生随哺"的方法。初生仔猪越早吃初乳越好,有利于恢复体温并尽早获得免疫力。但对分娩过程不安的母猪,可先将仔猪放入仔猪箱,待分娩结束再一起哺乳,但等待时间最长不超过 2~3 h,必须让仔猪吃到初乳,否则影响母猪泌乳和母性。

⑦拿走胎衣:母猪分娩时,经常每 5~20 min 产出一头仔猪,一般正常分娩过程持续 2~4 h。仔猪全部产出后 10~30 min 开始排胎衣,胎衣排出后应立即从产栏中拿走,以免母猪吞食。

⑧难产处理:在母猪分娩过程中,胎儿因多种原因不能顺利产出的情况称为难产。对于老龄体弱、娩力不足的母猪,可肌肉注射催产素 10~20 单位,促进子宫收缩,必要时可注射强心剂。若半小时左右,胎儿仍未产出,应进行人工助产。具体操作方法是:术者剪短、磨光指甲,手和手臂先用肥皂水洗净后,用2%来苏尔液(或1%高锰酸钾液)消毒,再用70%酒精消毒,然后在手和手臂上涂抹润滑剂(凡士林、液状石蜡或甘油);然后五指并拢,手心向上在母猪阵缩间隙时,手臂慢慢伸入产道,抓住胎儿适当部位(下颌、腿),顺母猪阵缩力量慢慢将仔猪拖出。助产过程尽量防止产道损伤或感染,助产后应给母猪注射抗生素等药物,防止细菌感染。有脱水症状的母猪需耳静脉注射5%葡萄糖生理盐水 500~1000 mL、VC 0.2~0.5 g。

2.哺乳母猪的生理特点

哺乳母猪乳房相互独立,不同乳房产乳量不同。一般情况下,哺乳期母猪前乳房产奶量要大于后乳房。乳房内无乳池,须由仔猪拱乳头的刺激引起垂体后叶分泌生乳素,母猪才能放奶。排乳时间非常短,通常仅有 10~40 s,最长不超过 60 s,母猪一天之中要排乳多次才能保证仔猪摄入足量乳汁。乳汁分泌量大,整个哺乳期可以产生乳汁 300~600 kg。

3.影响母猪泌乳量的因素

影响母猪泌乳能力以及乳汁质量的因素很多,如饲养管理情况、气候条件和母猪的品种、年龄、胎次、健康状况、带乳数、繁殖妨碍等。初产母猪的乳腺尚未发育完善,故乳汁分泌量较少,且排乳比较缓慢,随着母猪产胎次数增加,泌乳能力也会增强,当母猪连续生产二胎或者三胎后,泌乳量和排乳速度会有所改善,母猪泌乳量在第三胎后会大幅提升,在产胎 6~7 次时母猪的泌乳能力达到最佳水平,此后又会慢慢下降。营养水平对母猪的泌乳量起决定作用,保证摄入足够的能量和蛋白质,特别是赖氨酸,对促进母猪发挥泌乳潜力十分重要。

4.泌乳母猪的饲养管理

哺乳母猪在泌乳中期一直处于能量的负平衡状态,故哺乳母猪有减重现象。失重的多少与母猪的泌乳量、饲料营养水平、采食量以及泌乳期长短有关。

(1)提供均衡的营养物质:哺乳期要提供足量的能量、蛋白质、脂肪、微量元素以及维生素等营养物质,并且营养物质需要均衡搭配。一般按体重的1%计算维持需要量,每带1头仔猪需0.5 kg饲料。分娩当天停止或少喂饲料,向母猪投喂适量的麸皮水或者葡萄糖+VC+食盐的温水。分娩后,由于母猪的机体营养消耗较大,身体疲劳,消化机能紊乱,不能立即将饲料更换为哺乳阶段的饲料。基本方案:在分娩前2~3 d逐渐减少饲料的投喂量,分娩当天停止或少喂饲料(在母猪刚分娩后的4 h内是不能饲喂的,在4~8 h间可以适当地饲喂0.5 kg左右的饲料),随后每日增加0.5 kg饲料,在分娩5~6 d后达到正常的饲喂量,断奶前3~5 d每天饲料投喂量逐渐减少,从而减少泌乳量,促进仔猪采食乳猪料。

(2)提高母猪的采食量:生产中注意日粮适口性,饲料颗粒不能过大;自由采食或增加饲喂次数,日喂4次,分别在5:00、10:00、17:00和22:00各投喂1次,原则是只要泌乳母猪还有食欲,就要充分供给饲料;最好能喂湿拌料或颗粒料,这样的采食量可比干料采食量提高10%左右。

(3)防止便秘:在饲料中加入0.75%泻盐,如硫酸镁,可防止便秘。养殖户或小规模养殖场可适当增加一些青绿饲料,或者添加2%~5%的油脂,促进母猪更好泌乳,减少便秘发生。

(4)加强管理:保证母猪有适当运动量,促进新陈代谢和毒素排出,提高母猪伤口愈合的速度以及产奶率。确保充足的饮水和环境适宜,加强通风换气,做好防寒保暖、防暑降温工作,防止贼风侵袭,避免应激。养殖区不得有突出的尖锐物以免损伤乳房和乳头。严格执行卫生消毒制度,在炎热季节每隔2~3 d消毒1次,在寒冷季节每隔4~5 d消毒1次,选择刺激性较小的消毒剂,且消毒时避免造成仔猪中毒。严格执行防疫制度,定期对猪群进行疫苗免疫接种。

(五)提高母猪的年生产力

母猪年生产力(productivity per sow per year,PSY),即每头母猪每年提供的断奶仔猪数,是反映母猪繁殖效率乃至一个猪场养猪技术水平及生产效率的核心指标。因此,采取措施提高母猪PSY,对养猪业主极为重要。

1.提高母猪年产仔窝数

(1)仔猪早期断乳:让仔猪早期断奶是提高母猪年产仔窝数的主要方法,一般规模化集约化猪场采用3~5周龄断乳。通常,断奶日龄应根据猪场实际情况而定。

(2)缩短母猪断奶至再发情的天数:按照母猪各生理阶段的营养需要进行合理饲喂,保障断奶后母猪能正常发情。实际生产中,可在断奶当天停止喂料,只供给充足的饮水,有利于乳房萎缩,刺激母猪尽快发情。同时,采用公猪诱情等技术,刺激母猪发情。同批断奶母猪一般在断奶后4~5 d进入发情高峰,1周之内绝大多数母猪都可发情配种。母猪的一个生产周期可缩短到150 d以内(妊娠期114 d、哺乳期28 d、断奶到再次发情配种7 d),基本可以达到2年5胎。

(3)缩短母猪群非生产天数:母猪非生产天数主要包括返情、流产或死胎等导致的再发情推迟天数。减少非生产天数的措施:掌握好配种的时间、次数和输精量;防止哺乳母猪掉膘;妊娠初、中、后期及时调整饲喂量,背膘保持在17~20 mm最好;加强对母猪围产期的管理;控制繁殖障碍性疾病;做好档案记录;淘汰断奶后不发情、屡配不孕的母猪;及时更换配种成功率低的公猪。

2. 提高母猪窝产活仔数

窝产活仔数是母猪年生产力的基础。在品种和最优胎次结构前提下，需要养殖场技术员注重配种的各个细节，如精液稀释、分装、检查、运输、发情鉴定、适时配种等。配种前短期优饲膘情差、体质弱的母猪；做好配合力测定，充分利用杂种优势；细化母猪妊娠期的饲养管理，保持良好的饲养环境，细心照顾，减少母猪滑胎、流产次数；注重开展种猪选育。

3. 提高母猪平均窝断奶仔猪数和断奶体重

(1) 选择适宜品种，合理开展杂交利用：①不同品种母猪的繁殖性状存在差异。养殖场（户）在确定饲养品种时，要充分考虑不同品种的繁殖性能和适应性，根据市场需求、产品定位、自身饲养管理条件和技术水平等进行科学选择。②科学规范的杂交利用是提高母猪PSY的重要途径之一。养殖技术水平不高的养殖场（户），宜选择饲养适应性和抗逆性强的培育品种及其杂交组合；具备一定养殖经验，有较好技术积累的专业化养殖场（户），则可考虑选择引进品种及其杂交组合；开展特色肉猪生产的养殖场（户），则应选择地方品种或其杂种母猪。③猪的繁殖性状易获得杂种优势，个体和母体杂种优势可分别达5%~20%和7%~25%。在利用杂种优势的过程中需注意以下情况：一是不同品种（或品系）间杂交的效果可能会有很大差异；二是即使相同的品种（或品系）杂交，品种（品系）来源不同、杂交组合模式不同，杂交效果也会有所差异；三是在同一猪群内，不同家系甚至是不同公母猪间的杂交（配种）效果也会存在明显差异。

(2) 加强性能测定与种猪选择：①性能测定是进行猪群生产水平评估、遗传评估、种猪选留和选配的基础工作。对于自繁自养的规模化猪场，应认真记录种猪编号和系谱，并持续进行母猪繁殖性能测定。主要测定和记录的性状包括总产仔数、产活仔数、21 d窝重、断奶成活数和断奶至配种间隔时间等。有条件的猪场可以根据自身情况进行必要的遗传评估。根据性能测定和遗传评估的结果，科学地进行种猪选择，淘汰不合格的种猪。②基因组选择逐步从研究转向应用。2017年8月22日，美国动物基因组网站收录的猪数量性状基因座位（QTL）已达17955个，涉及635个不同性状，其中产仔数、繁殖器官及其他繁殖性状的QTL分别有779个、650个和377个，猪的遗传改良正在步入基因组选择时代。理论和实践研究表明，基因组选择相较于传统选种方法，可以实现20%~60%或更高的遗传进展，尤其在选择低遗传力性状时，效果更加显著。随着DNA芯片检测成本降低，一些国际种猪育种公司及国内部分大型养猪企业已经开始应用这一技术。

(3) 适时开展猪群近交程度监测与控制：准确及时进行猪群近交程度评估的基础和前提是确保猪群具有准确、规范的种猪编号和系谱记录。生产实践中，应按照"唯一性、简洁易读、有明确含义"三个原则做好种猪个体编号，按"个体号、品种、性别、出生日期、父亲号、母亲号"等项目做好系谱记录。利用相应的计算机软件（如GBS、SAS等）适时对个体及群体近交系数进行快捷的计算和评估。每个家系（或血统）都应留有一定数量的后代，具体做法为每头公猪至少留1个儿子，每头母猪至少留有1个女儿，这样可以有效保持猪群血统，防止因血缘过窄而发生近交。

(4) 保持合理的猪群胎次（年龄）结构：母猪产仔数随胎次发生规律性变化。一般规律是头胎母猪的产仔数偏少，之后会逐渐增加，4~6胎时达到产仔高峰，之后又逐渐下降。核心群的公母猪使用年限分别不宜超过1.5年和2.0年，以保证核心群获得理想的遗传进展。核心群适宜的母猪胎次结构为：1胎60%、2胎30%、3~4胎10%；非核心群母猪适宜的胎次结构为：1胎18%~20%、2胎16%~18%、3胎15%~17%、4胎14%~16%、5胎13%~15%、6胎及以上14%~24%。

(5)实行"低妊娠,高泌乳"的饲养方式:妊娠初期采取低营养水平有利于胚胎的存活,妊娠后期需要高营养水平促进保胎和乳腺发育。在母猪各个生产阶段的管理工作包括:创造适宜的环境条件;做好母猪在产前的准备工作和分娩时的接产工作;在仔猪出生后的第一周,要进行有效的护理;断奶前后要注意母猪和仔猪的饲养管理;同时,重视疫病的防控工作,减少疾病的发生;努力减轻仔猪在断奶时的应激反应。

第四节 仔猪的饲养管理

仔猪分为哺乳仔猪和保育仔猪,具有生长发育迅速、物质代谢旺盛、对营养和环境敏感的特点。做好仔猪饲养管理工作,确保其良好的生长发育,是养猪业的一个关键环节。

一、哺乳仔猪的饲养管理

哺乳仔猪指从出生开始,吮吸母乳至完成断奶前的仔猪。

(一)哺乳仔猪的生理特点

1. 生长发育迅速,新陈代谢旺盛

新生仔猪体重小,一般不到成年体重的1%,但增重速度快。仔猪迅速生长须以旺盛的物质代谢为基础,尤其是蛋白质代谢和钙、磷代谢比成年猪高得多,仔猪每千克增重沉积9~12 g蛋白质,单位体重上相当于成年猪的30~50倍,每千克体重所需代谢净能为成年猪的3倍,母乳的供应在出生21 d后便不能满足仔猪生长发育的需要,需要提早补料,保证充足的营养供给。

2. 体温调节机制不完善,体内能源储备不充足

初生仔猪大脑皮层体温调节机制发育不全,垂体和下丘脑的反应能力差,下丘脑传导结构的机能弱;体表面积与体重之比大,散热面积大;皮薄毛稀,皮下脂肪少,保温和隔热能力差;肝糖原和肌糖原贮量少,出生后24 h内主要靠分解体内储备的糖原和母乳的乳糖供应体热,基本不能靠氧化乳脂肪和乳蛋白来供热。初生的仔猪主要依靠皮毛、肌肉颤抖、竖毛运动和挤堆共暖等生理反应来调节体温,如果产房的温度过低,容易导致仔猪感冒、腹泻,严重情况下甚至可能导致死亡。

3. 免疫系统发育不完全,先天免疫抗病力缺乏

猪的胎盘是上皮绒毛膜胎盘,胎盘屏障有6层,即母体子宫上皮、子宫内膜结缔组织、血管内皮、胎儿绒毛上皮、结缔组织和血管内皮。仔猪主要是通过吮吸母乳获得免疫抗体——免疫球蛋白。因此,初生仔猪缺乏先天性免疫力,容易感染病原体而发病。仔猪在出生后必须通过吮吸母猪的初乳来获得抗体

和免疫力,称为被动免疫力或后天免疫力。一般仔猪出生10 d以后自身才开始产生抗体,到30~35 d前抗体的产生量还很少,2周龄是仔猪关键的免疫临界期,是免疫球蛋白青黄不接阶段。因此,仔猪出生后尽早吃上初乳是增强仔猪免疫力、提高成活率的关键。

4.消化系统不发达,消化功能不完善

初生仔猪胃肠道的相对重量与容积不足,导致食物通过消化道的速度较快,仔猪出现易饿易饱、吮乳频繁等现象。胃液分泌与神经系统还没有建立条件反射,胃酸分泌不足,出生20 d内仔猪几乎无胃酸,胃蛋白酶转化效率差,非乳蛋白质直到出生14 d时才能有限被消化。初生期消化系统只有消化母乳的酶系如凝乳酶、乳糖酶、乳脂酶等,消化非乳饲料的酶如胰蛋白酶、胰淀粉酶、胃蛋白酶、麦芽糖酶、蔗糖酶等大多在出生3~4周后才逐渐开始分泌,至8周龄左右乳糖酶的活性逐渐减弱,淀粉酶、蛋白酶和脂肪酶的活性逐渐升高至正常水平。

(二)哺乳仔猪死亡的主要时期

仔猪在出生后的7 d内死亡率最高。如果初生仔猪的体重小于1 kg,身体较弱,无法获得足够的初乳喂养,母猪产奶不足,环境温度过低或保温不足,以及消化道感染(主要表现为腹泻),加上压死、踩死、冻死和疾病恶化等因素,导致产后第一个仔猪死亡高峰期。这种死亡数量通常占到哺乳期死亡总数的70%左右。

仔猪在出生后的10~25 d,营养需求量迅速增加,母猪的乳量逐渐减少。母乳不足且不及时开食和补料,仔猪摄取的营养将无法满足其需求,会导致仔猪生理紊乱、瘦弱、患病,出现产后第二个仔猪死亡高峰期,死亡数量可能占到哺乳期死亡总数的20%左右。

仔猪出生30 d后,是由吃奶向吃料过渡,从依赖母猪向独立生活过渡的重要准备时期。若过渡准备工作做得不好,如环境应激、饲料更替不当等,造成产后第三个仔猪死亡高峰期,死亡数量可能占到哺乳期死亡总数的10%。

(三)哺乳仔猪的管理措施

1.预防压伤、压死

出生2~3 d的仔猪体质差,快速行动难,若母猪体力差或初产母猪缺少经验,起卧时易压伤、压死仔猪。农户养猪出现压死仔猪的数量一般占死亡总数的10%~30%,寒冷季节可高达50%。限位栏使用钢结构进行围栏,分隔仔猪,母猪只能先伏卧后再将四蹄伸出形成侧卧,预防了母猪压伤、压死仔猪。

2.做好防寒保暖工作

新生仔猪调节自身体温能力弱,应做好防寒保暖工作。产栏中可使用电热板、暖床、红外灯等加温设备,保持仔猪处于适宜的温度条件下。

3.仔猪寄养或并窝

仔猪寄养过程中要防止母猪或同窝仔猪排斥和攻击寄养仔猪,应对寄养仔猪进行同体味处理,掩盖异味差异,并在晚上寄养并圈。后产的仔猪往先产的窝里寄养时,要选体大的仔猪;先产的仔猪往后产的窝里寄养时,要选体小的仔猪,尽量缩小仔猪个体间差异。选择性情温顺、护仔性好、母性强的母猪担负寄养任务。

4. 提早开食，补水、补料

训练仔猪开始吃料称开食，向哺乳仔猪补充饲喂乳猪料称为补饲。仔猪开食时间一般是出生后的 5~7 d，此时仔猪因出牙而感到牙床发痒，出现啃咬现象，是训练仔猪开食的最佳时机。采食可促进胃肠道酶的产生和机能的完善，促进胃酸分泌，预防下痢，降低仔猪在断奶后肠道对全部采食饲料的敏感性。

5. 补铁

铁元素是造血的必需元素，初生仔猪的体内铁含量很少，仅约 50 mg 的贮存量；母乳中铁含量也较低，出生 2 周也仅能补充 2.3 mg 左右。然而，仔猪每日的生长发育需要消耗 7~10 mg 的铁元素，若初生仔猪摄入的铁不足，就会引起缺铁性贫血。通常在仔猪出生后的 3~10 d 补充两次铁，在颈部肌肉注射可溶性复合铁针剂牲血素、右旋糖酐铁、铁钴合剂、苏氨酸铁、乳铁素等，预防缺铁性贫血。

6. 补硒和 VE

硒在细胞内的抗氧化机制中扮演着非常重要的角色。仔猪在生长至 2 周龄时容易出现缺乏硒，导致桑葚心的发生和细胞受损。一般在仔猪 3 日龄时补硒，可肌肉注射 0.1% 亚硒酸钠溶液。

二、断奶仔猪的饲养管理

(一) 断奶日龄及方法

1. 断奶日龄

养猪场根据哺乳仔猪体重、健康状态、采食情况等表现，确定适宜的断奶日龄，大型规模化猪场多采用出生后 21~28 d 断奶，小规模猪场或集约化程度不高的猪场多采用出生后 28~35 d 断奶。

2. 断奶方法

一次断奶法：也称果断断奶法，根据猪场生产工艺确定断奶日龄，当仔猪达到预定断奶日龄时，采用去母留仔或去仔留母的方式一次性将母仔分离，该断奶方法有利于实施全进全出管理制度。

分批断奶法：也称加强哺乳法，根据哺乳仔猪的体质发育、采食情况等表现陆续断奶。一般是发育好、食欲强、体重大的仔猪先断奶；弱小和留种用的仔猪后断奶，适当延长哺乳期，以促进发育。一般农户和家庭农场养猪可以采取此法断奶。

逐渐断奶法：逐渐减少哺乳次数，即在仔猪预定断奶日龄前 4~6 d，逐步减少母猪的精料和青料喂量，把母猪赶离原圈，然后每天定时放母猪回原圈给仔猪哺乳，哺乳次数逐渐减少，如第 1 d 放回哺乳 4~5 次，第 2 d 减少到 3~4 次，经 3~4 d 即可断奶。

3. 隔离式早期断奶技术：

(1) 隔离式早期断奶技术的概念：

隔离式早期断奶技术 (segregated early weaning, SEW) 是 20 世纪 90 年代开始在一些发达国家应用的一种新养猪方法，是控制生猪传染性疾病传播的管理程序。分娩前按常规程序对母猪进行有关疫病的免疫，保证初生仔猪吃到初乳并按常规免疫程序进行疫苗接种，对所要控制的某种传染性疫病而言，断奶的时间应与母源抗体的半衰期一致，即出生 10~18 d 把仔猪与母猪分隔，保育饲养，实现切断母源性疾病对仔猪的垂直感染，并在以后的保育期及生长育肥全过程中，不同批次猪群始终处于彼此隔离和相对洁净的环境中，以阻断猪群间疫病的水平感染。

（2）SEW技术的主要内容：

①摸清疫情，全面免疫：采用临床病理、流行病学、病原学及血清学等手段，摸清猪场及其周边地区的疫病种类、危害程度，根据需要确定净化疫病清单，使用疫苗对母猪进行强化免疫接种，开展免疫监测，剔除抗体水平不高的、产生免疫耐受性的母猪及亚临床感染母猪。

②吃好初乳，早期断奶：确保仔猪吃足初乳，充分获取母源抗体。1周龄时应对仔猪进行补饲训练，做好早期断奶准备。根据净化疫病类别确定断奶日龄，通常以出生14~17 d断奶为宜。

③严格隔离，分段饲养：种猪和哺乳仔猪、保育猪、生长育肥猪要严格隔离，分段饲养，单向移动，严格贯彻全进全出制度。转群后猪舍（栏）必须保证有1周时间用于清洗消毒。

④生物学安全措施：严防猪场外部传染因子的水平传入、场内传染因子的垂直传播和水平传播。严格管控猪、人员和车辆出入，防止老鼠、鸟类等进入猪舍等。

（3）SEW技术的优点：

①母猪在妊娠期免疫后产生的抗体可垂直传给胎儿，仔猪通过吃乳可获得一定程度的免疫。

②保证母猪及时配种和妊娠，提高年产胎次。

③推进猪场的疫病净化工作，降低场内外疫病的传播风险。

（4）SEW技术对饲养管理的要求：

①断奶仔猪每间猪舍养殖规模为100头左右，早期断奶仔猪栏的大小以每圈容纳15~20头为宜。

②断奶后要保证给仔猪提供优质全价的诱食料或代乳料，以小颗粒诱食料或代乳料为好。

③严控环境温湿度，保障良好通风和环境卫生条件。

④保育舍隔离措施及防疫消毒措施一定要做好，仔猪运输中也要进行隔离。

⑤严格实行全进全出制度。

（二）断奶仔猪的生理特点

1.肠道组织结构改变

断奶应激是造成肠道损伤的主要因素之一。断奶后，仔猪肠道上皮细胞的完整性和成熟度受到不利影响，表现为空肠和回肠绒毛变短，小肠绒毛由高密度的手指状变成平舌状，绒毛萎缩脱落，隐窝加深，导致消化吸收面积减小，引起仔猪采食量下降和平均日增重显著降低。

2.肠道菌群结构变化

肠道菌群是肠道的重要组成部分，与肠道屏障功能、免疫应答、营养物质代谢等密切相关，直接影响到猪的健康。仔猪出生后肠道菌群立即开始定植，最初定植的是来自母体和环境中的微生物，断奶不会影响门水平上细菌的种类，但会导致细菌在科和属水平上发生显著变化，导致仔猪分泌型免疫球蛋白A（sIgA）含量降低和免疫力下降，这是断奶后仔猪发生腹泻的原因之一。

3.消化机能仍较薄弱

刚断奶的仔猪的胃、肠道、肝脏、脾脏、胰腺等消化器官发育仍不健全，胃液中仅有凝乳酶和少量的胃蛋白酶，胃酸不足，乳酸菌生长受到抑制，对饲料中蛋白质的消化率低，未完全消化的饲料和过高的胃肠道pH为肠内致病性大肠杆菌和其他有害病原微生物的繁殖提供了有利条件。断奶后仔猪消化道内的消化酶活性降低，引起仔猪肠道不能适应以植物为主的饲料，导致仔猪断奶后1~2周内消化不良和生长受阻。

4. 免疫机能仍然处于较低水平

仔猪断奶时的被动免疫和主动免疫能力都不完善。仔猪在出生4~6周以后才能合成抗体,实现自身主动免疫。出生2~4周的仔猪,机体免疫细胞如$CD8^+$细胞和B细胞缺乏或数量很少;出生5周以后的仔猪,$CD8^+$细胞和B细胞在肠上皮开始出现,免疫球蛋白A(IgA)成为优势免疫抗体,出生7周时的肠道结构才接近成年猪。因此,出生2~6周为被动免疫向主动免疫的过渡期,在此期间进行断奶会引起仔猪体内循环抗体水平降低,细胞免疫力受到抑制,导致仔猪的抗病力较弱,容易出现拉稀的情况。

(三)断奶仔猪的管理措施

1. 选择培育方式

(1)地面培育:地面通常有三种类型,即水泥地面、垫床地面和发酵床地面。水泥地面培育的缺点是在寒冷天气条件下,地面温度较低,仔猪卧地时腹部易受凉,导致消化不良甚至发生多种疾病而影响其成活率,养殖业主需要在寒冷季节提供垫草或防寒保暖设施设备,保证仔猪健康生长。垫床地面和发酵床地面培育均能有效解决仔猪受凉等问题,有利于减少电费和保暖设施的投入。垫床地面培育需要根据垫草湿度情况不断补充垫草;发酵床地面培育则需要定期对垫料进行翻扒,添加发酵微生物,防止出现烂床、死床等问题。

(2)网床培育:网床培育也称高床培育,该培育方式有利于粪尿、污水、洒落饲料等能随时通过漏缝网格漏到网下,减少了污染物与仔猪接触的机会,有效减少了仔猪因与地面接触而损失的热量,床面能保持清洁卫生、干燥,对防止仔猪腹泻的发生和疾病的传播有利,主要被大型规模化养猪企业采用。

2. 做好环境过渡

现代化养猪工艺设计中,按照生产计划,仔猪一旦断奶,母猪立刻转入空怀待配舍,仔猪立刻转入保育舍,断奶仔猪突然进入陌生环境极容易产生环境应激。为了降低突然断奶和环境突然变化对仔猪的应激效应,可将环境气味、温湿度、通风等调节到与哺乳舍基本一致,保证环境卫生清洁。

3. 做好饲料过渡

仔猪断奶后应按原有的饲料配方和饲喂模式继续养殖一段时间,按照循序渐进原则逐渐过渡到保育阶段的饲料配方,确保猪群能逐渐适应新的养殖环境和养殖方式,不能随意更换饲料、突然更换饲料、突然更换环境和更换养殖管理模式,防止因饲养管理不当产生应激导致下痢。

4. 保证饮水清洁

断奶仔猪不能再从母乳中获得水分,饮水成为唯一的补液来源。因此,强化饮水管理措施,确保供给清洁和充足的饮用水。饮水器离地面高度宜比仔猪平均肩高高出5 cm,流量不可过大或过小,以250 mL/min为宜,水温不低于15 ℃,定期对饮水设施进行清洁消毒,一般每头仔猪每天需水量约为其体重的10%。

5. 做好仔猪调教

饲养管理人员要规划好仔猪休息区、仔猪采食区、仔猪排便区,加强训练仔猪定点排便排尿,做好仔猪的三点定位训练,避免猪舍环境潮湿、污染,减少疾病传播途径,有利于仔猪的生长发育。

6. 控制饲养密度

养殖管理人员需要调控好断奶仔猪的圈舍密度,确保仔猪有充足的活动空间,防止因密度过大引起相互间发生激烈的打架斗殴。通常要确保每头保育猪有0.3~0.4 m²活动空间,每栏以15~20头为宜。

7.做好分群管理

按断奶仔猪性别、强弱、大小进行分群饲养,防止以强欺弱、采食不均、群体生长差异大等现象发生。分群管理不当不利于全进全出生产制的实施。

8.合理科学免疫

养猪场应根据本地区猪病流行情况,结合本猪场发病情况,适时调整免疫程序,科学接种,预防疫病发生。免疫接种的前后3 d,严禁使用各种抗菌(病毒)类药物。

9.做保健、防腹泻

仔猪腹泻是影响母猪生产力的关键因素,严防仔猪腹泻是猪场工作任务的重中之重,主要从以下几方面开展工作。

(1)往断奶仔猪日粮中添加甜味剂、酸味剂、香味剂等调味剂,保持胃肠道内的酸度,促进有益微生物如乳酸菌等的繁殖,提高食欲和采食量,提高消化能力。

(2)往断奶仔猪日粮中添加β-葡聚糖酶、纤维素酶、植酸酶等酶制剂,弥补早期断奶仔猪体内消化酶的缺乏,提高饲料中营养物质的消化率。

(3)往断奶仔猪日粮中添加苏氨酸铁、亚硒酸钠、维生素E、牲血素等,增强仔猪的免疫力,提高对环境的适应性。

(4)往断奶仔猪日粮中添加板青粉、四黄颗粒、青蒿素、黄芪多糖等中草药制剂,抑制胃肠道内病原微生物增殖,增强抵抗力,保证断奶仔猪的生长速度和降低仔猪的腹泻发病率。

(5)做好免疫和驱虫工作。做好猪瘟、伪狂犬、圆环病毒等疾病的基础免疫;定期驱虫,及时清除粪便(或冲刷栏舍),做好消毒工作,防止排出体外的寄生虫卵被仔猪吞食。

第五节 生长育肥猪的饲养管理

生长育肥猪是指从保育结束到适宜体重出栏的猪,又称为商品猪。生长育肥猪数量占整个猪群总数的80%左右,饲料消耗占养猪饲料总消耗的78%左右,超过全部生产成本的60%。因此,合理组织生长育肥猪生产,做好生长育肥猪的饲养管理,对提高猪场经济效益具有重要意义。

一、猪的生长发育规律

生长是指动物机体逐渐达到成熟体重的过程,发育是指动物机体在达到成熟体重的过程中各种组织器官的协调生长。猪的体重增长速度与各个组织器官的生长发育速度基本一致,但生长强度不同步,各种组织成熟的顺序是:神经组织→骨骼组织→肌肉组织→脂肪组织。

猪的体形在生长过程中表现为体长和身高首先增长,随后是胸围的增加,最后是后肢和臀围的增长。猪机体的化学成分在生长发育过程中会发生变化。育肥早期,增重的成分主要是骨骼和肌肉生长所需的水分、矿物质和蛋白质;随着年龄的增加,增重的成分中脂肪的比例越来越高,而水分和蛋白质等成分的比例越来越低,饲料利用率也较早期低。猪群日龄越大,体重增加部分中脂肪含量越多,水分含量越少。

在养猪生产中,通常采用累积生长、相对生长和绝对生长来衡量猪的生长发育,其对应的生长曲线如图7-5-1所示。

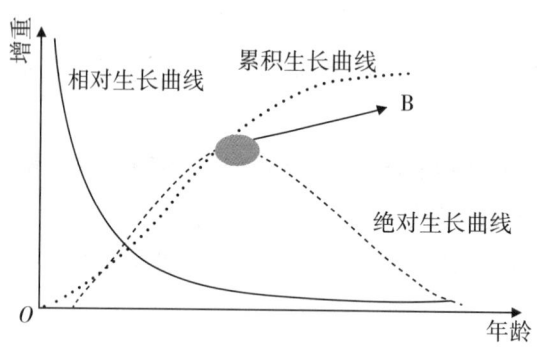

图7-5-1 生长曲线对比图(B点:生长转折点)

累积生长是指从受精到成年体重增加的过程,是猪各种组织器官的生长总和,是一条典型的"S"形生长曲线。

相对生长是指在一定的测定期内增加的体重与初始体重相比增加的倍数,年龄越小,相对生长越高,饲料利用率越高。用下面公式进行计算:

$$相对生长 = \frac{期末体重 - 初始体重}{初始体重} \times 100\%$$

绝对生长即生长速度,是指在一定的测定时期内平均增长的体重,常用平均日增重(average daily gain,ADG)来表示。育肥早期生长速度加快,达到最高峰后开始下降,曲线呈抛物线形。用下面公式进行计算:

$$绝对生长 = \frac{期末体重 - 初始体重}{测定时间} \times 100\%$$

二、生长育肥猪的饲养管理

(一)饲养方式

1. 阶段饲养

在整个生长育肥期,把猪划分为不同的体重或生长发育阶段,根据不同体重或不同生长发育阶段对营养物质的需求,调配不同的日粮进行饲喂。

2. 自由采食

自由采食有利于提高生长育肥期的日增重,但育肥后期容易导致猪体脂肪沉积过多,胴体品质较差。但无论是公猪、母猪或阉猪,生长期都应采用自由采食方式饲养,以获得最大的生长速度和肌肉发育速度。

3.限制饲养

肉猪生产中要兼顾增重速度、饲料转化率及胴体瘦肉率等要素,常在育肥期采用限饲,或通过降低日粮能量浓度而又不限量的饲喂方法进行育肥。

4.分性别饲养

不同性别的猪存在生长发育差异,分性别饲养可以发挥不同性别猪的特点。如母猪采食量一般低于公猪,提高母猪日粮营养水平可以抵消其采食量低造成的影响。

(二)育肥方式

育肥方式通常有三种,即直线育肥法、吊架子育肥法和限饲育肥法。

(1)直线育肥法:从仔猪断奶到育肥期结束,一直给猪群饲喂高能量饲料,不进行限制饲喂,整个育肥期均让猪群自由采食。优点是生长快、增重快、饲料转化率高、饲养周期短和商品率高。

(2)吊架子育肥法:把生长育肥猪划分成小猪、中猪和出栏前催肥猪进行育肥。小猪时期即为育肥前期,以饲喂精料为主,促进机体加速生长发育;中猪时期即为育肥中期,以饲喂粗饲料为主,饲喂低能量、低蛋白、高钙磷日粮,促进骨骼发育;出栏前催肥猪时期即为育肥后期,主要饲喂能量和蛋白含量较高的日粮,充分挖掘猪体沉积脂肪的能力,达到催肥的目标。吊架子育肥法可以充分利用当地青粗饲料资源,但会推迟猪群出栏时间,主要是本地青粗饲料比较丰富、经济不发达的地方才会采用,不适应集约化、现代化养猪生产的需求。

(3)限饲育肥法:从仔猪断奶到育肥结束,始终提供能量含量较低的饲料让猪群自由采食。限饲育肥法不符合育肥猪的生长发育规律对营养的需求和现代养猪的理念,目前仅偏远地区的生猪散养户在使用这种育肥方式。

(三)饲养管理

1.科学搭配日粮

生长育肥猪的日粮不仅要求其要含有必需的营养成分,而且还要保证各种营养物质之间比例协调。生产实践中,应根据生长育肥猪的饲养标准以及本地饲料资源科学合理地确定日粮配方。

2.合理分群

采用群饲时,需要按照品种、来源、性别、体重等合理分群,以每群饲养15~25头为宜。分群原则:同种同群,弱猪同群,同重同群。生产中一旦做好分群后,不再轻易合群或分群,确实需要重新调群,要按照"拆多不拆少"(即把较少猪留在原圈,把较多的猪并进去)、"留弱不留强"(即把处于不利争斗地位或较弱小的猪留在原圈,把较强的并进去)、"夜并昼不并"(即要把两群猪合并为一群时,在夜间并群)的原则进行。

3.供给充足清洁的饮水

养殖人员每天要定时观察猪群饮水情况,适时调节饮水器的高度,确保猪群饮水充足。气候温暖季节,正常饮水量为采食干物质重的3~4倍,或为体重的16%左右;气候炎热季节,正常饮水量为采食干物质重的5~6倍或体重的23%左右;气候寒冷季节,正常饮水量为采食干物质重的2~3倍或体重的10%。

4.做好调教

养殖人员要调教生长育肥猪建立定点排泄、躺卧、进食的习惯。养殖企业要统筹规划生长育肥猪喂食时间、频率和位置,确保猪只产生定时记忆。调教成败取决于是否抓得早(即猪进入新圈前即进行调教)和抓得勤(即勤守候、勤看管)。

5.提供优越的生活环境

生长育肥猪需要在宽敞明亮、安全洁净、通风适宜的环境中生长。猪舍温度控制在17~20 ℃、相对湿度控制在60%~70%较为适宜。管理中要做到:降温防暑和保温抗寒;做好通风管理,及时排出污浊气体及水汽;重视污染物的安全或无害化处理;严防病菌滋生。

6.做好猪群保健与免疫工作

养殖人员要实时监控猪群状态,做好疾病预防,切实保障猪群健康。通常将具有保健功能的添加剂拌料饲喂,从而增强猪只抵抗力。制定科学合理的免疫程序、驱虫管理制度、清洁消毒规程,防止疫病和寄生虫病的发生与传播。

7.适时屠宰或出栏

生长育肥猪适宜的出栏或屠宰时间要结合品种特性、生长发育规律、饲料转化率、生产成本、市场售价等因素进行综合分析后再决定。

三、提高肉猪生产力的技术措施

(一)选择适宜的品种和类型

利用杂种优势,开展品种间或品系间杂交生产杂种猪是提高肉猪生产力的有效措施。在现代养猪生产中,大多数利用二元("大长""长大"等)和三元("杜大长""杜长大")杂种猪进行肉猪生产。

(二)提高育成猪活重及整齐度

加强哺乳仔猪培育,使断乳仔猪均匀性好,提高断乳窝重和存活率,有利于保育和生长育肥。规模化猪场一般要求仔猪35日龄的体重达到7~8 kg,70日龄的体重达到22~25 kg,甚至达30 kg。

(三)制定适宜的日粮配方,改善胴体品质

在日粮的消化能和氨基酸满足需要,蛋白质水平在9%~18%的情况下,随着蛋白质水平的提高,肉猪日增重和饲料利用率也提高。超过18%后,随蛋白质水平的提高,日增重呈下降趋势,瘦肉率仍有所提高。

(四)创造适宜的猪舍小气候

优越的小气候环境,有利于猪的生长发育。研究表明,生长育肥猪的适宜温度为15~23 ℃,适宜的相对湿度为65%~75%。适当光照对猪的健康和生长有利,适当减弱育肥猪的光照强度,增重可提高3%左右、饲料利用率提高2%~3%。

(五)严格防疫与消毒程序

规模化猪场要科学制定免疫程序,定期对圈舍、槽具等设施设备进行消毒,及时对猪舍外道路、空地和车辆、工具等进行消毒及驱虫。仔猪断奶后可注射1次阿维菌素。每周猪舍消毒2~3次,可用0.3%~0.5%过氧乙酸或百毒杀等对猪体及猪舍进行喷雾消毒。

四、绿色肉猪的生产技术

(一)绿色食品肉猪生产概念

从产业化生产的角度看,绿色食品肉猪生产是一个系统化的生物工程,包括产地环境质量检测、绿色饲料原料、绿色食品饲料加工生产、绿色食品肉猪饲养、管理和疫病控制以及产品和生产过程的质量监控等。要实施绿色食品肉猪生产,必须建立或引进种、养、加、销、研发于一体的企业集团,建立企业标准化体系,按照绿色食品生产基地的标准对产地进行建设与管理,以保障绿色食品肉猪的生产过程符合要求。绿色食品猪肉是按特定生产方式生产的猪肉,不含对人体健康有害的物质,并经过有关主管部门严格检测合格,经专门机构认定并许可使用"绿色食品"标志。

(二)绿色食品肉猪生产关键控制技术

1.绿色食品肉猪生产环境质量

产地环境质量是决定绿色食品肉猪生产的首要条件。产地生态环境的污染源可能会影响饲料原料,从而影响猪肉的品质,尤其是一些重金属元素的"残留"和"富集"现象可能导致猪肉不安全。因此,生产者需要对产地环境质量进行检测,并对产地的大气、水体和土壤的污染程度进行综合评定,确保综合污染指数及各项指标符合绿色生产的相关规定。

2.绿色食品肉猪生产和管理模式

以"公司+基地+农户"的养殖与原料种植相结合的模式进行绿色食品肉猪生产,既解决了饲料原料来源不足的问题,又充分利用了有机粪源,形成种植和养殖的良性生态循环。对"公司+基地+农户"的生产模式进行二级管理,即公司选聘签约技术人员,为其划定管理区域,按绩效考核取酬。畜牧兽医技术员主要负责防疫、免疫、病猪治疗、死猪处理、环境管理和重大问题反馈举报等工作;农业技术员负责种植业的病虫害和灾害预报,灭虫防灾、田间管理指导等工作。畜牧兽医技术员和农业技术员要定期巡视,处理技术难题和各种投诉举报。

3.绿色配合饲料生产

玉米、大豆是生猪生产中最主要的饲料原料,在玉米、大豆生产中要严格遵照绿色食品农药使用准则和肥料使用准则。选择土地集中连片种植,统一田间管理,施足农家肥,保证每公顷耕地施农家肥不少于30 t,用生物肥料全面替代化肥。采用平衡施肥、生物治病、生物防虫、天敌保护、物理灭蛾等技术,提升绿色饲料原料产量。

4.绿色食品肉猪饲养管理

绿色食品肉猪生产需要认真执行绿色食品肉猪生产技术,制订和编写《绿色食品肉猪生产技术手册》或《绿色食品肉猪生产技术操作规程》。绿色食品肉猪饲养的核心技术是围绕正确饲喂绿色饲料进行管理。

5.绿色食品肉猪疫病防治技术

为了更好地、科学合理地开展绿色食品肉猪的疫病防治工作,需要制订《绿色食品肉猪疫病防治规程》和《兽药使用规程》,贯彻综合性防疫措施,遵循以防为主的原则,建立适合本地区的疫苗免疫制度和疫苗免疫程序。定期监测主要疫病的抗体变化,及时预报某种疫病发生的可能性并指导疫苗免疫。对于发病的猪群,首先执行"绿色"治疗方案,首选绿色兽药和中成药,其次使用《绿色食品兽药使用准则》

中允许的抗生素。

6.绿色食品肉猪屠宰及冷却加工技术

在制订绿色食品肉猪屠宰、加工工艺时,要充分借鉴欧洲共同体标准和欧美先进的屠宰、加工技术,减少猪因屠宰前应激而引起的骨折、血斑和劣质肉产生。采用危害分析与关键控制点(简称HACCP)管理体系,确保绿色食品肉猪在屠宰过程中的质量标准和卫生标准都符合要求。

7.绿色食品肉猪生产过程中的质量控制

绿色食品肉猪生产企业需要在取得ISO 9001质量管理体系认证的基础上,对生产环节建立HACCP管理体系,以确保绿色肉猪的品质。做好猪只档案记录,利用计算机技术进行档案管理,实现质量管理和生产管理的精细化。耳牌是绿色食品猪终身的标志,死亡猪只耳牌必须收回。做好肉猪活体理化指标快速检测工作,可现场快速认定肉猪的质量,以实验室分析结果为依据杜绝违规事件的发生。

第六节 养猪生产工艺

养猪工艺是养猪生产中工艺规程和工艺装备的总称,主要包括与猪舍设计工艺、饲喂方式、清粪系统、环境控制、卫生防疫、污染物处理等相配套的设施设备。现代化养猪主要围绕精准饲养、全进全出、健康养殖、动物福利和绿色环保等开展工艺设计,保障生猪养殖的可持续发展。

一、养猪生产工艺要素

(1)选择优良品种和最佳杂交组合进行商品猪生产。
(2)提供全价配合饲料,进行标准化饲养。
(3)合理组织配种繁殖,实行全年均衡产仔,批量生产。
(4)提供良好的设备条件,包括限位栏、漏粪地板、通风换气系统、粪便处理系统等设备。
(5)建立健全卫生防疫体系,推行防重于治的原则,防止病原传入,保证猪群健康水平。

二、养猪生产工艺确定

养猪生产工艺直接关系到猪群的生产和健康水平、产品品质以及猪场与周围环境的友好和谐程度。在确定养猪生产工艺时,必须充分考虑饲养模式、生产节律、工艺参数、猪群结构、猪栏配备等因素。

(一)确定饲养模式

猪场生产模式的确定需要综合考虑经济、气候、能源、交通等多个因素,同时结合猪场的性质、规模和养猪技术水平。各类猪群的饲养方式、饲喂方式、饮水方式、清粪方式等都需要根据具体的饲养模式或生产工艺来确定。在选择与饲养模式相匹配的设施和设备时,应以保持较高生产水平并尽可能满足综合养殖成本最低为原则。

(二)确定生产节律

生产节律也称为繁殖节律,是指相邻两群哺乳母猪转群的时间间隔(d)。在一定时间内对一群母猪进行批次化处理,如采用同期发情和人工授精技术,使母猪受胎后及时组成一定规模的生产群,以保证分娩后形成确定规模的哺乳母猪群,并获得规定数量的仔猪,同时有利于并窝或寄养,提高仔猪存活率。合理的生产节律是全进全出工艺的前提,是有计划利用猪舍和合理组织劳动管理、均衡生产的基础。生产节律可根据猪场规模而定,通常采用7 d制生产节律。

(三)确定工艺参数

根据饲养的品种、技术水平、经营管理和环境设施等来确定各类猪群的存栏数、猪舍及各猪舍所需栏位数、饲料用量和产品数量。如:繁殖周期决定母猪的年产窝数,关系到养猪生产水平的高低,其计算公式如下:

$$繁殖周期=母猪妊娠期+仔猪哺乳期+平均母猪断奶至再配的时间$$

$$母猪年产窝数=\frac{365}{繁殖周期}$$

(四)确定猪群结构

以年产万头商品猪的猪场为例,介绍猪群结构计算方法。

假设母猪窝产活仔数10头,出生至出栏存活率0.90×0.95×0.98,即哺乳期存活率90%、保育期存活率95%、生长育肥期存活率98%。

(1)年产总窝数:

$$年产总窝数=\frac{年出栏头数}{产活仔数 \times 出生至出栏存活率}=\frac{10000}{10 \times 0.90 \times 0.95 \times 0.98}≈1193头。$$

(2)每个生产节律转群头数:以7 d为一个生产节律,1年约为52周,相关参数计算如下。

①每周分娩母猪数=1193÷52≈23头,即每周分娩哺乳母猪数为23头。

②分娩率95%,妊娠母猪数=23÷0.95≈24头。

③情期受胎率85%,配种母猪数=24÷0.85≈29头。

④哺乳仔猪存活率90%,哺乳期仔猪数=23×10×0.9=207头。

⑤保育仔猪存活率95%,保育期仔猪数=207×0.95≈196头。

⑥生长育肥猪存活率98%,生长育肥猪数=196×0.98≈192头。

(3)各类猪群组数:生产节律为7 d,故猪群组数等于饲养的周数。

(4)猪群结构:各猪群存栏数=每组猪群头数×猪群组数。

(五)猪栏配备

猪舍的类型一般是根据猪场规模按猪群种类划分的,而栏位数量需要准确计算,栏位数的计算方法如下:

$$各饲养群猪栏分组数=猪群组数+\frac{消毒空舍时间(d)}{生产节律(d)}$$

$$每组栏位数=\frac{每组猪群头数(头)}{每栏饲养量(头)}+机动栏位数$$

$$各饲养群猪栏总数=每组栏位数×各饲养群猪栏分组数$$

三、现代养猪生产工艺流程

规模化猪场通常采用分段饲养、全进全出饲养工艺。现代养猪生产以规模化、智能化、批次化等为特征,实行集母猪配种、妊娠、分娩、断奶、保育、生长、育肥、销售于一体的连续流水式生产工艺,主要划分为一场式一线生产工艺流程和两场式、三场式或多场式一线生产工艺流程。

(一)一场式一线生产工艺流程

一场式一线生产工艺流程指在一个生产场内,母猪配种、妊娠、分娩、保育、生长、育肥、销售形成一条完整的生产线,具有同场内转群方便、造成应激小的优点,但不同猪群在同一生产线,存在场内外疫病的垂直或水平传播风险大等不足。

1. 一场式一线生产两段式生产工艺流程

一场式一线生产两段式生产工艺让猪在断奶后(通常在7周龄断奶,防止过早断奶的仔猪直接进入生长育肥后出现断奶应激)直接进入生长肥育(生长育肥期一般为18周)舍饲养至出栏销售,商品猪从出生到出栏时间为25周左右。该工艺适用于规模小、投资少、机械化程度低甚至完全依靠人工饲养管理的小型猪场和家庭农场。工艺流程如图7-6-1所示。

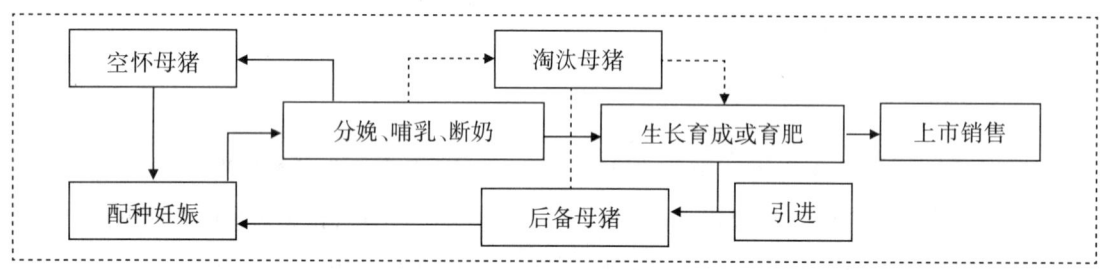

图7-6-1 一场式一线生产两段式生产工艺流程

2. 一场式一线生产三段式生产工艺流程

一场式一线生产三段式生产工艺将养猪生产分为配种妊娠期、产仔培育期和生长育肥期三个阶段。配种妊娠期指母猪配种妊娠后在预产期前1周进入产房分娩的阶段。产仔培育期指同批次妊娠母猪进入单元产房分娩并哺乳新生仔猪的阶段,哺乳期一般为21~28 d,断奶后将母猪驱赶至空怀舍,仔猪留在原圈(产房内)进行保育(即去母留仔法),保育至出生后70~80 d或体重达20~30 kg。生长育肥期是指将仔猪群整个单元周转至生长育肥舍饲养的阶段,饲养16周左右或体重达到110~120 kg时出栏。其工艺流程如图7-6-2所示。

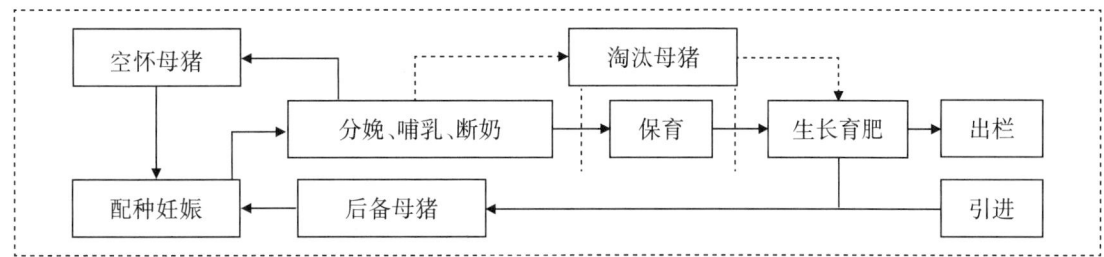

图7-6-2　一场式一线生产三段式生产工艺流程

3.一场式一线生产四段式生产工艺流程

（1）一场式一线生产四段式限位密集饲养生产工艺流程：怀孕母猪单栏限位密集饲养，比怀孕母猪小群饲养节约猪舍建筑面积500~600 m²（以万头猪场计）。如果产仔栏1个作用周期按7周设计，怀孕母猪可在产前1周进入产仔舍，在仔猪4周龄断奶后，转走母猪，仔猪再留养1周后转入保育舍，对产仔栏进行清洁消毒，空栏1周后再投入使用。保育舍按6周设计，饲养5周，清洁消毒后空栏1周；生长舍按6周设计，饲养5周，清洗消毒后空栏1周；育肥舍按12周设计，饲养11周，清洗消毒后空栏1周。该生产工艺将仔猪出生后按哺乳、保育、生长和肥育四段饲养，比一场式一线生产三段式生产工艺节约猪舍建筑面积300 m²左右（以万头猪场计）。其生产工艺流程如图7-6-3所示。

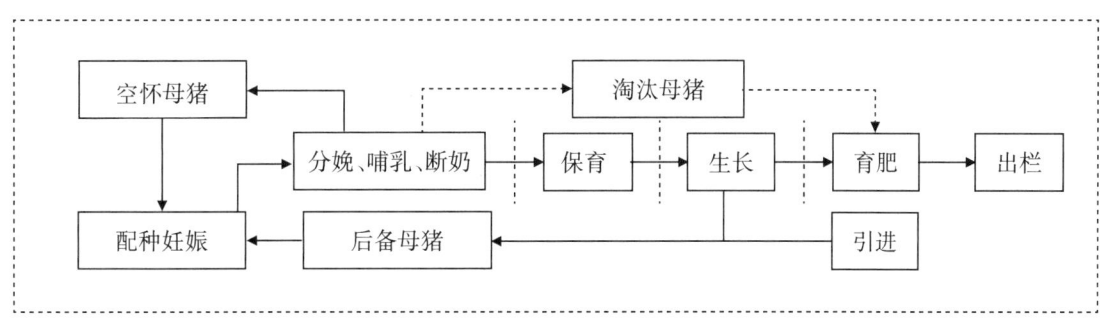

图7-6-3　一场式一线生产四段式生产工艺流程

（2）一场式一线生产四段式半限位密集饲养生产工艺流程：空怀母猪和轻胎母猪（即妊娠中早期的母猪）采用每栏4~5头的小群饲养方式，产前5周转入单栏限位饲养，哺乳母猪断奶后回到配种舍进行小群饲养。

（二）两场式生产工艺流程

哺乳猪在仔猪出生后10~21 d实施超早期断乳，两场间隔300~800 m或者更远，但最好不超过5 km。工艺流程如图7-6-4所示。

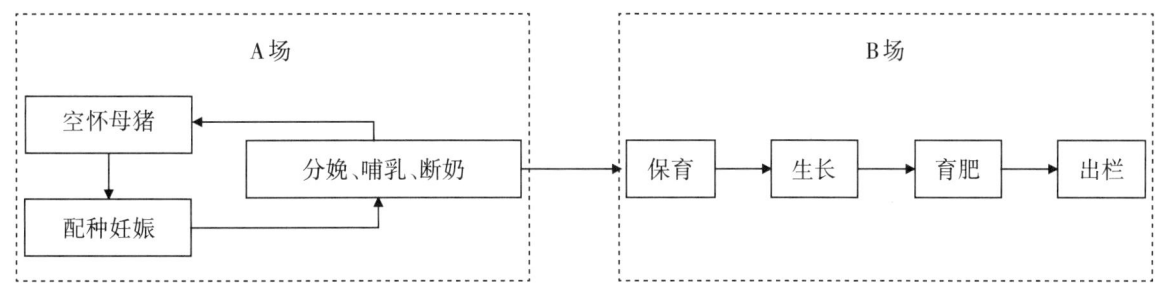

图7-6-4　两场式生产工艺流程

(三)三场式生产工艺流程

三场式生产工艺与两场式生产工艺流程的不同之处在于仔猪个体重达20~30 kg时,从保育舍(B场)转到C场进行生长育肥,B场和C场之间大于250 m或者更远,一般控制在300~800 m,但最好不超过5 km。工艺流程见图7-6-5。

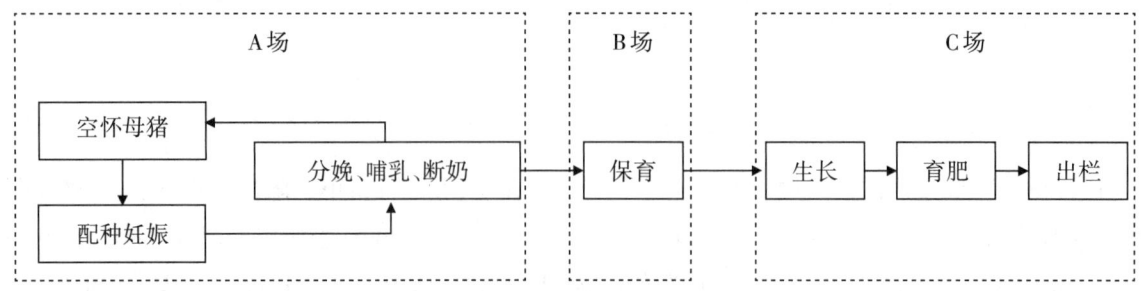

图7-6-5 三场式生产工艺流程

(四)多场式生产工艺流程

多场式生产工艺将保育分为许多独立隔离的场,哺乳仔猪在出生后10~21 d断奶,A场与保育场间隔300 m以上,但不宜超过5 km;各保育场之间、保育场与生长场之间的间隔也要大于或等于300 m。该法可有效控制猪场发生传染病带来的风险,万一某一点发病可以及时进行处理,不至于影响整个猪场的运转。工艺流程如图7-6-6所示。

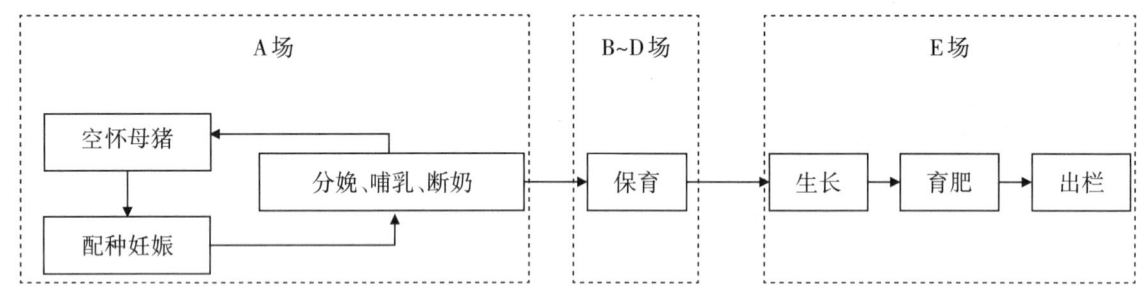

图7-6-6 多场式生产工艺流程

四、现代化养猪模式

养猪企业结合自身技术水平、建筑工艺、资金投入、环境保护、市场经营等因素,选择适合自身的养猪模式,以期获得最佳的经济效益。

(一)现代化养猪生产经营模式

1. "企业+N"养猪生产经营模式

"企业+N"养猪生产经营模式是国家重点支持的养殖模式,也是推进乡村振兴战略的重要模式,主要包括:

(1)"公司+农户"生猪养殖模式:农户作为公司契约养殖户,不承担市场销售风险。由公司向农户供应商品仔猪、饲料、兽药等生产性基础资料,统一安排技术服务人员,提供技术与管理标准及规范等服务,待商品猪达到上市体重或上市日龄,或达到公司收购标准、规格后,由公司保价回收和销售,最后统一核算金额。

(2)"公司+基地+农户"生猪养殖模式:公司统一饲养种猪,生产商品仔猪,哺乳仔猪断奶后转至公司自有的保育舍。公司提供给农户70日龄的仔猪进行育肥,农户可进场进行契约代养或自建育肥场契约代养,公司按照收购标准统一回收商品猪。"公司+基地+农户"模式可缩减契约农户生猪饲养周期、增加年饲养批次,农户可减少保育舍的投入,可有效控制"公司+农户"模式中存在的"偷买偷卖"等不良行为的发生。

(3)"公司+村集体合作社+农户"和"公司+小微企业+农户"生猪养殖模式:公司负责种猪和商品仔猪生产,公司与村集体合作社或小微企业签订契约代养商品猪,村集体合作社或小微企业与农户签订契约代养商品猪,村集体合作社或小微企业统一收购农户商品猪再卖给公司,农户养猪技术服务主要由村集体合作社或小微企业提供。公司只对村集体合作社或小微企业负责,减少了与农户的交涉面。该模式中,大量的商品猪舍由农户、村集体合作社或小微企业自建,节约了公司的投资成本。

2."自繁自养自加工"一体化生猪养殖模式

"自繁自养自加工"一体化生猪养殖模式是一种高投入、高产出的养殖模式,以规模化、集约化、机械化、智能化、高效化为特征。企业自己构建以生猪育种、种猪扩繁、商品猪生产与饲养、产品销售为一体的产、供、销完整的封闭式生猪产业链。严格按照"分阶段、流程化、精准化"的生产工艺程序开展饲养、管理与运营,将生猪养殖划分为"配种—妊娠—分娩—保育—生长肥育"5个阶段,配置不同猪舍和现代化设施设备,现代科技水平含量高。公司自设屠宰加工生产线,对屠宰加工的猪肉产品进行销售。"自繁自养自加工"模式可对生猪生产全过程进行严格控制和管理,场内工作人员分工高度明确,建立的HACCP管理体系易于实施,饲养方法科学先进,生产过程能得到有效控制,产品数量和质量均能得到保证。

(二)现代化养猪建筑模式

从猪场猪舍建筑模式看,可将现代养猪模式分为平层养猪和楼房养猪两种。

1.平层养猪模式

长期以来,猪舍建筑模式以平层养猪为主,即地面平层饲养或网床平层饲养。该模式占地面积大,特别是在山区缺乏平坦可用的地块以及国家对耕地的保护政策下,平层养猪的选址困难,制约了平层养猪的发展。同时,若猪场分区管理不到位,那么疫病垂直传播或水平传播的风险较大。另外,平层养猪对现代化智能设施设备的利用存在局限,主要依靠饲养员的经验,很难做到实时监控所有个体。

2.楼房养猪模式

楼房养猪模式并非平层猪场的简单叠加,而是根据猪的生活条件和生理需求设计的具有高度适应性的新式猪场。楼房猪场高度集中的空间一体化设计,有利于现代养猪技术和设备的高度整合集成;通过人工智能、区块链等技术的应用,能够在区域内实现对养猪生产过程、环境的影响、疫病等进行全面的检测和监控,实现信息化管理,大大降低监管成本和监管难度,提高监管效率。

(1)楼房养猪的优势和缺点:

①楼房养猪与平房养猪相比,表现出如下优势:

a.智能设施设备更加整合:高效整合智能环境控制、精准饲喂及AI监控等智能化、信息化的设备,有效保障楼房养猪的健康发展。

b.对环境的影响更加可控:养殖中产生的废气、粪便、尿液能得到更集中的处理。

c.土地利用更加高效:大幅减少了对土地的依赖,单位面积产出大,隔离防疫更科学。

d.节能更加有保障:楼房建筑的保温密封性好,污水、尿液能自流,更加节能。

②楼房养猪与平房养猪相比,表现出如下缺点:

a.设备互扰:各个楼层之间相互隔离,各个楼层设备运行状态、参数设置、报警信息等相互干扰。

b.精准通风难:在多品种、多单元养殖模式下,养殖参数不同,难以做到精准通风。

c.噪声大:集中通风,风机汇集到一个点,噪声大且难以消除。

d.设备维护保养难。

e.建设和养殖成本高。

f.虽然隔离防疫更加科学,但由于养殖规模大,构建完善的生物安全体系却非常困难。

(2)智能化装备在楼房养猪中的应用:

楼房养猪可利用智能化设备,实现远程实时监控每头猪的情况,通过大数据分析建立数字化养殖数据库,实现数字化养殖,更加高效。利用物联网、人工智能、无模型自适应算法等技术可以有效解决楼房养猪中的问题。

每个单元需要配备智能化设备:①智能装备。智能环境控制、智能饲喂、智能料线、AI监控、智能刮粪等设备。②传感器。用测量温度、湿度、风速、CO_2浓度、静压等的传感器感知环境信息。③消耗数据统计分析设备。对水、电和饲料等的消耗数据进行统计的设备及相关软件。

楼顶主控:运用无模型自适应算法控制楼顶风机群实现智能环境控制。

云平台:所有智能化的设备信息统一汇集到云平台,云平台可以进行相应的数据展示、数据分析等,另外通过手机端App可以随时随地掌控养殖场的数据。

3.楼房养殖智能化的发展

楼房养猪作为一种新兴的养殖模式正在不断发展,智能楼房养殖系统是将物联网智能化感知、信息传输和智能控制技术与传统养殖工艺结合起来,利用先进的智能硬件、传感器技术、数字信息传输技术、物联网大数据智能分析技术,围绕楼房养殖生产和管理环节设计的智能自动化养殖系统。将物联网、人工智能、云计算等先进的技术与传统养殖相结合,不断针对当前遇到的各种问题对系统进行优化迭代升级,实现自动决策、自动分析和精准执行,可减少猪场饲养管理人员,降低人工成本,真正实现AI养猪。

五、规模化猪场批次化生产技术

(一)相关概念

(1)规模化猪场批次化生产:根据母猪的繁殖周期,将母猪分成若干个群体,利用各种技术实现同一群母猪按照生产计划分批次进行配种和分娩。按照母猪繁殖节律,通常分为一周、三周、四周和五周批次生产模式。批次化生产以生产定时、定量,人员定额、定岗、定体为特征,集中生产操作,在短时间内完成批量生产任务,生产出整齐度好的大批量产品。

(2)每群母猪头数:指批次化生产中将母猪分为若干个群,每群母猪最大的可存栏头数。

(3)性周期同步化:利用生物技术对母猪群的发情周期进行调控,使同群母猪发情同步化。

(4)定时输精:利用生物技术使性周期同步化后的母猪群的卵泡发育和排卵同步化,并在计划的时间点同时进行人工授精。

(5)异常母猪:配种后,返情、未受孕或流产,但仍具有种用价值未被淘汰的母猪。

(二)规模化猪场批次化生产程序的构成

规模化猪场批次化生产程序包括8个阶段,参照DB 1301/T 365—2021《规模化猪场批次化生产技术规程》,生产程序如图7-6-7所示。

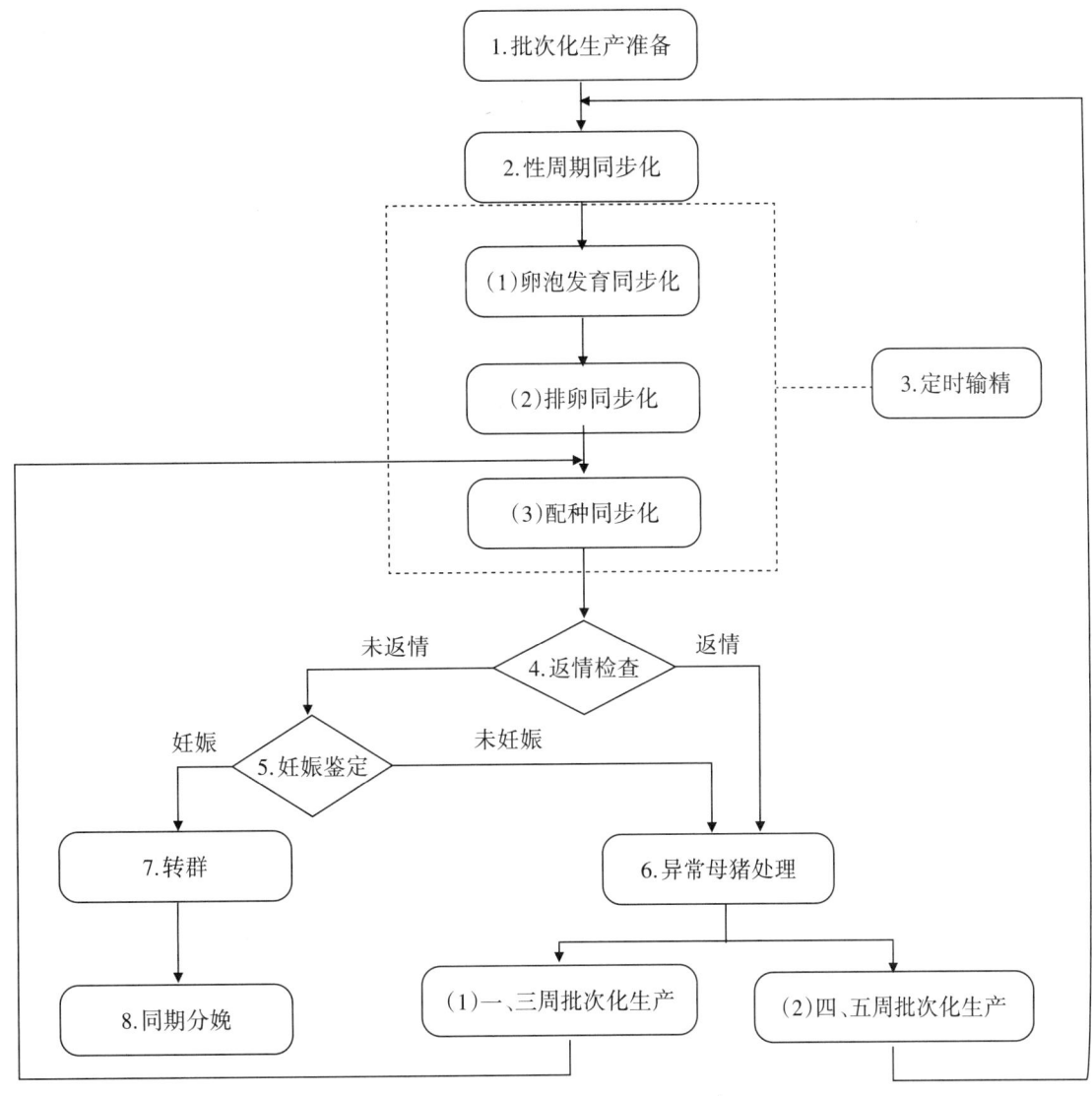

图7-6-7 规模化猪场批次化生产程序

1.批次化生产准备

(1)母猪分群:不同周批次生产母猪分群不同,如一周批分21群、三周批分7群、四周批分5群、五周批分4群。

(2)后备母猪补充:

①引种和留种:场外引种和场内留种按照GB/T 17824.2的规定执行。

②后备母猪补充头数,后备母猪补充头数的计算公式$G=[A-N+C+N×(1-S)]/B$,G为后备母猪补充头数,A为群母猪头数,N为断奶母猪头数,C为断奶母猪淘汰头数,S为断奶母猪配种妊娠率(%),B为后备母猪配种妊娠率(%)。

(3)个体编号:按照NY/T 820的附录A执行。

2.性周期同步化

(1)后备母猪性周期同步化的操作:①只准许至少有一次发情史的后备母猪进入性周期同步化;②在哺乳母猪计划断奶日前16~18 d,给计划入群的后备母猪每日每头连续饲喂烯丙孕素20 mg,在哺乳母猪计划断奶日前1 d的15:00停止饲喂。

(2)断奶母猪性周期同步化的操作:同批次哺乳母猪在计划断奶日的17:00同时断奶。

3.定时输精

(1)卵泡发育同步化:①后备母猪性周期同步化后,间隔42 h注射孕马血清促性腺激素(PMSG)1000 IU或PMSG 400 IU+人绒毛膜促性腺激素(hCG)200 IU。②断奶母猪性周期同步化后,间隔24 h注射PMSG 1000 IU或PMSG 400 IU+hCG 200 IU。

(2)排卵同步化:①后备母猪卵泡发育同步化后,间隔80 h注射促性腺激素释放激素(GnRH)100 μg。②断奶母猪卵泡发育同步化后,间隔72 h注射GnRH 100 μg。

(3)配种同步化:①人工授精按照NY/T 636执行。②配种同步化操作步骤:全部后备母猪及断奶母猪排卵同步化后,均间隔24 h进行第一次人工授精,再间隔16 h进行第二次人工授精;第二次人工授精后24 h查情,仍有静立反射的进行第三次人工授精。

4.返情检查

人工授精后的第18~24 d进行返情检查,返情的转入异常母猪群饲养。

5.妊娠鉴定

人工授精后的第25 d采用B超进行妊娠鉴定。鉴定为可疑的,第30 d进行第二次妊娠鉴定。鉴定为空怀的,转入异常母猪群饲养。

6.异常母猪处理

采用一周批次化和三周批次化生产的母猪,发情即配种,配种后进入配种同步化阶段。采用四周批次化和五周批次化生产的母猪,发情不配种,并入下一批次配种计划,按照后备母猪执行。再次发生返情、未受孕或流产的母猪即可淘汰。

7.转群

妊娠母猪产前7 d(四周批为前3 d)转入产房,哺乳母猪断奶即转入配种舍。

8.同期分娩

妊娠期114 d没有分娩的母猪在妊娠期115 d注射氯前列烯醇钠2 mL。

(三)栏位要求

1.各阶段栏位滞留时间要求

(1)转群后的空舍或单元,要求清洗、消毒、空圈7 d(四周批为4 d);(2)后备母猪在配种舍性周期同步化16~18 d;(3)后备母猪及断奶母猪人工授精后在配种舍饲养42 d;(4)妊娠母猪在妊娠母猪舍饲养至产前7 d(四周批为前3 d)转入分娩舍;(5)一周批和三周批的哺乳期为28 d,四周批和五周批的哺乳期为21 d。

2.产房单元数(间)

一周批6间,三周批2间,四周批和五周批均为1间。

(四)追溯方法

1.标记方法

在规模化猪场批次化生产的准备阶段,采用耳标加刺标或耳缺做双重标记进行个体编号。

2.过程记录

(1)记录执行各阶段程序的人员姓名;(2)母猪分群阶段,记录个体编号;(3)性周期同步化阶段,记录后备母猪的发情次数,烯丙孕素饲喂的起止时间(月、日、时),哺乳母猪断奶的时间(月、日、时);(4)定时输精阶段,记录卵泡发育同步化和排卵同步化操作的时间(月、日、时),记录人工授精的公母猪的个体编号、品种、输精次数和输精的时间(月、日、时)以及预产期等;(5)返情检查阶段,记录检查的日期和返情鉴定结果;(6)妊娠鉴定阶段,记录妊娠鉴定的时间、是否妊娠或可疑,可疑的记录第二次鉴定是否妊娠;(7)异常母猪处理阶段,记录发情、配种、并群、流产、淘汰的日期及个体编号;(8)转群阶段,记录日期、个体编号、转入转出的栋舍号;(9)同期分娩阶段,记录日期、个体编号、总产仔数、死胎数、木乃伊数、窝重、个体重等;(10)同时做好其他相关记录,记录内容保存两年以上。

拓展阅读

扫码获取本章拓展数字资源。

课堂讨论

1.如何理解仔猪生理特点与养殖技术的有机结合?

2.如何理解猪的文化及其对养猪的意义?

3.如何开展福利养猪?

4.如何做好生猪生产与环境保护的有机结合?

5.猪的生物学和行为学特性是在长期的历史演化过程中与其生存条件斗争并协同发展而形成的,是自然和人工共同选择的结果,因此不同品种的猪具有不同的特性。请结合实际,围绕自然规律与社会规律,开展"与时俱进,培养独立人格"的讨论,强化个性化人才培养。

思考与练习题

1.了解和掌握猪的生物学和行为学特性对指导养猪生产有何意义。

2.了解和掌握不同品种猪的种质特性的利用价值。

3.简述我国地方猪种类型划分及其代表猪种的特征。

4. 如何才能提高母猪年生产力？
5. 提高仔猪存活率的技术措施有哪些？
6. 如何才能提高肉猪生产力？
7. 预防母猪难产的技术措施有哪些？如何处理母猪难产？
8. 试述养猪生产工艺。
9. 如何才能做到母猪适时配种？
10. 如何在规模化养猪场实施批次化生产技术？

第八章

家禽生产技术

本章导读

禽肉和禽蛋是人类获取优质、廉价动物蛋白质的重要来源之一，能提供丰富的营养。在保障家禽健康的基础上，生产出质优量多的禽产品是现代家禽生产的主要目标。为实现我国家禽业快速高效发展，并建立环境友好型的家禽养殖业，必须在生产的各个环节中运用科学理论进行指导，还须合理运用先进技术。本章将以家禽生产过程为主线，结合世界前沿养殖技术，系统介绍家禽养殖的关键理论、先进生产工艺和技术。

学习目标

1.了解家禽的生物学特性和国内外家禽的品种及利用方向；掌握家禽的人工孵化技术；掌握不同养殖方式、不同利用方向、不同生理阶段家禽的饲养管理技术。

2.培养学生在实际生产过程中，活学活用、解决生产问题的能力；培养自主学习知识和技能的能力；培养学生的宏观决策能力，特别是培养学生的家禽企业生产观念、市场观念和经济观念。

3.通过对现代家禽业发展概况、存在的问题、重要性及产业前景进行分析，激发学生学习的兴趣，提高学生解决生产实际问题的能力；培养学生的环保意识、健康意识和责任意识，推动践行生物安全观和可持续发展理念；学习学科前沿、行业前沿、科技成果，提高对优质自主培育品种的认同感，增强民族自豪感。

概念网络图

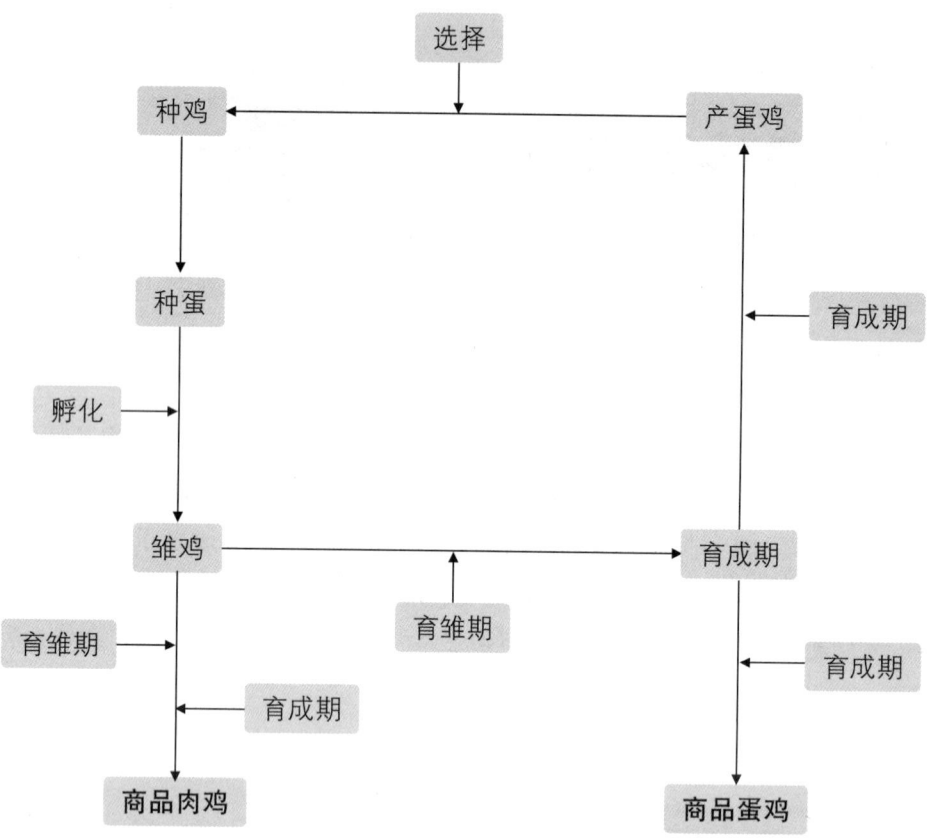

禽产品营养价值很高,是人们理想的动物蛋白质来源,在提高国民生活水平,改善膳食结构等方面发挥了重要的作用。近年来,我国养禽业正从数量型、小规模生产朝着精准养殖、自动化养殖和绿色养殖等方向逐步迈进。家禽生产技术作为畜牧生产行业的重要组成部分,涵盖了从家禽生物学到具体饲养管理的多个层面,不仅关乎家禽种用价值的提升和经济效益的最大化,更是推动家禽生产行业可持续发展的重要驱动力。本章节主要介绍了家禽的生物学特性、家禽的品种及利用、人工孵化技术、蛋鸡标准化饲养管理技术、肉鸡标准化饲养管理技术,以及水禽饲养管理技术等内容,向读者呈现了现代化、标准化的家禽生产过程中涉及的理论基础和生产技术,为解决生产实践中的问题提供理论支撑和技术指导。

第一节 家禽的生物学特性

一、家禽的生物学特性

家禽属于鸟类,具有不同于家畜的生物学特性,包括以下特征。

1. 全身长有羽毛、保温性强

成年家禽的大部分体表覆盖着羽毛,抑制皮肤表面蒸发散热,具有良好的保温性能,因而家禽不怕严寒。

2. 体温高、新陈代谢旺盛

家禽的正常体温高达41~42 ℃,比常见家畜的体温更高(表8-1-1)。以每千克体重计算,在单位时间内家禽消耗氧气和排出二氧化碳的量比家畜多2倍。

表8-1-1 家禽与家畜的标准体温

畜禽的种类	鸡	鸭	鹅	猪	马	牛	山羊	绵羊
标准体温/℃	42.0	41.5	41.2	39.7	37.8	39.0	40.0	39.9

3. 独特的消化系统

家禽的采食量较大，有喙、无牙齿，依靠嗉囊储存食物，摄入的食物在肌胃中进行研磨。家禽的消化道短，鸡与鸭对粗纤维的消化率很低，鹅对粗纤维的消化主要是依靠盲肠。此外，家禽对饥渴比较敏感。

4. 骨骼细

家禽部分骨骼是气动的，骨骼致密，长骨中空、有髓腔；前肢演变成了翼，但失去了飞翔的能力。

5. 体温调节能力差

家禽没有汗腺，不能通过出汗排出体内热量。但家禽有许多气囊，通过加强和改善呼吸过程来调节散热过程。除呼吸散热外，还可借助于排泄带走部分体热。如将家禽的羽毛淋湿，则可通过显露的皮肤，利用传导和对流的方式散发体热。

6. 无膀胱

由于家禽没有膀胱，所以家禽的尿液汇集在输尿管，形成尿酸盐白色结晶体，随粪便一起经泄殖腔排出体外。

7. 群居性强，有啄斗行为

家禽在采食、饮水、交配等行为中，会通过争斗来形成群体内部的社会序列。

二、家禽的繁殖特性

1. 卵生

禽类属卵生动物，受精卵主要在体外进行孵化，胚胎发育分为体内和体外两个阶段，且胚胎的生长发育主要在母体外完成。因此，家禽种蛋可进行批量人工孵化，有利于进行大规模饲养。

2. 繁殖力强

禽类的繁殖力强，高产蛋鸡年产蛋量在320枚左右，肉种鸡年产蛋180~200枚。公禽每天交配次数多，精液量虽少，但精液浓稠，精子密度大、数量多，精液在母禽输卵管内可以存活5~10 d，个别可以存活30 d以上。若采用人工授精，每只公禽的精液能配母禽40~50只。

3. 繁殖有季节性

家禽对光线敏感，光照时间和光照强度对家禽的性成熟有显著影响。因此，在育成阶段要严格控制光照时间和强度。在开产后，为了获得较高的产蛋率，光照时间只能增加不能减少。

第二节 鸡的品种及利用

自从家禽业步入商品化生产以来,世界各国对培育优良的家禽品种越来越重视。育种技术不断进步,品种性能逐步提高,对家禽业的发展产生了巨大的推动作用。随着家禽业生产集约化、商品化程度的提高,禽种的经济用途更趋于专一化,商品禽多为杂交配套生产。在生产中,常按以下方式将鸡分为蛋用鸡和肉用鸡两类。

一、肉鸡的品种

(一)标准品种

1. 白科尼什鸡

原产于英格兰的康瓦尔,是世界著名的大型肉用鸡种。羽毛纯白,豆冠,喙、胫、皮肤为黄色。肩宽、胸深、背长,胸、腿的肌肉发达,骨骼粗壮,体重大。成年公鸡体重达4.6 kg,成年母鸡体重达3.6 kg。公鸡凶悍好斗,母鸡就巢性强,雏鸡早期生长速度快。肉用性能好,但产蛋量少,年平均产蛋仅120枚左右,蛋重56 g,蛋壳浅褐色。因其肉用性能优良,在现代肉用仔鸡生产中,常用其作为父系进行杂交配套,用来生产快速生长、体型较大的白羽肉鸡。

2. 白洛克

育成于美国。羽毛白色,单冠,喙、胫和皮肤为黄色。年产蛋170枚,蛋重约58 g,蛋壳褐色。成年公鸡体重达4.15 kg,母鸡体重达3.25 kg,肉用性能较好。

3. 九斤鸡

世界著名肉用鸡种之一,原产于中国。头小,单冠,喙短;冠、肉髯、耳叶均为鲜红色,皮肤黄色。颈粗短,体躯宽深,胸部饱满,外形近似方形。胫短,呈黄色,有胫羽和趾羽。母鸡就巢性强,但体重较大,不宜孵蛋。年产蛋80~100枚,蛋均重55 g。成年公鸡体重达4.9 kg,成年母鸡体重达3.7 kg。

(二)地方肉鸡品种

1. 北京油鸡

产于北京郊区,属优质肉鸡。肉质丰满,肉味鲜美。体躯中等大小,羽色分为赤褐色和黄色两大类。具有冠羽、胫羽,有些个体有趾羽,有胡须。210日龄开产,年产蛋110枚。成年公鸡体重2.0~2.5 kg,成年母鸡体重1.5~2.0 kg。

2. 浦东鸡

产于上海市黄浦江以东地区,属肉用型品种。体躯硕大,近似方形。毛色以黄色、麻褐色居多。喙粗短、稍弯曲,呈黄色或褐色。单冠,冠、肉髯、耳叶和脸均呈红色,胫为黄色。成年公鸡体重达4.0 kg,成年母鸡体重达3.0 kg,以体大、肉肥、味美著称,是公认的优质肉鸡。年产蛋量100~130枚,蛋均重58 g,蛋壳呈深褐色,就巢性强。

3. 惠阳鸡

又称三黄胡须鸡,产于广东省惠阳地区,是我国著名优质黄羽肉鸡。黄毛、黄嘴、黄脚、有胡须、身短、脚矮、骨软、白皮、玉肉(又称玻璃肉)。头中等大小,单冠直立,胸肌饱满,后躯发达,育肥性能良好。成年公鸡体重达2.1~2.3 kg,成年母鸡体重达1.5~1.8 kg,年产蛋约110枚,蛋均重46 g,就巢性强。

二、蛋鸡的品种

(一)标准品种

1. 白来航鸡

原产于意大利,是世界著名的蛋用鸡品种,也是现代蛋鸡生产中广泛推广的白壳蛋鸡。体型小而清秀,羽毛洁白紧凑;单冠,鸡冠和肉髯发达;喙、胫、皮肤均为黄色,耳叶白色。性情活泼好动,易受惊吓,适应能力强;性成熟早,产蛋率高,无就巢性;饲料消耗少。成年公鸡体重达2.3 kg,母鸡体重达1.8 kg;性成熟期为5月龄,年产蛋220枚以上,最高可超过300枚蛋。蛋重56 g以上,蛋壳白色。

2. 洛岛红鸡

育成于美国,属肉蛋兼用型鸡,洛岛红鸡选育时曾引入我国九斤鸡进行改良。羽毛为深红色,尾羽黑色。体躯长,似长方形,单冠,喙为褐黄色,皮肤和胫呈黄色。体质强健,适应性强。成年公鸡体重达3.7 kg,母鸡体重达2.8 kg。6月龄开产,年产蛋180枚,蛋重约60 g,蛋壳呈褐色。现代褐壳蛋鸡品种多数以洛岛红鸡为父本与其他品系配套杂交而成,其商品代蛋鸡不仅有优异的生产性能,还可以通过绒毛颜色鉴别初生雏的雌雄。

3. 新汉夏鸡

育成于美国新汉夏洲,是用洛岛红鸡选育而成的蛋鸡品种,外形与洛岛红鸡相似,体躯稍短,羽色略浅,喙为浅褐黄色,皮肤和脚呈黄色。成年公鸡体重达3.4 kg,母鸡体重达2.7 kg,180日龄开产,年产蛋200枚,蛋重58 g,蛋壳褐色。

(二)地方品种

仙居鸡属蛋用型鸡,主产区是浙江省仙居县。体型较小,动作灵敏,易受惊吓。单冠,眼大,胫长,尾翘,其外形和体态与白来航鸡相似。毛色有黄、白、黑、麻雀斑色等多种,胫色有黄、青及肉色等。140日龄开产,年产蛋量180~200枚,高产的达270枚。蛋重35~43 g,蛋壳棕色,有就巢性。成年公鸡体重1.25~1.50 kg,成年母鸡体重0.75~1.25 kg。

三、品种的利用

(一)商业配套系的特征

现代禽种多是经过品系杂交选育出的商用配套系。家禽配套系以最大限度地利用杂种优势为目标,将若干个禽类品系,经广泛的配合力测定选出具有最佳组合效果的杂交组合,具有呈现杂种优势率高,生产性能高并且一致的特点。常用配套模式有二系、三系和四系等,其制种级次依次为商品代、父母代、祖代和曾祖代。群体生产性能须在完善的良种繁育体系下才能体现,所以,现代禽种必须严格按品系配套要求进行生产。

(二)现代商业鸡种分类

现代禽种按生产需要不同可分为蛋用型和肉用型两大类。因为鸭和鹅的生产量小,目前按品系配套较少;母鸡的生产量大,按品系配套较多。

1. 蛋鸡配套系

专用于生产蛋鸡的配套系,按其所产蛋壳颜色可分为白壳蛋鸡和褐壳蛋鸡两类。

(1)白壳蛋鸡:体型较小,也称为"轻型蛋鸡"。以单冠白来航鸡为育种素材,培育出不同的品系,再进行品系间杂交,多为四系配套,产白壳蛋。特点是开产早、产蛋量高、无就巢性;体型小、耗料少和适应性强,适于高密度饲养、节省饲养面积;但蛋重小、对环境变化敏感、抗应激能力差。母鸡成年体重达1.4~1.5 kg,淘汰体重达1.6~1.7 kg,产蛋期每天耗料115~125 g,开产期为18~19周龄,26~28周龄达产蛋率高峰,产蛋率可达到93%~95%,高产蛋率(90%以上)可维持到50多周龄,到78周龄产蛋率仍可达到(或超过)70%。主要代表品种有星杂288(加拿大)、迪卡布(美国)、海赛克斯白鸡(荷兰)、海兰白(美国)等国外品种,京白904、京白823、滨白426等国内品种。

(2)褐壳蛋鸡:所产鸡蛋的蛋壳为棕色或褐色。以洛岛红鸡、新汉夏鸡和芦花鸡等兼用鸡品种为育种素材培育的配套系,父系多为红羽,个别品系为黑羽,母系多为白羽,亦有个别品系为芦花羽,商品代可依据绒毛颜色鉴别雌雄。特点是蛋重大、破损率低、体重大、抗应激且耐寒性好,但耐热性差、耗料多、占地大、易肥胖、产血斑或肉斑蛋比例高等。母鸡成年体重达1.8~2.0 kg,淘汰体重达2.2~2.3 kg,产蛋期每天耗料125~130 g,开产周龄和产蛋率与白壳蛋鸡基本一致。主要代表品种有伊莎褐(法国)、罗斯褐(英国)、罗曼褐(德国)、海赛克斯褐鸡(荷兰)等国外品种,北京红鸡、农大褐、B6鸡等国内品种。

2. 肉鸡配套系

专用于生产肉鸡的配套系,生产上要求肉用鸡体重大、生长快,提供的合格种蛋多和雏鸡多。由于产蛋量与生长速度呈负遗传相关,所以肉鸡配套系多以生长快的鸡种为父系,以体重略小、产蛋多的鸡种为母系,这样可以提供更多的后代,并且杂交后代生长速度仍然较快。肉鸡可简单分为快大型肉鸡和优质型肉鸡两个类型。

(1)快大型肉鸡:特点是体型大、生长速度快。父系多为白科尼什与单冠白来航杂交选育出的高产品系,具备肉用性能突出、体重大、生长快、肌肉丰满等特性;母系多为白洛克高产品系,具备肉用性能较好、繁殖性能较高、体重略轻等特性。

(2)优质型肉鸡:一般由地方鸡种育成,生长速度较慢,但肉质风味较好。黄羽肉鸡是优质鸡的典型代表,它由隐性白羽洛克鸡与地方三黄鸡或麻鸡杂交选育而成,在我国华南地区和东南亚具有较大的消费市场。乌骨鸡也是我国典型的优质型肉鸡,兼具药用价值。

现代肉用鸡种的父母代体重达3.4~3.8 kg,25~27周龄开产,生产期为66周龄,入舍母鸡可提供合格种蛋150~170枚,入孵蛋孵化率为80%,可提供雏鸡120~140只。商品肉用仔鸡7~8周龄出栏,体重超过3.0 kg。

四、鸭的品种

鸭是我国传统的水禽品种,具有悠久的养殖历史。鸭的产品有其独特的风味,非其他家禽所能替代。根据社会的需求,对于如何利用水禽产品,我国人民摸索出了许多可行的方法和独特的消费方式。根据鸭的经济用途,可把鸭品种划分为三种类型,即肉用型、蛋用型和兼用型。

(一)肉鸭品种

1. 北京鸭

原产于北京近郊,是世界上最优良的肉鸭品种。北京鸭以生长速度较快、胴体品质良好而闻名,现已成为世界各个国家商品肉鸭的主要育种素材。北京鸭体躯硕大而丰满,挺拔强健,头大,胸深,背宽平,腿短粗;体躯呈长方形,前胸突出,胸骨长而直;两翅较小,紧附于体躯两侧。羽毛纯白色,嘴、腿和蹼呈橘红色,皮肤呈白色稍黄。成年公鸭体重达4.0~4.5 kg,喙较宽,颈短而粗,体长似船形,尾部有向上卷起的性羽,叫声沙哑。成年母鸭体重达3.5~4.0 kg,颈细长,腹大,后躯比前躯发达,体躯呈梯形,叫声洪亮。北京鸭年产蛋量220枚左右,平均蛋重92 g,蛋壳呈白色。

2. 樱桃谷鸭

原产于英国,是以北京鸭和埃里斯伯里鸭杂交选育而成的四系配套鸭。外表特征似北京鸭,羽毛纯白色;喙为橙黄色,胫、蹼呈橘红色;体躬硕大,呈长方形;头较大,胸宽且胸部肌肉紧实发达,颈粗且短。樱桃谷鸭具有生长速度快、抗逆性强、饲料转化率高的特点,适于规模化集约化饲养。开产期约26周龄,母鸭体重达3.1 kg,66周龄产蛋220枚。商品代47日龄体重达3.07 kg,饲料转化率为2.5:1。

3. 奥白星鸭

由法国奥百星公司培育的大型白羽商用肉鸭,具有北京鸭的血统。成年奥白星鸭体态特征与北京鸭一致,全身羽毛白色,喙、胫、蹼呈橙黄色,头部较大、胫部粗、胸部宽。奥白星鸭体躯硕大,具备生长发育快、成熟时间早、容易育肥、胴体品质好,以及能适应旱地圈养或网上饲养等特点。根据产蛋和生长情况可将奥白星鸭又分为中型(STAR43型)、重型(STAR53型)和超级重型(STAR63型)3种。STAR43型父母代公鸭24周龄性成熟,母鸭24周龄开产,68周龄产蛋230枚,商品代羽毛白色,42日龄活重2.8 kg,饲料转化率为2.4:1。STAR53型父系25周龄性成熟,母系24周龄开产,68周龄产蛋230枚,商品代42日龄活重3 kg,饲料转化率为2.4:1。STAR63型父系25周龄性成熟,母系25周龄开产,69周龄产蛋220枚。商品代42日龄活重达3.4 kg,饲料转化率为2.3:1。

4. 狄高鸭

由澳大利亚狄高公司用北京鸭和英国爱斯勃雷肉鸭杂交选育而成的大型肉鸭配套系。狄高鸭的外形与北京鸭相似,具备羽毛白色、体大、胸宽、胸肌丰满、能在陆地交配、适于旱养等特性。商品肉鸭7周龄体重3.0 kg,肉料比1.0:(2.9~3.0);半净膛屠宰率为85%左右,全净膛屠宰率(含头脚重)为79.7%。在33周龄,产蛋进入高峰期,产蛋率超过90%。年产蛋200~230枚,平均蛋重88 g。蛋壳白色。

5. 瘤头鸭

原产于南美洲,又称疣鼻鸭、麝香鸭,俗称番鸭,与一般的家鸭同科不同属,以产肉多而受到现代家禽业的重视。瘤头鸭体躯前宽后窄呈纺锤状,头大而长,眼至喙的周围无羽毛,面部长有红褐色皮瘤,喙较短而窄;羽毛呈纯白、纯黑或杂色;肉厚,味美,属肉用型;体质健壮,有飞翔能力,可陆地旱养;成年公鸭体重达4 kg,成年母鸭体重达3 kg;7月龄开产,年产蛋80~120枚,蛋重70~80 g,蛋壳多为白色;就巢性较强。采用瘤头公鸭与家养母鸭杂交,生产属间的远缘杂交鸭,称为半番鸭或骡鸭。半番鸭生长迅速,饲料报酬高,肉质好,抗逆性强,但无繁殖能力。

6. 克里莫瘤头鸭

由法国克里莫公司培育而成,分为白色、灰白和黑色三种类型。克里莫瘤头鸭体质健壮,适应性强,肉质好,瘦肉多,肉味鲜香,是法国饲养量最多的品种。成年公鸭体重达4.9~5.3 kg,母鸭达2.7~3.1 kg。母鸭10周龄体重可达2.2~2.3 kg,公鸭11周龄体重可达4.0~4.2 kg。半净膛屠宰率达82%,全净膛屠宰率达64%,肉料比为1:2.7。在196日龄左右开产,年平均产蛋160枚。种蛋受精率超过90%,受精蛋孵化率超过72%。克里莫瘤头鸭的肥肝性能良好,一般在90日龄时用玉米填饲,经21 d左右,平均肥肝重可达400~500 g。法国生产的鸭肥肝约一半来自克里莫鸭。

(二)蛋鸭品种

1. 康贝尔鸭

育成于英国,由浅黄色印度跑鸭与法国芦安鸭公鸭杂交,再与野鸭杂交选育而成的优良蛋鸭品种。康贝尔鸭体型中等大小,胸深、背宽、腹部丰满。公鸭头、颈、肩和尾羽为青铜色,其余羽毛为暗褐色,喙为绿蓝色,脚为橘红色。母鸭羽毛为黄褐色,喙为青褐色,脚为深褐色。成年公鸭体重达2.4 kg,成年母鸭体重达2.2 kg,5月龄开产,年产蛋260枚以上,蛋重70 g,蛋壳呈白色。

2. 绍兴鸭

主要产于浙江绍兴,是我国著名高产蛋鸭品种,具有性成熟早、产蛋多、体型小、耗料少等特点。体躯狭长,喙长颈细,腹部丰满;体躯匀称,紧凑结实;羽毛有带圈白翼梢和红毛绿翼梢两个类型。公鸭头颈部为墨绿色有金属光泽,颈中部有白羽颈环,主翼羽和腹部为白色,尾羽为墨绿色。红毛绿翼梢型母鸭以深褐色麻雀羽为主,颈上部为褐色无黑斑羽。绍兴鸭开产期早,90日龄时鸭群中即可见蛋,年产蛋260多枚,带圈白翼梢型产玉白色壳蛋,红毛绿翼梢型产青壳蛋,蛋重68 g。

3. 金定鸭

原产于福建省漳州市龙海区,是适应于海滩放牧的优良蛋鸭品种。公鸭胸宽背阔,体躯较长。喙黄绿色,虹彩褐色,胫、蹼橘红色,爪黑色。头部和颈上部羽毛具有翠绿色光泽,无明显白羽颈环,有镜羽,尾羽黑色。母鸭身体细长,匀称紧凑,头较小,胸稍窄而深;喙古铜色,眼的虹彩褐色,胫、蹼橘红色。全身赤褐色麻雀羽,背面体羽绿棕黄色,腹部的羽色变浅,颈部的羽毛纤细,翼羽黑褐色;尾脂腺发达。120日龄开产,年产蛋260枚,蛋重72 g,95%为青壳蛋,是我国麻鸭品种中产青壳蛋最多的品种。

4. 连城白鸭

又叫白鹜鸭,原产于福建省连城县,是我国独具特色的小型白羽蛋鸭品种。连城白鸭具有体躯狭长、头小、颈细长、白色羽毛、乌嘴、黑脚等外表特征,具有耐粗饲、耐高温高湿、适应性能好、抗病力强等优点。此外,连城白鸭具有独特的药用价值,有清热解毒、滋阴补肾、化痰、安神、开胃、健脾的功效。由于连城白鸭具有良好的药用功能符合现代人的消费需求,因此被称为"全国唯一的药用鸭"。120日龄开产,年产蛋220~230枚,平均蛋重58 g,蛋壳多数为白色,少数为青色。

5. 攸县麻鸭

属小型蛋鸭品种，主产于湖南攸县的攸水和沙河流域一带。攸县麻鸭体躯狭长呈船形，羽毛紧密。公鸭头和颈的上半部为翠绿色，颈的中下部有白色羽颈环，前胸羽毛赤褐色，尾羽和性指羽墨绿色；母鸭羽毛为黄褐色。公鸭的喙呈青绿色，母鸭的喙呈橘黄色；胫、蹼橘红色，爪黑色。110日龄左右开产，年产蛋200~250枚，平均蛋重60 g，蛋壳白色率可达90%。

6. 莆田黑鸭

莆田黑鸭是中国现今仅有的一个全黑色鸭品种，主要分布于福建晋江和莆田两地的沿海一带。莆田黑鸭全身羽毛呈浅黑色，着生紧密，体格坚实，行走迅速。头、颈部羽毛具有光泽，雄性特别明显。喙为墨绿色，胫、蹼、爪黑色。120日龄左右开产，年产蛋270枚左右，蛋均重70 g，蛋壳白色。

(三) 兼用型品种

1. 建昌鸭

建昌鸭主产于四川凉山彝族自治州安宁河谷地带，是我国麻鸭中兼具肉用性能和肥肝性能的优良品种。建昌鸭主要有浅麻、褐麻和白胸黑羽三种羽色，其中以浅麻羽色最多。体躯宽阔，头颈粗短。浅麻羽色的公鸭，头顶部羽毛为墨绿色，有光泽，颈下部有白色颈环，尾羽黑色，性指羽黑色；前胸及鞍羽为红褐色，腹部羽毛银灰色；喙墨绿色，故有"绿头、红胸、银肚、青嘴公"的描述；胫、蹼橘红色。150~180日龄开产，年产蛋150枚左右。蛋均重75 g，青壳蛋占60%左右。经系统选育的建昌鸭生长速度显著提高，成年公鸭体重达2.50 kg，成年母鸭体重达2.45 kg。以建昌鸭白羽系为母本，与大型肉鸭杂交生产的商品肉鸭，在放牧补饲颗粒饲料的条件下8周龄的体重可达1.5 kg。建昌鸭填肥3周平均肝重达320 g，最重可达545 g。

2. 高邮鸭

主产于江苏省下河地区，是我国优良的兼用型麻鸭品种，以产双黄蛋著称。高邮鸭发育匀称，具有兼用型鸭典型的浑圆体躯。公鸭体型较大，背肩宽，胸较深；头颈上半部羽毛为深孔雀色，背、腰、胸褐色芦花羽，尾羽黑色，腹部白色；喙青绿色，喙豆黑色；眼的虹彩深褐色；胫、蹼呈橘红色，爪呈黑色，有"乌头白档，青嘴雄"之称。母鸭的颈细长，羽毛紧密，胸宽深，后躯发达；全身为麻雀色羽，淡褐色，花纹细小，镜羽鲜艳；喙呈青色，喙豆黑色，爪黑色。在110~120日日龄开产，高产高邮鸭年产蛋250枚，蛋均重83 g。白色蛋壳约占82.9%，青壳占17.1%左右。

3. 大余鸭

原产于江西大余县及其周边地区，大余古称南安，用大余鸭制作的板鸭称为南安板鸭。公鸭头、颈、背、腹红褐色；母鸭褐羽带大块黑条斑，称为"大粒麻"。喙呈青色，胫、蹼呈青黄色。190~220日龄时产蛋率达50%。在放牧补饲条件下，500日龄可产蛋190枚，蛋均重70 g，蛋壳白色。在放牧补饲条件下，90日龄体重可达1.4~1.5 kg，成年鸭体重可达2.0~2.2 kg。

五、鹅的品种

鹅以肉用型为主，按体重可分为重型和轻型两类，按羽色可分为灰鹅和白鹅两类，按体型则可分为大型、中型和小型三类。

(一)大型鹅

1. 狮头鹅

狮头鹅是我国唯一的大型鹅品种,也是世界上三大鹅种之一,原产于广东饶平一带。体躯硕大,呈方形,头大颈粗短。头部黑色肉瘤发达,向前突出,覆盖于喙上;两颊有对称的肉瘤1~2对;颌下咽袋发达,一直延伸到颈部,形成"狮形头",故得名狮头鹅。喙短呈黑色;眼皮凸出,多呈黄色;胫、蹼为橙红色,有黑斑;羽色呈浅灰或深褐色。成年公鹅体重达10~12 kg,最大可达19 kg;成年母鹅体重达9~10 kg。在160~180日龄开产,年产蛋35枚左右,蛋均重200 g,蛋壳白色,就巢性强。

2. 埃姆登鹅

埃姆登鹅原产于德国西部的埃姆登城附近,是世界著名的古老鹅种之一。肥育性能好,可用于优质鹅油及鹅肉生产。全身羽色为白色,在背部及头部带有一些灰色绒毛。在换羽前,一般可根据绒羽的颜色来鉴别公母,公雏鹅绒毛上的灰色较母雏鹅浅。体型大,头大呈椭圆形,喙粗短,颈长稍曲,体长,背宽,胸部丰满,腹部有一双腹褶下垂;喙、胫、蹼呈橘红色。成年公鹅体重达9~15 kg,成年母鹅体重达8~10 kg。300日龄左右开产,就巢性强,年产蛋20~30枚,蛋重160~200 g。

3. 图卢兹鹅

又叫茜蒙鹅,由法国野灰鹅驯化而成,是世界上体型最大的鹅种。图卢兹鹅头大、喙尖、颈粗短,体躯大,呈水平状态,胸深背宽,腿短而粗,颌下有明显的咽袋,腹下有发达的腹褶;喙橘黄色,胫橘红色,羽毛灰色、蓬松。早期生长速度快,产肉量高,肌肉纤维粗,肉质欠佳,容易沉积脂肪,多用于生产肥肝和鹅油,每只填肥鹅可产肥肝1000~1300 g,最重的达1800 g。肥肝大而质软,质量较差。成年公鹅体重达12~14 kg,成年母鹅体重达9~10 kg。母鹅性成熟晚,300日龄左右开产,平均年产蛋30~40枚,蛋均重达170~200 g,蛋壳白色。

4. 非洲鹅

原产于非洲,广泛分布于非洲各地。非洲鹅体态略呈直立状,体躯粗大、长、宽、深;头宽、厚、大;咽袋大而下垂,随年龄的增长而增大;喙较大,角质坚硬;肉瘤大而宽,微微前倾;颈长,微弯;胸丰满硕圆,背阔而平,臀部圆且丰满;双翼大而强健,合拢时紧贴体侧。羽色呈灰色或白色,胫、蹼为深橘黄色,虹彩为深褐色。白羽非洲鹅全身羽毛白色,喙、肉瘤为橘红色,胫、蹼为浅橘红色。成年公鹅体重达9.0 kg,成年母鹅体重达8.1 kg。平均年产蛋20~45枚,繁殖年限长。

(二)中型鹅

中型鹅品种较多,主要代表品种有我国的皖西白鹅、浙东白鹅、溆浦鹅、四川白鹅等,国外的莱茵鹅、朗德鹅、库班鹅等。

1. 皖西白鹅

原产于安徽省西部的丘陵山区和河南省的固始县一带,是中国典型的中型白羽鹅品种。全身羽毛白色,体躯呈长方形,颈较长呈弓形,头部有橘黄色肉瘤,大而突出。公鹅体躯略长,母鹅体躯呈卵圆形;喙橘黄色,胫、蹼橘红色。成年公鹅体重达5.5~6.5 kg,成年母鹅体重达5~6 kg。在较粗放饲养条件下,60日龄仔鹅体重可达3.0~3.5 kg,全净膛屠宰率为73%左右;开产期为180日龄,年均产蛋25枚,蛋均重142 g,蛋壳白色。有就巢性,种公鹅利用年限为3~4年,种母鹅为4~5年。

2. 四川白鹅

主产于四川省,产蛋性能优良,基本无就巢性。全身羽毛洁白,喙呈橘黄色,胫、蹼为橘红色,虹彩为蓝灰色。公鹅体型较大,头颈稍粗,额部有橘黄色肉瘤;母鹅头清秀,颈细长,肉瘤不明显。成年公鹅体重达5.0~5.5 kg,成年母鹅体重达4.5~4.9 kg。200日龄开产,平均年产蛋60~80枚,高产母鹅超过100枚。蛋均重146.28 g,蛋壳白色。四川白鹅的肥肝平均重344 g,最高可达520 g。

3. 雁鹅

雁鹅是中国典型的灰色鹅品种,产于安徽省西部的六安地区。雁鹅体型较大,体质结实,全身羽毛紧贴;头部呈圆形略方,额上部有黑色肉瘤;喙呈黑色,胫、蹼多数为橘黄色,爪为黑色;颈细长,胸深广,背宽平,有腹褶;成年鹅羽毛呈灰褐色;肉瘤的边缘和喙的基部大部分有半圈白羽。成年公鹅体重达5.5~6.0 kg,成年母鹅体重达4.7~5.2 kg。雁鹅的繁殖存在明显的季节性。一般在210~240日龄开产,年产蛋25~35枚,平均蛋重150 g,蛋壳白色。雁鹅母鹅一个月下蛋,一个月孵仔,一个月复壮,一个季节一个循环,故把雁鹅称为"四季鹅"。

4. 朗德鹅

原产于法国西部朗德地区,是优秀的生产肥肝的专用品种。朗德鹅体型中等偏大,毛色以灰褐色为主,在颈背部接近黑色,而在胸腹部毛色较浅呈银灰色。成年公鹅体重达7~8 kg,成年母鹅体重达6~7 kg。经强制填饲,每只可产肥肝700~800 g。每年拔毛两次,可获毛绒350~450 g。180日龄开产,年产蛋35~40枚,有就巢性。在生产中,以朗德鹅为父系、莱茵鹅为母系培育的杂交后代,表现出较高的肉用和肥肝用生产性能。

(三)小型鹅

小型鹅几乎都产于中国,以产蛋多而闻名,按羽色可分为白鹅和灰鹅两种。代表品种有豁眼鹅、伊犁鹅,以及白羽品种太湖鹅、雷县白鹅,灰羽品种乌棕鹅、长乐鹅等。

1. 太湖鹅

太湖鹅产于江苏、浙江两省的沿太湖地区。体型小,体态高昂优美,羽毛紧密,结构紧凑,肉瘤发达;颈细长,呈弓形,无咽袋;全身羽毛洁白;喙、胫、蹼均呈橘红色。成年公鹅体重达4.0~4.5 kg,成年母鹅体重达3.0~3.5 kg。太湖鹅性成熟早,160日龄左右开产,年产蛋约60枚,高产群70枚以上,蛋均重135 g,蛋壳白色,有就巢性。

2. 豁眼鹅

原产于山东莱阳地区,因集中产区地处五龙河流域,故曾名五龙鹅。豁眼鹅遍及东北地区,耐寒性能强,在-30 ℃无防寒措施条件下还能产蛋;产羽绒较多,含绒量高。豁眼鹅体型较小,体质细致紧凑,羽毛呈白色。眼呈三角形,两上眼睑均有明显豁口,为该品种独有的特征。头较小,颈细稍长,有咽袋。喙、胫、蹼均为橘黄色,成年鹅有橘黄色肉瘤。成年公鹅体重达3.7~4.5 kg,成年母鹅体重达3.1~3.8 kg。一般在7~8月龄开产。在以放牧为主的饲养条件下,年产蛋80枚左右。蛋均重120~130 g,蛋壳白色。经填饲,肥肝平均重324.6 g,最大可达515 g。

3. 伊犁鹅

又叫塔城飞鹅,主产于新疆维吾尔自治区伊犁哈萨克自治州。伊犁鹅是我国唯一起源于灰雁的鹅种,已有200多年驯养历史,耐粗放饲养,能短距离飞翔,适应严寒的气候,产绒量高。颈短,胸宽广而突出,体躯呈水平状态,椭圆形,腿粗短;无肉瘤突起,颌下无咽袋。成年鹅喙呈象牙色,胫、蹼、趾肉为红色,虹彩呈蓝灰色,羽毛有灰、花、白三种颜色。成年公鹅体重达4.5 kg,母鹅体重达3.5 kg。成年母鹅270~300日龄才开始产蛋,每年只有一个产蛋期,年产蛋5~24枚。平均蛋重155 g,蛋壳乳白色,有就巢性。

第三节 人工孵化技术

自然孵化又称抱窝、就巢,通常指家禽通过自身体温孵化种蛋的方式。随着社会发展,为满足规模化生产需要,人类效仿母鸡抱蛋的原理,发明了家禽人工孵化技术,即模拟和优化家禽自然孵化的条件,借助人工技术手段和设备给种蛋的胚胎发育提供适宜的环境条件从而孵出合格雏禽。

家禽的胚胎发育有别于哺乳动物,主要依赖于蛋中储存的营养物质而非母体血液提供营养。且家禽的胚胎发育分为母体内发育和母体外发育两个阶段,后者是人工孵化实现的前提。

一、家禽的孵化期

家禽的孵化期是从禽蛋入孵开始到孵出雏禽为止的时期,不同家禽的孵化期不同,常见家禽的孵化期见表8-3-1。

一般地,同种家禽不同品种孵化期也有差异,体型越大、蛋越大的家禽孵化期相对更长。种蛋保存时间越长孵化期越长,孵化温度提高孵化期缩短。

表8-3-1 家禽的孵化期

家禽种类	孵化期/d
鸡	21
鸭	28
鹅	30~33
瘤头鸭	33~35
火鸡	27~28
珍珠鸡	26
鸽	18
鹌鹑	16~18
鹧鸪	23~25

二、孵化过程中的胚胎发育

(一)胚胎的发育生理

种蛋在适宜的条件下即可开始发育。家禽机体所有组织和器官都由三个胚层发育而来,即内胚层、中胚层、外胚层。其中中胚层形成肌肉、骨骼、生殖泌尿系统、血液循环系统、消化系统的外层和结缔组织;外胚层形成羽毛、皮肤、喙、趾、感觉器官和神经系统;内胚层形成呼吸系统上皮、消化系统的黏膜部分和内分泌器官。

1. 胚膜的形成及其功能

胚胎发育早期形成四种胚膜,皆不形成机体的组织或器官,但对胚胎发育过程中营养物质的利用和生理活动的进行必不可少。

(1)卵黄囊:卵黄囊由卵黄囊柄与胚胎连接,其上分布着稠密的血管,在孵化的第2 d开始形成,第9 d几乎覆盖整个蛋黄的表面。卵黄囊分泌的酶可将蛋黄变成可溶状态,使其中的营养物质能被吸收并输送给发育中的胚胎。雏禽出壳前,卵黄囊连同剩余的蛋黄一起被吸收进腹腔,作为初生雏禽暂时的营养来源。

(2)羊膜与浆膜:在孵化的第30~33 d开始生成,首先形成头褶,后向两侧延伸形成侧褶,第40 d覆盖头部,第3 d尾褶出现。头褶、侧褶和尾褶继续生长,在尾褶形成后的第4~5 d于胚胎背上方相遇融合形成羊膜腔,包围胚胎。羊膜腔包括两层胎膜,内层为羊膜,靠近胚胎;外层为浆膜(绒毛膜),紧贴在内壳膜上,与尿囊融合并帮助尿囊完成代谢功能。羊膜腔内充满的透明液体即羊水,保护漂浮于其中的胚胎免受晃动。

(3)尿囊:孵化第2 d末到第3 d开始形成,第4~10 d迅速生长,第6 d到达壳膜的内表面,第10~11 d包围整个蛋的内容物,并在蛋的锐端合拢。尿囊可起循环系统的作用:给胚胎的血液充氧,并排出血液中的二氧化碳;将胚胎肾脏产生的排泄物排到尿囊之中;帮助消化蛋白质和从蛋壳吸收钙。

2. 胚胎血液循环的主要路线

(1)卵黄囊血液循环:从卵黄囊吸收养料后回到心脏,再送到胚胎各部。

(2)尿囊绒毛膜血液循环:从心脏携带二氧化碳和含氮废物到达尿囊绒毛膜,尿囊排出二氧化碳和含氮废物后又吸收氧气和养料回到心脏,再分配到胚胎各部。

(3)胚内循环:从心脏携带养料和氧气到达胚胎各部,而后从胚胎各部将二氧化碳和含氮废物带回心脏。

(二)胚胎发育过程

家禽的胚胎发育过程比较复杂,下面主要介绍一下鸡的胚胎发育过程。

1. 第1 d

若干胚胎发育过程出现。胚胎发育的第4 h心脏和血管开始发育;第12 h心脏开始跳动,胚胎血管与卵黄囊血管连接,血液循环开始;第16 h体节形成,具备胚胎的初步特征;第18 h消化道开始形成;第20 h脊柱开始形成;第21 h神经系统开始形成;第22 h头开始形成;第24 h眼开始形成。中胚层进入暗区,在胚盘的边缘出现许多红点,称"血岛"。

2. 第 2 d

第 25 h 耳、卵黄囊、羊膜、绒毛膜开始形成,胚胎头部开始从胚盘分离出来,照蛋时可见卵黄囊血管区形似樱桃,俗称"樱桃珠"。

3. 第 3 d

第 60 h 鼻开始发育;第 62 h 腿开始发育;第 64 h 翅开始形成,胚胎开始转向成为左侧下卧,循环系统迅速增长。照蛋时可见胚和延伸的卵黄囊血管形似蚊子,俗称"蚊虫珠"。

4. 第 4 d

舌开始形成,机体的器官都已出现,卵黄囊血管包围 1/3 蛋黄,胚胎和蛋黄分离。中脑迅速增长,胚胎头部明显增大,胚体更为弯曲。胚胎与卵黄囊血管结合形似蜘蛛,俗称"小蜘蛛"。

5. 第 5 d

生殖器官开始分化,两性区别出现,心脏完全形成,面部和鼻部开始有雏形。眼的黑色素大量沉积,照蛋时可明显见黑色眼点,俗称"单珠(黑眼)"。

6. 第 6 d

尿囊达到蛋壳膜内表面,卵黄囊在蛋黄表面的分布面积占蛋黄表面的 1/2 以上,由于羊膜壁上的平滑肌收缩,胚胎进行有规律的运动。蛋黄由于蛋白水分的渗入而达到最大的重量,由约占蛋重的 30% 增至 65%。喙和"卵齿"开始形成,躯干部增长,翅和脚已可区分。照蛋时可见头部和增大的躯干部两个小圆点,俗称"双珠"。

7. 第 7 d

胚胎出现鸟类特征,颈伸长,翼和喙明显,肉眼可分辨机体的各个器官,胚胎自身有体温。照蛋时胚胎在羊水中不容易看清,俗称"沉"。

8. 第 8 d

羽毛按一定羽区开始发生,上下喙明显,右侧卵巢开始退化,四肢完全形成,腹腔愈合。照蛋时胚胎在羊水中浮游,俗称"浮"。

9. 第 9 d

喙开始角质化,软骨开始硬化,喙伸长并弯曲,鼻孔明显,眼睑已达虹膜,翼和后肢已具有鸟类特征。胚胎全身被覆羽乳头,解剖胚胎时,心、肝、胃、食管、肠和肾均已发育成形,可通过肾上方的性腺区分出雌雄。

10. 第 10 d

腿部鳞片和趾开始形成,尿囊在蛋的锐端合拢。照蛋时,除气室外整个蛋布满血管,俗称"合拢"。

11. 第 11 d

背部出现绒毛,冠呈现锯齿状,尿囊液达最大量。

12. 第 12 d

身躯覆盖绒羽,肾、肠开始有功能,开始用喙吞食蛋白;蛋白大部分已被吸收到羊膜腔中,从原来占蛋重的 60% 减少至 19% 左右。

13. 第 13 d

身体和头部大部分覆盖绒毛,胫出现鳞片,照蛋时,蛋小头发亮部分随胚龄增加而减少。

14. 第 14 d

胚胎发生转动,同蛋的长轴平行,其头部通常朝向蛋的钝端。

15. 第 15 d

翅已完全形成,体内的大部分器官都已基本形成。

16. 第 16 d

冠和肉垂明显,蛋白几乎全被吸收到羊膜腔中。

17. 第 17 d

肺血管形成,但尚无血液循环,亦未开始肺呼吸。羊水和尿囊液开始减少,体躯增大,脚、翅、胫变大,眼、头日益显小,两腿紧抱头部,蛋白全部进入羊膜腔。照蛋时蛋小头看不到发亮的部分,俗称"封门"。

18. 第 18 d

羊水、尿囊液明显减少,头弯曲在右翼下,眼开始睁开,胚胎转身,喙朝向气室,照蛋时气室倾斜。

19. 第 19 d

卵黄囊收缩,连同蛋黄一起缩入腹腔内,喙进气室,开始肺呼吸。

20. 第 20 d

卵黄囊已被完全吸收到腹腔,胚胎占据了除气室之外的全部空间,脐部开始封闭,尿囊血管退化。雏鸡开始啄壳,啄壳时上喙尖端的破壳齿在近气室处凿一圆形裂孔,然后沿着蛋的横径逆时针敲打至出现周长 2/3 的裂缝,此时雏鸡用头颈顶,两脚用力蹬挣。20.5 d 大量出雏。

21. 第 21 d

雏鸡破壳而出,绒毛逐渐干燥蓬松。

(三)胚胎发育过程中的物质代谢

胚胎需要蛋白质、碳水化合物、脂肪、矿物质、维生素、水和氧气等营养物质来完成正常的发育过程。

(四)气体交换

胚胎发育过程中不断进行气体交换。孵化前 6 d,主要通过卵黄囊血液循环供氧,而后尿囊绒毛膜血液循环达到蛋壳内表面,由蛋壳上的气孔与外界进行气体交换。第 10 d 后,气体交换趋于完善。第 19 d 后,胚雏开始肺呼吸,直接与外界进行气体交换。鸡胚在整个孵化期需氧气 4.0~4.5 L,排出二氧化碳 3~5 L。

三、孵化条件

(一)温度

在胚胎的发育过程中,代谢活动须在一定的温度条件下才能进行。过高或过低的温度都会造成胚胎发育不正常甚至死亡,达不到预期的孵化效果。因此,必须保持孵化温度适宜。

1. 生理零度

在低于某一温度的条件下胚胎发育被抑制,要高于这一温度胚胎才开始发育,这一温度即为生理零度,也称临界温度。一般认为鸡胚的生理零度为23.9 ℃。

胚胎发育对环境温度具有一定的适应能力,例如蛋鸡孵化的最适温度为37.8 ℃,但温度在35.0~40.5 ℃也会有一些种蛋能孵化出雏鸡。

2. 恒温孵化与变温孵化

(1)恒温孵化:将孵化过程分为孵化阶段和出雏阶段两个阶段,每阶段内保持相同温度。

(2)变温孵化:将孵化阶段再细分为多个阶段并分别施温,然后才为出雏阶段。

(二)相对湿度

家禽胚胎发育对相对湿度的要求比温度低,范围也较大,一般为40%~75%。

相对湿度会影响孵出雏鸡质量:相对湿度低,蛋内水分蒸发过快,雏鸡提前出壳后个体小于正常雏鸡且易脱水;相对湿度高,水分蒸发过慢,会延长孵化期,导致个体较大且腹部较软。

(三)通风换气

胚胎在发育过程中需要吸收氧气并排出二氧化碳,随胚龄增加氧气需要量和二氧化碳排出量也增加(表8-3-2)。因此,在整个孵化期需要不断更换新鲜空气,保证氧气供应量充足和二氧化碳能及时排出。为保证胚胎正常发育二氧化碳浓度不超过0.5%,氧气浓度控制在21%时孵化率最高。

表8-3-2 孵化过程中气体交换量

孵化天数	氧气吸入量/m³	二氧化碳排出量/m³
1	0.14	0.08
5	0.33	0.16
10	1.06	0.53
15	6.36	3.22
18	8.40	4.31
21	12.71	6.64

(四)转蛋

转蛋也称翻蛋,目的是改变胚胎方位,避免胚胎与蛋壳发生粘连,且让胚胎各部分受热均匀,促进羊膜运动。刚产下的禽蛋蛋黄由于相对密度较大和系带的固定而停留在蛋白中,随着孵化的进行,蛋黄因系带溶解和相对密度下降而从蛋白中上升,如果长时间不翻动,位于蛋黄表面的胚胎会与蛋壳发生粘连,影响胚胎发育,甚至造成胚胎死亡。翻蛋以每2 h翻1次为宜,落盘后停止翻蛋。

(五)卫生条件

卫生管理差将影响空气质量、滋生细菌等,影响孵化效果。因此,孵化前需要彻底打扫孵化室,清洗并消毒孵化器,保证孵化的卫生条件合乎要求。

四、孵化场和孵化设备

(一)孵化场的设计原则

(1)场区地势干燥、平坦及排水良好,避开低洼潮湿的场地,背风向阳。
(2)位置在居民点的下风处。
(3)分区设置,包括办公区、生活区、生产区和废弃物处理区等。
(4)生产区分布单向流程,避免交叉。

(二)孵化设备

孵化设备主要指孵化器,常用的有以下几类。

1.平面孵化器

一般为小型设备,一机兼具孵化、出雏功能,上面孵化下面出雏(图8-3-1)。多用棒式双金属片或乙醚胀缩柄控温,可自动转蛋和匀温。多用于科研、教学和珍禽孵化。

图8-3-1　平面孵化器

2.箱体式孵化器

(1)下出雏和旁出雏:一机兼具孵化、出雏功能,可利用余热,仅用于分批入孵;孵化、出雏同屋,不利防疫。

(2)单出雏:入孵器与出雏器(图8-3-2)分室放置、配套使用,可整批孵化、出雏,有利防疫。

图8-3-2　箱体式孵化器(单出雏)

3.巷道式孵化器

巷道式孵化器(图8-3-3、8-3-4)适用于大规模生产。入孵器分批入孵,第18~19 h移至出雏器(图

8-3-5)中出雏。

图8-3-3 巷道式孵化器外观

图8-3-4 巷道式孵化器内部

图8-3-5 出雏器

五、种蛋的管理

(一)种蛋的选择

1. 种蛋来源

应来源于健康、高产的种禽群。

2. 清洁度

应剔除污染蛋,粘有粪便或被蛋液污染的种蛋孵化效果较差,且会污染其他正常的种蛋和孵化器,增加死胚和腐败蛋概率,降低孵化率和雏鸡质量。特殊情况下,轻度污染的种蛋必须经过擦拭和消毒后才能进行孵化。

3. 蛋的大小

种蛋应大小适中,大蛋孵化时间较长,小蛋孵化时间较短,两者的孵化效果都不如正常种蛋。

4. 蛋形

接近卵圆形的种蛋孵化效果较好,蛋形指数以(长径与横径之比,或短径与长径之比)1.33~1.35(0.72~0.76)为宜。过长、过圆的蛋和外表不光滑,有棱角、皱纹、沙皮等的畸形蛋均应被剔除。

5. 蛋壳厚度

良好的蛋壳破损率低,且能有效减少细菌的穿透数量,孵化效果好。蛋壳过厚,孵化时蛋内水分蒸发慢,出雏困难;蛋壳太薄时易破,且蛋内水分蒸发过快,细菌易穿透,不利于胚胎发育。鸡蛋壳厚度应在0.35 mm左右,剔除钢皮蛋(蛋壳厚度在0.40 mm以上)、薄皮蛋(蛋壳厚度在0.27 mm以下)和薄厚不均匀的皱纹蛋。

6.蛋壳颜色

种蛋的蛋壳颜色应符合本品种特征。不同的品种蛋壳颜色不同,疾病等因素会影响蛋壳颜色。

7.内部质量

剔除大血(肉)斑、气室破裂、气室不正、气室过大等不正常蛋。

(二)种蛋的选择次数和场所

1.第一次选择:在禽舍内收集种蛋时

剔除破损、污染、过小、双黄蛋及畸形蛋等不合格种蛋。

2.第二次选择:种蛋送至蛋库时

剔除漏选的不合格种蛋及搬运过程中的破损蛋。

3.第三次选择:种蛋由蛋库送至孵化场车间时

剔除漏选的不合格种蛋和运输途中的破损蛋。

(三)种蛋的消毒

1.消毒的时间

(1)第一次消毒:原则上种蛋产下后应马上进行第一次消毒。不过在实际生产中,一般集中收集几次种蛋后再进行第一次消毒。

(2)第二次消毒:入孵器内熏蒸。

(3)第三次消毒:出雏器内熏蒸。

2.消毒方法

(1)甲醛熏蒸法:在温度24~27 ℃,相对湿度75%~80%的环境条件下,按照每立方米的空间用30 mL福尔马林和15 g高锰酸钾的标准,密闭熏蒸消毒20~30 min。清洁度差或外购种蛋可适当增加药品用量。

(2)其他方法:过氧乙酸熏蒸法、二氧化氯喷雾法、杀菌剂浸泡法和臭氧密闭法等。

(四)种蛋的保存

1.保存条件

(1)保存温度:

原则:不让胚胎发育(低于生理零度)并能抑制酶的活性和细菌繁殖,且要防止种蛋受冻失去孵化能力。刚产出的种蛋,逐渐降到保存温度。

保存期1周之内:保存温度以15~18 ℃为宜。

保存期1周以上:保存温度以10~12 ℃为宜。

(2)保存湿度:相对湿度以75%~80%为宜,既能明显降低蛋内水分蒸发,又可防止霉菌滋生。

(3)通风:应有缓慢适度的通风,以防发霉。

2.保存方法

(1)1周之内:钝端向上,蛋托叠放。

(2)1周以上:最好锐端向上,每天将种蛋翻转90°,防止系带松弛、蛋黄粘壳。

(3)种蛋保存的最佳时间应小于3 d,较适宜的保存时间为4~7 d。

六、孵化管理技术

(一)孵化前的准备

1.清洗消毒

孵化前需要对孵化室、孵化器、入孵盘和出雏盘进行彻底清洗和消毒,以保证孵化效果。

2.设备检修和试运行

待清洗、消毒后的孵化器干燥后,试运行设备确保加温、加湿、通风和转蛋等系统能稳定和准确地运行。

3.种蛋入孵前的预热和消毒

入孵前,将种蛋放置在22~25 ℃环境中预热6~18 h,使胚胎发育从静止状态中逐渐"苏醒"。种蛋预热能有效减少孵化器里的温度下降幅度,除去蛋表凝水,以便入孵后能立刻进行一次熏蒸消毒。

(二)孵化期的操作管理技术

1.入孵

将预热后的种蛋码盘并放置于孵化器中,设定孵化条件,启动孵化器开始孵化。

2.凉蛋

孵化后期,胚胎新陈代谢旺盛,产热较快,热量散发不及时会造成孵化器内温度升高,增加胚胎死亡率。传统孵化器缺少有效散热系统,有时需要通过凉蛋排出孵化器内多余热量,保持适宜的孵化温度。凉蛋时间一般为30 min,用蛋贴眼皮感到微凉(32 ℃)即可。现代化孵化器控温系统较完善,一般不需凉蛋。

3.照蛋

照蛋是用照蛋器透视胚胎发育情况,将无精蛋、死胚蛋、破壳蛋等剔除,照蛋结果可作为调整孵化条件、移盘时间和控制出雏环境的依据,以获得较好的孵化效果。一般整个孵化期照蛋1~2次。白壳蛋头照在孵化的第6 d左右,褐壳蛋头照在孵化的第10 d左右,目的是观察胚胎发育是否正常、挑出无精蛋和早期死胚蛋;二照在第19 d落盘时,目的是挑出死胚蛋;头照和二照中间可以抽检孵化器中不同位置的胚胎发育情况。孵化率高且稳定的孵化场和巷道孵化器,一般仅在落盘时照蛋一次。无精蛋俗称"白蛋",其特征是头照时蛋色浅黄发亮,看不到血管或胚胎,气室不明显,蛋黄影子隐约可见。死胚蛋在二照时的特征是气室小且不倾斜,边缘模糊,颜色粉红、淡灰或黑暗,胚胎不动。弱胚蛋头照的特征是胚体小,黑色眼点不明显,血管纤细且模糊不清,或者看不到胚体和黑色眼点,仅能看到气室下缘有一定数量的纤细血管;二照时气室比正常的胚蛋小,且边缘不齐,可以看到红色血管。

4.移盘

鸡胚孵化至第19 d或1%雏鸡轻微啄壳时,将胚蛋从入孵器孵化盘转移到出雏器出雏盘的过程,称移盘或落盘。

(三)出雏期的操作管理技术

以鸡为例,孵化的第20 d,关闭出雏器内的照明,孵化器成批出雏后,理论上每4 h左右拣雏1次;也可以在出雏30%~40%时拣第1次,60%~70%时拣第二次,最后再拣一次并扫盘。叠层出雏盘出雏法是在出雏75%~80%时,拣第1次雏,在此之前,仅拣去空蛋壳;出雏后,将未出雏胚蛋集中移至上层,以便出雏;最后,再拣一次雏并扫盘。而实际生产中仅拣雏一次,在第21 d进行。若出现雏鸡出壳困难,可辅以人工助产,将蛋膜已枯黄的胚蛋,轻轻剥离粘连处,把头、颈、翅拉出壳外,令其出壳。

将拣出的幼雏中的残次雏、弱雏都剔出后,再进行雌雄鉴别(蛋用)、疫苗注射等处理,然后置于暗室,等待外运。

(四)孵化记录

记录种蛋上孵日期,品种,种蛋来源、数量、受精率、孵化率、健雏率,采用的孵化程序,整个孵化期孵化室和孵化器内的温度、相对湿度等。

七、孵化效果的检查与分析

(一)衡量孵化效果的指标

1.受精率(%)

受精蛋(包括死精蛋和活胚蛋)占入孵蛋的比例。

2.受精蛋孵化率(%)

出壳雏禽数(包括健、弱、残和死雏)占受精蛋比例,是衡量孵化场孵化效果的主要指标。

3.入孵蛋孵化率(%)

出壳雏禽数占入孵蛋比例,该项指标能反映种禽繁殖场及种禽场和孵化场的综合水平。

4.健雏率(%)

健雏占总出雏数比例,孵化场售出的雏禽为健雏。

5.死胚率(%)

死胚蛋占受精蛋比例。

(二)孵化效果检查

通过照蛋、出雏和死胎的解剖数据,结合种蛋品质、孵化条件和孵化程序等对孵化效果进行综合研判。

(三)孵化效果分析

孵化率受内部和外部两方面因素影响。内部因素主要指种蛋的品质,由遗传和饲养管理决定;外部因素包括种蛋的保存环境和孵化环境。根据检查结果,分析影响孵化效果的因素,作为调整种禽饲养管理和孵化条件的参考依据,以提高种蛋的孵化效果。

第四节 蛋鸡标准化饲养管理技术

一、雏鸡的培育

(一)雏鸡的生理特点

1. 生长发育迅速、代谢旺盛

雏鸡是鸡的一生中生长最快的时期。雏鸡出壳重约40 g,6周龄末达440 g,42日龄体重增加10倍,代谢旺盛,发育迅速。

2. 体温调节机能弱,怕冷又怕热

雏鸡绒毛稀而短,皮薄,皮下脂肪少,机体保温能力差,雏鸡体温较成年鸡低1~3 ℃;自身产热能力弱,散热面积大。3周龄左右体温调节中枢逐步完善,换羽后体温逐渐趋于正常,7~8周龄后体温接近成年鸡。

鸡无汗腺,无法排汗散热,当环境温度过高时,雏鸡会感到不适。因此,必须给0~6周龄的雏鸡提供适宜的环境温度。

3. 消化机能尚未健全

雏鸡消化器官(嗉囊和胃肠)容积小,进食量有限,对饲料的消化能力弱。需饲喂粗纤维含量低、易消化、营养全面均衡的日粮,少喂勤添,适当增加饲喂次数。非动物性蛋白料适口性差,难以消化,应控制添加比例。

4. 抗病力差

雏鸡体弱娇嫩,对疾病抵抗力弱,易感染疾病。因此,要严格控制环境卫生、做好保温和疾病预防工作。

5. 胆小怕惊,群居性强

雏鸡胆小敏感。因此,应保持雏鸡生活环境安静,避免噪声;非工作人员严禁进入育雏室。此外,雏鸡喜欢群居,便于大群饲养管理,节省资源。

6. 羽毛生长更新速度快

雏鸡羽毛生长迅速,3周龄雏鸡的羽毛占体重的4%,4周龄增加到7%,在4~5周龄、7~8周龄、12~13周龄、18~20周龄分别脱换1次羽毛。羽毛中蛋白质含量为80%~82%,是肉中蛋白质含量的4~5倍。因此,雏鸡对日粮中蛋白质,尤其是含硫氨基酸水平要求高。

7. 敏感性强

雏鸡比较神经质,环境变化,如声音、颜色、生人出入等会引起应激反应,育雏时应避免惊群,以免压死压伤,造成损失。

(二)雏鸡阶段的培育目标

育雏工作影响雏鸡的生长发育、成活率及成年鸡的生产性能和种用价值,关乎养殖效益。因此,应采取科学的饲养管理措施,满足雏鸡的营养需求,创造适宜环境,提高成活率和整齐度,以获得较高的经济效益。

(三)育雏前的准备

1. 制订育雏计划

育雏计划包括进雏计划、雏鸡周转计划、饲料及物资供应计划、防疫计划、免疫程序、财务收支计划及育雏阶段应达到的技术指标。

2. 鸡舍和设备的检查与维修

进雏前要排查鸡舍设施及设备运行情况,若有异常要及时维修。

3. 鸡舍及设备的清洗消毒

清除舍内杂物,清洗脏物、粉尘、羽毛,用高压喷枪清洗鸡舍、鸡笼,干燥后消毒3次,舍外用烧碱消毒。用具消毒后移至舍内,封闭育雏舍进行熏蒸消毒,每立方米空间用福尔马林30 mL+高锰酸钾15 g,2 d后再通风。消毒后准备消毒水,用于进出洗手消毒;并配置消毒设施,如人员脚踏消毒池、车辆消毒池等。

4. 饲料、疫苗和药品等的准备

进雏前3 d需要将饲料、消毒药、预防药、疫苗、称具、温度计、日报表、周报表等准备好。

5. 预温

雏鸡到达前1~2 d开启升温设备提高舍温,并检查设备加温功能是否正常;进雏前24 h预温饮用水,到达前1.5~2.0 h将药物、电解多维、葡萄糖(比例为3%)等加到水中混匀并分装预温,尽量提高水温。开启鸡舍的自动控温装置,使鸡舍温度保持在34~36 ℃。

(四)育雏方式

育雏方式指对0~6周龄雏鸡的饲养方式。育雏方式有很多,主要包括地面育雏、网上育雏和立体育雏(笼育)等,生产上可以根据实际情况加以选用。

1. 地面育雏

指在水泥地面、砖地面或者泥土地面上培育雏鸡的方式,地面上要铺设垫料,垫料厚度为20~25 cm。供暖设备主要有暖风炉、火炕、地上烟道、火墙、红外线灯、电热伞等。

垫料要求:干燥、保暖、吸湿性强、柔软、不板结、不霉变。常用垫料有锯末、刨花、麦秸、稻草等。

评价:成本低但雏鸡易患病,占地大、不经济,耗费较多垫料,仅适用于中小型鸡场。

2. 网上育雏

在距地面50~60 cm高的铁丝网(镀锌)或塑料垫网上培育雏鸡。网眼尺寸1.25 cm×1.25 cm,粪尿混合物可直接掉于地面。供暖设备主要有热风炉、自动燃气热风炉和电热伞。

评价:可有效控制白痢、球虫病等疾病暴发,但投资较大,技术要求较高。

3.立体育雏（笼育）

将雏鸡饲养在3~5层育雏笼内，育雏笼由镀锌或涂塑铁丝制成，网底可铺塑料垫网，四周挂料桶和水槽，常用于大型养鸡场。

评价：饲养密度大，热源集中，易保温，有利防病，成活率高；但投资大，温差大，若笼具设计不合理易跑鸡、夹伤雏鸡。

（五）雏鸡的选择和运输

1.雏鸡的选择

(1)种蛋蛋重不低于52 g。

(2)雏鸡大小和色泽均匀一致。

(3)眼大有神、突出，反应灵敏，活泼好动。

(4)雏鸡要清洁、干燥，羽毛长度适中、整齐、有光泽。

(5)肛门干净，查看时频频闪动。

(6)腹部大小适中、平坦，脐部愈合良好、干燥，有羽毛覆盖，无血迹。

(7)喙、腿、趾、翅无残缺，抓握时感觉有挣扎力。

(8)脚皮肤要光亮如蜡，不呈干燥脆弱状。

(9)雏鸡无畸形，如腿、眼、脖、喙的畸形。

(10)雏鸡应来自经检验无鸡白痢、鸡伤寒、霉形体败血症、霉形体滑液囊炎的种鸡群。

2.雏鸡的运输

运输雏鸡时，须将雏鸡放在专门的包装盒里防损伤，车辆选专用车以保持温度恒定和适宜的通风。

（六）雏鸡的饲喂技术

1.饮水

雏鸡初饮在羽毛干后3 h，先饮水后开食，可促进胃肠蠕动、蛋黄吸收、排出胎粪，增强食欲并有利于生长。在运输过程或育雏舍高温环境下，雏鸡一定要饮足够的水防止脱水死亡。最初几天的饮水中，可加入0.1%左右的高锰酸钾，作用是消毒饮水和清洗胃肠、促进小鸡胎粪排出及预防消化道疾病。若长途运输，饮水中可加入葡萄糖、抗生素、电解多维以恢复体力。

雏鸡的需水量与品种、体重和环境温度的变化等有关，海兰褐商品代蛋鸡不同周龄的需水量见表8-4-1。体重大、生长快、温度高时饮水量大，通常是采食量的1~2倍。饮水量突变可能是鸡群出问题的征兆。

表8-4-1　海兰褐商品代蛋鸡不同周龄的需水量(20~25 ℃)

周龄	1	2~3	4~5	6~7
需水量/L	2.9	5.7	10.0	11.4

饮水器要每日刷洗，饮水要每日更换1~2次，饮水器要充足，初饮时100只幼雏至少应有2~3个4.5 L的真空饮水器，均匀分布，饮水器的大小和数量随鸡日龄增大进行相应调整。若采用立体育雏方式，则开始的时候让雏鸡在笼内饮水，一周后应训练雏鸡在笼外饮水；若采用平面育雏方式，则应随雏鸡日龄增大调整饮水器高度。初饮的水温保持与室温相同，一周后可直接饮用自来水。

2. 开食

雏鸡第一次吃饲料称开食。过早开食导致雏鸡缺乏食欲,损害其消化器官;过迟开食会过多消耗雏鸡体力,使其变得虚弱。适宜的开食时间一般在出雏后 24 h 左右,且通常鸡群中有三分之一以上幼雏有啄食现象即可开食。

开食时将饲料撒在反光性强的已消毒过的硬纸、深色塑料布或浅边食槽内,鸡会模仿啄食,5~7 d 后应逐步过渡到使用料槽或料桶喂料,料槽和料桶的大小和高度应随鸡龄的增长进行相应调整。开食饲料要求新鲜、颗粒大小适中、易于啄食、营养丰富且易消化,最好用雏鸡全价配合料开食。

喂料方法包括干粉料自由采食和湿拌料分次饲喂,前者常用于一般机械化或半机械化的大型鸡场或规模较大的专业养殖户,后者常用于小型鸡场或规模较小的养鸡户。湿拌料为半干湿状,少喂勤添,第 1 d 每隔 3~4 h 饲喂一次,以后每天喂 5~6 次,6 周以后逐步过渡到每天喂 4 次,喂食时间应稳定不变。

雏鸡对饲料的需要量因品种、日粮能量水平、周龄、喂料方法和鸡群健康状况而异。同一品种雏鸡,随鸡龄增大,饲料消耗量增加。一般 0~20 周龄蛋用型雏鸡大约需要全价料 8 kg,育雏期需 1.10~1.25 kg,雏鸡每只每日或每周平均饲料消耗可参见表 8-4-2。

表 8-4-2　不同周龄的蛋用型雏鸡饲料需要量

周龄	每天每只料量/g	每周每只料量/g	累计料量/kg
1	10	70	0.07
2	18	126	0.20
3	26	182	0.38
4	33	231	0.61
5	40	280	0.89
6	47	329	1.22

雏鸡的饮水器和食槽应均匀分布,二者间隔放置。采用平面育雏方式时,在开食前几天,水槽和食槽位置离热源应稍近些,便于雏鸡取暖、饮水。

(七)雏鸡的管理

精细管理包括适宜的温度、湿度、通风、光照、密度,预防啄癖及日常看护和卫生防疫等。日常看护至关重要,了解雏鸡变化,及时分析原因并采取措施,提高成活率,减少损失。

1. 温度

严格、精准地控制雏鸡生长环境的温度。雏鸡对温度的变化十分敏感,温度直接影响其生长发育和成活率。雏鸡怕冷,若育雏时温度过低,导致雏鸡不愿采食,易拥挤致死或感冒、诱发白痢;育雏温度过高会影响雏鸡代谢,导致食欲减退,体质变弱,生长发育缓慢。育雏期的温度标准见表 8-4-3。

表8-4-3　育雏期的温度要求

日龄	笼养育雏/℃	平养育雏/℃
1~3	36~34	35
4~7	33~32	33
8~14	31~29	31
15~21	29~26	29
22~28	26~24	26
29~35	23~21	23
≥36	21	21

温度的调控原则:适宜平稳,避免波动。刚出雏宜高,大雏宜低;小群宜高,大群宜低;阴雨天、夜间、冬季稍高,晴天、白昼、夏天略低;壮雏略低,弱雏略高。

温度是否适宜可根据雏鸡的状态来判断:温度适宜时,雏鸡活泼好动,食欲良好,分布均匀,休息安静;温度低时,雏鸡行动缓慢,聚集在热源下,叫声尖锐不安;温度高时,雏鸡远离热源,嘴脚充血,饮水增加,可能有脱水现象发生;有贼风时,雏鸡密集于热源一侧。

2.湿度

育雏室内的湿度一般用相对湿度来表示,相对湿度高则空气潮湿,低则空气干燥。雏鸡从孵化器出壳进入育雏室后,若空气湿度过低,雏鸡水分散失,影响其体内剩余卵黄的吸收及羽毛的生长。湿度过高,空气干燥,雏鸡初饮过多易发生下痢,且易引发呼吸道疾病。适宜的相对湿度:1~10日龄为65%~70%,10日龄后为50%~65%。最佳湿度标志是人感到湿热、不干燥,雏鸡的脚爪润泽、细嫩、精神状态良好,室内基本无尘灰飞扬。

前期育雏温度高,幼雏饮水少、采食少、排粪少,垫料含水低,环境干燥。随着鸡龄增长,其体重增加,采食量、饮水量、呼吸量、排粪量等均增加,育雏温度逐渐下降,易造成室内潮湿。低温高湿时,雏鸡易患感冒性疾病;高温高湿时,雏鸡感到闷热不适,易滋生病原性真菌、细菌,饲料、垫料易霉败,寄生虫病也容易发生。

3.通风

雏鸡生长发育迅速,代谢旺盛,需氧量大,排出二氧化碳多,单位体重排出的二氧化碳量比大家畜高出2倍以上。现代养鸡、饲养密集,群体大,如不及时清粪,粪中物质会经微生物的分解产生大量不良气体,不利于雏鸡生长和健康。如二氧化碳含量过高,雏鸡呼吸次数增加,严重时精神萎靡,食欲减退,生长缓慢,体质下降。雏鸡对氨气特别敏感,氨的浓度不应高于0.002%,浓度过高会引起鸡肺水肿、充血,氨气也会刺激眼结膜引起角膜炎、结膜炎,对中枢神经系统不利,易引发呼吸道疾病,饲料报酬降低,性成熟延迟,抵抗力降低,疾病发生率增高。硫化氢气体含量过高也会使雏鸡感到不适,食欲降低。因此,在育雏过程中要加强通风,改善舍内的空气环境。一般地,育雏舍内二氧化碳的含量要求控制在0.2%左右,不应超过0.5%;氨气的含量要求低于0.001%,不能超过0.002%;硫化氢气体的含量要求在0.00066%,不应超过0.0015%。

育雏舍通风换气的方法有自然通风和机械通风两种。密闭式鸡舍或笼养密度大的鸡舍通常采用动力机械强制通风,开放式鸡舍基本上依靠开窗自然通风。

育雏舍内的通风与保温有时相互矛盾,应处理好二者关系,相关标准见表8-4-4。具体做法是通风前先提高舍内温度,待通风完毕后基本上降至原来的舍温。通风的时间最好选择在晴天中午前后,通风换气应缓慢进行。

表8-4-4　海兰褐商品代蛋鸡各周龄个体的通风量

舍外温度/℃	通风量/(m³/h)		
	1~2周龄	3~5周龄	6周龄
35	2.0	3.0	4.0
20	1.4	2.0	3.0
10	0.8	1.4	2.0
0	0.6	1.0	1.5
-10	0.5	0.8	1.2
-20	0.3	0.6	0.9

4. 密度

每平方米地面或笼底所容纳的雏鸡数称饲养密度。密度过大,雏鸡拥挤,采食不均,使雏群发育不齐,易患疾病或引发啄癖,死亡率增高。密度小虽有利于雏鸡成活和发育,但房舍及设备的利用率降低,育雏成本提高,经济效益下降,也不利保温。密度应按品种、日龄、通风、饲养方式等做好规划,不同日龄蛋用型雏鸡饲养密度见表8-4-5。

表8-4-5　不同周龄的蛋用型雏鸡在不同饲养方式下的饲养密度

周龄	育雏方式/(只/m³)		
	地面平养	立体笼养	网上平养
1~2	30	60	40
3~4	25	40	30

平面育雏应考虑雏鸡密度及鸡群大小。一般每群的数量不要过大,小群饲养效果较好。现代化的养鸡业,如为商品鸡,育雏舍内不设隔栏,可采用1000~2500只的大群饲养;如为种用雏鸡,每群以400~500只为宜,最好还要按性别、强弱进行分群饲养。

5. 光照

光照对雏鸡的采食、饮水和生长发育至关重要。合理光照可促进雏鸡骨骼发育,提高机体免疫力。光照时间过长,会促进雏鸡过早性成熟,过早开产,产蛋个体小,产量降低。光照过强,雏鸡显得神经质、易惊群,活动量大,易引起啄羽、啄趾、啄肛等恶癖。光照时间过短、强度过弱,不仅影响雏鸡的活动与采食,还延迟鸡的性成熟时间。育雏初期为让雏鸡尽早熟悉周围环境,可采用10~20 lx的较强光照,其余都以弱光(5~10 lx)为好。具体应用中,按每15~20 m²的鸡舍,在第一周时用一个40~60 W的灯泡悬挂于距地面或笼底2 m高的位置,第二周换用25 W的灯泡。具体的光照时间和强度见表8-4-6。

表8-4-6　不同日龄海兰褐商品代蛋鸡适宜的光照时间和强度

日龄	光照时间/h	光照强度/lx
1~3	24	10~20
3~7	23~22	≤5
8~14	20	≤5
15~21	19	≤5
22~28	18	≤5
29~35	17	≤5
36~42	16	≤5

(八) 断喙

1. 断喙的目的

(1) 防止啄羽、啄趾、啄肛、啄蛋等恶癖发生。

(2) 防止鸡将饲料扒出料槽，减少饲料浪费。

(3) 降低采食速度，提高采食均匀度，使鸡群生长发育整齐一致，提高雏鸡成活率和产蛋率。

(4) 防止产蛋鸡啄肛，减少产蛋期的死亡淘汰率。

(5) 利于免疫，断喙后有利于滴口免疫。

2. 断喙方法

(1) 红外线断喙：在1日龄时进行。红外线断喙准确度高，可提高断喙的均匀度，降低雏鸡应激反应，且不流血，无开放性伤口，有效避免细菌感染，减少死亡率，同时可以提高断喙效率，减轻工作人员的劳动强度。

(2) 断喙器断喙：在6~10日龄时进行，最迟不超过35日龄。该法要求工作人员技术高，必须准确操作，缺乏经验者易造成损失。若断喙后出现部分再生，则应在10~12周龄时补断一次。

3. 断喙的原则

(1) 给雏鸡造成的应激要尽可能小。

(2) 喙截断后不会再生。

(3) 不会影响断喙雏鸡的摄食和饮水。

4. 断喙器断喙操作步骤

用断喙器断喙时，左手抓住雏鸡的腿部，右手拇指按住头部，食指轻压咽喉部，使雏鸡缩舌，头部略往下倾斜，将喙插入断喙器上的适当孔眼内(4.00、4.37和4.75 mm)切除，上喙断去1/2，下喙断去1/3；为防止出血、感染，上下喙的切口应在电热刀片上稍烙一下(2~3 s)，切断喙的生长点，保证喙不会生长。

5. 断喙器断喙时应注意的问题

(1) 断喙前应将断喙器等用具进行清洗消毒。

(2) 刀片应加热到暗樱桃红色，约800 ℃。

(3) 断喙长度要适宜，留短了影响采食，留长了喙再生率高。

(4)鸡群受到应激时不要断喙,待恢复正常后才能进行。

(5)在鸡摄入了磺胺类药物时不要断喙,易引起出血不止。

(6)断喙应在凉爽气候下进行,如遇炎热气候,断喙前后应在每千克日粮中增加维生素K 2 mg,在饮水中加0.1%的维生素C及适量的抗生素,利于凝血和减少应激。

(7)操作时应轻按靠喙底的咽喉处,使舌缩回,切勿把舌尖切断。

(8)断喙后2~3 d内,料槽内饲料要加得满些,以利雏鸡采食,减少碰撞槽底,并供应充足的清凉饮水。

(9)不在高温时断喙,高温条件下断喙易让雏鸡应激且耗费人力、时间,因此现今有的国家倾向于不断喙。笼养情况下,可不断喙,但需采用控制光照强度等措施防止啄癖。在自然光照下,高密度饲养时必须断喙,否则互啄会造成严重损失。

(10)断喙后要仔细观察鸡群反应,对止血效果不理想的雏鸡,应及时止血。

(11)鸡群不健康、天气突然变化或者有疫情时,不应进行断喙。

二、商品育成鸡的培育

育成鸡又叫青年鸡,一般是指育雏结束至开产前的母鸡(7~18周龄)。此阶段饲养管理十分重要,可弥补育雏期造成的不足,并决定蛋鸡体质、开产日龄、产蛋性能等。

(一)育成鸡的生理特点

1.体温调节能力增强

育成鸡的羽毛丰满密集呈片状,保温、防风、防水能力强,皮下脂肪沉积、采食量增加,对低温的适应能力增强。因此,进入育成期的鸡可逐渐脱温。

2.消化功能逐渐增强

随着日龄的增加,鸡的胃肠容积增大,各种消化酶的分泌增多,对饲料的利用能力增强。

3.育成中后期生殖系统加速发育

刚出壳的小母鸡卵巢为平滑的小叶状,重约0.03 g,12周龄后性腺快速发育,14周龄卵巢重量达4 g左右,18周龄超过25 g,20周龄时大部分鸡的生殖系统发育接近成熟,卵巢呈葡萄状,上有大小不同的白色和黄色卵泡,卵巢重40~60 g。12周龄后,育成期的母鸡对光照刺激进入敏感期,要严格执行光照方案。输卵管在卵巢未迅速生长前,仅8~10 cm长;当卵泡成熟能分泌雌激素时,输卵管便开始迅速生长,并达到80~90 cm。因此,育成鸡的腹部容积逐渐增大,腹部柔软度提升。此时,大、中卵泡开始分泌大量的雌激素、孕激素,刺激输卵管生长、耻骨间距扩大和肛门松弛,为产蛋做准备。

4.体重增长快,脂肪沉积能力增强

育成鸡的骨骼和肌肉生长迅速,脂肪沉积量与日俱增。育成期是蛋鸡绝对增重最快的时期,一半的体重增加量都在育成期完成。育成前期是骨骼、肌肉和内脏生长的关键时期,需加强营养和管理,确保体重和骨骼按标准增长。

前期的体重决定了鸡成年后骨骼和体型的大小,鸡在11~12周龄时95%的骨骼生长完成,胫骨在18周龄时发育完成。13周龄后,鸡脂肪沉积能力显著增强,育成后期脂肪沉积能力更强,若在开产前后小母鸡的卵巢和输卵管沉积脂肪过多,会影响母鸡卵子的产生和排出,导致产蛋率降低甚至停产。因此,此阶段不仅要保持丰富的营养以满足鸡生长发育的需要,又要防止鸡体过肥。

5. 羽毛更换速度快

鸡羽毛重占活重的4%~9%,且羽毛中粗蛋白质含量高达80%~82%。育成鸡大约在13周龄和26周龄完成第2次和第3次羽毛更换,频繁换羽会给鸡只造成很大的生理消耗。因此,换羽期间要注意营养供给,尤其是蛋白质,特别是含硫氨基酸,同时平养蛋鸡要注意羽毛的清理。

6. 群序等级的建立

鸡群群序等级在10周龄前后开始出现,临近性成熟时基本形成,主要通过啄斗实现。位于等级序列末等的鸡常受欺凌,其采食、饮水、运动和休息等受到严重影响,出现生长发育不达标现象。因此,应保证鸡群饲养密度适宜,特别要提供充足的料槽和水槽,以保证群体均匀度。

(二)高产鸡群的培育目标

主要目标是培育具备高产能力及能维持长久高产体力的青年母鸡群。

1. 鸡群健康,具有较强的抗病能力

育成期要求不发生或蔓延烈性传染病,鸡群精神活泼、体质健壮,产前确实做好各项免疫工作,保证鸡群能安全度过产蛋期。

2. 体重增长符合标准,骨骼发育良好

鸡的骨骼发育与体重增长相一致,食欲正常,体重和骨骼发育符合品种要求,体躯紧凑似V字形,胸骨平直而坚实,脂肪沉积少,肌肉发达。

3. 鸡群均匀度高

均匀度指鸡群发育的整齐程度,包括体重整齐度、跖长整齐度以及性成熟整齐度。整齐度高说明鸡群生长发育一致,开产整齐,产蛋高峰高,持续时间长。良好的鸡群在育成末期均匀度应达到(或超过)80%,同时鸡群平均体重与标准重的差异不超过5%。

4. 能适时开产

适时达到性成熟,初产蛋重较大,能迅速达到产蛋高峰且维持时间久。20周龄时,高产鸡群的育成率应能达到96%,即健康无病,体重、体型达标,均匀度高,适时开产。

(三)育成鸡饲养管理技术

1. 育成舍的准备

育成舍的准备主要是鸡舍的清洗、消毒、检修等工作。鸡群从雏鸡舍转入到育成鸡舍应注意减少应激。转群时间一般为6~7周龄,最好夜间进行,转群前6 h应停料,前2~3 d和入舍后3 d,应在饲料中添加维生素,添加量为100~200 g/t。

2. 转群

若育雏和育成在同一鸡舍中完成,只要疏散鸡群,减少饲养密度即可。为保持鸡群的健壮整齐,应挑出弱小鸡只单独饲养。若育雏和育成不在同一鸡舍中完成,则待雏鸡6周龄末至7周龄初时转舍。

3. 适时合理脱温

根据育雏季节、雏鸡体质、育雏方式、设施设备等灵活掌握脱温时间。气温高、饲养条件好可提前脱温;反之,则要推迟脱温。6周龄前不能硬性脱温,脱温需循序渐进,约7 d完全脱温。脱温后若发现异常,要及时供温。

4. 选择与淘汰

育成鸡是获得优质高产的商品蛋鸡或种鸡的关键,要求体重达标、骨骼发育良好、羽毛紧凑有光泽、体质结实、采食能力强、反应灵敏、活泼好动。育成过程应及时观察、称重,不达标鸡只尽早淘汰。一般初选在6~8周龄;第二次选择在11~13周龄,逐只称重和挑选,将鸡群分为体重超标(超标准体重10%)、达标、不达标(低于标准体重10%)三种,并根据体重调整喂料;第三次选择在18~20周龄,可结合转群或接种疫苗等工作进行。有条件的应逐只或抽样称重,淘汰体重过小的个体,以提高设备利用率、节约饲料成本、提高经济效益。

5. 日粮过渡

处于育成阶段的后备母鸡,尤其在育成前期,由于消化机能尚未发育健全,如果突然换料,会产生应激反应,造成食欲下降、拉稀,不利于其生长发育,因此要注意饲料的过渡。具体方法为:转群的第1~2 d用2/3的育雏期饲料和1/3的育成期饲料混合饲喂;第3~4 d用1/2的育雏期饲料和1/2的育成期饲料混合饲喂;第5~6 d用1/3的育雏期饲料和2/3的育成期饲料混合饲喂;转群的7 d后,完全更换为育成期饲料。

6. 日粮补钙

开产前小母鸡在生理上发生了一系列变化,体重继续增加,产蛋前期体重增加400~500 g,骨骼增重约15~20 g,其中4~5 g为钙的贮备。约从16周龄开始,小母鸡逐渐性成熟,肝脏、生殖器官增大,体内钙的贮备增加,此时成熟卵子释放雌激素,在雌激素和雄激素的协调作用下,诱发髓骨形成。小母鸡在开产前10 d开始沉积髓骨,约占全部骨骼重的12%,蛋壳形成时约有25%的钙来自髓骨,其他75%来自日粮。如果日粮中的钙不足,母鸡将利用骨骼中的钙,从而造成缺钙,严重时腿部瘫痪。所以,应将育成鸡料的含钙量由1%提高到2%,其中至少有1/2的钙为颗粒状石灰石或贝壳粒,此阶段营养不良将影响体重、蛋重及产蛋数。

7. 调整密度

平面饲养和笼养,均需保持适宜密度。网上平养每平方米宜饲养10~12只育成鸡,笼养每平方米宜饲养15~16只育成鸡。

8. 温度和通风

育成鸡的最佳生长温度是21 ℃,育成舍的温度一般控制在15~25 ℃,当环境温度升高至27 ℃以上时,鸡就开始出现不适,温度越高,应激反应越大。当环境温度过低时,应注意做好防寒保暖措施。

9. 湿度

育成舍的相对湿度一般控制在50%~60%。

10. 光照

在8周龄至达到目标体重之间的这段时间,应提供9~12 h的恒定光照,光照强度为5 lx。光照太强,鸡群容易发生啄癖,光照太弱影响采食。

11. 体重、体型与均匀度控制

(1) 体重：是充分发挥鸡遗传潜力，提高生产性能的先决条件。育成期的体重和体况与产蛋阶段的生产性能有较大的相关性。

在育成期要两周测一次体重，称重要在早饲前进行，要坚持"三定"原则，即定时间、定笼位、定个体，称重后做好记录，计算出平均体重、均匀度。若大群鸡体重达不到标准，则要改变饲料配方，增加蛋白质含量；若少数鸡体重差，则分出来补充饲料营养；若超过标准体重，则要适当限饲。

(2) 体型：包括体重和骨架。其中，骨架发育指骨骼系统的发育，若发育充分，则骨骼宽大，意味着母鸡中后期产蛋潜力大。骨架通过胫长来体现，胫长即胫骨长度，从脚底（蹼）到跗关节的外侧距离。胫长在育雏初期发育很快，14周龄后发育缓慢，性成熟（14~16周龄）后发育终止。

在育雏期和育成前期，鸡体型发育与骨骼发育是一致的，胫长的增长与全身骨骼发育基本同步。控制后备母鸡的体型在经济上是有利的，因为体型大小对蛋大小的影响极大。因此，这一阶段以测量胫长为主，结合体重，可以准确判断鸡群的发育情况。

若饲养管理不好，会出现大个子的瘦鸡和小个子的胖鸡，二者产蛋表现均不理想。前者胫长而体重小、易脱肛，主要原因是摄入了过多粗蛋白饲料。后者胫短而体重大，易早产，产蛋上升快，死亡率较高，主要原因是饲料中蛋白质含量不足或者因天气热采食量少。

(3) 均匀度：指整个群体中，个体体重在平均体重±10%范围内的数量占群体总数的比例（%），每周随机抽5%~10%的鸡只检查饲养管理效果，若鸡群85%的个体在标准体重指标内，则认为该鸡群均匀度正常。

12. 性成熟控制

性成熟过早，产蛋早，但产小蛋，且高产持续时间短，出现早衰，总的产蛋量减少；性成熟晚，开产时间推迟，产蛋量也会减少。可通过限饲和控制光照的方法调节性成熟时间。

13. 通风

通风能有效排出舍内有毒有害气体，减少绒毛及粉尘量，降低呼吸道疾病的发生率。育成鸡舍一定要做好通风工作。

14. 卫生、防疫

为防止发生疾病，除加强日常卫生管理外，还要经常消毒鸡舍。有条件的养鸡场每天进行一次舍内消毒（免疫活苗例外），舍外消毒每天两次；严格按照配比浓度配制，3种以上消毒药轮换使用。

在7~13周龄进行免疫接种较少，在14~18周龄进行免疫接种较多。在育成期要根据鸡群的健康状况、天气变化、舍内环境卫生、外界应激、抗体检测结果及当地的疫病流行情况调整防疫计划；选择质量过关的疫苗和适宜的接种方法，免疫时减少鸡群应激。该阶段防疫多以注射为主，要对操作人员做好培训，以免造成鸡只伤亡和用错疫苗；免疫后注意观察鸡群情况并在免疫7~14 d后检测抗体水平，确保保护率达标。

15. 鸡群巡视及治疗

每天要认真观察鸡群，重点观察采食、粪便、有无呼吸道声音。正常情况：早晨喂料前嗉囊空虚，晚上熄灯前嗉囊充盈；粪便颜色正常，软硬程度适宜，无异味；晚上（熄灯后2 h）鸡群安静后，无异常呼吸道声音。发现病弱鸡要及时隔离并判断是否需要进行全群治疗，避免疾病在鸡群中蔓延。

16. 做好各项记录

在饲养过程中,工作人员应准确做好记录,包括:日期,日龄,存栏数量,饲料供给量,死鸡、淘汰鸡只数量,光照时间,舍内最低、最高温湿度,疾病治疗,投药及疫苗接种的种类、时间、方法等;其他记录事项,如停电、停水、设备损坏等。

三、商品产蛋鸡的饲养管理

产蛋期一般是19~72周龄,高产品种的产蛋结束周龄可推迟到76周龄甚至78周龄。该阶段主要任务是创造利于蛋鸡健康和产蛋的最佳环境,使其充分发挥产蛋性能,以获得最佳的经济效益。

(一)产蛋前的准备

1. 鸡舍及其设备的清洗与消毒

蛋鸡转舍前,须做好修配和消毒工作,具体步骤是:清除粪便,打扫卫生,维修鸡舍及设备,洗刷墙壁、地面、网架、门窗、屋梁,消毒鸡笼及用具,并用福尔马林和高锰酸钾进行熏蒸消毒。熏蒸时间不得少于24 h,在转群前2~3 d,换入新鲜空气后将鸡舍关闭待用。

2. 转群

根据育成鸡发育情况,于16~18周龄转群较佳。过早转群不利发育,易提早开产,影响蛋重、产蛋率和高峰期;晚于20周龄转群,易因应激导致母鸡停产或卵黄性腹膜炎,增加死亡率,影响产蛋量。转群前要准备充足的水和饲料,转群时注意天气冷暖,冬天尽量选择在晴天转群,夏天可在早晚或阴凉天气转群。捉鸡要捉脚,动作要迅速,最大限度减少鸡群惊慌。

转群前6 h应停料,前2~3 d和入舍后3 d,饲料内增加维生素和电解质溶液。抓鸡前,降低鸡舍照度,转群后当天给予24 h光照,以使鸡有充足的时间采食和饮水。转群时不断喙但要做好防疫等,以减少应激。转群时,要选择鉴别、淘汰不良鸡,清点鸡数,保持适宜密度。转群后,尽快恢复喂料和饮水,饲喂次数增加1~2次,不能缺水,由于转群的影响,鸡的采食需4~5 d才能恢复到正常。经常观察鸡群,特别是笼养鸡,防止卡脖子勒死,跑出笼外的鸡要及时抓到笼内。

3. 调整光照

育成期的光照原则是由长变短,而产蛋期光照原则是由短变长。转群时体重如已达该品种体重要求,则自20周龄开始,每周光照时间增加0.5~1.0 h,25~27周龄时每天光照14~16 h,之后稳定不变。密闭式鸡舍光照管理方案参见表8-4-7。如母鸡体重未达标准,则光照时间延迟一周,并改为自由采食。若原本就是自由采食的母鸡,则应提高日粮中蛋白质和能量水平。增加光照需与改换日粮结合,只改日粮不增光照会使鸡体脂肪积聚,影响产蛋。

表8-4-7 密闭式鸡舍光照管理方案(恒定—渐增法)

周龄	光照时间/(h/d)
19	10
20	11
21	12

续表

周龄	光照时间/(h/d)
22	13
23	14
24	15
25~淘汰	16

4.适时改换蛋鸡日粮

育成鸡从18周龄开始,日粮改为2/3育成鸡饲料+1/3蛋鸡料,在19~20周龄为1/3育成鸡饲料+2/3蛋鸡料,从21周龄开始,将育成鸡饲料全部换成蛋鸡饲料。在鸡群产蛋率达5%时,注意日粮中蛋白质、代谢能和钙的比例。产蛋前期蛋白质的需要量为每日每只17~18 g。代谢能的需要量:普通气温时,每日每只1.27 MJ,炎热(29 ℃以上)时1.15 MJ。

(二)产蛋期的饲养管理

1.饲料需要量和饲喂次数

一般产蛋鸡每只每天需100~120 g全价饲料,产蛋多或食欲强的时候适当增加饲喂量,反之减少。饲料不足会影响鸡的生产和健康;饲料过多导致鸡多吃变肥,影响生产性能,并且造成浪费。蛋鸡每日喂三次,自由采食。

2.观察鸡群

通过观察,掌握鸡群动态,熟悉鸡群情况,发现异常及时采取有效措施,保证鸡群健康、稳产高产。

(1)在清晨舍内开灯后,观察鸡群状态和粪便,挑出病鸡隔离或淘汰,死鸡报兽医剖检,及时防控疫情。

(2)夜间闭灯后,仔细听鸡只有无呼吸道疾病的异常声音。如发现有呼噜、咳嗽、喷嚏和甩鼻者应及时挑出隔离或淘汰,防止疾病蔓延。

(3)喂料给水时,要观察饲槽、水槽的结构和数量是否适应鸡的采食和饮水需要,同时查看采食情况、饲料质量等。

(4)观察舍温的变化情况,尤其是在冬夏季节。还要查看通风系统、光照系统和上下水系统有无异常现象,发现问题及时解决。

(5)观察有无啄癖鸡,如啄肛、啄蛋、啄羽鸡。一旦发现啄癖鸡,要及时挑出,并分析原因,及时采取措施。

(6)要注意观察新上笼的蛋鸡,遇有"挂头""扎翅""别脖"等情况应及时解脱,以减少机械性损伤。

(7)观察鸡的头、面、羽毛等情况,眼睛应明亮,冠、髯色泽应鲜红,羽毛应紧贴等。

(8)观察肛门是否干净、粪便是否正常。茶褐色的黏便,一般由盲肠排出,并非疾病所致;绿色的稀粪是消化不良、中毒或鸡新城疫所致;红色或肉红色粪便一般是球虫、蛔虫或绦虫所致。

3.保持良好且稳定的环境条件

产蛋鸡对环境变化十分敏感,尤其是白壳蛋鸡品种。任何环境条件的突然变化(如抓鸡,注射,断喙,停水,改变光照、颜色等)都会引起应激反应,影响鸡群的采食量、产蛋率,严重时还会使鸡群发病致死。因此,鸡场应严格制订并执行科学的鸡舍管理程序,固定饲养人员,操作时动作要稳、声音要轻,尽量减少进出次数,保持环境安静,注意环境变化,减少突发事故。

4.做好生产记录工作

生产记录能反映鸡群实际生产动态和日常活动情况,是了解和指导生产及考核经营管理效果的重要根据,其内容必须包括:产蛋量,存活、死亡和淘汰只数,饲料消耗量,蛋重,体重,舍温和防疫等。管理人员必须经常检查鸡的性能指标,并与标准性能指标相比较,及时调整饲养管理措施。

5.严格遵守防疫制度

注意保持环境清洁卫生,经常洗刷水槽、料槽,定期消毒,保证料槽内饲料不霉变并防止其他动物窜入舍内。

6.减少破蛋和脏蛋

破蛋和脏蛋会降低商品蛋合格率和经济效益。破蛋率一般不超过1%~3%,大群蛋鸡每天最好上午、下午各拣一次蛋。拣蛋起止时间须固定,尤其是截止时间;拣蛋要轻拿轻放,减少破损。脏壳蛋不能用水洗,以免污水渗进蛋内,引起变质。禁止给鸡饲喂破蛋和蛋壳。

四、蛋用种鸡的饲养管理

(一)育雏期、育成期的饲养管理

种鸡生产旨在提高繁殖性能,发挥种用价值。发挥种鸡繁殖性能的关键在于后备母鸡的质量,而育雏期的饲养管理决定了后备母鸡的质量;育雏期影响育成期指标,进而影响产蛋率和死淘率。因此,育雏期、育成期的饲养管理在种鸡生产中尤为重要。

1.育雏期的饲养管理

(1)育雏方式:选择笼育,笼育具有热源集中、容易保温、雏鸡成活率高、整齐度高、疾病少、管理方便和单位面积饲养量大等优点。

(2)适宜的育雏温度:育雏舍的温度与雏鸡体温调节机能、运动、采食、饮水以及饲料的消化吸收有关。刚孵出的幼雏体温调节机能弱,若环境温度过低,雏鸡扎堆,行动不灵活,采食、饮水均受影响,易发生呼吸道和消化道疾病。环境温度过高,影响雏鸡的体热散发,导致采食量下降,生长发育缓慢,死亡率升高。环境温度不稳定,雏鸡易感染大肠杆菌和传染性支气管炎等疾病。

(3)适宜的湿度:育雏前期相对湿度控制在55%~70%,后期为50%~60%。

(4)合理的光照:光照与雏鸡的健康和性腺发育紧密相关,合理的光照方案应从育雏期开始执行。雏鸡从出壳到3日龄内,每日宜采用23~24 h光照,以便其熟悉环境,此时光照强度一般以20 lx为宜。3日龄以后,逐渐减少光照时数。14日龄后,每天至少维持8 h的光照时间,光照强度为10~15 lx。20周龄以上,光照强度维持在10~30 lx。

2.育成期的饲养管理

育成期的主要任务是培育符合标准的种鸡群,让种鸡保持最佳体重是育成期的重要工作。母鸡保持最佳体重并适时开产,可维持较长产蛋高峰期,提高种蛋合格率。种公鸡保持最佳体重,可长期提供优质精液,提高种蛋受精率。

(1)限制饲养:育成阶段,鸡采食能力强但控制力差,容易过肥。因此,为了防止鸡在育成期过早性

成熟和成年鸡体重过大,常采用限饲技术,以获得标准的体尺和体重,并达到适时开产的目的。同时,在限饲过程中,可淘汰病弱个体,降低死淘率和成本;控制生长速度,防止脂肪沉积过多,减少开产后产小蛋的数量,提高生产水平和经济效益;减少难产、脱肛等。

限饲常用方法有限质法和限量法,生产中常联合使用。限质法是限制日粮的营养水平,一般做法是降低代谢能和粗蛋白质的含量,充分供应维生素、氨基酸和微量元素等物质。限量法是限制采食量,一般只供给自由采食量的60%~70%。

(2)体重均匀度控制:影响鸡群均匀度的因素主要有饲养密度、疾病、环境温湿度和营养水平等。定期称重、适时分群是提高鸡群均匀度、减少损失的有效措施。

(二)产蛋期的饲养管理

1.饲养方式

目前,我国以笼养为主,多采用两阶梯式或者三阶梯式笼具,以方便进行人工授精。

2.饲养密度

饲养密度与鸡舍的现代化程度和品种有关,笼养条件下轻型蛋种鸡饲养密度约为22只/m²,中型蛋种鸡饲养密度为20~22只/m²。

3.环境控制

种鸡产蛋期间对环境条件的要求与商品代蛋鸡基本一致。为了获得较大的产蛋重和较高的种蛋合格率,光照时间可比商品代蛋鸡延迟2~3周。

4.种蛋的收集和消毒

种蛋定时收集,一般每2 h拣蛋1次,每天拣蛋至少6次。同时,将脏蛋、破蛋、过大、过小的蛋,畸形蛋,沙皮蛋和钢皮蛋等不合格的蛋选出,并及时将合格蛋进行消毒和保存。

第五节 肉鸡标准化饲养管理技术

一、肉仔鸡的饲养管理

(一)饲养方式

目前,肉用仔鸡的饲养方式有厚垫料平养、网上平养和笼养三种。

1.厚垫料平养

在禽舍内地面上铺设10~15 cm厚的垫料,要求垫料松软、吸水性强、卫生、干燥、不发霉,雏鸡入舍后直到出售前都在垫料上面生活,这是目前国内外最普遍采用的一种饲养方式。它的主要优点是设备投资少、简便易行,胸囊肿和龙骨弯曲等疾病发生率低;缺点是球虫病较难控制,药品和垫料费用较高,占地面积大。

2. 网上平养

将肉仔鸡饲养在离地面60~80 cm高的网上,若使用金属网,则应在金属网上再铺一层弹性塑料方眼网,肉用仔鸡在网上活动,不与金属直接接触,可以有效地减少腿病和胸囊肿等疾病的发生,提高肉仔鸡的合格率。网上平养的主要优点是鸡体不与粪便接触,降低了球虫病的发病率,不需垫料,管理方便;缺点是投资较高,清粪操作不便。

3. 笼养

笼养是指肉仔鸡从出壳到出栏一直在笼内饲养。这种饲养方式的主要优点是能有效利用鸡舍面积,增加饲养密度,减少球虫病发生,提高劳动效率,便于分群管理等;缺点是一次性投资大,肉仔鸡易发生胸囊肿和胸骨弯曲等疾病,肉鸡的合格率降低。

(二)肉用仔鸡的饲养环境管理

1. 提供良好的环境条件

(1)控制适当的饲养密度:合理的饲养密度,不仅可以保证较高的成活率,而且还可以充分利用房舍和设备。地面平养时,每平方米可饲养0~2周龄的雏鸡30~40只,3~4周龄的雏鸡20~30只,5~8周龄的雏鸡9~12只;笼养时的饲养密度一般比地面平养增加一倍,网上平养的饲养密度以比地面平养增加50%为宜。

(2)控制适宜的温度:肉用仔鸡对温度的具体要求是,第一周以34~32 ℃为好,其中入舍1日龄的温度为34~35 ℃,以后每天降0.5 ℃,每周降3 ℃,直到4周龄时,温度降至21~24 ℃,后逐步过渡到自然温度。

(3)光照管理:长时间弱光制度是肉用仔鸡饲养管理的一大特点。肉用仔鸡光照的目的是尽量延长采食时间,增加采食量,促进生长。目前主要有两种光照制度:一种是持续性光照制度,前2 d全天24 h光照,第3 d后则是每天23 h光照,夜间1 h黑暗。另一种是间歇性光照制度,即前2 d也是全天24 h光照,第3 d后则采用1 h光照、3 h黑暗的间歇光照模式,一昼夜循环6次。

(4)合理通风:由于肉用仔鸡饲养密度大、生长快,所以加强舍内通风,保持空气新鲜是非常必要的。必须根据气温、肉仔鸡的周龄和体重,不断调整舍内的通风量,尽量降低氨、硫化物等有害气体的浓度,并将通风、保温和除湿等结合起来,统筹兼顾。

(5)加强防疫制度:做好鸡舍及舍内设备消毒工作,加强垫料管理,制订科学合理的免疫程序,定期对鸡舍内环境进行消毒等。

2. 配制全价日粮、充分满足营养需要

根据我国的饲料资源现状和饲养情况,肥育前期(0~4周龄)应重视肉用仔鸡对蛋白质的需要,肥育后期着重考虑提高能量水平,提供符合肉用仔鸡生长规律和生理要求的适宜的蛋白质能量比。有条件的地区也可配制高能量、高蛋白质水平的肉仔鸡日粮。

3. 合理喂饲、保证采食量

肉用仔鸡的饲养有粉料、碎屑料或颗粒料几种形式,任其自由充分采食,每日加料4次。在保证肉仔鸡采食量的同时,生产中还应注意采取各种措施,减少饲料的浪费,提高饲料利用效率。如每次加料时不要超过饲槽深度的1/3,过多会被啄出而浪费。饲槽高度要随鸡龄增长做相应调整,保持与鸡背在同一水平,以免饲料被啄出槽外等。此外,在肉用仔鸡的整个饲养管理期间,必须时刻注意供给清洁、充足的饮水。

(三)肉仔鸡的饲养

1.营养需要量

仔鸡生长发育迅速,对营养需求高,食欲旺盛,采食量大。肉仔鸡的饲喂原则是自由采食、少给勤添,初饲雏鸡每次采食量少,一般间隔2~3 h饲喂1次,每天饲喂8~10次,以后逐渐减少饲喂次数,并调节加料量,每次加料前让雏鸡将上次料吃完,清理饲槽后再重新加料。肉仔鸡的营养需要见表8-5-1。

表8-5-1 肉仔鸡的营养需要

营养物质	中国			美国		
	0~3周龄	4~6周龄	7周龄以后	0~3周龄	3~6周龄	6~8周龄
代谢能/(MJ/kg)	12.54	12.96	13.17	13.39	13.90	13.39
蛋白质/%	21.5	20.0	18.0	23.0	20.0	18.0
蛋白能量比/%	17.14	15.43	13.67	17.20	14.40	13.44
钙/%	1.0	0.9	0.8	1.0	0.9	0.8
非植酸磷/%	0.45	0.40	0.35	0.45	0.35	0.30
钠/%	0.20	0.20	0.20	0.20	0.15	0.12
蛋氨酸/%	0.50	0.40	0.34	0.50	0.38	0.32
赖氨酸/%	1.15	1.00	0.87	1.10	1.00	0.85

2.肉仔鸡的饲养技术

(1)公母分群饲养:由于公鸡采食能力强于母鸡,故公鸡的生长速度常常快于母鸡,8周龄时公鸡比母鸡体重高27%。公鸡、母鸡沉积脂肪的能力不同,母鸡沉积脂肪的能力比公鸡强得多,故两者对饲料的要求也不同;公鸡、母鸡羽毛生长速度不同,公鸡长羽慢,母鸡长羽快;公鸡、母鸡对温度、垫料等环境要求也不同。鉴于此,公鸡母鸡最好分群饲养,各自在适当的日龄出场,便于对公母鸡实行不同的饲养管理制度。这样既发挥了公母鸡的生长潜力,又利于增重,提高饲料转化率、整齐度,改善屠体品质。随着肉鸡饲养水平和初生雏禽雌雄鉴别技术的提高,近年来公母鸡分群饲养在国内外肉用仔鸡生产中得到了广泛的应用。

(2)肉仔鸡的催肥措施:当肉仔鸡长到4周龄时,就要进入育肥阶段,催肥主要有以下几个措施。①调整日粮配方:提高日粮中的能量水平,适当降低蛋白质含量,同时还应降低粗纤维含量;②设法提高采食量:提高采食量的措施有多种,如改粉料为颗粒料、保持环境温度适宜、增加饲喂次数等;③减少鸡的运动量:采用笼养和弱光照有利于减少运动量。

(3)采用"全进全出"的饲养制度:现代肉鸡生产中几乎都采用"全进全出"的饲养制度,即同一栋鸡舍在同一时间里只饲养同一日龄的鸡群,饲养至一定日龄后同批出售。"全进全出"制度有利于鸡场的防疫,可减少鸡群的发病率;同时在饲养期内管理方便,可采用相同的技术措施和饲养管理方法,易于控制温度,便于机械化作业,有利于对鸡舍及其设备进行全面彻底的打扫、清洁、消毒,切断病原的循环感染,保证了鸡舍的卫生与鸡群的健康。

(4)做好出场上市工作:根据肉用仔鸡生长规律,生产中应采取科学饲养管理措施,力争在8周龄以前使肉用仔鸡达到上市体重要求。肉用仔鸡体重大,骨质相对脆嫩,在出场上市过程中,抓鸡、装笼、运输等非常容易造成肉用仔鸡腿脚和翅膀断裂、损伤,导致肉用仔鸡商品等级降低。

二、肉种鸡的饲养管理

(一)育雏阶段的饲养管理

1. 密度

合适的密度是保持鸡群均匀一致的重要条件,应在实际生产中予以高度重视。在平养条件下,育雏期的饲养密度为10只/m²,育成期为5只/m²,产蛋期为3~4只/m²。

2. 温度

一般刚出雏时鸡舍的温度应为34~35 ℃,以后每周下降3 ℃至室温,然后保持18~21 ℃(最佳温度)。

3. 湿度

温度在30 ℃以上时,相对湿度以75%为佳,30 ℃以下相对湿度以50%~60%为佳。

4. 通风

一般通风量应掌握在每千克体重3~5 m³/h,冬季要妥善处理通风与保温的关系。

5. 光照

应遵循不增加育雏育成期光照时间,不减少产蛋期光照时间的原则。

6. 垫料

应及时翻松或更换垫料,以保持其松软、清洁、干燥。另外,还要用吸湿性强的垫料。

7. 断喙

在1日龄进行红外线断喙,或在6~10日龄用断喙器电热断喙,上喙切去1/2,下喙在切完后(一般切1/3)应稍长于上喙,种公鸡应轻度断喙。

(二)育成阶段的饲养管理

种公鸡的饲养管理要点:①严格控制体重,种公鸡性成熟时,不允许当周体重超过标准体重的10%;②种公鸡的选择,淘汰外形有缺陷、体重轻的公鸡;③断趾和剪冠,一般在出壳当天进行,断趾也可在5~7日龄进行;④锻炼与保护腿脚,种公鸡的腿力直接影响它的配种能力,因此应锻炼其腿力,采取措施保护其腿脚;⑤公母分饲,以免公鸡过肥,影响交配。

1. 限制饲养

限制饲养的目的是控制肉种鸡的生长速度和体重,减少脂肪沉积,使体重符合标准;减少胸腿部疾病的发生率。限制饲养不仅可以增强种鸡的体质,更重要的是可以提高其繁殖能力和种用价值,还能降低饲料成本。因此,母鸡从3周龄开始要限制饲喂,最迟不得迟于4周龄;公鸡在4周龄或6周龄选种以后开始限制饲养。限制饲喂的方法主要有限质法和限量法两种。

(1)限质法:主要是降低蛋白质和能量水平,也可降低赖氨酸水平,但钙、磷等矿物质营养和微量元素必须充分供应。

(2)限量法:根据不同周龄的体重增加速度以及生产情况确定具体的限量方法,主要有每日限饲、隔日限饲和每周限饲三种。

①每日限饲:在饲喂全价饲粮的基础上,减少每日饲喂量,每天只喂一次。这种方法较缓和,主要适用于雏禽由自由采食转入限制饲养的过渡期(3~6周龄)和育成期末(20~24周龄)到产蛋期结束。

②隔日限饲:在饲喂全价饲粮的基础上,将2 d的限喂料于1 d内一次性饲喂,另1 d停喂。这种方法限饲强度大,适用于生长速度最快,体重难于控制的阶段(7~11周龄)或体重超出标准过多时应用。使用时应注意两天的料量不能高出产蛋高峰期的喂料量,如果超出应改用其他限饲方法。

③每周限饲(5/2限饲):在饲喂全价饲粮的基础上,将7 d的限喂量分5天饲喂,另有不连续的2 d停喂。这种方法较每日限饲强,而弱于隔日限饲,适于育成期的大部分阶段(12~19周龄)。根据生产实际和体重控制情况,每周限饲还有与5/2限饲相似的限饲方法,如6/1限饲和4/3限饲。

限制饲养应注意的问题:种公鸡生长快,若不严格控制种公鸡的体重则极易超重而影响配种,并且不能保证高的受精率和孵化率,大大降低其种用价值。所以,对种公鸡实施的限饲方案应比种母鸡更加严格,限饲期间必须依据标准体重严格控制种公鸡的体重。

2.光照管理

制订肉种鸡的光照制度时,除遵循生长期光照时间不可延长、产蛋期光照时间不可缩短等基本原则外,还须注意光照的强度。

种鸡育成期的10~18周龄是光照管理的关键时期,光照时间可以恒定或逐渐缩短,但不宜延长,一般每天光照8~10 h,到18周龄后根据不同品种鸡的情况,逐渐开始延长光照时间;光照强度在育成期以5~10 lx为宜。现代肉种鸡对光照的反应不太灵敏,比蛋用种鸡反应慢。肉种鸡在增加光照刺激4周左右才开始产蛋,而且光强强度应大些。

3.公母混群分饲

公母鸡同群饲养,采食不同的饲料,称为公母混群分饲。种用公鸡和种用母鸡在营养需要和采食量上的差别较大,体重增加速度也不一致,只有通过分别喂饲,才能使两者保持适宜的体重与体质,从而获得全期较高的产蛋率和种蛋受精率。由于公母鸡混群后,鸡的采食速度加快,公鸡很容易抢吃母鸡料,所以,在20周龄左右即应实行公母混群分饲。方法是:公母鸡单独设喂料系统,公鸡使用高吊的料桶,母鸡因体矮而不能采食;给母鸡用的料槽上加隔栅,公鸡因头大伸不进去。给料时,由于母鸡料量较公鸡多,并且吃料慢,为了保证公鸡不抢食和公母鸡同时吃完料,应提前给母鸡加料。

(三)产蛋阶段的饲养管理

1.预产蛋期的饲养管理

18~23周龄是从育成期进入产蛋期的生理转折阶段,称预产蛋期。此时应及时将母鸡转入产蛋鸡舍,转群前后2~3 d的饮水中应补加多种维生素;将生长料换为产蛋前期料,将钙量增加到2.0%;逐渐增加光照时间至每天16 h。

2.产蛋期的饲养管理

肉种鸡在23~25周龄将陆续产蛋,正常开产的鸡群25周龄产蛋率达到5%。在开产后的第3~4周,鸡群产蛋率达40%~50%时,饲料量达到最大值。注意饲料量的增加要早于产蛋量的增加,如饲料量不足或增加不够,就无法达到较高的产蛋高峰。产蛋高峰前,产蛋数及蛋重都急速增长,急需补充营养。饲料中各种氨基酸的含量应均衡,对促进种鸡高产、稳产具有很大作用。同时,还应补充维生素、钙和矿物质。

3.产蛋高峰至淘汰前的饲养管理

产蛋高峰后4~5周不要减少饲料量,虽然此阶段产蛋数减少,但蛋重仍在增加,母鸡对能量等营养的实际需要量几乎与高峰期的一致。当鸡群产蛋率下降到70%时,应开始逐渐减少饲料量,以防母鸡超重。在每次减料的同时,必须认真观察鸡群的反应。如果因减料而出现产蛋量异常下降时,就要停止减料,并恢复到减料前的饲料量。

第六节　鸭的饲养管理

我国有悠久的水禽饲养历史,在长期的生产实践中培育出许多生产性能优良的地方良种。近年来,随着城乡居民生活水平和社会经济水平的提高,集约化肉鸭养殖业有了较大规模的发展,推动了我国养鸭业持续快速地发展。目前,我国是世界上最大的水禽生产和消费国,水禽产品的消费量居世界之首。

一、种鸭的饲养管理

种鸭生产与蛋鸭略同,为保证种蛋品质以及提高受精率和孵化率,在生产中应加强饲料营养的供给和对种公鸭的特殊管理。

1.适宜的饲养方式

大型肉鸭具有生长速度快、饲料转化率高、生产周期短、适合全年批量生产、繁殖力高等特点。传统的放牧养鸭模式难以适应养鸭业进一步发展的要求,为了使大型肉鸭优良的生产性能得到充分发挥,必须采用舍饲方式,以生产出更多的优质商品鸭苗。

2.优质的饲料

配制种鸭饲料时要保证有全价均衡的日粮供应,注意优质蛋白质饲料的供给,维生素和微量元素应适量增加,特别是维生素 A、维生素 D、维生素 E 及某些 B 族维生素等对繁殖有影响的营养物质在添加时,应重点考虑。

3. 种公鸭的管理

在严格选种的基础上,按合适的公母比例组群,并且增加放水次数,保证种鸭在水中配种,为防止种公鸭在配种时蹬伤母鸭,可对初生雏鸭实施断趾,组群时,还可进行修爪。

4. 及时收集种蛋

每天应及时收集种蛋,防止种蛋污染,收集后立即对种蛋进行消毒,再存入专用蛋库中保存。

二、雏鸭的饲养管理

(一)雏鸭的饲养

雏鸭指出壳至 4 周龄的小鸭,其饲养管理原则上与雏鸡相似,不同之处在于鸭是水禽,有嬉水、沐浴等习惯,应根据水禽的特点采取适宜的饲养管理方法。雏鸭出壳毛干后 24 h 就可饮水开食。一般在开食之前先饮水,早饮水能促进雏鸭新陈代谢,有利于排泄胎粪。饮水后将雏鸭放在干软的垫草上,雏鸭在阳光下理干羽毛后,便可喂食。开食应选用营养丰富、颗粒较小、容易消化、适口性好、便于啄食的粒状饲料,并注意少量多次饲喂。前 3 d 不能喂得过饱,以免引起消化不良,应掌握少喂、勤添的原则,每次喂 8 分饱,每天喂 6~8 次,3 d 后逐渐改喂配合饲料。

(二)雏鸭的管理

1. 适宜的温度

雏鸭出生后的第 1~3 d 要求温度为 28~32 ℃,以后温度应随日龄增长而逐渐下降,每周下降 3 ℃,至 4 周龄时即可脱温。雏鸭温度管理最关键的阶段是第一周,尤其头 3 d 最重要。如果因条件所限温度达不到标准,略低 1~2 ℃ 也可以,但必须做到平稳过渡,切忌温度忽高忽低,否则容易引发疾病。

2. 合理的饲养密度

雏鸭的饲养密度随雏鸭日龄的增长而减小。地面平养时,第 1 周龄的饲养密度为 15~20 只/m²,第 2 周龄为 10~20 只/m²,第 3 周龄为 5~10 只/m²;网养时,通常 1~2 周龄的饲养密度为 20~25 只/m²,2~3 周龄为 10~15 只/m²。

3. 营养平衡

雏鸭饲料应按标准配制,饲粮中蛋白质含量为 20%~22%、代谢能为 12.55~12.13 MJ/kg,需要在日粮中补充多种维生素和矿物质,添加益生元预防雏鸭发生消化道疾病或肠炎,使雏鸭健康成长。

4. 饲喂次数

雏鸭开食时每小时饲喂 1 次,1 周龄之内均可自由采食,1 周龄后改为每昼夜喂 6 次,2 周龄后每昼夜喂 5 次,3 周龄以上每昼夜喂 4 次。

5. 调教下水

平养育雏时,一般在 3 日龄便可开始将小鸭赶入浅水塘中活动、饮水。6 日龄后可让鸭自由下水,每次放水后都要在运动场避风处休息、理羽,待羽毛干后,再放回舍内。寒冷天气可减少放水次数或停止放水,以免受凉;炎热天气,中午不宜放水,防止中暑。

6.建立稳定的管理程序

鸭神经敏感、合群性强、可塑性强,易接受训练和调教,可养成良好的生活规律。如每天饮水、吃料、下水游泳、上滩理毛、回圈休息等,都要定时定地,每天有固定的一整套管理程序,待鸭养成习惯后,不要轻易改变。

三、肉鸭生长育肥期的饲养管理

肉鸭通常从第5周开始实行肥育,此时鸭对外界环境的适应能力强、死亡率低、生长发育迅速、活动能力强、食欲旺盛、采食量大,需要摄入较丰富的营养物质。由于鸭的采食量增多,饲料中粗蛋白质含量可适当降低,但仍可满足鸭体重增长的营养需要,从而达到良好的增重效果。

1.饲养方式

由于鸭体躯较大,其饲养方式多为地面饲养。随着鸭日龄的增加,应适当降低饲养密度。4周龄适宜的饲养密度为7~8只/m²,5周龄为6~7只/m²,6周龄为5~6只/m²。

2.喂料及喂水

生长育肥期的肉鸭采食量增大,应注意添加饲料,但食槽内余料不能过多。应随时保持水槽内有清洁的饮水,特别是在夏季,白天气温较高,采食量减少,应加强早晚的管理,因为早晚天气凉爽,鸭子采食的积极性很高。

3.垫料的管理

由于肉鸭在生长育肥期的采食量增多,排泄物也增多,此时应加强舍内和运动场的卫生清洁管理,每日定时打扫,及时清除粪便,保持舍内干燥,防止垫料潮湿。

4.上市日龄

不同地区或不同加工目的所要求的肉鸭上市体重不一样,因此,上市日龄要根据销售对象来确定。肉鸭一旦达到上市体重应尽快出售,一般6周龄的商品肉鸭的活重达到2.5 kg,7周龄可达3.0 kg,饲料转化率在6周龄时最高,因此,42~45日龄是肉鸭理想的上市日龄。但此时肉鸭胸肌较薄,胸肌的丰满程度明显低于8周龄,如果用于生产分割肉,则8周龄是最理想的上市日龄。

四、蛋鸭产蛋期的饲养管理

商品蛋鸭150日龄时,产蛋率可达50%;200日龄时,可达到产蛋高峰(产蛋率达90%)。如饲养管理得当,产蛋高峰期可维持到450日龄以上。

1.产蛋预备期(17~20周龄)的饲养管理要点

产蛋预备期母鸭已陆续达体成熟和性成熟,此阶段饲养管理水平直接影响蛋鸭产蛋率及蛋重,因此应根据生产趋势适时调节饲喂量和营养水平。

2.产蛋初期和前期(21~42周龄)的饲养管理要点

根据产蛋率不断上升的趋势,不断提高日粮的营养水平,适当增加饲喂次数,尽量把产蛋率推向高峰,光照时间增至每天14 h。抽样称重,及时了解母鸭体重,以便维持良好体况。

3.产蛋中期(43~57周龄)的饲养管理要点

此阶段产蛋率仍处于高峰期。母鸭的体力消耗大,营养跟不上就会影响产蛋量,甚至出现换羽。因此,继续提高日粮中蛋白质水平,补充青饲料,适当增加钙的添加量,每日光照时间应增至16 h。

4.产蛋后期(58~72周龄)的饲养管理要点

根据母鸭的体重和产蛋率确定喂料量和饲料的营养水平,控制体重,以防母鸭过肥。如果鸭群的产蛋率仍在80%以上,而母鸭的体重略有减轻的趋势,此时在饲料中要适当增加动物性饲料;如果体重正常,产蛋率仍较高,则应适当提高饲料蛋白质水平,每天保持16 h光照。当产蛋率降至60%时,光照时间增至17 h,直至淘汰。

第七节 鹅的饲养管理

我国养鹅历史悠久,是世界上鹅生产及消费的第一大国,占世界总量的85%以上。中国的鹅品种大多数起源于鸿雁,而分布于新疆伊犁的鹅种和欧洲的大部分鹅种起源于灰雁。中国鹅在头部有一个突出的鹅瘤,头颈细长,颈羽平滑而不卷曲;体态高,个体较小;成熟早,产蛋多。而欧洲鹅的头部无鹅瘤,头颈粗短,颈羽卷曲,背宽胸深,个体大且矮胖;成熟迟,产蛋较少。鹅具有生长速度快、抗病能力强、耐粗饲、抗寒能力和适应性强等特点。根据鹅不同品种、性别、生理状态,以及不同的季节和环境条件的差异,应采取不同的饲养管理措施,以保证鹅正常的生长发育和生产性能得到充分发挥。

一、鹅的生物学特性

1.耐粗饲

鹅是一种体型较大、容易饲养的草食水禽,在水源丰富、水草丰盛的地方,适宜成群放牧饲养。鹅的肌胃压力大,胃内有两层厚的角质膜,内装砂石,可把食物磨碎。鹅是唯一能较好利用含纤维较高的粗饲料的家禽,鹅的消化道长度是体躯长度的11倍,并具有发达的盲肠,所以消化粗纤维的能力比其他家禽强。

2.生活力强

鹅不仅抗病力强,常见的疾病比鸡少,且对各种不利的饲养环境也有较强的适应性,因此对饲养管理条件的要求也相对较低。鹅因生长迅速,羽毛发达,比鸡耐寒,鹅可以经受-30~-25 ℃的严寒;我国东北饲养的小型鹅在给予了必要营养条件下,在冬季仍可继续产蛋。鹅虽然较不耐热,但可以利用游水洗浴降温,仍能够在亚热带和热带地区生长良好,并保持较高的生产性能。

3. 合群性

鹅具有合群性,喜欢群居和成群行动,行走时队列整齐,觅食时在一定范围内扩散。适于大群放牧饲养,在大鹅群中,又有小群体存在。偶尔个别鹅离群,就"呱呱"大叫,追赶同伴急于归队集体行动,这种习性为大群放牧提供了方便。

4. 等级性

在鹅群中,存在等级序列,新鹅群中的等级序列常常通过争斗产生。等级较高的鹅,有优先采食、交配和占据领域的权力。在一个鹅群中,等级序列有一定稳定性。在生产中,鹅群要保持相对稳定,频繁调整鹅群,打乱已存在的等级序列不利于鹅群生产性能的发挥。

5. 警觉性

鹅的听觉很灵敏,警觉性很强,遇到陌生人或其他动物时就会高声鸣叫以示警告,有的鹅甚至会用喙啄击或用翅扑击。因此,有人用鹅代替狗看家,浙江某些地方把白鹅称为"白狗",南美安第斯山麓的印第安人现仍保留养鹅护家的习俗。

6. 耐寒性

鹅全身覆盖羽毛,起着隔热保温作用,成年鹅的羽毛比鸡的羽毛更紧密贴身,且鹅的绒羽浓密,保温性能更好。鹅的皮下脂肪厚,因而耐寒性好。鹅的尾脂腺发达,尾脂腺分泌物中含有脂肪、卵磷脂、高级醇,鹅在梳理羽毛时,经常用喙压迫尾脂腺,挤出分泌物,再涂擦在全身羽毛上,使羽毛不被水浸湿,起到防水御寒的作用。即使是在 0 ℃左右的低温下,鹅仍能在水中活动,在 10 ℃左右的气温条件下,仍可保持较高的产蛋率。

7. 节律性

鹅具有良好的条件反射能力,活动节奏表现出极强的规律性。如在放牧饲养时,一天之中的放牧、收牧、交配、采食、洗羽、歇息、产蛋等都有比较固定的时间,而且这种生活节奏一经形成便不易改变。因此,在养鹅生产中,操作管理规程一经确定就应保持稳定,不要轻易改变。

8. 脂肪沉积能力强

鹅肝脏合成脂肪的能力大大超过其他家禽和哺乳动物,其脂肪组织中合成脂肪的量只占5%~10%,而肝脏中合成脂肪的量却占90%~95%,这是鹅被用来生产肥肝的重要原因。

9. 就巢性

鹅虽经过人类的长期选育,部分品种已经丧失了抱孵的本能(如太湖鹅、豁眼鹅等),但多数鹅种仍有就巢性,故鹅的产蛋时间明显减少,造成鹅的产蛋性能远低于鸡和鸭。一般鹅产蛋8~12枚左右时,就自然就巢,每窝可抱孵鹅蛋15枚。

10. 喜水性

鹅是水禽,喜欢在水中觅食、嬉戏和求偶交配。因此,宽阔的水域、良好的水源是养鹅的重要环境条件之一。鹅趾上有蹼似船桨,气囊内充满气体,轻浮如梭,时而潜入水下,扑觅淘食,可充分利用水中食物及矿物质满足生长和生产的需要。鹅有水中交配的习性,特别是在早晨和傍晚的水中交配次数占60%以上。

11. 夜间产蛋性

禽类大多数是白天产蛋,而母鹅是夜间产蛋,这一特性为种鹅的白天放牧提供了方便。夜间鹅不会在产蛋窝内休息,仅在产蛋前0.5 h左右才进入产蛋窝,产蛋后稍歇片刻才离去,有一定的恋巢性。鹅产蛋时间一般集中在凌晨,若多数产蛋窝被占用,有些鹅宁可推迟产蛋时间也不会立马产蛋,故产蛋窝不足会严重影响鹅的正常产蛋率。因此,鹅舍内产蛋窝位要足,垫草要勤换。

二、雏鹅的饲养管理

雏鹅指孵化出壳后到4周龄内的鹅,又叫小鹅。雏鹅饲养管理水平直接影响雏鹅的生长发育和成活率,继而影响育成鹅的生长发育和鹅的生产性能。

(一)雏鹅的特点

1. 生长发育快

有关资料显示,鹅的生长强度第1个月为200%,第2个月为96%,第3个月只有17%,说明雏鹅期生长发育最快。在这一阶段内,肌肉沉积也最快,1月龄鹅含有肌肉89.4%、脂肪7.1%,2月龄鹅含有肌肉73.7%、脂肪21%。

2. 消化能力弱

鹅在胚胎期的能量和养分的来源是蛋内自身物质,物质代谢比较简单。出壳以后,雏鹅要逐步转为直接利用饲料养分,促使消化器官、消化腺等的发育和功能逐步加强。在雏鹅期,消化道的容积较小,肌胃的收缩力弱,消化能力不强。

3. 调节体温能力差

雏鹅出壳后,全身仅被覆稀薄的绒毛,保温能力差,且吸收能力弱,因此对外界温度的变化缺乏自我调节能力,特别是对寒冷的适应性较差。随着日龄的增加,这种自我调节能力虽有所提高,但仍较弱。

(二)育雏前的准备

育雏前,应该准备好育雏室、加温设备和育雏用具(包括育雏筐、饲养用具等)。育雏室要温度适宜、干燥、清洁、光照充足、通气良好。在进雏前,先全面检查育雏室,及时修补破损处,并用福尔马林与高锰酸钾混合熏蒸消毒。进入人员均要换消毒过的工作服、工作鞋。对操作人员还要进行岗前培训,并准备防病治病的药物,并准备充足的饲料。

(三)雏鹅的选择

雏鹅的选择可采用"六看"法,如下。

1. 看来源

要求雏鸡来自健康无病、生产性能高的种鹅,并符合品种的特性和特征。如壮年鹅的后代一般要强于新鹅的后代。

2. 看时间

要选择按时出壳的雏鹅。凡是提前或推迟出壳的鹅雏,说明胚胎发育不正常,将影响以后的生长发育。

3.看脐肛

大肚皮、血脐、肛门不清洁的雏鹅,表明健康状况不佳。要选择腹部柔软、卵黄充分吸收、脐部吸收良好、肛门清洁的雏鹅。

4.看绒毛

绒毛要粗、干燥、有光泽,凡是绒毛太细、太稀、潮湿乃至相互黏着无光泽的雏鹅,表明发育不佳、体质差,不宜选用。

5.看体态

要坚决剔除瞎眼、歪头、跛腿等外形不正常的雏鹅。好的雏鹅应站立平稳,两眼有神,体重正常,一般中小型品种初生重在100 g左右,大型品种的狮头鹅在130 g左右。

6.看活力

健壮的雏鹅行动活泼,叫声有力。当用手握住雏鹅颈部将其提起时,双脚能迅速有力地挣扎;将雏鹅仰翻在地,自己能迅速翻身站起。

(四)育雏的方式

主要有给温育雏与自温育雏两种育雏方式。给温育雏是用人工供给的热源,创造较好的温度条件来育雏,适于大群育雏和天气寒冷的地方采用。自温育雏是利用鹅体自身发出的热量,采取保温措施,获得较好的温度条件来育雏。自温育雏方法所需设备简单,比较经济,但管理麻烦,卫生条件差,适于小群育雏和气候较暖和的地方采用。

(五)雏鹅的饲养

初期应该舍饲,逐步向放牧过渡。舍饲时主要是喂给水、草、料,应按照精细加工、少给勤添的原则进行饲喂。一般的饲养要求是及早饮水、适时开食、适时放牧。

1.及早饮水

雏鹅出壳后,应在绒毛已干并能站立时,给予第1次饮水,俗称"潮口"。雏鹅出壳时,腹内卵黄的吸收利用会消耗较多的水分,如果喂水太迟,易造成脱水,轻则影响以后的生长发育,重则导致死亡。雏鹅的饮水要清洁,最好是凉开水,水温不宜过低,否则会诱发胃肠疾病。如果远距离运输雏鹅,应在水里加多种维生素、葡萄糖,这样既可补水又能补充能量。

2.适时开食

开食必须在"潮口"后,雏鹅起身有啄食行为时进行。一般在出壳后24~36 h内开食。开食饲料常为碎米和小米,青饲料常为苦荬菜、青菜等。由于雏鹅对脂肪的利用能力很差,切忌将脂肪较多的动物性饲料作为雏鹅饲料。随着日龄增大,饲喂量也应不断地增加,饲喂次数可适当减少。从4日龄起,雏鹅的消化能力增强,饲料中应添加砂粒,并逐步增加青饲料的供给量。

3.适时放牧

放牧就是让雏鹅到大自然中去采食青草、饮水嬉水、运动、休息。通过放牧,可以促进雏鹅新陈代谢、增强体质、提高适应性和抵抗力。雏鹅初次放牧的时间,应根据气温而定,最好是在外界气温与育雏室温度接近时放牧。放牧前饲喂少量饲料,并在水池边草地上自由活动半小时,然后再让其下水,任其自由在水中活动几分钟,再赶上岸让其梳理绒毛,待毛干后赶回育雏室。随日龄的增加逐渐延长放牧时间,加大放牧距离,相应减少喂青料的次数。

(六)雏鹅的管理

加强雏鹅期间的管理工作,是提高雏鹅成活率和增重的重要环节。主要的管理技术措施有以下几项。

1. 盖好鹅棚

雏鹅体小娇嫩,对外界环境适应能力不强,一定要做好保温降湿工作。保温工作尤为重要,必须有专用鹅棚。一般土墙、草顶和泥地的民房均可替代鹅棚,但要求这些建筑建在高燥处,能避雨、保温。鹅棚要能防止鼠患和兽害,附近应有水塘和草地。

2. 分群饲养

1~15日龄应放在鹅栏内饲养,防止雏鹅打堆引起伤亡或受热"出汗"。每个鹅栏内可放1~5日龄雏鹅50只、6~10日龄时减少到35只、11~15日龄时减少到25只。20日龄后可采用圈养方式,每个隔圈可放80~100只雏鹅。

3. 及时起身

所谓起身,即用手抄动驱散雏鹅,使之活动,从而调节温度、蒸发水汽,确保雏鹅健康成长。自开食后,应每隔1 h起身1次,在夜间和气温较低时,更应该经常观察雏鹅动态,防止打堆。

4. 适时放水

7日龄后,在气温适宜时,可选择清洁的浅水塘进行第1次放水。天冷时可在15日龄后放水,在夏季3日龄后即可在放牧同时进行放水,水温以22~30 ℃为宜,放水时间以15:00—16:00为宜。

5. 卫生防疫

注意饲料、垫草的卫生,及时接种疫苗。若母鹅未注射过小鹅瘟疫苗,则应给出壳24 h内的雏鹅注射小鹅瘟抗血清0.1 mL。

三、中鹅的饲养管理

中鹅,又叫生长鹅、青年鹅、育成鹅,是指4周龄以上选为种用或转入肥育的鹅,俗称仔鹅。中鹅阶段生长发育情况,影响上市肉用仔鹅的体重、未来种鹅的质量。

1. 中鹅的特点

中鹅阶段的鹅进入换羽期,同时消化道的容积明显增大,消化能力也明显增强,对外界环境的适应性和抵抗力强,这一阶段鹅的骨骼、肌肉、羽毛生长发育最快。因此,中鹅饲养管理的重点是以放牧为主,让鹅吃饱喝足,继续快速生长。

2. 中鹅的饲养

我国大多数采取放牧饲养形式,这种形式所用饲料与工时最少,经济效益较好,有条件的地区可实行分区轮牧制。中鹅的放牧场地要有足够数量的青绿饲料,草质要求可以比雏鹅的低些。放牧时间越长越好,早出晚归或早放晚宿,要吃5~6分饱,以适应鹅"多吃快拉"的特点。如果放牧饲养的中鹅吃不饱,或者正在换羽时,应补饲全价配合饲料。

3. 中鹅的管理

中鹅常以野营为主,搭建临时鹅棚能遮风避雨即可,一般鹅棚建在水边的高燥处,采用活动形式,便于经常搬迁。如天气热,太阳火辣,中午应让鹅群在树荫下休息,防止中暑。50日龄以下的中鹅羽毛尚未长全,也要避免淋雨。

四、育肥仔鹅的饲养管理

中鹅经过充分放牧饲养以后,已基本完成第1次换羽,具有一定的膘度,除选留一部分转群作后备种鹅外,其余的则可进行肥育。用于肥育的仔鹅,叫肥育仔鹅,通常是指10~12周龄的商品仔鹅。

1. 肥育仔鹅的特点

中鹅阶段结束时,消化道的容量已与成年鹅大体相同,虽已可以上市,但没有达到最佳体重,膘度不够,肉质不佳,肉色常常较黄。

2. 肥育仔鹅的饲养管理

在仔鹅肥育阶段,饲养的关键是充分喂养、快速育肥,管理的关键是限制活动、保证安静、控制光照。按照饲养管理方式来分,仔鹅的肥育方法有两大类,即放牧肥育和舍饲肥育。

(1)放牧肥育:该法是传统的肥育方法,目前应用广泛,成本最低。适于有较多谷实类饲料可供放牧的养殖场,如野草的种子、收获后稻田或麦田内的落谷等。如果谷实类饲料较少,则必须补饲谷实类饲料,否则鹅生长不快,达不到肥育目的。由于放牧育肥是利用谷物类作物的茬口,所以要根据农作物收获时间来推算育雏时间。

(2)舍饲肥育:该方法生产效率比较高,肥育均匀度比较好,适于集约化饲养模式。日粮全部为全价饲料,也可以富含碳水化合物的谷实类饲料为主,再加一些蛋白质饲料,让肥育鹅自由采食、饮水。要给予肥育鹅安静、少光的环境,并限制活动,让其尽量多休息。

五、后备种鹅的饲养管理

后备种鹅通常是指10周龄以后到产蛋或配种之前准备种用的鹅。

1. 前期调教合群,补饲稳长

70~90日龄为前期,晚熟品种日龄还应延后。后备种鹅是从中鹅群中挑选出来的优良个体,往往不是来自同一鹅群,把它们合并成后备种鹅新群后,由于彼此不熟悉,常常不合群,必须加以调教。在饲养上,一般除放牧外还要酌情补饲精料,以保证其迅速生长发育和第1次换羽完成所需营养。如果是舍饲,则要求饲料充足,喂料要定时、定量。

2. 中期公母分开,限制饲养

90~150日龄为中期,一般来说,在100日龄左右,公母鹅就应该分开饲养,这样既可适应各自不同的饲养管理要求,还可防止早期的乱配。这一阶段应实行限制饲养,只给维持饲料,控制后备母鹅开产期一致,降低饲料成本,锻炼耐粗饲能力。

3. 后期防疫接种，加料促产

从150日龄到开产或配种这段时间为后期，历时1个月左右。后期首先要做好小鹅瘟疫苗接种工作，接种半个月后所产的蛋可留作种蛋，蛋内含有母源抗体，孵出的雏鹅可获得被动免疫。在饲喂上逐步放食，促进生殖器官的发育，此时补饲只定时、不定量，并且应饲喂全价饲料。在舍饲条件下，一定要按照营养标准饲喂全价饲料。

六、产蛋鹅饲养管理

(一)产蛋准备期饲养管理

后备种鹅经过以放牧为主的限制饲养后，鹅群体况较差，在预计开产期前1个月就应开始补饲，使其体质迅速恢复，适当提升体重，为产蛋积累营养物质，并促进鹅群在短时间内大量换羽。如果过早补料会导致母鹅提早产蛋，到秋末冬初又将进行第2次换羽，会影响全年产蛋量。如果补料过迟，就推迟了换羽进程从而推迟产蛋时间，也影响总产蛋量。补饲的精料最好是产蛋鹅全价配合料，晚上再加些谷实类饲料。喂料要定时定量，先粗后精，日喂2~3次。喂完后让种鹅在水边附近休息，投喂青料，并提供充足的饮水。

总之，此期内要保证鹅不瘦也不过肥，精料补饲是否合适可通过鹅的粪便来判定。要想做好产蛋准备期的饲养管理，提高产蛋率和受精率，应注意以下几个方面。

1. 冬季做好保温工作以防严冬换羽

防止种鹅在严冬换羽的关键是做好保温工作。种鹅舍靠西北的门窗一定要用稻草帘等挡住，鹅舍要每晚加垫稻草，一定要保持地面干燥，冬季不要清理鹅垫料，让稻草越垫越厚，垫料发酵可使地面温度升高。寒冬不换羽的鹅群，产蛋量会稳步上升，直至5~6月份停产。

2. 补充人工光照

南方鹅一般在种鹅开始产蛋时(10月份)于晚上开灯补充光照。从每天光照13 h，逐渐延长至15 h。人工光照弥补了自然光照的缺陷，促使母鹅在冬春季的产蛋量增加，从而提高全年的产蛋量。

3. 种用公鹅的选择

在开产前20~30 d，应对选留的种公鹅进行最后一次严格鉴定。除了考虑体格健壮发育等表型因素外，应逐个检查从头到阴茎的发育情况、精液品质。凡是精液品质好的公鹅，受精率也高。

4. 开产母鹅的鉴别

刚开产时，应将临产母鹅与未产母鹅分开饲养。临产母鹅有许多特征，如全身羽毛紧贴，光泽鲜艳，颈羽光滑，尾羽、背羽平直，耻骨距离变宽，食量增大，产蛋前10 d左右喜食矿物质饲料，常有主动寻求公鹅配种的表现。

(二)产蛋期饲养管理

种鹅产蛋量的品种间差异很大，许多地方品种有抱性，每产1窝蛋孵1次，全年产蛋量为25~50枚；而部分地方良种鹅，能够连续产蛋，全年产蛋量可达70~120枚，如豁眼鹅、太湖鹅和籽鹅等品种的产蛋量就很高。因此，必须掌握不同品种产蛋期的产蛋规律。

1. 掌握产蛋时间

母鹅的产蛋时间大多数在下半夜至8:00左右,个别在下午产蛋,所以产蛋母鹅在9:00点以前不要外出放牧,而应在舍内补饲任其交配,产蛋结束后再外出放牧。上午放牧的地点也应尽量靠近鹅舍,以便部分母鹅回窝产蛋。

2. 了解所养鹅品种的特性

由于鹅品种及个体之间存在差异,故母鹅产蛋的持续期一般不一致,有隔天产蛋的,也有每天产蛋的,还有隔一两天后又产一两个蛋的。有就巢性的鹅,全年产蛋2~4窝(多数为3窝),每产1窝蛋即开始就巢。小鹅孵出后,母鹅要经14~20 d才又产蛋。

3. 训练母鹅定点产蛋

为防止窝外产蛋的现象发生,方便拾蛋管理工作,必须训练母鹅在固定地点产蛋,不可放任母鹅随地产蛋,养成坏习惯。

4. 以舍饲为主、放牧为辅的舍牧结合饲养方式

要选择路近且平坦的牧地,放牧时应慢慢驱赶,下坡时不能让鹅争先拥挤,以免跌伤。尤其是产蛋期母鹅行动迟缓,在遇到大风暴雨天气,要提前将其赶回避风雨处。

5. 注意饲料配合

配制舍饲日粮时要充分考虑母鹅产蛋的营养需要,最好按营养标准进行配制。由于我国养鹅主要采用以放牧为主的饲养方式,日粮仅是一种补充,所以我国鹅的饲养标准至今尚未制订。目前,各地的种鹅日粮及喂量,主要是根据当地的饲料资源和种鹅在各阶段对营养的需要自行拟定的。

6. 防暑降温

5月份以后要做好防暑降温工作和产蛋后期的管理工作,使产蛋量缓慢下降。混合饲料必须能充分供应贝壳粉或骨粉等矿物质,以保证鹅的产蛋需要。为充分保证种鹅对维生素的营养需要,除放牧外,在产蛋高峰期,最好能增加维生素含量高的青绿多汁饲料(如卷心菜,胡萝卜等)的喂量。饲料的蛋白质和代谢能水平不够时,应减少谷壳、米糠的比例,增加玉米和豆饼比例,能有效提高种鹅的产蛋量。

7. 防止应激

很多环境因素都会引起鹅发生应激反应,如恐惧、惊吓、斗殴、临危、兴奋、拥挤、驱赶等,影响鹅的生长发育和产蛋量。应激会带来一系列的负面影响,所以养鹅环境条件要保持稳定,尤其是进入产蛋阶段的鹅群,微小的刺激也会引起产蛋量的减少。

(三)停产期饲养管理

南方母鹅产蛋至4月末到5月初,北方鹅产蛋至6月末到7月初。如果发现产蛋量减少、蛋变小、畸形蛋增多,母鹅羽毛干枯,公鹅的性欲下降,种蛋受精率低,表明即将进入停产期。停产期的饲养管理应以放牧为主,将产蛋期的精料日粮改为粗料日粮,从而进入粗饲期。粗饲的目的是让母鹅消耗体内的脂肪,促使羽毛干枯而容易脱换一致。粗饲还可大大提高鹅群的耐粗饲能力,降低饲养成本。

七、种鹅的饲养管理

饲养种鹅的目的是获取较多的种蛋,以供繁殖雏鹅,获得较高经济效益。由于饲养管理措施不同,种鹅生产成绩常有较大的差异。因此,如何制订合理的饲养管理模式,充分发挥种鹅的生产潜力,是种鹅生产的关键环节。

(一)种鹅的选择与鉴别

选择种鹅要从雏鹅开始,一般要经过雏选、青年鹅选、后备种鹅选、产蛋后选等4次递选,才能选出较优良的种鹅。雏鹅的性别较青年鹅容易区别。

1. 雏选

一般要从2~3年的母鹅所产种蛋孵化出的雏鹅中,挑选准时出壳、体质健壮、绒毛光泽好、腹部柔软无硬脐的健雏留作种雏鹅。

2. 青年鹅选

在通过雏选的青年鹅中,把生长快(体重超过同群的平均体重)、羽毛符合本品种标准、体质健壮、发育良好的个体留作后备种鹅,淘汰不合格的个体。青年鹅选宜在70~80日龄进行。

3. 后备种鹅选

在后备种鹅中选择公鹅,要求体型大、体质强壮、各器官发育匀称、肥瘦适度、有雄相、眼睛灵活有神、颈粗长、胸深而宽、背宽而长、胫较长且粗壮有力、两胫间距宽、鸣声洪亮。在后备种鹅中选择母鹅,要求体型大而重、羽毛紧贴、光泽明亮、眼睛灵活、颈细长、身长而圆、前躯较浅窄、后躯深而宽、腿结实。后备种鹅选一般在130日龄(开产前)进行。

4. 产蛋后选

当年的母鹅一般不留种(太湖鹅、豁眼鹅除外),通过后备种鹅选后,将留做种鹅的个体分别编上号,记录开产期(日龄)、开产体重、第一年的产蛋数(每窝分别记载)、平均蛋重和就巢性。根据以上资料,将产蛋多、持续期长、蛋大、体型大、就巢性弱、适时开产的优秀个体留作种鹅;将产蛋少、就巢性强、体重轻、开产过早或过迟的鹅淘汰。

(二)种鹅的饲养管理

种鹅的饲养管理因是否产蛋而有所不同。在冬季与休产期间,应给鹅提供优质的粗料如混合干草、花生秧以及青草、秕壳等,根据粗料的品质、种鹅采食量和环境温度等,适当补给谷实饲料。一般在产蛋前4周开始饲喂种鹅日粮,粗蛋白质水平为15%~16%,并全天供应足够的优质粗料。条件合适时即行放牧,特别是第二年的种鹅的饲养方式以放牧为主,饲料以粗料为主,再适当补饲少量的谷物。种鹅放牧的时间长,可以轮流在各种麦类或水稻茬田中放牧,以食遗谷。如果种鹅能够合理地进行放牧,也可以节省很多的饲料成本。

拓展阅读

扫码获取本章拓展数字资源。

课堂讨论

1. 思考我国家禽产业的养殖现状、存在问题和发展趋势。
2. 思考家禽品种自主化培育的优势和难点。
3. 家禽生产与日常生活的关系非常密切,我国蛋鸡存栏量居世界第一,肉鸡存栏量居世界第二,水禽养殖数量占世界总量的60%以上,是当之无愧的养禽大国。在养殖数量和禽蛋、禽肉产量占绝对优势的背景下,我们的饲养管理水平、养殖行为的规范程度、品种培育、个体生产性能、禽产品质量安全、疫病防控和粪污无害化处理等方面的发展水平并不高。针对如何加快我国家禽业的现代化、智能化发展,打造环境友好型的家禽养殖业这一关键问题进行分组讨论,提出可行性方案。

思考与练习题

1. 举例说明我国家禽标准品种的外貌特征和主要生产性能。
2. 我国著名的地方优质肉鸡品种有哪些?简述其特点和利用价值。
3. 试述现代白壳蛋鸡和褐壳蛋鸡的种类及其主要生产性能。
4. 孵化过程中照蛋的目的、次数及每次照蛋的任务是什么?
5. 试述家禽人工孵化过程中翻蛋的目的、频率及角度。
6. 试述鸡胚胎发育早期形成的四种胚膜及其功能。
7. 试述早期鸡胚的血液循环3条路线及各自的作用。
8. 试述初生雏鸡翻肛鉴别法的时间、依据及技术要点。
9. 为什么刚出壳的雏鸡要先饮水后开食?
10. 试述蛋鸡断喙时间、目的、原则、操作步骤和注意事项。
11. 如何提高雏鸡成活率?
12. 青年鸡的管理要点是什么?
13. 产蛋鸡的环境控制包括哪些内容?
14. 简述肉种鸡的限制饲养。
15. 简述肉用仔鸡的生产特点及饲养管理要求。
16. 简述蛋鸭和肉鸭的饲养管理特点。
17. 简述鹅的生物学特性。
18. 试述雏鹅的饲养管理要求。
19. 试述育肥仔鹅的饲养管理要点。
20. 试述产蛋鹅饲养管理要点。

第九章

牛生产技术

本章导读

牛在人类发展史上扮演了重要的角色,随着科技的进步和人们对优质畜禽产品消费需求的增长,牛的主要功能已从役用逐渐转向生产优质的牛肉和奶制品。牛生产技术是现代畜牧学的重要组成部分,本章将带大家共同学习的主要内容包括:牛的生物学特性、牛的品种、不同生产用途牛的体型外貌、肉牛和奶牛的饲养管理技术、牛的主要疾病及其防控技术等。

学习目标

1. 熟悉牛的生物学特性,了解牛的品种和不同生产用途牛的体型外貌差异;掌握肉牛包括犊牛、育成牛、青年牛、育肥牛和母牛的饲养管理技术等;掌握奶牛包括犊牛、育成牛、青年牛、泌乳牛、干奶和围产牛的饲养管理技术等;了解全混合日粮(TMR)加工调制技术;掌握牛的主要疾病及其防控技术等。

2. 通过本章的学习,学生能了解牛生产的最新理论和技术,熟悉牛的饲养管理、繁殖育种、疫病防治等工作要点,并具备分析和解决牛生产相关问题的能力。注重培养学生的实践操作能力和理论知识应用能力,以及判断和解决问题的能力。

3. 通过本章的学习,学生能理解"三牛"精神(勇于担当、无私奉献、创新创造),并深刻认识到农业现代化和动物科技领域的重要性,树立正确的价值观和道德观念,培养良好的职业素养和道德品质。

概念网络图

- **牛生产技术**
  - **牛的生物学特性**
    - 牛的消化生理特性
    - 牛的泌乳生理特征
    - 牛的行为学特征
    - 牛的环境适应特征
  - **牛的品种**
    - 中国本地黄牛品种
    - 肉牛品种
    - 奶牛品种
    - 兼用牛品种
    - 中国水牛品种
    - 牦牛品种
    - 瘤牛品种
  - **牛的体型外貌**
    - 不同生产用途牛的体型外貌要求
    - 牛的外貌鉴定
    - 奶牛体型外貌线性评定
    - 肉牛外貌的鉴定
  - **肉牛的饲养管理技术**
    - 犊牛的饲养管理
    - 育成牛与青年牛的饲养管理
    - 种用肉牛的饲养管理
    - 肉牛育肥期的饲养管理技术
  - **奶牛生产技术**
    - 全混合日粮(total mixed ration, TMR)饲养技术
    - 奶牛体况评分及各阶段推荐标准
    - 奶牛阶段管理技术
    - 奶牛舒适度管理技术
    - 冷热应激管理技术
    - 挤奶技术
    - 奶牛 DHI
  - 牛的主要疾病及其防治措施

本章旨在系统介绍牛这一重要的家畜,从生物学特性出发,逐步展开至品种多样性、体型外貌特征及其在不同用途中的具体表现。首先,探讨牛的生理特性,为后续的饲养管理奠定理论基础。其次,详述具有代表性的本地黄牛、肉牛和奶牛品种,分析各品种独特的体型特点和生产性能。然后,在饲养管理技术方面,分别阐述了针对肉牛和奶牛的不同饲养模式,涵盖生长发育各阶段的营养需要和饲养管理要点。最后,鉴于疾病防控对保障养殖效益的关键作用,详细介绍了牛常见疾病的预防措施,旨在促进健康养殖,降低经济损失。通过本章的学习,读者不仅能够掌握牛的基础生物学知识,还能深入了解现代肉牛和奶牛饲养管理的核心技术和疾病防控体系,为科学、高效、可持续的养牛业发展提供有力指导。

第一节　牛的生物学特性

一、牛的消化生理特性

　　牛是反刍动物,具有独特的消化系统(图9-1-1)。牛的消化系统由消化器官和消化腺组成,主要功能是摄取食物并对食物进行消化吸收,满足机体的营养需要,最后排出废物。牛的消化器官包括口腔、咽、食管、胃(瘤胃、网胃、瓣胃、皱胃)、小肠(十二指肠、空肠、回肠)、大肠(盲肠、结肠、直肠)和肛门。消化腺包括唾液腺、胰腺和肝脏。

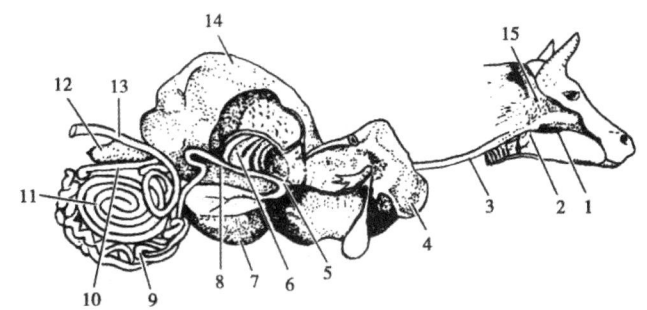

1.口腔；2.咽；3.食管；4.肝脏；5.网胃；6.瓣胃；7.皱胃；8.十二指肠；
9.空肠；10.回肠；11.结肠；12.盲肠；13.直肠；14.瘤胃；15.腮腺

图9-1-1　牛的消化系统

牛的消化过程大致可以分为三种形式：机械消化、微生物消化和化学消化。机械消化主要在口腔进行，消化道的其他部位多属肌肉型结构，有助于蠕动以推进食物和搅拌食糜。微生物消化或发酵过程主要在瘤网胃中发生，少量在大肠发生。化学消化则在胃和肠道分泌的消化酶的帮助下进行。

(一)口腔

口腔是牛用来咀嚼食物的重要部位，由唇、舌、牙齿等部分组成，这些部位相互配合，使牛能够有效地咀嚼食物。同时，口腔还通过唾液腺分泌大量唾液，起到润滑和软化食物的作用。

1.唇和舌

牛的唇部肌肉发达，并有一定的软骨成分，有角质感。在采食过程中，牛的唇部肌肉主要起到辅助作用，能够摄取一些细碎的饲料。牛舌长而灵活，在采食过程中主要依靠舌头将饲料卷入口中。舌体由肌肉性组织构成，舌体丝状乳头基部的前面被一排鳞片状假乳头围绕，角质部呈鳞片状，这样的结构为舌提供了较大的面积来装载水分和嚼碎食物，同时在摄取、嚼碎食物的过程中起到保护舌基部的作用，即使舌受到磨损也不会损伤下层组织。

2.牙齿

牛的牙齿非常特殊，上颌没有切齿，只有前臼齿和臼齿，共有12颗；下颌则有8颗切齿，主要作用是协助唇和舌扯断饲草。在后部，上下颌各有6颗臼齿，下颌可以通过左右活动的方式做搓磨动作，将食物磨碎。牛的咀嚼行为是通过左右侧臼齿轮换与下切齿研磨，并在唇与舌的帮助下切断饲草。然后，唾液浸润饲料形成食团，食团经过食道、贲门进入胃部进一步消化。

3.唾液腺

牛的唾液腺由5个成对的腺体（腮腺、下臼齿腺、腭腺、颊腺、咽腺）和3个不成对的腺体（颌下腺、舌下腺和唇腺）构成。一头成年牛每天可以分泌100~200 L唾液，唾液内含有大量的盐类（主要是碳酸盐、磷酸盐以及少量尿素和氯化钠），pH 7.90~9.12。因此，唾液可以中和瘤胃中的酸度，防止发生瘤胃酸中毒等现象。此外，唾液还能浸润饲料，发挥润滑剂的作用。

(二)咽部和食道区

咽部是控制空气和食团通道的交汇处，前接口腔，后连食道、后鼻孔、耳咽管和喉部。在吞咽时，软腭上提关闭鼻咽孔，会厌向后翻转盖住喉口，防止饲料误入气管。食道是自咽部通至瘤胃的管道，成年牛的食道长达1.1 m，全部由横纹肌构成，具有很强的逆蠕动能力。草料与唾液在口腔内混合后进入食道，食道的肌肉组织产生蠕动波，形成单向的推力，通过肌肉的收缩和松弛将食团推入贲门再运送至瘤胃，瘤胃内容物又定期地经过食道反刍回口腔，经咀嚼后再行下咽。

(三)胃

牛有四个胃，分别是瘤胃、网胃、瓣胃和皱胃，成年牛的瘤胃、网胃、瓣胃和皱胃的体积分别约占全胃总体积的80%、5%、7%和8%。

1.瘤胃

瘤胃是反刍动物最特别的器官，也是成年牛最大的一个胃，成年荷斯坦牛的瘤胃容积高达150~225 L，约占全胃总容积的80%，形状类似椭圆形，几乎占据整个腹腔左侧。瘤胃被柱状肌肉带分成背囊和腹囊两部分，肌肉柱的作用是迫使瘤胃中草料作旋转式的运动，从而与瘤胃液充分混合。牛采食的饲料未经仔细咀嚼就被吞咽进入瘤胃,牛在休息时,瘤网胃会有节律地收缩蠕动,将未完全消化的食糜返回至口腔进行咀嚼后再次回到瘤胃(这个过程称为"反刍",俗称倒嚼),反刍能提高营养物质的消化率并刺激唾液分泌。瘤胃壁布满许多指状突起和乳头状小突起,增加了瘤胃吸收营养物质的面积。

瘤胃类似于一个厌氧的大型生物发酵罐。瘤胃中有复杂的微生物群落,已知瘤胃中有200余种细菌和20余种原虫,1 g瘤胃内容物中,含细菌150亿~250亿个和纤毛虫60万~100万个,两者的总容积约占瘤胃液的3.6%。根据牛采食的饲料种类不同,瘤胃中菌群会发生极大的变化。

饲料中75%以上的营养物质在瘤胃中被微生物发酵为可以被机体直接吸收的挥发性脂肪酸(主要是乙酸、丙酸、丁酸)、小肽和氨态氮等小分子物质,其中挥发性脂肪酸可以为机体提供60%~80%的能量需要。与单胃动物相比,牛等反刍动物最大的优势就是能够利用瘤胃微生物将动物不能直接消化利用的粗纤维转变成能够被机体利用的营养素。

瘤胃微生物可以合成B族维生素和大多数必需氨基酸,并能在可控的剂量范围内将非蛋白氮(如尿素)转化为可利用的微生物蛋白。瘤胃环境相对恒定,pH稳定在6~7,如果pH变化太大,细菌数量会减少,从而降低对饲料的消化利用率,当pH在6以下时,降解纤维素的微生物不能生长或活性降低,当瘤胃pH降到5.8以下长达3~5 h,则可判定发生了亚急性瘤胃酸中毒。

2. 网胃

网胃内壁呈蜂巢状,又称"蜂巢胃",与瘤胃和瓣胃相通。网胃在成年牛胃总容积中所占比例最小,约为5%。网胃略呈梨状,前后稍扁,位于膈顶后方与瘤胃的前下方。网胃的上端有瘤网口与瘤胃相通,瘤网口的右下方有网瓣口与瓣胃相通。网胃壁黏膜形成许多网格状皱褶,与蜂房相似,房底还有许多次级皱褶形成的更小网格,在皱褶和房底部密布细小的角质乳头。在网胃壁的内面有一条网胃沟,也称为食管沟。当犊牛吃奶时,体内会发生一种自然反射作用,使前胃的食管沟卷合,形成管状结构,使吮吸到的乳汁不经瘤胃直接由食管沟进入皱胃中消化,称为食管沟反射。随着瘤胃的发育,食管沟反射逐渐消失。

3. 瓣胃

瓣胃又称为"重瓣胃",占牛胃总容积的7%左右,呈两侧稍扁的球形,位于网胃和瘤胃交界处的右侧。瓣胃管经网瓣口上接网胃、下经瓣皱口通皱胃。瓣胃壁黏膜由许多叶片状结构组成,其结构大小不一,长短也不同,总计约有100片,从横切面看,很像一叠书页,因此,常称瓣胃为"百叶",这种层叠的结构大大增加了瓣胃的表面积。瓣胃对饲料的研磨能力很强,并能阻留食物中的粗糙部分,使食糜变得更加细碎。瓣胃内的叶片状结构还可以吸收食糜中大量的水分、矿物质和挥发性脂肪酸,从而避免稀释皱胃酸性环境。

4. 皱胃

皱胃的基本构造和功能相当于单胃动物的胃,可分泌胃酸及消化酶,具备真正意义上的消化功能,又称为"真胃",可使食物得到初步的化学消化。初生犊牛皱胃约占整个胃容积的80%,而成年牛的皱胃占整个胃容积8%左右。皱胃壁具有大量皱褶,能增加其分泌胃液的面积。皱胃的贲门腺和幽门腺分泌的黏液可以保护胃黏膜;胃底腺分泌的胃液含有盐酸,能活化胃蛋白酶,将食糜中的蛋白质分解为蛋白胨、肽和氨基酸等;皱胃还能分泌凝乳酶,能使牛奶在皱胃内形成凝块,对营养物质在犊牛肠内进一步消化、吸收非常重要。同时盐酸制约着皱胃与小肠之间幽门括约肌的松弛,以便胃内容物通过幽门进入小肠。

(四)小肠

小肠始于幽门十二指肠交界处,止于回盲肠交界处,依次为十二指肠、空肠和回肠。牛的小肠是营养物质消化吸收的主要部位,是蛋白质的主要吸收部位,来自饲料的未降解蛋白质和菌体蛋白均在小肠被消化吸收。小肠与食糜接触面积较大,消化腺丰富,可以分泌多种消化酶和因子,有助于营养物质的降解。同时,小肠表面具有大量的血管和淋巴管,小分子营养物质可以通过滤过、扩散、渗透和主动转运等多种形式被吸收,大大提高营养物质利用效率。

1. 十二指肠

肠道营养物质的吸收从十二指肠开始持续到整个小肠器官,从皱胃进入十二指肠的食糜由于残留胃液而酸度很高,当食糜经过十二指肠后,其高酸性被碱性胆汁中和。如果食糜在十二指肠内不发生化学性质的改变,那么小肠内的消化和吸收就不可能发生。十二指肠呈C形或马蹄形,包裹胰腺,并通过十二指肠韧带连接肝脏。十二指肠的主要作用:①通过胰管从胰腺接收胰酶,然后将食糜与酶混合以分解食物;②十二指肠黏膜下层包含布鲁纳腺体,可以分泌黏液和碳酸氢盐,有助于使食糜轻松穿过十二指肠并中和食糜的酸性;③通过胆总管从肝脏吸收胆汁,以分解和吸收脂肪。

2. 空肠

空肠从十二指肠接收食糜,其主要功能是吸收各种营养物质,例如糖、脂肪酸和氨基酸。

3. 回肠

未消化吸收的食物残渣和消化产物从空肠运送至回肠,回肠通过其肠壁绒毛继续吸收营养物质。大部分的消化过程和肠液的分泌发生在小肠的上部,而消化后的最终产物的吸收则在小肠的下部进行。

(五)大肠

大肠上连小肠,下接肛门,分为三个区域,依次是盲肠、结肠、直肠。大肠与小肠结构类似,但相较于小肠,大肠没有褶皱这种增加表面积的结构,但有大量隐窝及丰富的杯状细胞,可以分泌黏蛋白形成物理屏障阻隔肠道微生物。因此,大肠吸收的营养物质比小肠少得多,但大肠中也存在一定量的微生物,以盲肠中的数量最多,故盲肠是除瘤胃外微生物消化的另外一个重要部位。

1. 盲肠

盲肠的内壁有厚厚的黏膜,可以吸收小肠消化吸收后残留的液体和盐。黏膜下层是深层的肌肉组织,可产生搅动,将内容物与润滑物质(黏液)混合,从而对食糜进行往复运动。这一过程是盲肠进行二次发酵的关键步骤,能够依赖细菌的作用继续进行纤维素的发酵和蛋白质的分解,并产生挥发性脂肪酸、二氧化碳、甲烷,以及氮、氢等物质。此外,盲肠还能合成B族维生素和维生素K等重要营养物质。

2. 结肠

食物残渣在进入结肠后,其液体和盐分被吸收,然后贮存于乙状结肠内。

3. 直肠

当准备排便时,消化产物会进入直肠,此时消化产物已从液体变为固体,最后经肛门排出。

二、牛的泌乳生理特征

泌乳是母畜的典型生理特征,特别是乳用牛的泌乳功能经过长时间的选育,已经变得相当发达和高效。牛采食饲料后,经过消化道消化吸收,养分经血液循环进入乳腺及其他组织,然后在乳腺中经过一系列复杂的生理生化过程,合成脂肪、蛋白、乳糖等乳成分的过程,称为乳的合成。合成的乳汁经分泌细胞进入腺泡腔中的过程,称为乳的分泌。腺泡腔中的乳汁经乳腺导管汇集后,再经乳头管向外流出的过程,称为排乳。乳的分泌和排出是两个独立且相互制约的过程,二者合称泌乳。牛乳的合成和分泌受到牛的品种、生理阶段,以及日粮、饲养环境等因素的影响。

(一)乳房的生理结构及功能

牛乳房主要由皮肤、乳头、外侧悬韧带、内侧(中央)悬韧带和结缔组织薄层构成(图9-1-2)。根据功能可将乳房结构划分为支撑系统、牛奶分泌管道系统、毛细血管及供血系统、淋巴系统和乳房神经系统等。乳房悬挂在奶牛后腹部的外壁上,不受骨骼的约束、支撑和保护。

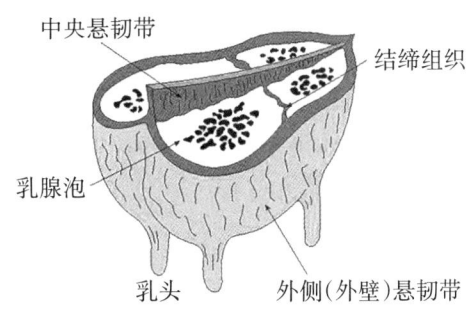

图9-1-2　奶牛的乳房结构

1.支撑系统

乳房的支撑系统主要由中央悬韧带和外侧悬韧带构成,皮肤也有一定的支撑和稳定乳房的作用,支撑系统使乳房紧贴着体壁。中央悬韧带是具有弹性的结缔组织,可起到缓冲乳房震荡、避免乳房损伤并调整乳房体积和重量变化等作用。外侧悬韧带是弹性较弱的结缔组织,起始于髋关节的肌腱,沿乳房侧壁向下延伸形成吊装韧带。中央悬韧带、外侧悬韧带和致密结缔组织膜将乳房分隔为具有独立功能的四个乳区,每个乳区分泌的牛奶通过各自乳区上的乳头排出。通常后面两个乳区产奶量占总产奶量的60%,前面两个乳区占40%,这是由于后面两乳区较前面两乳区发育更充分。

2.乳汁分泌系统

乳汁分泌系统由乳腺泡、乳头导管、乳腺池、乳头等组成。乳腺泡是乳房的基本结构和功能单位,由单层乳腺上皮细胞组成,呈中空球状结构,外部被毛细血管和肌上皮细胞包围。10~100个乳腺泡组成一个腺泡小叶,多个腺泡小叶又集合成较大的腺泡分叶。乳腺泡的功能是将血液中的养分转化为乳成分,分泌的乳汁经更大的集合管排入位于乳头上方的乳腺池内。

乳头外面是一层光滑的皮肤并分布着丰富的血管和神经,乳头中部形成乳头导管,是乳汁排出的通道,乳头末端由环状平滑肌(乳头括约肌)构成,乳头括约肌起关闭和开启乳头导管的作用。在乳头和乳腺池的交界处及乳头导管另一端的环状平滑肌正上方均有由特别敏感且易损伤的细胞组成的致密皱褶组织,是防止细菌侵入的有效屏障。

(二)泌乳机制

1. 泌乳原理

乳汁的分泌是一个复杂的过程,受到多种因素的影响。其中,神经-激素途径是乳汁分泌的主要调节机制,当乳房受到刺激、听到挤奶机声响或看到小牛时,神经冲动经脊髓传递到下丘脑,下丘脑刺激脑垂体后叶释放催产素,催产素经血液循环流到乳腺泡周围的肌上皮细胞并使之收缩,促使乳腺泡中的乳汁排入乳腺导管系统和乳腺池中。一些奶牛品种,如荷斯坦奶牛,具有较高的泌乳潜力,牛奶可经乳头导管排出体外;乳汁的分泌还受到遗传因素的影响;此外,奶牛的营养状况也会影响乳汁的分泌,充足的营养能够促进乳房的发育和乳汁的分泌。

2. 排乳抑制

泌乳期间牛受到不适情况的刺激时,如过度兴奋、恐惧或疼痛,这些刺激产生的神经信息会传递到肾上腺,使之分泌肾上腺素,引起乳房的血管和毛细血管收缩,导致流入乳房的血流量减少,催产素也随之减少,造成排乳抑制。此外,肾上腺素还有抑制肌上皮细胞收缩的作用,阻止乳腺泡释放或减少释放乳汁。排乳抑制会对奶牛生产造成不利影响,因此,在奶牛生产中应尽量避免导致排乳抑制的不适情况的发生,以确保奶牛正常排乳。

三、牛的行为学特征

(一)采食行为

反刍是牛等反刍动物特有的先天性行为,是一种非条件反射,可以帮助反刍动物充分利用饲草。反刍动物具有一些独特的行为表现,例如反刍时间是反映生理状态的重要指标,正常奶牛每天反刍6~8 h,但反刍行为会受到日龄、遗传、环境、疫病及饲喂模式等因素的影响。

牛存在挑食行为,喜食青绿多汁饲料、精料等适口性好的食物,其次是优质青干草、低水分青贮,最不爱采食秸秆。因此,建议有条件的牧场使用切割长度和水分含量均适宜且搅拌均匀的全混合日粮(TMR),并根据牛的生理阶段适时适量补充维生素和微量元素,让牛获得均衡的营养,促进生长发育。

牛在采食时相对粗放,很容易将铁钉、碎玻璃等异物不加咀嚼直接吞咽到瘤胃内,因网胃位置偏低,食入胃内的金属异物易于留存在网胃中,当网胃强力收缩时,尖锐的异物会刺破胃壁,导致创伤性网胃炎,严重时还会穿过膈刺入心包,继发创伤性网胃心包炎,危及牛的生命。如果牛吞入过多的塑料薄膜或塑料袋,会造成网瓣胃孔堵塞,严重时会导致死亡。因此,在喂牛时应注意清理饲料中的杂物,避免发生消化道堵塞、损伤等情况。

(二)繁殖行为

牛的繁殖行为是维持种族延续的本能行为,公牛和母牛的繁殖行为表现有所不同,繁殖行为受品种、环境、营养等多种因素的影响。

母畜的发情是在卵泡分泌的大量雌激素和少量孕激素的共同作用下,刺激中枢神经系统,引起性兴奋,表现为兴奋不安、食欲减退、鸣叫、喜接近公畜、举腰弓背、频繁排尿,以及走动频率增加,愿意接受雄性交配,甚至爬跨其他母畜或被爬跨。母牛在8~12月龄达到性成熟,能够产生有受精能力的卵细胞并表现出发情周期,在13~18月龄可以进行配种,不过配种时母牛体重要达到成熟体重60%以上。完成受精后,母牛表现为独自静立、行动迟缓等,并且随着妊娠时间的增长这种安静行为愈加明显。

母牛妊娠期平均为280 d。在临产前，母牛通常会表现出卧立不安、食欲减退、频频回望、频繁排尿等行为。在分娩时，母牛会出现焦躁不安、尾部平举等，通过努责和阵缩将犊牛排出体外。母牛通常会呈侧卧姿势产犊，有时也会站立产犊。在牛分娩过程中应及时关注母牛和犊牛的身体状态，如果发现母牛存在精神萎靡、分娩无力或者犊牛胎位不正、双胎等情况，应该采取相应措施进行助产。产后母牛的母性非常强，且经产牛母性往往大于初产牛。在犊牛出生后，母子之间会通过气味、叫声确认关系，母牛会做出舔犊行为，并且存在吞食胎盘的现象，同时会通过舔舐、哞叫、拱动等行为辅助犊牛进行站立。在体内激素的调控下，母牛会产生乳汁并排出体外，母子一体化模式下母牛和犊牛会通过哺乳的方式表现出更亲密的关系。在哺乳期间，母牛会表现出强烈的护犊行为，如果周围环境出现被母牛判断为潜在危险的因素时，母牛会表现出焦躁不安、甩头喷气、预备攻击等行为。

公牛在7~10月龄达到性成熟，能够完整地发生性行为。公牛性成熟后，在接收到母牛发情信号后，会出现兴奋不安、跟随嗅闻、尝试爬跨等行为，还会与其他公牛进行争斗，胜利一方对发情期母牛进行爬跨，完成射精后，公牛会重归安静，缓慢离开。

(三)排泄行为

牛在排泄时通常会抬起尾巴，后肢岔开，背部微微拱起，以站立姿势或在走动时将粪便排出，而排尿时，牛通常是站立着，背部略向下凹。牛一天排尿9~11次、排粪12~18次。牛排泄的次数和排泄量随采食饲料的性质和数量、环境温度以及牛个体不同而异。一头荷斯坦奶牛每天排粪30~50 kg，排尿15~25 kg。牛粪的形状、颜色和气味可以反映牛的健康状态，现场评定时常借助粪便评分表和粪筛进行初步分析，粪便过稀或者过干都是不正常的现象，需要配方师或者兽医及时介入。

(四)活动行为

牛生性活泼，喜爱运动，尤其是有充足空间的散养牛和放牧牛，经常出现扬首奔逐、嬉戏打斗、兴奋鸣叫的行为。不同阶段的牛运动能力会发生变化，例如，舍饲成年奶牛平均每小时走动80~120步，但在发情期，其活动量增加，每小时走动可达350步。此外，活动量还受到胎次、温度、采食量、健康状况等因素的影响。种公牛需要适量运动以保证精子活力，并消耗多余精力防止发生自淫。而妊娠母牛适量运动可以减少因体况过肥引起的难产，有利于胎儿的健康。让牛在软硬适中的运动场上进行适量运动，有助于改善牛肢蹄健康。通过步态评分可对牛只是否存在跛行进行评定，以便尽早治疗病牛。

活动之后，牛会通过躺卧行为来休息。牛在躺卧时会前肢向后屈膝跪地，后肢向前稍倾斜，身体顺势趴卧，或者前肢向前伸直，一条后腿向前在腹下延伸，另一条后腿伸向体侧，找到侧卧的平衡点。正常奶牛每天躺卧和站立的动作要重复10次左右，共躺卧13~14 h。而围产期奶牛，尤其是临产期奶牛，会增加重复的次数。

躺卧行为是反映奶牛舒适度和改善牛福利的一个重要指标。躺卧时间增多会使乳房供血充足，增加产奶量，同时减小肢蹄部压力，减少跛行的出现，改善肢蹄健康。在正常情况下，牛更倾向于在温度适宜、安静清洁、卧床平整、软硬合适的环境中躺卧。

(五)异常行为

异常行为指那些为适应失调或因身体损伤而出现的行为，是不属于物种或品种行为规范之列的行为。异常行为与牛的生活环境、身体情况和精神状态有关，多表现为某种恶癖，如自淫、异食癖、攻击性等行为。对于这类情况，需要立刻排查原因，并及时进行纠正，以免造成更严重的后果。

四、牛的环境适应特征

牛具有很强的环境适应能力,除了极寒或极端干旱地区,牛在世界各地均有广泛分布。牛的生长适宜温度为15~25 ℃,极端环境条件(如高温和严寒)可能导致牛的生产性能下降,而适宜的环境条件则有利于提高牛的生存率和生产力。

(一)寒冷环境

牛有一定的耐寒能力,牛的身体结构和生活习性使其能够应对寒冷环境。例如,牛的毛发浓密,能够在寒冷的条件下保持体温;牛喜爱阳光,通过晒太阳可以增加体温。此外,牛的消化系统也能适应寒冷环境,主要是通过产生热量来维持体温。

(二)炎热环境

与寒冷环境相反,牛对炎热环境的适应能力相对较弱。在高温环境下,牛可能会出现呼吸急促、食欲减退和生产性能下降等。为了应对炎热环境,牛通常会寻找阴凉处躲避阳光,并通过增加饮水和散热来降低体温。

(三)干燥环境

牛对干燥环境的适应能力较强。在干燥地区,牛能够通过适应低湿度和降低蒸发损失来维持水分平衡。此外,牛的排泄系统也能适应干燥环境,主要是通过减少排尿来保留机体水分。

(四)潮湿环境

牛对潮湿环境的适应能力因地区而异。在热带雨林等潮湿地区,牛能够适应高湿度环境,但同时也容易受到蚊虫和寄生虫的侵扰。而在寒带地区,牛则可能因潮湿环境而患关节炎等疾病。

第二节 牛的品种

牛是世界上分布最广的动物之一,无论是高山还是平原,寒漠草地还是热带雨林,都有不同牛种的分布。现代家牛按照经济用途,可分为乳用型牛、肉用型牛、役用型牛和兼用型牛四大类。

一、中国本地黄牛品种

中国黄牛是我国曾经长期饲养的以役肉兼用为主的黄牛群体的总称。泛指除水牛、牦牛以外的所有家牛。中国黄牛广泛分布于我国各地,根据《国家畜禽遗传资源品种名录》(2021年版),我国有55个地方黄牛品种(表9-2-1)。按地理分布区域和生态环境划分,中国黄牛包括中原黄牛、北方黄牛和南方黄牛三大类型。我国黄牛品种,大多数具有适应性强、耐粗饲等优点,但大多数属于役用或役肉兼用体型,体型较小,后躯欠发达,生长速度慢。下面简要介绍一下中国五大良种黄牛。

表9-2-1 中国的黄牛品种

我国地方黄牛品种	阿勒泰白头牛、阿沛甲咂牛、巴山牛、渤海黑牛、柴达木牛、川南山地牛、大别山黄牛、邓川牛、迪庆牛、滇中牛、峨边花牛、复州牛、甘孜藏牛、关岭牛、广丰牛(铁蹄牛)、哈萨克牛、吉安牛、冀南牛、郏县红牛、锦江牛(高安牛)、晋南牛、雷琼牛、黎平牛、凉山牛、隆林牛、鲁西牛、蒙古牛、蒙山牛、闽南牛、南丹牛、南阳牛、平陆山地牛、平武牛、秦川牛、日喀则驼峰牛、三江牛、台湾牛、太行牛、皖南牛、威宁牛、涠洲牛、文山牛(文山高峰牛)、巫陵牛、务川黑牛、西藏牛、徐州黄牛、延边牛、云南高峰牛、枣北牛、樟木牛、昭通牛、舟山牛、夷陵牛、皖东牛、温岭高峰牛

1. 秦川牛

【产地及分布】产于陕西关中地区的"八百里秦川",并因此而得名。其中,蒲城、扶风、岐山等地为主产区。

【外貌特征】秦川牛体格高大,骨骼粗壮,肌肉丰满,体质强健,头部方正,肩长而斜;胸部宽深,肋长而弯;角短而钝,呈肉色,多向外或向内弯曲;被毛细致有光泽,毛色多为紫红色及红色;鼻镜呈肉红色,部分个体有色斑。

【生产性能】成年公牛体重470~700 kg,成年母牛体重320~450 kg,中等饲养条件下,18月龄和22.5月龄平均屠宰率分别为58.30%和60.75%,净肉率分别为50.50%和52.21%。秦川母牛的泌乳期平均为7个月,平均产奶量为715.8 kg,乳脂率为4.7%。

2. 南阳牛

【产地及分布】产于河南省南阳地区白河和唐河流域的广大平原地区,以南阳市的唐河、新野、镇平、社旗、方城等地为主要产区。

【外貌特征】体格高大,肌肉发达,结构紧凑,四肢强健,皮薄,毛细,行动迅速,性情温顺;鼻镜宽,多为肉红色,其中部分带有黑点。毛色有黄、红、草白三种,以深浅不一的黄色为最多,一般牛的面部、腹部、四肢下部的毛色较浅。南阳牛的蹄壳以黄蜡色、琥珀色带血筋者较多。角型以萝卜角为主,公牛角基粗壮,母牛角细。鬐甲较高,肩部较突出,背腰平直,荐部较高;额微凹;颈短厚而多皱褶,部分牛只胸部欠宽深,体长不足,尻部较斜,乳房发育较差。

【生产性能】产肉性能良好,15月龄育肥牛,体重达到441.7 kg,日增重为813 g,屠宰率为55.6%,净肉率为46.6%,胴体产肉率为83.7%,肉骨比为5:1,眼肌面积为92.6 cm^2。泌乳期为6~8个月,产乳量为600~800 kg,乳脂率为4.5%~7.5%。

3. 晋南牛

【产地及分布】产于山西省南部晋南盆地的运城、临汾地区。

【外貌特征】毛色以枣红为主,红色和黄色次之,富有光泽;鼻镜和蹄壳多呈粉红色。公牛头短,额宽,颈较短粗,背腰平直,垂皮发达,肩峰不明显,臀端较窄;母牛头部清秀,体质强健,但乳房发育较差。晋南牛的角为顺风角。

【生产性能】产肉性能良好,18月龄时屠宰中等营养水平饲养的晋南牛,其屠宰率和净肉率分别为

53.9%和40.3%。晋南牛的泌乳期为7~9个月,泌乳量为754 kg,乳脂率为5.5%~6.1%。

4. 鲁西牛

【产地及分布】产于山东省西南部的菏泽、济宁两地区,以郓城、鄄城、嘉祥等地为中心产区。

【外貌特征】被毛从浅黄到棕红都有,以黄色为最多,占70%以上。多数牛具有完全的"三粉特征",即眼圈、口轮、腹下四肢内侧毛色较浅。角多为平角或龙门角。公牛肩峰宽厚而高,胸深而宽,后躯发育差,尻部肌肉不够丰满,前高后低;母牛后躯较好,鬐甲低平,背腰短而平直,尻部稍倾斜,尾细长。

【生产性能】肉用性能良好,据菏泽地区测定,18月龄的育肥公母牛的平均屠宰率为57.2%,净肉率为49.0%,肉骨比为6:1,眼肌面积为89.1 cm^2。鲁西牛有抗结核病及焦虫病的特性。

5. 延边牛

【产地及分布】产于我国吉林省延边朝鲜族自治州及朝鲜,尤以延吉、珲春、和龙及汪清等县(市)的牛著称。

【外貌特征】毛色为深浅不一的黄色,鼻镜呈淡褐色。被毛密而厚,皮厚有弹力。胸部宽深,体质结实,骨骼坚实,公牛额宽,角粗大,母牛角细长。鼻镜一般呈淡褐色,带有黑点。

【生产性能】18月龄育肥公牛平均屠宰率为57.7%,净肉率为47.23%;眼肌面积为75.8 cm^2。母牛泌乳期为6~7个月,一般产奶量为500~700 kg。延边牛耐寒、耐粗饲、抗病力强、适应性良好。

二、肉牛品种

不同牛品种,肥育期的增重速度是不一样的,专门的肉用品种增重速度较快。我国肉牛业起步较晚,只有近年来培育的几个肉牛品种,主要是利用国外肉牛品种和我国地方品种母牛杂交产生的改良牛,这类牛的生长速度、饲料利用率和肉的品质都超过本地品种。

(一)国外肉用牛优良品种

1. 夏洛莱牛

【产地及分布】原产于法国的夏洛莱和涅夫勒地区,因生长快、肉量多、体型大、耐粗放等特点而广受欢迎。

【外貌特征】毛色为白色或乳白色,皮肤常见色斑;全身肌肉发达,常有"双肌"特征。夏洛莱牛头小而宽,角圆且长,并向前方伸展,角质蜡黄;颈粗短,鼻镜宽广,胸宽深,肋骨方圆,背宽肉厚,体躯呈圆筒状。

【生产性能】在良好的饲养条件下,6月龄公犊体重可以达250 kg,母犊可达210kg。日增重可达1400 g。该牛作为专门化大型肉用牛,屠宰率一般为60%~70%,胴体瘦肉率为80%~85%。夏洛莱母牛平均产奶量为1700~1800 kg,乳脂率为4.0%~4.7%。

2. 利木赞牛

【产地及分布】原产于法国中部的利木赞高原地区。在法国,利木赞牛主要分布于中部和南部的广大地区,数量仅次于夏洛莱牛,居第2位。

【外貌特征】毛色为黄棕色,口鼻周围、眼圈周围、四肢内侧及尾帚毛色较浅,角为白色,蹄为红褐色。头短小,额宽,胸部宽深,肋圆,体躯较长,尻平,后躯肌肉丰满。

【生产性能】产肉性能高,眼肌面积大,肉嫩,肉的风味好。在良好饲养条件下,哺乳期平均日增重为860~1000 g,成年公牛体重为950~1200 kg,成年母牛体重为700~800 kg,屠宰率为63%~71%。8月龄的小牛就可生产出具有大理石纹的牛肉。

3.皮埃蒙特牛

【产地及分布】原产于意大利北部的皮埃蒙特地区,包括米兰、都灵和克里英那等地。

【外貌特征】胸部宽阔、肌肉发达呈"双肌"现象、四肢强健,公牛毛色为灰色,眼、睫毛、眼睑边缘、鼻镜、唇以及尾巴端为黑色,肩胛毛色较深。母牛毛色为全白,有的个体眼圈为浅灰色,眼、睫毛、耳廓四周为黑色,犊牛幼龄时毛色为乳黄色,4~6月龄胎毛换掉后,呈成年牛毛色。牛角在12月龄变为黑色,成年牛的角底部为浅黄色,角尖为黑色。

【生产性能】以高屠宰率、高瘦肉率、大眼肌面积以及鲜嫩的肉质和弹性度极高的皮张而著名,1周岁公牛体重为400~430 kg,280日龄的产奶量为2000~3000 kg。

4.安格斯牛

【产地及分布】原产于英国的阿伯丁、安格斯等地区,并因此得名。目前安格斯牛广泛分布于世界上大多数国家,是美国和澳大利亚等国家最受欢迎的品种之一。

【外貌特征】安格斯牛无角,被毛有红色和黑色两个类型,其中以黑色安格斯牛更为多见。体躯宽深,头小而方,背腰宽平,呈圆筒形,四肢短而直,后躯发达,全身肌肉丰满。

【生产性能】成年公牛体重为700~900 kg,成年母牛体重为500~600 kg,屠宰率为60%~70%。犊牛平均初生重为25~32 kg。安格斯牛具有良好的肉用性能,被认为是世界上专门化肉牛品种中的典型品种之一。具有早熟、胴体品质高、出肉多、适应性强、耐寒抗病、难产率低等优点。

5.日本和牛

【产地及分布】日本和牛是当今世界公认的品质最优秀的良种肉牛之一,主要分布在日本九州等地,和牛是日本改良牛中最成功的品种之一。

【外貌特征】体型中等大,肌肉丰满,骨骼较细;全身毛色为黑色,有时略显褐色,乳房和腹壁有白色色斑;角短,向前向上向内弯曲,角根白色,角尖黑色;鼻镜黑色。

【生产性能】具有早熟、抗结核病、肉多汁细嫩且大理石纹明显的特征,成年公牛体重为700 kg~900 kg,成年母牛体重为400kg~560 kg,屠宰率在58%~62%之间。

(二)国内肉用牛优良品种

1.夏南牛

【产地及分布】育成于河南省泌阳县,是中国第一个具有自主知识产权的肉用牛品种。是以法国夏洛莱牛为父本,以南阳牛为母本,经过杂交创新、横交固定和自群繁育三个阶段,采用开放式育种方法培育而成的肉用牛新品种。夏南牛含夏洛莱牛血统37.5%,南阳牛血统62.5%。

【外貌特征】毛色纯正,以浅黄、米黄色居多。公牛头方正,额平直,成年公牛额部有卷毛,母牛头清秀,额平稍长;公牛角呈锥状,向两侧水平延伸,母牛角细圆,致密光滑,多向前倾;耳中等大小;鼻镜为肉色。颈粗壮,平直。成年牛结构匀称,体躯呈长方形,胸深而宽,肋圆,背腰平直,肌肉比较丰满,尻部长、宽、平、直。四肢粗壮,蹄质坚实,蹄壳多为肉色,尾细长。母牛乳房发育较好。

【生产性能】犊牛平均初生重为37~38 kg,18月龄公牛体重超过400 kg,成年公牛体重可超过850 kg。

24月龄母牛体重达390 kg,成年母牛体重可超过600 kg。母牛经过180 d的饲养试验,平均日增重达1.11 kg,公牛经过90 d的集中强度育肥,日增重达1.85 kg。夏南牛具有体质健壮、抗逆性强、性情温顺、行动较慢、耐粗饲、食量大、采食速度快、耐寒冷,但耐热性能稍差等特点。

2. 延黄牛

【产地及分布】延黄牛的中心培育区在吉林省东部的延边朝鲜族自治州,以图们市、龙井市为核心区。延黄牛含延边牛血统75%,利木赞牛血统25%,经过杂交、回交、自群繁育、群体继代选育几个阶段选育而成的新品种。

【外貌特征】延黄牛全身被毛颜色均为黄红色或浅红色,股间色淡;公牛角较粗壮,平伸;母牛角细,多为龙门角。骨骼坚实,体躯结构匀称,结合良好,公牛头较短宽,母牛头较清秀,尻部发育良好。

【生产性能】屠宰前短期育肥的18月龄公牛平均宰前活重达430 kg,胴体重达255 kg,屠宰率达59.1%,净肉率为48.3%,日增重为0.8~1.2 kg。

3. 辽宁辽育白牛

【产地及分布】辽宁辽育白牛是以夏洛莱牛为父本,以辽宁本地黄牛为母本级进杂交后,在第四代的杂交群中选择优秀个体进行横交和有计划选育而成的肉用牛品种。主要分布在辽宁抚顺等地。

【外貌特征】辽宁辽育白牛全身被毛呈白色(或草白色),鼻镜呈肉色,蹄角多为蜡色;体型偏大,体质结实,体躯呈长方形;头短宽,额阔唇宽,耳中等偏大,大多有角;颈粗短,母牛平直,公牛颈部隆起,但无肩峰;胸深宽,肋圆,背腰宽厚、平直,尻宽长,臀宽齐,后腿部肌肉丰满;四肢粗壮且长短适中,蹄质结实。

【生产性能】辽宁辽育白牛6月龄断奶后持续育肥至18月龄,宰前重、屠宰率和净肉率分别为561.8 kg、58.6%和49.5%;持续育肥至22月龄,宰前重、屠宰率和净肉率分别为664.8 kg、59.6%和50.9%。11~12月龄的辽宁辽育白牛体重在350 kg以上;发育正常的辽宁辽育白牛,短期育肥6个月,体重可达到556 kg。

4. 云岭牛

【产地及分布】云岭牛是利用婆罗门牛、莫累灰牛和云南黄牛三个品种杂交选育而成的肉用牛品种,是我国培育的第四个肉牛新品种,是我国第一个采用三元杂交方式培育成的肉用牛品种,也是第一个适应我国南方热带、亚热带地区的肉牛新品种。主要分布在云南的昆明、楚雄、大理、德宏、普洱、保山、曲靖等地。

【外貌特征】云岭牛以黄色和黑色为主,被毛短而细密;体型中等,各部结合良好,肌肉丰满;头稍小,眼有神,多数无角,耳稍大,横向舒张,颈中等长;公牛肩峰明显,颈垂、胸垂和腹垂较发达,体躯宽深,背腰平直,后躯和臀部发育丰满;母牛肩峰稍有隆起,胸垂明显,四肢较长,蹄质结实;尾细长。成年公牛体高145~153 cm,体斜长154~170 cm,成年母牛体高125~134 cm,体斜长142~156 cm。

【生产性能】在一般饲养管理条件下,云岭牛公牛初生重达27~33 kg,断奶重达127~237 kg,12月龄体重达250~318 kg,18月龄体重达373~460 kg,24月龄体重达440~592 kg,成年体重达700~925 kg。成年母牛体重达457~578 kg。

5. 华西牛

【产地及分布】华西牛以肉用西门塔尔牛为父本,以蒙古牛、三河牛、西门塔尔牛、夏洛莱牛组合的杂交后代为母本,经过几十年选育而成的肉用牛品种。已在内蒙古、吉林、河南、湖北、云南、新疆、山西、重庆等地开始推广。

【外貌特征】华西牛被毛多为红色(部分为黄色)或含少量白色花片,头部白色或带红黄眼圈,腹部有大片白色,肢蹄、尾梢均为白色。

【生产性能】成年公牛、母牛体重分别为822~1051 kg和538~612 kg,平均屠宰率为60%~64%,净肉率为52.5~55.5%,平均育肥期日增重在1.30 kg以上,最高可达1.86 kg,主要生产性能达到国际先进水平。华西牛具有生长速度快、屠宰率高、净肉率高、适应性广、分布广的品种特征。

三、奶牛品种

1. 荷斯坦牛

【产地及分布】荷斯坦牛原产于荷兰,风土驯化能力强,世界上大多数国家均能饲养,经各国长期驯化及系统选育,形成了各具特色的荷斯坦牛,如美国荷斯坦牛、加拿大荷斯坦牛、中国荷斯坦牛等。因其被毛为黑白相间的斑块,故在中国被称为"黑白花牛"。

【外貌特征】荷斯坦牛体格高大,结构匀称,皮薄骨细,皮下脂肪少。头狭长清秀,背腰平直,尻部方正,四肢端正,乳房庞大,乳静脉粗大而多弯曲,被毛细短,毛色呈黑白斑块,界限分明,额部有白星,腹下、四肢下部及尾帚为白色。成年母牛体躯呈明显的楔形。

【生产性能】荷斯坦犊牛初生重为35~45 kg,成年公牛、母牛体重分别在900~1200 kg和650~750 kg之间。成年公牛体高145 cm,体长190 cm,胸围226 cm。母牛体高135 cm,体长170 cm,胸围195 cm,母牛平均产奶量7500~8500 kg,一些高产的个体年产奶量可以超过12000 kg,乳脂率3.5%~3.8%,乳蛋白率3.0%~3.3%。根据生产性质的不同,可将荷斯坦牛划分为乳用型和肉用型两类。乳用型以美国、加拿大的荷斯坦牛为代表,兼用型以荷兰和其他欧洲国家的荷斯坦牛为代表。

2. 娟姗牛

【产地及分布】娟姗牛原产于英国的泽西岛(旧译"娟姗岛"),因产地而得名。娟姗牛是乳脂率最高、体型最小的奶牛品种,所产牛奶因风味好而在许多国家深受欢迎,其中美国、加拿大、新西兰等国家的娟姗牛饲养数量居多。

【外貌特征】体型较小,细致紧凑,长相清秀。头小又轻,两眼突出,颈纤细且长,胸宽深,尻部宽平,四肢端正,乳房质地柔软,发育匀称,后躯发育良好,呈三角形。被毛短细,一般为灰褐、浅褐及深褐色,鼻镜、舌和尾帚为黑色,嘴、眼周围为浅色毛环。

【生产性能】成年公牛体重为650~750 kg,成年母牛体重为340~450 kg,初生重为23~27 kg,成年母牛体高和体长分别为113 cm和133 cm,平均产乳量为3600~4500 kg,乳脂率为5.00%~6.37%,乳色黄,风味好。该品种具有耐热性好、乳脂率高的特点。

3. 爱尔夏牛

【产地及分布】原产于英国艾尔夏郡。该牛种最初为肉用品种,1750年开始引用荷斯坦牛、更赛牛、娟姗牛等乳用品种对其进行杂交改良,于18世纪末育成为乳用品种。广泛分布于世界各国。

【外貌特征】被毛白色带红褐斑。角尖长,垂皮小,背腰平直,乳房宽阔,乳头分布均匀。角细长,角根部向外方凸出,逐渐向上弯,尖端稍向后弯,主要为蜡色,角尖呈黑色。鼻镜、眼圈浅红色,尾帚白色。乳房发达,发育匀称呈方形。

【生产性能】成年公牛体重约为800 kg,成年母牛体重约为550 kg。体高为128 cm,犊牛初生重为30~

40 kg,耐粗饲,易肥育。年产乳量为3500~4500 kg,乳脂率为3.8%~4.0%,脂肪球小。

四、兼用牛品种

兼用品种是肉乳兼用或乳肉兼用的品种。

1. 西门塔尔牛

【产地及分布】原产于瑞士西部的阿尔卑斯山区,主要产地为西门塔尔平原和萨能平原。在法国、德国、澳大利亚等国家也有分布。现成为世界上分布最广、数量最多的典型兼用品种之一。

【外貌特征】额宽,角较细并向外上方弯曲,尖端稍向上。毛色为黄白花或红白花,身躯缠有白色胸带,腹部、尾梢、四肢以及腓节和膝关节以下为白色。颈长中等,体躯长。属欧洲大陆型肉用体型,体表肌肉群明显易见,臀部肌肉充实,尻部肌肉深,多呈圆形。前躯较后躯发育更好,胸深,尻宽平,四肢结实,大腿肌肉发达,乳房发育好。

【生产性能】成年公牛体重为800~1200 kg,成年母牛体重为650~800 kg。乳用、肉用性能均较好,平均产奶量为4070 kg,乳脂率为3.9%。在欧洲良种登记牛中,年产奶4540 kg的西门塔耳牛约占20%。生长速度较快,平均日增重可超过1.0 kg,生长速度与其他大型肉用品种相近,胴体肉多,脂肪少且分布均匀,公牛育肥后屠宰率为65%左右。成年母牛难产率低,适应性强,耐粗放管理。

2. 德国黄牛

【产地及分布】原产于德国和奥地利,其中德国的养殖数量最多,是瑞士褐牛与当地黄牛杂交选育而成的兼用牛品种。

【外貌特征】毛色为浅黄(奶油色)到浅红色,体躯长,体格大,胸深,背直,四肢短而有力,肌肉强健。母牛乳房大,附着结实。

【生产性能】成年牛活重:公牛为900~1200 kg,母牛为600~700 kg;成年牛体高:公牛为145~150 cm,母牛为130~134 cm。屠宰率为62%,净肉率为56%。泌乳期产乳量为4164 kg,乳脂率为4.15%。母牛初产年龄为28月龄,犊牛初生重平均为42 kg,难产率很低。小牛易肥育,肉质好,屠宰率高。去势公牛育肥至18月龄时体重达500~600 kg。

3. 丹麦红牛

【产地及分布】原产于丹麦的西兰岛、洛兰岛及默恩岛,我国于1984年引进多头丹麦红牛,用于改良延边牛、秦川牛和复州牛。

【外貌特征】毛色为红色及深红色,不同个体间也有毛色深浅的差别;鼻镜为瓦灰色至深褐色,部分牛只的腹部、乳房和尾帚部生有白毛。丹麦红牛体躯长而深,胸部向前突出;背腰平直,尻宽平;四肢粗壮结实;乳房发达且匀称。

【生产性能】成年牛体重:公牛为1000~1300 kg,母牛为650 kg。犊牛初生重为40 kg。产肉性能较好,屠宰率为54%~57%,年平均产奶量为6712 kg,乳脂率为4.21%,乳蛋白率为3.30%。

4. 三河牛

【产地及分布】三河牛是我国培育的第一个乳肉兼用品种,含有西门塔尔牛血统,原产于呼伦贝尔市三河(根河、得耳布尔河、哈乌尔河)地区。

【外貌特征】毛色为红(黄)白花,花片界限明显,头白色或额部有白斑,四肢膝关节下、腹部下方及尾尖呈白色。有角,角稍向上前方弯曲,体大结实,肢势端正,四肢强健,蹄质坚实。乳房发育中等,质地良好,乳静脉弯曲明显,乳头大小适中。

【生产性能】初生重:公牛为35.8 kg,母牛为31.2 kg;成年体重:公牛为1050 kg,母牛为548 kg。成年公牛和母牛的体高分别为156.8 cm和131.8 cm。遗传性能稳定,产奶性能差异较大,一般产奶量为1800~3000 kg,乳脂率为4%左右。在一般饲养条件下,公牛屠宰率为50%~55%,净肉率为44%~48%。母牛一般在20~24月龄初配,终生可繁殖10胎以上。

5. 中国草原红牛

【产地及分布】主要分布在吉林省白城市、内蒙古的赤峰市和锡林郭勒盟、河北省张家口市等高寒地区。以短角牛为父本,蒙古牛为母本,经过级进杂交选育形成的品种,1985年通过品种鉴定。

【外貌特征】毛色为深红色或枣红色,大部分牛有角,角多伸向前外方,呈倒八字形,略向内弯曲,角质蜡黄褐色。体格中等大小,体质结实紧凑,结构匀称,胸宽深,全身肌肉丰满,乳房发育良好。性情温顺,适应性和抗病力强,肥育性能好,肉质优良,耐粗饲,耐寒冷。

【生产性能】初生公犊重为34 kg,母犊重为31 kg;成年公牛体重为850~1000 kg,成年母牛体重为485.5 kg;屠宰率为56.96%,净肉率为46.63%。泌乳期约为7个月,产奶量为1800~2000 kg,乳脂率为3.35%。

五、中国水牛品种

水牛是热带、亚热带地区特有的畜种,主要分布在亚洲地区,水牛按其外形、习性和用途分成两种类型,即沼泽型水牛和河流型水牛。沼泽型水牛以役用为主,河流型水牛体形大,其用途以乳用为主,也可兼作其他用途,中国水牛主要为沼泽型水牛(表9-2-2)。

表9-2-2 中国水牛品种及类型

沼泽型	1.滨湖水牛 2.德昌水牛 3.德宏水牛 4.滇东南水牛 5.东流水牛 6.恩施山地水牛 7.涪陵水牛 8.福安水牛 9.富钟水牛 10.贵州白水牛 11.贵州水牛 12.海子水牛 13.江汉水牛 14.江淮水牛 15.鄱阳湖水牛 16.陕南水牛 17.温州水牛 18.西林水牛 19.峡江水牛 20.信丰山地水牛 21.信阳水牛 22.兴隆水牛 23.盱眙山区水牛 24.盐津水牛 25.宜宾水牛
河流型	槟榔江水牛

【产地及分布】水牛是中国南方水稻区的重要役畜,绝大多数分布于我国东南和西南两地,以四川、广东、贵州、广西、江西、安徽及云南的数量较多。

【外貌特征】体格粗壮,被毛稀疏,多为灰黑色。角粗大而扁,向后方弯曲。皮厚,汗腺极不发达,腿短蹄大。头部长短适中,前额平坦较狭,眼大稍突出,口方大,上下唇吻合良好,鼻孔大,鼻镜黑白,耳大小中等,鬐甲隆起,宽厚。前胸宽阔而深,胸部肌肉发达,肋骨开张良好,四肢粗壮,蹄圆大,蹄壳黑色,质地致密坚实。全身为深灰色或浅灰色,随年龄增长,毛色逐渐由浅灰色变成深灰色或暗灰色。

【生产性能】中国水牛一般在2岁开始调教,3岁正式使役,4~12岁为使役能力最强的时期,使役期可达12~18岁。公牛2.5~3.0岁开始配种,4~8岁配种能力最强,以后逐渐下降。一般为常年发情,但表现出明显的季节性。母牛繁殖年限为14~15岁,一般终生可产犊8~10头。

六、牦牛品种

【产地及分布】中国是牦牛的发源地之一,在我国主要分布在以青藏高原为中心的高原地区。牦牛能适应高寒生态环境,能提供奶、肉、毛、绒、皮革、役力、燃料等生产、生活必需品,有"高原之舟"的美称。根据牦牛分布和生态特点,可将我国的牦牛分为高原型和高山型两大类。我国的牦牛品种如表9-2-3所示,其中青海高原牦牛、天祝白牦牛、麦洼牦牛属高原型,西藏高山牦牛、九龙牦牛属高山型。

表9-2-3 牦牛品种

地方品种	1.巴州牦牛 2.甘南牦牛 3.九龙牦牛 4.麦洼牦牛 5.木里牦牛 6.娘亚牦牛 7.帕里牦牛 8.青海高原牦牛 9.天祝白牦牛 10.西藏高山牦牛 11.中甸牦牛 12.昌台牦牛 13.环湖牦牛 14.金川牦牛 15.类乌齐牦牛 16.雪多牦牛 17.斯布牦牛
牦牛培育品种及配套系	1.大通牦牛 2.阿什旦牦牛

【外貌特征】牦牛外貌粗野,有明显的野牦牛特征,被毛黑褐色,背线、嘴唇、眼睑为灰白色或乳白色。牦牛头大,有角,颈短厚且深,睾丸较小,接近腹部,不下垂;母牦牛头长,眼大而圆,有角,颈长而薄,乳腺不发达。

【生产性能】牦牛活重一般为230~340 kg,屠宰率为48%~53%。母牦牛在暖季挤奶期的产奶量为200~240 kg,平均乳脂率为5.36%~6.82%。

七、瘤牛品种

原产于亚洲和非洲的特有牛种,因鬐甲前上方有一大的瘤状突起,类似驼峰而得名。该瘤状突起是一种沉积脂肪的肌肉组织,是瘤牛的营养库。瘤牛头狭长、额平,耳大而下垂,颈垂和脐垂发达,毛色有红色、灰色和黑色等,具有耐热强、抗梨形虫病的特性,著名的品种有辛地红牛和婆罗门牛。

第三节 牛的体型外貌

一、不同生产用途牛的体型外貌要求

牛的体型外貌与生产性能密切相关,是选择和鉴定牛体质和生产潜力的指标之一。

(一)肉用牛的体型外貌

具有宽深而肌肉丰满的体躯。就整体而言(图9-3-1):体躯低垂,皮薄骨细,全身肌肉丰满,疏松而匀称,属"细致疏松"体质类型。就外貌而言:前后躯均发育良好,背宽深、平广,肌肉丰满,呈"长方砖形"或"矩形"。前后躯较中躯为长,全身粗短紧凑,被毛细密有光泽。就尻部而言:宽、平、广、直,肌肉丰富,腰角丰圆,厚实多肉。

图9-3-1 肉牛体型模式图

(二)乳用牛的体型外貌

具有明显发达的泌乳器官。就整体而言(图9-3-2):皮薄骨细,血管显露,被毛短、细且有光泽,肌肉不是很发达,皮下脂肪不多,全身细致、紧凑显得比较清秀,属"细致紧凑"体质类型。就外貌而言:有平、宽的尻部和发育良好的乳房,前躯发育适当,后躯发育良好,呈楔形或三角形。就乳房而言:紧紧地直接连接在两股之间的腹下,四个乳区发育均匀对称,四个乳头大小适中,间距较宽,乳房充奶时底线平坦,即"方圆乳房",乳静脉弯曲明显,被毛稀疏,富有弹性,乳腺发达,即"腺质乳房",另外乳井较大。

侧视　前视　背视

图9-3-2 乳用牛体型模式图

(三)役用牛的体型外貌

体躯粗壮结实,各部位对称,结合自然,皮厚,肌肉强大,皮下脂肪少,全身粗糙而紧凑,为前强体型。头粗重,额宽,颈粗壮;鬐甲高,结合紧凑,胸宽深,肋骨开张好,背腰平直宽广,尻部平宽且适当倾斜,大腿宽广深厚;四肢高,强劲有力,姿势端正,蹄圆大而坚实。

二、牛的外貌鉴定

(一)常用体尺的测量

体尺测量是外貌鉴定的重要内容之一,是计算体尺指数和估测活牛体重的基础性工作,能准确反映牛主要部位的发育情况,弥补肉眼鉴别的缺陷。测量时,被测牛要端正站立于宽敞平坦的场地上,四肢直立,姿势正。

体高:一般用鬐甲高表示,即鬐甲最高点到地面的垂直距离,用测杖测量。

体直长：由肩端到坐骨端的距离，用测杖测量。
体斜长：从肩端前缘到坐骨结节后缘的距离，用卷尺测量。
胸围：肩胛骨后角垂直体轴绕胸一周的周长，用卷尺测量。
管围：前肢管部上1/3最小处的周径，用卷尺测量。

(二)牛活体重估测

体重是体现牛生长发育情况的重要指标之一，是测定生产性能、确定采食量、科学确定营养供给和选种留种的重要依据。牛体重的测定方法有实测法和估测法两种，在缺少称重工具的情况下，可用测杖和卷尺测量牛的胸围、体斜长或直长，用下列公式估算体重。

乳用牛或乳肉兼用型：体重(kg)=胸围^2(m)×体直长(m)×87.5

肉用牛：体重(kg)=胸围^2(m)×体直长(m)×100

黄牛：体重(kg)=胸围^2(cm)×体斜长(cm)÷11420

水牛：体重(kg)=胸围^2(m)×体斜长(m)×80＋50

上面的估测系数可实际测量体重后确定，从同一品种的牛群中选取有代表性的3~5头牛，分别量取公式中的有关体尺，依据实测体重，通过上面的公式换算，求出实际系数，取平均值。

(三)奶牛体型外貌线性评定

奶牛体型性状线性评定法的概念最早由美国于1976年提出，1980年制定出奶牛体型线性评定方法，1983年正式将体型线性评定方法应用于美国荷斯坦奶牛的评定。欧洲各国和日本的黑白花牛、德国和奥地利的佛列克维牛、瑞士的西门塔尔牛等也对该评定方法进行了相应修改，以适应本国品种改进的需要。我国在1990年制定了《奶牛体型线性评定》，根据国际标准和我国的实际情况于1996年制定了《中国荷斯坦牛体型线性评定标准》，在2002年中国奶牛协会讨论研究确定在全国推广应用中国荷斯坦牛体型线性评定9分制评分法。中国奶牛协会规定，凡参加牛只登记、生产记录监测及公牛后裔测定的牛场所饲养的全部成年母牛，必须在第1胎、第2胎、第3胎和第4胎分娩后的第60~150 d内，在挤奶前进行体型鉴定，用最好胎次成绩代表该个体水平。按线性尺度从一个生物学极端向另一个生物学极端来鉴定乳牛体型外貌性状。9分制是把性状表现的生物学两极端范围看作一个线段，把该线段分为1~3分、4~6分、7~9分3个部分，观察某性状所表现的状态在3个区域内的哪个区域，再看其属于该区域中哪一个档次，从而确定该性状的评分分数。荷斯坦牛体型线性评分标准如表9-3-1，步骤分四步。

第一步，评定人员在现场根据奶牛各个性状在生产实际中的表现，打出相应的线性成绩，即线性评分。

第二步，功能换算。功能分是指体型线性评分所表现的生物学状态的功能评分，功能分最高的体型线性评分为该性状的最佳生物学性状，在进行数据计算之前，须将现场所评得的体型线性评分转换为功能分。

第三步，按照各个部位所涉及的主要性状及其加权分计算部位评分和体型总分，其计算公式如下：

$$各部位评分=\sum(功能分×加权系数)-\sum(缺陷性状扣分)$$

$$体型总分=\sum(部位评分×加权系数)$$

第四步，确定外貌评分等级。奶牛体型外貌等级根据评分共划分为6个等级，依次为优秀(90~100分)，很好(85~89分)，好＋(80~84分)，好(75~79分)，一般(65~74分)，差(65分以下)。

表9-3-1 荷斯坦牛体型线性鉴定评分标准及功能分转换表

性状		类型	评分 1	2	3	4	5	6	7	8	9
结构容量 20%	体高 15%	功能分	57	64	70	75	85	90	95	100	95
		加权分	8.55	9.60	10.50	11.25	12.75	13.50	14.25	15.00	14.25
	前段 8%	功能分	56	64	68	76	80	90	100	90	85
		加权分	4.48	5.12	5.44	6.08	6.40	7.20	8.00	7.20	6.80
	体躯大小 20%	功能分	55	60	65	75	80	85	90	95	100
		加权分	11.00	12.00	13.00	15.00	16.00	17.00	18.00	19.00	20.00
	胸宽 29%	功能分	55	60	65	70	75	80	85	90	95
		加权分	15.95	17.40	18.85	20.30	21.75	23.20	24.65	26.10	27.55
	体深 20%	功能分	56	64	68	75	80	90	95	90	85
		加权分	11.20	12.80	13.60	15.00	16.00	18.00	19.00	18.00	17.00
	腰强度 8%	功能分	55	60	65	70	75	80	85	90	95
		加权分	4.40	4.80	5.20	5.60	6.00	6.40	6.80	7.20	7.60
尻部 10%	尻角度 36%	功能分	55	62	70	80	90	80	75	70	65
		加权分	19.80	22.32	25.20	28.80	32.40	28.80	27.00	25.20	23.40
	尻宽 42%	功能分	55	60	65	70	75	79	82	90	95
		加权分	23.10	25.20	27.30	29.40	31.50	33.18	34.44	37.80	39.90
	腰强度 22%	功能分	55	60	65	75	80	85	90	95	100
		加权分	12.10	13.20	14.30	16.50	17.60	18.70	19.80	20.90	22.00
肢蹄 20%	蹄角度 20%	功能分	56	64	70	76	81	90	100	95	85
		加权分	11.20	12.80	14.00	15.20	16.20	18.00	20.00	19.00	17.00
	蹄踵深度 20%	功能分	57	64	69	75	80	85	90	95	100
		加权分	11.40	12.80	13.80	15.00	16.00	17.00	18.00	19.00	20.00
	骨质地 20%	功能分	57	64	69	73	80	85	90	95	100
		加权分	11.40	12.80	13.80	14.60	16.00	17.00	18.00	19.00	20.00
	后肢侧视 20%	功能分	55	65	75	80	95	80	75	65	55
		加权分	11.00	13.00	15.00	16.00	19.00	16.00	15.00	13.00	11.00
	后肢后视 20%	功能分	57	64	69	74	78	81	85	90	100
		加权分	11.40	12.80	13.80	14.80	15.60	16.20	17.00	18.00	20.00

续表

性状			评分								
			类型	1	2	3	4	5	6	7	8	9
乳房 40%	泌乳系统 20%	乳房深度 30%	功能分	55	65	75	85	95	85	75	65	55
			加权分	16.50	19.50	22.50	25.50	28.50	25.50	22.50	19.50	16.50
		乳房质地 35%	功能分	55	60	65	70	75	80	85	90	95
			加权分	19.25	21.00	22.75	24.50	26.25	28.00	29.75	31.50	33.25
		悬韧带 35%	功能分	55	60	65	70	75	80	85	90	95
			加权分	19.25	21.00	22.75	24.50	26.25	28.00	29.75	31.50	33.25
	前乳房 35%	前乳房附着高度 45%	功能分	55	60	65	70	75	80	85	90	95
			加权分	24.75	27.00	29.25	31.50	33.75	36.00	38.25	40.50	42.75
		前乳头位置 20%	功能分	57	65	75	80	85	90	85	80	75
			加权分	11.40	13.00	15.00	16.00	17.00	18.00	17.00	16.00	15.00
		前乳头长度 5%	功能分	55	60	65	75	80	75	70	65	55
			加权分	2.75	3.00	3.25	3.75	4.00	3.75	3.50	3.25	2.75
		乳房深度 8%	功能分	55	65	75	85	95	85	75	65	55
			加权分	4.40	5.20	6.00	6.80	7.60	6.80	6.00	5.20	4.40
		乳房质地 12%	功能分	55	60	65	75	80	75	70	65	55
			加权分	6.60	7.20	7.80	9.00	9.60	9.00	8.40	7.80	6.60
		悬韧带 10%	功能分	55	60	65	75	80	75	70	65	55
			加权分	5.50	6.00	6.50	7.50	8.00	7.50	7.00	6.50	5.50
	后乳房 45%	后房附着高度 23%	功能分	55	65	70	75	80	85	90	95	100
			加权分	12.65	14.95	16.10	17.25	18.40	19.55	20.70	21.85	23.00
		后房附着宽度 23%	功能分	55	65	70	75	80	85	90	95	100
			加权分	12.65	14.95	16.10	17.25	18.40	19.55	20.70	21.85	23.00
		后乳头位置 14%	功能分	55	65	70	75	80	85	90	95	100
			加权分	7.70	9.10	9.80	10.50	11.20	11.90	12.60	13.30	14.00
		乳房深度 12%	功能分	55	65	70	75	80	85	90	95	100
			加权分	6.60	7.80	8.40	9.00	9.60	10.20	10.80	11.40	12.00
		乳房质地 14%	功能分	55	60	65	70	75	80	85	90	95
			加权分	7.70	8.40	9.10	9.80	10.50	11.20	11.90	12.60	13.30

续表

性状			评分								
			类型	1	2	3	4	5	6	7	8	9
乳房 40%	后乳房 45%	悬韧带 14%	功能分	55	60	65	70	75	80	85	90	95
			加权分	7.7	8.4	9.1	9.8	10.5	11.2	11.9	12.6	13.3
	乳用特征 12%	棱角度 60%	功能分	57	64	69	74	78	81	85	90	95
			加权分	34.2	38.4	41.4	44.4	46.8	48.6	51	54	57
		骨质地 10%	功能分	57	64	69	74	78	81	85	90	95
			加权分	5.70	6.40	6.90	7.50	7.80	8.10	8.50	9.00	9.50
		乳房质地 15%	功能分	55	60	65	70	75	80	85	90	95
			加权分	8.25	9.00	9.75	10.50	11.25	12.00	12.75	13.50	14.25
		胸宽 15%	功能分	55	60	65	70	75	80	85	90	95
			加权分	8.25	9.00	9.75	10.50	11.25	12.00	12.75	13.50	14.25

(四)肉牛外貌的鉴定

我国肉牛外貌的鉴定要求见表9-3-2。

表9-3-2 肉牛外貌鉴定评定表

部位	鉴定要求	评分 公	评分 母
整体结构	品种特征明显,结构匀称,体质结实,肉用体型明显,肌肉丰满,皮肤柔软有弹性	25	25
前躯	胸深宽,前胸突出,肩胛平宽,肌肉丰满	15	15
中躯	肋骨开张,背腰宽而平直,中躯呈圆筒状,公牛腹部不下垂	15	20
后躯	尻部长宽平,大腿肌肉突出,母牛乳房发育良好	25	25
肢蹄	肢蹄端正,两肢间距宽,蹄形正,蹄质坚实,运步正常	20	15
合计		100	100

第四节 肉牛的饲养管理技术

一、犊牛的饲养管理

犊牛指的是从出生到6月龄阶段的牛，按照犊牛的断奶时间，可以分为哺乳犊牛和断奶犊牛两类。

1. 接产

① 接产前的准备：接产前应准备好清洁、安静、宽敞、通风良好的产房，预产期前3~4周将母牛转入产房。并预先对产房以及助产时所需用品进行消毒。

② 助产的方法：理论上，正常分娩的母牛不需要助产。当出现异常时，比如胎儿过大、胎位不正等，应及时辅助母牛确保顺利生产，生产后也应及时仔细护理新产犊牛。当母牛开始努责时，应时刻注意观察胎儿的方向、位置和姿势是否正常，若反常应及时矫正。当胎儿排出困难或母牛努责无力时，应随着母牛努责的节奏沿骨盆轴方向拉出胎儿。

2. 产后护理

① 清除犊牛口鼻黏液。犊牛出生时，要求产房内垫料充足，时刻保持环境干燥，空气清新。犊牛出生后，首先清除口腔及鼻孔内的黏液以免妨碍呼吸，避免造成犊牛窒息或死亡。

② 使用专用消毒剪刀断脐，将脐带长度留6~8 cm，使用5%~10%碘酊消毒断脐处。

③ 在产房保温的条件下，尽快用干草或者毛巾擦干犊牛被毛，防止着凉，同时也可以让母牛自行舔舐犊牛以增强母性。

④ 肉牛一般采用母带犊的哺乳方式，尽量让犊牛在出生后1 h之内吃足初乳。初乳中含有大量免疫球蛋白（IgG），可以让犊牛产生被动免疫，提高犊牛抗病力。犊牛在出生后的24~48 h，若血清IgG含量低于10 mg/mL或者血清总蛋白含量低于52 g/L，被界定为被动免疫失败。另外，初乳中含有较高含量的镁盐，有轻泻作用，可以促进犊牛排出胎粪。

3. 补料

犊牛出生后3~7 d开始吃开食料，可让出生7~14 d的犊牛自由采食优质干草（如燕麦干草），哺乳期犊牛摄入的颗粒料蛋白含量应超过20%。肉用繁殖母牛在产后2~3个月产奶量逐渐减少，单靠母乳不能满足犊牛的营养，此时需要给犊牛提供精粗饲料，适合犊牛营养需要的精粗饲料能够促进犊牛瘤胃发育，建立正常的瘤胃微生物菌群，促进犊牛生长发育。可在母牛舍单独设置母子隔离栏，用于给犊牛补料，并能防止母牛抢食，应保证栏杆将母牛阻挡而犊牛可以自由出入。

4. 断奶

肉用犊牛一般在3~6月龄断奶，采用逐渐断乳法，即母子分离，逐渐减少喂奶次数。如有犊牛断奶困难，也可强制犊牛戴上牛鼻刺以减少母牛哺乳次数。断奶后，犊牛应根据月龄和体重进行分群饲养，颗粒料中蛋白含量应超过18%。

二、育成牛与青年牛的饲养管理

育成期是母牛骨骼、肌肉发育最快的时期,体型变化大,瘤胃发育迅速并在12月龄接近成年水平。在6~9月龄时,母牛开始发情排卵;在13~18月龄,母牛体重达到成年母牛的60%时,就可以进行初配。在放牧条件下,控制母牛的日增重在0.4~1.0 kg,夏秋季节一般不需要补饲精料,冬季枯草季节需要补饲一定数量精料,日饲喂量一般为体重的0.5%~0.6%。要求配种前母牛的体况在中等以上,切忌过肥。

舍饲条件下,育成前期以促进牛的瘤胃机能和骨骼发育为主要目的,粗饲料应该以优质青干草为主,精料为辅,建议精料饲喂量为体重的0.6%~0.8%。育成后期以在不影响繁殖的情况下降低成本为主要目的,以低质粗饲料如秸秆为主,搭配适量精料。

1. 6~12月龄后备母牛的饲养管理

母牛在性成熟期生长发育最快,性器官和第二性征发育很快,体躯急剧生长,但瘤胃发育程度还不能保证能采食足够青粗饲料以满足生长需要。此阶段,大部分日粮干物质来自优质粗饲料,还必须补充30%~40%混合精料。

2. 13~18月龄繁殖母牛的饲养管理

消化器官趋于成熟,生殖器官功能逐渐健全,此阶段75%的日粮干物质可来自粗饲料,再补充25%混合精料。妊娠前期和中期以粗饲料为主,但妊娠后期需要每日补饲2~3 kg精料以满足胎儿的生长发育需要。

三、种用肉牛的饲养管理

(一)繁殖母牛的饲养管理

1. 繁殖母牛养殖模式

(1)放牧模式:放牧模式的优点在于生产资料投入少、养殖成本低、生产经营效益高,是获取利益最大化的繁殖母牛养殖模式,但这种模式极易受放牧地资源和气候条件的限制。例如,北方地区冬季大雪影响放牧。此外,放牧强度控制不好易破坏生态环境,目前很多地方划定了禁牧区,也对放牧有所限制。

(2)舍饲模式:舍饲模式是指将繁殖母牛在牛舍内进行饲养,同时配套运动场供其活动的养殖模式。这种饲养方式多用于土地面积有限的农区和封山绿化的地区。舍饲模式方便管理、观察母牛的健康和发情情况,以便进行配种、防病治病和技术介入。但是,这种模式存在养殖设施投入大、饲养成本高和繁殖效率低等缺点。

(3)半舍饲模式:半舍饲模式是指让繁殖母牛在暖季去山坡草地进行放牧,在冷季转为舍饲的养殖模式。这种养殖模式介于放牧、舍饲两种模式之间,兼顾两者的优缺点。养殖者需要根据当地条件,因地制宜地选择最适合、最能盈利的养殖模式。

2. 不同阶段繁殖母牛的饲养管理

(1)空怀期繁殖母牛:在配制空怀母牛的日粮时要充分利用价格低廉的青粗饲料,保持母牛中等膘情,保证日粮和干物质采食量合理,以保证母牛正常发情,提高牛群的受配率和受胎率,过瘦过肥、运动不足都会影响母牛的发情受胎。母牛发情应及时予以配种,对初配母牛应加强管理,防止早配。产后不能正常发情的母牛,应用直肠检查法检查生殖系统,对确诊未妊娠的母牛,要查情补配,提高母牛的受配率。掌握排卵时间,适时输精。在舍饲条件下,饲喂低质粗饲料时,应补充一定量的混合精料,日饲喂量需根据牛只体况做相应调整。在放牧条件下,夏秋季节一般不需要补饲精饲料,但在母牛体况较差时可补充精料 0.5 kg;冬春枯草季节应进行补饲。

(2)妊娠期繁殖母牛的饲养管理:妊娠早中期以粗饲料为主,后期增加精料比例。在实际生产中应注意以下几个方面:①将妊娠后期的母牛单独分群并及时转入产房;②为防止母牛之间互相挤撞,不要鞭打驱赶以防惊群;③不要饲喂大量易产气的幼嫩豆科牧草以及发霉、冰冻饲料,不饮冰水。

(3)哺乳期繁殖母牛的饲养管理:繁殖母牛哺乳期日粮的粗饲料以优质干草为主,精料补充料每日饲喂量为 2.5~3.5 kg,日粮中粗蛋白含量不低于 12%,具体配方可根据粗饲料质量及母牛的膘情进行小幅调整。

3. 母牛的发情、配种与妊娠管理

(1)母牛的发情:

①发情参数:母牛发情周期平均为 21 d,发情症状可持续 15~20 h,发情到排卵需要 26~30 h,产后首次发情平均为 34 d。

②发情鉴定:外部观察法,母牛表现为亢奋、哞叫、爬跨、举尾、阴门吊线;试情法,将结扎输精管的公牛牵到母牛跟前,如果公牛有爬跨行为,可以确定母牛发情;阴道检查法,使用阴道开张器或将手插入阴道内触摸,发情母牛会排出大量黏液,子宫颈口有弹性;直肠检查法,隔着直肠壁用手触摸卵巢上卵泡并判断发育成熟程度。

③异常发情的种类:生理性不发情(季节性、妊娠期、产后);病理性不发情(生殖器官疾病);安静发情(某些因素干扰垂体的正常功能,激素分泌不足);短促发情(卵泡很快发育成熟、破裂并排卵);慕雄狂(卵巢囊肿);假发情(卵巢机能发育不全,妊娠牛出现发情行为);持续性发情(卵泡交替发育或卵巢囊肿)。

(2)人工授精:牛人工授精是指人为地使用特殊的器械采集公牛的精液,经处理、保存后,再借助于器械,在母牛发情期将精液人为注入子宫内,以达到受孕的目的,以此来代替自然交配的一种妊娠控制技术(如图 9-4-1),人工授精技术已成为养牛生产中的常规繁殖技术。

人工授精技术的主要优点包括:①扩大良种公牛的配种效果及利用率。②节省了牧场饲养种公牛的费用。③与活畜运输相比,精液运输费用更低。④不受种公牛生命的限制,有利于优良品种资源的保存与有效合理的利用。⑤不受时间和地域的限制,方便跨国、跨地区流通。⑥可防止生殖道传染性疾病(弧菌病、毛滴虫病)的感染与传播。⑦在一个发情期内可多次输精,增加受孕的机会。

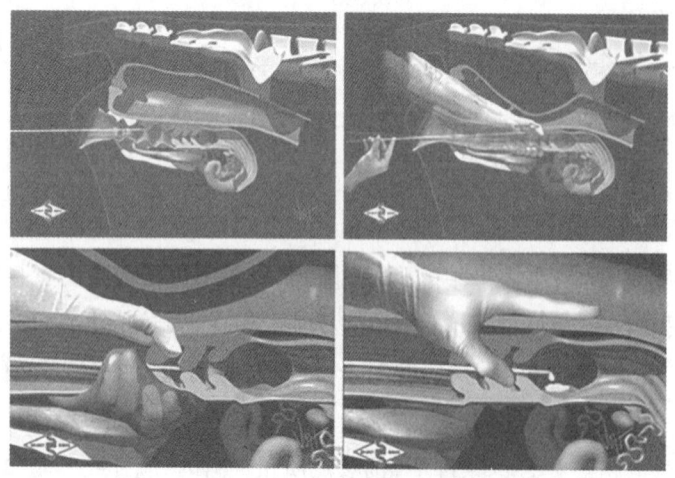

图 9-4-1 人工授精示意图

(3)妊娠诊断:妊娠是指母牛从受精开始,一直到临产的生理变化过程。妊娠诊断是指采用临床和实验室方法对母牛是否妊娠、妊娠时间及胎儿和生殖器官的情况进行检查。妊娠诊断的方法:①直肠诊断法。通过子宫内胚泡、卵巢黄体、子宫中动脉变化等的检查结果判断母牛妊娠状态和胎儿发育情况。②超声波诊断法。超声波诊断技术可分为A型超声诊断技术(A超)、D型超声诊断技术(D超)、B型超声诊断技术(B超)三种,目前最常用的是B超诊断技术。母牛配种24 d后可用B超诊断仪进行妊娠诊断,用探头隔着直肠壁扫描子宫,可显示子宫和胎儿(怀孕)的断层切面图,以判断是否怀孕。③激素反应法。可在母牛配种后18~20 d肌内注射200~400 mg雌激素或2 mg苯甲酸雌二醇,由于妊娠黄体分泌的黄体酮与雌激素的作用相互抵消,因此,已妊娠者不会有发情表现,而空怀者5 d内便会表现出明显的发情症状。

(4)繁殖管理指标:

①年总受胎率:年总受胎率=(年受胎母牛数/年受配母牛数)×100%,反映全年总的配种效果,国内先进水平为95%。

②年繁殖率:年繁殖率=(年实繁母牛头数/年应繁母牛头数)×100%,反映牛群在一个繁殖年度的繁殖效率,国内先进水平为90%。

③产犊间隔:又称胎间距,为母牛本胎产犊日距上胎产犊日的间隔天数,年平均胎间距=胎间距之和/产犊母牛总数,国内先进水平为365 d。

④犊牛成活率:犊牛成活率=(断奶成活的犊牛数量/犊牛总数)×100%,反映母牛育犊能力、犊牛生活力和牧场管理水平,国内先进水平为95%。

⑤繁殖成活率:繁殖成活率=(本年度成活犊牛数/上年度能繁母牛数)×100%,国内先进水平为85%。

(二)种公牛的饲养管理

种公牛的饲养管理对于保证牛群品质和提高畜牧业生产效率具有重要意义,优质种公牛应具备体型高大、肌肉发达、性欲旺盛、年龄适中、血统纯正等特征。在选择种公牛时,要注重观察种公牛的生殖器官是否发育健全,体型是否匀称,肌肉是否发达,以及父母是否有遗传缺陷等。

1.种公牛的饲料搭配和注意事项

(1)种公牛的饲料搭配:合理搭配饲料是保证种公牛健康和优良品质的关键,养殖场应根据种公牛的年龄、体重和营养需求,制订科学的饲料配方。如果是一年四季均衡采精,则全年应均衡供给饲料。如果是季节性配种,则配种旺季一般为春季或早夏,应在配种季节到来之前的8~10周加强饲养管理(精子从产生到成熟需8~10周)。种公牛的日粮要根据其体重、年龄和膘情进行合理搭配,精饲料可按照每100 kg体重每天饲喂0.5 kg干物质,粗饲料可以按照每100 kg体重每天饲喂0.8 kg干物质。重点关注种公牛日粮中的营养物质:①蛋白质。种公牛的日粮中尽量使用优质蛋白质,以提供充足的必需氨基酸,促进精子的形成。但蛋白质喂量过多,易在体内产生大量有机酸,对精子形成不利。②维生素。维生素缺乏会导致精子数量减少,畸形精子数量增加,还会影响精子活率和公牛性欲。青绿饲料宜选择豆科植物的叶片、块根类,以胡萝卜以及大麦芽等维生素含量较高的饲料为佳。③矿物质。矿物元素对提高种公牛的繁殖性能很重要。因此,在种公牛饲料中应适量添加磷、钾、钙、铁、硒、碘、锌等矿物质元素,保证矿物质种类全面、数量充足,严禁用其他牛的预混料替代种公牛预混料。④饮水。种公牛要有充足、清洁的饮水,一般情况下,成年种公牛每天饮水量为27~30 kg,尤其在炎热的夏季,可以适当增加饮用水量。采精和配种前后0.5 h内不应饮水,以免影响公牛健康。

(2)选择种公牛饲料的注意事项：

饲喂种公牛时应注意限量的饲料：①青贮饲料因含有较多的有机酸，喂量过多会影响精液品质，对种公牛应限量饲喂。②不应饲喂腐败变质的饲料，酒糟、果渣、粉渣、菜籽饼、棉籽饼最好不用来饲喂公牛，否则其中的有些物质会影响精液品质。③容积大的粗料(如秸秆和多汁饲料)要限量饲喂，以免公牛形成草腹，影响配种。

2. 种公牛的管理

(1)饲养环境：为种公牛提供舒适的生活环境是饲养管理的重要工作。牛舍应保持清洁、干燥，并定期消毒，以减少疾病的发生。种公牛应单栏饲养，避免互相斗殴造成伤害。另外，要确保牛舍通风良好，避免高温高湿环境对种公牛产生不利影响。

(2)运动锻炼：适度的运动不仅能让种公牛保持骨骼和肌肉的健壮，同时还能避免其蹄肢变形，保证种公牛性欲充沛、精液优良，最主要的是还能够避免种公牛体况过肥。一般运动规律为每天1次，每次活动时间超过1 h，可以通过牵遛、驱赶等方式运动。

(3)采精管理：要建立严格的种用公牛采精规章制度，成年公牛采精频率一般为每周采精两次，每次可连续采两回，时间间隔30 min以上。针对幼龄的储备种用公牛而言，应从1岁起，每周或每10 d采精1次。随意增加采精次数，不仅会降低精液品质，而且会造成公牛生殖功能降低和体质衰弱等不良后果。精液品质的主要评价指标有：射精量、精子活力、精子密度、顶体完整率、畸形率以及耐冷冻性等。

四、肉牛育肥期的饲养管理技术

(一)牛肉生产模式

1. 小白牛肉生产模式

小白牛肉是指犊牛出生后，利用全乳或代乳粉饲喂至3~5月龄，由此生产出来的营养价值丰富的犊牛肉，因未饲喂饲料，其肉色一般呈浅粉红色或稍呈白色，肉质有弹性且又柔嫩，滑嫩可口，故称为小白牛肉。小白牛肉肉质细嫩，甜美多汁，蛋白质含量高，脂肪含量低，是高档牛肉中的珍品，被认为是西餐中的顶级牛肉。

2. 犊牛红肉生产模式

犊牛红肉是指先用全乳或代乳粉喂养犊牛，然后再用谷物、干草等饲料饲喂，到8~12月龄适时出栏屠宰所得的牛肉。犊牛红肉颜色鲜红，肉质细嫩，易咀嚼，也是牛肉中的上品。

3. 架子牛育肥模式

犊牛断奶后，采用中低营养水平饲养，使牛的骨架和消化器官得到充分发育，体重达到300~400 kg后开始育肥，根据补偿生长原理(当犊牛的饲喂量不够或饲料质量欠佳导致营养水平较低时，牛只生长速度会变慢或停止生长，但当营养提高至正常水平时，生长速度快速提高，经过一段时期饲养，牛只仍然可以达到正常体重)，用高营养水平饲养至达到出栏标准后进行屠宰。

4. 直线育肥模式

犊牛断奶后直接进入生长育肥阶段，以高营养标准使牛日增重在1.2 kg以上，周岁时体重可达400 kg，具体出栏时间和体重因品种和饲养水平而定，这种育肥模式下的牛生长速度和饲料转化率高，并且饲养期短、出栏早、肉质好。

5.淘汰牛育肥模式

因各种原因淘汰的奶牛、役牛，在屠宰前用较高的营养水平对其进行3~5个月的肥育后，可以增加体重并改善肉质。利用淘汰母牛进行强度育肥，可以生产出高质量的牛肉，也不失为一种实现资源利用达到最大化的方案。

6.高档牛肉育肥模式

高档牛肉育肥模式是指能稳定、连续成批次、成规格、分等级供应市场的牛肉，根据其肉质特性分为高档红肉和大理石纹牛肉两类。高档红肉与普通育肥牛肉和大理石纹牛肉的区别是，肌肉中的粗脂肪含量介于二者之间，但不超过16%，风味、多汁性和嫩度接近大理石纹牛肉。大理石纹牛肉因肌肉和脂肪红白相间而呈现纹理，肌肉中的粗脂肪含量在16%以上，风味浓香、质地细嫩，当粗脂肪含量超过21%时习惯上将这种牛肉称作"雪花牛肉"。

高档育肥一般选择本地黄牛、和牛和安格斯牛等体成熟早的牛种或其杂交后代进行长期育肥的模式，通过高度的技术组合，生产出脂肪分布均匀、胴体脂肪覆盖度好、肉质细嫩、脂肪颜色洁白的大理石纹牛肉。在实际生产中为了生产出大理石纹牛肉，一般需要对3~4月龄的公牛进行去势（阉割）。

(二)育肥牛饲养管理

根据育肥模式不同，需要选择不同品种、年龄、性别的肉牛进行育肥。不同品种的牛经育肥后在产肉率、大理石纹级别、适应性等方面均存在巨大差异，国内生产普通红肉常用西门塔尔牛、夏洛莱牛等大型牛，而生产高档牛肉则大多选择安格斯牛、和牛或本地黄牛；肌肉生长速度表现为公牛＞阉牛＞母牛，脂肪沉积能力则相反；并且肉牛生长发育规律是存在变化的，骨骼在出生后一直以较稳定的速度生长，肌肉在出生后生长速度较快，速度也较稳定，但达到一定阶段后，生长速度变慢，而脂肪在出生到1岁间的生长速度较慢，以后逐渐加快（图9-4-2）。

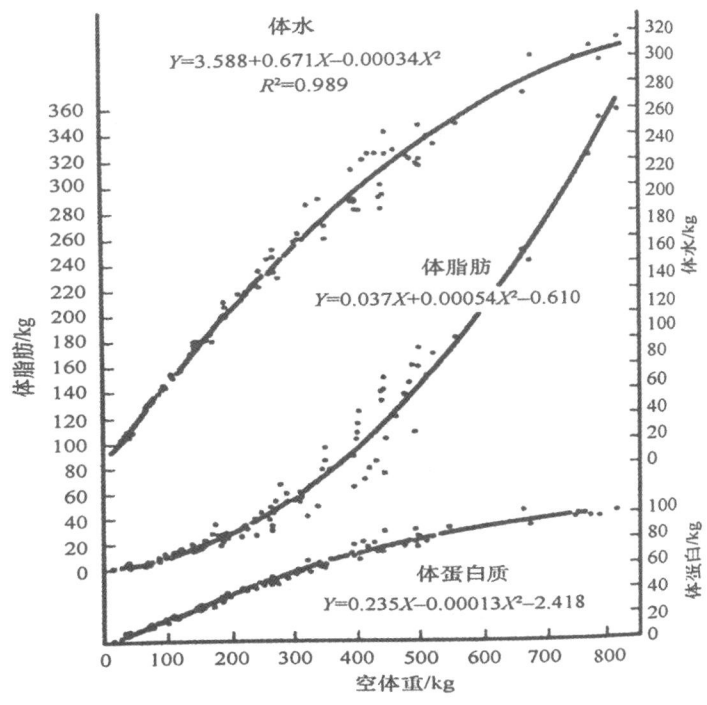

图9-4-2 肉牛肌肉脂肪发育曲线

1. 普通红肉生产

① 肉牛选择:选择育肥牛的原则是架子大、增重快、瘦肉多、脂肪少、无疾病,可以选择西门塔尔、夏洛莱、利木赞等品种肉牛及其杂交后代,这类牛一般生长速度和饲料利用率都较高,饲养周期短,见效快,收益大。

② 营养需要:育肥前中期日粮中的粗蛋白质含量为14%~16%,总可消化养分(TDN)含量为68%~70%,精饲料饲喂量占肉牛体重的1.0%~1.2%,粗饲料种类不受限制,以当地粗饲料为主。秸秆、青干草等粗饲料在饲喂前应先铡短和揉搓,长度以3~5 cm为宜。育肥后期日粮中的粗蛋白质含量为11%~13%,TDN为73%~75%,精料饲喂量占体重的1.3%~1.5%,每天粗饲料采食量为2~3 kg/头。

③ 饲料投喂方式:最好采用全混合日粮(TMR),日喂2~3次或自由采食。若各种饲料分别投喂,饲喂顺序为先粗后精。

④ 出栏标准:从外观上观察,肉牛体躯变得宽阔饱满,膘肥肉厚,躯干呈圆筒状,头颈、四肢厚实,背、腰、肩宽阔丰满,尻部圆大厚实,股部肥厚。用手触摸牛的鬐甲、肩胛、肩端、背腰、坐骨部、腹肋部等部位感到肌肉丰厚,皮下软绵,用手触摸牛的耳根、前后肋和阴囊周围感到有中等程度脂肪沉积,说明可以出栏。

2. 雪花牛肉生产

(1) 育肥牛选择:

① 品种:选择肌内脂肪沉积能力较强的和牛或安格斯牛,或者充分利用我国丰富的地方黄牛品种资源,与安格斯牛或和牛杂交,形成能够生产高档雪花牛肉的理想杂交组合和培育品种。

② 性别:通常认为,肌内脂肪沉积能力表现为母牛>阉牛>公牛。

③ 年龄及体重:用于生产高档雪花牛肉的后备牛,年龄一般为4~6月龄,膘情适中,体重在130~200 kg比较适宜。

(2) 饲养管理:

① 早期断奶:3~4月龄的犊牛,每天能吃精饲料2 kg时,可与母牛彻底分开,适时断奶。

② 育肥时间:用于生产高档雪花牛肉的肉牛一般需育肥至25月龄以上,出栏体重因品种而异。出栏时间的判断方法主要有两种:一是通过肉牛采食量来判断,育肥牛采食量下降幅度达到正常采食量的10%~20%,增重停滞不前。二是从肉牛体型外貌来判断,观察和触摸肉牛的膘情:体膘丰满,看不到外露骨头;背部平宽而厚实,尾根两侧可以看到明显的脂肪突起;臀部丰满平坦,圆而突出;前胸丰满,圆而大;阴囊周边脂肪沉积明显;躯体体积大,体态臃肿;走动迟缓,四肢高度张开;触摸牛背部、腰部时感到厚实、柔软有弹性,尾根两侧柔软、充满脂肪。

③ 环境条件:应根据肉牛喜干怕湿、耐冷怕热的特点,并考虑南方和北方地区的具体情况,因地制宜合理设计牛舍。做到冬季防寒保暖,夏季防暑通风。

(3) 日粮营养:根据养殖场所在地区周边的气候条件和饲草资源,按照雪花牛肉的生产目的设计各阶段肉牛的日粮配方。

① 日粮能量水平:肉牛生长期间宜采用高蛋白、低能量日粮,育肥期间宜采用低蛋白、高能量日粮,能促进肌内脂肪沉积,有利于大理石状花纹的形成。

② 谷物类型:玉米的育肥效果优于大麦,但育肥后期饲喂大麦可改善牛肉品质(脂肪颜色和硬度)。

③ 高谷物日粮:高谷物日粮可以提高瘤胃内丙酸的含量,并在肝脏中通过糖异生途径合成葡萄糖,

因此在育肥期饲喂高谷物日粮更有利于肌内脂肪的沉积。

④日粮加工方式：有条件的养殖场宜采用粉碎或蒸汽压片处理玉米或其他谷物，能提高能量的消化率，从而促进肌内脂肪沉积。

⑤脂肪的消化吸收：胆汁酸和乳化剂可以促进脂肪的消化和吸收，最终提高肌肉脂肪的沉积。

⑥维生素：育肥后期限制维生素A和β-胡萝卜素的摄入，有利于改善牛肉脂肪颜色并增加肌内脂肪的沉积；另有研究表明，维生素C对前脂肪细胞的分化具有促进作用，但维生素D可抑制脂肪生成；在日粮中添加维生素E，有利于改善牛肉色泽和提高脂肪氧化稳定性、延长货架期。

第五节 奶牛生产技术

一、奶牛阶段管理技术

(一)犊牛的饲养

1.哺乳期犊牛的饲养管理

犊牛是指出生到6月龄的牛，这个时期犊牛经历了从母体子宫环境到体外自然环境，由靠母乳生存到靠采食植物性为主的饲料生存，由反刍前到反刍的巨大生理环境的转变，各器官系统尚未发育完善，抵抗力低，易患病。犊牛处于器官系统的发育时期，可塑性大，良好的培养条件可为其将来的高生产性能打下基础，如果饲养管理不当，可造成生长发育受阻，影响终身的生产性能。

(1)初生犊牛的护理：参照本章第四节的"犊牛的饲养管理"中的"②产后护理"。

(2)喂初乳：初乳是母牛产犊后3~5 d内所分泌的乳，严格来说，母牛分娩后第1次挤出的乳称初乳，第2~8次(即分娩后4 d内)所产的乳称为过渡乳。与常奶相比初乳有许多突出的特点：初乳色深黄且黏稠；有特殊气味；干物质含量高，其蛋白质、胡萝卜素、维生素A和免疫球蛋白含量是常奶的几倍至十几倍；初乳酸度高，含有镁盐、溶菌酶和K-抗原凝集素。由于母牛胎盘的特殊结构，母体血液中的免疫球蛋白不能在胎儿时期通过胎盘传给胎儿，因而新生犊牛免疫能力较弱。初乳中含有大量的免疫球蛋白，犊牛可通过吃初乳来获得免疫力，因此初乳对新生犊牛具有特殊意义，根据规定的时间和喂量正确饲喂初乳，对保证新生犊牛的健康非常重要。

犊牛出生后应尽早哺食初乳，一般在出生后的0.5~1.0 h饲喂第一次初乳，最晚不超过2 h。一般初乳日喂量为犊牛体重的8%~10%(总共饲喂4~6 kg)。第1次饲喂初乳时可以使用胃导管，其优点是犊牛能在短时间内摄入足量的初乳，第2次饲喂初乳可以使用带有橡胶乳嘴的乳瓶或普通乳桶。因生物本能犊牛惯于抬头伸颈吮吸母牛的乳头，因此用奶壶哺喂初生犊牛较为适宜。目前，奶牛场限于设备条件，多用奶桶喂给初乳。喂奶设备每次使用后应清洗干净，以最大限度地减少细菌生长量并抑制细菌疾病传播。

挤出的初乳应立即哺喂犊牛,如奶温下降,须经水浴加温至38~39 ℃再喂,饲喂过凉的初乳是造成犊牛下痢的重要原因。若奶温过高,则易过度刺激犊牛,导致口炎、胃肠炎等疾病的发生,或犊牛拒食。

(3)犊牛饲养:

①犊牛的哺育方法:经过3 d的初乳期后饲喂常奶,常奶的哺育方式一般为人工哺乳。人工哺乳既可人为地控制犊牛的哺乳量,又可较精确地记录母牛的产奶量,同时可避免传染病在母子之间相互传播。人工哺乳又可分为全乳限量哺育法和代乳品饲喂法等方法。

全乳限量哺育法:采用常奶哺乳犊牛,但对喂奶量进行控制,并让犊牛尽早采食固体饲料。

代乳品饲喂:代乳品是模拟牛奶的特性所制作的商品饲料,用水冲调后可代替部分或全部牛奶,所以又称人工奶粉。使用代乳品的目的除节约鲜奶,降低培育费外,还可补充全奶某些营养成分的不足。代乳品的蛋白质含量一般要求在20%以上,蛋白质原料主要为乳蛋白,至少应含有10%~12%的脂肪,且最好为均质化及乳化的动物油脂。由于犊牛对淀粉和蔗糖的消化率低,一般不宜用作代乳品,否则犊牛会腹泻。代乳品中的粗纤维含量应低于0.25%,且应含有一定量的矿物质、维生素以及抗生素。

初乳期过后开始训练犊牛采食固体饲料,根据采食情况逐渐减少犊牛喂奶量,当犊牛精饲料的采食量达到1.0~1.5 kg时即可断奶。

②独笼(栏)圈养:犊牛从出生到断奶始终在一个犊牛栏(岛)单栏饲养,犊牛栏应定期洗刷消毒,勤换垫料,保持干燥、空气清新、阳光充足、并注意保温。

③植物性饲料的饲喂:犊牛开食料是根据犊牛消化道的发育规律及消化道酶类所配制的,能够满足犊牛营养需要,适用于犊牛早期断奶的一种特殊饲料。其特点是营养全价,易消化,适口性好,专用于犊牛断奶前后;其作用是促使犊牛由以吃奶或代乳品为主向完全采食植物性饲料过渡。开食料富含维生素及矿物质,一般也含有抗生素。开食料中的谷物成分是经过碾压等粗加工形成的粗糙颗粒,有利于促进瘤胃蠕动。可在开食料中加入5%左右的糖蜜,以改善适口性。

刚开始训练犊牛吃干草时,可在犊牛栏的草架上添加一些柔软优质的干草让犊牛自由舔含,再逐渐增加喂量。一般从4月龄开始训练犊牛采食青贮,但在1岁以内青贮料的喂量不能超过日粮干物质的1/3。

在早期训练采食植物性饲料的情况下,6~8周龄的犊牛前胃已发育到了一定程度,这时即可断奶。为了使犊牛能够适应断奶后的饲养条件,断奶前两周应逐渐增加精、粗饲料的喂量,减少牛奶的供应量。

④适时断奶:为了减缓应激,使犊牛能适应断奶后的饲养条件,应采用逐渐断奶的方法,即在断奶前逐渐减少喂奶量,每天喂奶次数由3次改为2次,然后1次。在临断奶时,还可以喂给掺水牛奶。先喂温水:牛奶=1:1的掺水牛奶,以后逐渐增加掺水量,最后全部用温水来代替牛奶。当犊牛在8周龄左右日采食精饲料的量连续3 d达到1000 g时即可断奶。

(4)哺乳期犊牛的管理:

①编号、称重、记录:犊牛出生后应称出生重,并对犊牛进行编号,详细记录其毛色花片、外貌特征(有条件时可给犊牛拍照)、出生日期、谱系等情况。在奶牛生产中,通常按出生年度序号进行编号,既便于识别,同时又能区分牛只年龄。标记的方法有画花片、剪耳号、打耳标、烙号、剪毛及书写等数种。

②卫生:犊牛的培育是一项比较细致且十分重要的工作,与犊牛的生长发育、发病和死亡关系极大。对犊牛舍、牛体以及用具等,均有比较严格的管理措施,以确保犊牛的健康成长。饲料要少喂勤添,保证饲料新鲜、卫生。每次喂奶完毕,用干净毛巾将犊牛嘴缘的残留乳汁擦干净,并继续在颈枷上挟住约15 min后再放开。犊牛舍应保持清洁、干燥、空气流通,湿冷、冬季贼风、淋雨、营养不良会诱发呼吸道疾病。

③健康观察:平时就要仔细观察犊牛,可及早发现有异常的犊牛,并及时进行适当的处理,提高犊牛

育成率。观察的内容包括：观察每头犊牛的被毛和眼神；每天观察两次犊牛的食欲以及粪便情况；检查有无体内和体外寄生虫；注意是否有咳嗽或气喘；留意犊牛体温变化，正常犊牛体温为38.5~39.2 ℃；检查干草、水、盐以及添加剂的供应情况；检查饲料是否清洁卫生；进行体重测定和体尺测量，评价犊牛生长发育情况；发现病犊应及时隔离，并要求每天观察病犊4次以上。

④饮水：牛奶中虽含有较多的水分，但犊牛每天饮奶量有限，从奶中获得的水分不能满足正常代谢的需要。从一周龄开始，可用加有适量牛奶的35~37 ℃温开水诱其饮水，10~15日龄后可直接喂饮常温开水。一个月后由于采食植物性饲料量增加，饮水量越来越多，这时可在运动场内设置饮水池，任其自由饮用，但水温不宜低于15 ℃，冬季应喂给30 ℃左右的温水。

⑤去角：去角的目的是便于成年后的管理，减少牛体相互争斗避免牛只受到伤害。犊牛在4~10日龄应去角，这时去角犊牛不易发生休克，食欲和生长也很少受到影响。常用的去角方法有：苛性钠法，先剪去角基周围的被毛，在角基周围涂上一圈凡士林，然后手持苛性钠棒（一端用纸包裹）在角根上轻轻地擦磨，直至皮肤发滑及有微量血丝渗出为止，约15 d后该处便结痂不再长角。苛性钠去角的优点是原料来源容易、易于操作，但在操作时要防止操作者被烧伤，还要防止苛性钠流到犊牛眼睛和面部。电动去角，电动去角是利用高温破坏角基细胞，达到不再长角的目的。先将电动去角器通电升温至480~540 ℃，然后用充分加热的去角器处理角基，每个角基根部处理5~10 s，该法适用于8~21日龄的犊牛。

⑥剪除副乳头：乳房上有副乳头对清洗乳房不利，也是发生乳腺炎的原因之一。犊牛在哺乳期内应剪除副乳头，适宜的操作时间是2~6周龄。方法是先将乳房周围部位洗净并消毒，将副乳头轻轻拉向下方，用锐利的剪刀从乳房基部将副乳头剪下，然后在伤口上涂少量消炎药。如果在有蚊蝇的季节，可涂驱蝇剂。剪除副乳头时，切勿剪错。如果乳头过小，一时还辨认不清，可等到母犊年龄较大时再剪除。

2.断奶至产犊阶段的饲养管理

(1)断奶至6月龄犊牛的饲养管理：在具有良好的饲料条件和精细规范的饲养管理下，一般犊牛在8~10周龄断奶，犊牛断奶后继续饲喂断奶前的生长料，质量保持不变。当犊牛每天能采食1.5~1.8 kg犊牛生长料时（为3~4月龄），可改喂育成牛料。一般犊牛断奶后有1~2周日增重较低，且毛色缺乏光泽、消瘦、腹部明显下垂，甚至有些犊牛行动迟缓、不活泼，这是因为犊牛的前胃机能和微生物区系正在建立、尚未发育完善。随着犊牛采食量的增加，上述现象很快就会消失，此时犊牛日增重在650 g以上。犊牛断奶后进行小群饲养，将年龄和体重相近的牛分为一群，每群10~15头。考虑到瘤胃容积的发育情况，应保证日粮中所含的中性洗涤纤维不低于30%，还要酌情供给优质牧草或禾本科与豆科混合草，为犊牛提供瘤胃上皮组织发育所需的乙酸和丁酸。

日粮中应含有足够的精饲料，满足犊牛的能量需要，要求日粮含有较高比例的蛋白质，若长时间蛋白摄入不足，将导致后备牛体格矮小，生产性能降低。日粮一般可按：3~4月龄，犊牛颗粒料3.0 kg，苜蓿1.0 kg，自由饮水；5~6月龄，犊牛颗粒料1.0 kg，犊牛混合料2.5 kg，苜蓿1.0 kg，青贮饲料4.0 kg，自由饮水。此阶段的日增重一般要求达800~1000 g。

(2)育成牛(7月龄至配种前)的饲养管理：这段时期的主要饲养目的是通过合理的饲养管理使育成牛按时达到理想的体型、体重标准和性成熟，按时配种受胎，并为其一生的高产打下良好基础。此期育成牛的瘤胃机能已相当完善，可让育成牛自由采食优质粗饲料如牧草、干草、青贮等，由于整株玉米青贮含有较高能量故要限量饲喂，以防过量采食导致肥胖。

精料一般根据粗料的质量酌情进行补充，并根据粗料质量确定精料的蛋白质和能量含量，使育成牛的平均日增重达700~800 g,在14~16月龄体重达360~380 kg时进行配种。育成牛分为5~7月龄、7~12月龄和12~14月龄三个阶段。可将精饲料预制成后备牛浓缩料,随月龄的增加饲喂量逐渐增加,视饲料供应和育成牛体况适量增减。

(3)配种至产犊青年母牛的饲养:该阶段的母牛瘤胃发育基本成熟,采食量大,易于肥胖,母牛妊娠后身体生长速度减缓,乳腺和胎儿发育迅速,性情逐渐变得温顺。初孕母牛的培育目标是在22~24月龄初产时,体重达到540~620 kg,并顺利产下第一头犊牛。

育成牛配种后一般仍可按配种前的日粮配方进行饲养;在育成牛怀孕至分娩前3个月,由于胚胎的迅速发育及育成牛自身的生长,需要额外增加0.5~1.0 kg的精料,这阶段日粮能量浓度应为5.8~6.0 MJ/kg,蛋白含量为13.5%~14.0%。如果在这一阶段营养摄入不足,将影响母牛的体格以及胚胎的发育;但营养过盛,将导致母牛过肥,引起难产、产后综合征等。在产前2~3周,将围产牛移至一个清洁、干燥的环境中饲养,以防母牛发生疾病和乳腺炎。此阶段应逐渐增加精料喂量,以适应产后高精料日粮,食盐和矿物质的喂量应进行控制,以防乳房水肿,并注意在产前两周降低日粮含钙量,或采用高钙加阴离子盐日粮。有条件时可饲喂围产期日粮,玉米青贮和苜蓿也要限量饲喂。

(二)成母牛的饲养管理

成母牛是指第一次分娩后的母牛,第一、第二胎母牛本身身体仍有缓慢生长,第三胎后母牛身体发育已近成熟,根据成年母牛泌乳量、采食量和体重的周期性变化规律,成母牛饲养周期可分为五个阶段:干奶期(分娩前60 d)、围产期(产前21 d至产后21 d)、泌乳前期(产后22~100 d)、泌乳中期(产后101~200 d)、泌乳后期(产后201 d至停奶前1 d)。

1.围产期母牛的营养需要和管理

围产期指奶牛临产前21 d到产后21 d这段时期,这个时期的饲养管理水平直接关系到犊牛的正常分娩、母体的健康及产后生产性能的发挥和繁殖表现,此阶段母牛的食欲恢复较慢,产奶量急剧上升,体况下降,体质变差,细菌感染的概率增加,母牛容易患酮病、子宫炎、真胃移位、胎衣不下、产后瘫痪等疾病,饲养管理应以奶牛保健为中心,多加护理。

(1)围产前期的饲养管理:围产前期指奶牛临产前21 d到分娩的这段时间,应确保奶牛的最大干物质采食量,使奶牛瘤胃逐渐适应产后高精料日粮,做好乳房、内分泌系统功能的过渡,保证奶牛顺利分娩和产后高产。此期的饲养管理应注意如下几个方面。

①预产期前21 d应将母牛转入产房,并进行产前检查,随时注意临产征候的出现,做好接产准备。

②母牛临产前一周会发生乳房膨胀、水肿,如果情况严重应减少糟粕料的供给量;临产前2~3 d,日粮中适量添加麦麸以增加饲料的轻泻性,防止便秘。

③日粮中适当补充维生素A、维生素D、维生素E和微量元素,对产后子宫的恢复,提高产后配种受胎率,降低乳房炎发病率,提高产奶量具有良好作用。

(2)围产后期的饲养管理:围产后期一般指母牛分娩到产后21 d的这段时间,这一时期应让母牛尽快恢复采食量,促进母牛产后恶露排净和子宫恢复,确保奶牛日干物质采食量大于体重的2.3%,此阶段应开始奶牛生长性能测定。此期的饲养管理应注意如下几个方面。

①母牛在分娩过程中体力消耗很大,会损失大量水分,体力跟不上,因而应先给分娩后的母牛喂给温热的麸皮盐水粥,以补充水分,促进体力恢复和胎衣的排出,并给予优质干草让其自由采食。产后母牛消化机能较差,食欲不佳,因而产后第一天仍按产前日粮饲喂,注意饲料的适口性。控制青贮、块根、

多汁料的供给量。随奶牛产奶量的提高逐渐调整日粮结构,使精粗比由50∶50向55∶45过渡。

②每次挤奶前应对乳房进行热敷和轻度按摩。注意母牛外阴部的消毒和保持环境的清洁干燥,防止产褥疾病的发生。加强母牛产后的监护,尤为注意胎衣排出与否及完整程度,以便及时处理异常情况。夏季注意产房的通风与降温,冬季注意产房的保温与换气。定期监测隐性乳腺炎,在分娩后第7 d、14 d、21 d监测酮体的水平。夏季注意防暑降温,供给清洁饮水;冬季注意防寒,供给温水,不能饮用冰水。

2. 泌乳前期母牛的营养需要和管理

(1)泌乳前期的营养:泌乳前期指乳牛产后22~100 d,奶牛分娩后产奶量迅速上升,一般产后5~8周达产奶高峰,10~12周干物质采食量达到高峰,这段时间奶牛常常处于营养和能量负平衡状态。根据我国《奶牛饲养标准》(NY/T 34—2004)并参照美国的奶牛饲养标准,泌乳前期奶牛日粮干物质采食量应占体重的3.0%~3.5%,日粮产乳净能为6.5~7.0 MJ/kg,粗蛋白质含量为16%~18%,NDF含量为28%~35%,ADF含量为19%~21%,钙含量为0.7%~1.0%,磷含量为0.37%~0.45%,钙磷比例以(1.5~2.0)∶1为宜,奶牛日粮中的粗脂肪含量控制在7%以下,添加保护性脂肪和过瘤胃蛋白质,以满足奶牛能量和氨基酸的需要。保证奶牛充足的饮水供应,定期检查和清洗水槽和水池,保证奶牛的饮水清洁。

(2)泌乳前期的管理:青贮水分不要过高,否则应限量供应,干草进食不足可导致母牛瘤胃中毒和乳脂率下降。多喂精料,提高饲料能量浓度,必要时可在精料中加入保护性脂肪,在日粮配合时增加非降解蛋白的比例,日粮精粗比例控制在(55~60)∶(40~35)。为防止高精料日粮造成瘤胃pH下降,可在日粮中加入适量碳酸氢钠和氧化镁。做好奶牛发情监测、配种和妊娠诊断工作,分娩后60 d尚未出现发情症状的母牛,及时分析原因,做好繁殖记录。每月进行奶牛生长性能测定,并根据奶牛生长性能测定报告对日粮营养加以调整。

3. 泌乳中期母牛的营养需要和管理

(1)泌乳中期的营养:一般奶牛产后101~200 d为泌乳中期,此期奶牛食欲旺盛,采食量达到高峰,多数奶牛处于妊娠早期、中期,产奶量开始逐渐下降,奶牛能量处于正平衡,体况逐渐恢复。日粮产乳净能为6.0~7.0 MJ/kg,粗蛋白质含量为16%~17%,NDF至少为30%,ADF至少为21%,钙为4.5%~0.6%,磷为0.37%~0.45%,奶牛体况评分3.0分左右,这样可增进母牛健康,又降低饲养成本。

(2)泌乳中期的管理:尽量维持泌乳早期的干物质进食量,或稍微减少,通过降低饲料的精粗比例和降低日粮的能量浓度来调节摄入的营养物质量,日粮的精粗比例调整到(50~55)∶(50~45)。每月进行奶牛生长性能测定,并根据奶牛生长性能测定报告对日粮营养加以调整。

4. 泌乳后期母牛的营养需要和管理

(1)泌乳后期的营养:一般指奶牛产后201 d至停奶之前的这段时间,泌乳后期奶牛的特点是产奶量大幅度下降,体膘得到恢复,泌乳后期是奶牛增加体重、恢复体况的最好时期。日粮应适当降低能量、蛋白质含量,增加粗饲料饲喂量,将精粗比例调整到(45~50)∶(55~50)。日粮中干物质量应占体重的3.0%~3.2%,日粮产乳净能为6.0~6.5 MJ/kg,粗蛋白质为15%~16%,NDF至少为32%,ADF至少为24%,钙0.45%~0.55%,磷为0.35%~0.40%。

(2)泌乳后期的管理:此期的管理重点除阻止产奶量下降过快外,还要保证胎儿正常发育,并使母牛有一定的营养物质贮备,以备下一个泌乳早期使用,但不宜过肥,按时进行干奶。做好奶牛乳房保健工作,加强乳腺炎检测,做好保胎工作,防止流产。每月进行DHI测定。

5. 干奶期奶牛的营养需要和饲养管理

干奶牛是指在妊娠最后两个月(分娩前60 d)停止泌乳的母牛。干奶母牛虽不产奶,但其饲养管理却十分重要,母牛干奶期饲养管理水平直接关系到胎儿的正常发育和分娩,以及产后母牛的健康和生产性能的发挥,应予以高度重视。

(1)母牛的干奶:

①干奶的概念:在妊娠后期,为了保证体内胎儿的正常发育,使母牛在紧张的泌乳期后能有一段充分的休息时间,从而恢复体况、修补并更新乳腺,在母牛妊娠的最后两个月人为使母牛停止泌乳,称为干奶。

②干奶的意义:在妊娠后期,胎儿生长速度加快,胎儿超过一半的体重是在妊娠最后两个月增长的,此时需要大量营养;随着妊娠后期胎儿的迅速增长,胎儿体积增大,占据母牛腹腔,导致母牛消化系统受压,消化能力降低;母牛经过10个月的泌乳期,各器官系统一直处于代谢的紧张状态,需要休息;母牛在泌乳早期会出现能量负平衡等情况,体重下降,需要恢复,并为下一泌乳期贮备一定能量;在10个月的泌乳期后,母牛的乳腺细胞需要一定时间进行修补与更新。因此,母牛在紧张的泌乳期后,有一定的干奶时间,对胎儿的正常发育,以及母牛自身的身体健康和下一泌乳期的稳定高产都非常必要。

③干奶期的天数:干奶期以50~70 d为宜,平均为60 d,过长、过短都不好。干奶期过短,达不到干奶的预期效果;干奶期过长,会造成母牛乳腺萎缩,同样会降低下一泌乳期的产奶量。

④干奶方法:母牛在干奶期不会自动停止泌乳,为了使母牛停止泌乳,必须采取一定的措施,即干奶方法。干奶是一种比较复杂的技术,不但要考虑母牛的泌乳生理规律,还要有丰富的实践经验。每次挤奶都应把奶挤得特别干净,然后用消毒液对乳头进行消毒,向乳头内注入青霉素软膏,再用火棉胶将乳头封住,防止细菌由乳头侵入乳房引起乳房炎。在停止挤奶后的3~4 d应密切注意干奶牛乳房的情况,若乳房出现肿胀现象,千万不要按摩乳房和挤奶,几天后乳房内乳汁会被吸收,肿胀萎缩,干奶即告成功。但如果乳房肿胀不消且变硬、发红,母牛有痛感或出现滴奶现象,说明干奶失败,应把奶挤出,重新实施上述步骤进行干奶。

(2)干奶牛的饲养:

干奶期饲养管理的目标有四点:①使母牛利用较短的时间安全停止泌乳;②确保胎儿得到充分的发育,母牛可以正常分娩;③保证母牛身体健康,并有适当增重,贮备一定量的营养物质以供产犊后泌乳使用;④使母牛保持一定的食欲和消化能力,为产犊后大量进食做准备。

干奶牛应从泌乳牛群分出,单独饲养,日粮以青粗饲料为主,日粮干物质喂量控制在奶牛体重的1.8%~2.2%,其中粗饲料的干物质进食量至少达到体重的1.0%~1.5%,或精粗比控制在(20~30):(80~70)。控制食盐的添加量,每头每天应小于20 g。采用低钙低钾日粮,减少苜蓿等高钙高钾饲料的饲喂量,钙的饲喂量不超过干物质的0.6%,钾的饲喂量不超过日粮干物质的1.2%。

(3)干奶期的管理:

干奶牛的管理应注意如下几个方面:①加强户外运动以防止母牛发生肢蹄病和难产,促进维生素D的合成以防产后瘫痪。②避免剧烈运动以防机械性流产。③冬季饮水水温应在10 ℃以上,不饮冰冻的水,不喂腐败发霉变质的饲料,以防流产。④母牛妊娠期皮肤代谢旺盛,易生皮垢,因而要加强刷拭,促进血液循环。⑤加强干奶牛舍及运动场的环境卫生管理工作,有利于防止乳房炎。⑥干奶期奶牛体况评分应在3.25~3.75分,对于过肥、过瘦的奶牛,应通过调群或调控营养摄入量,使其体况评分尽快恢复到正常水平。

二、奶牛体况评分及各阶段推荐标准

奶牛体况评分(body condition scoring, BCS)即评定奶牛的膘情,一般采用5分制,主要方法是触摸背腰、臀部及尾根等部位,依据皮下脂肪的多少进行评分,评分越高体况越好(表9-5-1)。观察从髋结节到髋关节再到坐骨结节形成的线条,如果这条线形成一个扁平的V,那么BCS≤3.00;从牛的后面观察奶牛的髋结节、坐骨结节和短肋来决定是否增减一个单位。

表9-5-1 奶牛体况评分标准

部位	评分				
	1	2	3	4	5
脊峰	尖峰状	脊突明显	脊突不明显	稍呈圆形	脊突埋于脂肪中
两腰角之间	深度凹陷	凹陷	略有凹陷	较平坦	圆滑
腰角与坐骨	深度凹陷	凹陷	较少凹陷	稍圆	丰满呈圆形
尾根部	凹陷很深呈V形	凹陷明显呈U形	凹陷很少,稍有脂肪沉着	脂肪沉着明显,凹陷更小	无凹陷,大量脂肪沉积
整体	极度消瘦,皮包骨之感	瘦但不虚弱,骨骼轮廓清晰	全身骨节不甚明显,胖瘦适中	皮下脂肪沉积明显	过度肥胖

定期评定奶牛体况,可以及时发现饲养管理中存在的问题,生产实践中可根据奶牛体况评分结果和所处的生理阶段对奶牛日粮进行调整(表9-5-2)。对于泌乳牛,可在产后60 d、产后120 d、干奶前60 d和干奶时各评定一次体况;对于育成牛,至少在4月龄、配种前和产犊前60 d各评定一次体况。

表9-5-2 奶牛各时期适宜体况评分

阶段	评定时间	适宜体况评分
成年牛	产犊	3.25~3.75
	泌乳高峰(产后21~90 d)	2.50~3.00
	泌乳中期	2.50~3.00
	泌乳后期	3.00~3.50
	干奶时	3.00~3.50
后备牛	6月龄	2.50~3.00
	第一次配种	2.75~3.00
	产犊	3.25~3.75

三、全混合日粮(total mixed ration, TMR)饲养技术

(一)TMR的定义

TMR就是根据不同阶段牛群对粗蛋白、能量、粗纤维、矿物质和维生素等营养素的需要量,把揉搓、铡短的粗料、精料和各种预混料添加剂进行充分混合,再将水分调整为45%~55%而得的营养较均衡的日粮。

1. 使用TMR饲养技术的必要性

传统饲喂方式有很多局限性：①传统饲喂方式多为精料、粗料分开饲喂，使奶牛所采食饲料的精粗比例不易控制，奶牛个体间的嗜好性差异很大，易造成大部分奶牛的干物质摄取量偏少或偏多，尤其是要保证高产奶牛群足量采食精料和粗料的难度大；②传统饲喂方式一般不按生产性能和生理阶段分群饲养，难以运用营养学的最新知识来配制日粮；③传统饲喂方式难以适应机械化、规模化、集约化养殖业的发展。使用TMR饲养技术可以解决传统饲喂方式存在的主要问题。

2. TMR饲养技术的优点

①易于控制日粮的营养水平，提高干物质的采食量；②防止过量采食精料，防止饲料突变，保持瘤胃内环境稳定，有效防止消化系统机能紊乱，防止代谢病；③有利于开发和利用当地尚未利用的饲料资源；④可进行大规模工厂化生产；⑤可保证稳定的饲料结构，饲料混合均匀，防止挑食；⑥有利于纤维素的降解，提高牛奶产量和质量；⑦有利于发挥奶牛的生产性能，提高繁殖率，同时保证后备母牛适时开产；⑧能分群、分期合理饲喂，根据泌乳期各阶段、产量、体况、年龄、体重分开饲喂；⑨有利于控制生产，便于生产管理，提高劳动生产率及生产效益。

3. 使用TMR饲养技术带来的经济效益

提高奶牛对日粮的采食量，提高奶牛生产性能（包括乳脂率、乳蛋白、产奶量等），一般认为可使产奶量增加5%~8%，乳脂率增加0.1%~0.2%。增加奶牛饲喂次数，提高营养物质利用率，减少奶牛代谢病的发生，提高劳动生产率。

（二）制作TMR的过程

1. 添加顺序

基本原则是先干后湿、先长后短、先轻后重。TMR机分为卧式和立式两类：卧式TMR机填装顺序为混合精料—干草（秸秆等）—青（黄）贮—添加剂；立式TMR机填装顺序为干草（秸秆类）—青（黄）贮—糟粕、青绿、根块类—混合精料（籽实）、添加剂。

2. 搅拌时间

一般情况下，最后一种饲料加入后应立即搅拌3~8 min，牧草的铡切长度以2.5~5.0 cm为宜。

3. 搅拌效果的评价

（1）感官评价：较多的精饲料附着在粗饲料的表面，松散不分离，色泽均匀，新鲜不发热，无异味，不结块。手握TMR，松手后饲料复原，不黏团，手上有潮湿感，沾有料。没有奶牛挑食的现象，24 h剩料为饲喂量的3%~5%，且外观与刚饲喂的TMR一致。

（2）TMR物理形态评价：利用四层式宾州筛（图9-5-1），用工具或手捧取新鲜TMR样品400~500 g置于最上层分级筛内，将筛盘快速推出并拉回原位为一个往返（推荐频率为大于1.1次/s，每次水平移动的距离至少17 cm）。然后在每个方向上整体水平移动5次，之后旋转90°再整体水平移动5次，整体水平移动40次。上述操作结束后，将每层的颗粒倒出，分别称重，计算每层饲料占总重量的百分比。宾州筛各层推荐比例见表9-5-3。

图9-5-1　宾州筛

表9-5-3　不同TMR在滨州筛各层的推荐重量比例

饲料种类	一层/%	二层/%	三层/%	四层/%
泌乳牛TMR	10~15	20~25	40~45	20~25
后备牛TMR	50~55	15~20	20~25	4~7
干奶牛TMR	45~50	15~20	20~25	7~10

四、奶牛舒适度管理技术

奶牛舒适度是指奶牛视觉、听觉、嗅觉、触觉、味觉等对外界的感知以及奶牛中枢神经系统对外界刺激形成的情绪感受。在牛群管理中,牛舍的通风换气、采光、饲料供应、饮水供应、通道和牛床的管理非常重要。如果不注重提升奶牛舒适度,会造成奶牛乳房炎发病率高、产奶量低、长期处于不健康状态等问题,对牧场经济效益造成巨大的损失。

1. 环境小气候控制

环境小气候是影响奶牛舒适度的重要因素,环境主要指牛舍、运动场等奶牛活动场所,通常情况下,奶牛通过呼吸、反刍、打嗝、放屁,产生大量的二氧化碳、氨气、甲烷、硫化氢等有害气体,以及通过排粪、排尿产生大量污浊的气体、固体和液体。在夏季高温高湿或冬季低温高湿的情况下,这些有害气体和污浊的粪尿很容易在牛舍内大量聚积,形成极不舒适的环境。牛舍通风换气是改善环境小气候、提高奶牛舒适度的有效途径。做好通风工作:牛舍增加电风扇,每6 m安装一个电风扇,每个容纳600头牛的大牛舍应安装160个电风扇,挤奶厅采用水帘通风机并在18 ℃就开启,牛舍一般在22℃左右开启电风扇。

2. 卧床管理

卧床是奶牛必不可少的休息环境,奶牛每天躺卧休息的时间为14~16 h,平均起卧10~16次,每次躺卧1.0~1.5 h。卧床应和饲养头数相匹配。

每天巡圈时仔细观察卧床垫料情况,保证垫料厚度不小于15 cm,可以在奶牛去挤奶厅挤奶时添加垫料,以保证卧床垫料厚度。整理卧床前必须保证其干净、干燥、舒适,整理后保证其平整,垫料必须与牛床外沿高度保持水平,卧床朝里的部分必须稍高于外部,方便奶牛躺卧。

3. 饲槽与水槽的管理

饲槽和水槽是奶牛接触和使用最多的地方,对奶牛的情绪有很大影响,奶牛每采食1 kg干物质,需要5 kg水来消化,每产1 kg牛奶需要3 kg水来支持,奶牛1 min能喝下约20 kg水。因此饲槽大小、长度和宽度要适中,每群牛至少有2个水槽,成年母牛每头占用宽度为10~15 cm,水槽高度为60~80 cm,水深8 cm以上,以方便奶牛喝到充足的饮水。水槽应设置在牛床两端或运动场,在奶厅与牛舍的通道也可设置水槽。高寒地区可设置恒温水槽,供水管线填埋深度应超过冻土层,水槽夏季应每天刷洗1次,冬季可2 d刷洗1次,发现被粪便污染的水槽应及时刷洗。在冬天也要保证奶牛饮用温水,并保证24 h有水。

4.道路管理

奶牛场各个功能区之间和各个生产单元之间通过道路连接起来,一般用三合土铺路,路面用水泥硬化,平整干燥、防滑、坚固耐腐蚀。所有牛场通道,包括待挤厅、产房、待产区、产房采食通道等全部铺橡胶垫;这样可以起到预防牛滑倒、保护牛蹄的作用,净道和粪道必须分开。奶牛运动场应平整,对不平的地方要进行填埋,运动场要做好排水,避免形成水坑,及时清理地面的石块、铁丝等危险异物,避免对牛造成伤害。挤奶通道应尽量避免出现直角弯,不能有突出物,地面要做防滑处理。

槽后通道:是饲喂走廊两侧奶牛采食时站立和通过的通道,一般宽2.8~3.5 m,有条件的可在槽后通道纵向铺设3条橡胶垫,一条在奶牛采食时前蹄着地位置铺设,另一条在后蹄着地位置铺设,第三条在其他牛只来往通过处地面铺设。

床后通道:是自牛床外侧通往运动场的通道,一般宽1.5 m,为了防滑,槽后通道和床后通道要设防滑沟槽。

5.运动场管理

奶牛运动场设计应注意以下4个方面。

(1)面积:奶牛应该有足够的空间进行自由活动。在散栏饲养条件下,运动场面积可以缩小到10 m²/头。

(2)地面:对奶牛而言,最舒适的运动场地面为三合土垫的土地面,表面松软平坦,整体上中间隆起、四周较低,呈馒头状,以便于排水。运动场应每天清理牛粪并定期消毒,保持干净干燥,如遇下雨天气,应暂时关闭运动场。

(3)凉棚:运动场上最好要搭建凉棚,以便于奶牛防暑降温,每头牛需要的凉棚面积为4.5~6.5 m²。

(4)排水沟:运动场应设排水明渠和排污暗沟,以解决雨污分流的问题,下雨时,雨水经由排水明渠排到场外防疫沟或田地;场内污水则经排污暗沟进行收集,在粪污处理区统一处理达标后排放。

6.粪污管理

及时清理牛舍及运动场粪尿、污水,可以减少废气、废水、废渣的产生,还可减少蚊蝇等害虫的滋生,从而提高奶牛舒适度。奶牛粪便管理应本着减量化排放、无害化处理和资源循环利用的原则,使粪便变废为宝。

五、冷热应激管理技术

(一)热应激奶牛的管理

奶牛耐寒不耐热,荷斯坦牛最适宜的生长温度是10~16℃,在适宜的温度范围内,奶牛可以通过蒸发、喘气、传导和对流等方式保持体温相对恒定,当温度达到25 ℃以上或温湿度指数(Temperature-humidity index, THI)超过68时,奶牛出现热应激症状(表6-5-4)。不论是对牛群的健康、产奶量、乳脂率、繁殖率,还是对犊牛的初生重均会产生极显著的影响,提高高温季节的饲养管理水平是提高全年产奶量的一条重要途径。在热应激条件下奶牛饲养管理的原则以防暑降温为主。

表9-5-4 温湿度指数(THI)与奶牛热应激程度的关系

THI	奶牛热应激程度
≤68	无
68~71	弱:呼吸急促、饮水量上升
72~79	轻度:体表温度升高,采食量稍微下降,产奶量开始降低
80~88	中度:采食量急剧减少、饮水量增加,泌乳潜力与繁殖性能受损
89~99	重度:眼球震颤突兀、大喘气、口吐涎液,精神状态糟糕,产奶量严重下降,繁殖率降低

1. 满足营养需要

据测定,环境温度每升高1℃,奶牛需要消耗3%的维持能量,即在炎热季节能量消耗量比冬季大(冬季每降低1℃需消耗1.2%维持能量),所以高温季节要增加日粮营养浓度。饲料中能量、粗蛋白质等营养物质的含量要高一些,但也不能过高,还要保证一定的粗纤维含量(15%~17%),以维持正常的消化机能。

2. 改善牛舍和牧场环境

牛舍应建造在通风良好处,屋顶应装风扇,促进牛舍热量和水分的排出。采用绝热性能好的材料建造屋顶或增设顶棚,以减少辐射热。在牛舍和运动场周围植树种草,减少日光辐射,防止热气进入牛舍,从而改善牛场小气候。但植树不宜过密,否则影响通风。

3. 改善饲喂技术

要少喂勤添,采用TMR饲喂技术,防止饲料在料槽里堆积发酵酸败变质。在饲喂时间上,选择一天温度相对较低的夜间增加饲料喂量,从20:00至第二日的8:00期间饲喂量可占日粮的60%~70%。增加钙、磷、镁、钠、钾等的饲喂量,保证干净充足的清凉饮水,并增加饮水位距,水温以10~15℃为佳。

(二)冷应激奶牛的管理

1. 提升牛舍的保暖与通风措施

当外界温度低于-15℃,奶牛的产奶量会显著降低。当外界温度过低时,应该对奶牛采取防寒保暖措施,防寒的重点是防止大风降温和雨雪潮湿天气的侵袭,在牛舍的北面设置卷帘挡风墙,给牛床上铺垫厚度在15 cm以上的干草或者经固液分离后的干牛粪,并在中午温度高的时候适时通风换气,以免引起氨气中毒。

2. 做好营养管理

冬天的奶牛因要抵御严寒故能量消耗较大,据此在饲料配制过程中可以往奶牛日粮里添加全棉籽、脂肪等高能量的饲料,以弥补奶牛因维持需要所消耗的能量,并维持产奶需要,精料给量可增加15%,但总脂肪含量不宜超过6%。防止奶牛采食腐败或冰冻饲料,冬季寒冷时,牧场应使用可以恒温加热的饮水槽,保证牛只能够随时饮用温水,冬季为泌乳奶牛提供温水,可以减少5%左右的产奶量损失,泌乳阶段饮水温度以15~20℃为宜。

六、挤奶技术

挤奶技术有手工挤奶和机械挤奶两种,前者适用于小型奶牛场和养殖专业户,后者适用于大型奶牛场。

1. 手工挤奶

挤奶前,仔细清洗乳房,检查头把奶;当前乳区的奶将全部挤空时,挤奶工就应开始挤后乳区。当四个乳区都挤空到相同程度时,就应回过头来再挤前两个乳区,挤出剩余的部分奶,然后,以相同的方式再挤两个后乳区;在接近挤完奶时再次按摩乳房然后将最后的奶挤净,将乳头擦干,药浴乳头。

2. 机械挤奶

我国奶牛养殖业采用的挤奶设备种类繁多,包括提桶式、推车式、管道式挤奶机,坑道式、转盘式挤奶系统和挤奶机器人。提桶式挤奶机(图9-5-2)和推车式挤奶机(9-5-3)仅适用于规模化牧场患病奶牛和个体奶牛养殖户。现代家庭牧场和大规模的奶牛养殖公司多采用坑道鱼骨式和坑道并列式挤奶系统(9-5-4),由挤奶坑道、挤奶台、挤奶设备机组和信息化识别门等组成。特大规模奶牛场多采用转盘式挤奶系统(9-5-5),由奶牛信息识别门、转盘式挤奶台、挤奶设备机组和挤奶员操作平台组成。

图9-5-2 提桶式挤奶机

图9-5-3 推车式挤奶机

图9-5-4 坑道并列式挤奶系统

图9-5-5 转盘式挤奶系统

3. 挤奶操作规程

挤奶人员必须身体健康,搞好个人卫生,工作服要干净,手要洗净,剪短指甲,以免对奶造成污染、对乳房造成损伤。挤奶要定时、定人、定环境,使母牛形成良好的条件反射。挤奶环境要安静,操作要温和,对待奶牛不要粗暴。挤奶环境要清洁,挤奶前要清洁牛体特别是后躯,以免对奶造成污染。

(1)验奶:挤奶时前三把奶中细菌含量较多,要弃去不要,病牛、使用药物治疗的牛、乳房炎牛的牛奶不能作为商品奶出售,也不能与正常奶混合。

(2)前药浴:在挤奶前用新配制的乳头药浴液(有效碘浓度不低于0.5%)浸泡乳头,浸泡深度至少达乳头2/3,保持30~40 s。

(3)擦乳头:药浴后用清洁消毒过的毛巾沿乳头向上及乳头基部周围擦净,必须严格执行"一巾一牛"或"多巾一牛"的原则,毛巾和纸巾不可交叉使用。

(4)套杯:根据不同泌乳阶段和下奶速度,在验奶接触乳头后的90~120 s内,选择合适的时间为奶牛套杯,必须在4~6 s内完成上杯。

(5)巡杯:如遇奶牛掉杯、踢杯时,将杯组拉到台面下冲干净后进行补杯,漏气的奶杯及时更换。

(6)脱杯:当牛奶流速低于每分钟200~400 g时,奶杯会自动脱杯,对于没有自动脱杯的挤奶机,应进行人工脱杯。

(7)后药浴:脱杯后应立即给奶牛乳头进行药浴(药浴液的覆盖面积不少于乳头的4/5)。

七、奶牛DHI

DHI为英文dairy herd improvement(奶牛场牛群改良计划)的缩写,也称奶牛生产性能测定。

1.DHI基本情况介绍

(1)组织形式:根据实际情况,开展奶牛生长性能测定工作,具体操作就是购置奶成分测定仪、体细胞测定仪、电脑等仪器设备建立一个中心实验室。按规范的采样办法对每月固定时间采来的奶样进行测试分析,测试后形成书面的产奶记录报告。

(2)测试对象和时间间隔:测试对象为具有一定规模(20头以上成母牛)并运用DHI来管理牛群以期提高效益的牧场。采样对象是所有泌乳牛(不含15 d之内新产牛的泌乳牛,但包括手工挤奶的患乳腺炎的泌乳牛),每月测试一次,测试开始后不应间断,否则影响数据准确性。

(3)工作程序:

①取样:每个月都要对参加DHI的每头牛采集一次奶样,每次采样总量为40 mL。若每天挤奶三次,一般为早、中、晚,则采样量比例为4∶3∶3;若每天挤奶两次,则采样量比例为6∶4。

②收集资料:收集每头牛所需的详细资料。

③测定产奶量:按要求定期测定产奶量,所有测试工具都应定期进行校正。

④奶样分析:测试内容有奶成分指标,如乳蛋白率、乳脂率、乳糖率、干物质及体细胞数等。

⑤数据处理及形成报告。

2.DHI的分析应用

每份DHI报告可以提供牛群群体水平和个体水平两个方面信息。

(1)群体水平:较理想的牛群泌乳天数为150~170 d;牛群平均理想胎次为3.0~3.5胎;测定日产奶量与之前产奶量的比较,可以反映本月牛场的生产经营情况;牛奶尿素氮(MUN)是指测定日牛奶中尿素氮的含量,是衡量奶牛蛋白质代谢的关键指标,理想值为120~160 mg/L;体细胞数(SCC)可以反映乳房健康状况。

（2）个体水平：一个奶牛场的管理，应当从每头牛的情况着手。DHI报告为实现对每头奶牛进行管理提供了非常实用的信息。对照检查每头牛前后两次测定的产奶量，可分析出其产奶量升降是否正常，如果异常应及时分析原因并采取补救措施；个体牛的SCC直接反映了牛只乳房的健康状况，若牛只在治疗乳房疾病，对比前后两次SCC可发现治疗措施是否有效。

第六节 牛的主要疾病及其防治措施

一、犊牛主要疾病及其防治措施

（一）犊牛腹泻

1. 概述

腹泻是影响犊牛生长发育和成活率的主要疾病之一，能给牧场造成极大损失。该病一年四季都有可能发生，且发病率较高，10日龄以内的犊牛是该病的高发牛群。犊牛腹泻的诱因主要包括初乳喂量不足、质量不高、饲喂不规律、天气寒冷潮湿、产犊区域拥挤或卫生条件差等。犊牛腹泻按病原微生物的不同可分为细菌性腹泻（大肠杆菌、沙门氏菌、产气荚膜梭菌等）、病毒性腹泻（轮状病毒、冠状病毒、黏膜病病毒等）和寄生虫性腹泻（隐孢子虫、球虫、贾第鞭毛虫等）三大类（表9-6-1）。腹泻易导致犊牛脱水，脱水的程度可以通过眼窝凹陷的程度或皮肤紧绷的时间长短来判断，严重的腹泻可能会引起代谢性疾病甚至死亡。

表9-6-1 犊牛腹泻的常见病原、发病年龄和症状

腹泻病原	发病时间	临床症状
轮状病毒	可发生于0~28日龄 常见于1~6日龄	褐色至浅绿色水样粪便，可能带有血或黏膜
冠状病毒	可发生于0~28日龄 常见于7~10日龄	水样黄色粪便
K99大肠杆菌	常见于1~7日龄	排便不困难，黄色至白色粪便
沙门氏菌	常见于1~7日龄	黄色至白色粪便
C型产气荚膜梭菌	常见于7~28日龄	粪便含血，可能猝死
隐孢子虫	常见于7~21日龄	褐色至浅绿色水样粪便，可能带有血和黏液
球虫	常见于7日龄之后	粪便可能含血

2. 防治措施

可以通过良好的饲养管理降低犊牛腹泻发病率，比如经常检查犊牛健康情况、清洁牛圈、做好初乳管理、及时清理新产栏、加强哺乳母牛管理，注意补充饲喂多种微量元素尤其是维生素 A。在治疗方面，需要准确判断腹泻病因，对症下药。

(二) 犊牛肺炎

1. 概述

犊牛肺炎泛指犊牛期肺部感染引起的炎症，是犊牛的常见病之一，以 2 月龄内的犊牛发生小叶性肺炎疾病最为常见。犊牛出生后因机体抵抗力差、各器官发育不完善、对各种应激因素敏感，故易发生犊牛肺炎。犊牛肺炎的发病原因主要是病原微生物侵入引起感染，不良因素的刺激、血源感染、继发于某些疾病以及吸入异物等也是常见的致病因素。临床症状主要表现为弛张热或间歇热，肺部听诊有捻发音及啰音，肺部叩诊有灶状浊音区，以及咳嗽、呼吸加快、呼吸困难等。

2. 防治措施

因为犊牛免疫力低，秋冬寒冷季节极易引发感冒或流感等疾病，易导致肺炎的发生，所以要加强犊牛管理，供给营养丰富、易消化的饲料，提高犊牛抵抗力，并注意防寒保暖、通风干燥、消毒灭源，尽可能避免犊牛肺炎等疾病的发生。在治疗手段上，坚持早发病早隔离早治疗的原则，针对病原选择相应的低毒、高效的抗生素。若病原为支原体，则选用泰妙菌素、四环素类药物而非磺胺类药物；若病原为巴氏杆菌或链球菌，则选用头孢类药物。

(三) 犊牛脐带炎

1. 概述

脐带炎是新生犊牛脐带断端受到感染而引起的脐血管及周围组织的炎症，按其性质可分为脐血管炎和坏死性脐炎两类。发病原因主要与接产操作和养殖环境等有关，如果人工助产时消毒措施不当，如助产人员手臂、器械缺乏严格规范的消毒，以及犊牛出生后没有对犊牛脐带断端消毒等，就容易引发脐带炎；母牛分娩前一周没有对产房进行清洁和消毒，母牛转至卫生条件差的产房后发生感染情况，犊牛出生后也会因垫草脏乱，周边环境卫生差引发脐带炎；另外，犊牛断脐后，若缺乏饲养人员照看，那么犊牛可能因自身本能相互吸吮脐带进而诱发脐带炎。

2. 防治措施

接产犊牛时应做好脐带的处理和消毒工作：用消毒过的剪刀在离犊牛腹部 6~8 cm 处剪断，挤出脐带中的血液、黏液，并用 5% 碘酊浸泡消毒 1 min。保持良好的卫生环境，及时更换垫草，按期消毒。新生犊牛最好单圈饲养，避免犊牛相互吸吮脐带。如发病，在治疗时按病情用药。

二、奶牛主要疾病及其防治措施

(一) 乳房炎

1. 概述

奶牛乳房炎是乳房受到物理、化学、微生物等致病因子刺激（以细菌感染为常见）而发生的红、热、肿、痛等炎性变化。乳房炎是奶牛养殖场中发病率最高的疾病之一,造成产奶量和乳品质量下降,给养殖者带来了巨大的经济损失。根据临床症状,奶牛乳房炎可以分为隐性乳房炎和临床型乳房炎。临床型乳房炎的乳汁和乳房均出现肉眼可见的变化,在我国规模化奶牛养殖场中临床型乳房炎的月度发病率在1%~5%。临床型乳房炎通常为单乳区发病,可见患病乳区肿胀、发热、疼痛、坚硬,伴有乳汁异常等情况,如水样乳、血样乳、乳汁凝块等。隐性乳房炎既没有乳房局部和系统性的肉眼可见的临床表现,也没有乳汁外观上的任何变化。但是,乳汁在理化性质和细菌学上均已发生变化。通过检查乳汁可发现体细胞数明显增加,乳汁pH升高,氯化钠含量和电导率升高,并可见乳汁细菌培养结果为阳性。由于隐性乳房炎隐蔽性强,所以经常被挤奶工和牛群管理人员忽视,但该病在牛群流行率高,会引起乳汁体细胞数的升高,从而导致奶品质下降。

2.防治措施

预防奶牛乳房炎可以从加强饲养管理和注意挤奶卫生两方面着手,例如合理搭配饲料、定期更换垫料并消毒、及时淘汰反复发病的奶牛、严格按照规程挤奶等。目前,抗生素仍然是治疗奶牛乳房炎的有效手段,特别是在治疗急性、隐性和多发性乳房炎和控制乳制品质量等方面具有重要价值,治疗奶牛乳房炎的抗生素药物主要包括磺胺类药物、四环素、红霉素、氯霉素、青霉素、卡那霉素和链霉素等。此外,抑制或缓解炎性反应需要使用非甾体抗炎药(简称抗炎药),与抗生素不同,抗炎药不仅具有杀菌作用,还能抑制炎性反应过程。在牛用非甾体抗炎药中,美洛昔康和氟尼辛葡甲胺应用最广泛。

(二)奶牛酮病

1.概述

酮病是奶牛在围产期因干物质采食量不足,导致奶牛从消化道吸收的能量不能满足维持生理活动和生产的需要,造成体脂动员过度,超过了肝脏的代谢能力,从而引起血液、尿液、乳汁中酮体(β-羟基丁酸、乙酰乙酸和丙酮)含量升高的疾病。奶牛酮病不但影响奶牛的产奶量和乳品质,还会继发其他疾病。

引起奶牛酮病的主要原因是碳水化合物和脂肪代谢紊乱。根据发病原因,酮病分为原发性和继发性两类,多发生于高产奶牛,不同季节、不同胎次均可发生,主要发生于冬夏两季,且3~6胎母牛的发病率最高。

发病后,奶牛食欲下降,消化能力减弱,胃肠吸收的生糖物质减少,导致血糖供给不足。此外,还会导致奶牛免疫力和繁殖性能下降,并继发子宫内膜炎、乳房炎等疾病,造成奶牛淘汰率增加,具有极大的危害性。

2.防治措施

预防奶牛酮病的关键是加强围产期奶牛的饲养管理,尽量多使用优质易消化的粗饲料,提高奶牛的干物质摄入量。同时,保证产前、产后奶牛有一定的运动时间和空间,增强体质,提高食欲。当奶牛发生酮病时,西医的主要治疗方案是通过静脉注射葡萄糖、碳酸氢钠和辅酶A,具体方法是使用1500 mL 50.0%的葡萄糖注射液、1000 mL 5.0%的碳酸氢钠和适量的辅酶A,混合后进行静脉注射,每天一次,连续一周。中医则采用一些健脾胃的药物,配合活血、催乳的药物进行治疗。例如,当归、山药、熟地、芍药各取80.0 g,白术、川芎、黄芪、神曲各取60.0 g,黄连、甘草、益母草、麦芽取50.0 g,莱菔子、鱼腥草、陈皮各取30.0 g,混合后煎熬,给发病奶牛灌服,每天两次,连用三天。

(三)奶牛产后低血钙症

1. 概述

奶牛产后低血钙症是成年母牛在分娩后突然发生的一种严重营养代谢性疾病,其特征是血钙浓度降低、知觉丧失、肌肉无力及四肢瘫痪,也被称为产后瘫痪。此病主要发生于高产奶牛,常见于3~6胎母牛。

根据有无临床症状,奶牛低血钙症可分为临床低血钙症和亚临床低血钙症两类。奶牛临床低血钙症,又称产乳热,表现为奶牛出现卧地不起等症状。奶牛患亚临床低血钙症时,血液中钙离子的浓度一般低于1.06 mmol/L,而正常奶牛血钙含量为80~120 mg/L。

奶牛缺钙会诱发一系列与产后相关的疾病,如奶牛乳房炎、产后瘫痪、酮病及胎衣不下等。因此,奶牛低血钙症不仅是围产期严重的代谢类疾病,还会诱发其他产后疾病,严重影响奶牛的健康和养殖户的经济效益。

2. 防治措施

在奶牛产前最后几周饲喂高钾或高钠日粮是引起奶牛产后低血钙症的主要原因。此外,奶牛在产犊时血液中镁的浓度较低也是引起奶牛产后低血钙症的原因之一。因此,保持阴阳离子平衡是预防奶牛产后低血钙症的重要思路。在产前,可以通过饲喂低钙日粮、阴离子盐日粮或者口服钙制剂,预防产后低血钙症。如果发生低血钙症,治疗临床低血钙症最主要的方法为静脉注射和皮下注射钙制剂,可以使血钙浓度快速恢复。常用的钙制剂有5%氯化钙、20%硼葡萄糖酸钙等。由于硼葡萄糖酸钙中含有镁离子,在补充钙离子的同时可以补充镁离子,所以在临床上的使用效果要好于氯化钙。

(四)产后子宫炎

1. 概述

奶牛在分娩后,子宫腔容易受到细菌污染,导致子宫疾病的发生,这是母牛不孕的关键原因。引起奶牛子宫炎的直接因素是病原微生物感染,包括细菌、真菌、支原体、霉形体、病毒及寄生虫等,在所有病原微生物中,细菌是最为常见的,主要包括葡萄球菌、链球菌、大肠杆菌、棒状杆菌等。

奶牛子宫炎是一种对奶牛产后危害较大的子宫疾病,会破坏奶牛的繁殖性能并降低奶牛群的生产力和盈利能力。奶牛子宫炎表现为产后子宫内膜炎或子宫内膜及深层组织感染,可影响奶牛的繁殖功能,可能不出现全身症状,但严重时伴有全身症状。

以奶牛产后21 d为界限,将奶牛子宫炎分为子宫炎和子宫内膜炎两类。产后21 d内的子宫感染为子宫炎,而产后21 d后的感染则为子宫内膜炎。子宫炎又可分为产褥期子宫炎和临床型子宫炎两类,子宫内膜炎又可分为临床型子宫内膜炎和亚临床型子宫内膜炎两类。

2. 防治措施

合理的产后护理是预防产后子宫炎的关键措施,如对牛体进行消毒、清除恶露,以及在产后3~5周检查子宫复旧情况,改善产后机体营养负平衡状态。只有做好饲养管理、消毒杀菌和合理用药,才能防治子宫炎,提高奶牛的受胎率和繁殖率。

奶牛生产后,因自身具有免疫力而拥有一定自净能力,但是往往受到各种条件的限制不能完全自净。不能自净的母牛在产后2 h之内,需要注射催产素,促使胎衣排出。对产后12 h胎衣仍未排出或排出不全的牛,应采用促使胎衣排出的药物,每日或隔日以直肠把握法向子宫灌注抗生素类药物,药剂量为200~250 mL,直至胎衣排出。

如果发现有全身症状或有发烧现象的牛,可以结合全身用药。在子宫净化过程中,碰到恶露滞留、子宫收缩较差的情况,可以适当使用一些激素,如PG、雌激素、缩宫素类,直至产道内黏液清亮为止。子宫净化时间尽量掌握在25~35 d之间。

三、肉牛主要疾病及其防治措施

(一)肉牛呼吸道疾病综合征(BRD)

1.概述

肉牛呼吸道疾病综合征是由一种或多种病毒以及细菌混合感染所引起的疾病,这种疾病通常在新引入的牛群中发生概率较高。肉牛的发病状况和特征与自身的免疫力有关,同时,生活环境、应激强度和饲养管理等因素也会对该病产生不同程度的影响。应激是引起肉牛呼吸道疾病综合征的根本原因,长途运输是架子牛应激的主要原因,这也是BRD被称为"运输热"的原因。此外,断奶、去角、免疫接种、混群、天气变化、饲养管理改变等因素都可能成为应激原。

2.防治措施

BRD的主要预防措施是控制应激因素和采取合理的免疫。应激因素的控制包括肉牛运输前及到场两个阶段的饲养管理措施,在运输前,预防措施包括确保牛源健康可靠、保证营养充足、预留时间适应应激等,而在到场时,应做好运输应激管理工作。另外,进行疫苗免疫及对高风险犊牛群进行群体抗生素治疗也可达到预防BRD的目的。

BRD实际上是在不同应激因素下,由多种病原体混合感染所造成的疾病。不同肉牛的抵抗力不同,表现出的症状也有差异。在养殖期间,一旦发现病牛,必须及时进行隔离管理以防疫病传播,并及时进行治疗,对其发病原因进行深入分析,做到对症下药,科学给药,从而提高病牛的存活率和恢复率。

为提高肉牛的抵抗力,需定期开展疫病监测工作,并注意肉牛的采食、饮水以及养殖环境的卫生情况,及时注射疫苗,降低感染疾病的概率。常用的治疗方法是使用抗生素,同时配合使用非甾体抗炎药和免疫调节剂。

(二)瘤胃酸中毒

1.概述

瘤胃酸中毒是指反刍动物采食大量易发酵的碳水化合物饲料后,瘤胃乳酸产生过多导致瘤胃微生物区系失调和功能紊乱的一种急性代谢性疾病,临床上又称为乳酸性消化不良、中毒性消化不良、反刍动物过食谷物、谷物性积食、中毒性积食等。临诊表现为消化障碍、瘤胃运动停滞、脱水、酸血症、运动失调等特征。本病发病急骤,病程短,死亡率高。

常见的病因是牛突然采食大量富含碳水化合物的谷物(如大麦、小麦、玉米、水稻和高粱或其糟渣等)或高精饲料。根据瘤胃pH的变化情况,瘤胃酸中毒可分为急性酸中毒和亚急性酸中毒两类,如果一日之内瘤胃pH低于5.8(但大于5.5)达3~5 h,便可判定发生了亚急性瘤胃酸中毒,如果长时间低于5.5则可判定发生了急性瘤胃酸中毒。

2.防治措施

预防瘤胃酸中毒需要严格控制精料喂量,并添加缓冲剂如碳酸氢钠、氧化镁,做到日粮供应合理、构成相对稳定、精粗饲料比例均衡,加喂精料时要逐渐增加,严禁突然增加精料喂量。如果发生瘤胃酸中毒,应立即用1%生理盐水、1%碳酸氢钠溶液反复洗胃直至酸度被中和。并用石蜡油或者植物油缓泻,最后灌服苏打片等肠胃药以尽快恢复胃肠功能。

(三)瘤胃臌气

1.概述

瘤胃臌气是牛在采食易发酵的饲料后,在瘤胃菌群的作用下异常发酵,产生大量气体,导致前胃神经反应性降低,收缩力减弱,瘤胃和网胃急剧膨胀,膈与胸腔脏器受到压迫,出现呼吸与血液循环障碍,从而发生窒息现象的一种疾病。本病可分为原发性瘤胃臌气和继发性瘤胃臌气两种。原发性瘤胃臌气是牛在短时间内大量采食易发酵的饲料后,瘤胃急剧膨胀所致;而继发性瘤胃臌气则主要是前胃机能减弱,嗳气机能障碍所导致。

2.防治措施

预防瘤胃臌气的主要措施为加强饲养管理,避免牛在短时间内采食过多青绿饲料,尤其是幼嫩多汁的豆科牧草。在饲喂精料时,要注意质量,特别是糟渣类饲料不宜突然多喂。治疗臌气的关键在于及时排气消肿,可以使用鼻管或者胃穿刺进行放气,同时加强补液和强心治疗。

(四)胃肠炎

1.概述

牛胃肠炎的主要诱发因素是草料变质或草料加工处理不当,患牛出现食欲不振、精神萎靡、呼吸急促和体温过高等典型症状。此外,患牛也伴有消化道症状,如粪便稀薄,并存在黏液和血液等,粪便具有明显的恶臭。

2.防治措施

预防胃肠炎的主要措施是避免饲养管理不当,如不要突然更换饲料配方等。治疗牛胃肠炎的有效方法是清洗牛胃肠,使用300~400 g的硫酸钠与硫酸镁,与100 mL酒精与水混合后给患牛内服,能够促使牛胃肠快速排空,并达到消炎止泻的目的。此外,对牛进行灌肠处理也是一种有效的治疗措施。

(五)蹄病

1.概述

蹄病是肉牛和奶牛都易发生的常见疾病,包括趾间皮炎、蹄脓肿、趾间皮肤增殖(腐蹄病)和蹄叶炎等,环境因素及饲养管理不当是蹄病的主要发病原因。如果牛舍环境脏乱、潮湿,牛蹄长时间浸泡于粪尿等污染物中,会导致蹄部组织软化,引起细菌感染。此外,饲料营养比例失衡、运动量不足,以及牛蹄受到外伤后未及时处理等因素都会导致牛体自身免疫力下降,从而引起病原微生物感染。当病牛发生蹄病后,主要表现为肢蹄跛行、蹄裂以及蹄变形。如果牛只出现明显的跛行、站立困难,会对爬跨、采精造成明显影响。当病牛的症状严重且无法逆转时,如发生严重的骨裂、骨折以及腐蹄病等,只能作淘汰处理。

2.防治措施

蹄病的预防措施主要包括加强饲养管理,确保日粮营养平衡,保持牛舍地面不光滑也不太粗糙并尽量干燥,定期对牛蹄进行检查和消毒。如果发生蹄病,则需要根据实际情况判断病因,并视其严重情况进行削蹄,然后用10%来苏尔或10%~30%硫酸铜溶液清洗消毒。同时静脉注射药物,包括500 mL 0.9%葡萄糖氯化钠注射液、1000 mL 10%葡萄糖注射液、750 mL氯化钠注射液、30 mL安乃近、6瓶160万IU青霉素、6瓶100万IU链霉素、1支2 mL VB以及1支2 mL VC注射液,每天一次。对于蹄叶炎病牛,需要给予抗组胺制剂,并静脉注射碳酸钠溶液,密切关注蹄部情况,防止蹄底穿孔。

四、常见传染性疾病及其预防措施

(一)牛口蹄疫

1.概述

口蹄疫是猪、牛、羊等主要家畜和其他偶蹄动物共患的一种急性、热性、高度接触性传染病。对于牛,尤其是肉牛来说,该病主要由口蹄疫病毒引起,肉牛感染后口腔黏膜、乳房和蹄部出现水疱,严重影响肉牛的正常生长和繁育。病情严重时,甚至可能导致肉牛死亡,造成巨大的经济损失。

2.预防措施

定期对牛舍进行消毒以改善养殖环境预防牛口蹄疫。选择在牛全进前或者全出后进行消毒,利用3%火碱、10%~20%石灰乳以及20%漂白粉进行消毒,并使用2%~3%氢氧化钠溶液对水槽进行消毒。设置隔离圈,对新进牛做好隔离工作,一旦发生疫情能够阻断病毒传播途径。同时,做好疫苗接种工作,每年给肉牛注射3次疫苗,每次注射2 mL口蹄疫疫苗,以O型、A型、亚洲1型三价灭活疫苗为主。

(二)牛结节性皮肤病

1.概述

牛结节性皮肤病也被称为牛结节性皮炎、结节皮肤病、牛结节疹或传染性皮肤溃烂症,是由牛结节性皮肤病毒引起的疾病。这种疾病以高热,皮肤和可视黏膜出现广泛结节肿块、溃烂为典型临床症状。此病的危害:犊牛死亡率高,奶牛产奶量会大幅下降,公牛在治愈后可能会出现生殖障碍,怀孕母牛可能会流产或产下死胎。

2.预防措施

目前,我国尚未研究出有效的治疗牛结节性皮肤病的药物。在生产中,常用山羊痘疫苗进行预防,但这也只是一种辅助措施。养殖户应该加强牛舍的消毒和新进牛的观察等工作,如果发现养殖场中出现牛结节性皮肤病,必须及时向当地的动物防疫部门报告,并对患牛进行扑杀和无公害处理。

(三)布鲁氏菌病

1.概述

牛布鲁氏菌病俗称"布病",是一种典型的传染性人畜共患疾病,目前没有针对药物进行治疗,该疾病的传染性强、传播力度大、传播范围广,不受季节、地区等条件限制。该病的传播途径包括消化道、呼吸道、皮肤、黏膜及生殖道,病菌可通过正常无损伤的皮肤黏膜引起感染,还可经交配由生殖道引起感染。公牛感染后可能患上睾丸炎和附睾炎,表现为睾丸肿大,有热痛反应,后期萎缩;母牛感染后的主要症状为流产,流产胎儿多为死胎和弱胎。该病对牛和人都有极大的危害,需要采取有效的预防措施,减少该病的发生和传播。

2.预防措施

加强消毒和兽医卫生措施,定期对牛舍、运动场、饲槽、水槽和管理用具等进行消毒,特别注意产房的消毒。如牧场所在地区存在感染布病的风险时,在政策允许的情况下,可以考虑用A19疫苗进行免疫,首次免疫针对3月龄以上的所有牛,以后每个月对满3月龄和6月龄的牛免疫600亿菌株,满14月龄时在配种前加强免疫30亿菌株一次。或者在春季肌肉注射M5菌株弱毒活性疫苗,着重关注每头牛的疫苗接种标准,应不少于26亿活菌。只有达到了这个疫苗标准,才能使牛形成较强的免疫体质。

(四)牛结核病

1.概述

牛结核病主要是由牛分枝杆菌引起的一种慢性消耗性传染病,该病具有慢性渐进和病程缓慢的特点。感染的牛只可能在疾病晚期才出现临床症状,而且有些牛虽然有广泛的病变,但仍可能表现为健康状态。随着病情的发展,身体损耗症状可能会变得明显。

牛结核病主要靠感染牛产生的气溶胶传播,多数宿主牛并没有临床症状,但是可以通过呼吸道、消化道、奶、尿等排出病原体,造成感染。严重者常见的临床症状包括疲劳、咳嗽、呼吸加速、渐行性消瘦、胸腹膜发生"珍珠病"等。

2.预防措施

目前疫苗对牛结核病的预防效果并不理想。在病牛确诊为阳性后,最有效的措施是直接淘汰,在牛群中净化该病。加强环境消毒,可以使用5%来苏尔、10%漂白粉、3%福尔马林或3%苛性钠进行消毒。同时,需要加强检疫和提高净化感染牛的频率,避免造成不可逆的损失。

拓展阅读

扫码获取本章拓展数字资源。

课堂讨论

思考影响奶牛生产性能的因素,探讨在生产中如何提高奶牛的生产水平。

思考与练习题

1.简述牛的消化生理特点。

2.简述牛的泌乳原理。

3.简述牛的行为学特性。

4. 我国良种黄牛在外貌上有哪些共同缺点？如何改良？

5. 简述西门塔尔牛的外貌特征和生产性能。

6. 简述夏洛莱牛、利木赞牛、皮埃蒙特牛在产肉性能上的主要特点是什么？

7. 荷斯坦牛与娟姗牛在外貌特征、生产性能方面有哪些不同？

8. 简述我国培育的肉牛品种及其特点。

9. 简述肉用牛、乳用牛的外貌特点。

10. 简述奶牛体型外貌线性评定的过程。

11. 简述繁殖肉用母牛养殖模式。

12. 简述新生犊牛护理的内容。

13. 简述奶牛干奶的意义。

14. 简述初乳的作用。

15. 奶牛的舒适度包括哪些方面？如何提高奶牛的舒适度？

16. 简述全混合日粮的定义及其优点。

17. 简述种公牛饲料选择注意事项。

18. 简述牛肉生产的模式。

19. 什么是高档牛肉？如何生产高档牛肉？

20. 简述奶牛乳房炎的防治措施。

第十章

羊生产技术

本章导读

养羊业是我国畜牧业的重要组成部分,是农牧民的传统优势产业。面对新时代,如何发挥养羊业在国家乡村振兴战略中的地位与作用呢?本章将从养羊的基础知识与基本技能入手,重点讲解羊的生物学特性以及各类羊只饲养管理技术要点,为今后科学养羊奠定基础。

学习目标

1. 掌握养羊业在国民经济中的地位与作用、羊的生物学特性、羊产品、代表性羊品种以及各类羊只饲养管理的技术要点等。

2. 掌握利用羊生物学特性更好地发挥羊只生产潜能的方法,逐渐具备科学饲养各类型羊只的能力。

3. 树立种养循环、绿色发展、草畜平衡,以及保护生态环境与高效养羊生产和谐发展的价值观。

概念网络图

羊生产技术

- 羊生产概述
  - 养羊业在国民经济中的地位和作用
  - 养羊业的主要产品
  - 中国养羊业生产现状
  - 现阶段养羊业发展的重点和策略

- 羊的生物学特性
  - 羊的生活习性
  - 羊的消化特点

- 羊的品种
  - 绵羊品种分类
  - 山羊品种分类

- 舍饲羊饲养管理技术
  - 运营团队
  - 技术团队
  - 人事部门
  - 种公羊的饲养管理
  - 繁殖母羊的饲养管理
  - 哺乳羔羊的饲养管理
  - 育成羊的饲养管理

- 乳用羊的饲养管理
  - 泌乳母羊的饲养管理
  - 干乳期母羊的饲养管理

- 育肥羊的饲养管理
  - 育肥羊的生长发育规律及特点
  - 育肥方式
  - 育肥羊的管理
  - 集约化肥羔生产

- 放牧羊的饲养管理
  - 放牧基本要求
  - 四季牧场的选择及其放牧特点
  - 放牧方式

- 规模化羊场建设
  - 羊场场址选择
  - 规模化羊场建设技术
  - 规模化羊场管理技术

> 羊属于反刍类家畜,与其他家畜相比,具有采食性广、适应性强、合群性好、忍耐性强等特性。随着人们膳食结构的调整,对羊肉等畜产品需求与日俱增,养羊业已迈入集约化、规模化和标准化养殖与传统养殖并存的时代。只有了解羊的生物学特性、羊的品种以及饲养管理要点才能提高养羊业的效益。本章重点介绍了羊生产概述、羊的生物学特性、羊的品种、各类羊的饲养管理技术要点以及规模化羊场建设,以期为科学养羊提供参考。

第一节 羊生产概述

一、养羊业在国民经济中的地位和作用

羊具有适应性强、易管理、繁殖率高等特点,在我国广大农村、牧区都有饲养。羊生产对促进国民经济发展和提高各族人民生活水平具有重要作用。

(一)养羊业可改善人们的生活水平,满足人民需要

羊肉营养价值很高,是我国主要的肉品来源之一,特别是在广大的草原牧区,牧民消费的肉品以羊肉最多。羊毛(绒)是纺织工业的重要原料,用途很广,所制的毛织品美观大方,保暖耐用,具有很多优点。羊皮保暖力强,是冬季寒冷地区人民御寒的佳品,制作的各式皮夹克和箱包备受国民喜爱。羊奶以营养丰富、易于吸收等优点被视为乳品中的精品,被称为"奶中之王",是世界上公认的最接近人奶的乳品。

(二)养羊业可提供工业原料,促进工业发展

羊毛(绒)是毛纺工业的主要原料,可以制成绒线、毛毯、呢绒、工业用呢、工业用毡,还可以加工成精纺毛料及羊毛或羊绒衫、裤。羊皮是制革工业的重要原料,可以制成皮革衣裤、皮帽、皮鞋、箱包。羊肉、羊奶是食品加工业不可缺少的原料,可以加工成各种烧烤、腌腊、熏制、罐头食品以及奶酪、奶粉、炼乳等。羊肠衣可以灌制香肠、腊肠,加工成琴弦、网球拍、医用缝合线。养羊业与轻工业和国防关系十分密切。

(三)养羊业可繁荣产区经济,增加农牧民收入

随着国家各项农村经济政策的贯彻落实和乡村产业振兴战略的推进实施,我国的养羊业生产已从以集体经营为主转变为以家庭和公司经营为主,这为调动城乡广大农牧民和养殖单位养羊的积极性,推动养羊业生产发展创造了有利条件。养羊业已成为我国不少农村、牧区的支柱产业,对繁荣产区经济,增加农牧民收入,起到了积极的推动作用。

(四)养羊业可生产有机肥,为农田等提供优质肥料

在各种家畜粪尿中,羊粪尿的氮、磷、钾含量比较高,是一种很好的有机肥料,施用羊粪尿不仅可以提高农作物的单位面积产量,还能改善土壤团粒结构、防止板结,特别是改良盐碱土和黏土、提高土壤肥力的效果显著,一只羊全年的净排粪量为750~1000 kg,总含氮量为8~9 kg,相当于一般的硫酸铵35~40 kg。长期以来,我国广大劳动人民因地制宜地创造了许多养羊积肥的经验,当然,积肥只是养羊的副产品,不是养羊的目的。

(五)养羊业可提供出口物资,换取外汇

我国的羊毛、山羊绒、羊皮、羊肠衣等产品是传统的出口物资,在对外贸易上占有一定地位。地毯远销美国、日本及欧洲各国,在国际市场上享有很高的声誉,山羊板皮、青猾子皮、湖羊羔皮、滩羊二毛皮等亦受国际市场的欢迎。应特别强调的是,我国的山羊绒细软洁白、手感滑爽、质地优良,深受各国欢迎,我国每年出口的分级净绒及羊绒织品占国际贸易量的一半以上,是重要的出口创汇产品。近年来,随着我国加工业水平的提高,羊的产品出口已不仅限于原料,经过深加工后的高档纺织品、服装、皮革制品等也已远销国外,从而大大提高了养羊产品的价值,其所创造的经济效益进一步提高。

二、养羊业的主要产品

养羊业的主要产品有羊肉、绵羊毛、山羊毛、山羊绒、羊皮、羊奶和羊肠衣等。

(一)羊肉

羊肉属于高蛋白质、低脂肪、低胆固醇的营养食品,其性甘温、补益脾虚、强壮筋骨、益气补中,具有独特的保健作用,经常食用可以增强体质,使人精力充沛,延年益寿。特别是羔羊肉具有瘦肉多、肌肉纤维细嫩、脂肪少、膻味轻、味美多汁、容易消化和富有保健作用等特点,深受消费者欢迎。我们中华民族的祖先,在远古时代发明的一个字"羹",意思是用肉和菜等做成的汤,从字形上来看,还可以这样来解释:用羔羊肉做的汤是最鲜美的。古今中外,羔羊肉一直受到人们的青睐,发展迅速。目前在美国,羔羊肉产量占全部羊肉总产量的70%,在新西兰占80%,在法国占75%,在英国占94%,我国羔羊肉的产量在羊肉总产量中所占的比例不到50%。

(二)羊毛

1.羊毛纤维的构造、类型和羊毛分类

(1)羊毛纤维的构造:

①羊毛纤维的形态学构造:包括毛干、毛根和毛球三个部分。毛干是羊毛纤维露出皮肤表面的部分,纺织用的羊毛纤维就是指毛干部分。毛根是羊毛纤维在皮肤内的部分,其下端与毛球相接。毛球为

毛纤维的最末端,呈梨形,本身的细胞不断增殖构成毛纤维新的部分。

②羊毛纤维的组织学构造:羊毛纤维组织学结构可分为鳞片层、皮质层和髓质层三个部分。鳞片层由扁平、无核、角质化的细胞构成,覆盖于毛纤维表面,可保护毛纤维内层组织免受化学、机械和生物等因素的损伤。皮质层位于鳞片层之下,由梭状、角质化的皮质细胞和细胞间质所组成。皮质层是毛纤维的主体部分,决定着羊毛纤维的机械性能(如强度、细度等)和理化特性(颜色、染色性能、化学稳定性等)。皮质层在毛纤维中所占比例因毛纤维的细度和类型而异,一般羊毛越细,皮质层所占比例越大,越粗的羊毛皮质层所占比例越小。髓质层位于毛纤维的中心,为疏松网状结构,中间充满空气。髓质层越发达,羊毛的纺织工艺性能越低。

(2)羊毛纤维的类型:就单根羊毛纤维而言,依据羊毛纤维的生长特性、组织构造及工艺性能可分为有髓毛、无髓毛、两型毛和刺毛四种类型。

①有髓毛:具有髓质层,又可分为正常有髓毛、干毛和死毛三种。正常有髓毛较粗长、弯曲少,手感粗糙。细度一般为40~120 μm,是粗毛羊毛被的重要成分,一般只用于织造毛毯、地毯、毡制品等粗纺织品。干毛是一种变态的有髓毛,组织结构与正常有髓毛相同,其特点是纤维上端粗硬变黄,这是雨水、日光等外界因素的影响导致纤维上端失去油汗而形成的,干毛质地粗硬、脆弱、无光泽、工艺性能降低。死毛是一种变态的有髓毛,髓质层特别发达,其特征是纤维粗短、脆而易断、不能染色、无纺织利用价值。

②无髓毛:无髓质层。外观细、短,弯曲多而明显,直径15~30 μm,长度5~15 cm,是毛纺工业的优质原料。细毛羊的被毛完全由无髓毛组成,粗毛羊的被毛底层中也含有大量的无髓毛,称作内层毛或底绒。

③两型毛:两型毛的组织构造和细度介于有髓毛和无髓毛之间,髓质层较少,呈点状或线状,一般直径为30~50 μm,长度中等,弯曲较大,工艺价值优于有髓毛。

④刺毛:是一种硬、直、光泽较强的短毛,长1.5~4.0 cm,分布在绵羊的颜面、四肢下端或尾端,在皮肤上倾斜生长,一层伏一层掩盖皮肤,故又称复盖毛。因它的生长部位特殊,长度过短,无工业价值,剪毛时不剪它。组织学构造似粗毛,唯髓层甚发达,鳞片较小而平整,故常有刺目的强光。

(3)羊毛的分类:就羊毛集合体而言,可分为同质毛和异质毛两类。

①同质毛:由同一种类型的毛纤维所组成,其毛纤维的粗细、长短和弯曲近于一致,可分为同质细毛和同质半细毛两类。同质细毛纤维直径小于25 μm,是高级精纺原料。同质半细毛由同一纤维类型的较粗的无髓毛或同一纤维类型的两型毛所组成,直径在25.1~67.0 μm,纺织工艺性能较同质细羊毛用途更广。

②异质毛:由不同类型的毛纤维所组成。粗毛羊及毛质改良较差的低代杂种羊的毛属于异质毛,由无髓毛、两型毛和有髓毛组成。各类型纤维的比例,因品种和个体不同而不同。品质好的异质毛可织造粗纺织品、长毛绒和提花地毯等,差的只能用于擀毡。

2.山羊绒和山羊毛

(1)山羊绒:在国际上又称"开士米",是从山羊身体上抓取下来的绒毛。绒纤维直径一般为14~15 μm,绒长一般在4 cm以上,光泽明亮如丝。其织品具有轻、暖、柔、滑的特点,是毛纺工业的高级原料,有"纤维中之宝石"美称。我国的山羊绒产量居世界首位,并以质优而闻名,山羊绒是我国重要的出口换汇物资。

(2)山羊毛:包括安哥拉山羊毛(又称"马海毛")和普通山羊毛。安哥拉山羊毛属同质半细毛,成年羊毛纤维直径为32~52 μm,长度为13~25 cm,强度大且富有弹性,光泽明亮如丝,具有波浪状大弯曲,是一种高档的精纺原料。普通山羊毛是山羊抓绒后再剪下的毛,长度在6~15 cm,纤维粗而直,可制作工业呢、地毯、刷子、毛笔等,用途较为广泛。我国是山羊粗毛的重要生产国。

(三)羊奶

全世界所产的羊奶中,绵羊奶和山羊奶各占一半左右。欧洲的许多国家非常重视绵羊奶的生产,而我国无论是牧区还是农区多以生产山羊奶为主,近年来只有少许绵羊奶上市。

羊奶营养丰富,含有人体所需的蛋白质、脂肪、糖类、矿物质和维生素,消化率在90%以上。山羊奶具备风味别致、营养丰富、功能独特、不含过敏原(牛奶的乳糖不耐症)、乳脂肪球小等优点,更容易被人体消化吸收;山羊奶pH为7.0左右,缓冲作用好,是胃酸过多者及胃肠溃疡患者的理想食品;山羊奶中酪蛋白与人乳蛋白结构相似,亚麻油酸、花生油酸、维生素、钙和磷的含量较高,能满足人体需要。

膻味是羊本身所固有的一种特殊气味,是代谢的产物。此外,羊奶的吸附性很强,特别是在刚挤出的奶温度下降时,会吸收大量外界的不良气味。研究发现,在羊奶短、中链脂肪酸中,游离脂肪酸是引起羊奶膻味的主要因素,其中己酸、辛酸和癸酸的含量,与羊奶膻味强度呈极显著正相关,它们是引起羊奶膻味的主要游离脂肪酸。

羊奶膻味的强度受到很多因素的影响,如品种、年龄、季节、遗传、产奶量、泌乳期、饲料及乳脂蛋白脂肪酶(LPL)的活性等。一般来说,高产品种羊奶的膻味较小,地方品种羊奶膻味较大;不同季节的羊奶膻味也有差异,3月份最大,以后逐渐减少,6~7月份最小;青年羊比老龄羊的羊奶膻味大,两岁羊的羊奶膻味最大,三岁以后逐渐减小;泌乳中期羊奶膻味最小;刚挤出来的羊奶膻味较小,放置42 h以后膻味浓烈;保存于低温状态下(-20 ℃)的羊奶膻味较小;饲喂青贮饲料的比饲喂干草的羊奶膻味小;放牧饲养的比舍饲饲养的羊奶膻味小;另外,羊奶脂肪球吸附能力强,容易吸附外界异味而使羊奶膻味变大。

(四)羊皮

羊屠宰后剥下的鲜皮,在未经鞣制以前都称为生皮,生皮分为毛皮和板皮两类。生皮带毛鞣制而成的产品称为毛皮;鞣制时去毛仅用皮板的生皮称为板皮,板皮鞣制而成的产品称为革。

1.毛皮

绵羊或山羊所产的羔皮、裘皮、大羊皮都属于毛皮。羔皮是指将流产或出生后1~3 d的羔羊宰杀所剥取的毛皮,羔皮具有花案奇特、美丽悦目、柔软轻便的特点,可用于制作皮帽、皮领和翻毛大衣等,代表性羔皮有湖羊羔皮、卡拉库尔羔皮、济宁青山羊猾子皮。裘皮是指宰杀1月龄以上周岁以下的羊所剥取的毛皮,裘皮具有保温、结实、轻便、美观、不毡结的特点,主要用于制作裘皮大衣,用来御寒保暖,代表性裘皮有滩羊二毛皮、中卫山毛皮。大羊皮是指宰杀周岁以上的羊所剥取的毛皮。

2.板皮

山羊和绵羊的板皮,在外观上略有差异,但在实际构造上大同小异。山羊板皮制成的皮革,具有柔软细致、轻薄且富于弹性、染色和保型性能好等特点,可制作各种皮衣、皮鞋、皮帽、皮包等产品,品质由板皮张幅大小、皮板厚薄和均匀度等指标决定。绵羊板皮在我国分布很广,主要用来制裘,不宜制裘或无制裘价值的用来制革。

三、中国养羊业生产现状

中华人民共和国成立以来,养羊业得到了快速发展,特别是改革开放以来,我国养羊业发展迅猛,已跨入世界生产大国行列。目前,我国羊的饲养量、出栏量、羊肉产量、生皮产量以及山羊绒产量均居世界第一位。我国羊生产基本情况见表10-1-1。

表10-1-1 我国羊生产基本情况统计表

年代	羊年底只数/万只	山羊/万只	绵羊/t	羊肉/t	绵羊毛/t	细羊毛/t	半细羊毛/t	山羊毛/t	羊绒/t
1978	16993.7	7354.0	9639.7	—	138000	—	—	10000	4000
2000	27948.2	14945.6	13002.6	2641000	292502	117386	84921	33266	11057
2010	28730.2	14195.0	14535.2	4060000	385125	123504	113998	36226	17848
2020	30654.8	13345.2	17309.5	4923000	333625	106109	116849	24034	15244

注:"—"表示无记录。

我国绵羊、山羊品种资源十分丰富,2021年被列入《国家畜禽遗传资源品种名录》的羊品种和遗传资源有167个,其中绵羊品种89个(包括地方品种和遗传资源46个,培育品种30个,引入品种13个),山羊品种78个(包括地方品种和遗传资源64个,培育品种8个,引入品种6个)。

我国能为养羊业的发展提供丰富的农副产品,特别是农作物秸秆和饼粕等资源,根据有关资料,秸秆产量稳定在8亿t/年,优质饲草产量约7160万t(折合干重),养羊潜力相当巨大。

我国具有较好的生产技术条件,近年来,国家和地方以及人民群众为发展养羊业投入了相当数量的人力、物力和财力,显著地改善了生产的基本条件。同时,研究和推广了一大批科研成果及先进实用的综合配套技术,培养了一大批不同层次的科技队伍,建立了分布在全国农村、牧区,且较为有效的社会技术服务系统。所有这些,都为中国养羊业现阶段的持续发展提供了有利条件,奠定了重要基础。

当然,目前我国养羊业也呈现出主要生产区域从牧区转向农区,养殖方式逐步由放牧转变为舍饲和半舍饲等现象。伴随人们对羊产品日益增长的需求,只靠牧区的放牧饲养已经不能满足我国消费者对羊产品的需要,为防止牧区发生过牧现象,避免对草场环境造成破坏,走舍饲、半舍饲养羊的道路势在必行。很多养殖企业也采取自繁自养的生产模式,自己屠宰和深加工,实行羊产品的产、供、销、加工、服务一条龙生产模式,延长了生产和经济链条,增加了羊产品的附加值,增强了经济实力,可以获得更大的经济效益。

四、现阶段养羊业发展的重点和策略

目前,必须用现代科学技术和商品经济观点来研究和指导我国养羊生产,建立适合我国国情且比较先进的技术体系。

(一)加快发展肉羊和肉毛兼用羊

为顺应日益增长的国际市场需求,满足人们对羊肉的需要,在目前我国养羊生产条件下,应开展引进国外专门化肉羊品种与我国地方良种进行二元或三元杂交等工作,充分利用杂种优势生产羊肉。杂交羔羊采用短期育肥形式通过科学饲养达到合适体重后实时出栏,在母本的选择上一定要考虑其繁殖性能,要选择繁殖率高的地方品种作母本。对于一些羊毛产量低、品质较差的细毛羊,可考虑用引进的肉毛兼用羊进行改良,在不影响其产毛性能的情况下,提高其产肉性能。在生态经济条件和生产技术条件较好且肉羊生产基础好的地区,可通过有计划的品种培育工作,培育出我国有自主知识产权的早熟、多胎和生长发育快的专门化肉羊新品种。

(二)提高现有细毛羊的净毛产量和品质,突出发展超细型绵羊

在继续引进澳大利亚澳洲美利奴超细型优秀种羊的同时,应加大力度开展我国细毛羊选育工作,按照不同类型的选育目标和现有基础羊群特点,可培育不同类型羊品系,如体大羊毛优质型、超细型及高繁型等,通过品系繁育和严格的饲养管理不断提高我国细毛羊羊毛品质,改变目前我国羊毛生产处于困境的局面。

(三)大力发展规模化、集约化和标准化养羊模式

为提高养羊业经济效益和产品质量,走规模化、集约化和标准化养羊道路势在必行,以确保我国养羊业的健康、持续发展。目前,我国养羊业的规模化、集约化、标准化生产还处在发展阶段,也不可能在短期内实现,各地要在不断摸索经验中稳妥地推进。今后应加大羊产业科技投入,从羊品种、繁控技术、科学饲养技术、疫病防控技术及产品加工技术方面进行研发,将自动化、信息化技术融入养羊生产过程中。要充分发挥大型龙头企业的带动作用,采用政府、企业、科研院所联合攻关,在保障养羊效益和产品质量的前提下逐步实现养羊标准化生产。

(四)不断提高我国绒山羊羊绒品质

目前,我国绒山羊品种较多,产绒量较高,但有些品种的羊绒偏粗,羊绒质量不高。因此,在绒山羊生产地区,应当有计划地采取有效的措施,开展本品种选育工作,选择产绒量高、绒较细的个体留种。另外要注重提高绒山羊母羊繁殖率,同时要进行科学的饲养管理,避免因营养问题造成羊绒质量下降,走控制数量、提高质量的道路,不断提高绒山羊的产绒量和羊绒品质。

(五)稳步发展奶用羊产业

在全国范围内奶用羊产业分布不均,目前奶用羊产业主要集中在陕西、山东、云南等地,河南、内蒙古、甘肃、黑龙江等地已开始适度发展。今后要根据市场需求和饲养环境等因素做好我国奶用羊产业整体布局。现有奶山羊饲养区域要做好奶山羊品种选育工作,制订科学合理的奶山羊品种培育计划,不断提升奶山羊品种的种质水平。另外,要加强科学饲养管理工作,通过精准饲喂、疫病防控、环境控制等技术,建立科学的奶山羊健康养殖技术体系,确保奶山羊生产的高效安全。同时,要加强羊奶产品品牌建设,提高产品核心竞争力。

(六)电子商务技术应用

电子商务利用计算机技术、网络技术和远程通信技术,实现商务过程电子化、数字化和网络化。在养羊生产方面,通过网络进行饲料、羊产品销售已得到广泛的认可和接受。今后应进一步构建"产、加、销"一条龙网络服务,降低羊产业经营成本、提高养羊生产效率、优化社会资源配置。

第二节 羊的生物学特性

一、羊的生活习性

羊是一种常见的草食性哺乳动物,有许多独特的生活习性。

(一)合群性强

羊的群居行为很强,很容易建立起群体结构,主要通过视觉、听觉、嗅觉、触觉等感官活动来传递和接收信息,以保持和调整群体成员之间的活动。放牧时,虽然羊只分散采食,但不离群。一般来讲,绵羊的合群性比山羊强。合群性为羊大群放牧、转场和饲养管理变化提供了方便。

(二)食物谱广

羊采食的饲料广泛,比如多种牧草、灌木、农副产品以及禾谷类籽实等。羊具有薄而灵活的嘴唇和锋利的牙齿,既能摄取零碎的树叶也能啃食低矮的牧草,在放牧过牛、马的草场,羊仍然能够采食。羊的四肢强健有力,蹄质坚硬,具有很强的游走能力。山羊行动敏捷,善登高,可登上其他家畜难以达到的悬崖陡坡采食。

(三)喜干厌湿

"羊性喜干厌湿,最忌湿热湿寒,利居高燥之地",若羊圈舍、放牧地和休息场所长期潮湿,易导致羊发生肺炎、蹄炎或寄生虫病等。因此,在饲养管理上应避免环境潮湿,湿冷或湿热对羊体健康极为不利。

(四)嗅觉灵敏

羊的嗅觉十分灵敏,会拒绝摄入被污染、践踏或发霉变质及有异味的饲料以及被污染的饮水。因此,应注意羊饲草、饲料的清洁卫生,保证羊只正常采食。羔羊出生后与母羊接触几分钟,母羊就能够通过嗅闻羔羊体躯及尾部气味来识别自己所产的羔羊。在生产中,可利用这一特性来寄养羔羊,只要在被寄养的羔羊身上涂抹保姆羊的羊水或粪尿,寄养成功的概率就能提高。

(五)胆小易惊

羊自卫能力差,在家畜中是最胆小的畜种之一。突然受到惊吓,容易导致"炸群",影响羊只采食或生长,所以群众有"一惊三不长,三惊久不食"之说。因此,在羊群放牧和饲养管理过程中,应尽量保持安静,避免羊只受到惊吓。

(六)适应性强

羊对环境有较强的适应能力,对不良环境有较强的忍耐力。因此,羊在地球上的分布范围很广,可适应平原和丘陵地区等不同类型的生态条件。羊抗病能力强,很少发生疾病。然而羊一旦发病,病初往往没有太明显的症状,没有经验的饲养员不易察觉。因此,要求饲养人员仔细观察,发现羊有采食或行为反常等现象时,要及时处理。

二、羊的消化特点

(一)羊消化器官的构造特点

羊的消化器官构造具有"一大"和"一长"特点。"一大"是指胃容积大,羊胃由瘤胃、网胃、瓣胃和皱胃共4个胃室组成,前3个室的胃壁黏膜无胃腺,犹如单胃的无腺区,统称前胃,皱胃壁黏膜有腺体,与动物的单胃功能相同。羊胃总容积约为30 L,其中瘤胃容积最大,占胃总容积的80%左右。羊能够在较短时间内采食大量牧草,未经充分咀嚼就咽下,储藏在瘤胃内,待休息时反刍。"一长"是指羊的肠道长,羊的小肠细长曲折,长度为17~28 m,大约相当于体长的25倍,大肠的长度约为8.5 m。由于羊肠道长,因此对营养物质的消化和吸收能力很强。

(二)反刍

反刍是羊消化饲草饲料的一个过程。当羊停止采食或休息时,瘤胃内被浸软、混有瘤胃液的食物会自动沿食道成团逆呕到口中,经反复咀嚼后再吞咽入瘤胃,然后再咀嚼吞咽另一食团,如此反复,称之为反刍。反刍是周期性的,正常情况下,在进食30 min后即出现第1次反刍,每次持续40~60 min,每个食团一般咀嚼40次左右。反刍次数的多少、反刍时间的长短与进食食物种类有密切关系。

(三)瘤胃微生物作用

瘤胃中存在着大量微生物(细菌和纤毛虫),在1 g瘤胃内容物中有500亿~1000亿个细菌,1 mL瘤胃液中有20万~400万个纤毛虫,细菌在瘤胃发酵过程中起主导作用。瘤胃微生物可将70%~95%的粗纤维进行降解,分解成乙酸、丙酸、丁酸等挥发性脂肪酸,用来提供能量或构成体组织。瘤胃微生物还能够将含氮化合物(包括非蛋白氮和蛋白氮)合成为微生物蛋白,在通过羊小肠时被消化吸收。因此,在羊饲料中均匀加入一定量的非蛋白氮,如尿素、铵盐等,可节约蛋白质饲料,降低饲养成本。此外,瘤胃微生物可以合成B族维生素和维生素K。因此,在正常情况下,羊的日粮中不需要添加这类维生素。

(四)哺乳期羔羊的消化生理特点

初生时期,羔羊只有皱胃发育完善,而前胃发育尚不完善,容积较小,尚未形成瘤胃微生物区系,因此前胃不具有消化能力。所以,此时羔羊的消化特点与单胃动物相同,以母乳为主要营养来源。随着羔羊日龄的增长和逐渐习惯采食草料,会刺激前胃发育,其容积逐渐增大,羔羊在出生大约40 d后开始出现反刍行为。此时,皱胃中凝乳酶分泌逐渐减少,其他消化酶分泌逐渐增多,能对采食的部分草料进行消化。在羔羊哺乳早期,如果人工补饲易消化的植物性饲料,可以促进前胃的发育,增强对植物性饲料的消化能力,有利于实施羔羊早期断乳。

第三节 羊的品种

目前，全世界有近2000个绵羊、山羊品种和遗传资源，2021年列入我国《国家畜禽遗传资源品种名录》的羊品种和遗传资源有167个，这些都是长期自然选择与人工选择共同作用的产物。当然，我国羊品种和遗传资源一直处于动态变化之中，新品种的育成、国外品种的引入、地方遗传资源的挖掘、部分品种或遗传资源的消失均在发生。目前，按照生产用途进行分类，绵羊品种可分为细毛羊、半细毛羊、肉用羊、裘皮羊、羔皮羊、肉脂羊、粗毛羊、乳用羊8类，山羊品种可分为乳用山羊、肉用山羊、毛用山羊、绒用山羊、皮用山羊、普通山羊6类。

一、绵羊品种分类

1. 细毛羊

主要用途是生产同质细毛，细度在18.1~25.0 μm，毛丛长度在7 cm以上，被毛白色、弯曲明显且整齐、净毛率高。我国引入的细毛羊品种主要有澳洲美利奴羊、德国肉用美利奴羊、南非肉用美利奴羊等。我国培育的品种有中国美利奴羊、新疆细毛羊、东北细毛羊、内蒙古细毛羊、甘肃高山细毛羊、新吉细毛羊、苏博美利奴羊、高山美利奴羊等。

2. 半细毛羊

毛纤维的细度为25.1~67.0 μm，被毛由同一纤维类型的无髓毛或两型毛组成，毛纤维越粗则越长。根据被毛的长度，可分为长毛种和短毛种两种。按体型结构和产品的侧重点，半细毛羊又可分为毛肉兼用和肉毛兼用两大类。我国引入的毛肉兼用半细毛羊品种有茨盖羊，肉毛兼用品种有考力代羊等。我国培育的半细毛羊品种有青海高原半细毛羊、东北半细毛羊、凉山半细毛羊、内蒙古半细毛羊、云南半细毛羊、象雄半细毛羊等。

3. 肉用羊

肉用羊体格大，两后腿之间(裆部)呈明显的倒U形，肉用体型明显。从国外引入的肉用羊品种有夏洛莱羊、无角陶赛特羊、萨福克羊、特克塞尔羊、杜泊羊、澳洲白羊、万瑞羊等。我国培育的肉用羊品种有巴美肉羊、昭乌达肉羊、察哈尔羊、鲁西黑头羊、黄淮肉羊等。

4. 裘皮羊

裘皮羊的毛股紧密，毛穗非常美观，色泽光润，被毛不擀毡，皮板良好。如滩羊、贵德黑裘皮羊、岷县黑裘皮羊、泗水裘皮羊等。

5. 羔皮羊

羔皮羊的羔皮具有美丽的毛卷或花纹，图案非常美观，如卡拉库尔羊、湖羊以及济宁青山羊等。

6. 肉脂羊

产肉性能较好,由于善于储存脂肪而具有肥大的尾部(呈短脂尾、长脂尾和肥臀尾),被毛皆为粗毛。如小尾寒羊、乌珠穆沁羊、阿勒泰羊、同羊、兰州大尾羊等。

7. 粗毛羊

被毛为异质毛,一般含有细毛、两型毛、粗毛和死毛。羊毛产量低,品质纺织工艺性能不佳,只能用于制作粗呢、地毯和擀毡。我国粗毛羊的数量多、分布广,如蒙古羊、西藏羊、哈萨克羊等。

8. 乳用羊

乳用羊的泌乳性能好,如东佛里生羊等。

二、山羊品种分类

1. 乳用山羊

具有细致而紧凑的体质,骨细而结实,皮下脂肪不发达,皮薄毛稀。头小额宽,颈细长,背平直,尻部宽长且略有倾斜,腹部发达,四肢细长而强健。前胸较浅,后躯较深,泌乳系统发达,全身呈楔形,性格活泼。我国引入的品种有萨能奶山羊、努比亚奶山羊、吐根堡奶山羊等,我国培育的品种有关中乳山羊、崂山乳山羊、文登奶山羊等。

2. 肉用山羊

体质细致而疏松,骨骼细短,皮肤疏松,皮下脂肪及肌肉层发达。毛短,体躯较长,四肢短细,性情不够活泼。我国引入的品种有波尔山羊,我国培育的品种有南江黄羊、简州大耳羊、云上黑山羊等。

3. 毛用山羊

毛用山羊体质弱,头轻小,骨细,胸窄,鬐甲较高,肋骨开张不够,尻部较斜。皮肤厚而松软,有发达的皮下组织,四肢端正,蹄质结实。我国引入的品种有安哥拉山羊等。

4. 绒用山羊

公母羊均有角,被毛多为白色,分内外两层毛,外层毛为粗直且长的有髓毛,内层毛为细软且较短的无髓毛,又称绒毛。由于品种和产地不同,绒用山羊的体型外貌和体尺的差异较大。主要品种有辽宁绒山羊、内蒙古白绒山羊、陕北白绒山羊、柴达木绒山羊、罕白绒山羊、河西绒山羊、乌珠穆沁白绒山羊等。

5. 毛皮用山羊

一般体质结实,骨骼粗壮,皮厚而宽松,皮下脂肪较发达,前躯发育好,四肢粗壮,外观略呈长方形。我国著名的裘皮用山羊品种有中卫山羊,羔皮用山羊品种有济宁青山羊。

6. 兼用山羊

又称普通山羊,一般体质结实粗糙,骨骼粗壮,大多兼有产毛、肉、绒等多种性能。如黄淮山羊、马头山羊、宜昌白山羊、成都麻羊、板角山羊、承德无角黑山羊、长江三角洲白山羊、贵州白山羊、隆林山羊、福清山羊、雷州山羊等。

第四节 舍饲羊饲养管理技术

近些年,随着一系列国家生态环境保护政策的实施,广大农区、半农半牧区的传统放养养殖方式已逐渐转变为圈舍饲养模式,其规模化养殖、标准化养殖、智能化养殖都有着不同程度的发展。

一、种公羊的饲养管理

种公羊要求体质结实,保持中上等膘情,性欲旺盛,精液量大且品质好。种公羊的饲养管理可分为非配种期的饲养管理和配种期的饲养管理两部分。

1. 非配种期的饲养管理

种公羊在非配种期的饲养管理以保持良好的种用体况为主要目的。在非配种期种公羊虽然没有配种任务,但仍不能忽视饲养管理工作。种公羊应补充足够的能量、蛋白质、维生素和矿物质饲料。以甘肃省某羊场种公羊非配种期的饲养管理日程为例:在冬春季节,每日每只饲喂青贮玉米2.0 kg,混合精料0.5~0.7 kg,苜蓿干草1.0~2.0 kg。在天气好时坚持适当的放牧和运动。农区规模羊场多采用舍饲模式,除做到精粗料合理搭配外,还应加强种公羊的运动。

2. 配种期的饲养管理

配种期包括配种预备期(1.0~1.5个月)和配种期(1.5~2.0个月)及配种后复壮期(1.0~1.5个月)。配种预备期应增加精料量,按配种期饲喂精料量的60%~70%供给,并逐渐增加到配种期的精料饲喂量。对于计划参加配种的后备公羊,应进行配种或采精训练。在配种前1个月开始对种公羊进行采精,定期检查精液品质,以决定每只公羊在配种期的利用强度。

配种期种公羊任务繁重,要消耗大量的营养和体力,应加强饲养管理。配种期种公羊每天饲料定额大致如下:混合精料1.0~1.5 kg,苜蓿干草或野干草2 kg,胡萝卜0.5~1.5 kg,每天分2~3次给草料,饮水3~4次。种公羊采精或配种次数需根据其年龄、体况、种用价值及精液品质来确定,每次采精应有1~2 h的间隔时间。配种期种公羊通常每天采精1~2次,最多可达3~4次。对于精子密度低的种公羊,应提高日粮中蛋白质饲料的比例,并降低配种或采精频率。对于配种后复壮期的公羊,主要管理目标在于恢复体力、增膘复壮,其日粮标准和饲养制度要逐渐过渡到非配种期,不能变换太快。

种公羊的管理应强调以下几点:①种公羊每天都应保持适当的运动;②应控制种公羊每天的交配或采精次数,不能过于频繁;③谷物饲料中含磷量高,日粮中谷物比例大时要注意补钙,保证钙磷比例不低于2.25∶1.00;④不能为了母羊的全配满怀而任意拖长配种期,这样不利于种公羊越冬。

二、繁殖母羊的饲养管理

对繁殖母羊,要求常年保持良好的饲养管理条件,以完成配种、妊娠、哺乳等任务并提高生产性能。繁殖母羊的饲养管理可分为空怀期、妊娠期和哺乳期三个阶段。

(一)空怀期的饲养管理

主要任务是恢复体况,为妊娠储备营养。只有抓好膘情,才能达到全配满怀、全生全壮的目的。生产中对部分膘情不好的母羊要实行短期优饲,尤其要提高饲料中的能量水平,这对母羊配种受胎颇为有利。由于各地产羔季节安排的不同,母羊的空怀期长短各异,如年产羔一次,母羊的空怀期一般为5~7个月,但现在舍饲养殖品种多为常年发情羊,母羊的空怀期缩短至1~2个月。

(二)妊娠期的饲养管理

母羊妊娠期一般分为前期(3个月)和后期(2个月)两个阶段。

1.妊娠前期

此期约3个月,胎儿发育较慢,所需营养并没有显著增多,但要求母羊能继续保持良好膘情。管理上要避免母羊食入霜草或霉烂饲料,不使羊群受惊猛跑,不饮冰碴水,防止发生早期隐性流产。

2.妊娠后期

此期约2个月,是胎儿迅速生长的时期,初生重的90%是在妊娠后期增加的,故此期的妊娠母羊对营养物质的需要量明显增加。据研究,妊娠后期母羊和胎儿共增重7~8 kg,热能代谢比空怀母羊提高15%~20%。因此,妊娠后期怀单羔母羊的能量供给可在维持饲养的基础上提高12%,怀双羔则提高25%。这样做的好处:一是可提高羔羊初生重和母羊泌乳量;二是可促进胎儿的次级毛囊发育,提高后代羊毛密度和改善腹毛着生情况等。管理的主要目的是保胎,如母羊进出圈要慢,饮水要防滑倒和拥挤,严禁饲喂发霉变质或冰冻的饲料,早晨空腹不饮冷水,忌饮冰冻水,以防流产。妊娠后期须坚持让母羊运动,以便能正常自然分娩。

(三)哺乳期的饲养管理

1.哺乳前期(1.0~1.5月)

在哺乳前期,羔羊生长速度很快,母乳是羔羊营养的主要来源,为满足羔羊快速生长发育的营养需要,就得千方百计提高母羊的泌乳量。为此,必须加强母羊的补饲,注意对带单羔、双羔的母羊执行不同的补饲标准,精料量应比妊娠后期稍有增加。产后1~3 d,对膘情好的母羊可不补饲精料,以防消化不良或发生乳房炎。粗饲料尽可能以优质干草、青贮饲料和多汁饲料为主。管理上要保证饮水充足、圈舍干燥清洁,寒冷地区圈舍要有保温措施。

2.哺乳后期(1.5月至断奶)

在哺乳后期,母羊泌乳量渐趋下降,虽然加强了补饲,但很难达到哺乳前期的泌乳水平。更主要的是此期羔羊已能大量采食青草和粉碎饲料,对母乳的依赖程度减小,因此,对哺乳后期的母羊,要减少精饲料饲喂量,增加粗饲料,当然对膘情较差的母羊可酌情补饲精饲料。目前,舍饲母羊的哺乳期一般不超过2个月,因此舍饲母羊哺乳后期很短。

三、哺乳羔羊的饲养管理

羔羊主要指断奶前处于哺乳期的羊只,哺乳期是羔羊生长发育最重要的时期。目前,我国舍饲羔羊多在2月龄左右断奶。

1.精心护理初生羔羊

羔羊出生后,体质较弱,适应能力较差,抗病能力弱,容易发病。因此,做好初生羔羊护理工作,是降低羔羊发病、死亡率、提高成活率的关键。初生羔羊体温调节机能很不完善,因此保温防寒是初生羔羊管理的重要环节,一般羊舍温度应保持在10 ℃以上。为使初生羔羊少受冻,应让母羊立即舔干羔羊身上的黏液。母羊舔干羔羊,除了可促进羔羊体温调节外,还有利于羔羊排出胎粪和促进母羊胎衣排出。做好棚圈卫生工作,严格执行消毒隔离制度,也是初生羔羊管理工作中不可忽视的重要内容。同时,还应细致观察羔羊的情况,查看食欲、精神状态、粪便等是否正常,做到有病及时治疗。隔离病羔羊,及时处理病死羔羊及其污染物,以控制传染源。

2.早吃初乳、吃好常乳

羊的初乳通常是母羊分娩后5 d内的乳汁,之后所分泌的乳汁称常乳。羔羊出生十几分钟后即能站立,这时应人工辅助使之尽快吃到初乳,因为初乳中的抗体含量会随分娩时间的延长而迅速下降,同时羔羊胃肠对初乳中抗体的吸收能力也是每小时都在下降,所以早吃初乳是促使羔羊体质健壮、减少发病的重要措施。首先,加强泌乳母羊的补饲,使母羊乳充足;其次,安排好吃乳时间和次数。及时给乳不够吃的缺乳羔羊及丧母的无乳羔羊找保姆羊代哺。也可采用人工哺乳,但配乳时应注意浓度,并严格消毒和控制乳温、饲喂量及哺乳时间,一般采用少量多次的人工哺乳方法。

3.合理补饲和运动

(1)补饲:早期补饲不仅可使羔羊获得更完全的营养物质,更重要的是能够促进其消化器官的发育和消化吸收机能的完善。一般羔羊出生7 d后便可开始训练吃草吃料,粗饲料要选择质好、干净、脆嫩的青干草,扎成把挂在羊圈的栏杆上,不限量,任羔羊采食。混合精料粉碎后放入饲槽内,或与切碎的青干草、胡萝卜等混合喂给,同时可混入少量食盐以刺激羔羊食欲。精料喂量一般为:半月龄的羔羊每天补饲50~75 g,1~2月龄每天补饲100 g,2~3月龄每天补饲200 g。正式补饲时,干草也要切碎后才放入饲槽内,定时定量喂给。羔羊吃饱后,把饲槽翻转过来。一方面,可保持饲槽清洁及防止羔羊卧在饲槽内;另一方面,可防止一些鸟、昆虫拣食剩余的饲料而传播传染病。

(2)运动:一般在羔羊出生后5~7 d,选择无风温暖的晴天,中午把羔羊赶到运动场,进行运动和日光浴,以增强体质、增进食欲、促进生长、减少疾病。随着羔羊日龄的增加,应逐渐延长在运动场的时间,以增加羔羊的运动量。羔羊因运动场地小或缺乏食盐、矿物质时,常出现异食癖等现象,容易造成肠道堵塞而死亡,如发现上述情况应有针对性地及时采取措施。

四、育成羊的饲养管理

育成羊是指羔羊断乳后到第一次配种前的幼龄羊,多在4~12月龄之间。羔羊在断奶后5~10个月期间生长很快,一般肉用和毛肉兼用品种的公羊、母羊增重可达15~30 kg,营养物质需要较多。若此时营养供应不足,则会出现四肢高、体狭窄而浅、体重小、增重慢、剪毛量低等问题。育成羊的饲养管理,应按羊的品种、性别单独组群。夏秋季主要是抓好放牧,安排较好的草场,放牧时控制羊群,放牧距离不能太远。羔羊在断奶并组群放牧后,仍需继续补喂一段时间的饲料。在冬春季节,除放牧采食外,还应适当补饲干草、青贮饲料、块根饲料、食盐,并提供充足洁净的饮水,补饲量应根据羊的品种和各养殖单位的具体条件而定。

第五节 乳用羊的饲养管理

羊乳是乳用羊的主要产品,故乳用羊饲养管理的主要目的是提高产乳量。根据乳用山羊泌乳规律可将产乳母羊的饲养分为泌乳期饲养和干乳期饲养两大类。其中,泌乳期又可分为泌乳初期、泌乳盛期、泌乳中期和泌乳末期四个阶段,干乳期分为干乳前期和干乳后期两个阶段。

一、泌乳母羊的饲养管理

(一)泌乳初期

指母羊产后 20 d 之内的这段时期,也称恢复期。这一时期母羊产后不久,体质虚弱,腹部空虚。母羊常感到饥饿,食欲逐渐旺盛,但消化能力弱,产道尚未完全复原,产多羔的母羊在妊娠期间负担过重,如果运动不足,腹下和乳房底部常有水肿,其乳腺及循环系统的机能还不正常,所以此期饲养管理以恢复母羊体质为主要目的。此期应给母羊提供易消化的优质嫩干草,任其自由采。然后根据羊的体况、乳房膨胀程度、食欲表现、粪便形状和气味等灵活掌握精料及多汁饲料的喂量。对身体消瘦、消化力弱、食欲不振、乳房膨胀不够的母羊,可少量喂给含淀粉多的薯类饲料,以增强体力,有利于泌乳量的增加。对体况良好者,应缓慢增加精料,以既不造成营养亏损,又可保证食欲旺盛为原则。在加料过程中,若发现母羊食欲不振,排稀粪、软粪、有特殊气味的粪便,就不要急于增加精料和多汁饲料喂量。精料和多汁饲料有催乳作用,给得过早、过多,轻则造成食滞或慢性胃肠疾患,影响泌乳量,重则伤害终身消化力。在管理上,对乳房水肿的高产母羊,从产羔前 5 d 开始,注意让其加强运动,并按摩和热敷乳房,每次 3~5 min,使水肿尽快消失。

(二)泌乳盛期

指产后 21~120 d 这一时期,此期产乳量占全泌乳期产乳量的一半。因此,应尽一切努力提高此期产乳量。此阶段母羊体力已恢复,由于大量泌乳使体内养分呈负平衡状态,体重不断下降。故在此期,加强饲养管理对提高泌乳量十分有效,应尽量配制最好的日粮,除喂给相当于体重 1.0%~1.5% 的优质干草外,还应尽量多喂给青草、青贮、块根、块茎,但要防止腹泻。如果养分或蛋白质不足,再用混合精料补充。

为了促进母羊泌乳,可进行催乳,何时催乳要根据母羊的体质、消化机能和产乳量来决定。一般在产后的 20 d 左右催乳,过早会影响体质恢复,过晚则影响产乳量,催乳的方法是从产后 20 d 开始在原来精料喂量(0.5~0.7 kg)基础上,每天增加 50~80 g 精料,只要乳量不断上升,就继续增加,当精料增加到每产 1 kg 乳要喂给 0.35~0.40 kg 时,乳量不再上升,则停止增加精料并将该喂给量维持 5~7 d,之后根据泌乳羊标准供给。催乳时要观察羊的食欲是否旺盛,产乳量是否继续上升,粪便是否正常,使羊始终保持旺盛的食欲,并防止消化不良。

(三)泌乳中期

指产后121~210 d这一时期,此期产乳量逐渐下降,每天递减5%~7%,这是泌乳的一般规律。但若能采取有效措施,可以使产乳量稳定地保持一个较长的时期,此期乳量若有下降就不容易再回升。所以,在饲养管理上要坚持不随意改变饲料、饲养方法及工作日程,以免使产乳量急剧下降。精料给量较泌乳盛期减少,可依据泌乳母羊的产乳量、膘情、年龄等进行调整。对于低产母羊,此期精料给量不宜过多,否则会造成肥胖,影响配种。

(四)泌乳末期

指产后211 d到干乳这段时间(3个月),这个时期的特点是母羊逐渐进入发情配种季节,到此期的后期,大部分羊已妊娠。母羊由于受发情和妊娠的影响,产乳量显著下降。饲养管理时要想法使产乳量下降得缓慢一些,精料的减少要安排在乳量下降之后。泌乳末期的这3个月,正是妊娠期的前3个月,胎儿虽增重不大,但要求母羊日粮营养全价,多供给优质粗饲料。

二、干乳期母羊的饲养管理

(一)干乳前期

指从干乳开始到产羔前2~3周这一时期,此期正值妊娠后期,胎儿生长发育迅速。干乳可使羊乳腺得到休整、体质得到恢复,保证胎儿的正常生长发育和使母羊体内储存一定量的营养物质,为下一个泌乳期的泌乳奠定物质基础。在干乳前期,对于营养良好的母羊,一般喂给优质粗饲料及少量精料即可;对于营养不良的母羊,除喂给优质饲草外,还要饲喂一定量的混合精料,提高营养水平。50 kg体重的羊,可按每天产乳1.5 kg的饲养标准饲喂,每天给1 kg左右优质干草,2~3 kg多汁饲料和0.6~0.8 kg的混合精料。青粗饲料和多汁饲料不宜喂得过多,以免压迫胎儿引起早产。

(二)干乳后期

指产羔前2~3周到分娩这一时期,此期可按妊娠后期母羊饲养标准进行饲养。若母羊在产前4~7 d乳房发生过度膨胀或水肿严重时,可适当减少精料及多汁饲料的饲喂量,只要母羊乳房不发硬则可照常饲喂。产前2~3 d,往日粮中加入小麦等轻泻性饲料,防止便秘。

第六节 育肥羊的饲养管理

一、育肥羊的生长发育规律及特点

育肥羊的生长发育规律:1~3月龄为骨骼快速生长期,4~6月龄为肌肉快速生长期,6月龄以后脂肪生长加快,12月龄肌肉、脂肪生长速度几乎相同。可见,羔羊育肥包括肌肉生长和脂肪沉积两个过程,需要高蛋白、高能量饲料作为育肥日粮,而成年羊育肥主要是脂肪沉积过程,需要高能量饲料作为育肥日粮。

不同月龄羔羊育肥的饲料转化率存在差别,哺乳羔羊育肥的饲料转化率为(2.0~2.5):1,1.5月龄早期断乳羔羊育肥的饲料转化率为(2.5~4.0):1,而正常断乳的当年羔羊育肥的饲料转化率为(6~8):1。尽管哺乳羔羊、1.5月龄早期断乳羔羊育肥具有饲料转化率高的优点,但也存在育肥出栏体重偏小(30 kg左右)的缺点。此外,受羔羊来源限制这两种育肥羊而不能进行规模化生产,所以哺乳羔羊育肥和1.5月龄早期断乳羔羊育肥并不能成为羊肉生产的主要方式。正常断乳的当年羔羊除了一小部分被选留到后备羊群外,大部分经育肥后出售,因此正常断乳的当年羔羊育肥是羊肉集约生产的基本方式。

二、育肥方式

有放牧育肥、舍饲育肥、混合育肥3种方式

1. 放牧育肥

是草地畜牧业的一种基本育肥方式,适宜在优质草场上进行,可利用夏秋季节牧草生长旺盛的特点进行季节性放牧育肥,为此就必须安排母羊在初春产羔。放牧育肥的优点是可以充分利用牧草资源,育肥成本低,并可以大大缓解冬春季节的草场压力。缺点是易受气候、草场等多种不稳定因素的干扰和影响,育肥效果不稳定。另外,商品肉羊出栏集中在秋末冬初季节,市场供应具有明显的季节性。

2. 舍饲育肥

是根据羊育肥前的状态,按照饲养标准配制日粮,进行完全舍饲饲养的一种育肥方式。舍饲育肥羊经60~90 d快速育肥即可达到上市标准,饲料、圈舍、劳力等投入相对较大,但可按市场需要实行大规模、批量化生产羔羊肉,生产效率高,从而获得规模效益。舍饲育肥羊的来源主要是增重潜力大的羔羊。

3. 混合育肥

生产中有两种情况:一是阶段育肥,断乳羔羊先利用夏季和秋季牧场进行集群放牧,至秋末草枯后再集中舍饲育肥30~40 d才出栏,适用于体重小、增重速度较慢的羔羊;二是放牧加补饲育肥,是在放牧基础上进行补饲的强度育肥方式,适于增重速度较快的羔羊。在具有放牧地和一定补饲条件的情况下,混合育肥是一种十分理想的育肥方式。

三、待育肥羊的管理

待育肥羊到达育肥舍的当天,给予充足的饮水,喂给少量干草,减少惊扰,让其安静休息。休息过后,应进行健康检查、驱虫、药浴、疫苗注射和修蹄等工作,并按年龄、性别、体格大小、体质强弱等进行组群。最初2~3周要勤观察羊只表现,及时挑出伤、弱、病羊,给予治疗并改善饲养环境。

四、集约化肥羔生产

通常根据羔羊品种、来源地及体重大小确定肥羔生产方案。一般体重小或体况差的正常断乳羔羊进行适度育肥,体重大或体况好的羔羊则进行强度育肥。根据生产和市场需要,也可以前期进行适度育肥,后期进行强度育肥。不论是采用强度育肥还是适度育肥,羔羊进入育肥舍后,都要经过预饲期,预饲期一般为7~14 d。

预饲期结束后进入正式育肥期。在正式育肥期,一般每天饲喂2~3次,育肥羊必须保证有充足的清洁饮水。集约化肥羔生产的批次大、投入高、周期短,对于日粮的配制要求严格,稍有不适就会影响日增重,降低育肥效益。

第七节 放牧羊的饲养管理

羊的放牧采食能力强,主要表现为有较强的自由采食、选择性采食能力和游走能力、合群性,故宜于放牧饲养。放牧饲养的优势是能充分利用天然的植物资源、降低养羊生产成本及增加羊的运动量,有利于维持羊体健康等。因此,在我国广大地区,尤其是牧区和农牧地区应广泛采用放牧饲养发展养羊业。实践证明,羊放牧的饲养效果,主要取决于草场的质量和利用程度,以及放牧的方法和技术。

一、放牧基本要求

放牧中要做到"三勤""四稳""四看","三勤"就是腿勤、嘴勤和手勤,"四稳"就是放牧稳、饮水稳、出入圈稳和走路稳,"四看"就是看地形、看草场、看水源、看天气。目的是控制好羊群,使之走、慢走、吃饱、吃好,有利于抓膘和保膘。在实践中可通过一定的放牧队形来控制羊群,在平坦、开阔、牧草良好的牧地上放牧时,可采用"一条鞭"队形,使羊排成"一"字形横队,既可让羊吃到优质草,又可充分利用草地;在丘陵、山地及牧草分布不均或产草较少的牧地,可采用"满天星"队形,使羊群在一定范围内均匀散开,自由采食,可吃到较多的优质草。

放牧时要按时给羊饮水,定期喂盐。饮水要清洁,不饮池塘死水,以免感染寄生虫病。饮水次数因季节、气候、牧草含水量而有差异。饮河水、泉水时要顺水饮,逆水饮容易呛水。不饮"一气水",避免水呛入肺中引起肺炎。四季都必须喂盐,日粮中盐量不少于5~10 g/只,可将粒状食盐均匀撒在石板上或放在盐槽内任羊自由舔食,也可把粉碎的食盐按需要量混在精料里喂给,或者使用盐砖供羊舔食。若羊流动放牧,可间隔5~10 d喂盐1次。为了避免丢羊,要勤数羊。俗话说"一天数三遍,丢了在眼前;三天数一遍,丢了找不见",每天出牧前、放牧中、收牧后都要数羊。

二、四季牧场的选择及其放牧特点

1.四季牧场的选择

不同季节、不同地形的牧草生长情况不同。因此,必须按照季节、饲草、地形特点选择牧场,以利于放牧管理。春季牧场应选择接近冬季牧场向阳温暖的地方,如平原、川地、盆地和丘陵阳坡,这些地方较暖和,雪融化较早,牧草返青也早;夏季牧场应选择高岗地带,既凉爽,又少蚊蝇,但必须有水源;秋季牧场宜选择山腰或河流、湖泊附近牧草优质的地方,利于抓好秋膘,此外,秋季还可利用割草后的再生草地和农作物收割后的茬地放牧抓膘;冬季牧场应选择在背风向阳、地势较低的暖和低地和丘陵的阳坡。一般平原丘陵地区按照"春洼、夏岗、秋平、冬暖"的原则选择牧地;山区按照"冬放阳坡、春放背、夏放岭头、秋放地"的原则选择牧地。

2.四季放牧特点

(1)春季放牧:春季羊瘦弱,同时又是接羔、育羔和草料青黄不接的时候,因此春季放牧的主要任务是恢复羊的体力,力求保膘保羔。就放牧技术而言,首先要防止跑青。生产中为防止跑青,饲料储备充足的场(户)可采取短期舍饲的方法,舍饲半个月左右,待青草长高时再转入放牧。其次,应注意防止羊贪青而误食毒草,许多毒草返青早、长得快,幼时毒性很强,多生在潮湿的阴坡上,放牧时应加以注意。有经验的牧工常采用"迟牧、饱牧"的方法避免毒草危害。再次,草原上的蛇常常在开春以后出来饮水,要防止羊饮水时被蛇咬伤,可采取"打草惊蛇"的方法。最后,北方的很多牧区每年春初的幼嫩草易使羔羊腹泻,应加以注意。根据春季气候特点,出牧宜迟,归牧宜早,中午可不回圈让羊多吃些草。风大的地区,要顶风出牧,顺风归牧。

(2)夏季放牧:主要任务是抓好伏膘,促使母羊提前发情为秋季配种打下基础。夏季放牧地应选择高岗或山梁草地,这里牧草茂盛,蚊蝇少,羊群能较安静地吃草,也可减少寄生虫感染率。夏季出牧宜早,归牧宜迟,中午炎热时可多休息,也可实行夜牧,每天放牧时间不少于12 h。放牧时要采取"顶风背太阳,阴雨顺风放"的方法。夏季是多雨季节,力争做到"小雨当晴天,中雨顶着放,大雨抓空放",但归牧后应使羊在圈外风干被毛后再入舍,否则羊毛品质将受到影响。夏季天气炎热为防羊群中暑和"扎窝子",可采用"满天星"放牧队形。每次放牧时,可先放熟地(已放牧过的草地),等羊吃到大半饱不爱吃时,再放生地(没有放牧过的草地),这时羊群移动速度可适当加快,以增加羊的采食量。羊不爱吃露水草,早晨可先放远处,待露水消失后再往回放。也可等太阳升高、露水消失后出牧,傍晚要在露水出现前回牧。在露水多时或雨后,不要到豆科牧草地,如苜蓿地去放牧,以免引起急性腹胀病。

(3)秋季放牧:主要任务是抓膘育肥,实现满膘配种。秋季放牧要选择草高、草密的草地,并要经常更换牧地,使羊吃到多种杂草和草籽,但要避开有钩刺的灌木。在秋季无霜期放牧应早出晚归,晚秋有霜时应晚出晚归,尽量延长放牧时间。秋季放牧应尽量减少游走路程,当羊生长到七八成膘时不宜再上高山,只宜到山腰、山沟或滩地草场放牧,减少体力消耗。在草枯前后,宜赶往草枯较晚的地段去放牧,延长吃青草时间。在草场放牧时,可先由山顶到山下,由阳坡到阴坡,由山上向沟里,最后由平滩转到沙窝子。农区要抢放茬田,使羊拣食地里的残留谷物和嫩草,前半天放熟茬地,后半天放生茬地,或者前半天放草地,后半天放茬地。放牧队形可因地制宜,如在丰富的草籽地放牧时可采用"一条鞭"队形,在茬田放牧多用"满天星"队形。

(4)冬季放牧:主要任务是保膘保胎,促进胎儿正常发育。冬季放牧应早出晚归,中午不休息,以增加放牧时间,并加强对羊群的控制,减少游走的体能消耗。早晨出牧前应让羊起来站一会儿,一方面使羊将粪排在圈内,另一方面使羊对外面寒冷空气有所适应,防止感冒,然后再赶离舍舍。出入圈要严防拥挤,放牧时不跳沟跳壕,稳放慢赶,霜落后再出牧,避免造成流产。放牧保持顶风较好,毛顺贴体,体温丧失较少,顶风走草往嘴边倒,容易吃饱,顶风放牧有助于气候突变时好顺风往回赶。若遇强寒流天气,要提前归牧,否则易引起母羊成批流产或母羊死亡。冬季牧地利用要有计划,先利用牧道上易被践踏的牧地和远处的牧地,再逐渐向近处牧地转移。冬季有较多降雪的地区,可先放阴坡、后放阳坡,先放沟底、后放坡地,先放低草、后放高原,先放远处、后放近处,以免那些本可先放牧的地段被雪封盖而不能被利用。

三、放牧方式

目前,我国的放牧方式可分为固定放牧、围栏放牧、季节轮牧和小区轮牧四种。

1. 固定放牧

羊群一年四季在一个特定区域内自由放牧采食。这是一种原始的放牧方式,不利于草场的合理利用与保护,载畜量低,单位面积草场提供的畜产品数量少,每个劳动力所创造的价值不高。牲畜的数量与草地生产力之间自求平衡,牲畜多了就必然死亡。这是现代化养羊业应该放弃的一种放牧方式。

2. 围栏放牧

根据地形把放牧场围起来,在一个围栏内,根据牧草所提供的营养物质数量,结合羊的营养需要,安排一定数量的羊只放牧。此方式能合理利用和保护草场,对固定草场使用权也起着重要的作用。

3. 季节轮牧

根据四季牧场的划分,按季节轮流放牧。这是我国牧区目前普遍采用的放牧方式,能较合理利用草场,提高放牧效果。为了防止草场退化,可定期安排休闲牧地,以利于牧草恢复生机。

4. 小区轮牧

又称分区轮牧,是指在划定季节牧场的基础上,根据牧草的生长、草地生产力、羊群的营养需要和寄生虫侵袭动态等,将牧地划分为若干个小区,羊群按一定的顺序在小区内进行轮回放牧。这种放牧方式能合理地利用和保护草场,提高单位面积草场载畜量,同时将羊群控制在小区范围内,减少了游走所消耗的热能,增重加快,也能控制寄生虫感染,是目前牧区值得推广的一种方式。

第八节 规模化羊场建设

规模化羊场建设是指在现代化全舍饲高效养羊的要求下,最大化发挥羊的生产性能,有效地控制生产环境,科学合理衔接各生产环节,建设出最适宜羊生产生活的建筑设施。

一、羊场场址选择

(一)地势

羊场场地要求地势平坦干燥、背风向阳、排水良好。地下水位要在2 m以下,建筑物地基深度以大于0.5 m为宜,应符合羊喜干厌湿的生活习性。地面应平坦稍有缓坡,以利于排水。绝不能在低洼涝地、山洪水道、冬季风口等地建场。羊长期生活在低洼潮湿的地方,就容易发生寄生虫病和腐蹄病。土质黏性比较大、透气性差、不易排水的地方不适合建场。

(二)交通、通信、电力

羊场交通应便利,但又不能在车站、码头或者交通要道附近建场。羊场要距离铁路、城市居民区和公共场地1000 m左右,距离公路交通干线300 m左右,远离高压线。羊场周围还要建立绿化隔离带。

羊场最好有能实现种养结合的饲草料基地及放牧草地,没有饲草料基地及放牧草地的,周围300 km以内应有丰富的草料供给源,特别是要和农业产业化基地相结合,充分利用农作物及其副产品。另外,电力供应要充足,规模化羊场机械较多,用电量较大,尽量靠近输电线路,缩短新线铺设距离,并且最好有双路供电的条件。羊场网络通信要方便,以保障对外联系畅通。

(三)水源

水源供水量充足,能保证场内生活用水、羊饮水、冲洗用水、消毒用水等需要。羊场的水质要优良,以泉水、溪水、井水和自来水比较理想,水质必须符合畜禽饮用水的水质卫生标准,水中的固形物含量、大肠杆菌含量、亚硝酸盐和硝酸盐总含量都要符合卫生标准。建场前要考察当地地下水资源和地表水情况,防止水质有问题而引发疾病。不要在水源不足或受到严重污染的地方或者周边建场。

(四)远离污染

严禁在有传染病和寄生虫病的疫区建羊场,且与居民区、学校、医院、畜禽交易市场、屠宰厂、加工企业、其他畜禽养殖场、铁路、主要交通干道的距离要符合《中华人民共和国动物防疫法》的相关规定。羊场要远离屠宰场和排放污水的工厂,周围2500 m内无肉品加工厂、大型化工厂等。

二、规模化羊场建设技术

1.羊舍基本要求

要求必须通风良好,冬季保温,夏季防暑,侧重实用;羊舍宜坐北朝南,背风向阳。羊舍防热防寒温度界限:冬季产羔羊舍温度最低应保持在8 ℃,一般羊舍在0 ℃以上,夏季舍温不超过30 ℃。值得注意的是,建筑材料和空气流速等对于羊舍内有效温度影响很大,例如羊舍有无保温性能的砖混墙、湿的混凝土地板或者舍内空气流速大于2.5 m/s的时候,羊舍的有效环境温度将下降4~10 ℃。羊舍内的通风一般由门窗、通风口和棚顶的无动力自动通风组成,超过60 m长的羊舍应设置横向动力通风装置。

2.羊舍面积

羊舍面积根据饲养羊的数量、品种和饲养方式而定。面积过大,浪费土地和建筑材料;面积过小,羊在舍内过于拥挤,环境质量差,有碍于羊体健康。羊舍应有足够的面积,使羊在舍内不感到拥挤,可以自由活动。各类羊只羊舍所需面积见表10-8-1。

表10-8-1 各类羊只羊舍所需面积

单位:m²/只

羊别	面积	羊别	面积
妊娠母羊	1.0~2.0	育成公羊	1.5~2.0
产羔母羊	2.5~3.5	育成母羊	1.0~1.2
配种公羊	4.0~6.0	育肥羊	0.6~0.8
试情公羊	2.0~3.0	断奶羔羊	0.8~1.0

3.运动场

运动场面积一般为羊舍的2.0~3.0倍。运动场应低于羊舍地面,向两侧缓缓倾斜,以沙质土壤为好,便于排水和保持干燥。周围设横围栏,围栏高度为1.0~1.4 m,当然一些羊舍也可以不设置运动场。

4.羊舍长度、宽度、高度

羊舍长度一般为60~100 m,宽为12~16 m。过长的羊舍会造成排水和清粪沟过深。过宽的羊舍要考虑在暴雨、暴雪天气时棚顶所能承受的压力和构架支撑,依据存栏的羊只数和槽位合理设计羊舍的长度与宽度。羊只过多需要横向通风,否则会由于通风不良造成羊只患病,羊舍的高度一般是在2.50~3.50 m,用铲车清舍的羊舍,还要考虑机械作业高度。保暖型棚舍的羊舍高度为2.5 m左右,单坡式羊舍的后墙高度为1.8 m左右。南方地区为了防暑、防潮,羊舍应适当高些,北方大风地区羊舍不宜过高。

5.羊舍内饲喂通道

羊舍内饲喂通道的宽度要考虑自动饲喂车的宽度,一般的羊舍宽3 m即可(用TMR饲料机饲喂的羊舍要考虑机器的宽度,用小型单侧饲喂车饲喂的羊舍要考虑车身宽度)。

6.门窗

每栋羊舍至少开一扇门,门应适当宽一些,一般门宽3 m、高2 m左右,饲养非孕羊或羊数较少的羊舍,舍门宽可为2 m。羊舍窗户的面积一般为地面面积的1/15,窗应向阳,距地面1.4 m以上。南方门窗以大开为宜,南北两面可以修筑高90~100 cm的半墙,上半部全部敞开,以保证空气流通。

7.墙壁

南方羊舍使用自动卷帘机,大多用双层帘布+半墙的结构,北方可用砖混或其他材质的保暖墙+钢架结构,结构要坚固耐用。

8.棚顶

南方羊舍的棚顶材质选择面很广,坚固耐用、遮风挡雨即可,北方羊舍最好采取彩钢瓦+阳光板间隔的棚顶,每5 m设置一个无动力自动通风口。棚顶的设计要考虑自动消毒设备或者高压静电消毒设备要求。

9.地面

羊舍的地面是羊舍建设中的重要组成部分,对羊只的健康有直接的影响。羊舍地面要便于消毒,一般有实地板和漏缝地板两种,饲料间、人工采精室和产羔室可以使用水泥地面,以便消毒。通常羊舍地面要高于舍外地面20 cm以上,由里向外至少有1.0°~1.4°的坡度。

10. 饲喂料槽

与饲喂通道连着的饲槽,一般宽45 cm,靠近栏杆一侧要有高30 cm以上的实体墙护栏,防止饲草料流失进入羊舍,由过道向围栏一侧有自然坡度,便于饲草料滑入槽内。饲槽要经济耐用,表面光滑,耐酸碱,耐磨损,同时便于清扫。为了防止饲喂过程中羊只攀登翻槽,饲槽两端可以临时安装可拆装的固定架。

11. 饮水槽和自动饮水器

规模化羊场的饮水槽通常为长方形,每日放水2次,水槽的容量按照每只羊每日供应8 kg水设置(羊每日饮水量为4~8 kg,投放量应是饮水量的2倍,以水量占槽内容积的0.8倍为宜),水槽一般深40 cm,宽80 cm,材质最好用白铁皮。水槽周边地面硬化,水槽底面设有排水口,以便冲刷排水,保持地面干燥,饮水槽可在圈舍内,也可在运动场,但是都应该保证水量充足、方便供水及卫生保洁等。随着现代集约化养羊业的发展,自动饮水器已经在养羊生产中广泛应用。可将自动饮水器设置在羊舍饲槽上方,羊抬头就能饮水。

12. 栅栏、网栏

一般包括母仔栏、羔羊补饲栏及分群栏等,材料多为木板、木条、钢筋及铁丝等。分群栏用钢管焊制成长6~8 m、宽50 cm、高1.2 m的通道(有直有弯),羊在通道内只能成单行前进,不能回转向后,在通道两侧可视需要设置若干个小圈,圈门的宽度相同,由此门的开关方向决定羊只的去路。母仔栏是大多数羊场产羔期常用的设备,一般由两块栅栏或者网栏在羊舍或者补饲场靠墙围成一定面积的围栏,并在栏间插入一个大羊不能进、羔羊可以自由出入的栅门。

三、规模化羊场管理技术

(一)组织管理

规模化羊场需要分工明确的组织架构,具有严格的岗位定编及责任分工,实行场长负责制,层层管理,下级服从上级,重点工作协作进行。

(二)羊群组成

当制订羊群发展规划或育种计划时,需要查阅本年度和本单位历年的繁殖淘汰情况和实际生产水平对羊场今后的发展进行科学的安排。羊群结构管理主要是保持羊群能繁母羊、配种公羊、后备母羊、后备公羊、羔羊等不同年龄阶段羊的比例适宜,一个好的羊群结构是保持较高生产性能的重要因素,一般公母比例为1∶30,能繁母羊占羊群总数的80%左右,后备母羊占15%左右,成年可用公羊占3%,后备公羊占2%。

种公羊在羊群中的比例与羊场采用的配种方式密切相关。羊群结构管理对繁殖效率至关重要,因此,每年都要对羊群进行调整,及时淘汰老龄羊和不孕羊。成年母羊中能繁母羊的比例越高,羊群的繁殖率越高,对提高生产效益越有利。种公羊在数量配置上要充足,本交的公母羊比例为1∶30,人工授精的羊场的公母羊比例1∶(100~200),另配置一定数量的试情公羊。在生产上要选择性能好、配种能力强的种用公羊。

拓展阅读

扫码获取本章拓展数字资源。

课堂讨论

1."军垦细毛羊之父"刘守仁,先后培育出"新疆军垦型细毛羊"和"中国美利奴"2个新品种及9个新品系,创立了"品种品系齐育并进法""三级繁育体系"等育种理论和方法,取得了巨大经济及社会效益。围绕"扎根边疆60年,一生只为一只羊"进行小组内讨论,大学生应如何担当新时代的责任与使命。

2.为什么说我国是养羊大国却不是强国,如何打赢"种业翻身仗"?

3.未来我国养羊业的发展方向是什么?

思考与练习题

1.养羊业在国民经济中的地位和作用是什么?

2.养羊业发展的重点和策略是什么?

3.养羊业的主要产品有哪些?各有什么特点?

4.绵羊、山羊品种按生产用途可分为哪几类?各有哪些代表品种?

5.种公羊的饲养管理技术要点有哪些?

6.繁殖母羊的饲养管理技术要点有哪些?

7.羔羊的饲养管理技术要点有哪些?

8.乳用羊的饲养管理技术要点有哪些?

9.羊育肥有哪几种方式?各有何特点?

10.羊放牧技术要点有哪些?

主要参考文献

[1]郝瑞荣.畜牧概论[M].北京:中国林业出版社,2017.

[2]李建国.畜牧学概论[M].3版.北京:中国农业出版社,2020.

[3]国家统计局农村社会经济调查司编.中国农村统计年鉴2022[M].北京:中国统计出版社,2022.

[4]彭建伟.我国畜牧生产发展现状及对策[J].乡村科技,2019,(15):32,34.

[5]印遇龙.关于促进畜牧业高质量发展的意见[J].兽医导刊,2021,(03):1.

[6]熊学振,杨春,马晓萍.我国畜牧业发展现状与高质量发展策略选择[J].中国农业科技导报,2022,24(03):1-10.

[7]陈晓勇,陈一凡,李建国,等.畜牧学概论课程思政元素挖掘与框架体系构建[J].安徽业科学,2021,49(12):274-277.

[8]许德甲.畜牧业在乡村振兴中的地位和作用[J].今日畜牧兽医,2022,38(05):73-74.

[9]王锋.动物繁殖学[M].北京:中国农业大学出版社,2012.

[10]东北农学院.家畜环境卫生学[M].2版.北京:农业出版社,1998

[11]刘继军,贾永全.畜牧场规划设计[M].2版.北京:中国农业出版社,2018.

[12]安立龙.家畜环境卫生学[M].北京:高等教育出版社,2004.

[13]朱士恩.家畜繁殖学[M].6版.北京:中国农业出版社,2015.

[14]李震钟主 家畜环境卫生学附牧场设计[M].北京:农业出版社,1993.

[15]毛战胜,韩楠,张彦广.猪的营养与饲料配制[M].北京:中国农业科学技术出版社,2020.

[16]韩正康,陈杰.反刍动物瘤胃的消化和代谢[M].北京:科学出版社,1988.

[17]伍国耀.动物营养学原理[M].戴兆来,等主译 北京:科学出版社,2020.

[18]陈代文,余冰.动物营养学[M].4版.北京:中国农业出版社,2022.

[19]兰云贤.畜禽饲料与配方设计[M].重庆:西南师范大学出版社,2012.

[20]安立龙.家畜环境卫生学[M].北京:高等教育出版社,2004.

[21]张克英.肉鸡标准化规模养殖图册[M].北京:中国农业出版社,2019.

[22]程安春,王继文.鸭标准化规模养殖图册[M].北京:中国农业出版社,2013.

[23]昝林森.牛生产学[M].3版.北京:中国农业出版社,2017.

[24]莫放.养牛生产学[M].北京:中国农业大学出版社,2003.

[25]张英杰.羊生产学[M].北京:中国农业大学出版社,2010.

[26]马友记,王宝义,李发弟,等.不同营养水平全混合日粮对舍饲育肥羔羊生产性能、养分表观消化率和屠宰性能的影响[J].草业学报,2012,21(04):252-258.

[27]马友记.北方养羊新技术[M].北京:化学工业出版社,2016.

[28]BUTLER W .Nutritional interactions with reproductive performance in dairy cattle[J].Animal Reproduction Science,2000,(60):449-457.

[29] CAMPO D M, BRITO G, MONTOSSI F, et al.Animal welfare and meat quality: The perspective of Uruguay, a "small" exporter country[J].Meat Science, 2014, 98(3):470-476.

[30] SHELDON I, DOBSON H.Postpartum uterine health in cattle[J].Animal Reproduction Science, 2004, 82295-306.

[31] DONALD D.BELL, WILLIAM D.WEAVER, Jr.Commercial chicken meat and egg production[M].Norwell, Mass: Kluwer Academic Publishers, 2002.